龙脉

京港澳高速公路运营管理文集

河南交通投资集团有限公司
第九届"京港澳情"联谊会组委会 ◎编

人民交通出版社
China Communications Press

内 容 提 要

为总结高速公路行业发展经验，研究探索行业新的发展方向，第九届“京港澳情”联谊会组委会将论坛成果和京港澳高速公路沿线各运营管理单位所取得的成功经验，结集编辑成书。这是京港澳高速公路沿线各省市高速公路运营管理从业人员结合单位及个人工作实践，通过总结提炼、分析思考形成的宝贵财富，也是近年来高速公路领域新技术、新工艺、新的科学理论一次集体展现，希望能为推动我国交通运输业特别是高速公路运营管理事业科学发展起到很好的作用。

图书在版编目(CIP)数据

龙脉:京港澳高速公路运营管理文集/河南交通投资集团有限公司,第九届“京港澳情”联谊会组委会编.—北京:人民交通出版社,2012.10

ISBN 978-7-114-10136-6

Ⅰ.①龙… Ⅱ.①河… ②第… Ⅲ.①高速公路—运营管理—中国—文集 Ⅳ.①F542-53

中国版本图书馆 CIP 数据核字(2012)第 242923 号

书　　名: 龙脉——京港澳高速公路运营管理文集
著 作 者: 河南交通投资集团有限公司　第九届“京港澳情”联谊会组委会
责任编辑: 赵瑞琴
出版发行: 人民交通出版社
地　　址: (100011)北京市朝阳区安定门外外馆斜街 3 号
网　　址: http://www.ccpress.com.cn
销售电话: (010)59757969,59757973
总 经 销: 人民交通出版社发行部
经　　销: 各地新华书店
印　　刷: 北京市密东印刷有限公司
开　　本: 787×1092　1/16
印　　张: 27.75
字　　数: 665 千
版　　次: 2012 年 10 月　第 1 版
印　　次: 2012 年 10 月　第 1 次印刷
书　　号: ISBN 978-7-114-10136-6
定　　价: 98.00 元

编审委员会

序

京港澳高速公路是连接北京和广州、珠海、香港、澳门等南部重要城市的南北大通道,全长 2310 公里。作为我国南北交通的大动脉,其承担的客货运输量居于国高网首位,长期以来为经济社会发展提供了有力的保障。

随着经济社会的快速发展,人们生活水平的逐步提高,社会对公路交通服务特别是高速公路服务提出了新的更高要求,正从“走得了”向“走得好”和“走得明白”转变。新形势下,如何更好地贯彻落实科学发展观,持续提高京港澳高速公路的通行效能和服务质量,巩固提升其在全国高速公路网中的主力地位,为推动科学发展、促进社会和谐提供更好的交通保障,是摆在沿线交通运输部门和高速公路企业面前的一项重大课题。

交通运输是经济社会发展的前提基础和重要依托,是增强经济竞争力的制高点,一定程度上决定着一个地方经济的兴衰,一定要适度超前,加快发展。高速公路作为交通运输发展的龙头,作为构建综合交通运输体系的基础和关键,运营管理单位更加要认清交通使命,站位发展大局,提升交通优势,着力服务民生,努力使高速公路发展走在经济社会发展的前列,为经济社会发展打牢基础,提供依托,创造优势,不断提升服务能力和水平。

该书收集了第九届“京港澳情”联谊会交流论文和京港澳高速公路沿线省市运营管理的经验文章,是长期以来高速公路运营管理实际及工作实践的宝贵经验,也是近年来高速公路运营管理领域新方法、新技术、新工艺的一次集中展现。同时，该书对高速公路运营管理中的重点、难点问题进行了深入分析，前瞻性地探索了高速公路行业管理的发展思路和努力方向，材料丰富充实，论述严谨深刻，具有较强的理论意义和实践价值。相信该书一定能够在指导高速公路运营管理工作、推动交通运输事业发展、促进经济社会发展中发挥更加积极有益的作用。

河南省交通运输厅党组书记、厅长

2012 年 10 月

目　录

关于做好高速公路企业班组长安全培训的思考

刘 渤 陈 森 李全召

（河南交通投资集团有限公司）

摘 要 企业中的班组是企业最基层的生产组织，企业的安全生产和经济效益好坏，关键在于班组安全工作的好坏。班组长是班组的第一负责人，对班组长的安全培训，是确保企业安全生产，取得好的效益的关键。

关键词 高速公路 企业班组长 培训 思考

企业班组长安全教育培训是2011年国务院安委会专门提出的要求，也是交通运输系统重点部署的一项工作。对身处生产一线的班组长来说，安全不仅属于高速公路，也属于社会，属于家庭，属于自己。安全是高速公路的生命线，是永恒的主题，不仅影响着高速公路本身的运营效率和经济效益，也会对社会政治和经济造成重大影响。在新形势下如何通过加强班组长的安全培训教育，增强他们的安全意识和操作技能，防止各类事故的发生，已日益成为高速公路企业生存发展的重要问题。

1 班组长在安全管理中的地位和作用

班组长被称作企业的支柱和核心。班组长在安全管理中的地位和作用可以概括为四句话，即兵头将尾、承上启下、摸爬滚打、责任重大。“兵头将尾”，说的是班组长在管理中的地位。班组长是班组中最大的官儿，所以称为“兵头”；从组织序列来讲又是最基层的官儿，是管理层的第一阶梯，所以又叫“将尾”。在一定意义上讲，班组长既是指挥员，是企业执行力的基石，又是战斗员，是基石的修筑者，在安全生产管理中具有不可替代的作用。“承上启下”，是由“兵头将尾”的地位决定的。一方面，要贯彻执行集团、公司的指示精神和要求，是执行者；另一方面又要围绕完成本班组的安全生产任务进行组织指挥和协调，又是管理者。这种双重身份，决定了班组长是联系员工的桥梁和纽带，对上是执行和落实，对下是发动和组织，是两者的有机统一。“摸爬滚打”，指班组长与员工接触的最多，经常和一级员工工作在一起，可以说，班组长就是员工的知心人，落实规范的带头人、示范人，安全生产的把关人，员工安全平安的保护人。“责任重大”，指班组长不仅是完成生产任务的责任者，更是实现班组安全生产的责任者。班组是凯旋还是失败，是平安还是伤害，有时就在班组长的一句话或一个手势，可谓“一语千钧”，责任重大。

2 班组长安全培训中存在的问题

2.1 班组长自我提升意识不强,对安全培训的重要性认识不够深入

主要表现在:一些班组长简单地认为安全培训就是为了适应日常工作需要,只要干活时留心自然会在工作中学,不需要在培训上花费太多的精力;一些班组长认为通过自学可以取代培训,尤其是现在信息网络技术日益普及,获取知识的渠道日益多样化,没有必要花大量时间参加专门培训,甚至认为自己的知识和能力已经够用,培训对自己没有什么帮助,没有必要继续参加培训。在这些错误认识的支配下,少数班组长不愿意参加培训,有的虽然被安排参加培训,但学习的主动性和热情不高,培训期间仅限于在课堂上听一听,不愿意积极主动地思考问题,不愿意完成培训教师布置的学习任务,讨论交流也不认真,往往只是应付了事。有的甚至无故旷课,不参加学习。这些消极的学习态度在一定程度上影响了安全培训的质量。

2.2 培训内容和培训方法与班组长的要求存在一定的差距

许多班组长参加培训的目的非常明确,那就是通过培训和学习能掌握和解决他们在工作中遇到的安全问题,使自己的能力得到提高。虽然安全培训项目开发是在经过深入调查研究的基础上设计的,但是在培训内容的安排上难免会与每个学员的要求有差距。主要表现在:培训内容体系侧重于理论性和知识性,而学员在培训中希望得到的却是实用性和操作性,也就是解决业务工作中遇到的问题。由于我们的教师没有实际接触现场工作,对班组长工作中可能出现的问题不甚了解,在授课中只是从理论到理论或者是假设到假设。他们虽然有着深厚的理论功底,但对工作流程缺乏实际操作的工作经验。

3 河南交通投资集团在班组长安全培训方面的系列探索

针对高速公路企业班组长安全培训的上述特点,河南交通投资集团在班组长安全培训上大力加强安全培训机构、教材、师资建设,2011 年集团共培训所属单位安全生产管理人员、班组长 2 678 人,完成全年培训计划的 100% 。

3.1 强化责任意识,狠抓贯彻落实

做好工作,推进事业,离不开抓落实。抓落实不仅是衡量一个领导干部素质的“试金石”,而且是最好的领导办法。一切困难和问题只有在落实当中才能解决,一切机遇和成效只有在落实当中才能抓住。抓不抓落实,反映的是工作作风问题;会不会抓落实,反映的则是工作能力问题。只有把抓落实作为常态,工作才能进入状态。为了避免班组长培训工作流于形式,集团根据省交通运输厅印发的班组长安全培训方案,狠抓落实,结合集团实际,及时拟定印发了《关于组织开展 2011 年班组长安全培训工作的通知》(豫交集团运[2011]70 号),对集团班组长安全培训内容、培训对象、培训步骤、组织领导等方面进行了细化。为贯彻好省交通运输厅部署,集团 4 月份在郑州南服务区举办了“班组长安全生产骨干人员培训”,省交通运输厅、集团领导对班组长培训工作做了重要讲话和指示,要求各单位高度重视班组长安全培训工作,紧紧围绕安全生产中心工作任务,树立强教育、重培训、再提高、会管理的理念。集团还邀请了省安监局领导对参会人员进行了全面而又深刻的讲解授课,学员普遍表示受益匪浅。

3.2 注重基础工作,规范培训行为

根据省交通运输厅班组长安全培训要求,我们要求集团所属单位全面摸清企业的基本情

况，对本企业班组进行分类，填写“交通运输企业事业单位班组构成和班组长花名册”；拟定好培训计划，及时上报“交通运输企事业班组长安全培训计划表》。同时，紧密结合交通运输安全生产工作特点，组织专业技术力量按照培训内容要求编写培训教材报集团营运管理部审定。根据各单位报送的培训内容，我们结合集团实际，组织人员编撰了涵盖安全生产基础知识、安全生产法律法规与制度选编、班组长安全生产培训教程——《河南交通投资集团安全生产管理手册》（上、中、下三册约50万字），构建了一套管理职责明确、内容具体规范、指导性较强的制度化管理框架。教材的编辑出版为集团广大安全监管人员和一线安全生产人员提供了全面、翔实的学习教材，有力地推进了集团班组长安全培训工作的开展。

3.3 明确攻坚重点，全面推进培训

在集团层面组织开展班组长骨干人员培训班后，我们要求集团所属各单位结合实际全面推进班组长安全培训工作。为明确重点，集团印发了《关于开展“管理提升百日攻坚”活动的通知》（豫交集团运〔2011〕93号），将班组长培训工作作为安全生产与应急工作攻坚重点纳入活动部署。同时，要求所属各单位在活动中采取灵活多样的培训方式，如集中授课、现场讲解、“每日一题”、安全讨论、安全专栏、案例分析等，把握“应知应会”和“规范操作”两个重点，确保受训率达到100%，保证了培训取得明显效果。

3.4 加强监督指导，确保培训质量

班组长安全培训活动部署后，集团多次组织检查小组，对各单位班组建设和班组长安全培训进行日常监督和指导，重点检查培训的内容、时间、教学管理、考核达标情况和培训效果，针对检查出的问题，及时提出整改意见和建议，强力督导培训工作。10月20日，我们还邀请省交通运输厅安监处领导对中原高速驻马店分公司的班组长培训工作进行了现场监督检查。

3.5 开展考核验收，落实主体责任

结合各单位培训开展情况，集团于11月25日下发了《关于认真做好2011年度班组长安全培训考核验收工作的通知》，进一步落实了考核工作责任制，要求所属单位认真组织好班组长安全培训结业考试工作，严格按照标准对各分公司、所属单位逐一考核，严格把关。对在年初上报的“交通运输企业事业单位班组构成和班组长花名册”中无故不参加安全培训考核的单位均视为考核工作不合格，不得发放培训合格证，并取消该单位年终安全生产评优资格，坚决杜绝形式主义和走过场的现象，有力地推进了培训活动的圆满完成。

4 几点思考

4.1 班组长安全培训工作必须经常化和制度化

制度既是实践的科学总结，又是统一行动的准绳。建立和完善与班组长安全培训工作密切相关的各项培训制度，按照符合高速公路安全培训工作的科学规律进行教学活动，这是搞好班组安全培训的重要保证。

4.2 班组长安全培训工作必须注重实效性

班组长安全培训工作必须根据各单位的行业特点、工作需求进行有针对性的技能培训，切不可照本宣科。这就要求我们选择培训教师时要把教师的专业技术知识与各单位工作实际结合起来，培训教师要经常下基层调研，和班组长进行有效沟通交流，定期召开班组长座谈会，建立教师与班组长之间的交流制度。

4.3 班组长安全培训工作必须强化班组安全文化建设

安全文化是安全科学发展之本，是实现安全生产和安全生存的基础和灵魂。建设班组安全文化，就是用安全文化造就具有顽强的心理素质、科学的思维方式、高尚的行为取向和文明生产生活秩序的新时代班组管理者，使班组内的每一位员工能在正确的安全心态支配下，高度自觉地按照安全制度准则规范自己的行为，并能有效地保护自己和他人安全与健康，同时确保各类生产作业的顺利进行。在班组长安全培训工作中，有目的地把集团公司的安全文化和本单位的安全文化远景与班组安全文化建设相结合，把企业安全文化与班组生产过程中形成的习惯结合起来，使班组每一位成员把"我要安全"的意识深入心中，充分体现"我要安全"的自觉性、主动性。逐步使各班组时时、处处、事事都牢记安全，落实行动。

参考文献

[1] 赵瑞麟.强化班组长队伍建设筑牢安全生产基础 中国煤炭工业,2010(9).

[2] 陈晓春.加强管理知识培训提升班组长管理能力中国职工教育,2010(3).

[3] 周和平.我国企业构建班组长培训体系的探讨.现代班组,2009(2).

以“交通智能信息平台”为载体全面开创高速公路管理新局面

刘　渤　陈　森　申伟志

（河南交通投资集团有限公司）

摘　要　本文通过简要阐述河南省现在主要实施的路况信息发布采集模式，分析河南省在全国高速公路率先实施的“路警四联合”工作模式，对近年来河南省高速公路系统化、创新化管理进行阐述，最后对如何创新我国高速公路管理的必要性进行论述。

关键词　智能交通管理　创新管理　路警四联合

1　现状

截至2011年年底，河南省高速公路通车总里程达到了5142km，建成了全国唯一“一网相连”的高速公路收费网络，实现了省内一卡通，实现了“一卡在手，畅通中原”。河南省作为我国的交通大省、交通强省，高速公路的建设在全国率先取得了阶段性突破后，一个新的课题摆在了面前，那就是如何有效保障高速公路的通行能力、提升高速公路行业运行管理效率、提高社会公共服务水平，保证广大驾乘人员的人身、生命和财产安全。

2　当前河南省加强高速公路信息化管理对策与应用

2.1　成立应急指挥平台

河南省交通运输厅高管局与公安交通管理部门合作，成立了河南省高速公路路警联合指挥中心，中心下设45个分中心，实现了恶劣天气、应急状态下高速公路交通管制的统一调度指挥。2006年，河南省高速路政和高速交警两部门在全国率先提出并全面推行“联合指挥、联合巡逻、联合执法、联合施救”的“路警四联合”工作机制，实现了资源整合和信息共享，提高了快速反应速度，增强了救援能力。

一是联合指挥。“联合指挥”是高速路政、交警双方共同抽调人员进驻监控中心，成立“路警联合指挥中心”这个常设机构，依托监控中心，利用GPS全球定位系统、路面监控设备、有线无线通信网络等一系列科技手段，建立起全方位、多部门的信息交流平台，行使信息管理权、先期处置权、直接指挥权、装备调用权和检查督导权五项重大权力，统一安排值班和指挥调度，接收报警求助。目的是为了减少信息传递环节，对紧急情况做出相应的快速处置。

二是联合巡逻。联合巡逻是“四联合”工作当中内容最丰富、形式最多样的一项基础工作。高速路政、交警通过采取错时巡逻、异向巡逻、电子巡逻等行之有效的联合巡逻方式，节约行政成本,对所辖路段进行了全面的掌握,达到一加一大于二的巡逻效果。

三是联合执法。高速路政、交警双方在成立"路警联合行政执法大厅"的基础上,双方派驻熟悉本部门和对方业务流程的工作人员在联合办公大厅为驾乘人员实施"一站式服务",同时依靠联合执法大厅建立起来的工作运行机制开展治理超限运输、打击闯卡倒卡、偷逃通行费等违法行为的专项行动,维护路权、保护路产。

四是联合施救。"联合施救"是高速路政、交警双方在建立长效管理工作基础上,联合高速公路经营管理部门、有资质能力的社会企业、在施救过程中实现"统一力量、统一协调、统一指挥、统一调度"的现场施救模式。此模式极大地提高了交通事故救援效率,有效提升了广大人民群众的生命财产安全。

2.2 开通了"12122"公众出行服务电话,24 小时接受咨询服务

全省高速公路上下牢固树立"保通就是保民生、保稳定、保安全、保效益、保形象"理念,在近年来的雨雪冰冻灾害天气、奥运圣火转场传递、南水北调移民搬迁等一系列重大服务保障工作中,提前细化预案,通过电台、网站等适时向社会发布高速公路路况信息,精心组织部署,免费发放食品,确保道路畅通,受到了国家领导人、省部各级领导的高度评价,受到了社会各界的广泛好评。

2.3 开通路政对讲平台(Push-to-Talk,简称 PTT)业务

PTT 也称"一按即通"业务,是指采用半双工通信方式实现实时直连的"点到点"和"点到多点"语音通信。主叫方只要按一个键,无需拨号和等待对方摘机,就可立即接通电话,向一个人或一组人发起通话,迅速建立谈话组。谈话组中同时只有一人能讲话。

2.4 加强交通诱导信息发布设备的应用

交通诱导信息发布设备主要是以 LED 发光器件为主要单元的交通信息显示设备,具有图形及文字显示功能,监控中心可以进行编辑、调光、开启、关闭和模拟显示操作。

2.5 开通"G-SMS 软通"短信平台

该平台是由短信中国自主研发的一款短信群发软件,采用了业界领先的技术,同时和各大移动运营商合作,实现全国范围内的手机号码(包括移动、联通和电信)精准发送。无论你是发送普通的营销广告,还是紧急通知或者路况信息,"G-SMS 软通"短信群发平台都可以为你提供完美的解决方案。

2.6 高速公路移动视频监控系统

该监控系统主要是通过网络、3G 通信技术、GPS 技术以及 GIS 技术,实现对养护巡查的实时监控和调度。在巡查车无法到达的地方,还可由巡路员携带 3G 视频设备,将相关路况信息传递至养护中心的监控室。该系统还可通过手机接收各种路况信息,实现实时监控和调度指挥,遇到突发事件能将现场图像实时传送至上级主管部门,为领导科学决策提供依据。

2.7 实施路况信息员管理制度

路况信息员的人员构成分三块,主要以高速公路护路员为基础,以沿线村庄治安积极分子为骨干,以途经大队辖区客运企业驾驶人为补充。实施高速公路路况信息员管理将极大地节

约人力资源,提高工作效率。当前,雨雪雾等恶劣天气给高速保通工作带来较大困难,对河南省保通任务较重的高速公路管理者来说,发展路况信息员制度是一个有效途径。

2.8 开通公众信息服务平台

高速公路作为社会的重要服务业,为实现高速公路的社会服务化,必须建立面向社会,集数据、信息、图像为一体的交通信息服务网站,通过及时更新路况信息,为广大驾乘人员提供路况信息服务。

3 未来交通信息化建设的设想

要进一步转变工作思路,做好统筹规划和有序建设工作。交通信息化是交通行业在新的历史起点上实现又好又快发展的必然选择,正在发挥着越来越重要的作用。未来交通信息化必须做好以下几个方面的工作:

3.1 夯实交通信息网络基础,保障业务系统安全高效运行

交通部门必须进一步建设和完善交通电子政务网络基础设施,同时积极开展高速公路信息通信资源整合研究,并充分结合国家公共通信资源和交通卫星通信网络,形成管理有序、安全可靠、天地合一的交通行业信息通信基础网络。

3.2 加强交通信息化标准体系建设,做好基础技术保障

交通信息化标准体系建设是交通信息化建设中的一项基础性系统工程,必须做好信息化标准建设,为行业信息化的建设提供全方位的标准保障。

3.3 加强数据交换共享,促进信息资源开发利用

交通信息化的快速发展,为交通行业积累了大量的信息资源,但是由于标准不一、信息共享与交换渠道不畅,形成了许多的“信息孤岛”,造成各单位、各部门之间的信息资源共享和开发利用水平不高,信息资源没有充分发挥出效益。

3.4 加强交通信息化人才队伍建设,提供智力支持保障

信息化建设人才是关键。在推动交通信息化建设的同时,要更加重视行业信息化队伍的建设,加大信息人才培养的力度。研究制定信息化人才培养的政策和措施,努力在信息化建设中培养和锻炼人才,逐步建立一支既熟悉交通业务,又掌握信息技术的、适应交通信息化发展的人才队伍。

无论是中央政府还是地方政府,不管是国家主管部门还是民间社会团体,都对交通信息化平台建设与发展方面给予了极大的关注和支持,对推动交通信息化平台的建设和完善做了很多相关的工作 。我们相信,未来几年创新交通路况信息化管理将进入一个崭新的时代,此举对交通路况信息化平台在交通运输行业,道路交通运输管理行业方面将发挥更大更好更完善更先进的作用,其必将推动我国经济社会发展迈向新的巅峰。

参 考 文 献

[1] 王国清,刘彦涛.省级公路路网管理信息支持系统功能分析与框架设计.交通运输系统工程与信息,2004(01).

[2] 唐建国,唐毅.高速公路管理信息系统中的共用信息平台.交通科技与经济,2005(06).

[3] 于洁潇.路政管理信息决策系统的研究与开发.交通与计算机,2007(02).
[4] 葛建峰.网络技术在路政管理信息系统中的应用.江苏交通,2003(01).
[5] 李文全.基于WebGIS的路政信息综合查询系统的实现.韶关学院学报,2008(06).
[6] 钱永祥.沪宁高速公路紧急救援系统现状和平台体系框架的建立.中国交通信息产业,2006(06).
[7] 陈继红,陆建新.基于SOAP的路政管理信息系统.微计算机信息,2007(03).

加强和规范省级交通投融资平台管理的思考

刘　渤　刘金江　陈　森

（河南交通投资集团有限公司）

摘　要　省级交通投融资平台自出现以来，一直面临着来自宏观经济周期、政策调控及地方政府发展思路方面的多重挑战和冲击，如何应对危机，强化企业自身管理，变挑战为机遇，走可持续发展之路，是当前省级交通投融资平台的重要课题。

关键词　交通　投融资平台　思考

1　背景

2008 年，为应对席卷全球的金融危机，中央政府出台了 4 万亿元的经济刺激计划。为了帮助地方政府和企业筹集配套资金，央行于 2009 年年初出台了《关于进一步加强信贷结构调整促进国民经济平稳较快发展的指导意见》，通过较宽松的信贷政策，鼓励地方政府发挥政府投融资平台的作用，通过银行贷款和发行企业债券等形式融资。在这一政策背景下，河南省先后新成立了包括河南交通投资集团有限公司（以下简称交通投资集团）等五家省级投融资平台。

政府投融资平台与一般的国企相比较，往往承担了更多的社会责任，是地方政府职能延伸的工具。虽然一些投融资平台公司还有一些经营性项目，但总体上看，其投资行为是以社会福利最大化为出发点，经济利益被排在次要地位。河南省新成立的五家省级政府投融资平台即存在上述特点，故成立以来，其承担的社会公益性职能远远超过其经济效益职能，为我省加快经济发展、构筑中原经济区作出了重要贡献。但就目前政府投融资平台的运行情况上看，内部治理结构的不健全和外部制度约束机制的缺失一直是其运行过程中没有解决的问题。而前几年快速增长的信贷规模则使原有的问题进一步扩大。根据有关部门对交通投资集团等新“五投”组建成立以来经营运作情况的专项调查结果表明，上述新“五投”，尽管按照河南省委、省政府“边筹建、边工作、开好局、起好步”的要求做了大量工作，取得了一定成效，但却不同程度存在内部治理结构不健全、外部制度缺失、效率不高、效益欠佳等问题。

为提高效率，增强投融资能力，完成省委省政府赋予的历史使命，作为新组建“五投”中资产总量最大、历史沿革较长的企业，交通投资集团自成立以来，按照省管企业经营业绩考核有关制度要求，结合自身实际，对如何利用经营业绩考核规范省级投融资平台内部制度、提高经济效益做出了有益的探索。

2 交通投资集团经营业绩考核工作实践

2.1 制度草创阶段(2009.6—2010.4)

交通投资集团成立于2009年6月,由河南省高速公路发展有限责任公司、河南中原高速公路股份有限公司等六家单位合并重组后,有二级企业10家,三级企业60余家。2010年年初,经过近半年的运营,交通投资集团下属企业产权关系模糊、管理制度不健全、管理责任不清、历史遗留较多等问题逐渐暴露出来。针对分布于不同行业、处于不同发展阶段的众多子公司,如何实施有效地管理是一个关键性的问题。

2010年年初,省政府国资委对交通投资集团的经营业绩考核提出了总体要求,也为交通投资集团探索行之有效的企业管理方式指明了方向。作为河南省大型交通投资国有企业,交通投资集团肩负着发展我省交通事业,保障国有资产保值增值的历史使命,但也面临着投资任务繁重、资产质量不佳、财务成本大、盈利能力弱等诸多困难。省国资委在充分尊重企业特性特点的基础上,借鉴先进省份经验,创造性地提出了一套适合于省级投融资平台的经营业绩考核指标和考核办法,并以此为基础与交通投资集团签订了2010年度经营业绩考核目标责任书、2010—2013年度任期经营业绩考核目标责任书。

为了尽快提高属企业管理水平,建立、健全以经济效益为中心的经营管理理念,逐步形成集团公司对所属企业科学、合理的利润率预测和考核办法,以及相应的激励约束机制,继而实现所属企业经济效益和核心竞争力的不断提升,交通投资集团参照国资委对省管企业考核的有关办法,充分考虑实际,制订完善了《河南交通投资集团有限公司所属单位及负责人经营业绩考核实施细则》、《河南交通投资集团有限公司所属单位经营业绩考核指标值及评分标准》等制度办法,按照参与市场竞争的程度,将所属企业分为完全竞争性、一般竞争性、非竞争性等三大类型,选择利润总额、成本费用利润率为基本指标,与所属二级企业签订了年度经营业绩考核目标责任书,开始尝试与省管企业经营业绩考核制度接轨,按照业绩考核的导向规范自身的经营管理。

2.2 逐渐完善阶段(2010.4—2011.4)

2010年度目标责任书签订后,为做到责任层次落实、任务层层分解、压力层层传递,交通投资集团着手建立相关的配套制度:一是建立起"二级考核机制",即集团公司考核直属企业,各直属企业考核下属子企业。交通投资集团要求各二级企业参照集团经营业绩办法及年度考核指标,把业绩考核目标进行逐级分解和落实。二是着手建立经营业绩期中控制制度:通过经营业绩考核季度自评报告制度、半年度及年度经营业绩分析会等形式,实时掌握企业经营动态。同时要求各企业通过及时掌握预算执行情况来实施动态监控,通过实施月度、季度定期经济形势分析、召开绩效评价会议等,建立起完善的绩效分析和纠偏机制,确保业绩考核目标的实现。三是逐步完善具有综合评判、分析诊断和行为引导三大功能的综合业绩评价体系,年度考核指标的制定考核与全面预算管理相结合,经营业绩考核结果通过薪酬制度与绩效工资相挂钩。

2.3 稳步提高阶段(2011.4至今)

经过一年多的实践,经营业绩考核的导向作用开始显现,各单位战略管理和预算管理水平明显提高,激励约束效果进一步凸显,有力地调动了所属企业及干部职工的积极性。但是由于一切还处于草创阶段,制度设计上的一些不完善之处也逐渐暴露了出来:一是对企业生产经营过程的了解程度还不够透彻,导致在指标选择上的覆盖面不够,对企业薄弱环节的考核力度不强;二是在企业目标值的合理性判断上缺乏依据,导致少报、瞒报情况的发生,部分企业出现目标完成情况大幅度超额的现象,影响了业绩考核激励约束作用的发挥;三是在指标的评价上还缺乏对上述现象的有效约束机制,导致企业上报指标低比高好,打击了如实预报业绩企业的积极性。据此,交通投资集团根据上述问题,在2011年重点开展了分类考核、短板考核工作,完善出台新的指标确定办法和指标评价机制,确立了以"纵向对比、横向对标、充分沟通、综合平衡"的指标确定原则,进一步加强了业绩考核的科学性、合理性和有效性。

经过两年多的艰苦工作,交通投资集团及其所属各企业的面貌焕然一新,经营业绩考核工作推动着交通投资集团整体在经营理念、经营方法、工作方式、科学管理等方面向着更高的层次转变和调整。交通投资集团开展经营业绩考核的实践证明,实行以经济效益考核为中心的经营业绩考核,对于强化企业责任意识,提高工作质量和效率,加快重组整合,推动各项业务协调快速发展,发挥了至关重要作用。

3 关于开展业绩考核工作的一些思考

在传统的经营理念上,国有企业关注的重点往往是社会效益、企业形象,其次才是经济效益、利润和成本控制。作为一家以投融资为主要业务的国有控股集团,交通投资集团的公益属性也大于经济属性。但同时也应看到,社会效益固然重要,但如果没有经济基础,社会效益、企业贡献、企业形象就无从谈起。所以说企业要健康发展,要可持续发展,归根结底还要回到经济效益上面来,踏踏实实把企业经营搞好,企业的经济效益上去了,职工有了归属感,上下拧成一股绳,社会效益、企业形象自然也就体现出来了。幸运的是,交通投资集团在初创之时,即找到了经营业绩考核之有效工具,经过两年多的时间,从零开始,稳健起步,谨慎实践,不断总结,逐步摸索出一条符合交通投资集团所属单位实际的业绩考核之路。但冷静思考,工作中还有许多矛盾和问题没有解决,距离建立科学完善的业绩考核体系还有一定差距,需要认真总结,不断完善。

3.1 经营业绩考核应建立在信息双向透明的基础之上

在考核实践中我们发现,对所属企业的考核往往存在这样一种困境:由于所属企业众多,类型千差万别,有限的人力物力无法对考核企业的实际情况做到充分了解,考核办法、指标确定原则却完全公开,导致部分企业利用信息的单向透明,故意钻制度的空子,影响了考核的科学性。据此我们也认识到,业绩考核是科学管理的有效工具,但不是万能钥匙,其作用的发挥应建立在信息充分公开透明的基础之上。首先,企业整体的考核办法、制度体系、指标确定原则应充分公开,使被考核对象正确领会企业集团的整体战略、政策导向;其次,被考核对象的财务状况、资产质量、企业战略、经营状况、业务开展等要对考核部门完全公开,只有这样才能使考核指标设定符合企业特性特点,实现分类考核、精准考核的最终目的;最后,考核部门应对被考核对象年度考核指标的阶段执行情况充分了解,通过过程监管控制,不断修正企业经营轨迹,保证年度考核指标的实现。

3.2 经营业绩考核要与企业发展战略紧密结合

企业发展战略规划界定了企业的经营方向、远景目标,明确了企业的经营方针和行动指南,是经营业绩考核的方向和目标。经营业绩考核是实现企业战略的有效工具,其核心是将企业战略目标通过组织体系落实到具体工作的绩效上,从而约束每个部门或团队及岗位(员工)的具体工作按企业战略的方向进行。但在实际操作中,经营业绩考核往往被理解成对企业经营者进行评价,企业划分档次的工具,其结果难免出现重过去财务的结果,或轻未来价值体现,重结果静态考核,或轻动态过程考核的情况。因此,应充分认识到,考核不是目的,其目的应该是通过绩效管理系统的实施,能够将每个员工、各个部门或团队的努力与企业战略目标紧密地联系起来,通过提高员工绩效、部门绩效来提高企业整体绩效,从而实现企业战略目标,使员工与企业同步发展。

3.3 经营业绩考核是一套复杂的系统工程

这体现在两个方面:一是从时间上说,经营业绩考核包括指标制订、过程监管、考核总结三个阶段,各个阶段目标的实现需要一整套制度(预算制度、期间报告制度、薪酬激励制度等)相互配合,紧密衔接。二是从实施主体上看,经营业绩考核需要企业各部门之间、上下级之间密切配合。财务部门的决算与预算工作,既为考核结果提供了依据,也为考核指标的制订奠定了基础,人事部门的薪酬发放工作,保障了绩效考核的严肃性,被考核对象充分理解支持企业的整体战略、制度办法,才能使考核的目标最终实现。

4 几点思考

在总结两年来工作的基础上,交通投资集团提出了下阶段的经营业绩考核工作基本思路:按照精准考核要求,进一步健全经营业绩考核体系,完善目标确定机制和激励约束机制,充分发挥业绩考核的导向作用,努力推动所属企业价值创造能力稳步提升,风险控制水平明显增强,实现国有资产保值增值,促进企业又好又快发展。

4.1 进一步完善考核方法体系

在总结自己经验和广泛借鉴别人经验的基础上,继续引入行业对标、横向比较的考核理念,一是按照“同一行业、同一尺度”的原则,引导所属单位把自己与自己“纵向比”,国内同行业先进水平“横向比”结合起来,通过对标找差距、增动力,不断提高业绩水平;二是引入价值管理理念,引导和鼓励各单位更加关注价值创造,加强风险控制,提高企业可持续发展能力;三是鼓励各单位充分运用经营业绩考核杠杆,开拓经营思路,在做出特色、做强做大上下工夫,进一步提升核心竞争力。

4.2 进一步完善考核指标体系

考核目标的确定要在坚持纵向比较与横向比较相结合的基础上,进一步贴近各单位发展特点,找出一定时期内企业经营业绩轨迹,并结合各单位基础差异、资产质量、行业特点,确立更加科学合理的指标确定方法和指标值测算模型,确定具有挑战性的指标,强化“短板”考核,力争做到业绩考核的共性要求和各单位个性特点相统一。

4.3 进一步完善指标评价机制

进一步完善为获得考核高分而刻意压低指标行为的约束办法,把指标值与指标完成值之间的差异程度作为考量各单位预算及指标测算准确与否的依据,同时采取对主营业务成本等指标同口径追溯对比的办法,力求缩小指标与指标完成值之间的差异。对差异较大、指标完成值非正常超额的单位,将采取倒扣的方式扣减考核得分,以确保考核工作的公平合理,提高业绩考核精准度。

4.4 进一步突出预算管理作用

全面预算是开展经营业绩考核工作的基础,预算的准确性和执行力,直接影响经营业绩考核结果。建立和推行全面预算管理的经营理念,引导企业把预算工作作为企业经营的依据和准绳,根据企业实际情况科学制定预算目标,合理进行预算的控制,是企业开展经营管理的核心工作。

4.5 进一步加强风险防控机制建设

进一步树立正确的业绩观,在追求效益最大化的同时,更要注重增长质量和增长方式,充分发挥业绩考核的导向作用,引导企业加强风险防范。一是对资产负债率高、投资冲动强的企业,按照不同行业和不同标准,增加资产负债率、流动比率、速动比率等考核指标,引导企业合理控制投资规模,有效降低负债水平。二是对资金紧张、集团控制力较弱的企业,适当增加现金流考核指标,引导企业规避财务风险,增强集团管控能力。三是对成本费用上升过快的企业,加大相关指标的考核力度,督促企业进一步强化内部管理和成本费用控制。认真查找、深入剖析管理"短板"和薄弱环节,下大力气挖掘潜力,努力消除潜在经营风险,强化风险防范能力,增加企业竞争力。在对考核企业财务经济指标实施监督的同时,建立企业负责人重大事项报告制度,努力消除潜在经营风险,不断增强企业竞争力,把经营风险防范在萌芽中。

5 结语

总之,经营业绩考核的核心作用在于它对企业经营强大的导向作用,实施经营业绩考核的核心意义,不仅仅在于短期目标的实现,更体现了企业整体基础管理水平的提升。通过经营业绩考核将集团的经营目标层层分解,保证了各被考核单位目标与集团整体目标的有效衔接;并且,通过经营业绩考核,落实了经营责任;业绩考核与收入分配挂钩,使按劳分配的原则进一步得到了落实,调动了各单位工作积极性。这一良性的激励约束机制,实现了压力的层层传递,有效地增强了各单位的资本回报意识、成本控制意识、市场开拓意识,考核的压力转化成了改善经营业绩的动力,促进了管理效率和管理水平的提高。

参考文献

[1] 邹宇. 加快政府投融资平台转型是实现可持续发展的必然选择——由政府主导向市场驱动转变[J]. 城市,2008(11).

[2] 余萍. 地方政府投融资平台建设研究[J]. 黑龙江对外经贸,2009(5).

[3] 关红,熊广泽,郭玉林. 宜昌城市建设融资平台发展情况调查报告[J]. 发展论坛,2008(9).

高速公路计重收费收入预测方法研究

田燕玲　郭彩萍　金煜炜

（河南中原高速公路股份有限公司）

摘　要　本文中研究了计重收费相关标准特点，对计重收费已取得的效果进行了总结。在对计重收费特点研究基础上，提出了对计重收费收入短期预测和中长期预测的方法，并以某高速公路为例，以实际收费数据标定得到该公路项目相关计重收费收入预测模型。

关键词　高速公路　计重收费　预测

1　前言

计重收费，就是借助动态称重系统，根据计费质量确定收费标准和费用总额的一种公路通行费收取方式，是目前比较符合中国国情、科学合理的收费方式，对于遏制超限现象有显著的作用。目前，计重收费已经成为我国大多数省市高速公路的货车收费方式。随之而来，计重收费收入的预测重要性也逐渐体现出来。计重收费收入预测的准确性，将直接决定项目财务分析的精确度，从而影响到项目可行性研究的结果和投资决策的制定。对于计重收费，有关研究较多，但主要集中于原理和实施方法研究上，如卢毅等在《公路计重收费模式与定价方案的实证分析》中提出了相对较优的集中收复模式与定价方案①，高博在《关于我国计重收费几个问题的探讨》中提出了收费的3种模式②等。而对于计重收费收入的预测目前有关研究较少，仅有孙相军、王丽在《计重收费模式下测算收入的简便方法》中提出了一种简单的计算方法③。本文希望在建立一种适用范围广、应用简便的计重收费收入预测方法方面做些探索。

2　计重收费标准及效果

交通部于2005年10月26日下发《关于印发收费公路试行计重收费指导意见的通知》（交公路发【2005】492号）（以下简称《指导意见》），用以规范和指导各地计重收费工作，是我国收费公路试行计重收费的纲领性文件。《指导意见》中明确了“对于试行计重收费的省份，各省级交通主管部门要会同同级物价、财政部门，在原按车型分类费率标准的基础上，结合本地实情，重新确定试行计重收费的收费公路车辆通行费的基本费率标准，并报省级人民政府批准”。并规定了各省、自治区、直辖市在确定计重收费基本费率标准时，要符合的原则和要求。主要包括：确保本省级行政辖区内计重收费基本费率标准和单位的统一；确保正常装载的合法运输车辆的通行费收费标准在原收费标准的基础上有所下降；确保空车、轻车的总体收费水平明显下降等。只有这样才能真正做到保护正常装载车辆的使用者的合法权益，以政府的行政手段干预超限装载车辆用户的违法行为，遏制或减少超限情况的发生，有效地保护我们的高速公路不受损害，使得在正常使用年限内的经济效益和社会效益得到最大限度的提升。

根据《指导意见》制定的方针和原则,各省市因地制宜地制定了计重收费标准。虽然各地采用计重收费标准在超限认定标准、收费区间划分上存在差异,但具有以下共同点:

2.1 收费标准的指导原则相同

各地在计重收费政策实施过程中,主要体现了以下原则:

社会效益最大化原则;

公平合理原则;

鼓励合法装载原则;

不增加社会总体负担原则;

引导发展原则。

以上原则的贯彻实施,既体现了国家产业政策,又充分体现了实行计重收费的非盈利原则,为施行计重收费争取了社会支持。

2.2 对超限程度进行划分,采用不同费率

各地一般按照超限程度划分为不同区间:①三区间,小于等于30%,大于30%而小于等于100%,大于100%;②四个区间,小于等于30%,大于30%而小于等于50%,大于50%而小于100%,大于100%。在超限判别中,各地基本上把小于等于30%的超限率以正常装载的原则处理,体现了由按车型收费到计重收费的过渡衔接,体现了"以人为本"不增加社会负担的原则。

2.3 对超限部分实施补偿性收费措施

目前对超限车辆采取的收费措施主要是3种:按照车辆总轴重的超限率分阶段确定不同的加收系数计算其通行费;车辆超限30%以上部分按基本费率的K_1倍线性递增至K_2倍计算其通行费;车辆超限30%以上部分按其超限率确定其费率,按确定的费率计算其通行费。[④]

通过计重收费的在各地高速公路的实施,取得了较好的社会效益和经济效益。通过计重收费的实施,各地超限车辆比例明显下降。道路损坏速度放缓,降低了维修成本,道路安全情况好转,交通事故明显降低。通过填补收费政策漏洞,提升了货运收费收入。

3 高速公路计重收费收入的预测

本次研究根据计重收费收入预测的用途不同分为短期预测和长期预测两种。短期预测,可以作为对高速公路项目收入的近期收入情况预测服务,可用于高速公路管理企业对近期收费收入的测算,一般为5年以内。长期预测,为高速公路项目中远期收入情况进行预测,可用于高速公路财务分析以及投资决策分析,一般为5年及以上的预测。本次研究对于收费收入的预测是建立在对交通量准确预测的基础上进行,追求预测方法的准确性和实用性。

在本次研究中,我们引入收费收入提高系数——K的概念。将由于计重收费导致的收费收入提高比例定义为收费收入提高系数,其数值通过计重收费模式下的收费收入(称为"实际收入")与计算分车型收费标准下的收费收入(称为"正常收入")的比值得到,如式(1)所示。根据之前对计重收费发展规律的分析和理解,收入提高系数K将主要受计重收费政策实施的时间长短影响,是与时间相关的函数。

$$K = \frac{\text{实际收入}}{\text{正常收入}} \tag{1}$$

3.1 短期预测方法

根据计重收费在各地实施效果来看,随着计重收费政策的推进,超限超载现象逐步减少,补偿性收费在总收费额中所占比重随之逐步降低。综合考虑收费收入随时间的渐变过程,在短期预测过程中推荐采用指数平滑法来对“收入增长系数”进行预测。通过指数平滑法可以消除历史统计中的序列波动,使得预测结果符合发展趋势⑤。

根据指数平滑法的特点,当观测值分布出现曲率时,需要用三次指数平滑法。

三次指数平滑非线性模型预测公式为:

$$K_{t+T} = a_t + b_t T + c_t T^2 \tag{2}$$

式中:t——已有数据时段长度;

T——预测时段;

K_{t+T}——预测期 $t+T$ 收入提高系数。

式中系数计算公式如下:

$$a_t = 3S_t^{(1)} - 3S_t^{(2)} + S_t^{(3)}$$

$$b_t = \frac{\alpha}{2(1-\alpha)^2}\left[(6-5\alpha)S_t^{(1)} - 2(5-4\alpha)S_t^{(2)} + (4-3\alpha)S_t^{(3)}\right]$$

$$c_t = \frac{\alpha^2}{2(1-\alpha)^2}\left(S_t^{(1)} - 2S_t^{(2)} + S_t^{(3)}\right)$$

$S_t^{(1)}$、$S_t^{(2)}$、$S_t^{(3)}$ 依次为一次、二次、三次指数平滑值,其计算方法如下:

$$S_t^1 = \alpha K_t + (1-\alpha)S_{t-1}^1$$

$$S_t^n = \alpha S_t^{n-1} + (1-\alpha)S_{t-1}^n$$

3.2 中长期预测方法

根据各地收费数据分析,具有一定的趋势性特点,与对数回归模型和指数增长模型数据分布特点较为相似。通过对数回归模型和指数增长模型对不同数据分析对比,本次研究认为对数回归模型更符合收入提高系数 K 随时间的变化规律,因此推荐采用对数回归模型来对收入提高系数 K 进行中长期预测。

$$K_t = a\ln(t) + b \tag{3}$$

式中:a、b——常数;

K_t——时间点 t 时的收入提高系数。

4 范例

以 H 省某高速公路收费数据为例,进行短期和中长期预测。在以往 3 年内各月收入提高系数如表 1 所示。因为目前我国采取计重收费政策时间较短,推荐以月为单位进行计算,以保证样本数量。

H 省某高速公路历史收入提高系数 表 1

年 月　份	2007	2008	2009
1 月	1.652	1.121	1.084
2 月	1.582	1.087	1.106

续上表

年 月　份	2007	2008	2009
3 月	1.495	1.132	1.129
4 月	1.165	1.127	1.121
5 月	1.152	1.130	1.130
6 月	1.148	1.134	1.129
7 月	1.149	1.126	1.122
8 月	1.141	1.117	1.117
9 月	1.132	1.108	1.115
10 月	1.131	1.107	1.112
11 月	1.144	1.119	1.091
12 月	1.143	1.127	1.110

4.1　短期预测

采用指数平滑法，得到三次指数平滑预测模型：

$$K_{t+T} = 1.105 - 0.0012 \times T - 7.1 \times 10^{-5} \times T^2$$

4.2　中长期预测

采用回归法预测，得到对数回归模型：

$$K_t = -0.0154\ln(t) + 1.164$$

5　结语

本方法特点是实用、简便，在结合交通量预测的基础上，能够较好地预测高速公路的计重收费收入，对于准确预测高速公路收费收入、对其进行准确的财务评价具有较好的作用，弥补了国内在计重收费收入方面的研究空白。但计重收费是受到政策因素影响较大，如发生政策调整，需对预测结果进行校正。此外，本次研究仅考虑了政策实施后随时间变化的情况，对于项目影响区产业调整等影响因素未加考虑，希望在以后的研究中能够进一步考虑到多种影响因素对计重收费收入的影响。并通过实际效果进行检验，对相关参数加以调整，以便达到更好的预测效果。此外，本方法是一种较为简便的计算方法，今后的研究可以在更丰富的数据基础上，可以结合人工神经网络、灰色系统等相关理论，建立更加准确的预测模型。

参 考 文 献

[1] 卢毅，张欢，曾江洪. 公路计重收费模式与定价方案的实证分析. 价格理论与实践，2005(5)：23-24.

[2] 高博. 关于我国计重收费几个问题的探讨. 交通标准化. 2007，2/3：50-55.

[3] 孙相军，王丽. 计重收费模式下测算收费收入的简便方法. 2009，12：83.

[4] 王晓宇. 高速公路计重收费标准最优确定模型研究. 长沙：长沙理工大学，2009.

[5] 杨兆升. 交通运输系统规划. 人民交通出版社，2004.

河南省高速公路收费站改扩建方案研究

田燕玲　郭彩萍　任俊学

（河南中原高速公路股份有限公司）

摘　要　收费站作为高速公路基层运营单位，是广大驾乘人员与高速公路直接接触的“第一站”和“最后一站”，是展示高速公路“服务人民，奉献社会”的重要窗口。近期河南高速公路交通量年增长将达到25%～30%，高速公路收费站拥堵已经严重影响河南省高速公路收费形象。本文采取以高速公路收费站服务时间为标准折算标准，预测收费站交通量。依据多对多数学排队论模型，提出高速公路改扩建方案，最后以新乡西收费站为实例，验证本文的实用性，为高速公路收费站改扩建方案提供科学依据。

关键词　高速公路　收费站　改扩建　折算标准　排队论

1　引言

“十二五”期间，河南省高速公路通车里程将超过6600公里，2009年省政府批准的高速公路网将基本建成。随着布局合理、功能完善的高速公路网络的基本形成，高速公路管理工作也将进入新的发展阶段，管理任务更加艰巨。“十二五”期间，新时期高速公路交通发展的重点目标和任务是：随着布局合理、功能完善的高速公路网络的基本形成，高速公路工作的重点将由“以建设为主”逐步转变“建管并重”。河南省高速公路交通流量年增长将达到25%～30%，特别是重载交通量的持续快速增长，都给养护管理、高速公路收费站管理工作带来更大的压力。

收费站作为高速公路的重要组成部分，是连接高速公路和地方道路、城市出入口的重要节点，是塑造高速公路社会形象和提供服务的重要窗口，也是城市对外展示其形象的重要窗口，是高速公路经济效益的重要支撑，为高速公路全封闭、高速行车提供保障。随着高速公路的建成通车、投入运营，交通量日益增长，其服务保障作用和创造效益的作用越来越明显，收费站作为高速公路基层运营单位，其管理水平决定了整个高速公路的管理水平。原有部分高速公路收费站不能满足交通量日益增长的需要，尤其节假日，尽管进行客、货车分流仍不堪重负，堵车现象依然严重。因此河南省高速公路收费站改扩建是提升河南高速公路形象的重要任务之一。

本文针对河南省高速公路收费站交通拥堵日益严重，提出高速公路收费车辆按照服务时间车型折算标准，在交通量预测的基础上，依据排队论模型提出收费站改扩建方案，最后以新乡西收费站的实例验证本文提出方法的实用性。

2　高速公路收费站交通量预测

2.1　预测年限

根据交通部颁发的《高速公路交通工程及沿线设施设计通用规范》（JHT D20—2006）的

规定,高速公路收费站收费系统机电设备预测第 5 年交通量;收费岛、收费广场、收费车道、路面、地下通道、收费天棚预测第 15 年交通量;收费广场用地、站房房屋、站房区用地、相关土方工程预测第 20 年交通量。

2.2 高速公路收费站交通量构成

依据交通运输部颁发的《公路建设项目可行性研究报告编制办法》,高速公路收费站交通量一般由趋势交通量、诱增交通量和其他交通方式转移交通量组成。

第一,趋势交通量是随交通小区经济量和出行需求变化所发生的交通量,随着社会经济发展而自然增长的交通量便构成趋势交通量的增长部分,同时考虑周边路网变化对该道路交通量分流的影响。

第二,诱增交通量。所谓“诱增”是指由于外部的因素变化,促使本不具备发生条件的潜在事件的发生。此部分交通量是指由于项目迁建后通行能力提高、服务效率的改善而产生的潜在交通量。

第三,转移交通量。由于项目实施引起区域交通条件的变化,而使其他运输方式与公路建设项目间相互转移的交通量。

2.3 交通量预测方法

高速公路收费站交通量预测可以收费站历年出入口交通量统计资料为依据,在此基础上分析预测未来年的趋势交通量。采取车辆收费服务时间作为折算标准,未来趋势型交通量增长分析将以此标准交通量为增长基数进行分析。通过实地调研,参考《高速公路收费站及收费广场设计规范》,依据各收费车型服务时间与标准小客车服务时间的比值确定折算标准,即中型客车和大型客车折算成 2 辆小客车、小型货车按照一辆小客车折算,中型货车和大型货车折算成 2 辆小客车。一般预测主要采用时间序列法、弹性系数法和回归分析法三种预测方法进行预测。

2.3.1 时间序列预测法

时间序列预测法是一种历史资料延伸预测,也称历史引申预测法。是以时间数列所能反映的社会经济现象的发展过程和规律,进行引申外推,预测其发展趋势的方法。分析时间数列,从中寻找该社会现象随时间变化而变化的规律,得出一定的模式,以此模式去预测该社会现象将来的情况。

2.3.2 弹性系数分析法

弹性系数亦称弹性,弹性是一个相对量,它衡量某一变量的改变所引起的另一变量的相对变化。交通量增长与经济发展有密切相关,经济发展的速度决定交通量增长速度,交通需求总量弹性系数 = 交通量的增长率/地区生产总值指数增长率,通过分析两者之间的关系预测趋势型交通量的增长。

2.3.3 回归分析法

经济发展的速度将决定交通量增长速度,同时交通基础设施的改善又将促进区域的经济发展,二者相辅相成。因此,在未来交通量发展预测过程中,将在项目所在区域社会经济发展预测的基础上,通过分析两者之间的关系,回归分析经济增长量,在经济增长量的基础上预测趋势型交通量的增长。

3 排队论在收费站改扩建中的应用

高速公路收费站收费车道数与高峰小时设施所服务车流的平均到达率λ（veh/s）、每个收费车道的平均服务效率μ（veh/s）以及车辆流最大排队长度的期望值$\bar{L}$或者最大排队长度等待时间的期望值$\bar{W}$等因素有关。车辆在收费站服务台前排队等待服务可以看做一个典型的排队论系统，可以利用排队论的有关理论和方法来确定收费车道数量布局。首先假设：

1）高速公路车辆的到达排队系统符合泊松分布，其平均到达率为λ（veh/s）；

2）服务台对每个乘客的服务时间符合负指数分布，平均服务率为μ（veh/s），即每个车辆的服务时间为$1/\mu$（s/veh）；

3）在高速公路高峰小时，车辆流远远大于服务台前排队的车辆数，并且在收费站内是连续不断的运行，因此高峰小时可以认为排队系统的车流是无限的；

4）不考虑排队系统容量限制，即车辆到达是一种非损失流；

5）车辆的收费规则是先到先服务，即车辆依次排队收费；

设服务台数为K，并设ρ为单位时间内完成服务的车辆数，即服务车辆强度，则$\rho = \lambda/(K \cdot \mu) \leqslant 1$，否则车辆会出现拥挤。在现实生活中，由于车辆总数是限定的，对于某个服务台，开始时由于到达率高于服务率，排队会越来越长，随着到达率的下降，排队长度也会下降，甚至下降为0。

3.1 高峰小时排队服务设施台数的确定

根据高峰小时收费站车流量来确定某种排队设施必须的服务台数的总数。由于在高峰时段乘客选择服务接受随机性选择，很难在不同服务台之间任意变换，可以按多路多通道排队论数学模型来估计所需要设置的服务台数K，其数学模型为：

系统中车辆的平均排队长度为：

$$L = (\lambda/K)^2/[\mu \cdot (\mu - \lambda/K)]$$

排队中平均等待时间为：

$$W = (\lambda/K)/[\mu \cdot (\mu - \lambda/K)]$$

如果要求高峰小时每个服务台前的排队长度不超过最大排队长度的期望值$\bar{L}$，则可以通过求解所以的不等式方程组得到服务台数的总数，令不等式组的解为X_1：

$$\begin{cases} \lambda/(K \cdot \mu) \leqslant 1 \\ \dfrac{(\lambda/K)^2}{[\mu \cdot (\mu - \lambda/K)]} \leqslant \bar{L} \end{cases}$$

如果要求高峰小时每个收费车道前的排队长度不超过最大排队的等待时间期望值$\bar{W}$，则可以通过求解所以的不等式方程组得到服务台数的总数，令不等式组的解为X_2：

$$\begin{cases} \lambda/(K \cdot \mu) \leqslant 1 \\ \dfrac{(\lambda/K)}{[\mu \cdot (\mu - \lambda/K)]} \leqslant \bar{W} \end{cases}$$

因此收费站内需要设置的车道数为：

$$K = \max(X_1, X_2)$$

3.2 一般时段排队服务车道数数的确定

在一般时段乘客到达比高峰时段小得多，为了收费站运营成本，有必要经济合理地确定某种排队类设施相应开放的服务台数 K。由于一般时段乘客可以随机选择某个服务台来接受服务，因此可以采用单路排队多通道的排队模型来计算，其具体的数学模型：

系统中车辆的平均排队长度为：

$$L = \lambda \cdot \mu \cdot (\lambda/\mu)^k p(0)/(k-1)! \cdot (k \cdot \mu - \lambda)^2$$

系统中平均等待时间为：

$$W = \mu \cdot (\lambda/\mu)^k p(0)/(k-1)! \cdot (k \cdot \mu - \lambda)^2$$

其中 $p(0) = \left[\sum_{n=0}^{k-1}\frac{1}{n!}\cdot\left(\frac{\lambda}{\mu}\right)^n + \frac{1}{k!}\cdot\left(\frac{\lambda}{\mu}\right)\cdot\frac{k\cdot\mu}{k\cdot u-\lambda}\right]^{-1}$ 为系统中没有车辆的概率。

如果要求高峰小时每个收费车道前的排队长度不超过最大排队长度的期望值 $\bar{L}$，则可以通过求解所以的不等式方程组得到收费车道数的总数，令不等式组的解为 Y_1；

$$\begin{cases}\lambda/(K\cdot\mu) \leqslant 1 \\ \dfrac{\lambda\cdot\mu\cdot(\lambda/\mu)^k p(0)}{(k-1)!\cdot(k\cdot u-\lambda)^2} \leqslant \bar{L}\end{cases}$$

如果要求高峰小时每个服务台前的排队长度不超过最大排队的等待时间期望值 $\bar{W}$，则可以通过求解所以的不等式方程组得到服务台数的总数，令不等式组的解为 Y_2；

$$\begin{cases}\lambda/(K\cdot\mu) \leqslant 1 \\ \dfrac{\mu\cdot(\lambda/\mu)^k p(0)}{(k-1)!\cdot(k\cdot u-\lambda)^2} \leqslant \bar{W}\end{cases}$$

因此，收费车道数的服务总台数为：

$$K = \max(Y_1, Y_2)$$

4　实例分析

4.1　济焦新高速公路新乡西收费站

济焦新高速公路新乡至焦作段既是我国高速公路规划的 G5512 晋新高速的重要组成部分，也是我省高速公路网规划的“686”网中的 S28 长济高速公路的组成部分，东连京港澳高速，西连二广高速，是联通大广、二广、郑焦晋、京港澳 4 条国家高速公路的重要通道。济焦新高速公路新乡西收费站（图 1）自 2007 年 9 月开通以来，出入口交通量和通行费收入增长迅速，车流量由 2007 年的 1283 辆/日发展到 2012 年的 3787 辆/日，增长近 3 倍。目前仅有的“两进两出”收费车道难以满足日常车流量和驾乘人员的需要，堵车现象时有发生。尤其是 2012 年节假日、高峰时段车流量超过 7500 辆，为平常的 2 倍之多，尽管进行客、货车分流后，仍不堪重负，堵车现象依然严重。

图 1　济焦新高速公路新乡西收费站位置图

自 2007 年 9 月开通以来，新乡西收费站历年平均日出入口分车型交通量情况见表 1。

2007～2012 年新乡西收站费年平均日交通量增长趋势如图 2 所示。

新乡西收费站历年年平均日交通量(单位:辆/日)　　表 1

年　份	A 客	B 客	C 客	A 货	B 货	C 货	D 货	E 货	合计
2007	639	19	8	139	219	34	115	110	1283
2008	1071	32	18	183	264	42	131	237	1978
2009	1368	43	25	171	201	43	93	321	2265
2010	1817	45	36	191	183	40	69	389	2770
2011	2335	57	47	230	199	50	88	463	3469
2012	2677	77	73	269	225	43	73	350	3787

注:2012 年数据由前 7 个月的月平均日交通量考虑月不均匀系数计算得到的年平均日交通量。

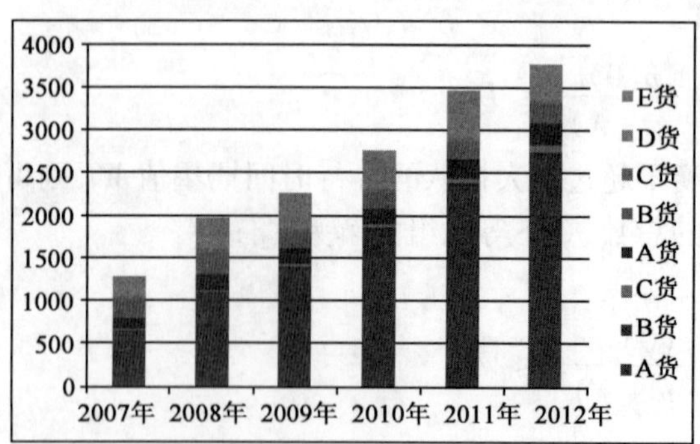

图 2　新乡西收费站年平均日交通量增长趋势图

根据 2012 年节假日统计数据,节假日交通量多为年平均日的 2 倍多,高峰时段多集中在 8:00—21:00,高峰时段的交通量约占全天交通量 90%,考虑到 2015 年开通新晋高速公路块村营至营盘段分流作用。综上所述,新乡西收费站远景年份交通量预测结果见表 2所示。预测结果显示,新乡西收费站改扩建完成后出口交通量第 10 年 2023 年交通量将达到6825 辆/日,第 15 年 2028 年交通量达到了 8530 辆/日,预测末年 2032 年则达到 9920 辆/日。

新乡西收费站交通量预测结果表(单位:标准小客车/日)　　表 2

年　份	趋势交通量	诱增交通量	预测结果
2013	4936	49	4985
2014	5391	54	5445
2015	4099	41	4140
2016	4432	44	4477
2017	4773	48	4820
2018	5093	51	5144
2019	5419	54	5473
2020	5751	58	5808
2021	6087	61	6148
2022	6430	64	6495
2023	6757	68	6825
2024	7089	71	7160
2025	7425	74	7499
2026	7766	78	7843

续上表

年　份	趋势交通量	诱增交通量	预测结果
2027	8112	81	8193
2028	8446	84	8530
2029	8784	88	8871
2030	9125	91	9216
2031	9471	95	9566
2032	9822	98	9920

参考新乡西收费交通量小时分布历史数据，高峰小时交通路占全天交通路的10%左右，因此高峰小时出口交通量第10年2023年交通量将达到683辆/日，第15年2028年交通量达到了853辆/日，预测末年2032年则达到992辆/日。按照0.55的不均衡系数，高峰期按照一般交通量的1.5倍计算，因此按照高峰时间标注车型入口服务时间为8秒，出口服务时间为18秒计算，新乡西收费站对应的收费车道如表3：

新乡西收费站收车道表　　表3

年　份	设备名称	交通量	小时交通量	入口车道数	出口车道数
2018	收费系统机电设备	7716	563	2	4
2028	收费岛、收费广场、收费车道、路面、地下通道、收费天棚	12795	703	3	5
2032	收费广场用地、站房房屋、站房区用地、相关土方工程	14880	818	3	6

由于受用地限制，在不新征用地的情况下，可考虑在原有收费站布置的基础上，增加一个进口和一个出口，变为“4+2”车道布局，同时实施复式收费模式(一岛双亭)，实施复式收费后单个收费车道的通行能力提高1.5倍左右。该方案既节省用地，减少拆迁工程，同时也能满足未来年节假日高峰小时通行的需要，并满足高峰小时时段。出口排队较长时，由原来的“4+2”收费车道，改变为“5+1”收费车道，减少出口拥堵。具体方案如图3、图4。

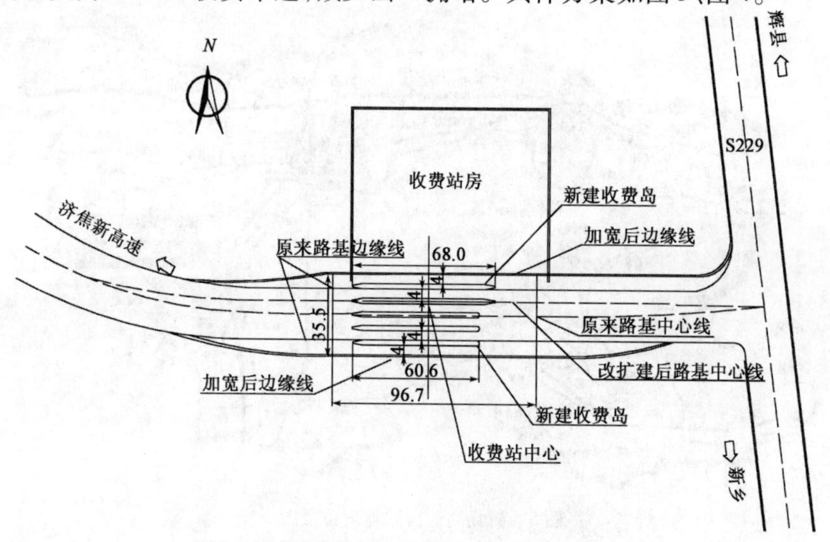

图3　新乡西收费站改扩建平面图(尺寸单位:m)

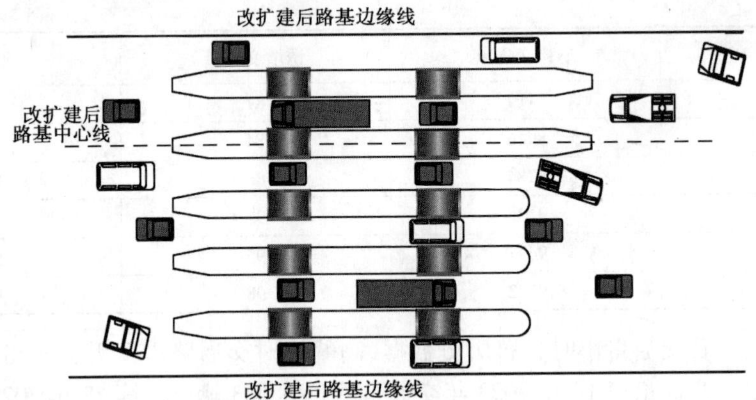

图4　新乡西收费站改扩建效果图

4.2　郑州新郑国际机场高速公路机场收费站

郑州新郑国际机场位于郑州市东南方向，距郑州市区直线距离15千米(如图5)。现有19家航空公司开通郑州航线61条，开通有俄罗斯、新加坡、日本等国家的不定期包机和我国的香港、澳门的定期包机航线，每周出发航班364个，通达45个城市。2005年旅客吞吐量为280万人次，列全国机场25名，几乎承担了河南省全部的航空运输任务。公路交通是目前新郑国际机场对外衔接的唯一运输方式，所有的旅客和货邮物资都需要通过公路运输进行集散，而其中几乎全部公路运输车辆都会由机场收费站通过。因此机场收费站担负着为新郑国际机场集散几乎所有的旅客和货邮物资运输的重要任务，是机场的咽喉通道，被誉为“中州第一门”。随着河南省经济的快速稳定发展，加上郑州市交通枢纽城市的区位优势，除铁路、公路客运外，飞机必然是高效的交通运输方式，越来越多的乘客愿意选择乘坐飞机出行，新郑国际机场日趋繁忙。随着新郑国际机场航班的增加，通过机场收费站的车辆跟着迅猛增加，2006年平均每日通过该收费站的车流量已达到10761辆/日。机场收费站的9个收费车道(出、入口各设4道，1个专用道)全部开通，在航班高峰期也经常出现间歇性交通堵塞，严重影响了作为河南省对外开放窗口的形象。

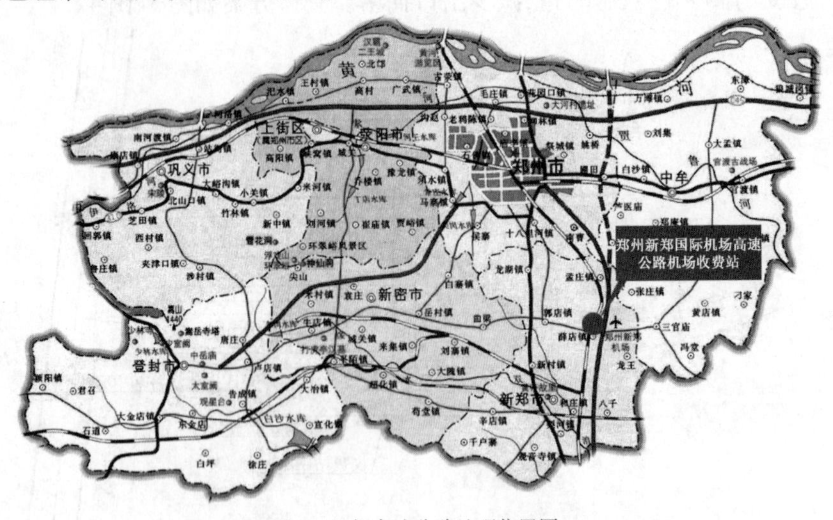

图5　机场高速公路地理位置图

自2007年以来,机场收费站历年平均日出入口分车型交通量情况见表4。2007~2012年机场收费站年平均日交通量增长趋势如图6。

机场收费站历年年平均日交通量(单位:辆/日) 表4

年份	A客	B客	C客	A货	B货	C货	D货	E货	合计
2007	11294	490	150	99	35	4	3	1	12076
2008	12961	685	191	113	49	5	2	2	14008
2009	16602	899	235	145	69	6	4	3	17963
2010	18076	653	220	157	44	6	6	5	19167
2011	24497	937	341	84	53	4	2	4	25922
2012	26989	1243	524	83	75	5	2	7	28928

注:2012年数据由前8个月的月平均日交通量考虑月不均匀系数计算得到的年平均交通量。

本文采取上述三种方法预测交通量,三者的均值为交通量的取值。在预测年限内将交通运输方式不发生重大改变,因此,本文交通量预测不考虑转移交通量,诱增交通量采用经验法,参照其他项目情况,确定项目诱增交通量占趋势型交通量的比重为1%。预测结果显示机场收费站改扩建完成后出口交通量第10年2023年交通量将达到35831辆/日,第15年2028年交通量达到了46647辆/日,预测末年2032年则达到55627辆/日,见表5。

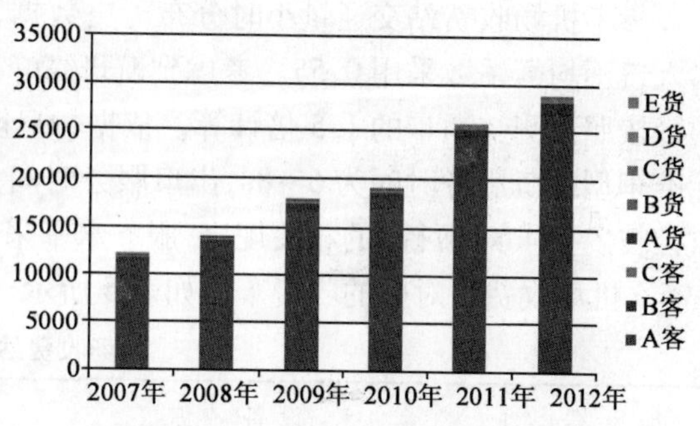

图6 机场收费站年平均日交通量增长趋势图

机场收费站交通量预测结果表(单位:标准小客车/日) 表5

年 份	趋势交通量	诱增交通量	预测结果
2013	29395	294	29689
2014	29869	299	30168
2015	30351	304	30655
2016	30841	308	31150
2017	31339	313	31652
2018	31845	318	32163
2019	32358	324	32682
2020	32881	329	33209
2021	33411	334	33745
2022	33950	340	34290
2023	35476	355	35831
2024	37070	371	37441
2025	38737	387	39124

续上表

年　份	趋势交通量	诱增交通量	预测结果
2026	40478	405	40883
2027	42297	423	42720
2028	46185	462	46647
2029	48263	483	48746
2030	50435	504	50940
2031	52705	527	53232
2032	55076	551	55627

参考机场收费站交通量小时分布历史数据，高峰小时交通路占全天交通路的10%左右，出入口不均衡系数采用0.55。考虑到航班高峰期也经常出现间歇性交通堵塞，高峰期入口交通量按照预测交通量的1.5倍计算。依据《高速公路收费站及收费广场设计规范》，高峰时间标准车型入口服务时间为6~8s，出口服务时间为14~20s计算。根据《河南省高速公路联网监控技术要求》（暂行）的相关规定，服务水平采用标准值1.0，即每1个车道平均等待车辆为1辆。机场收费站对应的收费车道如表6所示。

机场收费站收车道表　　表6

年　份	设备名称	交通量	小时交通量	入口车道数	出口车道数
2018	收费系统机电设备	32163	1447	7	6
2028	收费岛、收费广场、收费车道、路面、地下通道、收费天棚	46647	2099	9	8
2032	收费广场用地、站房房屋、站房区用地、相关土方工程	55627	2503	13	10

注：平均等待车辆数为1辆。

由于受用地限制，在减少征用土地的情况下，可考虑在原有收费站布置的基础上，变为“6+6”车道布局，同时实施复式收费模式（一岛双亭），实施复式收费后单个收费车道的通行能力提高1.4倍左右。该方案既节省用地，减少拆迁工程，同时也能满足未来年机场收费站高峰小时通行的需要，具体方案见图7，效果见图8。

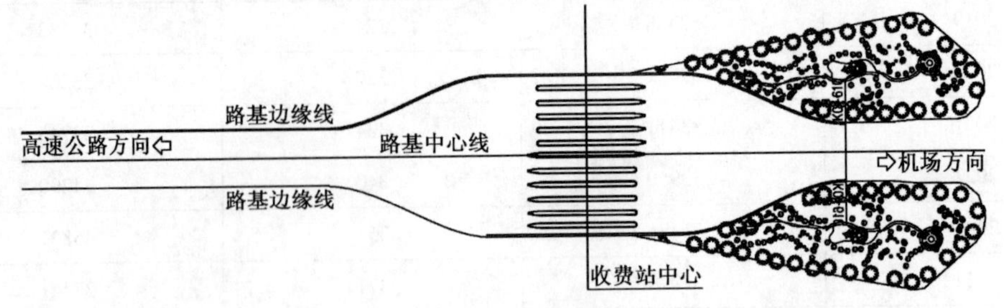

图7　机场收费站改扩建平面图

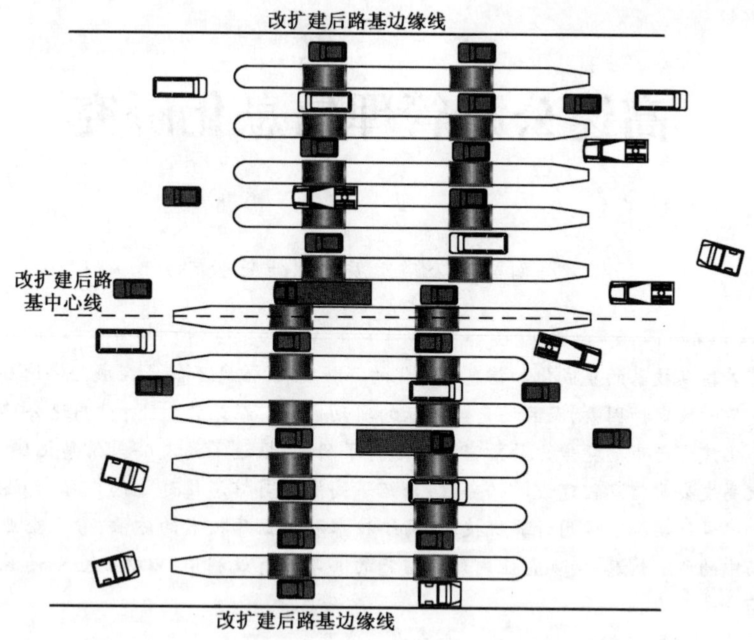

图8 机场收费站改扩建效果图

5 研究结论

本文针对河南省高速公路收费站交通拥堵日益严重,提出高速公路收费车辆按照服务时间车型折算标准,在交通量预测的基础上,依据排队论模型提出收费站改扩建方案,新乡西收费站改扩建工程主要内容为:收费站的收费车道由“一岛一亭”模式的“两进两出”改扩建为“一岛双亭”复式模式的“两进四出”,同步实施收费广场扩建和收费系统完善。该项目实施将有效提高收费站通行能力,缓解目前收费拥堵状况。但是论文针对车辆这算标准和服务时间确定根据各个收费站实际状况,有待于进一步研究。

参考文献

[1] 高速公路收费站及收费广场设计规范(报送版)2001.
[2] 马军.高速公路收费站拥堵问题调查与分析[J].公路交通科技,2012.
[3] 孙永余.对建设高速公路文明高效收费站的思考[J].改革与开放 ,2011.
[4] 张晋伟, 邹云, 武立超.基于M/G/K排队模型的高速公路收费站设置方法研究[D].交通标准化,2010.
[5] 廖固. 高速公路收费站通行能力分析[J].公路工程,2010.
[6] 梁夏.上海高速公路收费站拥堵状况和扩容改造措施[J].中国市政,2010.

高速公路管理信息化研究

冯　可

（河南高速公路发展有限责任公司）

摘　要　随着信息技术的集成化和信息网络化的不断发展，信息不仅已经成为高速公路管理企业发展的决定性因素，而且还是最活跃的驱动因素。在此背景下，对高速公路管理企业信息化建设与市场竞争力的紧密联系进行了研究，报道了高发公司信息化建设的现状，以及高发公司信息化建设的必要性，介绍了高发公司信息化建设的内容，论述了企业信息化建设的实施。运用计算机技术、网络技术和数据库技术的方法，管理企业生产经营活动中的所有信息，实现企业内外部信息的共享和有效利用，以提高企业的经济效益和市场竞争能力。

关键词　高速公路管理企业　信息化　竞争力　建设

1　引言

1.1　项目背景

交通是国民经济的命脉，它牵扯到各行各业的发展和社会大众的日常生活。公路是交通中最为基本的要素，成网状分布的公路是其他所有交通形式的连接纽带，是交通业务中的重中之重。当前我国公路建设水平和建设规模已经达到了很高的位置，而传统的公路管理方式或零散的软件系统管理显然已经不能适应发展的需要。为此提高公路管理水平和应对紧急突发事件的快速处理能力，及时向社会大众提供交通路况信息便成为当务之急。

目前全国各省高速公路里程每年都在迅速增加，一方面公众对高速公路配套的交通信息服务需求显著提高，另一方面高速公路管理部门的管理技术水平又远远落后于公路硬件的建设。落后的、零散的高速公路管理方式已经无法适应这一状况的发展，问题主要表现在以下几个方面：

其一，机动车保有量增长的速度大大高于公路建设速度，同时，一方面新建改建公路里程快速增长，一方面原有道路因资金不足、交通量过重等原因大范围损坏，造成公路资源相对不足。周边环境的变化迅速，公路原有的布局、设计、出入口布置等方面无法快速满足这一变化，导致交通堵塞，事故频繁和环境污染日益紧张。

其二，相比公路建设水平而言，公路路网整体管理水平大大滞后。缺乏先进的管理思想和手段，先进的设备使用有限或者不能充分发挥作用。

面对这些问题，特别是严峻的交通状况，各地政府投入了大量人力、物力、财力进行道路扩充，加大建设和养护投资力度。但效果不够理想而且不能持久，一段时间后又会出现新的困扰。因此，提高高速公路路网管理水平、使用先进技术手段建立智能化路的高速公路运营指挥调度管理中心,建立高效的应急抢险、快速处理突发事件机制已经成为政府和公路管理部门关心的焦点,是当前迫切需要解决的问题。

1.2 项目意义

一是加强高速公路运营管理和日常维护的重要手段。

二是进行科学规划及合理配置公路资源的需要。

三是技术发展的必然要求。

2 系统平台功能介绍

2.1 地理信息应用

将各种业务应用数据有机结合,建立相应的地理信息属性数据集合和图形数据集合,以直观的电子地图展示处理,形成特有的高速公路地理信息应用子系统。将专业性极强的复杂业务逻辑融合到基于 WEB 的应用服务平台,完成对业务数据和业务流程的集成,在此基础上实现高速公路网的交通监控、道路养护、路政、GPS 车辆监控、服务信息等日常管理。

2.2 应急指挥管理

高速公路应急联动的核心作用是能实现交通紧急突发事件处理的全过程跟踪和支持,包括交通突发事件的上报、相关数据的采集、紧急程度的判断、联动指挥、领导辅助决策。即在最短的时间内对交通突发性危机事件做出最快的反映并提供最恰当适合的应对措施预案,借助网络、呼叫中心、无线接入、语音系统等各种高科技通讯手段,及时通知到系统内的各个单位。

应急指挥管理的主要功能包括:预警预报、信息通报、先期处置、应急响应、后期处置。

2.2.1 预警预报

按照规定进行山体崩塌、滑坡、泥石流、地面塌陷、洪水等自然灾害预警预报。重要收费公路道口被聚众堵塞、集体抗费或者冲卡等意外事件发生时,事发地交通主管部门要及时上报当地政府和省厅领导小组。

2.2.2 信息通报

各相关机构和部门应根据职责分工,建立信息监测制度和灵敏、畅通、高效的信息预警机制,及时收集、分析、汇总各类突发事件信息,并严格按照相关程序上报。

突发事件报告应包括以下内容:突发事件发生的时间、地点与规模、简要经过、伤亡人数、直接经济损失的初步估计、原因和性质的初步判断、处理情况和采取的措施、需要有关单位和部门协助的有关事宜、事故的报告单位、签发人和报告时间。

2.2.3 先期处置

公路交通中断事件发生后,事发地交通主管部门要立即向当地政府和上级主管部门报告。事发地的交通主管部门在报告突发公路交通中断信息的同时,要根据职责和规定权限启动相关应急预案,并组织公路管理机构或配合有关部门及时、有效地进行处置,控制事态发展。

2.2.4 应急响应

公路交通中断突发事件发生后,按照“应急预案启动-应急响应工作程序-后期处置”的程序进行应急处理,保证突发事件得到正确、及时解决。

1)应急预案启动

(1)应急预案启动条件

对于先期处置未能有效控制事态,即虽经当地交通公路部门启动当地预案进行了先期处置,但事态仍在发展,当全省公路上因自然灾害发生交通堵塞24小时(含24小时)以上或因意外事件发生交通堵塞2小时以上或者人员伤亡时,省公路交通中断疏通领导小组应启动本应急预案,投入组织疏通工作。

(2)预案的启动方式

由省公路交通中断疏通领导小组听取突发事件情况报告,经会商确需启动时,由领导小组负责人正式签批启动令,启动预案。

(3)应急通信保障

公布省公路交通中断疏通领导小组办公室值班电话以及负责人和有关成员电话,各工作组应配备大功率(半径大于5km)对讲设备,领导小组各成员应保持24小时手机畅通。

2)应急响应工作程序

突发事件包括自然灾害与意外事件两种,两类突发事件的性质不同,处理方式也不同,分别采取如下两种不同的应急响应工作程序。

(1)发生自然灾害时启动以下应急响应工作程序

组织抢险救灾队伍,及时抢救伤亡人员,对已经发生或可能发生的各种自然灾害进行抢救和防范。指导当地交通部门抢修,尽快恢复交通。迅速查明自然灾害类型、影响范围及诱发因素,组织灾情监测和评估,分析、预测自然灾害发展趋势,提出应急对策。

在可能发生自然灾害并造成交通中断期间,省厅领导小组实行24小时值班。值班人员由厅领导小组统一安排,值班人员收集、整理信息,按规定将险情、灾情、自然灾害发展趋势和抢修救灾情况及时上报省厅领导小组。

发生自然灾害造成交通中断24小时以上时,要通过新闻媒体向社会发布,并指导交通出行。国道等重要干线公路自然灾害应上报交通运输部。

(2)发生意外事件时启动如下应急响应工作程序

由收费公路经营管理者或事发地交通局在第一时间报告当地政府和公安机关,并报省交通厅、省公路局。同时,在当地政府统一领导下,参与意外事件处理现场办公小组,针对意外事件的类型、影响范围及诱因因素,积极配合信访、公安等部门开展疏导工作,及时上报处置工作进展情况。

在意外事件造成交通中断期间,省厅领导小组实行24小时值班。值班人员由厅领导小组统一安排,值班人员收集、整理信息,按规定将意外事件状况、发展趋势和处理情况及时报告省厅领导小组领导。

意外事件造成公路交通中断2小时以上或有人员伤亡时,须通过有效信息发布途径,向各相关部门发布及时、准确、全面的信息,为意外事件的解决构造一个良好的外部环境。省厅领导小组派出相关人员赴现场协助、指导疏导工作。

2.2.5　后期处理

后期处置工作在省公路交通中断疏通领导小组统一领导下,由突发事件发生地相关部门和单位负责配合实施。

1)现场指挥部适时成立突发事件原因调查小组,组织人员调查和分析事件发生的原因和发展趋势,预测事故后果。处置结束一周内,将总结报告报送省公路交通中断疏通领导小组备案。

2)在突发事件处置结束的同时,省公路交通中断疏通领导小组办公室组织有关人员成立事故处置调查小组,对应急处置工作进行全面客观地评估,并在20天内将评估报告报送省公路交通中断疏通领导小组。领导小组根据以上报告,总结经验教训,提出改进工作的要求和建议。

3)组织有关部门和专业机构对事件所造成的影响范围和程度、损失额度和后果进行全面评估,经核实审查无误后上报领导小组,经领导小组及上级部门同意后向社会公布。

4)突发事件发生所在地政府和有关职能部门在对突发事件造成损失程度、重建能力以及可利用资源评估后,认真制定重建和恢复生产、生活的计划,迅速恢复交通运输。

2.3 监控调度管理

系统中包括的主要模块有调度处警模块、GPS信息接收模块、通信监控模块、监视控制模块、显示控制模块、数字录音模块、现场图像传输控制模块、处置部门信息通信模块、GIS模块、现场视频、图像传输模块、信息管理及查询模块等。

系统在接到重大警情以后,可以利用电子地图系统快速确定位置,得到周围道路、交通情况等信息,根据现场情况为指挥人员提供该位置的预设方案,供指挥人员进行参考。与此同时还可以通过信息数据库系统检索出该位置的详细资料,以便根据实际情况确定相应的措施。

系统通过各种可利用的资源环境(如:通过摄录设备将现场情况通过GPRS/CDMA或其他可行的无线方式)将事件发生的基本状况传送给事件处理的相关部门决策人员。相关分管领导、责任人到位之后,可通过监控分中心或监控中心的大屏幕实时了解事故现场情况,并根据现场情况,随时下达各种指令给事件处理现场人员或相关业务应用子系统,并可实时观察事故处理过程,及时对人力、物力做出适当的调整,还可与现场处理人员进行实时的可视通话。信息发布系统根据紧急预案中的相关命令,在可变电子显示屏显示事故信息,引导其他车辆通过就近路口安全快速通过。

系统提供事件分析功能,可快捷地估算事故造成的破坏区域和影响范围;在平面布置图上标出危险区、隔离区和警戒区,给出各区域危害程度和防护要求等信息;对危险区、隔离区和警戒区进行分析,列出区域内相关设备;给出应急网络图,列出应急响应队伍的联系电话、联系人、主要职责等信息;提供电子白板功能,可在事件模拟图上根据具体情况现场布置车辆,并可及时传输到异地。

2.4 机电工程管理

实现对高速公路各机电系统和设备状况的全面管理和维护,利用先进的计算机技术完成对所管辖机电部门的技术、资金、设备等资源的查询、统一调配、流程记录、数据图表统计分析等工作,规范和服务机电系统维护工作,提高机电管理事务处理效率。

2.4.1 编目管理

建立机电子系统机器所有在用系统设备、构件的基本信息。

2.4.2 技术管理

对全省机电维护任务库进行管理。

2.4.3 维护管理

对维护计划任务以及在执行维护计划中出现的相关业务事件处理流程信息的管理。

2.4.4 经济管理

实现维护费用的统一规划以及使用情况的调查跟踪。

2.4.5 交通操作

机电子系统应急处理以及其流程管理。

2.4.6 仓储管理

对仓储设备、备件的综合性维护管理。

2.4.7 交通监控

对所管辖路段设备及道路状况的监控。

2.4.8 统计分析

实现机电设备设施以及相关信息的统计分析。实现工作报表的导出打印,并能以详尽的分析图表显示相关的统计数据。

2.4.9 联动事务管理

根据机电设备的情况,向其他相关的业务管理应用子系统发送信息,或者是接收其他业务应用子系统发送过来的机电设备信息,进行相关处理。

2.5 路政管理

路政管理子系统是为了给高速公路运营管理提供全面的路产档案,保证公路路产的完整。同时还包括施工养护作业现场的秩序维护,恶劣天气的交通管制,故障车辆的牵引拖带,事故现场的救援清障以及环保监督等。它主要通过宣传报道、路政执法、路政审批、档案管理、统计分析、网上申报、GIS 查询、系统管理等功能模块,实现对高速公路路政业务进行综合性管理。

2.5.1 案件管理

1)案件类型主要分为路产案件、路权案件、超限案件、许可案件。

2)有效管理案件信息,如:案号、档案号、案由、案件类型、适用程序、立案时间、结案时间、案发地点、当事人等。当事人信息可包括:姓名、性别、年龄、住址、工作单位、证件号码、联系电话等。可方便地对案件信息进行过滤显示,如:本月案件、本月未结案的、本月已结案的、上月发生上未结案的。可按多种方式对案件进行查询,如:案件时间、案件类型、当事人、处理结果、人员伤亡、立案时间、结案时间、适用程序、赔偿情况、处罚情况等。

3)合理有效地对案号、档案号进行编码。在案号或档案号中应能体现出如下要点:当前路政大队(或中队)、案发时间、案件类型、适用程序等。

4)提供案件处理流程,方便对案件进行跟踪和查询。案件流程应清楚地表示出案件的流程、当前流程步骤、哪些流程已经走过/未走过、对流程操作进行权限管理、可方便地查看和编辑各流程步骤所关联的法律文书。

5)管理案件的处理结果,如:处理种类(停止违法行为、恢复原状、没收非法所得、赔偿、罚款、其他),处罚程序,是否有复议,赔偿金额,处罚金额。

6)管理案件的损失情况,如:路面、护栏、分道护栏、波形护栏、撒落杂物、隔离栏栅、绿化带、路树、收费亭、监控设施、交通标志、轮廓标、声障屏、超限运输、其他。

7)管理侵权情况,如:红线内建筑、红线内广告、管线挂靠、开挖炸石、占用路面、车辆行驶、其他等。

8)管理交通肇事信息,如:肇事地点、肇事时间、赶往现场时间、恢复交通时间、肇事者车型、车号、姓名、所在单位、事故造成的人员伤亡(轻/重/亡)、天气情况、事故等级(轻微/一般/重大/特大/其他)等。

9)管理许可案件,包括申请事项、申请表、审批表、许可证、年审记录等、许可流程等。申请事项包括:控制区建筑、广告、管线挂靠、开挖炸石、占用路面、车辆行驶、跨路建筑、其他。

10)案件统计,可按天气、事故等级、发生地点、发生时间、人员伤亡等条件进行统计,并将统计结果以饼图、条图、曲线图、柱状图的方式表现出来。

11)根据路产事故生成按月或按时间段的事故报表。

12)根据许可信息生成广告的按月或按时间段报表。

13)可导出案件信息到 Excel 报表中。支持案件相关数据和文书的打印/打印预览。

14)可保存事故现场照片。

15)提供"事故现场图编辑器",方便用户对事故现场进行描绘,归档和打印。

2.5.2 路产管理

管理路产设备(桥梁、隧道、涵洞、交通标志),可在地图上进行路产管理,方便地实现增加、删除、修改、查询、定位、查询统计、设置路产图片、导出数据到 Excel、打印。

2.5.3 巡查管理

1)巡查管理主要可分为下面几项:巡查记录、巡查车管理、巡查车历史路线、巡查车视频。

2)巡查记录主要记录巡查人员的巡查情况,主要信息有:巡查人、巡查开始时间、结束时间、巡查班负责人、巡查车编号、巡查情况、处理情况、巡查交接人、处理交接人、天气情况、起止里程、路面管理情况、备注等。其中路面管理情况又可细分为:纠正违章(车辆停靠、行人穿行、其他),通知相关部门修复(隔离栏栅、波形护栏、交通标志、其他),维持施工路段秩序等。

3)可方便地管理巡查车信息,增加、删除、修改、查询、定位、查看和设置图片。巡查车主要信息包括:巡查车编号、车牌号、车型号、投用日期、车上电话、车上设备、状态等。

4)巡查车历史路线,通过 GPS 等手段监控巡查车在高速公路上的巡查状况,记录巡查车在高速公路上的位置信息,并允许进行回放。

5)巡查车视频,指的是通过巡查车携带的视频设备,拍摄巡查时发现的一些状况,供后续分析。应提供视频播放功能对录下来的视频进行播放,用户只需选择巡查车编号和巡车时间便可观看相应的巡查车视频。

2.5.4 清障管理

有效管理清障信息:增加、删除、修改、查询、定位、查询图片、设置图片、导数据到 Excel、预览、打印。

2.5.5 路况信息

1)有效管理路况信息:增加、删除、修改、查询、定位、查询图片、设置图片、导数据到 Excel、预览、打印。

2)在地图上以形象化符号表示路况信息,采用鼠标跟随的界面进行展示,并可进一步进行操作。

2.5.6 其他功能

主要针对总队的业务操作，总队可对全省某个大队或某几个大队进行操作，这些功能与单个路政大队的操作方式略有不同。

1）路产管理

（1）查询单个大队、多个大队、全省的路产。也允许在指定的几个大队范围内进行查询。

（2）允许对全省某个桩号范围内的路产进行查询。

2）案件管理

（1）案件查询，查询条件：时间段、桩号范围、伤亡、金额。

（2）分析事故的易发地点。

（3）广告查询，查询条件为广告公司、桩号范围、广告类型。

3）巡查管理

（1）某段时间内巡查了多少次。

（2）当前还有多少车在巡查。

4）清障

（1）某段事件内清障的次数。

（2）按拖车、吊车查询。

5）路况

（1）组合查询：按事件、原因、措施、封闭进行查询。

（2）实时路况信息显示。

2.6 综合养护管理

基于 GIS/GPS 技术，以高速公路空间数据库为基础，结合无线通信传输、计算机处理、专家分析系统等信息技术，建立起的实时、准确、高效的高速公路综合养护管理信息应用系统。根据高速公路养护的特点，建立高速公路养护的评价系统、预测系统、决策系统，为养护投资的合理化、养护的科学化、管理技术的规范化提供科学依据。

2.7 收费站管理

随着经济的发展、科技的进步，高速公路建设加快了步伐，对系统的要求也越来越高。现在主要采用路桥停车电脑收费系统和感应式智能路桥收费系统（不停车收费）。收费系统采用了先进的计算机技术、网络技术、自动控制技术、数据录像回放技术、自动记录留存技术、光纤传输数据等技术，实行对路桥收费的智能控制与实时监控，并可实行全省或全国的联网。系统要求安全、可靠、方便快捷、易于操作、管理方便，真正做到应征不漏、防止作弊、收费准确、快速通行，从而达到智能化管理，减少费用，提高效率。

高速公路联网收费系统可以实现半自动和 ETC 两种收费方式，可选用 IC 卡、磁票、二维条卡作为通行券，支持现金、预付卡、储值卡等支付方式；各级可以实现监控下级的操作异常事件；实时监测出入口车道的设备状态；各级系统可以自动统计交通量、通告量曲线图；实现了对路费、通行券、票据、设备等的严格管理，并提供独特的专家分析系统等。使用联网收费系统可以减少了收费站控制室的值班人员，降低运营管理费用，而且便于中心集中监督管理。

各省高速公路联网收费管理体制分为 4 级，分别是省收费总中心、片区收费分中心、路段收费分中心以及收费站。相应收费计算机网络系统也分为 4 层，各层之间由路由器或者三层以太网交换机通过通信系统提供的10/100M或2M通道相连，每层以以太网交换机为节点构成星型网络拓扑结构，同时各层配有功能不同的工作站和服务器等设备。

2.8 固定资产管理

固定资产管理的建立就是引入科学的管理，针对高速公路行业建立符合高速公路管理符合行业的资产分类编码、折旧率编码标准，为固定资产管理建立一套完善的数据管理模型，实现数据共享和综合利用。

2.9 多媒体文档管理

多媒体文档管理是完整的、自动化的、扩展性强的多媒体文档管理机制，安全、有效地管理日益庞大的文档信息，满足快速查询的需求，实现对多媒体文档的电子化管理。

2.10 公众出行查询服务

高速公路部门对高速公路各个方面的信息进行收集，利用多种信息手段对发布的信息进行全方位的展示。对外提供及时、全面、有效、多形式、多渠道的信息。为高速公路相关公众出行提供不同层次的服务。

参考文献

[1] 成思危. 企业信息化与管理变革[M]. 北京：中国人民大学出版社，2001. 25-28.

[2] 罗超理，李万红. 管理信息系统原理与应用[M]. 北京：清华大学出版社，2002. 58-59.

[3] 梁滨. 企业信息化的基础理论与评价方法[M]. 北京：科学出版社，2000. 124.

[4] 邱东. 多指标综合评价方法的系统分析[M]. 北京：中国统计出版社，1991. 132.

[5] 庞庆华. 企业信息化水平的灰色关联分析[J]. 情报杂志，2006，25(6)：61-62.

[6] 孙建军. 信息资源管理概论[M]. 南京：东南大学出版社，2005. 42-44.

中国高速公路发展历程与经营环境分析

许世英

（河南高速公路发展有限责任公司）

摘　要　在现代的综合运输体系中，高速公路占了很大的比重，无论是对运输网络的形成还是运输效率的提高，高速公路都有其他运输方式不可比拟的优越性。纵观世界，高速公路的发展史虽然只有几十年，中国也不过二十年，但是高速公路在世界政治、经济、文化的作用和地位日益突显，对社会进步和经济发展起到不可磨灭的推动作用。高速公路作为一个现代技术的产物，综合了现代科技、系统管理、设计建设、信息技术、物流等多方面的学科应用，因此，各地对于高速公路的管理都提出非常高的要求。

本文对世界高速公路的发展史进行回顾，对国内高速公路发展的宏观和微观环境，以及自身发展轨迹都做出研究和整理。以科学的思维和角度对高速公路产业周期与行业特点进行分析，希望能对年轻的高速公路行业进行脉络化的整理，以期对高速公路行业内各企业制定发展战略有所启发。

关键词　交通运输业　高速公路　管理

1　中国高速公路发展概论

1.1　发展背景

交通运输业是国民经济和社会发展的动脉与基础，对推动全国统一大市场的形成，促进国家政治统一和民族团结，加快地区一体化和经济全球化具有重要的保障和支撑作用，是经济社会发展的基础行业、先行产业。交通运输的客运和货运的运输方式主要包括铁路、公路、水运、航空、管道五种。自改革开放以来，遍布各地的公路组成一个巨大的网络，实现灵活、快捷的公路运输体系。目前，在五种运输方式形成的综合运输体系中，公路运输客运量、货运量所占比重分别达 90% 以上和近 80%。

高速公路是公路交通基础设施的主骨架，是经济发展的必然产物，是 20 世纪 30 年代在西方国家开始出现为汽车运输提供特别服务交通基础设施，在设计初期和建设过程中，高速公路采取分段限制出入、分向多车道分向行驶、机动车专用、全封闭、全立交等较高的技术标准和设施，为汽车经济、快速、舒适、安全行驶创造条件。高速公路与普通公路相比，具有行车速度快、通行能力大、行驶效率高、安全舒适等优势，相比普通公路，高速公路上的汽车行车速度能够提高至少 50%，通行能力能够提高 2～6 倍，并可降低 30% 以上的燃油消耗、减少 1/3 交通事故率。

现在，近 80 年的研究和建设，当前世界范围内有 80 多个国家和地区建设有高速公路，总的通车里程超过了 23 万千米。高速公路的发展不仅是经济的需要，也是人类文明和现代生活的组成部分。发达的高速公路网不仅是交通现代化的主要标志，也是一个国家现代化的重要标志。

中国进入20世纪70年代后，随着车辆的持续、高速增长，国内主要公路干线交通状况日益恶化，拥挤堵塞严重，车辆行驶速度提不上去，运输效率不高，社会运力资源虚耗；同时，交通事故急剧增加，“车祸猛于虎”，人们谈之色变，社会反响强烈。为此，国内有关部门汇集世界各国同类问题的资料并加以研究，结合我国公路干线的交通情况进行分析并加以研究，结果表明，国内普通公路存在着严重影响公路功能发挥的三个突出问题：①我们所有公路上，汽车、拖拉机、自行车、畜力车、行人混合行驶、行走，使本应速度快的汽车受阻，平均时速仅30公里，运输成本提高；②主要干线几乎都穿越各类城镇、横向干扰大，无法正常行驶；③由于混合交通，速度不一，交通事故频发，事故损失惨重，全国每年因公路交通事故死亡的人数惊人。经过相关专家的严谨分析，最终得出结论认为：西方发达国家所修建的高速公路系统车辆通行能力更大、运行速度更快，且运输成本相对较低、交通事故发生较少，经济与社会效益明显，因此十分值得中国借鉴。

党的十一届三中全会以后，由于社会上发展思路的进一步开拓，改革开放带来的国民经济迅速发展与公路交通基础设施严重落后的矛盾日益尖锐。于是，20世纪80年代，在国内针对高速公路建设与否兴起了一场社会大讨论。这场交通方面的大讨论，以猛烈的势头引入和普及了高速公路的信息和知识，极大地推动了中国高速公路试点的实施日程。在当时的民众意识里，只有“有路大家跑车，有水大家行船”的概念，多数中国人无法理解高速公路为什么要“全封闭”、“全立交”，很多人无法接受“不允许行人上路”的概念，如果不是因为当时有关领导和专家力排众议，在经济比较发达的地区率先引入高速公路，则高速公路进入我国的时间还要推迟若干年。

1988年10月31日，中国上海沪嘉高速公路的建成通车，结束了中国内地没有高速公路的历史。

1988~2010年，我国高速公路取得了突飞猛进的发展，增长速度世界罕见。截至2010年年底，我国高速公路通车里程已经达约7.4万千米，仅次于美国10万千米居世界第二位。按照国务院公布的高速公路网发展规划，我国正在全力以赴地加快国家高速公路网主骨架建设。新的路网发展规划中由7条首都放射线、9条南北纵向线和18条东西横向线组成，简称为“7918网”，预计“十二五”末全部路网主骨架能基本建成。

在全国各省如火如荼的高速公路建设中，河南省的高速公路起步并不算早。1994年河南省最早的高速公路——郑州至开封高速公路建成通车，结束了河南省无高速公路的历史。之后的高速公路公路事业蓬勃发展。2006年，河南省高速公路通车里程突破3000千米大关，当年实现了总里程全国第一，达到3439千米；2007年，河南省高速公路实现了新的历史性跨越，全省高速公路通车里程率先在全国突破4000千米（达到4556千米），当年新增高速公路通车里程1117千米，占当年全国高速公路通车里程的1/8强，92%的县（市）通达高速公路，通车总里程稳居全国第一位；2010年，河南省高速公路通车里程突破5000千米，完成规划里程的74%，国家高速公路在本省境内全部建成通车，实现94%的县市通达高速公路。2012年，河南省的高速公路即将突破6000千米，至此，河南省高速公路通车里程已连续7年居全国高速公路通车里程第一位。

1.2 发展模式

1984年起，为了加快公路行业的发展，我国实施市场化运作政策，逐步建立了"国家投资、地方筹资、社会融资、利用外资"和"贷款修路、收费还贷"的滚动发展模式，有效地缓解了公路建设资金不足的问题，加快了高速公路建设步伐。与之相适应，伴随着中国高速公路里程的快速增长，高速公路管理以及建构于其上的高速公路管理体制也应运而生。十几年来，经过各地不断的探索与实践，形成了种类繁多的管理模式。不同的管理体制模式引致了各异的管理模式，从而对高速公路领域交通主管部门职责的正常行使，公众出行利益的有效维护以及高速公路行业的高速度、大容量优势的发挥产生了重大影响。

然而，纵观高速公路发展历程，经过20年的发展，高速公路企业面临的环境已经发生巨大变化，原有的滚动发展模式已经不完全适用于当前环境。诸多因素制约着我国高速公路行业协调有序发展，也制约了高速公路企业的发展壮大。

首先，我国高速公路企业经营模式单一，几乎是"经营还贷，滚动发展"模式，同时，经营期限较短，在收费年限的中后期，普遍面临转型问题。我国《收费公路管理条例》规定，政府还贷公路的收费期限，按照用收费偿还贷款、偿还有偿集资款的原则确定，最长不得超过15年。国家规定的中西部省、自治区、直辖市的政府还贷公路收费期限，最长不得超过20年。经营性公路的收费期限，按照收回投资并有合理回报的原则确定，最长不得超过25年。国家确定的中西部省、自治区、直辖市的经营性公路收费期限，最长不得超过30年。

其次，高速公路建设是从地势相对平缓的东部、南部地区向西部地区逐渐发展。随着高速公路建设向中西部发展，进入丘陵、山区地带，隧道、桥梁明显增多，加之近年来物价上涨，工程造价也随之大幅攀升，目前高速公路平均造价已经超过每千米5000万元，有的地方路段已经超过每千米1亿元。在高速公路造价大幅增加的情况下，我国的高速公路收费政策并未随之调整。除之此外，我国高速公路建设均呈现先建发达地区、车流量大的高速公路，后建欠发达地区、车流量小的高速公路这一特点，就使得新建高速公路的收费能力下降，滚动发展的能力降低。

此外，高速公路的建设在部分区域已从瓶颈状态逐步向目前的超前状态转变，高速公路的通行能力的增速已经超过了现有的车流量增速，特别是后续建成的高速公路项目的车流量比之前已建成的高速公路呈现下降趋势。建设成本的大幅度攀升，新建高速公路投资收益率降低，部分新建高速公路无利可图，使传统的通过投资新的路产、滚动发展的高速公路发展模式，已经不完全符合高速公路企业发展的实际需要。

最后，受个别高速公路收费权滥用及社会舆论的不理解，国家对经营性高速公路的发展模式一直采取控制的策略，从招投标制度、收费期限及收费标准等方面有着严格的限制，通过收购新的公路路产的滚动发展模式获取优质公路项目的难度越来越大。在符合国家行业管理政策、符合公路资产属性的前提下，研究既能满足企业投资收益要求，又能缓解公路建设资金短缺及社会舆论压力的高速公路企业可持续发展模式，不仅是高速公路企业可持续发展面临的问题，也是构建和谐交通，实现交通运输业可持续发展的需要。

以上这些原因就给高速公路经营企业带来很多的局限和思考，迫使高速公路经营企业在发展战略的选择和实施上不得不处处受限。

河南省的高速公路发展连续6年走在了全国的前列，对当地经济增长的拉动作用及GDP

的贡献显著，有效地带动了建筑、建材、机械、电子、化工、汽车、能源、运输等相关产业的发展；河南省地处中原，交通区位优势非常明显，高速公路的发展推进了沿线城市化进程，促进了城市资源共享、产业互补、协调发展，与周边各省已基本实现高速公路连接，旅游也成为本省的重要产业之一；快速发展的高速公路，强化了各种运输方式间的有机衔接和紧密协作，大大地提高了综合运输效率，为河南省道路运输业和商贸业的发展提供了坚实的基础。随着通车里程的增加，管理体制也随之做了多次的尝试和调整，以适应不断变化的新形势，新问题。

与全国情况类似的是，全国高速公路发展中出现的问题，在河南省表现尤其明显，河南省在“十一五”期间，提前完成国家规划的路网里程，现有的建设项目大都是西部山区，社会效益远大于经济效益。另外管理体制也呈现出政府、投资集团、国有独资企业、上市企业、事业单位、民营企业等多家投资与管理主体多头并存的现象。本文重点以河南省高速公路发展的历程和管理模式的变化为研究对象，对构建高速公路可持续发展体系进行初步探讨，分析河南省高速公路的发展战略选择问题。

1.3 研究思路

由于国外的多数高速公路是采用政府主导的模式，高速公路建设模式也以国家财政为主，收费公路比例较小，而且高速公路经营期限相对较长，所以高速公路可持续发展战略问题并不突出，多数文献研究也重点集中在公路养护、检测、科研等技术层面，单纯研究高速公路发展战略的文献较少，但对基础设施市场化研究的文献较多，争议也较多，主要是以高速公路等准公共产品能否市场化，市场化效率等方面展开研究。而世界上有80%的收费公路在中国，所以国内在收费公路方面的研究较多，目前理念研究的进展主要集中在两个方面：一是对收费公路经济属性的研究，二是关于收费价格及收费期限的研究。

随着社会经济的不断发展，中国高速公路的发展日新月异，各省高速公路的发展和研究都发生了很大的变化：从传统的政企合一，到现在的多元化投资主体，到建立现代企业管理模式。因此，对高速公路发展的研究需要逐步脱离政府指令，立足于企业内部环境科学、客观研究，审时度势，制定出符合企业和市场实际情况的企业战略，这是决定企业能否长期生存和发展的关键所在。企业发展战略研究正是为企业提供了一个科学研究内外部环境对企业经营管理的影响，结合企业目标及自身条件制定企业竞争战略的有效方法。

本文从国内外高速公路发展研究入手，结合国内各省高速公路发展的特点、历程，以及国外高速公路发展的借鉴经验，结合我国政治经济法律环境的特点，对我国高速公路企业经营环境可持续发展困境成因的分析，以高速公路市场化理论和可持续发展理论为基础，结合国际高速公路发展经验及我国高速公路产业政策，从发展目标、业务范围、发展路径及商业模式四个方面提出高速公路企业可持续发展战略，并对发展战略实施过程中的问题也一并加以研究。

2 我国高速公路发展历程

2.1 发展历程

交通运输业是国家国民经济的基础性产业，是合理配置国家资源、提高国民经济运行效率与质量的基础，是将世界各国联系在一起的桥梁。在18世纪，亚当·斯密在他的《国富论》一书中指出：在所有变革中，交通运输条件的改善最为有效。人类发展的历史过程证明，交通运输业对国家或者地区的社会经济发展尤为重要。

在20世纪30年代,西方国家出现了以汽车运输为主,提供特别服务的交通基础设施,这主要是新技术成果在交通运输领域的具体应用与突破性发展。美国国家工程院选出的在20世纪最重要的20项科技成就突破中,汽车行业排在第二位,高速公路系统排在第十一位。可以看到,汽车行业和高速公路在现代经济社会中占据着十分重要的地位。

根据中国公路网的信息,近80年的探索发展,全世界已有80多个国家和地区拥有高速公路,通车里程超过了23万千米。但直至1988年10月31日中国上海沪嘉高速公路的建成通车,才结束中国内地没有高速公路的历史。

我国从1984年开始实施"贷款修路、收费还贷"的高速公路市场化政策开始,从无到有,经过二十几年的快速发展,到2010年年底全国通车的高速公路里程达7.4万千米,成为世界上高速公路通车里程第二的国家。

图1是我国高速公路通车里程发展进程柱状图。

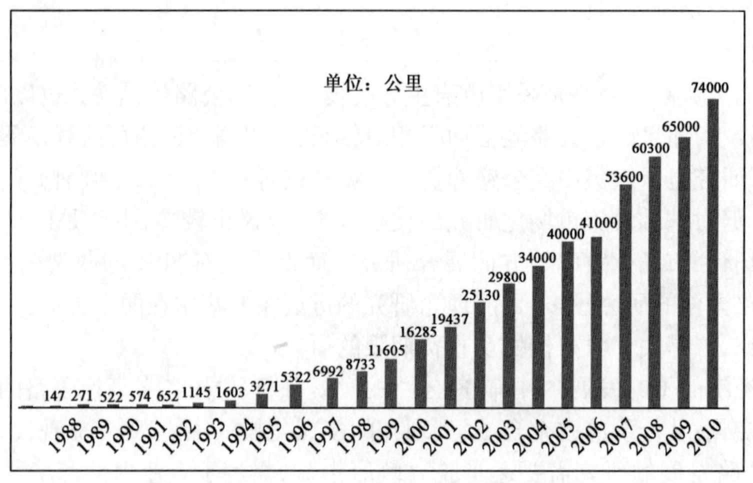

图1 中国高速公路发展历程

表1是我国高速公路通车里程表。

我国高速公路通车里程表 表1

年份	1988	1995	1999	2000	2001	2004	2005	2006	2007	2010	2035
里程（万千米）	18.5K	8733K	1.16	1.63	1.94	3.4	4.1	4.54	5.36	7.4	8.5
备注	第一条高速公路	世界第八位	世界第四位	世界第三位	世界第二位	世界第二位	世界第二位	世界第二位	世界第二位	世界第二位	规划

《国家高速公路网规划》采用放射线与纵横网格相结合的布局方案,形成由中心城市向外放射以及横贯东西、纵贯南北的大通道,由7条首都放射线、9条南北纵向线和18条东西横向线组成,简称"7918网",总规模约8.5万千米。

在国家"五纵七横"国道主干线的规划指导下,截至2010年年底,中国高速公路通车总里程达7.4万千米,有21省区市高速公路里程超过1000千米,其中,河南、山东两省突破4000千米,江苏、广东、河北、湖北、浙江五省突破3000千米。"五纵七横"高速公路收尾工作基本完成,总体上实现了高速公路持续、快速、有效地发展。

目前,在全国31个的省(市、自治区)中,除西藏自治区外,各省都有收费公路。而刚刚颁布的《全国交通十二五规划》中,也明确了"积极探索建立高速公路与普通公路统筹发展的新机制,逐步形成以高速公路为主体的收费体系和普通公路为主体的不收费体系"。高速公路产业与经济和社会发展有着密切的联系。本章首先对我国高速公路产业周期与行业特点进行分析,然后对高速公路企业经营中的宏观环境进行PEST分析研究,在对行业竞争态势分析中,我们采用"五力模型"来研究。

2.2 高速公路产业周期与行业特点分析

纵观世界高速公路发展史,高速公路行业发展的分为三个阶段:发展期、持续期和可能衰退期。

发展期是高速公路发展的初始阶段,由于进入产业化发展,高速公路进入快速、持续的增长期。在这个阶段,技术不断升级,也是资本急剧扩张的时期。

高速公路发展到持续期,路网基本成形,里程增长放缓,资本扩张趋缓,高速公路的发展重点转向运营管理智能化,靠技术提高保持高速公路在综合运输体系中的主导地位。

在一定的持续期后,将可能进入衰退期,原因在于:个别高速公路收费到期;其他运输方式的兴起,高速公路的地位逐步削弱或运营所需的通行费收入逐步减少,致使其功能及作用逐步退化,呈现衰而不亡的特征。

目前我国已建成的高速公路里程离规划的高速公路路网还差一万多千米,而且,除了国道外,各省也出于自身发展的考虑,规划有省级的高速公路连接线,作为国道主干线的补充和延伸。因此,我国的高速公路还处于飞速发展的阶段,即产业发展期。

由于高速公路具有自然垄断性、不可移动性、长期使用性、网络经济性、公益性、外部性、级差效益性、沉没成本巨额性等特征,并非完全竞争的产品或者服务,因此高速公路产业属于一种特许经营的产业。用战略管理的术语说,"特许经营是指具有特殊关系或责任的企业集团为了控制市场而形成的战略联盟"。高速公路企业的发展依赖于国家特许经营制度(特许经营,来自于法语,意思为诚实或者自由),因此,高速公路企业的可持续发展是高速公路市场化理论与企业可持续发展理论的结合。

根据物品消费的竞争性和排他性,公共经济学将物品分为三种形态:即公共产品、私人产品和准公共产品。不同的产品形态具有不同的需求及供给形式。准公共物品介于公共产品和私人产品之间,既有一定的竞争性,又有一定的排他性。对于消费者偏好明显,排他技术成熟的物品,市场机制能显示其需求水平,具备市场化运作的基础。

普通公路由于具有非排他性和非竞争性,属于公共产品,所以普通公路的修建与维护一般由政府提供。而高速公路和普通公路最大的差别在于高速公路的封闭属性,可以轻易地实现排他,将不付费者排除出去。此外,随着信息技术的发展,尤其是GPS定位技术及电子收费技术的普及,高速公路排他的成本更低,效率更高。另外,高速公路具有部分消费竞争性,在饱和之前,增加另外一单位的消费者(车辆)对其他消费者不构成影响,此时高速公路的边际成本不变。但当交通量饱和以后,新增车辆会对其他车辆造成损害,且随着消费者的增加,边际成本增加,平均成本随之增加。这种情况体现出高速公路消费的竞争性。呈现出一定的私人物品属性。高速公路的这种准人公共物品属性决定了高速公路可以由市场提供。

由于准公共物品的经济属性和基础设施性质,因此高速公路行业有着与其他行业不同的

特点:

(1)资本密集型:高速公路的造价每千米高达数千万元,进入的门槛比较高,修建高速公路必须有非常雄厚的财力支撑,否则,要想启动都非常困难。这也是国内绝大多数高速公路都是国有的原因。尤其是近些年,随着成本的逐步增加,一些原来进入高速公路的民企开始调整,在高速公路行业出现了“国进民退”的现象。

(2)技术密集型:高速公路建设涉及路基、路面、桥涵、互通立交、交通工程、沿线设施等技术标准,施工要求很高,并且随着科学技术的发展,特别是信息技术的发展,将会应用越来越多的先进技术。这些技术的整合需要相当多的人才储备和引进,并且涉及很多领域,要想把这些组织到一起,没有相当的实力和平台几乎是不可能的。

(3)建设周期长:高速公路建设周期一般是3~4年,加上前期的设计和报批以及招投标等过程,时间还要更长。这是由于高速公路具有全封闭、全立交的特点,专供汽车行驶,路基往往要高于所经过的地面,并与所有交叉的其他交通线都要通过不同方式进行处理,且其建设技术标准高,附属设施复杂,因此施工的要求和难度都比较大,建设周期较长。

(4)经营周期短:经营期一般为20~30年,国家有明确规定。

(5)收益比较稳定:高速公路的前期建设资金投入巨大,建成后维持运营的成本则比较低,因此运营企业有比较充裕的现金流,收益也比较稳定。我国已建成的高速公路基本都是国家路网和联系要道,建成的效益很可观。但随着高速公路建设战略西移,也开始出现一些战略意义远大于经济效益的路段,不过,稳定的现金流仍是高速公路经营的特点。

(6)自然垄断性:由于高速公路建设资金投入巨大,客观上形成了较高的行业进入门槛,从而使高速公路具有自然垄断性,社会上能够进入高速公路领域的实体并不多。另外,高速公路运营许可制度,也在某种程度上造成高速公路的自然垄断。

3 高速公路行业宏观环境分析

宏观环境分析可分为经济环境分析、社会文化环境分析、技术环境以及法律环境分析。所有外部因素都会直接影响到高速公路的发展。通过对外部环境和内部环境的整体了解,企业将获得必要的信息以理解现状并预见未来。有利的方面是,在我国经济长年保持稳定增长的同时,居民生活水平不断提高,汽车工业、现代物流业也得到了蓬勃发展,这些都有力地促进了高速公路网络的延伸。不利的方面是燃油税费改革以及社会上对于高速公路收费所存在的不同声音对高速公路收费造成不利影响,直接影响高速公路收费方面的政策,而高速公路行业又对政策的依赖性很大。下面就对我国高速公路发展的宏观环境做出PEST分析。

3.1 经济环境

3.1.1 我国经济持续稳定增长,为高速公路发展提供了优越的大环境

进入21世纪,我国经济持续稳定增长,并保持了GDP年均近10%的发展速度。根据国家统计局测算的结果,2009年在遭受世界金融危机冲击的情况下,国内生产总值仍达到335353亿元;城镇居民人均可支配收入17175元,扣除价格因素,实际增长9.8%;农村居民人均纯收入5153元,实际增长8.5%。人均收入的快速提升增强了居民的消费能力,对于居民的消费结构也产生了较大的影响。伴随着全球经济逐步复苏,中国经济有望在现有基础上进入下一个上升周期,这为高速公路的可持续发展提供了优越的大环境。

3.1.2 大交通领域投资稳中有升，为高速公路实现可持续发展奠定了基础

在2008年第四季度出台的4万亿投资计划中，交通行业成为投资的重点。交通运输部2009、2010两年交通固定资产投资规模年均将达到1万亿元，其中重点投资领域为公路建设，特别是国家高速公路网、农村公路建设以及国省干线公路扩容。

《全国交通十二五规划》中，对加快形成高速公路网建设专门做出论述："推进国家高速公路建设，加快高速公路剩余路段、瓶颈路段的建设，基本完成2004年国务院审议通过的国家高速公路公路网规划，建成比例超过90%，通车里程达到8.3万公里。积极推进国家公路网规划中的国家高速公路新增路线建设；支持纳入国家区域发展规划，对加强省际、区域和城际联系具有重要意义的高速公路建设，提高主要通道的通行能力，继续完善疏港高速公路和大中城绕城高速公路等建设；全国高速公路的网络程度和可靠性显著提高，有力促进综合运输体系协调发展。"

我国高速公路建设正进入产业发展期，各地的建设势头如火如荼，还有大量的国家级和省级高速公路需要建设，建设规模十分巨大。

在国家拉动内需、加大基础建设投资的大背景下，河南省政府也将大交通领域的投资作为拉动地方经济的重要手段。2010年河南省用于交通建设的资金在850亿元以上，重点强化公路、铁路、民航等多种运输方式的衔接配合。

3.1.3 汽车产业蓬勃发展，为高速公路增加了发展的动力

随着我国经济实力不断增强，人均收入不断提高，汽车产业进入了高速发展阶段。据中国汽车工业协会统计，2009年国产汽车产销1379.1万辆和1364.48万辆，同比增长48.30%和46.15%，首次超过美国成为全球产销量第一的国家。从2010年上半年的汽车销售情况来看，汽车销售量有望突破1500辆万乃至1700万辆，我国将蝉联全球汽车产销量第一的位置。从长远看，汽车产业的快速发展必然会导致高速公路车流量的增加，从而为高速公路的发展提供有力支撑。

3.1.4 物流产业的快速发展，为高速公路的发展提供了强大的推动力

"十一五"规划中，我国就明确提出了要大力发展现代物流业。随即国家和地方又先后推出多项不同层面的发展规划和相关配套鼓励政策。2004～2008年间，我国社会物流总费用继续保持了快速增长的态势，并高于同期GDP增长率。其中2006～2008年的年均增长率为14.3%。由于物流业与交通业存在着密切联系，随着物流业的发展，必然会促进交通领域的进一步发展，从而为高速公路的发展提供强大的推动力。

3.2 政策环境

影响高速公路发展的政策主要可以分为三类：第一类是高速公路网规划，包括国家高速公路网规划以及省政府的高速公路网规划；第二类是收费公路的相关政策，如《中华人民共和国公路法》、《收费公路管理条例》、《收费公路权益转让办法》等，其中《收费公路权益转让办法》对高速公路的发展影响深远。第三类是相关产业的政策，例如汽车产业促进政策以及成品油价格改革等对高速公路的发展也有一定的影响。

3.2.1 高速公路网规划，为高速公路产业的长远发展奠定了良好基础，未来的发展空间仍将十分巨大

现阶段高速公路建设已处在由主干线建设转向大规模的跨省贯通发展。在经济发达地区

和城市密集区，高速公路发展开始进入网络化的关键阶段。可以预计未来几年，全国每年将建成高速公路3000～4000千米。我国高速公路正处于产业的快速发展阶段，发展前景广阔。

2009年7月27日，河南省政府出台了《河南省高速公路网规划调整方案》，将新增10个项目，里程约560千米。规划目标年为2020年，河南省高速公路通车里程由6280千米增加到6840千米，路网密度达到4.1千米/百平方千米，2012年河南省高速公路通车里程达到6000千米，未来三年内要建设至少1140千米高速公路。

但不利的是，基于未来三年的投资计划，河南省的高速公路建设投资预计超过1000亿元，所需资金巨大；且新投资项目多位于西部山区或经济欠发达地区，车流量较小，盈利性较差，是典型的社会效益大于经济效益的公益性项目。

3.2.2 《收费公路权益转让办法》的出台对高速公路的发展存在一定的影响

2008年10月开始实施的《收费公路权益转让办法》，解决了收费公路权益转让管理工作中存在的问题、规范了收费公路的权益转让行为，在资金来源以及收费标准上进行了统一，对收费公路权益转让提出了更严格的要求。

3.2.3 汽车产业促进政策，为高速公路发展提供了支撑

近年来，我国经济一直保持着良好的发展势头，国民经济的增长和社会事业的进步，直接促进了公路交通量的提升。2009年全国高速公路年平均日交通量为16837辆/日，与上年相比增长3.5%；年平均行驶量为109563万车·千米/日，比上年增长11.7%。快速增长的交通量无疑增加了对高速公路的需求。此外，国民经济的进步也推动汽车产业的发展，居民汽车保有量迅速增加。据相关数据显示，中国汽车保有量2009年年底突破1.7亿辆。就河南省的情况来看，目前汽车市场的发展程度还比较低，千人汽车保有量仅为25.8辆，低于全国平均水平，发展潜力很大。从长远来看，这些推动汽车产业发展的政策，都将影响到高速公路的车流量，从而推动高速公路的发展。

3.2.4 《河南省现代物流业发展规划(2010—2015年)》促进河南省高速公路的长远发展

河南省委、省政府十分重视现代物流业的发展，在“十一五”时期制定了《中国郑州现代物流中心发展规划纲要》，2010年6月出台了《河南省现代物流业发展规划(2010—2015年)》，提出了河南省物流发展“1+10”模式布局。

“1+10”模式的“1”是指省会这一个国际物流中心，它是河南省对省会在中部地区物流中心的价值定位；“10”是十大行业物流，即食品冷链物流、医药物流、钢铁物流、汽车物流、家电物流、纺织服装物流、邮政物流、粮食物流、花卉物流、建材物流，是指十个未来重点发展的目标行业。“1+10”模式要求河南省物流业与制造业协同发展，通过打造一个国际物流中心，让现代物流发展成为提升制造业核心竞争力的重要支撑，成为构建制造业产业链的重要组成部分和基础条件，推动相关制造和商贸产业和物流产业的良性互动，助力中部崛起。

随着河南省物流产业的发展，高速公路的重要性进一步凸显，将会对河南省高速公路未来的发展起到明显的促进作用。

3.3 社会环境

3.3.1 我国高速公路发展迅猛，未来将着重致力于路网的进一步完善和高速公路运营水平的提升

我国高速公路始建于1988年，“十五”期间得到飞速发展。到2010年年底，中国高速公路

的通车总里程达7.4万千米,位居世界第二位。按照交通运输部2005年公布的高速公路网发展规划,到2020年我国将基本建成国家高速公路网,届时中国高速公路通车总里程将达10万千米。新路网由7条首都放射线、9条南北纵向线和18条东西横向线组成,简称为“7918网”。根据现有发展速度,国家高速公路网将提前建成。

3.3.2 居民生活观念和出行方式的转变,有利于高速公路经营收入增长

中国经济的持续稳定增长,在增强了居民消费能力的同时,对于居民的生活观念以及出行方式均产生了较大的影响。根据国家统计局测算的结果,2008年全国国内旅游总花费为8749.3亿元,2003~2008年年均增幅接近15%,远高于同期GDP的年均增长率。同2000年之前的旅游业主要依靠铁路运输不同,近年来旅游出游方式中,公路以及航空所占的比重越来越大。伴随着生活观念的进一步转变,出行方式将进一步向航空以及公路自驾等方式发展,这有利于增加高速公路经营收入。

3.3.3 城镇化水平的持续提高,将有效推动高速公路建设的发展

截至2009年年底,我国城镇人口已达6.22亿,城镇化率46.6%。目前城镇化率以年均1%的速度增加,预计到“十二五”末我国城镇化水平将超过50%。城镇人口的大量增加,将有效地拉动汽车消费。同时,居民出行次数也呈现持续增长态势。这些因素都有利于高速公路车流量的增长,继而推动高速公路行业的发展。

3.3.4 社会舆论对部分高速公路收费项目存在不同声音,对高速公路的发展产生潜在不利影响

近年来,由于少数省市高速公路管理和运营中出现了部分不合理现象,导致社会舆论就部分高速公路的收费问题存在不同的声音。在这种情况下,不排除未来政府降低高速公路通行费标准或者撤销部分收费站点的可能,这将对高速公路未来的发展产生潜在的不利影响。

3.3.5 地理区位优势明显,为高速公路发展必要性提供强大支撑

河南省承东启西、连南贯北,有50%的过路车辆是外省车辆,优越的地理位置使河南省成为我国重要的陆路交通枢纽之一。因此,从车流量的构成来看,河南省过境交通量占据较高比重,并且主要集中在京港澳和连霍两大通道。从整个综合运输网络中承担的客/货运量状况分析,出省客/货运量、外省到达客/货运量以及过境客/货运量约占总客/货运量的一半左右。过境运输交通量大为河南省高速公路发展提供了强劲的需求。

3.4 技术环境

技术进步从不同的深度和广度影响到社会的很多方面。它的影响主要来源于新产品、新流程和新材料。由于技术的发展步伐很快,迅速而全面地研究技术因素对企业而言非常重要。

3.4.1 发达国家路网建设已趋完善,未来高速公路将逐渐向国际高速公路网以及信息化、智能化方向发展

发达国家的高速公路发展趋势代表了世界高速公路的整体发展趋势,主要体现为以下两点:一是国际高速公路网正逐步形成,国家之间合作修建高速公路日益增多,促使公路和运输市场由国家和区域内部市场转变成为全球性市场。二是向信息化、智能化方向发展。虽然高速公路极大地提高了通行能力,但修建道路的空间是有限的。智能交通系统(ITS)能最大限度地提高路网的通行能力,是未来比较理想的发展方向。

3.4.2 智能交通系统(ITS)的引入,将提高交通领域的运行效率,并为高速公路带来新的发

展契机

我国智能交通系统已从探索阶段进入到实际开发和应用阶段。从公路智能交通系统看，主要应用在城市内部交通和高速公路两方面。未来河南省高速公路探索并引入智能交通系统后，将有助于提高交通业务的运行效率，同时在引入过程中还可以通过拓展相关业务为高速公路经营带来新的发展契机。

3.4.3 电子不停车收费系统(ETC)的引入，将提高高速公路的通行效率

电子不停车收费系统(ETC，Electronic Toll Collection)是国际上正在努力开发并推广普及的一种用于道路、大桥和隧道的电子收费系统。采用该系统的收费通道通行能力是人工收费通道的5~10倍。近两年来，我国部分省市(如北京、上海等)大力推广电子不停车收费系统，并取得了较快的进展。现在电子不停车收费系统已趋于成熟，越来越多的高速公路管理主体会大力推进电子不停车收费系统的应用，提高高速公路的通行效率。

3.4.4 公路建管养相关新技术的引入，将有效降低高速公路发展中的建设运营成本

根据国内交通运输技术发展的趋势和运输需求，我国还确定了如下以公路建管养为主体的交通科技重点研发领域：高等级公路养护技术及装备开发、一体化运输技术、长寿命路面关键技术、桥梁耐久性及安全性检测评价与加固关键技术、特殊自然环境下工程建养技术、交通安全保障技术、绿色交通技术等。这些技术如果能尽快运用到高速公路运营管理中去，将有效降低高速公路的建设和运营成本。

4 高速公路发展"五力"模型分析

1980年，迈克尔·波特出版了《竞争战略》(Competitive Strategy)一书，推出了"五力"框架，将行业中参与者的平均利润与5种竞争力量联系起来。波特的行业分析框架从几个方面概括了个别市场的供给-需求分析。首先，放宽了对大数量和同质化的假设；其次，沿着纵向维度，将注意力从包含供方和买方的两级纵向链，转向了由供方、竞争者和买方构成的三级链；再次，沿着水平维度，该框架在解释直接竞争者的同时也分析了潜在进入者和替代品。这些概括分析使得波特超出了科学论证的范畴而进入了常识性的领域。"五力"框架不仅强调现有对手间的竞争也强调价值的扩展竞争，及在应用上的相对简便性，因此被无数的企业所采用。这5种力量包括竞争水平、进入者的威胁、替代品的威胁、买方力量和供方力量的关系。人们必须认识到，买方与卖方之间不仅是竞争关系，还是重要的合作关系。这五种力量，都对企业的利润有很大影响。

企业战略"五力"模型简图见图2。

下面以高速公路为例，运用"五力"模型进行分析。

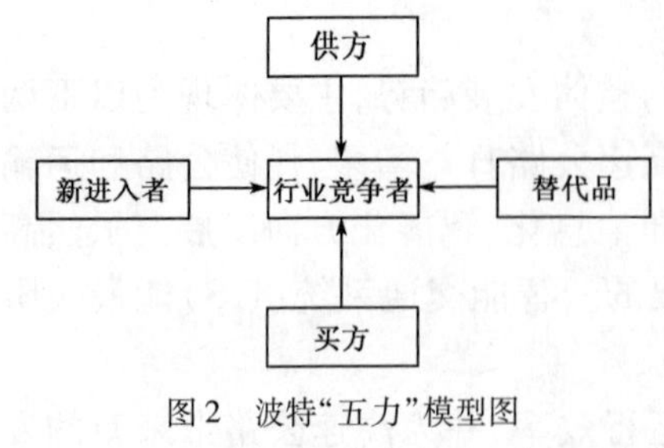

图2 波特"五力"模型图

4.1 同业竞争的竞争程度

从长期来看，行业环境和企业内部资产都影响着企业的经营业绩。同行业竞争水平影响着一个行业所创造的价值耗费直接竞争及其程度。高速公路的行业竞争，来自于全国各省的高速公路投资经营主体，甚至国外的高速公路投资经营主体。除此之外，由于高速公路是一个产业链，处于链条中的汽修、餐饮、旅游等企业也

会对高速公路的运营带来竞争和压力。

随着资本市场的逐步发展,高速公路稳定的投资收益也吸引了社会资本,部分民营企业也开始投资收费公路,例如,目前中国香港的一些企业开始投资收费公路。此外,部分国有资本,尤其是保险资金,开始投资交通基础设施。大量民营资本、外资及国有资本进入公路交通基础设施市场,使得我国公路基础设施投融资体制进一步发生转变,出现了大量的经营性高速公路企业,并以经营收费公路为主业。这些企业中,国外企业和民营企业由于更注意经济利益,因此,管理水平和利润意识都高于国有的高速公路企业,管养成本低,具有相当的竞争优势。

除国际资本和民营资本外,国内的高速公路投资主体仍然以国有资本为主,这些企业包括:地方高速公路(投资)集团公司、高速公路上市公司,以 BOT 模式投资公路的建设企业,全国性的高速公路企业。

由于高速公路准入门槛较高,高速公路经营主体间的竞争事实上并不激烈,往往有各自的地盘和政府支持。高门槛准入抬高了行业内现有竞争者的利润,也使为数不多的企业形成对整个行业的控制。值得注意的是,高速公路是基础设施,一旦建成无法移动,回收周期又比较长,加之国内高速公路企业经营环境不成熟,政策有待调整,因此,国外资本多以借贷的方式进入,且所占比重较小。

各省的高速公路投资主也多与当地政府有密切联系,一般不愿意到外省去投资,造成外省投资的比例也比较小。因此,在同行业竞争中,河南省高速公路的经营主体,面临的压力并不大。

虽然各地高速公路经营主体基本上属垄断地位,相互间的竞争并不激烈,但是随着各省投资基本完成,一些先发展起来的高速公路企业也在积极地拓展市场。特别是高速公路是一个产业链,养护、服务区等延伸产业涉及更多的领域,很多高速公路企业本身也有很多相关的业务公司,这些业务公司也在管理自己路段的同时,把触角伸及有利可图的其他路网。

4.2 进入者的威胁

鉴别新的进入者对企业来说非常重要,因为它们可能威胁到现有竞争者的市场份额。行业平均利润率受潜在对手和现有对手两方面的影响。分析进入者威胁的关键概念是进入壁垒。经资本成本调整后的行业利润高于零时,进入壁垒阻止了大量公司的蜂拥而入。当外部企业很难复制现有企业位势,或这种复制在经济上不可行时,就意味着存在进入壁垒。

进入壁垒有不同的形式。有些壁垒反映了进入时内在的物质障碍或法律障碍。不过,进入壁垒的最常见形式是进入某行业并成为有效竞争者所需的规模与投资。

由于高速公路具有准公共物品的特性,加之属于基础设施,投资大,一旦建成无法位移,回收周期长,受政府调控的因素多,各地方高速公路经营主体的资产规模都比较大,管理的高速公路里程也比较多,还承担着铁路、民航等建设任务,因此公司资产负债率较高,普遍面临较大的融资压力。

因此,不是以高速公路为主业的企业和资本,很少愿意冒险从事高速公路建设与管理,以致更多是以政府支撑的国有资本为管理主体,以政策吸引各种投资主体。事实上,在很多外资和民营企业投资经营的高速公路中,已经出现"国进民退"的现象。对高速公路行业来讲,不存在着进入者的威胁。

同时,由于世界经济下滑,国内又掀起新一轮的投资拉动,依靠加大基础设施投资带动 GDP 的做法仍然是国家调控的手段之一。随着国家投资力度加大,政策倾斜,不排除一些其他行业的国有资本进入高速公路领域的可能性。因此,潜在的进入者还是需要关注的。

4.3 替代品的威胁

替代品对一个行业的威胁,取决于能满足消费者同样的基本需求的不同类型产品或服务的相对性价比。替代品威胁还受到转换成本的影响,即当消费者转用不同类型的产品或服务时,引发的在再培训、重购工具或再设计等领域的成本。

在大交通概念下,综合的交通出行体系日益完善,其中高速公路具有陆地运输中运行效益高、点对点服务等优势。与几种出行方式相比,航空具有时间短的优势,但价格昂贵;铁路具有运力大、费用低廉等优势,加之近几年高铁的发展,在地面出行方面与高速公路的效率不相上下,但由于高铁最近事故频发,在人们选择出行方式的考虑中,还是会有些影响;水路受地理位置的限制,一般不作考虑和比较。因此,高速公路的出行方式,还是在人们心目占据重要位置。

在高速公路行业中,需要进一步提高路网的完善程度、便利程度,路面的畅通与优美,行车的安全舒适,这是与铁路和航空竞争的优势所在。

4.4 买方力量

买方力量是影响如何分配行业所创造价值的两个纵向因素之一,消费者通过迫使竞争厂商无条件地降低价格或者提高服务水平挤占行业利润。买方力量中最重要的决定因素是消费者的规模和集中度。

对高速公路来讲,买方力量来自于所有使用高速公路的社会公众。由于我们传统观念上,绝大多数人都没有高速公路这一概念,即使在中国公路专家到西方发达国家学习高速公路知识并回国介绍高速公路的情况后,习惯于"有路大家跑车,有水大家行船"的国人还是无法理解高速公路为什么要"全封闭"、"全立交"。当然,经过二十几年的发展,高速公路已经不是新生事物,但对于高速公路收费标准和年限的质疑,却从没有停止过。

迫于社会舆论的压力,2011 年,交通运输部已明文规定,开始清查公路运营中的超期收费和收费标准问题,下步的趋势很可能会取消已到期高速公路的收费权,转为不收费公路,也有可能调整高速公路资费标准。这些将对高速公路运营收益产生巨大影响。在这种压力下,"收费还贷,滚动发展"的思路已远远跟不上形势的发展。因此,收费公路的权益转让是当前形式下需要研究的课题。

4.5 供方力量

供方力量是买方力量在镜中的影像。其结果是,在分析供方力量时,一般首先要着重于供方相对于竞争对手的规模与集中度,然后是所提供的输入品的差异水平。向对手们——供方的买家——索价的能力,即根据为其所创造价值的差异而制定不同价格,常常意味着市场是紧跟供方力量为特点的。

高速公路的供方,应该是建设与管理高速公路时所有与之相关联的上游建材及技术供应商。这些供应商种类繁多,涉及钢铁、水泥、电子、能源、土地、环保等诸多领域。随着高速公路建设逐步向丘陵、山区推进,隧道、桥梁明显增多,加之近年来物价上涨,工程造价大幅攀升。与 2000 年相比,不到十年,征地拆迁费用上升 100% ~300%,原材料价格上涨 30% ~50%。目前高速公路平均造价已经超过每公里 5000 万元,有的地方某些路段已经超过 1 亿元。在高速公路造价大幅增加的情况下,我国的高速公路收费政策并未随之调整。因此,新建高速公路投资收益低,有些高速公路通行费收入低于贷款利息,更谈不上还本或者盈利。传统的高速公路企业经营扩张模式，已经难以适应高速公路建设成本高涨的投资需要。

虽然高速公路在急剧扩张的过程中，对所有原材料的需求量很大，但由于需求的门类太多，而这些行业又是国民经济中重要的支柱产业，因而高速公路需求的谈判能力实际很有限，加上土地赔偿的涨价，已经使高速公路建设成本处于一个非常高昂的水平，几乎没有下降的空间。

在对高速公路行业进行“五力”模型分析后，我们发现，高速公路行业受政府政策、资金来源、社会舆论等压力较大，处于相对垄断的行业状态中，因此在发展上更多呈现出紧随政治经济发展的特性，并与社会意识形态密切相关。

5 结语

我国的高速公路行业是一个年轻的行业，发展历史虽然不长，但进展迅速。在迅猛发展的同时，一系列问题也随即突显：收费还贷、滚动发展模式的局限；发展空间的有限性；社会对公路收费的质疑；自身发展中的多种制约。

立足历史，面向未来，高速公路行业下一步发展将何去何从，相信是高速公路从业者们共同思考的话题。“前事之不忘，后世之师”，对于历史的回顾，对于当下面临的环境的分析，希望能给高速公路企业的下一步的发展提供些许的启发和贡献。

参 考 文 献

[1] 高速公路行业报告课题组.2006年度中国高速公路行业报告.

[2] 高速公路发展讲座——高速公路现状与展望.2008,7.

[3] 赵志刚.高速公路发展现状及前景分析.交通标准化,2009,8,27.

[4] 交通运输部综合规划司.高速公路体制研究.2004,8.

[5] 中国公路网.http://www.chinahighway.com.

[6] 喻新安,等.中国高速公路建设模式研究.北京:经济管理出版社,2008,12.

[7] 收费公路管理条例.

[8] 贺竹馨.高速公路企业可持续发展.北京:人民交通出版社,2010,11.

[9] [英]亚当·斯密.国富论.郭大力译.上海:三联书店,2009,3.

[10] 中国交通新闻网.http://www.zgjtb.com.

[11] 张东风,马广青.中国高速公路产业论.北京:中国社会科学出版社,2007,8.

[12] 陶学伟.高速公路可持续发展财务战略思考.商业会计,2011,3.

[13] 刘步存.高速公路企业经营管理.北京:人民交通出版社,2000.

[14] M. T. Dacin, C. Oliver, and J.-P. Roy, 2007, The legitimacy of strategic alliances; An institutional perspective, Strategic Management Joumal, 28.

[15] 中国统计年鉴2009.北京:中国统计出版社,2009,9.

[16] A. L. Porter and S. W. Cunninghanm, 2004, Techmining: Exploiting new techologies for competitive advantage, hoboken, NJ: Wiley.

[17] David Simom. Transport and Development in the Third Word. Rout-ledge. 1996.

[18] [美]迈克尔·波特.竞争战略.陈小悦译.北京:华夏出版社,2005;10.

[19] [美]罗伯特·卡普兰,大卫·诺顿.战略地图——化无形资产为有形成果.刘俊勇,孙薇译.广州:广东经济出版社,2005,6.

[20] 白晓丰.高速公路特许经营研究.交通研究.2006.

暴风雪带来的启示

李予川

（河南高速公路发展有限责任公司）

近几年，中国高速公路行业、乃至中国社会出现了一个怪现象，那就是每当肆虐中国的暴雪停止了，拥堵不堪的高速公路陆续开通，滞留车辆各奔东西之后，“团结起来，再次战胜暴雪”、“全体动员，救助驾乘”等诸如此类的标题马上就会充斥报纸、电视、网络，又一件大功似乎已经告成，至于今后的防范工作似乎很少提及。

以2008年为例，一场据称罕见的暴雪覆盖北京、天津、内蒙古、山西、河南、湖北、陕西、山东、宁夏等诸多北方省份，连霍、京港澳、福银、沪陕、京昆等诸多国道主干线均受到不同程度的影响。其中京张高速公路连续拥堵70小时，滞留车辆连绵100多公里；青银高速太旧段2000多辆车、5000名驾乘人员滞留高速公路，同时引发车祸155起，引起了社会各界对雪天高速公路安全畅通的关注。

然而更值得关注的是，2008年雪灾期间，有关专家就预言今后还会出现大的雪灾。2009年暴雪来临之前，气象部门也做出了准确预报，但当2009年那场60年来最大的暴风雪降临中国大地时，还是造成了大面积、长时间的交通堵塞。个中原因值得探究，这场暴雪带给我们的更多的是启示。

1　区域高速公路指挥中心亟待建立

公路对于任何一个城市、一个省、一个自治区甚至一个国家，都像输送血液的动脉，公路的安全畅通对于经济的正常运行非常重要。截至2008年年底，我国高速公路通车总里程已经突破6万公里，纵横全国的高速公路网已经形成，对经济社会发展的巨大推动作用和不可替代性已日益显现，可以说今天中国高速公路的作用与铁路、民航相比毫不逊色。

但是，为什么规模如此庞大的高速公路网在暴雪面前不堪一击？缺乏有力的指挥、有效的协调、统一的步调应该说是主要原因。当前我国高速公路网由各省自行管理，没有全国性的指挥协调机构。具体到各省，因投资方式、管理体制、隶属关系、交通流量、管理水平等诸多方面的差异，情况更为复杂，在不少省份，省级交通主管部门真正能够实施有效管理的往往仅限于直属高速公路管理机构。一遇雪灾，各省、各单位往往是各自为政，“自扫门前雪”。在同一条高速公路上，常常出现某单位除雪效率高，首先具备了通行条件，但因其他路段尚不具备条件而无法开通；或某省高速公路经过努力具备了开通条件，因周边省份高速公路不具备通行条件而无法运营，不但拥堵在本省的车辆出不去，反而会使省外车辆涌入本省后无法分流，“只能进不能出”，加重了救助负担。

除雪保通需要投入很多人力、物力、财力，现在高速公路网又是全国联网，指挥不统一就很难做到步调一致。一旦遇到“你开通我关闭”，管理单位就很难通过高效率的工作，从通行费增收方面获得补偿,这样就会影响到管理单位除雪保通的积极性,久而久之,“能通就通,不能通就封”的意识就会占据上风。现在不少省份在决定高速公路是否关闭时往往只考虑本省情况,很少顾及相邻省份的困难,其原因一定程度就在于此。纵观近年来的历次雪灾,严重的交通堵塞往往出现在省界路段,尤其是交通枢纽省份更是如此。长此以往,投资巨大、历时 20 余年建成的国家高速公路网的作用就会大打折扣。

为加强省际高速公路除雪保通方面的协调,去年和今年雪灾期间,一些省份在这方面做过有益的尝试,积累了一定的经验,但由于是跨省域沟通,在很多情况下需要两省交通主管部门甚至省政府出面,时间长、层次多、效率低,往往贻误除雪保通的最佳时机。因此,从当前的情况看,只有建立区域性的高速公路指挥中心,才能真正实现对高速公路的统一协调、统一指挥。

当前,北方多数省份全程监控系统已经建成,信息化管理水平较以往有很大提高,建立区域性高速公路指挥中心的硬件条件已经具备。建议交通运输部、公安部在综合考虑各省实际情况的基础上,将彼此关联度大的数省划为一个区域,并在其中一省设立区域指挥中心,同时在其他各省设立分中心,实行统一指挥,分级负责。通过信息、资源共享,提高对道路运营态势的预见性,实现区域内诸省突发事件或恶劣天气下高速公路的指挥调度、路网监测、信息发布、救援救助统一协调,增强高速公路通行能力,全力实现“雪天不封路,雾天少封路”。

结合当前国内高速公路运营管理的实际情况,区域高速公路指挥中心既可是常设机构,也可以是只在冬季发挥职能作用的临时机构。其主要职责应包括以下几方面:一是统一发布区域内高速公路调度令,保障大范围紧急情况下区域各省高速公路的安全畅通,实现“一个声音指挥”。二是统一调配区域内各省除雪保通、应急救助资源,提高路网保障能力,实现“一部电话调度”。三是统一制定恶劣天气保通预案和相关规范,实现“一个标准管理”。四是统一向社会各界提供路况服务信息,实现“一条渠道对外”。五是在出现大面积灾害天气、突发事件时,统一组织区域各省为滞留驾乘人员提供及时、具体、直接的帮助和救援,实现“一个系统救助”。

2 交通和交警的考核机制亟待改革

交通和交警的职责尽管不同,共同维护高速公路正常运营秩序的目标是一致的,但在实际工作中,却常常出现许多无法协调的事情。如一有雪雾等恶劣天气,交通部门希望通过清除积雪维持畅通,确保通行费收入;而交警却往往要将高速公路关闭,以减少交通事故。双方之所以在这方面产生分歧,与其工作考核目标有着直接的关系。

众所周知,高速公路因其全封闭、全立交的结构,管理方式与干线公路、城市道路有很大不同。干线公路沿线有众多村镇临路,又是“逢城必进”,驾乘人员滞留后容易得到救助,也便于分流,而城市道路则几乎不存在这一问题。但高速公路一旦出现车辆人员滞留现象,在很多时候是“前不着村后不着店”,疏通、救助工作很难开展。此外,随着国内流通范围日益扩大,每逢高速公路雪阻封闭,沿线及辐射地区蔬菜、肉类等生活必需品价格必然上扬,对群众生活造成很大影响。

换另一个角度讲,自汽车问世以来,交通事故就与人类发展形影不离,过去和现在是这样,将来也是这样。与西方发达国家相比,高速公路在我国问世时间不长,管理经验相对不足,交通事故较多,这是毋庸置疑的,是短期内难以改变的,也正是当前交通、公安部门通过实践不断总结、不断完善的重要课题，解决起来需要有一个过程。在现阶段，路、警双方都应顾全大局，将确保高速公路安全畅通作为自己的最高职责。如果一有恶劣天气就把高速公路"一封了之"，安全倒是安全了，但殊不知将大批车辆和人员滞留在冰天雪地的高速公路上，人民群众的生命和财产将面临更大的安全隐患，一旦发生因救助不及时造成的人身死伤事件，不但经济损失更大，社会影响也会更加恶劣。

如果单纯从职责来讲，路、警双方都无过错，但由于某些方面的不合理因素，以致双方在运营管理中产生分歧，而最终受到影响的往往是驾乘人员。正如两个口味不同的人很难吃一锅饭似的，目标不一的两个单位共同管理一条路，产生分歧是难免的。要解决这个问题，就牵涉到路、警双方考核目标的统一问题。一方面，这一问题的解决，离不开交通运输部、公安部的重视，一旦上层达成共识，解决起来就容易得多。另一方面各地路、警双方也要发挥主动，国内在高速公路恶劣天气保通方面已有不少成熟的经验，如重庆的"综合执法"，河南的路警"四联合"等，只要路、警双方认真借鉴，建立一套兼顾双方利益、行之有效的恶劣天气保通机制是完全有可能的。

3 除雪保通养护规范标准亟待统一

我国高速公路应对恶劣天气的能力不足，除了缺乏统一的指挥协调外，与除雪保通力量不足、有关规范标准不统一也有着直接的关系。除雪机械是确保高速公路安全畅通必不可少的重要设备，但由于投资多元化和缺乏相应的规范标准，目前国内各省除雪机械配备情况不容乐观。据有关媒体去年雪灾期间披露，中部某省因以往全年降雪量少，全省仅有一台除雪车，以致雪灾降临时无以应对。在除雪作业组织水平方面，各省，甚至各管理单位更是参差不齐，同样长的路段和同样的降雪量，有的"随下随清"，实现了"雪天不封路"；有的是"先封路，再清雪"；还有些单位，平时对除雪保通工作漠然视之，事到临头手忙脚乱。在前不久的暴雪中，一条"某高速老总拎百万现金沿高速路请人扫雪"的新闻充斥网络、媒体，看后真是既让人感动，也让人可笑。因此，加强这方面的规范标准建设，并通过某些措施使其具有强制力是至关重要的。

3.1 要建立统一的高速公路保通方案

要在实现区域高速公路统一指挥、统一协调的基础上，综合考虑区域气候特征、地形地貌、交通结构等综合因素，充分吸取以往经验教训，制定统一的高速公路保通方案，明确指导思想、组织机构、保通措施、应急预案、工作流程、考核标准和相关要求。在此基础上，各省根据各自实际情况，对保通方案进行进一步细化，保证可操作性和实用性，不但要确保各省高速公路的安全畅通，还要确保在紧急状态下人员、机械、物资的跨路段、跨省域调用。

3.2 要建立统一的人、机、料配备标准

要通过加强对除雪保通施工人员结构、机械设备配备标准的研究，根据路段具体情况制定科学、合理、实用的人员、除雪和保障设备配备标准，以及除雪保通用的物料如融雪剂、工业盐、油料、零配件等储备标准，明确类型、质量、数量、保管、资金来源等各个环节的要求，确保足额储备，保证随时能用。

3.3 要建立道路除雪保通操作规范

要本着高效、节省、环保、便捷的原则，制定规范的除雪保通操作规范。根据气候特征，对

山区、丘陵、平原地区高速公路除雪保通作业程序、要求、考核标准等提出明确要求,对坡道、弯道、桥梁、通道、涵洞等特殊路段安全保通更要制定具体的实施细则。

3.4 要建立雪后设施恢复维修标准

冬季高速公路除雪保通不可避免地要使用一些融雪剂,但融雪剂的主要成分是氯化钠、氯化镁等化学物质,对水泥混凝土、沥青混凝土乃至沿线农田土壤、水源、植物都有一定的破坏性。考虑到我们的国情,高速公路应以机械除雪为主,但对桥面、弯道、坡道和山区路段也可使用少量融雪剂,以防止雪落地后经汽车碾压结冰。因此,完善雪后道路设施的维护同样是不可或缺的环节。

4 滞留驾乘人员救助体系亟待完善

实践证明,救助体系越健全、越系统、越科学就会越主动,受灾程度就越低,灾难恢复的速度就越快。过去,因雪滞留高速公路的驾乘人员多由高速公路管理单位负责救助。少量的滞留车辆、人员尚能应对,但在一些重要高速公路上,一旦出现雪阻,滞留车辆、人员往往在很短时间内就会达到上千辆、上万人,绵延十几甚至上百公里,高管部门同时要肩负除雪保通和运营管理的职责,无论人员、财力和物力都非常有限,难免顾此失彼。因此,建立由政府主导的、完善的、多层次的滞留驾乘人员应急救助体系,明确救助对象、救助标准和救助物品的种类、采购、储备、分发办法及资金来源,动员社会力量参与救助就显得很有必要。考虑到实际情况,救助体系建设应从以下几个方面入手:

4.1 明确救助资金的来源

过去救助滞留驾乘人员,所需资金在很多地方都是管理单位自筹,这样小范围的灾害尚能应付,但对于像去年和今年这样的雪灾,就显得无能为力了。从另一个角度讲,大面积的雪灾是不可抗力的,救助制度本身就是政府针对特殊困难群体而建立的,资金来源是应该以政府为主,其他来源为辅的原则筹集。渠道大致有以下3个:一是各级财政补助,二是管理部门自筹,四是接受社会捐赠和通过其他渠道筹集资金。

4.2 明确救助物资的种类

救助物资主要包括食品、防冻御寒物品、药品、油料等,其中食品要兼顾老人、妇女和孩子,保证一定的热量和营养;防冻、防滑、御寒物品应包括防滑链条、草垫、棉衣等;药品应涵盖感冒、发烧、防冻等病症,同时要有紧急医疗救护预案;油料主要是车辆使用的各类冬季油料等。与此同时,考虑到冬季寒冷,车辆一旦滞留油料容易上冻、电瓶用亏,还应预先就近联系汽车修理机构,准备工具、喷灯等,及时协助驾乘人员发动车辆、排除故障,避免因车辆故障导致交通拥堵。

4.3 明确救助物资的管理

根据运营管理的实际,应在沿线服务区、收费站建立相应的、符合有关标准的救助物资存放点。根据交通量大小储存一定数量的救助物资,登记造册,专人管理,定期检查、考核并更换过期物品。考虑到救助物资平时用得较少,一旦需要用量又大的实际,还要明确救助物资的供应渠道。

4.4 明确救助物资的发放

可建立分级响应动员机制及相应的预案,如滞留车辆较少,救助物品的发放可由收费站、服务区人员承担;如滞留车辆较多,可动员管理单位机关、后勤人员协助发放;如出现严重的车辆拥堵,则可按照预案向当地政府及有关单位报告,要求其协助发放救助物品。具体操作上可将若干人员编为一组,配备必要的交通工具,由高速公路管理人员带队,每个组负责若干公里路段,确保救助物资能及时发放到滞留驾乘人员手中。

人们常说,吃一堑,长一智。高速公路在我国落户以来,其对经济发展、社会进步的巨大推动力已无可替代,但与此同时,也因恶劣天气等不可抗力的因素,给我们带来了足够多的教训,现实要求我们必须以更多的精力、更高的效率、更有效的举措,致力于建设完善的、顶用的高速公路安全通行保障体系,用科学的、系统的方法来增强高速公路应对自然灾害的能力。不能再用"头疼治头,脚疼治脚"的方式来管理被称为"国家血管"的高速公路,否则,今后因暴雪导致的惨痛教训仍会重演。

做好项目建设跟踪审计 促进项目建设健康发展

——河南高速公路全过程跟踪审计的做法及体会

智建成　郭　强

（河南高速公路发展有限责任公司）

摘　要　本文从以河南高发公司为代表的河南省高速公路建设管理单位开展全过程跟踪审计的一些做法出发，通过具体的工作模式，关注重点事项的介绍，反映河南省全过程跟踪审计目前面临的问题和不足，并据此提出改进该项工作的意见和建议。

关键词　项目　建设　跟踪　审计

1　引言

河南地处中原，地理位置极为重要，国务院在《关于支持河南省加快建设中原经济区的指导意见》中已经明确提出要求：巩固提升郑州综合交通枢纽地位；构筑便捷高效的交通运输网络；建设全国现代物流中心。要实现这个目标，全省的高速公路建设尤为重要。而河南省高速公路全过程跟踪审计的开展，则为全省高速公路实现又好又快地发展，起到了积极的支撑保障作用。

2　河南省高速公路全过程跟踪审计的主要模式

河南省高速公路全过程跟踪审计起步较晚，目前尚处于探索摸索阶段，已采取的审计模式主要有3种：单位内审部门直接实施审计、委托中介机构实施审计、单位内审部门主导外部审计力量参与审计。

经过近几年的实践证明，单位内审部门直接实施审计模式最大的弊端就是单位内审部门人员的数量及素质，难以胜任目前众多的项目数量及日益提高的审计要求；委托中介机构实施审计最大的弊端就是审计单位往往还是局限于中介机构的固有工作模式，过多关注于项目的财务收支及工程造价的审核，对于更加宏观层次的内控制度及管理问题往往关注不够或根本不予关注。基于上述两点，河南省现在开展比较多、效果比较好的就是单位内审部门主导外部审计力量参与审计这种模式。

以单位内审部门主导外部审计力量参与的审计模式，即单位审计部门将全过程跟踪审计项目直接列入单位审计计划，审计组长和主审都由单位内审人员担任，审计方案由主审及组长制定，审计组其他成员可根据单位审计力量的具体情况参与，如果审计人员有限，甚至于审计组其他成员可以全部由外部审计人员担任。

在审计组内部人员分工上，组长对审计项目全面负责，主审对审计技术质量负责，审计组成员中单位内审人员则主要承担内控制度、上级安排各项建设目标的实现、“三重一大”决策制度等等宏观管理层面的审计，而外部审计力量则主要承担财务核算及工程造价审计等他们比较擅长的领域。

在审计结论的出具上，无论哪方面的审计组成员，都必须严格按照审计方案的要求，出具自己分工负责范围的审计底稿。主审及组长对底稿审核把关，确保每个审计人员的审计效果都达到审计方案的要求，确保每个审计人员不因为来自不同的单位或个人业务能力不同而出现审计风险。

在高速公路全过程跟踪审计的组织方式上，目前河南省的审计力量总体上来说还比较薄弱，难以充分实现实时跟踪审计的效果，只能说在项目建设期间定时或不定时地进行期中审计，根据各单位审计力量的不同及项目建设内容的多少，采取一季度一审计或每半年一审计的模式。每次审计均出具正式审计结论，包括阶段性审计意见和审计报告两种方式。每次审计，都要把上次审计结论的整改情况作为重点审计事项予以关注。由于跟踪审计的效果日益显现，项目业主单位为了少走弯路、少出问题，在每两次审计的间隔期间，也会主动与审计人员联系，就有关问题向审计人员征求意见，以便于主动采取措施进行预防，使项目建设各项管理日趋规范。

3　河南省高速公路全过程跟踪审计重点关注的事项

河南省高速公路全过程跟踪审计主要分四个部分，分别是：

3.1　工程管理情况的审计

审查项目建设程序的完整性、合规性。重点是项目是否严格执行基本建设程序，各项手续是否完备齐全；审查批复手续是否齐全、有效、完善，是否符合有关规定。

审查项目招投标、合同签订及履行情况。重点审查中标单位的选择是否按照招标文件规定的方法进行，合同内容与招标内容是否一致，是否严格按照合同约定执行等。

审查计量支付情况。重点审核合同内项目的计量单价是否严格按照合同约定执行，变更单价是否合规，标准是否合理；各项变更、索赔事项的审批手续是否合规、齐全，价格是否合理。合同项目的工程计量是否与完成实际相符，有无漏计、重复计量、多计少计等现象。

3.2　建设资金管理、使用情况的审计

审核项目投资计划及资金来源、到位情况。重点是各种资金是否按年度投资计划及时、足额到位，来源是否合规。

审核项目资金的使用情况。重点是有无转移、挪用、无偿出借资金情况，有无非法集资、摊派、损失浪费情况，有无乱开支、滥发奖金、物品等情况。

审核建设成本的核算情况。重点是建安投资、待摊投资、设备投资、其他投资是否真实、合法，各项支出是否符合概算和制度的要求，支出标准是否合规，费用分摊是否合理，有无虚列挤占情况。

审查“三公”经费使用情况。重点是有无超标准购置公务车辆、超标准公务接待和考察旅游等违规行为。

审查报销发票的真实性和准确性。重点是有无大头小尾、虚开发票的情况，有无使用假发

票虚报冒领等情况。

审核会计制度执行情况。重点审查各项税费是否及时、足额上缴。审查各项资产核算、计价、手续是否及时、准确，账实是否相符；债权债务是否真实，形成过程是否合规，有无呆、坏帐，清算是否及时。

3.3 内部控制制度的建立及执行情况的审计

审查建设项目是否建立了相关的内部控制制度，各项制度是否健全有效，是否严格执行"三重一大"集体决策制度，如项目工程、合同、财务、质检等方面的管理控制程序的设置和执行情况，并对此作出评价。

3.4 政府审计及上次全过程跟踪审计所发现问题的整改落实情况

4 河南省高速公路全过程跟踪审计目前存在问题和不足

4.1 思想认识不明确

跟踪审计虽然已经开展了几年，但由于这方面没有比较系统的规定和研究，仍然属于一个新生事物，对跟踪审计应该干什么，不应该干什么没有明确认识，往往错误地认为跟踪审计就是控制对施工单位的付款额度，这样就将跟踪审计的工作内容简单化。在跟踪审计过程中，没有很好地界定自己的地位和咨询方式，没有处理好与建设单位的关系，往往越俎代庖，反而带来负面效果。跟踪审计是一项需要多部门、多单位参与、协同和配合才能做好的工作，只有以建设项目为中心，统一思想和认识，才能顺利实施并发挥出应有的作用。跟踪审计不同于传统的事后审计，要求必须人员到位、措施到位，才能切实提高工作效率，发挥跟踪审计的作用，而部分跟踪审计人员对自身缺乏严格要求，责任心、风险意识和服务意识淡薄，没有严格按照跟踪审计的实施程序操作，致使跟踪审计效果大打折扣。

4.2 制度和理论体系不健全

截至目前，国家尚未出台全过程跟踪审计具体的审计准则，河南省也未制定具体的管理办法，各单位受审计力量所限实际开展实时跟踪审计的项目较少，没能达到常态化、制度化，导致工程管理部门和各参建单位对全过程跟踪审计在认识上不到位，一时难以接受，所以开展此项工作遇到的阻力和困难较多。跟踪审计制度和理论体系的不健全，使审计人员缺乏必要的培训和指导，程序操作不严格，措施不到位，致使部分跟踪审计流于形式。

5 河南省高速公路全过程跟踪审计的几点体会

5.1 审计风险与压力加大

目前，很多项目在建设过程中都要求审计人员全程跟踪审计。高速公路的建设周期长，项目多而复杂，使审计人员在一个很长的时间跨度内要承担繁重的审计和咨询任务，要协调多方关系，同时还要控制审计质量，工作压力巨大，同时也增加了审计单位的责任与风险。

5.2 应加强理论研究及制度建设

鉴于目前高速公路全过程跟踪审计存在上述问题，如何加强对高速公路建设项目跟踪审计模式的探讨，争取早日建立跟踪审计的理论体系，及时出台相关审计准则或实施办法成为当务之急。只有这样，才能明确跟踪审计的宽度和深度，明确跟踪审计度管理要求和审计方法，达到规范跟踪审计行为，指导审计实践的目的。

5.3 慎重选择审计服务单位

目前,社会上有很多能够提供审计服务的中介机构,但是在服务质量上良莠不齐。为保证审计工作的有效性,选择审计服务单位,务必要以公开招标的形式,在众多投标者中选择信誉高、质量好、熟悉高速公路建设管理的。同时也要参考其服务报价,对那些报价极低、不顾成本的服务单位还是不用为好。低报价背后可能隐藏着服务质量的风险。选好审计服务单位后,建设单位要以签订合同的形式明确该服务单位的职责和对该单位的要求。审计单位需指派专人提供全程审计服务,不可以随意变更审计人员。

5.4 准确定位跟踪审计工作的角色

跟踪审计工作顺利开展的前提是正确处理好与业主方、施工方和监理方的关系。审计人员在跟踪审计过程中必须保持工作独立性,规避审计风险。工作中务必注重两点:一是工作要“到位”,即属于审计范围内的事项必须查清、查透;二是避免“越位”,不在审计范围内的事项不能随意干预,同时要把提供审计咨询建议与管理决策分清楚。

5.5 提高审计人员素质

跟踪审计贯穿于工程建设的全过程,其复杂性与专业性极高,对审计人员的素质提出了更高的要求。审计人员不但要具备较高的专业技能,还要有丰富的业务经验,同时还要具备良好的协调与沟通能力,掌握适合高速公路项目全程跟踪审计的管理手段。

6 结语

作为现代审计的一种重要方式,全过程跟踪审计已经在高速公路建设项目审计中采用,并且取得了明显的管理效益和直接的经济成果。虽然目前仍存在一些问题,但是随着改革的深入,随着国家相关法律法规的健全以及建设单位对跟踪审计认识的提高,跟踪审计正逐步完善,并步入程序化、规范化、制度化的轨道。只要我们在审计中与业主、施工、监理等方面密切结合,以内部控制审计为重点,科学合理地选择审计跟踪点,准确掌握审计参与管理的程度,建立一套科学合理的跟踪审计质量保证体系,就能不断提高跟踪审计审计的效果,实现投资效益的最大化,最大程度地预防和减少项目建设过程中违规违纪现象的发生,从而促进和保障高速公路建设事业又好又快发展。

参 考 文 献

[1] 李朝阳.关于高速公路全过程跟踪审计的思考[J].中国乡镇企业会计.2011.
[2] 李英丽.浅议高速公路建设项目跟踪审计.[J].当代经济.2010.
[3] 王辉.实施跟踪审计 促进项目建设[J].交通世界.2010.
[4] 张瑜东.高速公路行业内部审计的难题及对策[J].审计月刊.2009.

以学习贯彻"企业国有资产法"为契机提升国有资产管理水平

智建成

（河南高速公路发展有限责任公司）

摘　要　中华人民共和国第五号主席令公布了《中华人民共和国企业国有资产法》。该法经由中华人民共和国第十一届全国人民代表大会常务委员会第五次会议于2008年10月28日通过，自2009年5月1日施行。该法的颁布实行，标志着国有资产管理进入了法制时代，为依法、科学、高效管理国有资产提供了法律保障。当前，认真学习、贯彻企业国有资产法是国有企业资产管理者的迫切任务。

关键词　国有资产　管理

1　企业国有资产法的重要意义和原则

企业国有资产法作为社会主义市场经济条件下，维护国家基本经济制度，促进国有经济发展，保护国有资产的一部重要法律，在中国特色社会主义法律体系中占有重要的地位。特别是改革开放以来，我国国有经济日益发展壮大，已积累起数量巨大的国有资产，国有经济在国民经济中发挥着主导作用。同时，也应清醒地看到，由于国有资产管理体制、机制不够完善，国家出资企业的出资人不到位，国有企业在改革过程中，造成国有资产流失的情况比较严重，如将国有资产低价折股、低价出售侵害国有资产权益。对此，人民群众和社会各方面反映强烈，要求制定专门的法律，健全制度，堵塞漏洞，切实维护国有资产出资人权益，保障国有资产安全的呼声很高。

我国的基本经济制度是制定企业国有资产法的基础。宪法明确规定了国家的基本经济制度是公有制为主体、多种所有制经济共同发展。在这个基本经济制度下，公有制处于主体地位，国有经济是国民经济中的主导力量，国有经济掌握着国家的经济命脉，是国家依靠经济手段引导其他所有制经济发展的重要物质基础，是社会主义现代化建设的支柱，也是我们党执政的重要基础，它对于发挥社会主义制度的优越性、增强我国的经济实力、国防实力和民族凝聚力都发挥着十分重要的作用。因此，必须大力发展国有经济，保持国有经济在国民经济中的主导地位。企业国有资产法在坚持社会主义基本经济制度，从解决实际问题出发，紧紧围绕保障国有资产出资人权益，保障国有资产安全，通过确定国家出资企业的出资人代表和履行出资人职责的机构，规范其授权履行出资人职责的机构履行出资人职责的行为，对选择出资企业管理者，关系出资人权益的重大事项，国有资本经营预算等涉及出资人权益的几个重要方面作出了较为全面的规定，为国有资产的保值增值，保护国有资产权益，促进国有经济和社会主义市场经济的发展提供法律保障。

2 企业国有资产的含义和适用范围

准确界定企业国有资产，是制定企业国有资产法的基础。根据实践经验和实际做法，将企业国有资产限定为国家对企业各种形式的出资所形成的权益。

2.1 企业国有资产的含义

企业国有资产是国家对企业各种形式的出资所形成的权益。从这一属性看，企业国有资产具有两个特征：

第一，是国家以各种形式对企业的出资形成的。这里有三个要素：一是出资人是国家，只有国家向企业的出资所形成的法律关系才是企业国有资产法适用的对象。二是这种出资是以资本的形式向企业投资。资本通过运营，取得盈利，实现资本的增值。三是出资表现为多种形式。由于我国国有企业改革的发展阶段不同，国家向企业的出资形式有多种情况。除货币出资，还包括用实物、知识产权、土地使用权等可以用货币估价并可以依法转让的非货币财产作价出资，都属于国家对企业的投资。

第二，是国家作为出资人对出资企业所享有的一种权益。出资人将其财产投入到企业后，这部分财产就成为企业的法人财产，企业对自己的法人财产具有依法占有、使用、收益和处分的权力，出资人不再对其出资的具体财产拥有所有权，它的出资财产已转化为权益，它对企业享有的是出资人权力，具体体现为资产收益、参与重大决策和选择管理者等权力。

2.2 企业国有资产的适用范围

在我国，国有资产是一个宏观的整体的概念，通常将国有资产划分为三大类：第一类是由国家对企业的出资所形成的权益，即企业国有资产或称经营性国有资产；第二类是由国家机关、国有事业单位等组织占有、使用和管理的行政事业性国有资产；第三类是依法属于国家所有的土地、矿藏、森林、水流等资源性国有资产。但是，这三类国有资产在权利形式、功能作用和监督管理上有很大不同：经营性国有资产在国家资本投入到企业后，国家就不再对具体的财产享有权利，而是对其出资的企业享有出资人权益。它的主要功能是盈利性，一般要求其保值增值。国家向企业出资后，只能以出资人的身份对其出资企业进行监管，不能直接对企业的财产进行处分。行政事业性国有资产是行政和事业单位占有和使用的财产，是一种实物资产。它的功能是维护国家机关正常运行。对这类资产的监督管理是要求其合理使用。资源性国有资产是国家所有的自然资源，也是实物资产。它的功能是满足整个经济社会发展需要。对这类资产的监管是合理开发、利用、节约和保护。从以上分析看，对这三类不同资产用一部法律全面调整是非常困难的。目前有关资源性资产已有专门的法律调整，如土地管理法、森林法、草原法、矿产资源法、水法等；行政事业性资产管理也有相应的行政法规或者部门规章。而在国有资产中占最大比重，具有重要地位的经营性国有资产则由企业国有资产法调节。

还有一点需要说明，金融类企业作为企业的一种形式，在出资设立、行使出资人权利等方面与生产类企业没有本质区别。

3 国有企业的范围

3.1 国有独资企业

即依照全民所有制企业法设立的，企业全部注册资本均为国有资本的非公司制企业。按照全民所有制企业法的规定，全民所有制企业是依法自主经营、自负盈亏、独立核算的经营单位。企业财产属于全民所有，国家依照所有权和经营权分离的原则授予企业经营管理，企业对国家授予其经营管理的财产享有占有、使用和依法处分的权利。企业内部的治理结构与公司制企业不同：企业的高级管理人员由政府或者履行出资人职责的机构直接任命；政府通过向企业派出监事组成监事会，对企业的财务活动及企业负责人的经营管理行为进行监督。

3.2 国有独资公司

即依照公司法设立的企业，全部注册资本均为国有资本的公司制企业。公司法对国有独资公司作了专门规定：国有独资公司是国家单独出资、由国务院或者地方人民政府授权本级人民政府国有资产监督管理机构履行出资人职责的有限责任公司。国有独资公司不设股东会，由国有资产监督管理机构行使股东会职权，也可以授权公司董事会行使部分股东会的职权。国有独资公司的公司章程由国有资产监督管理机构制定或者由董事会制定，报国有资产监督管理机构批准。董事会成员、监事会成员都由国有资产监督管理机构委派。公司的合并、分立、解散、增加或者减少注册资本、发行债券等重大事项都由国有资产监督管理机构批准。

3.3 国有资本控股公司

即按照公司法成立的国有资本具有控股地位的公司，包括有限责任公司和股份有限公司。这里所称国有资本控股与公司法规定的控股是一致的。我国公司法对“控股股东”作了界定，是指其出资额占有限责任公司资本总额50%以上或者其持有的股份占股份有限公司股本总额50%以上的股东；出资额或者持有股份的比例虽然不足50%，但依其出资额或者持有的股份享有的表决权已足以对股东会、股东大会的决议产生重大影响的股东。

3.4 国有资本参股公司

即公司注册资本包含部分国有资本，且国有资本没有控股地位的股份公司。

企业国有资产无论其份额的高低，本质上都是国家的出资。对国家作为出资人的这几类企业，出资人权益都应受到法律保护。鉴于国有资本在国有独资企业、独资公司与国有资本控股公司和国有资本参股公司中所占份额不同，针对国家出资企业的不同类型，对国有资产出资人权益的行使有所不同。

4 国有资产管理应遵循的原则

4.1 政企分开是搞好国有企业必须坚持的原则

我国30年来所进行的经济体制改革，其重要的环节就是使企业真正成为市场主体。这些年来，随着国有企业改革进程的推进，政府直接管理企业的状况已得到很大的改变，但改革还没有完全到位，在一些领域和部门仍存在着政企不分的问题。加快政府职能转变仍然是今后一个时期的重要任务。党的十七届二中全会提出的深化行政管理体制改革的要求，就是要以政府职能转变为核心，加快推进政企分开，把该由政府管理的事项切实管好，从制度上更好地发挥市场在资源配置中的基础性作用。

社会公共管理职能与国有资产出资人职能是两种不同的职能，其性质和行使原则和方式是不同的。社会公共管理职能是政府及其设立的公共部门依法处理社会公共事务、提供和分配公共产品和服务,以保障和增进社会公共利益的职权和职责。包括宏观调控管理经济的职能;提供社会保障,促进公平分配和保护环境的社会职能等等。政府对国有资产的监督管理包括监督国有资产安全,监督履行出资人职责的机构工作的有效性和效率,依法对国家出资企业进行国家审计等等。它对企业的管理只是对企业的经营行为是否符合法律规定,为包括国家出资企业在内的所有企业提供有序的市场环境。国有资产出资人职能是政府作为企业的出资人从国有资本管理与运营的角度对其资产进行的监管,它行使的是出资人权利,即资产收益、参与重大决策和选择管理者的权利,负有对国有资产的保值增值责任。社会公共管理职能与国有资产出资人职能分开,就是要求政府把职能真正转变到经济调节、市场监管、社会管理和公共服务上来,为经济活动创造良好的宏观环境。履行出资人职责的机构要按照市场经济的法律法规行使权利,不能直接干预企业自主经营。

4.2 政府的公共管理职能和国有资产出资人的职能要分开,出资人的职能与企业的职能也要分开

党的十四大提出建立社会主义市场经济体制的目标后,十四届三中全会进一步明确,建立现代企业制度是国有企业改革的方向,必须按照市场经济的要求处理国家与企业的关系。明确企业中的国有资产属于国家,企业对包括国家在内的出资者投资形成的企业财产享有法人财产权,国家作为出资者按投入企业的资本额享有所有者权益。这样国家与企业之间的关系由原来的授权经营关系变成了出资关系,企业的财产权利成为一种完全的物权,成为与其他法律主体相同的市场经济的参加者。不干预企业依法自主经营,就是给予企业充分自主经营的权利。企业资产管理法专门规定,国家出资企业对其动产、不动产和其他财产依照法律、行政法规以及企业章程享有占有、使用、收益和处分的权利。国家出资企业依法享有的经营自主权和其他合法权益。同时,国务院和地方人民政府对国家出资企业要严格按照法律规定履行出资人职能,做到不缺位、不越位、不错位。

5 国有资产管理的基本要求

国有经济是国民经济中的主导力量,国有资本具有支配和引导社会资本的作用,是现阶段国民经济的稳定器。调整国有经济布局和结构的原则是国有资本有进有退,国有经济向关系国民经济命脉的重要行业和关键领域集中。对一些中小企业,一般竞争性企业,国有资本加快退出,采取出售、转让等方式,鼓励社会资本介入。经过近些年的改革,国有经济的布局与结构已发生了重大变化,国有经济布局的范围适度集中,结构不断优化。国有经济比重虽然趋于下降,但总量不断扩大,国家综合实力增强。在新的历史发展时期,我国国有经济仍然担负着协助政府把握经济总供给和总需求、调节国民经济重大比例关系、优化重大生产力布局、发展和改善区域经济布局、稳定重要公共产品价格、合理引导社会资金投向、贯彻国家公共政策等重要使命。国家通过合理规划和确定国有资本的投向,加强国有资本的重组和优化配置,提高国有经济的整体素质,更好地发挥国有经济的主导作用,提高了国有经济的控制力、影响力。

优化国有经济在国民经济行业和区域间的分布,使国有资本更多地投向关系国家安全和国民经济命脉的重要行业和关键领域;优化国有经济在产业内部的分布,使国有资本向具有竞争优势的行业和未来可能形成主导产业的领域集中;优化国有经济在企业业务领域的分布,使国有资本向具有较强国际竞争力的大公司大企业大集团集中;优化国有经济在企业内部的分布,使国有资本向企业主业集中。

完善国有资本有进有退、合理流动的机制,使股份制成为公有制的主要实现形式。产权结构要与经济布局相适应,在关系国家安全和国民经济命脉的重要行业和关键领域,国有经济对军工、石油和天然气等重要资源开发及电网、电信等基础设施领域保持绝对控制力;对民用航空、航运等领域保持较强控制力;对基础性和支柱产业,包括机械装备、电子信息、汽车、建筑、钢铁、有色金属等行业和领域的重要企业保持较强的控制力;在其他行业和领域的国有企业,通过资产重组和结构调整,在市场公平竞争中优胜劣汰。

在市场经济条件下,公平竞争、平等保护、优胜劣汰是市场经济的基本法则。国家出资企业作为市场主体参与市场竞争,在市场竞争中求生存、求发展,深化企业改革,建立和完善法人治理结构。改革开放以来,国有企业的改革一直是整个经济体制改革的中心环节。经过多种形式的改革探索,国有企业改革的方向已经明确,就是"产权清晰、责任明确、政企分开、管理科学"的现代企业制度。推进国有企业的改革和发展,搞好国有企业改革,必须遵循企业的发展规律,要有一个好的公司法人治理结构,形成权力机构、决策机构、监督机构和经营管理者之间的制衡机制,不断提高企业的综合素质和竞争能力。当前推进国有企业改革和发展最重要的任务是,加快推进企业股份制改革,实现投资主体和产权多元化,建立和完善现代企业制度,形成有效的公司法人治理结构,既要保证所有者对经营者实施有效监督和自身利益不受损害,又要保证经营者拥有充分经营自主权,进一步增强企业的内在活力。

6 国有资产的管理与监管体制

总结国有资产管理体制改革的实践经验,以建立国有资产出资人制度为核心内容的企业国有资产管理体制,即在坚持国家所有的前提下,享有所有者权益,权利、义务和责任相统一,管资产和管人、管事相结合的国有资产管理体制,使企业自主经营、自负盈亏,实现国有资产保值增值。按照这一要求,十六大以来,国有资产监督管理机构对授权监管的国有资本履行出资人职责,维护所有者权益,维护企业作为市场主体依法享有的各项权利,督促企业实现国有资本保值增值,防止国有资产流失。这项制度经过几年的实践,取得了明显成效。但同时还应看到,我国目前国有资产监督和管理体制还在建立的过程中,由于体制原因和改革进程等诸多因素,仍有一批国有企业隶属政府部门主管,存着不同程度地政企不分、多头监管、出资人不到位、出资人越权等问题。深化和不断完善国有资产监督与管理体制,以适应社会主义市场经济发展要求,仍然是今后一个时期经济体制改革的重要任务之一。

国有资产保值增值考核和重大资产损失责任追究制度是维护国有资产出资人权益,防止国有资产损失的重要制度。目前的国有资产保值增值考核和重大资产损失责任追究制度是建立在国有资产监督管理的实践经验基础上的。按照有关规定,国有资产保值增值考核制度是履行出资人职责的机构依据企业国有资产保值增值结果,认定企业国有资本保值增值的实际情况,对监管企业的财务管理、绩效评价、企业负责人业绩考核、企业工效挂钩进行考核的制度。重大资产损失责任追究制度,是对国家出资企业高级管理人员违反法律、行政法规和企业章程规定,不履行或不正确履行职责,造成国有资产和企业资产重大损失追究其责任的制度。企业应进一步完善国有资产保值增值考核和重大资产损失责任追究制度,以有效保护国有资产出资人权益,防止国有资产损失。

7 国有资产的基础管理

按照有关规定,国有资产基础管理的内容主要包括产权界定、产权登记、资产评估监管、清产核资、资产统计、综合评价等。

7.1 产权界定

产权界定是依法划分财产所有权和经营权、使用权等产权归属,明确各类产权主体行使权利的财产范围及管理权限的一种法律行为。它是划清国有资产的产权边界,明确国有资产出资人权利和义务的重要手段。

7.2 产权登记

产权登记是对企业的资产、负债、所有者权益等产权状况进行登记,依法确认产权归属关系的行为。国家出资企业通过产权登记取得的国有资产产权登记证,即取得企业产权归属关系的法律凭证。

7.3 资产评估监管

资产评估监管是通过制定资产评估行为规则,对评估项目进行核准或者备案等方式对企业资产评估进行监管的行为。通过资产评估,准确体现国有资产的价值,促进企业国有资产的有序流转,防止国有资产损失。

7.4 清产核资

清产核资是国有资产监督管理机构的专项工作要求或者企业特定经济行为需要,即组织企业进行财务清理、财产清查,并依法认定企业的各项资产损益,从而真实反映企业的资产价值和重新核定企业国有资本金的活动。

7.5 资产统计

资产统计是对国有资产运营情况进行收集、审核、汇总和分析的行为。资产统计是全面掌握国有企业发展情况和国有资产分布状况的基础工作,是推进国有经济布局和结构性调整的基本依据。

7.6 综合评价

综合评价即综合绩效评价,是用投入产出分析的方法,通过建立综合评价体系,对照相应行业评价标准,对企业特定期间的盈利能力、资产质量、财务风险、经营增长以及管理状况等进行的综合评判,包括任期绩效评价和年度绩效评价。

资产基础管理工作是掌握国有资产总量、结构、变化和收益等基本情况的重要途径,为保证其准确性、全面性和权威性,应当建立统一的、适用于所有履行出资人职责的机构和国家出资企业的国有资产基础管理制度。由于履行出资人职责的机构既包括国有资产监督管理机构,也包括其他一些部门和机构,目前还存在着国有资产基础管理的制度不统一,“政出多门”的问题。

8 国有资产保护的原则

宪法规定:“社会主义的公共财产神圣不可侵犯。”“国家保护社会主义的公共财产。禁止任何组织或者个人用任何手段侵占或者破坏国家的和集体的财产。”

物权法在国有资产的范围、国家所有权的行使、国有财产的保护等方面做了全面规定。

公司法规定了股东的权利、行使股东权利的保障和侵害股东权利的责任。

刑法规定了对侵占公司财产、提供虚假财务报告、妨害清算、公司企业人员受贿等犯罪行为的处罚等等。现实生活中,侵害国有资产的行为时有发生,如在国有企业改制过程中,不按照规定进行资产评估或者在评估中故意压低国有企业存量财产的价值,将国有资产低价折股、低价出售或者无偿转让给非国有企业或者个人等。企业国有资产法针对实践中存在的侵害国有资产的行为,规定了有效的法律防范和制裁措施:对涉及重大事项决定、资产评估、资产转让、与关联方交易等与出资人权益关系重大,容易造成国有资产流失的几个重要环节都作出了严格的条件、程序规则上的规定。国有资产法与公司法、物权法以及刑法有关规定相衔接,民事责任、行政责任和刑事责任相配套,构筑起保障国有资产安全,防止国有资产流失的屏障,全方位保护国有资产不受侵犯。这些法律规定以国家强制力保障实施,任何单位和个人不得侵害,如果实施了侵害国有资产的行为,将承担相应的法律责任。

企业国有资产管理没有固定的模式或经验可循,没有医治百病的灵丹妙药。不同的企业之间存在着巨大差异。企业国有资产的管理重点是要建立起有效的管理、运行、监督机制,确保国有资产的保值增值,提高效益,增强企业活力。

参 考 文 献

[1] 中华人民共和国企业国有资产法.

[2] 李燕.国有资产管理.北京:中央广播电视大学出版社,2004.

[3] 周绍明.新世纪的国有企业改革与国有资产管理体制研究.北京:中国人民大学出版社,2006.

[4] 李松森,曲卫彬.国有资产管理体制改革探索.大连:东北财经大学出版社,2010.

浅议高速公路行业信息编报

张文锋

(河南高速公路发展有限责任公司)

摘　要　本文针对当前高速公路行业信息编写,突出选题针对性强、报送实效性强、标题醒目、特点突出、体例规范、语言规范、数据准确等要素,分领导视察、贯彻落实、统计数据、重点工程开工竣工、法规和规章制度发布、反映问题、应对紧急突发事件、科研成果、对内对外合作、综合等常见类别,浅议编写报送工作,以更好地服务各级领导全面掌握情况、科学民主决策、及时指导工作。

关键词　高速公路　信息　编报

目前,高速公路信息工作已形成较为完善的工作制度体系,在服务各级领导全面掌握情况、科学民主决策、及时指导工作等方面正发挥着越来越重要的作用。及时编报优秀信息是每个高速公路管理单位的必要工作,也是每名信息工作者的必备素质。一条优秀信息应具备选题针对性强、报送实效性强、标题醒目、特点突出、体例规范、语言规范、数据准确等要素。

1　要素

1.1　选题针对性强

高速公路信息应围绕行业中心工作,集中体现本辖段、本单位、本部门在某一个时期工作最重要、最有价值的方面,如收费政策执行、路政安全保通、养护创新生产、运维措施保障、路域经济开发、企业文化建设等。因此,首先要注意加强选题的针对性。

1.2　报送实效性强

时效性是信息的生命,及时上报信息对于上级部门在第一时间掌握情况、正确判断形势、采取有效措施具有重要意义。如果能做到当天信息当天报送、重要信息即时报送,就基本符合可适应时效性强的要求。新建项目通车等已列入工作计划的重要事件,可根据工作计划提前编报信息,并于事件发生当日再次确认,以保证信息的时效性和准确性。

1.3　标题醒目

信息的标题是信息接收者最先接触的部分,对准确了解信息内容起到至关重要的作用。信息标题应简明扼要、准确概括信息的主要内容,句子结构完整、无语法错误,避免使用不恰当的修辞等。

1.4　特点突出

信息应有比较鲜明的特点,杜绝套话、空话,避免“八股”类信息。

1.5　体例规范

优秀的信息在体例方面应做到要素齐全、结构合理、条理清楚、篇幅适当。

1.6 语言规范、数据准确

语言规范、数据准确是信息的基本要求。只有语言规范，才能正确表达信息内容，避免产生歧义和误会；只有数据准确，才能保证信息的决策参考价值。

2 类别

高速公路行业信息，常见的可分为领导视察、贯彻落实、统计数据、重点工程开工竣工、法规和规章制度发布、反映问题、应对紧急突发事件、科研成果、对内对外合作、综合等。

2.1 领导视察类信息

领导视察类信息是各类信息中较为常见的类别，也是各级交通运输主管单位采用的重点。此类信息编写，应涵盖时间、地点、人物、事件、过程、指示等要素，分层次说明视察过程，分条目写清领导指示、要求的具体内容，以便信息阅读者了解领导同志视察的意义及工作思路，进而指导下一步工作的开展。如：

孙廷喜厅长现场指挥连霍高速天桥抢险

2011年9月20日，省交通运输厅厅长孙廷喜在收费还贷中心书记李德华，交通集团副总经理、总工程师杨文礼，公司董事长吉维凡，副总经理刘前进、李永建等陪同下，到连霍高速K733+430天桥抢险现场，对公司及时采取措施、妥善处置突发事件给予充分肯定，并结合现场实际，对抢险保通工作提出要求：一是及时联系设计单位对该处病害处治方案进行论证，制订切实可行的抢险方案。二是立即组织人员抢险，争取在21日12时前实现单幅双向通行。三是增调人员、机械，争取在5天内实现双幅通行。四是积极与当地政府联系、沟通，制订滞留车辆绕行方案，并为滞留人员提供必要的饮食需求，保障其基本生活。五是立即成立前线抢险指挥部，加大抢险力度，防止病害进一步发展。六是调高安全保通措施，保证抢险和驾乘人员安全。七是及时与新闻媒体沟通，通过网络、电视、广播、报纸发布路况信息，提醒过往驾乘人员绕行该路段。

此类信息写作报送时应特别注意：一是领导姓名、职务、指示、要求等务必准确核对，正职就是正职，副职就是副职，切忌出现虚假信息、“乌龙”信息。二是不要只叙述领导视察日程、陪同人员等情况，更应写清楚领导同志在视察过程中对相关工作的指示、要求等，内容尽量详细、具体，切忌“手机报体”的一句话新闻。三是副省级(含)以上领导视察用“视察”一词，其他领导视察用“察看”、“检查指导工作”等；其他情况也可用“调研”、“看望”、“慰问”、“提出要求”、“现场指挥”等。四是领导视察结束，应及时编写上报信息。

2.2 贯彻落实类信息

贯彻落实类信息编报对各项工作的贯彻落实、下情上达，以及展现单位面貌，树立单位形象都将起到积极作用。贯彻落实类信息，应写明是关于何次会议、文件或是领导批示、指示的贯彻落实情况，更为重要的是要写明贯彻落实的具体措施。如：

高发公司认真传达贯彻全省交通运输工作会议精神

一是将有关会议材料迅速印发公司所属各单位，传达给全体干部员工，并帮助广大干部员工认真领会精神实质，进一步深化认识，将其转化为工作中的实际行动。二是按照全省交通运输工作会议要求，对2011年度各项工作进行认真总结，深入分析，查找不足，着手制订2012年各项工作计划，把全体干部员工的思想统一到全省工作会议的精神上来，把全省交通运输工作会议精神落到实处。三是全力以赴抓好今年项目建设工作，明确目标，细化责任，狠抓落实，积极创建优质工程，确保全面完成年度投资任务，为实现年内全省高速公路通车里程超过6000公里的目标作出贡献。四是进一步加强运营管理，全面提升整体管理水平，增强员工服务意识，为中原经济区建设当好先行。五是创新工作思路，不断深化各项改革，增强企业发展活力，积极寻找新的经济增长点，确保交通运输持续发展。六是抓好党的建设、精神文明建设和廉政建设工作，着力培育具有特色的交通运输文化体系。

此类信息写作报送时应特别注意：一是会议、文件或领导批示、指示、要求等务必准确核对，切忌"文不对题"。二是贯彻落实的具体措施是此类信息的重点，内容应尽量详细、具体，条理清楚，杜绝一句话新闻、大话、空话。三是会议、文件或领导批示、指示、要求等出现后，应第一时间编写上报贯彻落实类信息；如遇特殊情况，不能在第一时间完成的，应补充完善落实效果，在两日内上报。

2.3 统计数据类信息

每逢年度、季度、月度节点，各项指标数据集中统计。做好统计数据类信息的编报工作将为领导科学决策和指导工作提供帮助。统计数据类信息的编写，应做到主要指标数据齐全、数字计量单位统一、数据清晰准确、统计时段明确，并进行同比或环比及必要的原因分析、趋势预测。如：

公司2012年信息工作开局良好

2012年1月，公司共收集整理各类信息835条，编发《工作信息》43期、《手机报》31期和网站信息共528条，同比分别增加53.21%和123.73%。上报交通集团信息146条，为集团下达任务50条的292%，同比增加1023.08%，占集团所属单位总和的78.49%；被采用53条，同比增加783.33%，占集团所属单位总和的67.95%；信息报送和采用量均居集团首位。

此类信息写作报送时应特别注意：一是主要指标数据务必齐全。如项目建设指标数据应包括在建项目总数、总里程、完成投资数、占投资计划百分比等，同时写明自建项目和代建项目相应数据。再如，收费指标数据应包括通行费直接收入、拆分后收入、占目标任务百分比等，同时写明经营性路段和收费还贷路段相应数据。二是数字统计单位务必统一，如项目建设总数统一为"个"，总里程统一为"公里"，完成投资数统一为"亿元"，通行费收入统一为"亿元"等。三是数据务必清晰准确，小数点后一般保留两位数字。四是统计时段务必明确，统一为×年度、第×季度、×月份、×月×日×时至×月×日×时。五是务必进行同比或环比计算，使工作成效有更为直观的体现。六是可根据需要写明采取措施、原因分析、趋势预测等情况，为领导和有关部门科学决策提供相应依据。七是指标数据是此类信息的重点，务必准确、详细、具体，避免"半拉子数据"或出现"余"、"多"、"近"等字眼。八是在年、季、月、旬、周、日、长假、春运、大型活动等时间节点出现时，应第一时间统计、编写、上报此类信息。

2.4 重点工程开工竣工类信息

高速公路行业几乎每年都有多项重点工程批复立项、开工奠基、建成通车、通过交(竣)工验收。做好重点工程类信息编写报送工作可以大力宣传交通运输建设成就，充分展示高速公路建设风采。

重点工程类信息是交通运输部、省委、省政府信息采用的重点，应反映国家或省部级重点工程或其他具有重大意义的工程，信息中工程的基本要素（投资主体，投资数额，公路起点、终点、技术标准、预计工期、主要意义等）要齐全。

此类信息写作报送时应特别注意：首先，写明项目属国家还是省部级重点工程，如何规划，何时开工建设或建成通车，是自建项目还是代建项目。其次，写明工程基本要素，项目起止点、走向、途经市县区名称，工程概预算，设计标准、路基宽度、行车速度，特大桥、大桥、中桥、小桥、涵洞、互通式立交、分离式立交、通道、收费站、服务（停车）区设置等情况均应准确、具体呈现。其三，写明项目建成通车后的主要意义，一般为完善路网结构、改善通行条件、巩固区位优势、促进经济社会发展等。其四，此类信息涉及政策、工程、经济、社会等多方面，要素众多、内容具体、数字精准、层次繁杂、难度较大，写作时应尽量详细、具体，逐条对照相关要素完善，切忌缺项、漏项。其五，有开工或通车仪式的，应写明主要议程，如仪式由××公司总经理×××主持，××公司董事长×××介绍项目概况，××集团总经理×××、××市市长×××致辞，省交通运输厅厅长×××宣布奠基或下达通车令。涉及出席领导排序的，一般按照级别高低排列，同级别领导一般按国家机关部委、本省、其他省区市，本厅、其他厅局、省辖市、其他厅级单位顺序排列。同级别省（市）五大班子领导一般按党委、人大、政府、政协、军（分）区顺序排列。其六，涉及项目通过交工或竣工验收的信息，除写明上述内容外，还应完善在何时、何地召开何种会议，哪些领导、专家参加，验收程序，被评为优质、良好还是合格工程等内容。其七，工程立项、批复等情况，应写明批准部门、时间、文号、文件要点等内容。其八，重点项目开工奠基、建成通车信息时效性要求极高，上级有关部门明确要求提前上报。如：

河南省5条高速公路开工奠基

2012年6月28日、29日，由河南省收费还贷高速公路管理中心投资建设的南乐至林州高速公路豫鲁省界至南乐段、三门峡至淅川高速公路豫晋省界至灵宝段，河南交通投资集团投资建设的焦作至桐柏高速公路温县至巩义段、武西高速公路武陟至云台山段、登封至郑州机场至尉氏高速公路开工奠基。张大卫副省长出席登封至郑州机场至尉氏高速公路开工奠基仪式并发布开工令。省交通运输厅厅长孙廷喜，副厅长高委、李和平，副巡视员刘兴彬及各项目所在市主要领导分别出席奠基仪式。

南乐至林州高速公路豫鲁省界至南乐段起于豫鲁两省交界处，止于大广高速公路青石磙枢纽互通立交，与已建成通车的南林高速安阳至南乐段连接，全长33.4公里，双向四车道，估算总投资19.49亿元。

三门峡至淅川高速公路豫晋省界至灵宝段起于山西芮（城）（灵）宝黄河大桥南端，止于河南灵宝大王镇梨园，与连霍高速、三淅高速灵宝至卢氏段相接，全长5.3公里，双向六车道，估算总投资7.24亿元。

焦桐高速公路温县至巩义段北起焦作市温县，与焦作至温县高速公路相连，向南跨越黄河，止于巩义市站街镇西北，与连霍、巩登高速相连，全长约21.6公里，双向四车道，估算总投资26.97亿元。

武西高速公路武陟至云台山段起于修武县云台山景区，止于冯村西北原焦高速，与武西高速桃花峪黄河大桥北接线相接,全长约36.8公里,双向四车道,估算总投资23.96亿元。

登封至郑州机场至尉氏高速公路全长约108公里,双向四车道,估算总投资76.5亿元。其中,郑州机场至登封高速公路项目起于京港澳高速公路K700+950,止于登封市东与郑少高速公路相接,全长62公里;郑州机场至尉氏高速公路项目起于京港澳高速公路K700+950,与郑州机场至登封高速公路相接,止于尉氏县境内,与兰南高速公路相接,全长46公里。

5条高速公路项目总长205公里,估算总投资154亿元。5个项目的开工建设,对促进我省经济社会发展,完善我省高速公路网和构建全国重要的综合交通枢纽,推进中原经济区建设均具有重要意义。

2.5 规章制度发布类信息

规章制度发布类信息虽然较为少见,但却是重要信息之一。做好规章制度发布类信息的编报工作,将为规章制度的施行提前营造良好的舆论氛围。编写此类信息,应当写明规章制度的发布主体、规范标题、生效日期、主要内容等。如:

××省交通运输厅出台《××省交通运输行业经济责任审计实施办法(试行)》和《××省交通运输行业经济责任审计评价办法(试行)》

为规范××省交通运输行业经济责任审计工作,健全和完善经济责任审计制度,根据中共中央办公厅国务院办公厅《党政主要领导干部和国有企业领导人员经济责任审计规定》、中共××省委办公厅××省人民政府办公厅《关于加强党政主要领导干部和国有企业领导人员经济责任审计工作的意见》和有关法律法规规定,结合全省交通运输行业实际情况,××省交通运输厅制定的《××省交通运输行业经济责任审计实施办法(试行)》(以下简称《实施办法》)和《××省交通运输行业经济责任审计评价办法(试行)》(以下简称《评价办法》)已经2012年第一次厅务会审议通过,××××年×月×日正式印发生效。

《实施办法》分为总则、组织与管理、审计内容、审计实施、审计评价与结果运用、审计纪律与监督和附则等共七章四十三条,从经济责任审计实施全过程进行了规定,明确了交通运输行业经济责任审计对象、审计权限、审计实施主体、审计实施内容等,并规定对新上任的领导干部送达《领导干部经济责任告知书》,告知其任职期间的经济责任和应禁止和避免的经济行为。《评价办法》则以《实施办法》为依托,对经济责任审计评价进行了详细规定,分为总则、评价内容、评价指标、评价标准、综合评价等六章共计二十五条。将领导干部经济责任划分为统筹社会经济发展责任、重大经济决策责任、政策执行责任、财务责任、管理监管责任、廉洁自律责任和其他经济责任七个部分,并对七个方面责任的评价内容、评价指标进行了细化,具有很强的可操作性。

《实施办法》和《评价办法》这两项制度的出台,弥补了××省交通运输行业经济责任审计的制度空白,为××省交通运输行业实行经济责任审计提供了切实可行的操作指南,必将进一步规范全省交通运输行业经济责任审计工作程序,推动经济责任审计监督工作扎实有效地开展下去。

此类信息写作报送时应特别注意:一是写明规章制度出台的背景,使信息阅读者清楚为什么要出台这一规章制度。二是发布主体必须明确,标题务必规范。三是规章制度全称后应写明"(以下简称《办法(制度、方案、规定、规范)等》)",便于信息阅读者浏览。四是规章制度主要内容是整条信息的重点,应尽量详细表述,以使信息阅读者了解即将出台的规章制度概况。五是可写明规章制度出台的意义,一般为填补空白、规范程序、推进工作等。六是做到要素齐全、层次清晰、语言精练,避免“杂”、“乱”情况出现。七是在规章制度通过第一时间,编写、上报此类信息。

2.6 反映问题类信息

应该看到,做好反映问题类信息的编报工作,往往会转忧为喜,变被动为主动。将具体问题真实、客观、全面地呈现在决策者面前,不但有利于问题尽快解决,而且有利于工作更好地开展。编写此类信息,不仅要准确描述问题的来龙去脉、基本情况、原因分析、造成影响,还要同时反映本单位已经采取的针对性措施,或者提出解决问题的建议供决策者参考,并根据实际通过续报等方式及时报告最新情况。如:

省交通运输厅快速处理连霍高速K733+430天桥坍塌事件确保尽早恢复通行

2011年9月20日3时41分,连霍高速K733+430天桥因连续降雨造成山体滑坡,桥墩受损,导致桥体整体坍塌,该处交通暂时中断。因发现及时,处置果断,此次事故未造成人员和车辆损失。

9月19日8时30分,该路段路政人员在巡查中发现该天桥北半幅边坡经长期雨水浸泡发生滑移,形成长30米、高15米的滑坡体。滑坡体侧向剪切桥墩,致使桥墩底部3米处出现明显裂纹,桥面连接缝产生约7厘米的裂缝。为保证安全,立即采取了封闭天桥、设置警戒线,组织人员进行桥损评估、护坡勘验,安排专人值守,不间断地对桥体进行观察、守护等措施。随着桥体损害的加剧,20日凌晨1时启动紧急预案,封闭交通,分别在义马收费站南半幅和新安收费站北半幅等处实施车辆分流,并及时通过广播、电视、网络、报纸等媒体发布信息,提醒绕行。目前省交通运输厅、交通投资集团、省高发公司有关负责人均已抵达现场,设置了临时指挥所,统一指挥现场清理和恢复交通工作,并安排服务区人员为滞留车辆的驾乘人员提供食品、饮用水等后勤保障服务。该处滑坡体大约10万余立方米,土石清理约需4天,预计21日可恢复单幅双向通行。

连霍高速新安段恢复正常通行(续报)

9月25日早7时,连霍高速新安段恢复双向双幅正常通行。

25日早6时30分,通车最后障碍北半幅塌方山体经4台挖掘机24小时连续作业清理完毕,养护人员立即开始加装护栏。同时,路政大队撤离南、北半幅单幅双向渠化设施。为使车辆尽早通过,为道路恢复正常争取时间,路政部门采取了撤离渠化设施与带车通行同时进行的办法,三辆巡逻车横成一排带领所有车辆缓慢前行,防止超车、争抢而引发事故。7时,标志标牌清场完毕,连霍高速K733、K740中央活动护栏关闭,南、北半幅道路恢复正常通行。

自连霍高速K733+430天桥坍塌引发连霍高速新安段交通受阻以来,省交通运输厅第一时间启动应急预案,果断处置,积极抢通,确保尽早恢复通行。一是派出一位副厅长驻守现场,设置临时指挥所,组织力量不间断开展抢险施工及道路保通工作。二是迅速调集各类大型抢险设备、抢险人员,出动路政保通车辆、保通人员,并从邻近路段抽调养护、路政人员,全力投入抢险保通,于9月22日17时30分实行单幅双向通行。此次抢险保通工作,共出动路政人员

1200余人次、车辆500台次、引导客车102台。三是尽快修复垮桥引发的路面坑槽、护栏板、标志标牌病害，同时增设提示警示标志，恢复中断的视屏光缆。四是迅速采取分流措施，并派出新闻工作组驻扎现场，采集第一手信息，第一时间通过网络、广播、电视等媒体向社会发布抢险动态，提醒广大驾乘人员提前绕行。五是为媒体采访提供便利，确保连续跟踪报道，保障社会公众知情权。六是向受阻驾乘人员做好解释工作，并免费提供盒饭、面包、火腿肠、矿泉水等应急食品3000多件。

此类信息写作报送时应特别注意：首先，在问题出现的第一时间，向一线当事人详细了解有关情况，准确掌握问题的来龙去脉和基本情况。其次，及时询问有关部门和相关专家，准确分析问题原因和造成的影响。其三，具体写明针对问题所采取的措施，或者提出解决问题的建议。其四，可写明预计问题解决的时间或发稿时最新进展情况。其五，可根据具体情况，续报解决问题的最新进展情况。其六，应做到要素齐全、层次清晰、语言精练，使阅读者一目了然。其七，在发现问题第一时间，编写、上报此类信息，切忌迟报、瞒报、漏报。其八，此类信息应由值班人员和信息员同时、分别通过值班系统和信息报送系统报送。

2.7 应对紧急突发事件类信息

应对紧急突发事件类信息与反映问题类信息虽较为接近，但侧重点不同。反映问题类信息主要是准确描述问题的来龙去脉、基本情况、原因分析、造成影响，同时反映已经采取的针对性措施，或者提出解决问题的建议供决策者参考，并根据实际情况通过续报等方式及时报告最新情况，侧重于“细、深、广”。应对紧急突发事件类信息则是在紧急突发事件发生后，在通过值班系统向上级报告的同时，通过信息报送渠道重点报送紧急突发事件对单位或路段造成的影响，单位应对紧急突发事件采取的措施、取得的进展、存在的困难及相应的措施建议等方面情况，侧重于“短、平、快”。

做好应对紧急突发事件类信息的编报工作，可以第一时间掌握主动，正面宣传，引导舆论，消除影响，树立形象，不断提升公司知名度和美誉度。2011年连霍高速公路新安段天桥坍塌事件信息编报工作，就是一次成功的范例。如：

连霍高速新安段天桥残余部分已于今晨成功爆破(续报)

9月20日凌晨3点41分，连霍高速K733+430天桥因连续暴雨引发山体滑坡，桥墩受损，导致桥体整体坍塌，交通中断。为尽快恢复交通，今晨5时40分，公司对已坍塌的连霍高速K733+430天桥残余部分实施爆破并取得成功，现正加紧清理爆破现场。(路产管理部、洛阳分公司信息，公司《网站》、《工作信息》、《手机报》采用)

连霍高速新安段单幅双向开通(续报)

受9月20日连霍高速K733+430天桥坍塌影响中断行车的连霍高速新安段目前已经抢通完毕，今天17时30分开始单幅双向通行。

20日凌晨3时41分，连霍高速K733+430天桥因连续降雨造成山体滑坡，桥墩受损，导致桥体整体坍塌，连霍高速交通暂时中断。因公司发现及时，处置果断，此次事故未造成人员和车辆损失。事故发生后，公司迅速调集各类大型抢险设备40余台(套)、抢险人员240人，出动路政保通车辆28台、保通人员100人，并从邻近管理分公司抽调了部分养护、路政人员，全力投入抢险保通。但由于事故路段为山区路段,施工作业面过小,无法投入更多的机械设备,抢通施工异常艰难。为尽快恢复交通,今天早上5时40分,公司对已坍塌的连霍高速K733+430天桥残余部分实施爆破并取得成功。目前现场已清理完毕,滞留车辆在路政、交警人员指挥下,以单幅双向的方式通过事故路段。

此类信息写作报送时应特别注意:首先,在紧急突发事件发生30分钟内,迅速了解相关情况,完成信息编写,通过公司综合信息报送系统完成首次报送,同时通过值班系统向上级报告。其次,此类信息贵在"速度",只需简明扼要地写出事件发生在×月×日×时×分、×地和造成的影响、采取的措施、取得的进展、存在的困难即可,相应的建议等其他具体内容可随后续报。其三,事件取得阶段性进展时,应在30分钟内迅速完成信息编写续报工作。其四,原定计划因故未完成的,应在原计划时间节点前两小时编报信息,说明原因。其五,事件处理完毕后12小时内,应总结报送该事件综合信息。其六,此类信息虽短,但应做到要素齐全、层次清晰、语言精练。其七,此类信息社会关注度高,在报送文字信息的同时,应配报图片、视频信息。

2.8 科研成果类信息

编写科研成果类信息应做到:信息反映的科研成果是国家、交通运输部、省、交通运输厅确定的重点科研项目,或者其他对行业可能产生重大影响的科研成果。信息中要写清楚该成果的主要内容和意义。如:

××公司沥青冷再生拌和设备获国家专利

×年×月×日,××公司自主研发的沥青冷再生水泥碎石就地拌和列车样机,被国家专利局授予5项实用新型专利。

沥青冷再生水泥碎石就地拌和列车不但具备现场生产沥青冷再生水稳碎石功能,而且具有水泥稳定碎石及级配碎石施工的移动拌和站功能,冷再生混合料设计配比适合我省省情,每小时能生产150吨冷再生混合料,完全能够满足现场施工需求。该设备价格仅为同类进口设备的五分之一,且具有完全技术知识产权。×月×日,沥青冷再生水泥碎石就地拌和列车牵引车变速系统、连续式上料机、用于移动拌和楼的减震计量装置、双极筛分装置、双级搅拌锅被国家专利局授予实用新型专利。×月×日,《沥青冷再生水泥碎石就地拌和列车开发应用》课题通过了鉴定委员会专家组评定,一致认为达到国内领先水平。该设备获国家专利并推广应用,对降低企业成本、提高市场竞争力具有重要意义。

连霍高速巩义段隧道群LED改造工程入选国家半导体照明产品应用示范工程

为推动绿色照明工程,促进半导体照明节能产业健康有序发展,实现交通运输节能减排目标,国家发改委、住房和城乡建设部、交通运输部联合下发文件,将连霍高速公路河南境巩义段隧道群LED改造工程列入半导体照明产品应用示范工程。目前,该工程施工图设计已获省交通运输厅审批,工程预算为2816万元,计划今年完工并通过验收,该项目验收后可申请国家发改委中央预算内投资项目资金补助。

此类信息写作报送时应特别注意:首先,在标题部分直接写明××项目(设备、技术等)获××专利(奖项等)或××项目(设备、技术等)投入使用(推广应用等),使信息阅读者一目了然。其次,在正文开头部分开宗明义的写明主题,开门见山。其三,展开叙述科技成果的主要内容,务求要素齐全、层次清晰、语言精练。其四,科技成果的意义可在开头说明,也可在结尾总结。其五,结合公司实际,在科研成果取得、实施当天即应报送此类信息。其六,此类信息涉及项目有些较为抽象,在报送文字信息的同时,应配报图片、视频信息。

2.9 对内对外合作类信息

对内对外合作类信息在各类信息中较为常见,路警联合,路地联合,项目公司与管理公司联合,各管理公司之间联合,收费、路政、养护等部门联动之类的信息随处可见。编写此类信息,应当写明参与合作的各方、合作形式及合作的主要内容等。如:

高发公司在洛阳试行与临近高速公路管理、交警、抢险部门联合开展道路网络化安全工作

2011年12月13日下午,高发公司洛阳分公司与交警、抢险施救部门和济洛、洛界、少洛高速管理单位联合召开路政综合工作会议,就路产索赔、道路抢险、危险路段整治、道路网络化保通配合、恶劣天气除雪融冰等工作达成共识。一是交通管理部门积极与高速公路管理单位联系,通报事故处理进程,对于较棘手的涉及路产交通事故,建议高速公路管理单位尽早进入司法程序,确保路产损失及时索赔。二是在道路抢险时,采取路内事故路外处理、证据互认、信息共享、资源统一等方法,以最短时间、最快速度,想尽一切办法恢复交通。三是尽快对危险路段进行整治,想方设法保证危险路段少发事故,避免发生重特大事故发生。四是信息互通,互相帮助,利用洛阳高速网络合理引导车流,避免大的交通堵塞发生。五是充分发挥各方优势,共同做好恶劣天气除雪融冰工作,尽力避免道路不畅时车辆在大中型桥梁上发生拥堵。

此类信息写作报送时应特别注意:一是参与合作的各方必须明确,单位或部门名称务必准确,切忌出现“乌龙信息”。二是合作形式必须写明,使信息阅读者清楚各方怎样合作。三是合作内容力求详细、具体、条理清楚。四是可写明合作意义,画龙点睛。五是合作事件出现后,应第一时间编写上报对内对外合作类信息,并配报图片。

2.10 综合类信息

此类信息写作难度大,但却相当重要,领导对信息的批示多集中在此类信息上。做好综合类信息编报工作,不但可以为领导决策提供参考,而且可以深度挖掘事件、调查研究问题、总结推广经验,推动行业发展。

编写综合类信息应做到:全面系统地反映某项重点工作。内容应具有综合性特点,包括工作部署、进展、经验总结、存在问题及措施建议、下一阶段计划等。应重点突出、资料翔实、分析全面深入、条理清晰、语句精练。

此类信息写作报送时应特别注意:一是此类信息写作难度是常见各类信息中最大的,写作前应选好主题,收集好相关资料,深入分析问题,做足充分准备。二是注意规范信息标题。三是在正文开头部分总结概况全文主旨,力求开门见山。四是文章各部分、各层次标题应高度精练,做到“读题知意”。五是全面系统地叙述某项重点工作,务求要素齐全、层次清晰、语言精练。六是此类信息较其他类别信息而言,对实效性要求稍弱,可结合实际,在某项重点工作开展一段时间、取得一定成效后报送。

塑造企业文化主题　打造企业文化品牌

宋　宏

（河南交通投资集团党群工作部）

摘　要　当企业文化建设同质化程度越来越高，宣贯过程中找不到落脚点的时候，打造企业文化品牌、树立企业文化主题正好解决这一问题。

关键词　企业文化　塑造　主题　打造　品牌

企业文化品牌是企业文化的载体，企业文化是凝结在品牌上的企业精华，也是对渗透在品牌经营全过程中的理念、行为规范和团队精神的体现。企业文化主题是在开展企业文化建设过程中所总结的有代表性的先进的文化导向。当企业文化建设同质化程度越来越高，找不到落脚点的时候，品牌文化和主题文化建设正好解决这一问题。

首先塑造企业文化主题、打造企业文化品牌要坚持"弘扬企业文化，促进企业发展"为主题，坚持"增强文化软实力、提高核心竞争力"为中心，突出代表性，涵盖单位建设管理各个领域；突出创新性，具备鲜明的时代特色；突出独特性，具有丰富文化内涵和特色外部形象。以践行社会主义核心价值观以及交通运输行业核心价值体系为主线，以"发展交通、奉献社会"为宗旨，以构建综合交通运输体系、服务中原经济区建设为中心，坚持"四个重在"结合发展方式转变，积极推进企业文化建设，树立单位对外良好形象，增强凝聚力，加强精神文明建设，为发展提供精神支柱和动力源。抓好企业文化建设工作，深入贯彻本单位核心价值体系，通过树立企业文化主题，打造企业文化品牌，突出文化融入，激发团队活力，提升发展软实力，把企业文化建设推进到一个新的高潮。

1　深入塑造企业文化主题

企业文化主题的塑造是将企业文化建设引向纵深的具体实践，是推进企业文化建设的有效抓手，是挖掘企业文化建设亮点的重要方法。通过主题的塑造可以系统诠释、深入发掘企业文化，打造出主题更鲜明的特色文化。如管运营理单位可以开展机关文化建设、廉政文化建设、安全文化建设、团队文化建设等；项目建设单位可以开展项目文化建设、执行力文化建设等，基层单位可以开展职工小家、班组文化建设等。各单位可以充分展现自身特点，不拘一格，通过深入挖掘、提炼、整合、升华，准确系统地表达出企业文化主题。

2　打造叫得响的企业文化品牌

优秀的企业文化品牌可以提升本单位在社会上的知名度、美誉度，提升内部的凝聚力以及核心竞争力。可以根据自身特点积极研究、挖掘适合本单位的企业文化品牌。工程建设单位可以培育打造类似中国第十三冶金建设公司"鲍先锋工程队"的建设品牌，窗口服务单位可以培育打造类似大连火车站“吕玉霜服务台”、河北保定运输集团“郭娜陆地航空班”、南京中央门长途汽车站“李瑞班爱心始发站”、河北高速“春雨服务”等形式的服务品牌。这些文化服务品牌在交通系统乃至全国范围都有着较高的知名度。在建设过程中首先要确定文化品牌的名称，结合本单位企业管理、企业发展战略、生产经营性质等特点，围绕集团企业文化理念体系对品牌名称、服务对象、服务行为，对所创造的品牌进行全方位、准确的诠释，积极扩大品牌的影响力。

3 挖掘有鲜明特色的先进个人典型

抓典型是推动工作的有效方法。先进典型是时代的先锋、企业的楷模、职工的榜样，代表着一种价值取向、一种可贵品格、一种精神力量。

河南交通投资集团在经营发展中始终坚持“惟人惟德、共创共赢”的企业价值观，坚持“打造中国交通枢纽、助力中原经济腾飞”的企业使命，以及“畅行中原、汇融天下”的愿景。这些核心理念都迫切需要选树一批示范引领作用明显、在行业中有重大影响、树得起、叫得响、过得硬的先进典型，让广大员工学习有榜样、赶超有目标，推动各项事业又好又快发展，为集团发展提供坚强的政治保障和组织保障。

4 加强管理，注重保护

可以充分发挥各种宣传载体的作用，宣传好单位企业文化主题和企业文化品牌。通过信息交流等形式，强化主题和品牌的辐射面，及时宣传展示建设成果，推进企业文化的深化。通过不断强化完善文化品牌的内涵和外延，提高认识，最终形成规范的、有影响力的文化品牌。以文化品牌的内涵和外延为核心，建立起完善的形象和视觉识别系统，优化流程、完善制度，使单位的企业文化主题或者文化品牌在员工内部形成强大影响力，在行业中、全社会形成良好的知名度。在确定文化品牌后，要尽快向有关部门申请注册，确保自身文化品牌的独特性能得到法律保护。

把科学发展观转化为建设和谐、文明高速公路的具体行动

韦显超

（河南高速公路发展有限责任公司）

摘　要　国有企业在全面建设小康社会，加快推进社会主义现代化的进程中担负着重要的特殊使命。本文从三个方面阐述了河南高速公路国有企业在贯彻落实科学发展观，建设文明、和谐高速公路，推动河南经济社会进步中的重要地位、努力方向和所需要具备的基本战略能力。

关键词　科学发展观　和谐　文明高速公路

国有企业是党执政的重要经济基础，也是党执政的阶级基础和群众基础。在全面建设小康社会，加快推进社会主义现代化的进程中，国有企业必须担当使命、奋发有为，全力推进经济社会全面、科学和可持续发展。对于河南高速公路国有企业来说，贯彻落实科学发展观，就必须用科学发展观来统揽和规范高速公路的建设和管理，为河南乃至全国的经济社会发展，奉献一条和谐、文明的高速公路，使高速公路发展成果最大程度的惠及人民群众。

1　奉献一条和谐、文明的高速公路，是河南高速公路行业的神圣使命和奋斗目标

河南在国家中部崛起、中原崛起中走在前列，是党和国家对河南人民的殷切希望，也是河南人民的奋斗目标和衷心愿望。交通基础设施是加快推进这“两个崛起”进程的重要铺路石和最基本的物质条件。高速公路作为交通基础设施中的后起之秀和佼佼者，无疑是实现“两个崛起”的急先锋和领头羊。为加快河南经济社会发展和实现“两个崛起”奉献一条和谐、文明的高速公路，不仅是河南高速公路行业贯彻落实科学发展观的重要体现，而且也是河南高速公路行业的政治责任和神圣使命。

首先，河南是资源大省、人口大省、交通大省和文化大省，随着经济社会的快速发展和人民生活水平的不断提高，河南高速公路上的物流、人流、商品流的数量和流通的速度大幅度地增加，不仅要求河南高速公路覆盖密度大，更要求河南高速公路坚持以人为本，人、车、路全面发展。其次，河南自古就有“九州之腹地，十省通衢”的区位优势。在国家开放东南沿海、振兴东北工业基地、开发大西北、推进中部崛起的总体布局中，河南高速公路担当着人流、物流、商品流、信息流的主通道作用。把河南高速公路更好、更快地建设成和谐、文明的高速公路不仅能造福河南，而且还惠及全国。三是从这几年建设和管理的情况看，河南每亿元公路投资最终将创造 GDP 2.63 亿元，创造或保留 2000 个就业机会，对河南经济发展有直接的拉动作用。第四，经过近十多年的努力，河南已建成 4300 多公里高速公路，这是河南经济崛起腾飞的重要基

础和宝贵财富。建好、管好这些高速公路，是全体河南高速人的神圣责任和光荣义务。

2 建设和谐、文明高速公路，必须大力加强和改进党建思想政治工作

党建思想政治工作，是高速公路行业各级党组织充分发挥政治核心作用、战斗堡垒作用、先锋模范作用的总载体。只有大力加强和改进党建思想政治工作，才能使各级党组织和党员干部队伍真正成为贯彻落实科学发展观，建设和谐、文明高速公路的政治核心、中坚力量和动力源泉。

2.1 加强理论学习，促使思维创新和理念提升

在全面建设小康社会这一新的形势和任务面前，尤其在目前国际、国内经济形势乍寒回暖、复苏企稳的关键时刻，更加迫切需要确立科学发展观的指导地位，构筑建设和谐、文明高速公路的共同思想基础。为此，要把理论学习作为一项战略任务，科学选择学习内容，精心设计学习载体，通过建立“学习日”制度，举办研讨会，组织专家讲座等措施以及通过开展创建学习型党委、学习型机关、学习型班组、学习型员工、学习型家庭等活动，掀起新的学习热潮，促使全体员工实现思维创新和理念提升，在理论力量和工作实践的结合中，不断提高提高高速公路行业的发展能力和创新能力，加快观念创新、制度创新、管理创新，使建设和谐、文明高速公路的过程始终充满生机和活力。

2.2 提高高速公路建设管理的质量、效益和水平

随着“两个崛起”战略的逐步推进，河南高速公路建设正处于空前发展的历史时期，通车里程越来越长，运营网络越来越密。为适应这一形势，就必须紧紧把握“科学”这个关键，突出“发展”这个主题，以科学发展观为指导，正确处理长远规划、阶段目标和当前工作的关系，确保各项事业发展科学有序、稳妥扎实；正确处理企业利益和社会效益的关系，把服务报效社会、促进社会进步作为高速事业发展的最大资源和最终目标；处理好设计、建设和管理之间的关系，把“科学、节约、人文、环保”作为共同理念，共同促进、共同发展，实现高速公路与人的和谐、与社会的和谐、与大自然的和谐。

2.3 加强班子建设，铸造朝气蓬勃、奋发有为的领导集体

加强和改进党建思想政治工作，要突出加强各级领导班子思想建设和能力建设，提高贯彻落实党和国家方针政策的执行能力。把树立科学发展观和正确政绩观作为领导班子思想政治建设的主要内容，全面加强领导班子的政治、思想、制度和作风建设。按照集体领导、民主集中、个别酝酿、会议决定的原则，完善并严格执行党委内部的议事规则和决策程序，保证协调高效运转，增强班子整体合力。按照“两个务必”的要求，大力加强作风建设，努力培育和发扬求真务实、开拓创新、团结奉献的优良作风。通过努力，真正使各级领导班子成为致力于为河南高速公路发展腾飞建功立业、奋发有为的领导集体。

2.4 加强思想政治工作和精神文明建设，为建设和谐、文明高速公路提供坚强的思想保障和精神动力

充分发挥思想政治工作统一思想、凝聚力量，释疑解惑、化解矛盾，理顺情绪、激励斗志的积极作用，坚持先进性要求与广泛性要求相结合，解决思想问题与解决实际问题相结合，理想信念教育、形势任务教育与经常性的思想教育相结合，通过理论研讨会、党建知识讲座、形势报告会等形式，不断增强思想政治工作的主动性、针对性、有效性。大力加强企业精神文明建设，

广泛开展丰富多彩、形式多样、职工群众参与率高的文体娱乐活动,寓教于乐,陶冶情操;深入进行社会公德、职业道德和家庭美德教育,努力提高职工群众的道德素养;周密组织“文明单位”、“文明班组”、“巾帼示范岗”、“军民共建”等群众性创建工作,促使公司精神文明建设再上新台阶。

2.5 推进制度创新,努力建设党建思想政治工作长效机制

结合全面建设河南小康社会和高速公路建设实际,借助近年来主题教育成果,不断推进制度创新,努力从五个方面形成党建思想政治工作长效机制。一是建立健全教育培训机制,提高广大党员运用科学理论解决实际问题的能力和水平,不断强化党的先进性意识、发展意识、创新意识和自律意识。二是建立健全党员教育管理机制,切实解决基层党组织建设上的薄弱环节和突出问题,不断增强基层党组织的创造力、凝聚力和战斗力。三是建立健全联系群众、关心群众、帮助群众的长效机制,不断改进工作作风,密切党群关系。四是建立健全党组织与党员队伍的激励机制,通过培养、选拔、推广、宣传先进典型,弘扬正气,激励先进。五是建立健全党风廉政建设的长效机制,健全监督制约体系,加大查处力度,大力加强党风廉政建设。

3 大力加强各级党组织能力建设,是建设和谐、文明的高速公路的重要保障

从河南高速公路的建设和发展来说,贯彻落实科学发展观,建设和谐、文明高速公路,必须坚持从国情、省情出发,实现高速公路建设与河南区域发展、城乡发展和人口分布相适应,满足河南社会经济发展和人民便捷、安全的出行需求;必须着眼于河南各类运输方式的总体布局,处理好高速公路与其他运输方式的关系,实现各种运输方式的协调发展,发挥运输体系的综合效益;必须充分发挥市场配置资源的基础性作用,根据需要与条件,区别轻重缓急,确保重点,保障建设资金投入和使用效益;必须广泛运用现代科技,推广应用新材料、新技术,提高建设质量,降低建设成本;必须集约利用国土资源,最大限度地节约用地、节约能源和保护生态环境;必须深化体制改革,建立与国情、省情相适应的高速公路建设、运营管理体制和机制。这就为河南高速公路国有企业各级党组织的能力建设提出了更高的标准和要求,需要从多方面进行坚持不懈的努力。

一是提高适应市场经济规律、科学判断形势、加快企业发展的能力。要统一思想,充分认识在国家实施“中部崛起战略”和省委、省政府“中原崛起战略”中企业改革发展面临的机遇和挑战,认真学习领会省委、省政府关于河南高速公路建设和管理的战略决策,与时俱进,开拓创新,大胆改革,促进企业更好、更快发展。二是提高保证党的各项路线方针政策和上级精神在企业贯彻落实的能力。要全面贯彻落实好省政府和厅党组对全省高速公路管理体制作出的各项调整和改革,以扎扎实实的工作切实保证各项改革在企业顺利推进和完成。三是提高在企业发展战略、发展理念、企业文化建设等方面不断进行理论创新的能力,以创新的理论指导企业干部职工的工作实践,激发广大员工进行理论学习和创新的积极性和工作热情。四是提高理顺情绪、化解矛盾的思想政治工作能力。在积极强力推进各项改革的过程中,尤其要加强思想政治工作,做好干部职工队伍的稳定工作,理顺广大干部职工在改革过程中出现的种种情绪,把干部职工的思想统一到改革中,调动一切积极因素,团结凝聚干部职工拼搏进取。五是提高强化监督制约机制、净化自身建设环境、管理环境、发展环境和廉政环境的能力。

浅论交通行业商业贿赂的成因、特点、危害及对策

袁琦曼

（河南高速公路发展有限责任公司）

早在人类社会进入私有制阶级社会以后，一些人为了达到政治、经济目的或谋取其他利益，就开始向国家官吏行贿。我国古代奴隶社会的西周时期就有贪污贿赂的记载。《尚书·吕刑》中所谓“五过之疵”中的“惟货”，即指官吏接受贿赂。《汉书·刑法志》中也有“吏坐受赇枉法”的记载。可以说，商业贿赂是一种较普遍的社会现象，是商品经济发展的负面影响，必须加以有效治理。本文试从交通行业商业贿赂方面的问题浅谈自己的观点和看法，以期抛砖引玉。

1 商业贿赂产生的原因

现阶段，商业贿赂产生的原因不外乎以下几种：一是市场经济体系不健全，市场配制资源的体系未完全形成。一些企业或个人受交通建设高额经济利益的诱惑，不择手段挤入交通建设领域。二是交通工程建设机制存在漏洞，制度建设不合理。目前大多交通建设工程都由政府投资，在发包、设计变更、工程款支付等重要环节容易产生权力过于集中，个人说了算。三是建设市场监管方面存在盲点。工程建设因资金投入大，建设覆盖面宽，线路长，工程量大，项目多，环节多，工期长，建设主体多、杂，流动性大，容易出现监管盲点。四是法律制度约束力度不够，惩治过轻。五是少数从业人员素质低下，道德意识败坏等。

2 商业贿赂的表现形式及主要特点

2.1 商业贿赂的主要表现形式

在工程建设的招标中，发包方利用发包权收受投标人的贿赂，明招暗定，泄露标底或强行指定承包方；投标方利用不正当手段进行围标、串标、转包。在材料设备采购中，不按法定程序违规指定供应商，收取回扣或其他好处；工程管理人员利用职务便利采取巧立名目、拖延付款等方法索、拿、卡、要。在工程设计变更中通过变更图纸，工程计量中通过加大计量，工程监理中通过对施工单位降低质量标准等手段达到贿赂的目的。交通行政机关工作人员利用权力，在工程招标、行政许可、工程验收、公路经营权转让中，收受有关企业或个人以各种名义给予的钱物等等。

2.2 商业贿赂的主要特点

1）窝案多、涉案金额巨大。

2）易发环节多，在工程建设过程中，重点岗位和重点人员都是发生商业贿赂的重要对象。

3)作案手段隐蔽,整个贿赂行为主要采取"一对一"联系方式,隐蔽性极强。

4)涉及领域扩展,从工程建设领域向经营管理方面蔓延,从贿赂领导干部向贿赂评标专家变化等。

3　商业贿赂的社会危害

商业贿赂是一种极不正常不正当的竞争行为。经营者不是通过降低成本、提高质量等方式参与竞争,而是采用贿赂手段购买或销售商品,违背了公平竞争原则,扭曲了市场关系,损害了其他经营者的合法权益。也导致了权力、受害部门个别人员中饱私囊,损害了党和干部的形象,具有十分严重的危害。

3.1　严重破坏和扭曲公平竞争规则和市场交易秩序

商业贿赂是一种不正当交易行为,交易一方通过贿赂使自己的商品或者服务被对方接受,这种行为使市场经济中固有的价值规律以及竞争规则无法正常发挥作用。

3.2　造成国家税收的大量流失

实践中,为使商业贿赂活动逃脱法律制裁,交易一方的行贿者往往通过做假账虚报成本抵税,交易一方的受贿者则采取收受贿赂不入账的手法逃避纳税,从而使国家和地方税收大量流失。

3.3　滋生腐败行为和经济违法犯罪

由于商业贿赂行为的存在,为企业领导、采购供销等业务人员以及国家工作人员利用工作之便中饱私囊、损公肥私以及收受贿赂提供了土壤和条件,既败坏了商业风气,也腐蚀了干部队伍。

3.4　严重影响构建和谐社会和政治稳定

商业贿赂行为导致商品价格虚高,一方面增加了群众的消费支出,另一方面增加了不法分子的收入,从而形成收入不平等,极易诱发其他社会问题。

3.5　商业贿赂加大了企业成本,导致了豆腐渣工程的出现

参加竞标的各企业,在招投标前期采用不正当手段进行商业贿赂的费用一般数目都比较可观。这笔钱不可能个人掏腰包,如果中标,必然要采用各种手段把工程外的开支转嫁到工程中去,使工程的开支成本提高。个别企业为牟取暴利,凭着在上面的关系,施工时有恃无恐,使用材料时以次充好,偷工减料,导致豆腐渣工程的出现。

4　商业贿赂的治理对策

反商业贿赂工作具有长期性和复杂性,今后的工作中,应按照"标本兼治、重在治本"的原则,努力探索治理商业贿赂的长效机制。

4.1　加强反腐败教育

广泛宣传党和国家的有关政策和法律法规,提高从业人员对商业贿赂危害的认识。加强对重要岗位人员的反案例教育和管理,分层次、有针对性地对工程建设领域人员进行理想信念教育、从业道德等教育。

4.2　进一步加强对招投标环节的监督

要加强对评标过程的监督。针对专家评标公正性这一关键环节,建立专家评标后评价制

度。针对部分业主假招标现象,实施招投标公正度评价制度。纪检监察部门对反映招投标不公正的项目进行调查,形成多层次监管机制。建立“黑名单”制度,对在工程招投标中采取行贿等手段,非法转包、分包工程项目,扰乱市场秩序的设计、施工、监理等单位予以曝光,并在3年内取消其在全省交通建设市场中的投标资格。

4.3 加强监督检查,确保自查自纠工作落到实处

坚持把监督检查贯穿于自查自纠工作的始终。一是自查要再深入。组织交通行业主管部门和交通从业单位开展“四查四对照”,及时排查可能存在的案件线索,及时发现监管工作中的薄弱环节和漏洞,认真落实整改措施。二是督查要再加强。通过建立工作联系点、发督办函、专项检查、现场督办等形式,加强对重点项目和重点单位开展专项治理工作情况的督促检查。三是责任要再落实。要实行严格的工作责任制,切实抓好责任分解、责任考核和责任追究3个环节,形成一级抓一级、层层抓落实的压力传递机制。

4.4 建立交通系统商业贿赂举报机制,认真查办违法违纪案件,依法严惩腐败分子

畅通投诉举报渠道,加强社会监督和群众监督。加大对不正当交易行为的打击力度,发现涉嫌商业贿赂的犯罪行为要及时向检察机关举报,并积极配合执法部门予以查处。坚持“自纠从轻、被查从严”的原则,凡是在规定时间内主动自查自纠的,从宽从轻处理;凡是心存侥幸、执迷不悟、问题严重的,坚决予以惩处。通过查办案件,使少数人依法受到惩处,绝大多数人养成诚信交易的习惯。

4.5 构建长效机制,着力从源头上防治商业贿赂

要深化体制改革。特别是深化行政审批制度改革,进一步清理和规范交通行政审批事项,转变政府职能,规范行政行为。二要坚持三者并重。加强廉政教育和廉政文化建设,打造健康的商业文化;健全管理制度,规范市场竞争行为;监督和约束权力的行使,规范施政行为,坚决纠正和制止利用权力参与或干预企事业单位经营的行为。三要完善监管体系。建立以工程项目招标投标、施工许可等为主要内容的承发包监管系统,以工程质量、安全生产动态管理为主要内容的工程施工监管系统,以企业、执业人员资质资格、诚信管理为主要内容的市场信用系统。

4.6 建立工程质量、安全事故信息库,实行跟踪稽查

建立工程建设法规制度和企业自律机制。完善事故责任追究制度,特别是将加大对事故背后公路建设质量、投资成本的监督检查力度。规范会计做账行为,任何会计人员做假账将吊销其从业资格,任何领导授意会计人员做假账、私设小金库的将对其进行党纪政纪处分,并追究其民事或刑事责任。

在高速公路建设、管理领域深入开展治理商业贿赂工作,事关社会声誉、事关行业形象、事关交通工作持续、稳定、健康发展。各级交通主管部门及建设管理单位都应深入开展调查研究,掌握部门和行业内商业贿赂案件的特点、规律以及发生的主要环节和重点岗位,分析原因,研究对策,建立健全长效机制,从源头上预防商业贿赂的发生。

坚持科学发展　推动科技创新 建设科学文明和谐繁荣的河南高速公路

——实施科技强企战略的实践和思考

李　敬　张蕴惠

（河南高速公路发展有限责任公司）

摘　要　本文结合河南高速公路发展有限责任公司实施科技强企、科技兴路战略的实践，对高速公路企业坚持科学发展、提高自主创新能力进行了分析、探讨和展望。

关键词　高速公路　科技创新

河南高速公路发展有限责任公司（以下简称"高发公司"），是河南省人民政府授权省交通厅组建的国有独资企业，主营高速公路、特大型独立桥梁等交通基础设施的开发建设、养护和经营管理。公司成立以来，已累计建成高速公路5160公里，约占河南省全境高速公路的53%。多年来，高发公司坚持不懈实施科技强企战略，大力加强科技创新体系建设，全面强化高新技术的引进和推广，走出了一条符合时代特征和高速公路特点的科技创新发展新路，取得了令全省人民乃至全国同行业为之瞩目的喜人成就，连续4年荣登全国500强纳税企业排名榜。在新的形势下、新的发展起点上，认真梳理、总结、思考公司实施科技强企战略的基本实践，对进一步优化高速公路整体功能，提高高速公路企业核心竞争力，实现高速公路又好又快发展，都具有十分重要的战略意义。

1　用高科技推动施工建设项目整体创新，努力打造优质精品高速公路

高速公路是关乎国计民生的重要基础性交通产业，是保增长、保民生、保稳定、保发展战略格局中的重要一极。高速公路整体功能能否正常发挥，优质精品的高速公路施工建设是关键，也是根本。因此，必须坚持用科学发展观来统揽高速公路的施工建设，用高科技来推动高速公路施工建设项目的整体创新，进而夯实高速公路整个发展活动的基础。

1.1　用高科技推进设计模式创新

高速公路施工建设包括路线、路基、路面、防护排水、桥涵、隧道、交叉工程、沿线设施、水文、地质、环境保护、水土保持、施工环境、养护等多个专业，须经科学规划和精心设计。过去，一些地区对高速公路的综合功能缺乏全面认识，过多强调成本投入和经济效益，在设计上科学论证不够，建设上科技含量不高，致使一些项目重复改造、重复投入，浪费现象惊人。为此，高发公司坚持把规划和设计作为高速公路整个发展活动重要开端，并始终坚持高端启动、扎实推进，用高科技推动高速公路规划和设计理念创新。在设计中，公司秉承前瞻性、先进性、实用性、经济性相结合的设计原则，通过计算机系统和三维技术，对每一路段的实物数据，每一桥隧

涵洞和路基坡面的地貌地状,进行优化选择和科学设计,确定科学合理的建设规模和技术标准,确保高速公路施工建设与沿线地形、地物、不良地质、经济规划、文物、军事等设施总体协调,既避免了后期施工中因各种临时动议而造成的建设资金浪费,又保证了路面线形线条的和谐优美。如洛三灵高速公路在平面线形设计上,改变过去以直线为主的设计方法,适当增大曲线比例,使平面线形流畅、连续、均衡,并与沿线地形、地貌、地物完美吻合,既避免了大填大挖所造成的建设资金浪费,又增强了景观效果和行车舒适度、安全性。

1.2 用高科技全面提升工程质量

质量是工程建设的永恒主题和社会各界关注的焦点,也是高速公路充分发挥总体功能、保持旺盛发展力的生命本源。在所有确保工程质量的屏障中,高科技无疑是最坚实、最钢性的组件之一。早在1990~1993年,高发公司就在其承建的第一条高速公路连霍高速郑州至开封段首次实行FIDIG施工管理模式,并经不断探索研究,逐步形成了一整套科学化、规范化的实验监理工作模式,得到国内同行高度评价,并在此后全国高速公路施工建设上普遍使用。随着全国、全省掀起的一波又一波的高速公路建设高潮,高新技术的身影在公司承建的各条高速公路中愈来愈鲜亮活跃,科学的触角已延伸到施工建设的各个角落。路基路面材料特性反演与快速检测维修整套技术、折线配筋预应力混凝土先张梁成套技术、CFG桩在软弱地基中的应用技术、35m先张法组合箱梁施工技术、超声破检测钻孔灌注混凝土质量、钢索周期检测仪、“PG-16数据采集与处理”等一系列新工艺、新技术、新材料、新模式的广泛使用,更加有效地消灭了工程质量管理盲区,根治了质量通病。几年来,高发公司承建的数十条高速公路在科技春风的洗礼中,均荣获省以上各种荣誉。连霍高速公路许沟特大桥被授予国家建筑行业最高奖项——鲁班奖。

1.3 用高科技优化生态环保

生态环保是高速公路施工建设的重要一环,高发公司始终坚持科技环保、增辉自然,不懈加强沿线生态呵护。坚持把高速公路融入自然。在全面检测当地气候、土壤、水文、植被的基础上,大量植种本地树种,并结合当地文化历史特点,进行风景绿化、生态农业、公路森林、历史文化等景观设计,以期达到绿化、美化、改善公路运行条件、提高环境质量、丰富生物多样化和推动区域经济综合发展等综合效果。坚持减噪排污,在高速公路沿线入口和居民密集区设置噪声隔音屏障,在公路修建时修正横向刮纹间距和作纵向拖纹处理以建造低噪声路面,在服务区和沿线各管理单位安装污水处理系统,在隔离带设置遮光防炫版和栽植高矮、色彩和谐合宜的绿化带等,有效地做到了交通安全、景观协调和生态环保的有机结合。坚持把高速公路施工建设同改善生态相结合,以对生态最小的破坏和最快的恢复来实现对生态最大保护的目的。公司所属信南建设项目充分利用当地自然条件,在构筑路基时以科学采挖河沙和山皮石来代替对沿线可耕田的开挖,既保证了建筑用土,又疏通了当地河道,同时也为沿线群众垦造可耕田8000亩,受到省科委、发改委和国家有关部门高度评价。

2 用高科技推动管理创新,努力打造高速公路运营管理的强势品牌

高速公路运营管理,是高速公路实现社会效益和经济效益的主平台,也是高速公路行业实施科技强企、科技兴路的主战场。多年来,高发公司高度重视并充分发挥高科技在管理创新中的重要作用,不断加大科技的研究和投入,不断推进科技收费、科技保通、科技养护进程,有力

推动了运营管理水平的整体提升。

2.1 搭建富有时代气息的科技收费平台

高发公司大力实施科技收费战略,坚持用高科技优化收费环境、擦亮服务"窗口",为社会提供优质高效服务。一是在全国率先使用全省联网收费系统和自动发卡,所有进入河南高速公路的车辆都能自动取卡并能一卡遍游河南,免除了过去人工发卡和"一站一停一收费"程序,提高了上路和通行效率。二是全路线收费站均引进了目前国内先进的自动洗卡机,采用超声波和专用清洗剂对通行卡进行清洗、烘干和紫外线消毒,用科技手段确保通行卡卫生整洁和防病菌传染。三是在所有收费站配备使用了IC卡自动点卡机,采用机械传动原理和电路分析系统准确清点IC卡,降低了人工点卡误率。四是在车流量大、收费额高的收费站引进了银联卡收费系统,依托高速公路联网收费网络平台和银联中心电子支付平台,将高速公路电子收费系统与银联系统实现对接。对要求刷银联卡支付通行费用的车辆,尤其对一次性缴纳通行费成千上万的大型车辆,使用银联卡大大提高了收费效率,还避免了钞票真伪的验证,一笔交易能在8~12秒内全部完成。五是研发了堵漏增收软件和绿色通道比重甄别系统软件,将换卡、倒卡、遮挡光幕、蓄意制造交通堵塞等逃费现象编入系统程序,将闯卡车辆列入电脑黑名单,采用测量车辆载重以及体积计算装载货物的比重对绿色通道车辆进行甄别,对各种逃费车辆进行了有效打击。六是研发了收费数据动态管理、收费监控稽查、现金安全输送、文明服务标准礼仪、收费工作流程规范等系统软件,一系列富有时代气息的高科技技术有效促进了收费管理水平的全面提升。

2.2 构筑高科技含量的安全保通工作体系

确保安全畅通是高速公路实现社会效益和经济效益双丰收的重中之重。围绕这一"重中之重",公司充分发挥高科技的支撑作用,在总结提高原有保通工作模式的基础上,大胆引进国际、国内先进保通设施,用高科技进一步健全和完善了保通工作体系。公司配备了具有国际先进水平的大吨位清障车、抢险救援车、高空作业车、消雪化冰车等保通抢险救援机械设备,开通了全程"电子巡逻"系统,提高了快速反应和快速救援能力;引进了远距离视频监控系统,把手机作为视频监控终端,使各级路政工作人员通过手机随时掌控全路段车辆通行情况;在全省首次引进了具有现场指挥调度、数据采集和传输、机动治超、突发事件处置以及收费站复式收费等功能完善、设备先进的综合指挥车;配备了由热成像设备和能见度测试仪组成的雾天引导车;建立了集网站、热线电话、短信、道路标牌于一体的路况信息发布系统,及时、准确向驾乘人员提供各种路况信息。这些先进的保通设施,使高发公司保通工作体系充满了科技力量,在确保所辖高速公路安全畅通中发挥了重要的推动作用。2007年春天和2009年冬天的雪灾保通工作中,全国所有受灾省份唯有河南高速公路畅通无阻。

2.3 开拓科技高效的养护管理途径

河南高速公路位居全国交通中心,每天都有成千上万的车辆过境,养护任务艰巨而又繁重。对此,高发公司在积极推进养护体制改革、提高养护施工管理水平的同时,紧密结合河南高速特点,依托高新养护技术,不断开拓科技高效的养护新途径。公司建立了所辖路段养护工程数据库,确立了及时养护、预防养护、用新工艺新材料保证小修小养质量、用小修小养质量延缓大修周期的养护理念;在全国最先实施了彩色路面、现场热再生、震荡标线等新技术、新工艺;积极推进机械化施工,购置了先进的养护设施,大大提高了养护功效。2007年,公司先后集中实施了首战郑(郑州)-开(开封)、再战安(安阳)-新(新乡)、决战郑(郑州)-洛(洛阳)的“三大养护战役”,将近千里的高速公路养护罩面工程一年内全部优质完成,取得了国内同行的高度评价。

3 大力加强高科技支撑体系建设,努力提高高速公路自主创新能力

健全完善的科技支撑体系,对一个地区、一个行业、一个企业的快速发展,具有历史性推动作用。高发公司各项事业之所以能够连年取得跨越性发展,关键在于公司董事会、党委紧紧围绕高速公路快速发展的迫切需要,全面实施科技兴路、科技兴企战略,大力加强科技支撑体系建设,努力培育创新文化,致力优化创新环境,从而使公司各种生产要素活力竞相迸发,所有创新发展动力源泉充分涌流。

3.1 坚持用科技创新战略统一思想

在日益全球化的经济环境下,科技创新能力愈来愈成为国家竞争力的决定性因素。一方面科技发达国家用科技优势为基础的游戏标准对世界市场进行垄断,另一方面科技发达国家利用科技优势对资源的开发、利用和流向进行控制。就河南高速公路来讲,随着航空市场的不断放开、高速铁路的逐步普及以及全国、全省高速公路网形成后参与经营管理的单位的不断增多,运输市场的竞争局面必将更加加剧。同时,随着一波又一波的高速公路建设高潮,高速公路建设资源正在逐步减少。尤其是河南作为全国交通枢纽,人流、物流为全国之最,在全国、全省经济飞速发展的新形势面前,高速公路车辆负荷率常年超出设计标准。高速公路企业如果没有自主创新和核心技术作支撑,就只能在运输市场竞争大潮中随波逐流,企业实现又好又快发展更无从谈起。基于此,高发公司高度重视科技创新在企业发展壮大中的战略地位和战略作用,始终坚持把科技自主创新作为企业发展战略,把科技投入作为战略性投资,大力推进原始创新,集成创新和引进消化再创新,不断提高再创新能力和实现科技新跨越,确保了公司各项事业健康稳定和可持续发展。2011 年 8 月,省交通厅组织全省高速公路运营管理单位在高发公司召开现场会,宣传推广了高发公司科技收费的经验和做法。

3.2 建立健全科技创新工作机制

近年来,高发公司紧紧围绕全面推进高速公路科技创新的迫切需要,结合全国、全省高速公路建设与管理实际,研究制定了公司《中长期科学和技术发展规划》和《关于加快提高自主创新能力建设创新型企业和科技强企的工作意见》,明确了公司科技创新的指导思想、工作目标、奖励政策和具体的落实措施。并在实际工作中形成了公司主要领导挂帅、分管领导负责、业务部室为骨干力量、党政工团协同配合的全方位推进科技创新的工作格局。公司每年都要召开科技工作专题会议,安排科研经费预算、确立科研重点课题、明确重点攻关方向、表彰科技贡献突出人员。为提高科研人员承担重大科研课题能力和理论水平,公司与河南大学、西安交通大学、长安大学、河南交通设计院等高校院所和科技推广机构建立了长期稳定的合作关系。为提高各业务部室科技创新的积极性,公司坚持把各部室在报纸刊物发表的学术论文、获得厅以上科研成果奖、业务工作创新获公司以上奖励等内容,都依次列入了季度和年度考核奖励项目,并加大了表彰和奖励力度。这一系列措施,有力推动了公司科研进步和科技创新。

3.3 营造科技强企和科技创新浓厚氛围

科技之树的茁壮成长,离不开肥沃的科技土壤。优良的创新环境和浓厚的创新氛围,是一

个企业实施科技强企和科技创新的前提基础。对此,高发公司多策并举、多管齐下,在公司系统营造了浓厚的科技创新氛围。公司投入专项资金,建成了员工培训基地,分类别、按计划对员工进行科普培训;每年组织优秀员工到国内著名企业进行实地考察和挂职锻炼,以丰富创新视野,增长创新才干;定期聘请资深专家、学者,举办各类科普讲座和科技报告会,引导员工及时了解、掌握党和国家科普政策和国际国内科技发展最新动向;结合企业实际,在企业杂志《大道》和内部视频《高速视窗》上开辟科普专栏,深入开展形式多样的科普宣传和专题教育,不断增强了广大员工的创新意识;为每个基层单位建设图书室和资料室,每年为基层配备科技周刊和科普图书;鼓励在岗学习、组织岗位练兵,每年举办技术大比武活动,一批批业务能手、行业状元脱颖而出,去年年全省交通系统技术大比武前10名中,高发公司独占9名。

交通无线通信 CDMA 系统前向传输信道的分析与实验

韩　澎

（河南高速公路发展有限责任公司）

摘　要　交通系统利用无线网络传输数据技术已日渐成熟、普及，因此对第三代移动通信技术的研究方面也是十分紧迫的。由于要对多种业务进行支持，对下行速率的要求也变得越来越高了，因此本文对 CDMA 系统的前向传输信道做了深入的研究，并以实验进行验证。

关键词　CDMA　前向传输　信道　功率控制

1　引言

随着社会经济的飞速发展，机动车数量的不断增加，对交通管理提出了更高、更新的要求。现在交通系统运用无线网络进行数据传输已非常普遍，因此对无线网络的研究也是非常必要与及时的。

移动通信是当代通信领域发展最快、前景最好的部分，移动通信以其特有的灵活、便捷的优点符合了现代社会人们对通信技术的要求，成为 20 世纪 80 年代中期以来发展最为迅速的通信方式。我国现已形成世界上最大的 GSM 网络，移动用户占世界第二位，CDMA 将作为下一代的无线接入技术，而 WCDMA 则将成为目前各种第二代移动通信系统（GSM、IS－95、PDC 等）的交汇点，而发展成第三代系统。CDMA 技术将在未来的通信中起到越来越重要的作用，这种高效的新型通信模式将随同其宽带衍生技术——WCDMA 快速发展，满足用户对个人通信系统的要求，并成为全球无线本地环路的必然选择。

CDMA 直译为码分多址，是在数字通信技术的分支扩频通信的基础上发展起来的一种技术。扩频，简单地说就是把频谱扩展。与 FDMA 和 TDMA 相比，CDMA 系统具有许多独特的特点。本文就 CDMA 系统的前向传输信道进行了深入的研究，并运用了 MATLAB 仿真技术对语音编码部分进行了仿真实验。

2　前向信道的组成

CDMA 前向信道（也可称下行信道或下行链路）是由基站发往移动台的信道，由用于控制的广播信道和用于携带用户信息的业务信道组成。广播信道由导频信道、同步信道和寻呼信道组成的。所有这些信道都在同一个 1.23MHz 的 CDMA 载波上。移动台能够根据分配给每个信道唯一的码分来区分逻辑信道。这个码分是经过正交扩频的 Walsh 码。每个码分信道都要经一个 Walsh 函数进行正交扩频，然后又由 1.228Mchip/s 速率的伪噪声系列扩频。在基站可按频分多路方式使用多个 CDMA 前向信道(1.23MHz)。CDMA 前向信道可使用的码分信道最多为 64 个。一种典型的配置是:1 个导频信道,1 个同步信道,7 个寻呼信道(允许的最多值)和 55 个业务信道。但前向信道的码分信道配置并不是固定的,其中导频信道一定要有,其余的码分信道可根据情况配置。

CDMA 系统的前向信道组成框图如图 1 所示,图中给出了信道组成、信号产生及信号的一些主要参数。

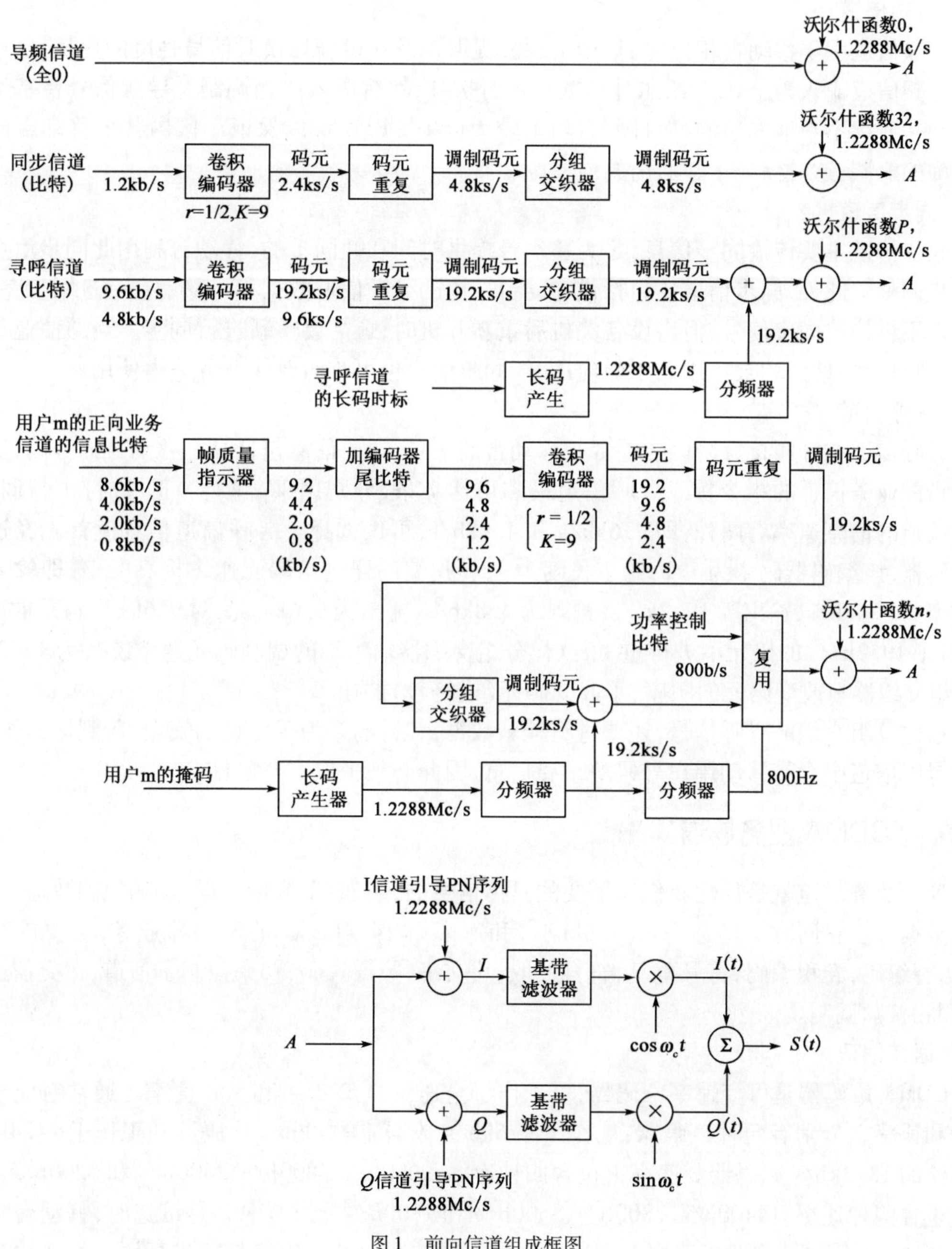

图 1　前向信道组成框图

3 前向 CDMA 的控制信道

前向 CDMA 的控制信道是为了建立业务链路而服务的,有时也可称作建立信道。它只传输信令,不传输业务,除非当业务信道占满后,临时性地将控制信道改作业务信道使用。控制信道包括导频信道、同步信道和寻呼信道,它们不仅用途不同,而且要求不同,信号特征也不同,下面予以分别讨论。

3.1 导频信道

导频信道用于移动台相位定时、相干载波提取以及在过境切换时信号强度的比较。

导频信道输入为全 0,用沃尔什函数 0 进行扩频,然后进入四相调制。导频信号在基站工作期间是连续不断地发送的,而且所占功率较大(约占 12%),以保证小区内各个移动台能进行正确的解调,这是保证正常通信的前提。

3.2 同步信道

同步信道主要传输同步信息,是为移动台提供时间和帧同步的,移动台利用此同步信息进行同步调整。此外,同步信道还包括供移动台选用的寻呼信道数据率。移动台一旦同步完成,它通常不再接收同步信号,但当设备关机后重新开机时,还需要重新进行同步。当通信业务量很多,所有业务信道均被占用而不敷应用时,同步信道也可临时改作业务信道使用。

3.3 寻呼信道

寻呼信道在呼叫接续阶段传输寻呼移动台的信息,这些信息包括被呼移动台的号码,给移动台指配业务信道的指令等。寻呼信道最多可达 7 条,分别用 $W_1, W_2, \cdots W_7$ 进行扩频调制。寻呼信道的信息速率有两种,即 9.6kb/s 和 4.8kb/s,可供选择。寻呼信道信息流首先经过卷积编码器,该编码器码率为 1/2,约束长度为 9,卷积编码器输出码元速率提高一倍,即输入信息速率为 9.6kb/s,输出为 19.2ks/s;输入为 4.8kb/s,输出为 9.6ks/s。对 9.6ks/s 码元重复一次,对于 19.2ks/s 的码元不进行重复,这样分组交织器输入端的调制码元速率统一为 19.2ks/s,分组交织器只改变码元的顺序,不改变码元(或符号)的速率。

通过分组交织的寻呼信号,还要进行掩蔽数据,其目的是为了信息的安全,起到保密作用。因为寻呼信道中含有移动用户号码等重要信息,因此必须采取安全措施。

4 前向 CDMA 业务信道

前向业务信道就是传输我们所需要的具体信息的,例如:车流量数据、车辆检测数据、道路监控数据等。它同时支持速率 1(9.6kb/s)和速率 2(14.4kb/s)的声码器业务,主要内容包括:语音编码,卷积编码,符号重复,符号抽取,块交织,数据扰码,功率控制子信道,正交信道扩频,四相扩频调制。

4.1 语音编码

CDMA 声码器是可变速率声码器,可工作于全速率、1/2、1/4 和 1/8 速率。通常对应于速率 1 和速率 2 分别有两种声码器:工作于 9.6kb/s 数据流的 8kb/s 声码器和工作于 14.4kb/s 数据流的 13.3kb/s 声码器。速率 1 包含四种速率:9600b/s、4800b/s、2400b/s 和 1200b/s。速率 2 包含四种速率:14400b/s、7200b/s、3600b/s 和 1800b/s。当速率 2 是可选时,移动台不得支持速率 1。信道结构对于速率 1 和速率 2 是不同的。两种声码器都能进行语音性能检测和减少在系统中受到的干扰。

4.2 卷积编码

卷积编码通过提供纠错/检错能力为信息比特提供保护。同步信道、寻呼信道和前向业务信道在发送前应进行卷积编码。采用1/2比特,约束长度K为9的卷积编码器。速率1和速率2的帧被送入1/2比率卷积编码器。一个1/2比率卷积编码器用两符号代替每一个输入信息。对于约束长度为9的卷积编码器,其延迟长度为8。

4.3 符号重复

符号重复器跟随在卷积编码之后,它根据需要重复数据,速率1产生19.2kb/s,速率2产生28.8kb/s的速率。对于速率1,如果输入是19.2kb/s,符号不重复;如果输入是9.6kb/s,则每个符号出现两次;如果输入是4.8kb/s,则每个符号出现4次;依次类推。符号重复为无线信道抵抗衰落提供附加的措施,可增加接收的可靠性。

4.4 符号抽取

此符号抽取过程只作用于速率2帧。CDMA通过从每6输入中删除2实现把28.8kb/s数据流变为19.2kb/s。

4.5 块交织

交织是用来抗瑞利衰落影响的。瑞利衰落是频率选择性衰落,它引起大块数据连续出错,使接收机很难正确接收。交织扰乱信息的顺序使交织后的突发错误在接收端还原后成为随机错误,随机错误通过使用纠错编码技术就比较容易进行纠正。

前向业务信道的块交织每20ms接收384调制信息(bit)。这些信息被输入到24×16的矩阵。交织扰乱信息,然后输出送到下一步骤(数据扰码)。

4.6 数据扰码

数据扰码只用于寻呼信道和前向业务信道,以提供安全性和保密性。CDMA反向信道没有采用数据扰码。长码掩码与使用前向业务信道移动台的电子串号ESN联合使用,长码掩码的周期大约为40天。因为移动台在发送的接入信息中包含电子串号ESN,所以基站能决定移动台的长码掩码。如果加密程序被用在前向业务信道上,那么移动台可使用专用的长码掩码。长码掩码提供安全保障并每40天重复一次,从而使偷听者很难确定用户空中发射的具体信息。长码掩码根据具体移动台的电子串号ESN而改变,可提供额外的安全保障。

4.7 功率控制子信道

CDMA系统的功率控制尤为重要,功率控制被认为是所有CDMA关键技术的核心。

在前向业务信道上功率控制子信道是连续发送的,控制移动台的发射功率。

在CDMA中,由于“远近效应”问题,要求采用快功率控制。可以设想,我们如果小区中的所有用户均以相同的功率发射信号,则靠近基站的手机到达基站的信号就强,而远离基站的手机到达基站的信号就弱,这样将导致强信号掩盖弱信号,这就是移动通信中的“远近效应”问题。因为所有用户共同使用同一频率(载波),所以“远近效应”问题更加突出。CDMA功率控制的目的就是克服“远近效应”,使系统既能维持高质量通信,又不对占用同一信道的其他用户产生不应有的干扰。而在CDMA中通过使用快功率控制子信道技术,能避免发生“远近效应”。

基站前向业务信道接收机,在1.25ms时间评估移动台接收到的信号强度。然后,基站用评估值来决定发射的功率控制信息的值是0还是1,并用抽取技术(the puncturing technique)

在相应的前向业务信道上发射功率控制信息。使用抽取技术,两符号长的功率控制信息取代了两连续前向业务信道调制符号(不考虑其重要性)。移动台要完成从前向业务信道中分离功率控制信道的工作,然后修复被损坏的剩下编码数据流。这种技术虽然会影响链路的质量,但仍被使用。移动台在不需要对帧头和帧信息解码的情况下能够快速对功率控制信息解码。一旦恢复功率控制子信道,移动台能根据数据对 RF 输出功率进行调整。

与 CDMA 反向信道调制不同,在 CDMA 前向信道调制中所有的重复信息全部发送,但对于不同速率其发射功率不同,速率越低,功率越低。

在实际无线网络规划中,以 WCDMA 为例。WCDMA 规划的关键技术就包括了前向功率规划。功率控制既要保证每个移动终端和基站之间的有效联系,又要使得对系统内其他移动终端的干扰最小。也就是说,功率控制需要在提高系统容量和保证通话质量方面寻找到平衡点。

WCDMA 系统基站的功率一般是由业务信道(如专用信道 DCH)和公共信道(如公共导频信道 CPICH)共享的,它们之间的功率分配是动态的,这就使得在进行网络规划的时候,最优地配置基站功率对于达到最大网络容量和所需覆盖是非常重要的。另外,网络中的无线环境和移动用户位置的不确定性,使得为满足用户的服务达到一定需求,基站的一部分功率,包括软切换余量、快衰落余量和干扰储备等必须作为储备预留出来。值得注意的是,同步信道(SCH)和公共控制物理信道(CCPCH)是彼此时分复用的。

为了使整个网络的容量达到最优,基站的导频信道功率和业务信道功率在进行网络规划时应取最优值。除了以上关于功率的分配外,在进行网络规划时,小区下行链路功率的分配中还要考虑一些储备,这主要基于正交函数余量、功控余量、阴影和软切换余量及功率阻塞等考虑。

4.8 正交信道扩频

CDMA 前向信道上传送的每个码分信道要用 1.2288Mc/s(Mchip/s)固定码片率的 Walsh 函数进行扩频,CDMA 前向信道的各码分信道分别使用相互正交的 Walsh 函数。用 Walsh 函数 n 进行扩频的码分信道定义为第 n 个码分信道($n=0\sim63$)。Walsh 函数每 52.083s(即 64/1.2288 Mc/s)进行重复,因为一个调制符用 64 个 Walsh 信息片进行调制,所以它等于一个前向业务信道调制符号的时间间隔。

第 0 号码分信道(W_0)总是作为导频信道。如果有同步信道,则使用第 32 号码分信道(W_{32})。如果有寻呼信道,它们应为第 1 至第 7 号信道,顺序采用。其余的码分信道 $W_8\sim W_{63}$ 作为前向业务信道,CDMA 的前向码分信道彼此正交。因为每个业务信道都有各自唯一的 Walsh 码,所以移动台能区分各自的前向业务信道。

4.9 四相扩频调制

一旦完成 Walsh 扩频,数据会与基站特定的 PN 序列(被称为短码)进行四相扩频,这会给基站一个特定识别码,并且产生 QPSK 输出。实际上,所有移动台使用同样的 PN 序列,但每个基站从 512 个可能的偏置中选择一个作为它的身份扩频码,然后发送到移动台。

由于每个基站提供唯一的四相,因此移动台能够区别不同基站发射的信号。一旦移动台被锁定到明确的基站发射,根据提供给逻辑信道的不同 Walsh 码,移动台能区别基站发射的不同逻辑信道,接着能根据基站使用的移动特定长码掩码选取目标信息。

对于基站,频带利用率比功率有效性更重要,因此,CDMA 前向信道调制采用 QPSK 调制。

5 实验研究

5.1 运用 MATLAB 仿真

使用 MATLAB 软件进行部分课题的仿真实验。

5.1.1 语音编码仿真

(1)先录制一段语音,运用 MATLAB 编写程序,具体程序如下:

```
clear;close all;
[x,fs,bite] = wavread('d:[ST.wav');% 对 d:[ST.wav 信号抽样
y = x(:,1);y = y';
[m,i] = max(abs(y));t = 0:60;
subplot(221);plot(t,y(i-30:i+30),'b','LineWidth',2);
title('[FL)ontsize{20}[FL)ontname{隶书}原始模拟信号');pause;
subplot(222);stem(t,y(i-30:i+30),'.r');
title('[FL)ontsize{20}[FL)ontname{隶书}抽样后信号');pause;
sound(x,fs,bite);pause;% 播放抽样所得信号声音
L = 16;z = quantize(y,L);
subplot(224);stem(t,z(i-30:i+30),'.m');
title('[FL)ontsize{20}[FL)ontname{隶书}量化后信号');pause;
c = pcmcode(z,L);clc;c(i-30:i+30,:),pause;
subplot(223);plot(t,z(i-30:i+30),'m','LineWidth',2);
title('[FL)ontsize{20}[FL)ontname{隶书}恢复的模拟信号');pause;
sound(z,fs,bite);% 播放恢复的信号声音
```

(2)其中编码 pcmcode(z,L)子程序如下:

```
function c = pcmcode(z,L)
c = zeros(length(z),log2(L));s = sign(z);z = z * (L/2 - 1);z = fix(z);z = abs(z);
for i = 1:length(z)
    if z(i) = = L/2 z(i) = L/2 - 0.001;
    end
end
for i = 1:length(z)
    for j = (log2(L) - 2): - 1:0
        c(i,log2(L) - j) = fix(z(i)/(2^j));
        z(i) = mod(z(i),(2^j));
    end
end
for i = 1:length(z)
    if s(i) = = - 1 c(i,1) = 0;
    else c(i,1) = 1;
```

```
    end
end
```

(3)其中量化 quantize(y,L)子程序如下:

```
function q = quantize(y,L)
n = length(y);V = max(y);delta = 2 * V/L;
p = zeros(1,L+1);
for i = 1:L+1 p(i) = -V + (i-1) * delta;end
for i = 1:n
    if y(i) > = V q(i) = V;end
    if y(i) < = -V q(i) = -V;end
    flag = 0;
    for j = 2:L/2 +1
        if flag = = 0
            if y(i) < p(j) q(i) = p(j-1);flag = 1;
            end
        end
    end
    for j = L/2 +2:L+1
        if flag = = 0
            if y(i) < p(j) q(i) = p(j);flag = 1;
            end
        end
    end
end
```

(4)仿真结果如图 2 所示。

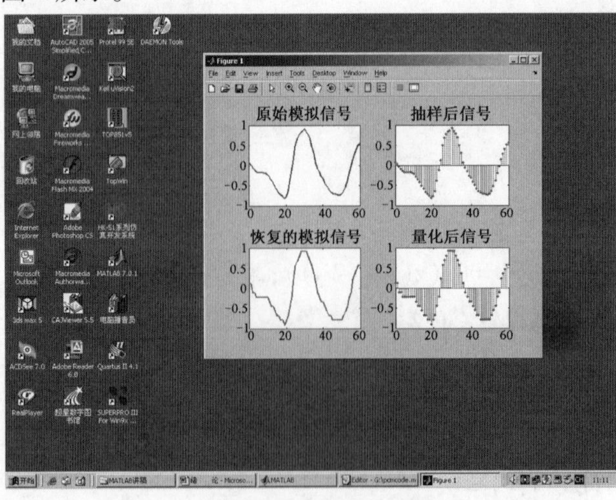

图 2　语音编码的 MATLAB 仿真

6 结语

CDMA技术在中国已普及,并且该技术已比较成熟。随着社会的发展,使用无线网络传输数据的用户越来越多,对通信业务的要求也越来越高了,所以其增值业务需求也增多了。交通系统现在也利用无线网络传输,实现了实时路况的监测、事故的紧急处理等多种业务,这对传输系统的下行信道即前向传输信道提出了更高的要求,这也是探讨本文内容的必要性。

本文探讨了CDMA系统的前向传输信道的一些问题,得出了以下一些结论:CDMA是一个自干扰系统;CDMA系统单载频的容量不像FDMA、TDMA那样是固定的,这也就是我们常提到的软容量,因此功率控制在CDMA系统中起着重要的作用,它直接影响着系统容量;通话质量更佳;移动台辅助软切换;频率规划简单;建网成本低;CDMA系统发射功率最高只有200mW,其辐射作用可以忽略不计,对人体健康没有不良影响;保密性强,不会被窃听;多种形式的分级;话音激活。

在本文中重点讨论的是其功率控制方面,发现控制功率的使用是矛盾的:一方面它能提供针对某用户的发射功率,改善用户的服务质量;另一方面,由于CDMA的自干扰性,这种提高会导致其他用户感染的增加,从而导致话音质量下降。所以在保证用户要求的前提下,功率控制可最大限度地降低发射功率、减少干扰,这也正是功率控制技术的关键。

参考文献

[1] 章坚武.移动通信.西安电子科技大学出版社,2003.
[2] 袁超伟,陈德荣,冯志勇.CDMA蜂窝移动通信.北京邮电大学出版社.
[3] 郇国杨.CDMA数字蜂窝网.西安电子科技大学出版社.

宣传工作应与时代同行

——浅析新时期高速公路企业宣传工作的发展

史鹏程

(河南高速公路发展有限责任公司)

摘　要　高速公路具有资金投入大,管理线长面广,受到社会和民众关注度高的特点。传统媒体的多元化发展和网络媒体的广泛运用,大众获取和传播的包括热点、焦点问题在内的信息渠道也呈现出多层次、全方位的复杂局面。同时企业员工文化素养不断提高,也迫切需要建立企业内部宣传渠道整合和活跃企业的文化氛围,这就对高速公路企业的宣传工作提出更高的要求。本文从加强媒体沟通、构建网络平台、创建企业内刊三个方面系统讲述了新时期高速公路企业宣传信息工作的发展趋势。

关键词　媒企沟通　网络建设　企业文化

高速公路具有资金投入大,管理线长面广,受到社会和民众关注度高的特点。传统媒体的多元化发展和网络媒体的广泛运用,大众获取和传播的包括热点、焦点问题在内的信息渠道也呈现出多层次、全方位的复杂局面。同时企业员工文化素养不断提高,也迫切需要建立企业内部宣传渠道整合和活跃企业的文化氛围,这就对高速公路企业的宣传工作提出更高的要求。作为高速公路宣传工作的从业人员,要顺应时代发展的要求,不断拓展宣传工作的新思路、新手段和新模式,对内努力构建团结、奋进的企业文化氛围,对外大力营造积极、正面的公司舆论形象。

所谓新思路,就是加强与媒体记者的沟通,将原来被动接受采访,转变为主动与媒体接触,掌握舆论导向的主动权。所谓新手段,就是顺应网络时代的宣传潮流,建设出信息发布快捷、内容丰富、可为网民提供各种交互服务的网络平台。所谓新模式,就是在做好对外宣传的同时,开展内部宣传,通过创办企业内刊为代表一系列内宣平台,不断整合和提升企业的文化内涵。

1　加强媒企沟通,掌握舆论主动

1.1　加深了解是开展宣传工作的第一步

1.1.1　充分了解高速公路企业自身

在理论政策方面,要立足于行业发展的形势,在全国行业总体方针、政策、指导思想、发展规划的框架下宣传报道;在企业运营方面,要充分了解企业发展的轨迹,及时了解公司经营动态,不断发掘有正面价值的新闻人物和新闻事件;在实际操作过程中,要注重数据、事例、人物的收集和整理工作,为开展媒体宣传工作做好资料储备。

1.1.2　充分了解媒体的报道需求和规律

媒体报道具有追求独特性和关注度的特点。高速公路企业要在了解自身的基础上,加强与电视、广播、报纸、网络、手机报等媒体的密切联系沟通,主动提供新闻素材,组织采访活动,实现媒体与企业的良性合作。努力寻找和挖掘媒体感兴趣的新闻点,将自身的宣传需求和媒体的报道选材方向最大限度地契合起来,从而达到双赢的效果。

1.2　放开心态把媒体"请"进来

在相当长的一段时期,被动接受采访是高速公路企业与媒体交流的唯一方式。这种方式人为地将媒体和企业对立起来,使企业与媒体的沟通出现障碍,关系变得紧张。在新时期,高速公路企业首先要放下防备的心态,打破"媒体一到、坏事就到"的错误想法,主动把媒体"请"进来,以开放的姿态和媒体开展宣传合作。

采取"体验式"的采访形式,选派专人陪同记者或深入高速公路项目建设一线,或入驻收费站站区体验收费员生活,或随路政队员一起上路保障高速公路畅通,将企业的方方面面完全向媒体开放,向媒体和公众展示和提供最真实、最鲜活的企业形象。在体验的过程中,激发媒体的报道热情,积极引导媒体自主挖掘企业建设和管理过程中的新闻点,并最终形成有价值、有深度的宣传报道。

1.3　与媒体合作"高价值"的报道

在企业的宣传策划中,最容易出现的问题就是"财大气粗的土财主式"的宣传方式——购买广告版面,刊登大篇幅的公式化宣传报道。这样的宣传只有"高价格",没有"高价值",对于企业宣传的正面作用非常有限。要彻底打破这种"大手大脚"的宣传思路,改变以往集中式、粗放式的宣传报道形式,采取"多方邀请、独家报道"的宣传新模式。

有计划的、分批次的与各级媒体展开合作,邀请各大媒体进行独家专访,配合媒体的编发计划制作独家新闻,必将极大地提高媒体报道的积极性和主动性。和媒体一起把高速公路建设和管理过程中最有新闻价值和宣传价值的东西挖掘出来,推广出去。

1.4　构建完善的媒企联系网络。

新闻每天都在发生,企业当中先进的人物和事例每天都在涌现。要想在第一时间把企业最有价值的内容宣传出去,就要建立起一个快捷、完善、有效的媒企联系网络。

一是在技术上实现和媒体的网状联系。通过QQ群、网络、短信平台等技术手段,将各种媒体的信息渠道最大限度地与企业链接在一起,一旦出现新闻事件和人物,便能以最快的速度广泛传播。二是在体制上和媒体展开深度合作。通过加入媒体通讯员队伍、设立通讯员站点甚至开展媒体宣传方面的战略合作等方式,拉近和媒体之间的距离,模糊企业和媒体之间的界限。三是在意识上保持持续宣传的思路。经常性遴选公司日常工作中有新闻价值的事件,向媒体记者沟通和介绍,及时提供新闻线索。

1.5　"透明"应对突发事件

突发事件是高速公路企业宣传工作开展情况的"试金石"。突发事件发生后,一定要树立"开放透明、实事求是"的宣传报道思路。千万不能持有通过"瞒、堵、骗"息事宁人的侥幸心理。要在第一时间内向媒体发布权威新闻,及时报道事件处理进度和结果,从而抑制谣言产生,引导正确的社会舆论。

2 构建网络平台，提供交互服务

2.1 正确认识网络平台的重要性

一个从事着现实世界高速公路建设和管理的企业是否需要虚拟世界里的网络平台？答案无疑是肯定的。随着数字技术的发展，网络与每个人生活的关系变得越来越紧密。一个企业的网上形象也变得越重要，试想一个在行业内举足轻重的企业，却没有一个独立网站，它在公众当中的认知必将受到限制，对于以后宣传和推广都是相当不利的。纵观国内外知名企业的网站，我们不难发现这样的规律：企业的知名度和实力往往与其企业网站水平成正比。

2.2 门户网站是企业宣传的新阵地

2.2.1 门户网站是企业新闻的发布平台

及时发布高速公路运营管理的实时新闻，不断提高新闻的更新速度，在网络上构建权威、公开、透明的官方平台，将使关心该企业的人及时了解所需信息，以最快的速度作出相应的反应与决策；同时有效地改善当前公众对高速公路企业的一些不正确的认识，抑制谣言的诞生和传播，为企业争取到网络话语权。

2.2.2 门户网站是企业文化的展示平台

网络多媒体技术为企业文化的全方位展示提供了可能。高速公路企业可以制作视频新闻，使原本枯燥的新闻文字变得生动；可以制作企业画册电子书，使企业的宣传更为全面和富于美感；可以刊登员工作品和路景摄影作品，使企业的文化内涵无形中得以挥发。最终使企业的宣传工作更加的“感性感人、深入深情”。

2.2.3 门户网站是与公众沟通的重要渠道

在网站上设立留言板、论坛等栏目，可以有效地与公众进行沟通，及时解释误会、消解矛盾。依托企业管辖的高速公路，开设介绍路况指南地图、周边介绍等便民板块，可以最大限度改善企业和公众的关系，提升公众对企业的信任感和认知度。

2.3 依托网络开展全民宣传

随着高科技的发展，手机、电脑、网络的普及，信息传播的速度几乎到了与事件发生前的程度，每个人都可以通过网络记录新闻事件，我们已进入了“全民记者”时代。

高速公路企业有着“点多、线长、面广”的特点，建设依托网络的综合信息报送系统平台，可及时收集整理基层工作动态，为各级领导决策提供依据，促进各基层单位之间的交流和共享，提高公司整体的管理和信息化水平。最重要的是为企业的宣传提供最重要的材料支持，让每一个员工都成为公司新闻的记录者、公司宣传工作的参与者。

当然在建设综合信息报送平台的过程中，要加强对员工宣传工作严肃性的认识。作为高速公路行业人员，每个人都要谨慎而负责地当好“记者”，发布一条信息的时候要考虑单位的利益和行业的利益，维护企业健康和谐发展形象。

3 创办企业内刊，提升文化内涵

3.1 企业内刊的“前世今生”

首先，企业内刊姓“企”名“内”，是企业自行编辑、出版、发行的一种区别与公众媒体的“准大众媒介”，属于非卖品，一般没有自己的盈利模式。再者，企业内刊需要“内”“外”兼备，以赠阅、交换等方式传阅,集科技普及、产业动态、员工娱乐、艺术欣赏、形象宣传为一体,是企业强化内、外部沟通的一种重要媒介。

内刊定位原则是既要彰显企业核心理念,又要突出企业个性特色。定位决定了内容、版块、版式风格,内容设定、版块规划、版式设计必须力求新颖独特、内涵统一,符合定位方向。

3.2 编撰是孕育的过程

作为高速公路企业内刊,一方面要满足员工日益增长的文化审美需求,另一方面又要完成对广大驾乘人员进行企业宣传的任务。这就需要在编纂过程中,准确把握各个阅读群的阅读需求,分门别类组织稿件。

3.2.1 围绕公司发展中心,策划深度专题

一是围绕公司不同阶段的工作重点和中心任务,深度挖掘企业文化内涵。二是围绕高速公路行业发展方向,扩展高速公路建设与管理的外沿。三是围绕国家、省市的高速公路政策,探讨高速公路事业的发展方向。通过一系列的专题策划以宣传党的方针政策和高速公路建设与管理的中心工作为宗旨,提高刊物质量,丰富内容内涵。

3.2.2 扩展刊物视角,深挖文化内涵

一是策划以高速公路为主线,挖掘道路周边的文化景点和人物,串联出一幅壮阔的高速公路史诗画卷,提高刊物的文化内涵和深度。二是与国内、省内有关高速公路管理单位建立广泛的联系,适当编发省内、国内有关高速公路管理单位的报道,拓宽公司员工的视野,实时反映高速公路建设与管理经验情况。

3.2.3 搭建员工展示平台,丰富组稿内容

一是推荐基层先进人物,讴歌那些在平凡岗位上做出不平凡事业的先进工作者,为公司员工树立榜样。二是广泛发动员工投稿,鼓励员工参与刊物的组稿和编辑。每期选编大量的员工文字或摄影作品,调动员工积极性和创造力。三是每期推荐一大批优秀书籍、电影,引导员工的文化情趣,提高员工的精神修养。

3.3 传播才是硬道理

企业内刊的目的就是传播,要让传播理念贯穿编辑全程。为此,要树立全面的"客户意识",始终以"顺应读者阅读需求,照顾读者阅读习惯,为读者提供阅读价值"为目标,努力追求从读者"愿意看"、到"乐意看"、再到"不看不乐意"的境界。这就要诚实负责地办刊物,办有生命力的刊物,切忌回避现实、一味歌功颂德。

像重视组稿一样,重视发行。为了确保"看得到",我们要通过明确发行目标、建立发行渠道、做好发行宣传、把握发行机会等综合措施,实现内、外部发行的及时到位,杜绝"耗尽心力编辑,漠不关心发行,落得束之高阁"的失责行为。

参考文献

[1] 熊运福. 高速公路宣传工作要紧扣行业发展形势[J]. 中国交通信息化. 2011,8.

[2] 刘书萱,何晓芬. 企业内刊文化传播职能研究[J]. 现代商贸工业. 2011,(6).

论新的经济环境变化下会计工作面临的机遇与挑战

曹雅菁

(河南高速公路监理咨询有限公司)

摘　要　随着社会主义市场经济的发展,会计工作出现了许多新问题、新情况需要解决和处理,对会计工作人员的业务水平和工作能力提出了新的更高的要求。同时随着改革开放的进一步深入发展和社会主义市场经济体制的确立,我国会计改革必须与经济改革同步进行,实行会计模式的重大转变,以促进工作的全面发展和水平的不断提高,更好地为发展社会主义市场经济服务。

关键词　会计工作　机遇挑战　工作建议

1　现代会计工作的特点

会计是以凭证为依据,以货币为主要量度,连续、系统、全面、综合地反映、控制生产过程中的资金运动,旨在提高经济效益,以提供会计信息为主的经济信息系统和价值管理活动。会计既是以提供会计信息为主的经济信息系统,又是一种进行价值管理的经济管理活动。它必须遵循真实性、一致性、连续性、系统性和全面性的原则。

真实性。在经济业务发生时,会计要进行核算,取得和填制凭证,经审核后,以合法的凭证为依据,按经济业务发生的先后顺序在账簿上进行登记和反映,以保证提供真实的正确的会计信息。

统一性。作为经济管理工作的会计,主要是进行价值管理,管理其中能够用货币表现的方面。以实物量度作为货币量度的基础,以货币作为统一计量尺度,把各种性质相同或不同的经济业务加以综合,对社会再生产过程进行"观念总结"。

连续性。连续性是指会计对发生的经济业务,要按照其发生时间的先后顺序不间断地进行记录。

系统性。它是指会计对发生的各种经济业务,首先要进行科学的分类和汇总,然后进行系统的加工处理,以便提供各种有关资产、负债、所有者权益、收入、费用、利润等方面的信息。

全面性。它是指会计对发生的每一项经济业务,都要全面反映其来龙去脉,加以记录,同时,所属会计应当反映的经济业务,都必须全部加以记录,不允许遗漏。

随着社会经济和科学技术发展,近年来,会计工作发展变化很迅速,呈现了一些新的特征,主要表现为:

内涵的变化。由于会计的地位、作用增强和对会计的要求日益提高,从而使会计的具体任务和工作重点发生了三个明显的转变,即由原来主要对外编送报表、报告财务状况转向对内加强管理;由原来主要是事后核算转向事前预测、事中控制和事后核算同时进行;由原来的主要是反映情况、提供信息,转向综合提供并运用信息,干预生产、推动经营和参与决策。

会计方法发展。在成本核算中出现一些新的核算方法,如标准成本、变动成本、弹性预算等。同时为了满足分析、预测、决策等方面的需要,会计方法中还充分运用高等数学、运筹学等数学工具和分析方法,进行预测决策工作。

会计工作组织变化。改变过去那种单纯按管理职能建立起全面综合管理体制,主要围绕投资、利润、成本三项目标建立起的各级责任中心来组建会计工作,以实现其全面经济核算的功能。

现代新技术的运用。由于会计任务、方法、工作组织发生了变化,对会计数据处理工作量成倍增加;其次,在数据提供的及时性、数据运算的精确性等方面提出了更高要求;另外程序也更加复杂化。因此,电子计算机一问世,就很快被应用于会计数据处理工作中,出现了会计电算化,并在进一步完善。

2 我国会计工作的现状

会计工作是经济管理工作的重要基础,我国一直重视会计工作。自 1985 年制定会计法以来,对我国会计工作发挥了积极作用,促进了我国会计现代化进程。中国会计现代化从本质上讲是会计的国际化与国家化结合的问题。会计的国际化,要求中国应当走向世界,与国际惯例接轨,融于统一的国际会计体系中去。会计的国家化要求中国会计立足于自身的社会经济环境,体现中国特色,继承和发扬中国会计的优秀成果。

实现中国现代化,首先要会计现代化。会计观念是受其所在的客观环境制约的,并受管理的对象及要素、手段的影响。在传统的经济体制下,会计观念是以计划经济为主的观念体系。在市场经济体制下,传统会计观念只有受到时代的、客观条件的冲击而逐渐形成以市场经济为主的新的观念体系,才能适应市场经济发展的需要。其次要实现中国会计现代化,要求会计理论现代化。会计理论现代化其主要功能在于预测和解释,通过对经验事实的观察、积累和分析,准确科学地描述对象的现实状态,从而科学、合乎逻辑地预测未来。第三,中国会计的现代化要求会计研究角度的现代化。它要求我们改变过去的参照系统,由过去纵向比较转变为纵向与横向比较,并将两者有机结合,形成一个完整的体系。通过历史与现实的比较,以及国内与国外的比较,形成有中国特色的现代会计工作体系,并与国际会计制度接轨,为实现三个面向作出应有的贡献。

随着社会主义市场经济的发展,会计工作出现了许多新情况、新问题,对会计工作提出了许多新的更高要求。1999 年 10 月 31 日新出台的《中华人民共和国会计法》要求在会计工作中准确地反映经济活动的状况,为经济管理决策提供真实可靠的会计信息。明确规定必须依法办理会计事务,同时,又加大了对会计工作中弄虚作假的惩治力度。要求单位负责人必须保证会计人员依法履行职责,并给予法律保护,不得授意、指使、强令会计人员违法办理会计事项,严禁对他们进行打击报复。应当建立健全内部会计监督制度,加强有关部门的监督职能,动员社会力量参与监督。这些规范是提高会计工作质量、推动会计工作规范化的有力保障,必将进一步加速我国会计现代化的进程。改革开放以来我国在完善会计法律制度,规范会计行为,提高会计信息质量,有效发挥会计在经济建设中的作用等方面取得了显著成效。但是,在计划经济向市场经济过渡过程中,在新旧制度交替并存情况下,因法治的不尚完善,监督机制的不完善,会计工作还存在一定的问题,主要表现为会计秩序比较混乱。

条线管理之弱化。法律和制度出于条而行于块,也就是说,出台的法不能说少,著书立说的学者也挺多,但批"作业"的老师却有限。内部的监督部门受制于企业领导,外部监督部门听命于地方政府,块强线弱。

执法检查之弹性化。执法程度因人而异,因环境、关系等各种因素而不同。例如,检查中发现一企业有意偷漏税×万元,处理结果:鉴于被查单位态度良好,考虑到企业实际困难,免去罚款而补交较少的款数等。

执业保护不善。会计专业实行持证上岗已有多年,但仍有一些无证、无学历人员占着岗位,其中有些人因财经政策和财会知识缺乏,影响会计工作的知识性、严肃性,影响了会计工作质量。

会计工作业绩宣传上有偏差。会计工作的任务,不仅要守法和聚财,还要向内部和外部负责。可如今在舆论导向上却重效益轻执法。在介绍企业财务人员先进事迹时,有关企业管理、提高经济效益的报道比比皆是,而在维护法纪、顶住压力、如实反映事实的报道却少得可怜,财会人员若主动暴露了存在的问题,不但会在内部受到非议和排挤,更可悲的是外部也得不到应有的支持、保护。

3 加强会计工作的几点建议

加强经济管理,严格规范会计工作,保证会计信息质量,是我国经济工作的一项重要内容。为了更有效地发挥会计在经济工作的作用,加强工作,建议如下:

3.1 进一步深化会计改革

要继续贯彻好各项财务制度和《会计法》,保证制度和法的真正落实。各级财政部门、主管会计工作人员,要深入一线,研究存在的各种问题及情况,指导和帮助企业执行好新制度。企业财务人员要充分运用新的核算方法,为现代企业制度的建立发挥应有的作用,进一步深化企业财务会计工作的改革。会计人员管理、会计电算化等方面的改革还尚未全面展开,政府部门对会计管理的职能、方式仍需进一步转变。因此,必须积极创造条件,建立与社会主义市场经济体制相适应的新的会计管理体制。

3.2 继续加强会计法制建设

加强会计法制建设,不仅是建立和完善社会主义市场经济运行规则的重要方面,也是转变会计管理职能,保证会计规则秩序正常运转的客观要求。要不断宣传、学习、贯彻会计有关法规,采取切实措施,认真查处会计工作中的违法违纪行为,保证会计工作做到有法可依,违法必究。在抓好已有法规制度贯彻实施的同时,积累经验,使会计法的各项规定具体化,进一步完善以会计法为中心的会计法规体系。

3.3 加快发展会计电算化事业

实现会计工作手段的现代化,是推行会计改革,充分发挥会计管理职能的重要保证。高新技术信息产业的迅速发展、效益的竞争、市场的竞争,关键在于信息的竞争。加强会计电算化事业,重点做好以下4项工作:研究制定总体发展规划,以引导我国的会计电算化事业有计划、有步骤地发展;要制定出台会计电算化管理体制,逐步把我国的会计电算化事业引向制度化、法制化的轨道;加强会计软件市场管理,搞好商品化会计核算软件评审工作,推动我国会计软件整体水平的不断提高;开展会计电算化人员岗位培训,培养一支适应时代要求的会计电算化人才队伍。

3.4 提高会计人员素质

会计人员的素质状况和积极性调动如何,直接影响会计工作水平的提高和会计改革的顺利进行。通过改革建立一个科学合理的培养、评价、选拔会计人才的机制,调动他们的积极性。抓好在职会计人员培训,贯彻多形式、多渠道、多层次开展会计专业在职教育的方针,在财政部门统一规划和保证质量的前提下,支持各地区、各部门和多种办学力量参与会计在职教育。同时,研究制定会计职业道德规范,加强会计职业道德和职业纪律教育,全面提高人员素质。

锤炼铁军队伍　直面市场风云
为企业长足发展提供持久动力

王　飞

（河南高速公路发展有限责任公司宣传信息中心）

摘　要　《中原经济区建设纲要》正式颁布后，河南大地上掀起了如火如荼的建设热潮。河南交通行业立足"三个先行"，持续求进、积极作为，坚持五个更加注重，持续发展、超前发展、创新发展、为民发展、安全发展，继续保持交通运输发展的好态势、好趋势、好气势，努力为中原经济区建设，实现中原崛起河南振兴提供有力支撑。河南高速公路发展有限责任公司作为河南高速公路建设管理经营的主力军，在中原经济区建设的市场大潮中，进一步加强队伍建设，深化运营管理，追踪现代化企业管理前沿。本文将从河南高速公路发展有限责任公司的历史背景、行业地位、企业管理、队伍建设等方面进行阐述。

关键词　高速公路　队伍建设　企业管理

河南高速公路发展有限责任公司（简称"高发公司"）是河南省人民政府授权省交通运输厅组建的国有独资企业，是我省最早从事高速公路建设管理的单位。从1991年3月25日我省第一条高速公路——连霍高速公路开封至郑州段开工建设至今，已累计建成通车高速公路2634.8公里，占全省高速公路通车总里程的50.9%，其中包括连霍高速公路河南段、京港澳高速公路河南段等国道主干线。

2011年，国务院正式颁发了《关于支持河南省加快建设中原经济区的指导意见》，明确了要把中原经济区建设成全国区域协调发展的战略支点和重要的现代综合交通枢纽的战略定位。河南省委书记卢展工提出了"科学发展交通先行、中原崛起交通先行、三化协调交通先行"，集中体现了省委、省政府对河南交通事业发展的重视。《中原经济区建设纲要》也明确将继续完善内联外通的高速公路网，尽快形成网络设施配套衔接、覆盖城乡、连通内外、安全高效的综合交通运输网络体系，使中原经济区区位优势和物流优势得到充分发挥。

在中原经济区建设大潮中，高发公司既有宏观形势的利好，又有企业经营的难题，既要在中原经济区建设中有新的作为，又要在发挥主力作用、解决经营困难中有新的举措，更要在寻求未来发展路径中有新的探索，这就需要有一支高素质、高水平、高质量、高能力的铁军队伍，还要有一支攻坚克难、砥砺奋进、管理有效、经营规范、勇于创新的管理团队，以保障高速公路科学、健康、持续、和谐发展。

本人认为，经营管理应在市场开拓、内部控制、核心竞争、市场竞争、考核评价、人力资源、财务控制等8个方面建立体系。队伍建设需要从道德、修养、品位、方法、力量等5个方面常抓不懈，为企业长足发展提供持久动力。

1 直面市场风云,提升管理水平

一个企业的发展,非一朝一夕之功,应长时期坚持提升管理水平,确保实现“可增长、可持续、可调整、可竞争”。可增长,是促使发展空间和经济效益不断增加;可持续,是要保持以高速公路建设管理主业为根本依托,以多种经营、市场开发为重要平台,促进整体持续发展;可调整,是要有效应对各种宏观微观变化,自我调整经营战略目标和方式方法;可竞争,是要打破各类思想禁锢,提升综合能力,在市场竞争中立于不败之地。

1.1 加强“市场开拓”体系建设

一是立足主业,不断探索省内外高速公路建设市场的空间,要建立广泛的信息收集系统,科学考察项目可行性、利润空间以及回报周期等。二是发展副业,不断探索省内有利润空间的其他行业,重点探索与高速公路相关的生产加工行业,如交通运输市场、车辆维修市场、养护用料市场、标志标牌市场等。三是资本运作,瞄准高端市场,对于一些不具备直接管理条件,但具有利润空间和升值潜力的项目,只要政策允许,可以进行投资融资和持股参股。

1.2 加强“内部控制”体系建设

一是加强日常运营管理控制,包括决策控制、目标控制、流程控制、风险控制、突发事件控制等,继续抓好项目建设、征收、路政、养护、机电、多种经营等方面的管理,确保各项业务工作健康、平稳、有序进行。二是加强管理成本控制,科学进行财务预算,从约束制度上和激励机制上降低管理成本。三是加强管理机制控制,包括机构运转机制、职责划分机制等,组织机构的科学设立,既要对应上级机关,又要兼顾工作实际需求,职责划分要科学、清晰、周全。

1.3 加强“核心竞争力”体系建设

一是优化高速公路建设管理成果,不断打造精品工程、精品路段、精品站点、精品服务区等。二是总结建设管理经验,在各个领域研究探索新模式、新技术、新设备。三是与国内市场甚至是国际市场接轨,营造在行业内相关领域的各种“品牌”效应,以品牌树形象,用品牌闯市场,向品牌要效益。

1.4 加强“核心价值观”体系建设

强化整体队伍的价值导向,形成高速公路管理运营企业所特有的核心价值观。一是建立精炼深邃、不落俗套、朗朗上口、易懂易记的企业文化体系。二是在制度上改变以往的“重罚轻奖”的习惯,以激励为主,以鞭策为辅,多奖励少处罚。三是在管理过程上关爱员工,尽量消除员工长期处于被动的、弱势的状态。四是在管理机制中,多想办法让员工感受到工作的价值、成长的收获、晋升的希望。

1.5 加强“市场竞争”体系建设

真正投入市场、按照市场规律和法则办事。一是向市场看齐,转变观念,从管理者转变为服务者,从甲方业主转化为合作伙伴。二是向“核心竞争力”看齐,拥有核心技术和主打品牌。三是向先进管理模式看齐,敢于突破原来的条条框框,学习国内同行的先进管理模式,推进管理更加高质高效。

1.6 加强“考核评价”体系建设

建立评价体系,转变考核重点,提高考核工作对运营管理的促进作用。当前的考核系统工作已非常完备,考核效果凸显,但其考核的重点和方向应该随着不同的历史阶段而不断变化,从绩效考核逐步走向绩效管理,把考核的重点从点走到面,从抓细节走向抓整体,从评分走向评价,从规范性考核走向指标性考核,使考核评价成为提高管理水平、推进高速公路长足发展的有效措施。

1.7 加强"人力资源"体系建设

强化岗位能力,转变用人方式。一是针对部分员工年龄偏大,不能适应一线工作的状况,进行广泛调研,借鉴外来经验,出台大龄员工内部转岗或者退养政策。二是在适当时候进行薪酬制度改革,把工作量、技术含量、知识含量、责任风险、能够创造的价值考虑进去,既要体现按劳分配、多劳多得,又要体现按能分配、多创多得的宗旨。三是以岗用人,岗用其人,避免以人定岗,以人置岗。四是在条件允许的情况下,面向市场招聘高端人才,为企业长期发展做好人力资源方面的优化。

1.8 加强"财务控制"体系建设

加强资金调控,与国内市场甚至是国际市场接轨,通过加强与金融机构的合作,探索适合高速公路发展的新的融资模式,积极盘活各种资源、资产。同时,严格控制成本,深挖增收潜力,充分发挥财务结算和财务控制的作用,加强资金计划和调配,实现各项资金使用最优化。

2 锤炼铁军队伍,提升整体素质

高发公司长达20多年的建设管理,成为一部河南高速公路发展史的缩影。河南高速公路从无到有,从零公里到连续6年通车里程全国第一,无不凝聚着高发人的一腔热血和满腔热情。不管是建设、管理、经营,时时刻刻、事事处处彰显着"铁军"精神,用智慧、汗水、激情和奉献,传承着"困难面前有铁军、铁军面前无苦难"的顽强作风。正是这种作风,促使高发公司风雨兼程走到今天,把一条条高速公路铺设在中原大地,一步步实现一小时经济圈,并以实际行动直面市场风云,紧跟时代步伐,在建设管理经营等诸多领域,树立了良好的行业典范。

企业能否长足发展,与整体队伍的素质、水平、能力有着直接的关系。从2011年起,高发公司广泛开展了"守纪律、讲团结、树正气、比奉献"主题教育活动,取得了阶段性成效。风清气正、精诚合作的氛围已经凸显,但仍需要进一步加强自身修为,强化队伍锤炼,解决部分领域、部分结构中存在的不善于动脑筋、不善于超越、不善于创造、不善于领跑的现象,在道德涵养、素质修为、境界品位以及强化情商、优化智商、重视细节等队伍建设方面,进行深层次强化。

2.1 提升道德操守,进行五项修炼

道德是干事创业、攻坚克难的基础,如果没有共同的道德规范,如果失去遵循的行为准则,企业发展会是一片暗淡,所以要"明善恶、辨是非、知廉耻",做正直正派的人、做公正无私的人。没有至善之人,也没有至恶之人,一些情况的发生,往往在于善恶一念间。有一句流传甚广的名言,"细微之处见精神",对一个人而言,细微之处尽管只是一举手、一投足,一点一滴、一丝一毫,但像一滴水能折射光线一样,从一言一行之中,可以看出一个人以何为荣、以何为耻,尽显道德水准。要用道德标准限制欲望,用原则纪律强化意志,用"己所不欲勿施于人"的思想控制情感,用"以人为鉴、以史为鉴"确定行为取舍,大力进行"言、行、举、止、为"五项修炼,全面提升思想道德水平。"言"是言论,该说的说,不该说的不能说,是"说什么"的原则问题。"行"是行为,该做的做,不该做的不能做。"举"是举措,提倡工作创新,反对标新立异。"止"是纪律、是要求、是操守、是底线,凡事量力而行,适可而止。"为"是作为,君子有所为有

所不为,有什么层次的作为、什么方式的举动,直接体现思想道德水平。

2.2 丰富修养内涵,恪守五个谨慎

即慎怒、慎欲、慎独、慎微、慎友。首先是“慎怒”,要学会自我克制,注重培养健康、文明、高尚的生活涵养,坚持堂堂正正做人、清清白白工作、踏踏实实干事,古人“静以修身、俭以养德、淡泊明志、宁静致远”的格言,是自我克制的有效法宝。其次是“慎欲”,要自觉遏制不良欲望,自觉抵制不良风气,时刻保持高度自律,摒弃一切超越道德和法律界限的私心杂念。常修为政之德、常思贪欲之害、常怀律己之心。再则要“慎独”,表里如一,人前作出表率,独处严于律己,遇到各种诱惑时,自觉做到不放纵、不越轨。另外要“慎微”,微小的东西,日积月累,往往能达到质的变化,它既能起积极建设作用,如“九层之台,起于垒土,千里之行,始于足下”,同时,处理不好也能起到消极破坏作用,正若“千里之堤,溃于蚁穴”。只有不断更新自己的思想,与时俱进,改进生活作风,才能少犯错误,“勿以善小而不为、勿以恶小而为之”。最后是要“慎友”,即谨慎交友,冷静交友,从善交友。古人认为,评判一个人要“听其言,探其行,观其友”,即所谓的“物以类聚,人以群分”。《论语》中有一个很好的交友标准:“友直、友谅、友广闻”,就是要选择品行正直、心胸宽阔、学识丰富的人交往。

2.3 提高境界品味,树立五种观念

品位是人生的境界,品位高尚,行为自然就坦荡磊落。一个人能不能耐得住艰苦、抗得住诱惑、抵得住人情、管得住小节,能不能过好权力关、金钱关、美色关、人情关,能不能明是非、知荣辱,能不能始终情结高尚、坦荡如一,做到失意不忘本、得意不忘形,关键在于内心是否坚定。要树立的五种观念:一是树立正确的立身处世观。大多数人已经把个人命运和企业命运捆绑在一起,既然是荣辱与共、兴衰相连,就需要把“做职业”思想替换为“干事业”思想。二是树立正确的名利地位观。官职大小,地位高低,不是衡量一个人能力大小的唯一标准。“官”的实质是责任,“位”的实质是干事,关键是要把事干好,不忘上级的重托,不负群众的厚望。三是树立正确的道德标准观。要宽厚待人、以诚待人,一不要自视清高,二不要讲大话空话,三不要轻易求人,四不要强加于人,五不要取笑别人,六不要欺负老实人,七不要信口开河,八不要只看外表,九不要乱发脾气,十不要“鸡犬相闻,老死不相往来”。四是树立正确的享乐观。调解一下工作压力,去放松一下还是可以的,但要杜绝享乐主义。没有踏踏实实地工作,就不会有良好的经济收入和幸福稳定的生活。五是树立正确的人生价值观。毛泽东同志倡导“做高尚的人,纯粹的人,脱离低级趣味的人,有益于人民的人,毫不利己专门利人的人”。而在当今社会,大多数人的境界已经没有那么高的标准,但可以注重涵养,修身明志,把人生价值体现在工作价值之中。

2.4 立足本职岗位,提倡五种方法

“铁军”团队的每一分子要多学知识、多长本领、多广见闻,在各项任务和各种变化面前,能够看得清、跟得上、做得好,各司其责、各尽其力。五种方法:一是“恒学”。以广读书为主线,要加强读书学习,吸取前人的智慧结晶,更好的明时事、应潮流、识事理、强技能、增本领,全面提升综合素质。二是“身正”。人常讲,理不公,则气不顺;气不顺,则劲不足;劲不足,则事不成。“铁军”团队首先要坦坦荡荡、一身正气,做到“说了就算、说了就干”,群众拥护才能一起踏踏实实干工作,平平稳稳出成果。三是“巧干”。不是投机取巧,而是要用技巧、技艺、技术、技能、智慧去干,善于寻找突破口,在关键环节上实现突破。四是“心平”。不搞花架子、不

争彩头、不浮躁,保持心情平和、情绪稳定、生活平淡,追求积极向上的工作生活情趣,能够沉下心来抓管理、静下心来图发展。五是"创新"。要眼观六路、耳听八方、高屋建瓴、借力打力,在做人上高档次,在工作上高质量,在能力上高水平,招招棋胜一筹、事事领先一步,以创新凸显精神、彰显正气、有所作为。

2.5 提升工作水平,增强五种力量

一是提升感召力,重点增强"头脑清、身心正、善谋划、重点攻"的工作能力,努力实现为人以身作则、办事民主阳光、作风公道正派、责任勇于担当的品德,做率先垂范的表率团队。二是提升执行力,重点加强"方向明、干劲足、履职精、言行谦"的自身修为,努力实现任务解读明确、工作井然有序、成长见贤思齐、心境志存高远的素质,做高质高效的执行团队。三是提高战斗力,不断增强"指挥灵、节奏快、层次清、效率高"的工作能力,努力提高勇于攻坚克难、号令令行禁止、作风机敏锐利、秩序严格规范的战斗力量,做优秀精干的标杆团队。四是提升凝聚力,自觉增强"爱本职、甘奉献、重学习、明荣辱"的职业操守,努力树立待人宽容大度、行为把握分寸、相处以诚相待、情趣健康向上的高尚情操,做忠义仁厚的奉献团队。五是提升亲和力,重点加强"深调研、体民情、解困难、不沽名"的工作品质,努力实现优先服务基层、处处服务群众、增强沟通和谐、重点释疑解困的工作作风,做贴心基层的服务团队。

参 考 文 献

[1] 李君如,金钊. 论新时期共产党员的修养. 北京:人民出版社,2004.
[2] 于丹. 于丹〈论语〉心得. 北京:中华书局,2006.
[3] 施伟斌. 万般斗志总是情. 香港:香港企业管理出版社,2002.
[4] 和平. 中原崛起当先行. 河南:河南日报,2011.
[5] 高发公司内部文件,2012.

浅析高速公路服务区加油站当前违纪违规案件的特点、规律及发展趋势

索成贤[1] 刘 杨[2]

（1.河南高速公路发展有限责任公司监察部；2.中石油高速公司监察室）

高速公路服务区加油站的管理，是高速公路经营管理中的重要组成部分，对于提升高速公路管理企业的经营效益和社会形象都具有十分重要的意义。

近年来，河南高速公路发展有限责任公司（简称"高发公司"）各级纪检监察队伍在服务区加油站的监督管理方面，坚持服务大局、秉公执纪的原则，积极履行监督检查、健全机制的职能，一批行之有效的监督稽查方法、创新型技术手段陆续应用于工作实践，并取得了一定成效，获得了领导和社会的充分肯定。但是，在总结、巩固取得成绩的同时，应该清醒地认识到，当前加油站一线的违规、违纪、违法事情仍有发生，反腐倡廉形势依然十分严峻，呈现出"成效明显和问题突出并存，防治力度不断加大和腐败现象依然易发多发并存"的局面。作为纪检监察工作者，能否及时发现目前在加油站一线发生的违纪违规现象，梳理其内在的特点、规律以及发展趋势，对于下一步制定防范措施，做好监督稽查工作，堵塞运营管理漏洞具有很强的现实性和必要性。

1 发现违纪违规案件的主要特点

根据对群众投诉举报、例行监督稽查、突击夜巡监察情况的综合分析，当前高速公路服务区加油站的违规违纪现象呈现出"手段隐蔽、群体违纪、内外勾结、频发多发"等特点。

1.1 手段隐蔽

个别加油站一线员工借岗位、职务之便，通过相对隐蔽的技术手段控制出油量，以达到坑害顾客谋取私利的目的。一是利用加油机设计上的技术漏洞，在加油机上私自安装无线遥控器或在键盘上设置密码，乘顾客不注意之机，加油时按动遥控器或者暗中输入键盘密码；二是私自更换、拆装加油机零部件或者修改加油机主板程序。诸如此类的手段林林总总，一般肉眼不能发现，顾客和公司监督稽查人员也很难察觉。

1.2 群体违纪

个别加油站员工为了坑害顾客不被人察觉，采用当班三五人串通甚至全班"合作"的方式，相互遮掩、配合，共同麻痹坑害顾客。当班人员一般采用一人为驾驶员加油，一人与驾驶员闲聊或者私自让驾驶员填写车流量统计表等方式来转移驾驶员的注意力，另外一人则站在驾驶员与加油机中间，阻挡驾驶员观看加油数字的视线。在发现或了解员工存在上述违纪情况下，有些加油站经理不仅不及时制止和严肃处理，甚至还放纵员工合谋。违纪员工也对加油站经理的违规、违纪行为还以"睁一只眼闭一只眼"，甚至向加油站经理"交纳"一定的"费用"，

造成个别加油站从站长到加油员，相互包庇，沆瀣一气，给公司的正常经营管理带来严重的隐患，也为反腐倡廉建设、查办案件调查取证人为形成巨大的障碍。

1.3 内外勾结

通过对一些经顾客举报、纪检监察人员实地调查取证并严肃处理的案件分析，发现个别加油站经理、计量员、加油员，个别加油机生产厂家技术人员或“社会黑作坊技术人员”以及油罐车驾驶员等人员胆大妄为、利欲熏心、相互勾结，组成黑色利益链。通过非法篡改加油机主板程序，使顾客消费“缺斤短两”，对非法节余的油品，或通过加油机择机重复出售，或通过外部油罐车偷运并外卖套现的方式谋取不法利益，所得赃款共同侵吞。

1.4 频发多发

当前高速公路加油站违纪违规案件呈现出一定的频发性和多发性。表现其一：个别加油站当班员工集体违纪，共同坑害顾客，性质十分恶劣，经各级纪检监察人员调查取证后，油品公司给予了集体开除的严肃处理。但是时隔不久，在同一加油站又会出现另一班员工被顾客举报，且经调查属实同样又被严肃处理。表现其二：为了加强廉洁从业风险防控，油品公司采取加油站经理和核心岗位的员工轮岗频率不断加大。但这也给一些隐蔽较深的不法员工带来了可乘之机，非但没有接受教育，摒弃侥幸心理改邪归正，还丧心病狂地将原来坑害顾客的可耻行为带到新的工作岗位，或者由点到面，一个人带坏一个集体。违纪违法现象就像瘟疫一样“传染”蔓延，极大地危害了顾客合法权益、公司经营管理秩序和社会形象，也为公司反腐倡廉和纪检监察工作带来了严峻的挑战。

2 违纪违规案件的规律

公司各级纪检监察队伍责任重大，肩负着提前预防、及时发现、严肃惩处违纪违法行为，更好地服务公司生产经营大局的重任。在实践中只有不断透过现象看本质，创新工作方法，探索和发现腐败和违规违纪案件的发生规律，才能找出问题发生的症结，找到解决问题的方法，不断建立健全公司反腐倡廉建设的长效机制。总结加油站一线近年来出现的违纪违规案件，可以发现如下规律：

2.1 呈现出黑色利益链条化

相对于以往违纪违法案件多为个人行为或者部分内部员工小范围集体行为，近期查处的违纪违法案件则更多地、重复性地表现为加油站内部员工勾结社会不法分子，通过非法改造加油机、篡改加油机芯片程序、偷运外卖以渔利等方式。

在物质利益驱使下，从内部员工加油过程中作弊到请人改动加油机，再到偷漏的油品向外销售和输出，形成了一条黑色利益链，内外涉及人员众多，且利益链的内部相互包庇，守口如瓶，纪检监察调查取证难度增大。

2.2 呈现出发案时间相对集中化

根据对近年违纪违规案件调查统计分析，发现发案时间相对集中。其一，大多数案件集中在用油量大、油品限量或油品紧张的特殊时期。在临近春节和农忙收割季节，各种车辆和农机用油需求在短时间内大幅攀升，部分不法加油站员工利用顾客急于加油和疏于防范的心理，铤而走险，采取各种不法手段，置法规和公司利益于不顾，坑害顾客，谋取非法私利；其二，大多案件发生在夜间。由于夜间驾乘人员容易麻痹，且黑暗中监控设施抓拍图像清晰度不高，公司内部监督稽查又相对频率稀少，恶劣行为大多发生在晚上，白天又迅速取消对加油机的控制恢复正常状态。

2.3 呈现出作案对象相对固定化

根据统计分析，大多违纪违规案件的作案对象相对固定于大货车。由于大货车一次加油数量多，过往驾驶员往往长途驾驶比较疲劳，且对加油站作弊手法认识不够，常常成为被不法行为坑害的主要对象。

3 违纪违规案件的发展趋势

通过对事物的特点和规律的理解与把握，有助于看清事物发生和发展的未来趋势，便于采取更为主动的针对措施。

当前违纪违法案件呈现出高科技化的趋势，作案手法科技含量日渐升高，手段不断翻新，通过升级作弊技术，继续获取非法利益，隐蔽性越来越强。

例如，通过修改加油机内部磅码数和累计金额数，可以把加油机实际出油数量和实际收款金额与公司电脑系统收录的数据一一对应，加油站偷漏的油品和非法对外销售产生的赃款难以被公司发觉。发现个别加油站存在非法打开加油机，私自篡改内部芯片程序控制出油量以后，高速公路油品公司研发、引入新一代的防作弊芯片、一次性写入式芯片，但是，很快就又发现加油机内部程序有再次被人篡改的嫌疑。随后，高速公路管理单位，又专门邀请加油机生产厂家研发并为每台加油机安装了一次性铅封。但违纪违法人员行为猖獗，针对公司的技术升级很快又找出对策，在有些加油机上出现了仿真度很高，真假难辨的仿制一次性铅封。

为了应对不法分子层出不穷、花样翻新的作弊手段，高速公路油品经营公司，再一次联合技术方积极研发、安装加油机电子铅封。电子铅封内涵芯片，内部的编码和写入的信息即便是厂家也不能篡改，而且公司监督稽查人员可以在检查时随时用专门仪器扫描和读取芯片数据，了解加油机是否有被打开的情况。目前，电子铅封已经逐步推广使用，但是电子铅封价格是普通铅封价格的十几倍，全线更换代价不菲。

4 违纪违规案件的危害

当前，高速公路服务区加油站出现的恶劣行为，如果不及时果断遏制，任其发展蔓延，必然造成极大的危害性。

4.1 损害了公司正常管理和经营效益

一方面，经营管理单位为了进行防范，不断研究和推出新的技术手段，一方面，违纪违规人员胆子越来越大，作案手段不断翻新。在技术防范与技术作弊的斗争中，产生大量资源内耗和浪费，影响了公司的正常经营管理，对油品销量和经济效益产生不可估量的损失。

4.2 损害了顾客利益

违规违纪行为的出现，必将危害顾客的消费权益，顾客消费时，受到蒙骗和欺诈，付出货币而没有得到应该得到的同价值商品。

4.3 损害了公司形象

由于违纪违规行为，致使顾客受到欺诈和蒙蔽，进而极大地伤害了顾客对公司的信任，严重时还会伴随引发公司的信用危机，大大影响公司社会形象。

4.4 损害了河南交通运输系统的路风行风建设

违规违纪现象必然导致对公司管辖路段上经营油品质量信任的丧失，必然导致对河南交通运输系统信任的丧失，必将危害河南交通运输系统路风行风建设。河南地处中原，交通区位优势明显，过往车辆和人员众多，对河南交通形象的差评，社会后果非常严重。

5 采取多种措施手段积极开展预防、惩治工作

为切实保护消费者权益，维护经营管理单位的形象，增加顾客的信任度和忠诚度，提升高发公司以及我省高速公路行业的综合竞争力，高发公司及中油高速公司一贯非常重视打击“缺斤短两、少加油多收钱”等一系列坑害顾客、中饱私囊的违规违纪行为，从制度和技术措施上下工夫，先后健全了相应的规章制度并加大投入，采取了大量先进的技术手段，取得了良好的预期效果。

5.1 注重制度先行

通过一系列深入一线的调查研究，根据公司监督稽查管理办法尚不完善、监督检查和处罚办法尚缺少相关操作细则的具体情况，2009 年 10 月，出台了《高速公路油品监督稽查工作管理办法》，首先在中石油高速公司推广试行。《办法》完善了对员工工作纪律、工作态度和服务礼仪等方面的规定，细化了对违规、违纪行为的处理、处罚，增加了行政处罚和现金处罚并举的处罚措施。对产生举报并调查属实的群体违纪人员，严肃处理绝不姑息迁就，直至解除劳动关系。还实行了加油站经理、关键岗位人员定期轮岗制度。

5.2 完善监督稽查手段

在不断完善监督稽查上，注重“四结合”：采用灵活的昼查、夜查相结合、常规巡查与突击检查相结合、人力检查与设备监控相结合、内部监督和社会监督相结合方式，基本做到了对处于一线的高速公路服务区加油站的全方位、立体化和全天候 24 小时的即时监控管理。

5.3 不断推行新技术

一是陆续在高速公路服务区加油站的油罐区和柴油加油机附近安装红外摄像头，同时油品经营单位的监控室全天 24 小时安排值班进行即时监控。该措施增加了公司对突发事件的应急能力和处理消费者投诉事件的证据采集能力，降低了一线员工坑蒙顾客的可能性。

二是专门设计并在每台加油机正上方的醒目位置，设置监督电话牌和欢迎顾客监督的温馨提示语，动员社会力量，增加监督力度。

三是专门研究、设计并为每台加油机安装键盘锁。实践证明，键盘锁可以大大防止员工按动数字键随意输入金额，不加油或者少加油从而欺骗过往驾驶员的违纪行为。据油品经营业内反映，目前在高速公路服务区加油站推广使用的键盘锁技术属于技术创新，安装与使用均为全国首创。

四是根据顾客投诉建议，经反复研究试验，在键盘锁的基础上封闭加油机重显功能，防止员工操作重显来显示上一次加油数据，从而达到蒙蔽坑害顾客。

五是专门开发软件系统，创新性地为加油机安装配备语音提示功能。该系统可以提示顾客关注加油机是否已经清零，以及在加油完成后自动播报加油升数和加油金额。经过实践反复尝试，又会同加油机生产厂家为系统升级加装 4 秒钟自动关机功能（延迟功能），在没有向顾客播报加油升数和金额的情况下无法进行下次加油，通过增加违纪难度来保护消费者权益。

加油机延迟功能也属于技术创新,研制、投入应用均为全国首创。

六是为加油机主板及核心要件施加电子铅封。电子铅封具有唯一和防伪性,可以写入和存储关于加油机的信息,在开机检查时可以用专用设备读取并识别这些专门信息,杜绝了私自修改主板,更换加油机核心要件从而坑害顾客和损害公司利益的违规、违纪行为发生。

加油机键盘锁、语音播报系统及自动关机(延迟功能)属于创新型技术手段,它的推广使用受到了广大消费者、高速公路管理行业领导、中石油河南公司领导的一致好评,《中国石油报》等新闻媒体报道并给予了积极评价。键盘锁、语音播报和延迟系统也得到了推广应用。

5.4 重视社会监督

事实证明,迄今为止发现和处理的违纪违法案件中,有相当大一部分是通过顾客投诉举报而调查核实的。顾客直接面对公司一线加油员工并亲身经历加油全过程,更容易发现问题。为了动员社会力量协助公司纪检监察部门做好监督工作,同时也为提示顾客保护好自身权益不受侵害,高速公路油品经营单位不断做出了有益尝试。2009 年至今,各个加油站显著位置均张贴了印有温馨提示和监督投诉电话的提示牌。顾客在觉察和怀疑自身利益受到侵害时,可以全天 24 小时拨打监督电话,及时得到公司纪检监察部门的调查和处理答复。公司本着对顾客负责的态度,对交通运输行业负责的态度,对顾客的投诉举报快速调查落实并严肃处理,提升了公众信任度和社会形象。

6 反腐倡廉形势复杂,纪检监察工作任重道远

通过完善制度,加强稽查和监督,逐步引入、完善和升级监控技术手段,近年来,公司及时发现、制止和处理了一批坑害顾客、损害公司利益和社会形象的违规违纪行为,取得了良好的社会效益和经济效益。

但是,综上所述,目前高速公路服务区加油站违纪违规的行为危害极大,发案特点、规律比较明显,这种情况下,如何开展防控并营造廉洁从业,风清气正的氛围,发挥纪检监察服从服务于公司发展大局的作用,促进公司健康、持续、科学发展,是广大纪检监察干部面临的重大课题。这就更加迫切需要各级纪检监察干部增强责任感、使命感、荣辱感,增强工作能力和职业素养,继续发挥"教育、监督、保护、惩处"的职能作用。让广大从业者在持续的教育中"不想腐败";在有效的监督和固化的制度中"不能腐败";在严厉的惩处中"不敢腐败"。也亟待经营管理单位进一步加大奖惩力度,加强风险防控,完善廉洁从业风险防控体系建设,在建立健全反腐倡廉建设的长效机制方面取得更大的突破。

计重联网收费条件下治理逃漏通行费问题探讨

许世运

（河南高速公路发展有限责任公司安新分公司）

摘　要　本文根据计重联网收费条件下逃漏通行费问题，结合本人多年收费管理工作的实践，提出治理逃漏通行费的方法、对策、管理措施。

关键词　高速公路　治理逃漏通行费

怎样治理逃漏通行费，堵漏增收，确保高速公路的正常运营和国家利益不受损害，结合本人几年来管理收费运营的实践，谈谈治理逃漏通行费问题。

1　计重联网收费条件下治理逃漏通行费的压力和挑战

治理逃漏通行费历来是收费工作的重头戏。河南高速公路开通以来，治理逃费的重点从集中在买短跑长、降低免征率、治理大变小、改装车、无卡（卷）、废卡（卷）、假卡（卷）等逃费车，发展到实行计重联网收费后的倒卡、换卡、换车头、途中倒货、换车牌（及时贴贴车牌）、闯卡、垫板、塞磅、绕磅、跳磅、冲磅逃费甚至假冒军警车、客车逃费、液压泵逃费等逃费行为，再到实行绿色通道以来出现的假冒绿通车。道路加宽路段出现的拆卸（切割）护栏板，利用装载机铺设辅道逃费，甚至出现暴力抗法、暴力逃费且带有黑社会性质的逃费现象（安新路22·3打击逃费专案行动，打掉逃费团伙4个，抓获批捕逃费嫌疑人13人），以及由于道路加宽路段出口多、有的服务区有出口的原因，出现了大量的无下道信息车辆逃费。2011年7月河南全省就发生无下道信息车辆8937辆，其中安新路上路无下道信息车辆414辆。通过治理，9月份仍有197辆车，值得全路网关注。这些都是治理逃漏通行费工作的新课题，新压力，新挑战。因此，我们要站在计重联网收费的高度，治理逃漏通行费。

2　研究逃费特点　治理利用计重磅逃费行为

2.1　利用计重磅称重差异引起的逃费现象

在全路网逐步开通，高速公路四通八达的情况下，计重联网收费管理的重要环节计重磅，是需要收费管理者密切关注的。由于收费站下道口安装的计重磅的生产厂家不同，安装时间不同，过磅车辆多少不同及计重标定的误差，使计重设备存在称重差异，有的站几个计重磅称重就有差异，一条路各站计重磅称重都有差异，各管理路段之间的计重磅称重或许还存在大的差异；加之计重磅体长受限，宽度不够的原因，就造成了如下逃费现象：

（1）认定走一个车道。大货车驾驶员认为某一个车道称重标准低，宁可排队，其他车道开着也不过。

(2)下路又上道。长途过路的大货车,会在不该下路的收费站下路后又上道。

(3)绕路出省界。路网形成了,省界站增加了,由于上述原因,即使绕路,出省大货车也要走不该过的收费站出省界。

(4)跳磅、冲磅逃费。由于计重磅体宽度不够,造成车辆跳磅。跳磅的特点是:车辆进入车道,前轮到计重磅前,驾驶员踩刹车,车重后仰,车前轮跳过计重磅,待前轮过计重磅后,松刹车,待后轮到计重磅前,踩刹车,车重前倾,后轮跳过计重磅,这样跳磅的可减少记重6t左右。或是加大油门冲磅,车辆在距离车道20~30m时加速前进,在前轮已通过计重磅、后轮未通过时,紧急刹车将车辆重心移向前轮,使后轮通过计重磅时的称重减轻,达到逃费目的。

(5)走超宽道压边、绕磅逃费。由于计重磅体偏短,大货车通过超宽道时压边或绕榜(走s型)通行,会造成无称重信息或减轻车货总重,逃漏通行费。

(6)塞磅、垫钢板、挡光幕逃费等。在计重磅缝隙中插入螺丝钉,增加计重磅阻力,使车辆不能完全称重,以及在计重磅上垫钢板,遮挡光幕逃费等。

2.2 治理计重磅引起的逃费行为

2.2.1 严格计重磅管理

(1)严格计重磅标定。按技术监督部门对计重磅标定的参数进行管理,任何人不得随意调整。

(2)与厂家建立联系。所在路段机电运维中心要与计重设备厂家建立长期有效的协作关系,发现问题及时沟通联系,现场解决。

(3)定期检查维护。路段机电运维修人员,要定期对计重设备进行检查和维护,保持设备标定统一,称重准确,运行正常。

(4)建立故障处理机制。收费站与路段机电运维中心建立网上报告设备故障及处理机制(安新路现行办法),发现故障,及时上报,机电维修技术人员现场及时处理。

(5)设立机电维护员。收费站设立机电设备维护员,经过培训,掌握基本的维护常识和常见故障排除的方法,同时,加强收费员的业务培训,提高收费人员对设备故障的判断能力,避免因设备故障引起的通行费流失。

(6)建立外勤值班机制。严格收费站区管理,无关人员不得在广场车道活动,避免出现挡光幕、垫钢板、塞磅等逃费现象。

2.2.2 研究逃费规律

计重联网收费是高速公路收取通行费的重要环节。计重磅的使用,造成了上述一些货车在收费车道口的逃费行为。关注计重磅计重收费,就是研究这些隐蔽的伪装的逃费行为。同样的大货车,计重和费额显示不同是什么原因?不该在该站下道的车辆经常在该站下道是为什么?到底什么是冲磅、跳磅、绕磅?冲磅、跳磅、绕磅对计重收费的影响是什么?采用液压泵升降逃费的是什么特点?收费管理者要关注,要研究,要弄明白,要亲自和收费员一起在收费车道跟班作业,实地调研,观察现象,掌握规律,治理逃费。要发动收费人员注意观察、研究,抓现象、找规律、摸情况、订措施。培养收费人员识别上述逃费车辆的逃费技巧、方法,掌握逃费规律,有效打击逃避计重收费的逃费行为。还要关注个别收费人员对上述逃避计重收费行为视而不见现象,更要关注的是个别收费人员为不法驾驶员提供逃避计重收费的方式,甚至利用广场摄像的盲区或夜间在计重台塞钉子、私自调整计重信息,为其逃避计重收费开启绿灯,内外勾结,逃漏通行费。

2.2.3 打击治理逃费

在车流量小的收费站,可轮流开启车道,或关闭计重磅称重偏低的车道(报运维中心维修),避免出现长期固定开启一个车道使计重磅称重偏低的现象。观察下路的大货车的车型、车籍贯、所运货物、数量;研究其是不是正常下路,有没有下路又上道或本不该在此下路(出省)的现象,从而,采取对策,予以治理。安新公司卫辉站在治理拉煤车逃费的经验值得借鉴。该站发现从河南焦作、新密拉煤运往山东聊城的货车,经卫辉站有规律下道且跳磅逃费,时间段在01:00~03:00,06:30~07:30,18:30~20:00。收费站发现后,组织收费人员备班,增加班组力量,站长亲自带班,在上述时间段内严格值守监督,给驾驶员摆事实,讲道理,不准拉煤车复磅、跳磅、堵道,并多次与对方单位联系交涉,经过20多天的治理,这些拉煤车车货总重超载以及55t以上货车大部分在卫辉下道的均能正常下道,跳磅现象达到治理。

3 关注逃费车辆 强化管理治理逃费

3.1 关注逃费车辆

关注逃费车辆(倒卡、闯卡、假冒绿通车等),除了掌握逃费车的种类、特点、方法、规律,采取有效措施治理逃费车外,更要关注收费人员有没有参与倒卡的行为;有没有对闯卡车治理不力(不利用电动阻车器阻止)的行为;有没有对垫板、塞磅逃费现象不予制止的行为;有没有对"及时贴"车牌识别的能力或对"及时贴"车牌上道视而不见的行为;有没有倒卡、闯卡的车辆经常集中出现在某个车道或某个收费员当班的时间段而又没有达到治理的情况;有没有对跳磅、冲磅、绕磅甚至液压泵逃费车视而不见的现象;有没有对客车持什么卡就收什么费、该升档而没有升档的现象;有没有对公布的"黑名单"车辆不闻不问不关心的现象;有没有在审查录像时发现收费员对持就近站通行卡在本站下道没有上报监控进行远程录像查询的现象;有没有对绿色通道车验货敷衍了事私放假冒绿通车的行为;有没有绿通车下道随即又上道的(可能是假冒绿通车)现象;尤其要关注社会上的不法分子团伙带车闯卡逃费的现象;以及关注收费人员有没有内外勾结逃费的现象。所有这些,作为收费管理者都要带着问题去研究,去关注,去解决。

3.2 治理逃费,做到六个凡是

治理逃费,要加强管理,除要求收费人员严格执行收费操作程序外,还要力求做到:

(1)凡是持就近收费站通行卡在本站下道的大型货车,外省货车(有可能是倒卡车),一律要上报监控室进行远程录像查询,经确认,按正常收费放行。否则,按逃费车辆"五倍加一"处理。

(2)凡是持远端省界站通行卡,在本站下站的大型货车、外省货车,其称重、费额显示(腰轴、后轴之间)有差异的,一律要现场查看是否利用"液压装置"或其他方式逃费。

(3)凡是"收改免"的车辆(如水利部门的防汛专用车持收费卡下道),必须查询相关证件、资料,并上报监控室,核查免征车辆明细表,调阅远程录像,确认后方可"收改免"。

(4)凡是免征车辆务必严格执行免征规定,不在免征范围的一律不得免征。应免征的车,也必须车牌与行车证、驾驶证相符,车牌与免征证件相符,车牌与监控室免征车辆明细表相符,方可免征放行。不能放过任何一辆假冒免征车,该“免改收”的必须“免改收”,最大限度地增加通行费收入。

(5)凡是下道客车必须明辨车型。要严格分辨客车车型,车卡不符的要有理有据地按实际车型收费,该升档收费的一定要升档,不能客车持什么卡就收什么费,要确实辨明车型收好费,最大限度地控制“降档率”。

(6)凡是称“通行卡丢失”的空车大货车,一律要报监控室进行远程录像查询。此类车很可能是把通行卡给了另一辆大货车。

3.3 采取措施,完善治逃设施

安新分公司研制的电动阻车器,安装在车道上,只要有车辆闯卡,收费员即按下电动按钮,电动阻车器立即对闯卡车进行阻止(扎破闯卡车轮),达到治理闯卡车辆的目的。安新分公司自2009年10月安装电动阻车器以来(此前人工操作的手动阻车器),2010年治理闯卡车156辆。而2009年全年治理闯卡车234辆,2011年治理54辆,电动阻车器对治理闯卡车发挥了巨大的威慑力和打击力。

3.4 建立治理逃费评比奖励机制

建立治理逃费评比奖励机制,每月统计收费站治理逃费情况,按治理逃费车辆数量评比名次,进行通报;对治理逃费员工和收费站实行奖励,发放奖金;或按治理逃费加收费额的百分比实行奖励。安新分公司实行的按车奖励的办法调动了员工治理逃费的积极性。

4 治理无下道信息车辆是收费管理的新课题

对无下道信息车辆的治理是值得认真研究的。从河南高管局2011年7月的统计数据看,各类无下道信息(失卡)车辆8937辆,日均288辆,若按逃费100元/车计算,每天流失的通行费和卡费合计约3万元,1年1千万元以上的通行费流失(实际流失远远大于该数据)。其中包括:政策性免费失卡客车(警车、军车、内部工作车、车队键车)占9.2%;应缴费的失卡客车占72.6%;货车占18.2%。对政策性免费无下道信息(失卡)客车,通过协调,加强管理可以达到预期目的。而占近90%的无下道信息(失卡)客车、货车是值得大家重视的。

4.1 无下道信息车辆

(1)丢失通行卡。发卡员发卡有没有丢失通行卡的现象。不多,但可能有。

(2)“车队键” 未收卡。有没有擅自扩大 “车队键”,或正常“车队键”车队通行卡未收回,或高速交警带事故车下道通行卡未交现象。

(3)路段未全封闭。所在路段有没有封闭不全现象。如加宽、新建路段因施工需要有的路口没有封闭或施工便道无人值守。

(4)服务区未封闭。所在路段范围内的服务区有没有通向地方道路的出口,是否存在服务区保安放车的现象。

(5)收费站未封闭。有的收费站连接内广场有门,连接地方道路也有出口,有没有放人情车现象。

(6)逆行放车未收卡。少数收费站特别是省界收费站有没有逆行放车(通行卡未收)的现象。

(7)分开式省界站。同一省界站且相距数公里,中间有服务区或进来至第一个收费站中间有服务区，又相互代发卡，往返服务区的工作车、送货（油）车，领卡上路在服务区办完事后，通过地下道走非正常出口返回，未交卡的就形成了无下道信息（失卡）车，例如大广路河南河北两省界站就是这种情况。

4.2 无下道信息（失卡）车辆治理方法

在弄清本站无下道信息（失卡）车辆的同时，根据上级无下道信息（失卡）车辆的通报，对涉及本站上道且无下道信息（失卡）车辆进行治理。

（1）审查录像。要认真审查录像资料，固定证据，确定该车在本站上道无下道信息。

（2）统计上报。统计上报征收科并逐级上报，列入灰名单。待全省《高速公路通行卡预防和治理稽查系统》投入使用后，列入灰名单的车辆将实行网上治理。

（3）查明车籍信息。收费管理部门（收费站）协调联合路段公安交警部门，查明无下道信息车辆的车籍信息，登记存档。

（4）发催缴函。收费管理部门（收费站）会同单位法律顾问，向无下道信息车辆单位或个人签发“高速公路通行费催缴通知书”，催缴通行费。

（5）电话追缴。采取电话预告的方法，追缴通行费。安新分公司在 7 月份开展的治理无下道信息车辆的活动中，采取电话预告和发函催缴的方法，共治理无下道信息车 229 辆次，回收通行卡 264 张，挽回通行费损失 8950 元。其中电话预告追缴通行费的辽 A4222X 型客车，到所辖淇县站缴纳通行费 1680 元，消除了“灰名单”。

（6）打击治理。在站上公布无下道信息车辆“灰名单”，动员全体人员打击治理无下道信息车辆。最终从根本上治理无下道信息车辆的，是开发“高速公路通行卡预防和治理稽查系统”软件，该系统通过收费系统收集图片和行驶资料，并经核实确定，建立逃费车黑名单库，形成数据链，再依据黑名单库进行系统的收费管理，对无下道信息车辆或其他逃费车辆实行网上治理。

5 使用液压顶逃费的特点及治理方法

5.1 货车利用液压顶逃费的原理

液压顶通常安装在大型货车后三轴或腰轴的某一轴上，当货车车身经过车道动态计重磅时，驾驶员按动开关，启动液压装置，液压顶将车厢顶起，此时装货车厢重心发生变化，减少称重吨位。

5.2 货车利用液压顶逃费的特点

（1）车型多为五轴或六轴 E 型货车；

（2）通常安装位置在后三轴或腰轴上；

（3）逃费吨位一般在 7 吨以上；

（4）使用时油门声较大；

（5）通过计重磅时行驶速度缓慢或有停顿；

（6）驾驶员注意力通常集中在倒车镜或扭头看后车厢；

（7）后三轴装液压顶时，腰轴和后三轴称重重量差距小；

（8）腰轴上装液压顶时，显示屏显示计重信息由三组变四组，其中腰轴某一组称重重量异常；

(9)使用时间一般在交接班、吃饭、后半夜或恶劣天气以及外勤人员不注意的情况下。

5.3 识别货车利用液压顶逃费的方法

车辆使用液压顶过磅后,电脑会显示车货总重与目测实际车货总重不符,分腰轴及后三轴使用两种类型。

5.3.1 腰轴安装液压顶

收费电脑界面显示的计重信息,正常情况下是一个并装双轴的轴组信息。若使用液压顶则分离成两个单轴信息,并且其中一个轴上显示的重量极轻。其原因是车辆在并装双轴的腰轴的某根轴安装使用液压顶时,会使车厢的重心位移,其中一根轴上的重量变轻,待这根轴通过计重磅后再恢复到未使用液压顶的状态,这中间会有停顿的过程,这样就会造成轴组信息的分离及两个轴的重量分布不均,相差悬殊。

5.3.2 后三轴的某根轴安装液压顶

如果使用液压顶,会使其他两根轴的称重变轻,称重变轻的两根轴通过计重磅后,恢复到未使用液压顶的状态,以此来达到逃避计重收费的目的。后三轴使用液压顶的识别方法主要是通过对比收费电脑界面上后三轴和腰轴的称重信息来发现。一般来说后三轴是承重轴,承重应该比腰轴明显要重,如果相差不大就有可能使用了液压顶。

5.4 治理液压逃费车

上述识别治理液压顶逃费的方法,要使每个收费人员都掌握。对抓获液压顶逃费车辆,根据《收费管理条例》、《河南省高速公路条例》,河南省交通厅高管局〔豫交高管(2007)01 号〕文件相关规定,要求驾驶员对其进行逃费工具液压顶自行拆卸,并进行“五倍加一”处理。安新路截至目前已治理液压顶逃费车 31 辆。

6 认真研究和治理假冒军警车逃费

6.1 假冒军警车的特点

(1)平时挂地方牌照,上高速前或上高速后在服务区更换牌照;

(2)假冒军警车多不接受地方公安、高速交警、高速路政的检查;

(3)假牌照、假证件,手续均为造假;

(4)真牌照、假证件,一副牌照多车使用;

(5)有牌照、有证件,车是私家车;

(6)驾驶员及随车人员多不着军装。

6.2 假冒军警车的类型

1)客车。

(1)使用盗窃、伪造军车牌照的车辆;

(2)从事旅游活动的旅游车辆;

(3)军队人员自购车辆使用军车牌照;

(4)使用自动翻牌装置的军地双牌照车辆;

(5)单独悬挂使用国防动员委员会、民兵应急分队等自制标牌车辆。

2)货车

(1)非军队装备的 10t(不含)以上大吨位运输车(军队装备的坦克等履带式重装备运输车

除外)；

(2)集装箱车和货柜车等车辆。

6.3 假冒军警车的识别

1)车牌识别

(1)代码前后之分。军队车牌前后有区别。简单地讲就是“前红后黑”,代码均为红色的是前车牌(如车牌济 K－24365 的济 K 是代码),一红一黑的为后车牌,前后装反的情况在部队基本不会发生。

(2)排列大小之分。代码上下排列的是大车车牌,左右排列的是小车车牌,大车前牌尺寸小,后牌尺寸大,小型车前后车牌尺寸一样。

(3)车牌固定有别。军车固定车牌的螺帽为专用螺帽,一般无撬压、旋动痕迹;假军警车固定车牌的螺帽不是部队专用产品,有些假军警车经常更换车牌,螺帽旋动痕迹非常明显。

(4)有防伪标志。军队牌照在阳光下不反光,“八一”军徽和暗记手摸平滑,无凸凹感,且在紫外线(如验钞机发出的紫色光)照射下会发出绿色荧光。

(5)有监制部门。在牌照的背面,有监制部门的名称(解放军总后勤部交通运输部监制)。

2)车辆外观及车型识别

(1)车辆外观。军车管理严格,外观整洁,而假军警车则可能车容不整,车牌上可能有灰尘、积垢。

(2)军检标志。军车每年进行年审,合格车辆前挡风玻璃右上角有当年审验合格军检标志(和地方年检类似,但是是菱形,上面军检二字很明显,后面是手写车型数据和车牌照号),假军警车搞不到。因为军检标志是随着军车牌照编制数量发放的,每年春季在军队年检时贴新年度的。多数假军警车贴着地方年检和税契、保险贴花或撕掉标志后留下的痕迹。

(3)军车(轿车)类型。军车除少数高级首长座车为比较高级的奥迪系列外,其他豪华车型比较少见(首都和大军区所在城市的特殊保障车辆,多为越野和面包,跑长途用),其他车型多为红旗、帕萨特、桑塔纳、猎豹、捷达,还有一些越野和面包。除了个别开道车也没有太豪华的。像小车里的奔驰、宝马、卡迪、沃尔沃等,部队基本没有。有些中低级轿车也水分很大,如宝来、波罗等,假军警车可能性很大(部队是不装备家庭用车的)。

(4)军车颜色。军车颜色多为国防绿,且都是出厂时原喷漆,绿色比较正,称为原装。而假军警车是地方改喷的军绿色,色泽不正。注意观察车辆上的一些死角、接缝处,打开引擎盖,查看货箱颜色,由于是改喷漆,一般会发现喷漆不完整或原漆的痕迹。

(5)拉载货物。军队的载重车除工程部队的翻斗车外,基本上没有 5t 以上(装备牵引车不允许拉货也没法拉货,更不可能去拉煤)的货车,所以军车的箱板都是低矮便于人员上下的,拉物资时货物捆扎专业、严实、装载规矩,一般不会超载超限,且全部要以军用篷布而不是其他盖布,这些都是规定。因此对悬挂军牌的超载超限货车要重点观察,特别是运输煤炭、沙石、建材的车辆。

根据军队《关于继续开展打击盗用、伪造军车号牌专项斗争的通知》〔政保发(2007)2 号〕规定:非军队装备的 10t(不含)以上大吨位运输车不得使用军车号牌。悬挂军车号牌的载重量超过 10t(不含)的大吨位运输车,特别是集装箱和货柜车,假军警车的可能性极大。

3)军车证照识别

按照省厅高管局的要求,对过往收费站的军警车要查验“三证一单”即:军用驾驶证、士兵证(军官证、职工证)、军车行驶证、派车单。假军警车的证件多为伪造证件,查验时应注意查看。

(1)正常情况下除了执行任务的成建制的军队车辆外,一般跑长途的单独执行任务的军警车必须携带必要的军用驾驶证、军车行驶证、士兵证(军官证、职工证)等有效证件,另还应持有派车单或电子卡。

(2)军用驾驶证、军车行驶证新版无防伪标志,要注意查看其印章、字体、日期,从中发现疑点。如军队证件的年份是随实际年份走的,但有的作假故意不改年份,或者真的证件印章故意盖的模糊不清,而假的证件往往为了逼真将印章盖的特别清晰,恰恰适得其反。

(3)核对军警车行驶证上的车架号和发动机号,对照车辆的车架号和发动机号是否一致。

4)驾驶员特征识别

(1)军队车辆一般以车队运输为主,并且对行车安全要求很严,有带车干部或带车班长、学员跟车,一般随车人员二人以上。

(2)军车驾驶员大多比较年轻,多为士官,着军装时多,且不留长发,多为平头,不留大鬓角和胡须,具有在部队受训后形成的军人气质。假军警车驾驶员着装不规范,没有讲究军人风纪的习惯,言行举止带有社会习气,甚至有大腹便便、穿着讲究的男士或打扮入时的女士,多半不是军人或真军警车。

(3)军车驾驶员对部队纪律、军衔等级、军队编制、部队领导等非常熟悉。假军车驾驶员显然不会了解。

(4)询问驾驶员所运输的物资名称、行车路线、部队驻址、主要领导等,询问过程中注意语言技巧,如对方神情紧张,回答问题含糊其辞、前后矛盾,应引起警觉。

6.4 假冒军警车的治理

6.4.1 高度重视,把治理假冒军警车作为治理逃费的重点

假冒军警车逃费已经成为损害国家军队和国家司法机关形象,严重扰乱正常交通运输秩序,甚至危害人民群众生命财产安全的违法犯罪活动。据有关部门统计,仅假冒军警车逃费一项就给国家造成约10亿元的经济损失。“河南天价过路费案”当事人时军峰、时建峰在郑尧高速下汤收费站,挂假军警牌wj-30051、wj-30052,后又换成wj-30055、wj-30056,随带伪造的假军用驾驶证、军车行车证、士官证等,至长葛、禹州免费通行8个月,通行2361次,每天2~3次,共逃费49.23万元,被判处有期徒刑7年、处罚金5万元和有期徒刑2年6个月、处罚金1万元。可见假冒军警车逃费已经到了相当严重的地步。高速公路管理单位必须引起高度的重视。把治理假冒军警车列入治理逃费的重点。

6.4.2 联动联治,建立打击假冒军警车的长效机制

由于军警车的特殊性,治理假冒军警车务与当地警备部门或指定单位军交运输部门联合,建立联动机制。如安新分公司与安阳军分区军检部门成立了联合治理办公室,双方签订联合治理协议,给收费员进行军警车牌照和证件识别技能培训,组织军训,收费站提供办公、食、宿保障,每逢节假日和每月不定期开展联合治理行动,在省界站检查军警车辆,取得了良好的效果,近年来共治理假冒军警车69辆。

6.4.3 组织培训，提高识别假冒军警车的能力

识别假冒军警车是收费站工作人员必须具备的技能，应邀请军检部门对收费人员进行培训，掌握假冒军警车逃费的特点，了解假冒军警车军用驾驶证、军车行车证等伪造证件的识别方法，以及假冒军警车车型的类型、颜色、特征识别方法，驾驶员特征识别、车牌识别方法等。

6.4.4 密切配合，严厉打击假冒军警车辆

高速公路管理单位要认真执行《关于继续深入开展打击盗用、伪造军车号牌专项斗争的通知》〔路保发(2007)2 号〕文件的要求，把打击大吨位假冒军警车作为专项斗争的重点。根据军队有关文件的规定，非军队装备的10t(不含)以上大吨位运输车不得使用军车号牌。公安机关和交通部门对悬挂军车号牌载重量超过10t(不含)的大吨位运输车(军队装备的坦克等履带式重装备运输车除外)，特别是集装箱车和货柜车，一律滞留车辆，通知当地警备部门和指定单位军交运输部门，查清号牌真伪、车辆来源。属假冒军警车的由公安机关和交通部门依法处理，并追缴其欠缴的各种规费；属军队内部车辆的，移交当地警备部门和指定单位军交运输部门处理。

浅谈在新的形势下如何有效治理逃漏通行费工作

余海军

（河南高速公路发展有限责任公司通行费管理部）

摘　要　高速公路给老百姓提供了安全、舒适、快捷的出行环境，但部分驾乘人员受利益的驱使，想方设法逃漏高速公路通行费。逃费方式多样化，隐蔽性高，手段更加狡猾，只有采取行之有效的措施，才能维持正常的收费秩序，确保高速公路国有资产不流失。

关键词　高速公路　逃漏通行费　类型　特点　措施

高速公路全封闭、全立交、高品质路面的特性，使交通运输更加快捷、方便、舒适。近年来，随着高速公路通车里程的迅猛增长和车流量的快速增加，各种现代化的管理办法也不断得到应用和完善，高速公路运输在国民经济中的地位越来越明显。

但同时，高速公路运营管理中暴露的新情况、新问题也逐年增多。特别是逃漏通行费问题，不但给国家带来经济损失，而且给正常的运营秩序带来较大的冲击。尤其是受利益驱使，一些车辆逃漏通行费的手段更加狡猾、花样不断翻新，呈现出方式隐蔽化、参与团伙化、技术专业化等特点。

高速公路管理部门长期坚持治理逃漏通行费工作，有效治理了各种逃漏通行费的不法行为，为国家挽回了通行费损失。我们经过长期的深入实践，归纳、梳理、总结出了倒卡逃费、闯卡逃费、干扰和逃避计重、中途逃车、假冒减免、ETC逃费、无出口信息、违纪操作等八大类37种逃漏通行费的方式，并采取行之有效的措施，对有效治理逃漏通行费活动起到了极为重要的指导作用和促进作用。

1　逃费方式、特点和识别方法

1.1　倒卡

倒卡逃费主要存在于固定线路的客车、集团货运车队及私营车队，通过调用、交换通行卡或车头等方式，达到少缴远程通行费或计重通行费的目的。

1.1.1　双车对向倒卡

特点：对向行驶的两辆远程车辆，在中途将通行卡调换，下道时使用调换后的通行卡，缴纳近程费用，节省远程费用，主要存在于固定线路的客车和集团运输的货车之间。

识别方法：换卡车辆一般都伴随有超时现象，仔细观察对比出入口图片，很容易发现此类换卡现象。若车辆只换卡不换车牌，则出口显示车牌不符。

1.1.2 双车同向倒卡

特点:一远程重车和一近程轻车,同向行驶在中途将通行卡调换,重车使用近程通行卡,轻车使用远程通行卡,达到逃费目的。

识别方法:此类现象主要存在于大型超载货车,大多存在严重超载、超时、车牌不符等现象,应仔细核对超载货车的出入口图片是否一致,车辆是否超时,车牌是否相符等。

1.1.3 一车多卡

特点:车辆除上道正常领取一张通行卡外,又通过其他不正当方法获取另外一张或多张距离目的地较近的通行卡,下道时用短途通行卡缴费,达到逃费目的。

识别方法:通过不正当方法获取的通行卡,在缴费时会出现空卡、车牌不符、严重超时等现象,甚至驾驶员也会因为持有多卡,分辨不出哪张有效。收费员可根据车情信息提示,巧妙询问驾驶员从哪里上站,一般都能予以识别。

1.2 闯卡

闯卡是车辆通过收费车道时强行撞杆闯过,或在前车挡车器未落下时,紧跟前车通过,以逃漏通行费的逃费方式。

1.2.1 直接闯卡

特点:此类逃费车辆一般会事先摘除车牌、遮挡牌照或套牌车辆,在经过收费站时,猛然提速,硬碰挡车器通过收费车道。

识别方法:对无牌、遮挡牌照的车辆,提高警惕。发现异常,提前做好准备。对此类车辆建立黑名单,联合高速交警、路政加大治理惩处力度。

1.2.2 跟车闯卡

特点:此类逃费车辆一般会事先摘除车牌、遮挡牌照或套牌车辆,在经过收费站时,跟随前一辆交费车辆通过收费车道。

识别方法:对无牌、遮挡牌照的车辆,提高警惕。到收费站后不交费等待他人车辆掩护的车辆,应提前做好准备。对此类车辆建立黑名单,联合高速交警、路政加大治理惩处力度。

1.3 干扰和逃避计重

干扰和逃避计重是当前货车逃漏通行费的主要方式。其中最常见的有垫磅、冲磅、绕磅、压磅、跳磅、撬磅、塞磅、电子干扰、加装吊轮、使用液压顶、使用气囊包裹液压顶、使用曲轴液压顶和传统液压顶等干扰计重的方式,同时还有倒货、换头、甩挂等逃避计重的方式。

1.3.1 垫磅

特点:一是下车垫磅。车辆在通过地磅之前或在通过计重平台时行驶速度比较缓慢或停顿,有人在车旁或车下配合,将一块拱形木板或钢板架于地磅上方,车辆从垫磅工具上通过,致使车辆不能完全称重,此方法多在夜间视线不好时使用。二是车底藏身垫磅,一人藏身于挂车底杂物柜,在经过地磅时放下钢板。钢板后端连着绳子,待后轴过磅后立即扯回,这种垫磅方式更为隐蔽,特别是在夜班,如果外勤不在地磅边,极不易被发现。

识别方法:车辆通过计重磅前有人在计重磅前活动或车辆通过计重磅时磅旁边有人,车辆所拉货物目测重量与电脑显示出入大。

1.3.2 冲磅

特点：一是猛加油，车辆在距离车道20～30米时加速前进，使车辆快速通过地磅，导致车辆不能完全称重。二是猛加油急刹车，车辆在距离车道20～30米时加速前进，在前轮已通过地磅、后轮未通过地磅之时，紧急刹车将车辆重心移向前轮，使后轮通过地磅时的重力减轻，达到逃费目的。

识别方法：车辆排队时，距正在缴费的前车距离较远；车辆进入车道前，突然提速；车辆急刹车。

1.3.3 绕磅

特点：车辆一般从超宽车道下道，称重时行驶"S"型，使车辆不能完全称重，达到逃漏通行费的目的。

识别方法：绕磅车辆一般走较宽的车道，且车身不长，前进时不走直线。

1.3.4 压磅

特点：车辆在通过计重磅时，让载重轴轮胎轻点磅沿与磅台并做短暂停留，造成计重设施错误信息上传后通过，减少称重以达到逃费目的。

识别方法：此类逃费方式不易成功，车辆压磅未成功会要求复磅，压磅成功会出现计重信息与目测车辆重量严重不符。

1.3.5 跳磅

特点：车辆在距离地磅10cm内停车，突然加大油门起步，使车头翘起越过地磅，继而后轮到地磅前轻点刹车滑过，导致车辆不能完全称重，少交通行费，达到逃费目的。

识别方法：车辆在距离地磅10cm内停车，突然加大油门起步，容易识别。

1.3.6 撬磅

特点：车辆通过地磅前，先在地磅缝隙中插入撬杠，车辆通过时撬住地磅，使车辆不能完全称重，少交通行费，达到逃费目的。

识别方法：观察车辆通过计重磅时，是否有人在计重设施周围活动。

1.3.7 塞磅

特点：车辆通过地磅前，先在地磅缝隙中插入螺丝钉增加计重磅称重阻力，使车辆不能完全称重，少交通行费，以达到逃费目的。

识别方法：观察车辆通过计重磅时，是否有人在计重设施周围活动。

1.3.8 电子干扰器

特点：车辆通过地磅时，利用自带的"地磅电子干扰器"对计重设备发射干扰信号，致使轮轴不符或称重数据降低，达到逃费的目的。

识别方法：观察车辆装载货物，注意计算机信息与车辆实际轮轴是否相符，判断车辆总重是否准确，此类逃费方式不易发现，但此类现象很少。

1.3.9 使用液压顶

逃费特点：逃费车吨位较大，一般在7吨以上，车型多为E型六轴车，液压顶一般安装在后三轴。使用时间大多选择在吃饭、交接班、后半夜或恶劣天气以及外勤人员不注意的情况下。使用时前大灯开的较亮，油门声较大。

识别方法：车辆在通过计重平台时行驶速度较慢，电脑显示各轴重量、车货总重与目测实际车货总重不符,各轴重量分布不均。

1.3.10 使用气囊包裹液压顶

逃费特点:采用此种方式的逃费车辆,多为六轴 E 型货车;第二轴单轴单轮胎改装成单轴双轮胎,改变限重,减少超载率;和单独采用液压顶逃费相比,逃费吨位较大;两侧安装气压顶内裹千斤顶,逃费吨位在 10 ~ 20 吨。

识别方法:电脑显示各轴重量、车货总重与目测车货总重不符,各轴重量分布不均,应重不重。

1.3.11 使用曲轴液压顶和传统液压顶

逃费特点:采用此种方式逃费的车辆,多为六轴货车;逃费吨位较大,在 20 吨以上;俗称"跷跷板式"过磅逃费。

识别方法:电脑显示各轴重量、车货总重与目测实际车货总重不符,各轴重量分布不均,应重不重;中间轴曲轴逃费装置,通过计重平台时,车厢有翘起、落下现象,两轴轮胎气压有明显变化;行驶速度缓慢。

1.3.12 加装吊轮

特点:此类逃费车辆在中间或后排轴后面加装一排假轮,平时吊起不用,在通过计重磅时再放下,使车轴增多,超载率降低,费额减少,达到逃费目的。

识别方法:此类"吊轮"车辆一般安装假轮为单轴单轮,与载重轴距离较大,容易识别。

1.3.13 倒货

特点:此类车辆一般为长途超载货车,在距离目的地最近的服务区将货物倒入另外一辆从附近上道的空车,使超载率降低,两辆车缴费总额减少,达到逃费目的。

识别方法:此类车辆不易识别,最有效的方法是与服务区联动治理。

1.3.14 换头

特点:一远程重车和一近程轻车,同向行驶在服务区互换车头,近程车头挂重车车身,远程车头挂轻车车身,导致总费用减少,达到逃费目的。

识别方法:此种方式不超时、车牌相符,但运输距离超近,最有效的方法是与服务区联动,避免"换头"现象。

1.3.15 甩挂

特点:此类车辆多为长途超载半挂车,车辆在行驶至距离目的地最近的服务区时将车身留在服务区,车头在最近的站下站,然后在附近收费站上路返回服务区,挂上车身就近下路,导致车身行驶里程变短,总费用减少,达到逃费目的。

识别方法:注意车头上下路情况,认真核实入口车情信息。

1.4 中途逃车

中途逃车主要利用加宽、维修路段及施工缺口进行逃车,同时伴有社会黑恶势力的参与,对高速公路的运营管理危害最大。对高速公路逃车的治理主要依靠高速监控、路政巡逻和公安交警部门的配合完成。

1.4.1 加宽路段逃车

特点:由于高速公路道路加宽施工,部分隔离栅和护栏板被拆除,部分车辆通过缺口逃离高速公路,达到逃避通行费的目的。

识别方法:及时发现并制止非施工车辆从缺口处驶离高速公路。加大加宽路段道路监控力度、路政和高速交警巡逻密度。施工单位拆除隔离栅和护栏板后,应设置必要的隔离安全设施。从而最大限度减少漏洞隐患。

1.4.2 施工维修路段逃车

特点:由于高速公路道路维修施工或高速公路新建路段,部分隔离栅和护栏板被拆除或未安装,部分车辆通过缺口逃离高速公路,达到逃避通行费的目的。

识别方法:及时发现并制止非施工车辆从缺口处驶离高速公路。加大道路维修路段道路监控力度、路政和高速交警巡逻密度。施工单位拆除隔离栅和护栏板后,应设置必要的隔离安全设施。从而最大限度减少漏洞隐患。或高速公路路段建设期,要与高速公路现有路网进行分离。

1.4.3 特殊路段逃车

逃费特点:在靠近地方道路的附近,不法团伙拆除高速公路隔离栅和护栏板,让部分车辆通过缺口逃离高速公路,达到逃避通行费的目的。

识别方法:加大重点路段道路监控力度、路政和高速交警巡逻密度,及时发现高速公路路肩出现的车辙。如发现隔离栅和护栏板被拆除,养护部门立即维修,最大限度减少漏洞隐患。

1.4.4 便道路段逃车

特点:高速公路部分管理单位,在单位内部设置有便于内部车辆进出高速公路的便道,部分车辆通过便道逃离高速公路,达到逃避通行费的目的。

识别方法:及时发现并制止非本单位车辆从缺口处驶离高速公路。在高速公路路网上的单位,设置有便于内部车辆进出高速公路的便道时,必须经高速公路管理局批准,未经批准的按违纪处理。

1.5 假冒减免

假冒减免是利用政府对部分车辆的减免政策,以假牌、假证、伪装货物等方式进行逃漏通行费的方式,较为常见的是假冒军警车、假冒“特通”车、假冒防汛车、假冒绿色通道车辆等。

1.5.1 假冒军警车

特点:此类车辆安装借用、盗用、购置的假军警牌照或出示伪造的军警临时牌照和证件,牌照和证件及驾驶员均符合免征要求,但和实际车型不符;或者使用的是假牌、套牌、过期临时牌照和报废牌照。驾乘人员态度较为蛮横,拒绝配合查验证件。

识别方法:假冒警车很少见,一般为假冒军车车辆。区别真假军车的基本方法如下:

一是看车型。军用轿车除少数高级首长用车为比较高级的奥迪系列外,其他豪华车型比较少见(首都和大军区所在城市会有一些首长的特殊保障车辆,多为越野和面包,跑长途用的),其他车型多为红旗、帕萨特、桑塔纳系列、猎豹、捷达,还有一些越野和面包,除了个别开道车也没有太豪华的。有些挂军牌的中低级车嫌疑很大,如宝来、波罗等,因为部队从不装备家庭型轿车。军用货车一般不配备四轴以上货车,超过四轴车辆一般为假冒军车。

二是看牌照。真军车车牌有波纹,且具有立体感,车牌上有“八一”和五角星的暗印。那些使用移动牌照、前后车牌不一致、车牌不全、牌证不符以及前后车牌装反的车辆一般为假冒军车。

三是看标志。军队的保卫、检察、法院、纠察、救护、消防、军车监理都有特殊标志。保卫、检察、法院有白色警备标志，标志下方能够区分保、检、法，并有编号；纠察为白色标志，有警备纠察字样，中间有军徽图案；军车监理大多为吉普车，车身有军车监理字样和军徽图案，并安装有军车监理标志，车号为 XO 开头，号码都比较小。

四是看前挡玻璃。军车每年进行年审和尾气检测，前挡玻璃右上角会有当年度的审验合格标志，一个车辆审验标志，一个尾气达标标志。军车不会贴地方年度审验标志和交强险标志。

五是看载货。军用货车一般不拉经营性运输物品，车身较干净、有棚布、无明显刮痕，所拉货物不多。拉货一般不超载(执行特殊任务时除外)。

六是看车号。军队车牌字母一般是“前红后黑”，且车牌号一般较小，如 XA、XB、XC 等，后面 0、1 开头。假军车的一般都是比较杂乱的号，如 XG、XN 等。

七是看驾驶员。军车驾驶员一般较年轻、标准短发、着军装，军用货车持有军车使用调拨单。

八是看属地驻军。比如当地没有海军，却看到有辆海军车辆长期在本地活动，多半是假的无疑。

1.5.2 假冒“特通”车

特点：此类车辆使用假冒“特别通行证”及“侦察证”逃费。

识别方法：真“特别通行证”编号一般不超过 50 号，且证件背后印有不得使用场所和使用规定。假证则重点突出免征事项，一般印制质量较差，编号较杂(公安部已换发新侦察证，且侦察证编号按地区分别编号)。

1.5.3 假冒防汛车

防汛车辆每年在高速公路联网收费系统有备案，录入高速公路信息系统，查询车型车号能快速识别。

1.5.4 假冒消防、救护等车辆

森林消防车辆在高速公路联网收费系统有备案，救护车辆出车时使用有派车单，行驶中一般使用警灯、警笛，救护车辆一般不跨省、跨区救护。

1.5.5 假冒救灾车

特点：装载货物封闭严实，车头及车厢两侧悬挂有“抗震救灾”字样的宣传条幅，驾驶员主动出示伪造抗震救灾免费证明。

识别方法：态度积极主动，但不配合验货，声称有加盖印章封条，属国家抗震救灾物资，如因查验造成货物损失，要求按价赔偿并投诉等激烈言辞，态度极为蛮横。

1.5.6 假冒“绿色通道”车辆

特点：假冒“绿色通道”车辆一般在车辆尾部、上层、中间装有部分伪装绿通货物以达免费目的。出站缴费时驾驶员表现较为紧张，拒绝配合验货，或主动要求按其指定位置验货，表现过于积极。装载货物封闭严实，一般不符合“绿色通道”免费政策。

识别方法：按照《绿通手册》要求进行验货。

1.6 ETC 逃费

特点：车辆装有 OBU 系统，入口时行驶 ETC 专用车道，信息上传后又退回行驶人工发卡车道，领取一张通行卡；到达目的地后，从 ETC 专用车道出口；返程时，从 ETC 专用车道上站，

出口时在相邻的收费站人工出口车道缴费。显著特点就是“跑长买短”。

识别方法:凡发现装有OBU系统的并持有IC通行卡的车辆,收费员要利用全车牌抓拍系统,查询车辆出入口信息,防止车辆“跑长买短”,逃漏通行费。

1.7 无出口信息

特点:车辆有多次入口信息,无出口信息。

识别方法:利用全车牌抓拍系统,输入车牌号,发现车辆有多次入口信息,无出口信息,需要对驾驶员进行质询,此类车辆一般都多次领取通行卡上站,中途利用便道、出口闯卡或其他方式逃费。

1.8 违纪操作

违纪操作是个别内部人员,利用工作中的便利条件,通过将车辆降挡、变挡、收改免等方式,故意使车辆少缴通行费,从中获取好处或人情的违纪行为。

特点:

1)将客车降挡,或将厢货车变挡为客车;

2)对应收车辆,故意收改免,按免费处理;

3)明知车辆干扰计重,故意不予制止,或内外勾结,指使车辆垫磅;

4)故意删除超载车辆计重信息;

5)对被查扣的车辆,不按规定上报,少收或不收通行费。

2 证据收集方法和步骤

收集逃费车辆证据,是治理逃漏通行费工作的重要环节,质量高、内容全的证据,是治理逃漏通行费工作的基本保障之一。对于逃费车辆的证据收集,其方法和步骤包括10个方面:

1)基本要素:包括车辆逃费时间、地点、车号、车型、当事人姓名、出入口站名、被查获经过、逃费前后总重量、超载率、信息对比差额、应缴费金额、被依法处理结果。

2)取证要素:

(1)在收费车道对逃费车辆和驾驶员进行车前拍照取证。

(2)对收费亭内微机显示的该逃费车辆信息拍照取证。

(3)对其使用的逃费工具和通行卡进行拍照取证。

(4)责令逃费车辆倒出车道,按规定重新计重,对微机显示的计重信息、费额显示器提示的应缴费额和超载比率进行拍照取证。

(5)收集其他相关证据材料,主要是使用逃费手段和未使用逃费手段的图片和数据,目的是形成前后对比,确认其逃费事实。

3)联合执法部门,依法拆除违法装置,将违法装置(工具)、逃费车辆及人员共同拍照取证。

4)查询该车近期行驶路径信息,排查其以往有无逃费行为。

5)复印留存逃费车辆行车证、当事人驾驶证等有效证件。

6)责令逃费车辆当事人书写《逃费事实经过材料》,签字并按指印。

7)将逃费车辆当事人移交公安机关进行依法处理。

8)收集公安机关受案登记表、处罚决定书、行政执行回执等文书。

9)整理全部资料,建立逃费车辆档案。

10)做好上报工作,将逃费车辆列入“黑名单”,长期关注。

3 多措并举治理逃费

3.1 加强组织领导,从制度建设上防止车辆逃费

严格执行治理逃费领导靠前指挥的工作法,成立主要领导任组长,机关相关业务部门为主体的治理逃费领导小组,完善工作机制和治理逃费工作方案,从制度建设上堵塞漏洞,有效防止车辆逃费。

3.2 不断总结经验,从规范处理上防止车辆逃费

总结和完善日常工作中好的经验和做法,通过图片和各种数据记录,对照车辆特情案例进行总结分析。对收费现场出现的问题,从特情数据、图像、处理过程等方面总结逃费特点,摸清逃费的规律,及时把特情案例汇集、整理、分类,针对不同的情况及问题,研究不同的解决思路和有效的管理办法。

3.3 加强业务培训,从提高业务上防止车辆逃费

一是要加强对相关政策的培训,主要培训内容为相关政策法规、逃费方式及发现逃费行为的处理步骤等,并组织全员业务考试,使全体收费人员切实掌握业务技能。二是加强业务交流,与临近高速公路的业务骨干进行座谈,专门针对如何识别换卡等车辆进行详细的了解,主要针对超时车辆、车牌不符和进出口图像不一致的车辆,特别是入口距离较近车辆的识别进行交流,学习临近省份的好经验、好做法为我所用。

3.4 加大现场管理,从岗位责任上防止车辆逃费

收费现场人员要增强责任心,在收费现场发现驾驶员作弊逃费行为。一是要根据车辆逃费的特征,利用掌握的识别方法,准确判定逃费车辆。二是收费员要仔细观察电脑界面信息与实际车型是否相符,轮轴及每轴轴重是否一致。三是班长切实负起责任,进行车道现场巡查。四是在重点时段,货车过地磅时严加防范,防止驾驶员跳磅、绕磅、垫板等逃费手段。

3.5 加大宣传力度,从思想源头上消除车辆逃费

根据有关法律、法规及规定,印制宣传单和警示卡发给驾驶员。通过广泛宣传,大造舆论,使驾驶员(车主)加深了解逃费将受到的惩处及造成的严重性后果,达到从思想根源上消除驾驶员作弊逃费的意识,防患于未然。

3.6 完善机电设备,从手段优化上防止车辆逃费

一是提高设备运行的稳定性,加强对计重设备的运行检测,提高计重设备的准确性,能够有效地降低少数车辆利用设备的局限性和故障来逃费的可能性。二是完善性资源共享的精细性。对车辆“远程查询”和“入口图像对比”功能查询的速度与清晰度进行优化,为快速、准确核对车辆信息提供保障。三是建立完备的数据库系统,建立路网内的逃费车辆“黑名单”系统,定期向各单位通报,并在机关新闻媒体上公示,一旦发现“黑名单”车辆,坚决予以查处。

3.7 扩大稽查范围,从打击力度上防止车辆逃费

一是加强管段内的稽查力度,成立专门的稽查队,打击管段内的逃费车辆,同时对沿线各所进行逃费车辆的培训工作。二是加强路网内的稽查力度。高速公路实行联网计重收费,给部分车辆跨路段实施逃费提供了可乘之机,同时给高速公路的管理带来了一定的难度,个别逃

费行为不在一个高速经营管理单位路段内实施,就需要路网中所有管理单位信息互通、多路段联运,紧密协作,联合查处。三是加强省界间的稽查力度,一方面打击利用省界收费站(含临近匝道站)倒卡逃费的车辆,另一方面对省界收费站查处的"假绿色通道车"、"假军车"进行联合打击。

3.8 加强沟通协调,构建联合联动联控的防范体系

积极加强与路政、高速交警、地方公安等部门的沟通协调,构建联合联动联控的防范治逃体系,严厉查处逃费车辆,努力营造健康有序的收费环境。不断深化区域交流合作机制,加强相邻高速公路管理单位的沟通协调,打造逃费车辆数据信息共享平台。

3.9 加大奖励力度,从提高积极性上防止车辆逃费

公司设立治理偷逃漏通行费专项费用和奖励基金,主要用于协调公安交警和对举报线人、内部工作人员的奖励,不断提高治理逃费工作的积极性。

3.10 健全工作机制,从权利程序上防止车辆逃费

健全和完善路上打逃、站区堵漏的工作机制,从源头上抓、环节上堵、死角上查,从权利、程序和机制等方面进行制约,建立收费员、收费班长和监控员"三位一体"的监督约束机制。同时,加大对流失通行卡的治理力度,利用全车牌自动识别系统分析、筛选、汇总流失通行卡信息,利用法律手段向有关逃费单位和车辆下达通知书,催交通行费。

治理车辆逃费工作是一项长期而又艰巨的工作,必须从根本上提高防范的严密性、识假的敏锐性、部门的协作性和调研的深入性,依法对各类逃漏通行费行为从重、从快、从严进行治理,进而净化高速公路收费环境,维护高速公路合法权益,确保高速公路国有资产不流失。

高速公路企业思想政治工作研究

王　冰

（河南高速公路发展有限责任公司）

摘　要　高速公路一般绵延数千里，大多数基层管理单位都远离城区、地处偏远，生活和工作条件艰苦，企业思想政治工作尤其难做，本文分析了高速公路企业思想政治工作现状及原因，并在此基层上探讨了当前应采取的对策和措施。

关键词　高速公路企业　政治工作　研究

近年来，随着我国高速公路事业的快速发展，高速公路为地方经济和社会进步提供了必不可少的基础保障。高速公路企业作为高速公路的建设者和管理者，对于推动高速公路事业的发展有着不可替代的重要作用。新时期高速公路要想持续健康的发展，就必须坚持不懈地搞好企业员工的思想政治工作，充分发挥思想政治工作者的工作热情，有效调动高速公路企业员工的工作创造性、生产积极性，从员工职业道德、道德规范、社会公德等方面进行积极的引导教育，将高速公路企业的思想政治工作特色充分体现出来，从而提高企业的核心竞争力，促进高速公路企业和谐发展。

1　高速公路企业思想政治工作的重要作用

思想政治工作是高速公路企业健康发展的必要条件。高速公路具有点多、线长、面广和远离城市的特点。所以，无论是建设还是管理，高速公路企业员工工作环境都比较清苦。工作环境的单调、枯燥无味，加上员工来自全国各地且又长年在野外工作的工作特点，如果不强化员工的思想政治工作教育，或者还用以前老一套的说教，势必很容易使员工产生一些消极情绪，将会对高速公路建设发展，对维护企业的健康形象产生不良影响。在这种环境下，强化日常管理是企业生存发展的基础，但加强和改进思想政治工作对企业和谐发展更是事半功倍。充分发挥高速公路企业思想政治工作者的聪明才智，通过深入细致的思想政治教育，把广大员工的思想认识提高到一定的层次上去，充分调动起员工对高速公路工作的兴趣和积极性，以企业强大的凝聚力、向心力，保证高速公路企业的健康发展。

积极的思想政治工作可以为高速公路企业营造良好的企业文化氛围。高速公路企业作为现阶段较大型新兴企业，越来越多的单位意识到企业文化对于促进企业生产力的重要作用。对高速公路企业而言，日常管理中的思想政治工作无疑是高速公路企业文化建设的重要组成部分，既是企业文化表现的基本途径，又是企业文化形成的根基。企业的文化代表了企业的经营理念和管理精神，一个好的高速公路企业文化品牌能够充分的折射出高速公路的特色和内涵，使企业持续不断发展壮大。企业文化的创建和完善是高速公路企业良好形象的形成，以及和谐工作氛围建立不可缺失的前提。企业文化的创建和完善，离不开高速公路企业思想政治工作的有效开展。对于高速公路企业的思想政治工作来讲，首要的任务就是全面提升企业员工的政治觉悟和道德素养。只有将广大干部职工的思想和政治觉悟提高了，才能更有效地开展各项工作，才能顺利地将高速公路企业的文化品牌确立、打造，从而逐步提高高速公路企业的知名度和竞争力。

2 高速公路企业思想政治工作的现状

各高速公路企业对思想政治工作的重视度越来越高。企业的思想政治工作主要是通过对企业员工的教育、引导和说服，以解决企业员工思想认识上的偏差和错误，达到纠疑解惑的目的。近几年，随着我国高速公路事业的不断发展、高速公路企业体制改革的不断深入，高速公路企业的广大员工对企业本身的归属感和认同度也在不断的提升，并越来越强烈。就高速公路企业的员工而言，思想上的变化，需要思想政治工作来加以引导，企业的思想政治工作的不断深入开展，使企业员工的工作积极性不断得以提升，并随着工作任务的加重，而不断增强自己的责任感，实现员工和企业的双赢。这一现象越来越为高速公路企业高层管理者认同和接受，也有意识的对企业思想政治工作加以支持，积极想法将员工教育好、管理好，实现企业的长治久安。广大高速公路企业的思想政治工作者也在想方设法改进思想政治工作方式方法，时刻关注员工的个人、家庭生活，关注员工的道德修养和素质培养，使员工将良好的情绪带到工作当中，为企业沿着更好的方向发展贡献着自己的聪明才智。

高速公路思想政治工作越来越深入。从长远的意义上来讲，企业的思想政治工作属于一门综合性的学问，也是一项极为重要的工作，要想将思想政治工作彻底做好并不是一朝一夕的事情，要具备较高的责任心和丰富的学识，也需要具备一定的生活阅历和正确的工作方式，同时更需要具备对员工思想动态进行随时了解的工作态度。随着高速公路企业规模的不断扩大，体制改革的不断深入和企业业务的不断增加，高速公路企业的思想政治工作也在不断深入和丰富。目前，高速公路企业思想政治工作者的素质正在不断提高，思想政治工作者本身的道德修养也越来越高，加上企业对思想政治工作的日益重视，企业也更加重视对一些具有专业素养和较高水平的思想政治工作者的培养，因此高速公路企业的思想政治工作越来越深入，效果越来越明显。

3 高速公路企业思想政治工作的有效途径

积极进行员工的职业培训和道德培养。高速公路企业相对比较封闭，企业员工的生活较为单调，工作任务较为繁重，且大部分是年轻员工，加上每位员工的性格和素质都存在一定的差异，这就需要高速公路企业的思想政治工作因人而异，采取针对性的思想教育工作。对于早期进入高速公路企业的员工来说，可能文化水平不是太高，就需要重点进行文化知识教育，定期进行相应的文化培训，以提高员工的全面素质为目标，科学有效地进行教育工作；对于一些思想情结有点波动的年轻员工，要重点进行思想政治引导，随时对其进行生活上和工作上的关心和爱护，积极引导开展微笑服务和社会公益活动，将职工的道德素养和思想觉悟逐步提高；对于一些职业技能相对不高的员工，则要进行必要的技术培训和技能考核，全面提高员工的工作热情和生产积极性。尤其要注重对员工的道德培养，积极把握员工思想动态，用健康的思想主导员工的工作和生活，使高速公路企业的良好形象和企业文化特色得到完美的展示。高速公路企业的领导者更要以身作责，在新时期以思想政治工作为己任，为企业带好头、做好先锋，树立良好的高速公路企业干部队伍形象。

重视员工的个人和家庭生活。现阶段高速公路企业的思想工作者需结合高速公路企业自身的特点，结合高速公路工作的特殊性，从实际出发，将思想政治工作贯穿于企业员工的工作和生活中。由于高速公路的大多员工长期离家在外，长时间的单调工作容易产生一定的负面情绪，在思想上会不安于现状，对于工作缺乏原有的热情和新鲜感，企业的思想工作者要充分了解到这一点，采取有效措施来提高员工的工作积极性，定期在企业内部组织一些娱乐活动，充分挖掘员工的爱好和才能，进行相应的竞赛活动等，从而缓解员工在工作上的压力和倦怠情绪。对于一些处于婚龄的年青员工，要给予充分的关心和理解，积极的提供其交友和解决个人问题的机会，使员工能够安心的工作和生产，使广大员工能够真正地体会到作为高速公路企业的幸福感和优越性。高速公路企业的思想政治工作还要注重对企业内部员工家庭的关心和沟通，对于离家较远的员工要定期的给予其回家探亲的机会，要及时的了解员工家庭所面临的问题和困难，努力排忧解难，解除后顾之忧，增加员工的向心力和凝聚力。

要以创新的精神做好高速公路企业的思想政治工作。随着国家“十二五”规划的启动实施，经济转变步伐的逐步加快，新时期高速公路企业的思想政治工作必须充分发挥时代的特色，结合时代特点，以科学发展观为指导思想，既要考虑到员工的根本利益，又不能与党的基本路线和方针相悖而行。思想政治工作既要利用现代社会的价值观，又要去其糟粕，把握好员工的价值观趋向。新时期的思想工作者还要充分利用好现代化的科技成果和网络平台，将思想政治工作与企业员工的工作和生活有机地结合起来，将思想教育和政治工作贯穿始终，使思想政治工作更加直观、更加快捷。总之，现阶段高速公路企业的思想政治工作，要充分以人为本，以维护企业员工的根本利益为前提，以推动企业发展为目标。高速公路企业的思想政治工作还要适应时代的发展需要，适应企业成长的需要，与时俱进、科学合理，为高速公路企业的健康、持续发展提供有力的政治保障。

新形势下增强党员意识的几点思考

李琼琼

(河南高速公路发展有限责任公司)

马克思主义认为,意识是客观事物在人脑中的主观映像,能够反作用于物质,对客观事物发挥能动作用。列宁指出:“人的意识不仅反映客观世界,并且创造客观世界。”意识的这一属性说明,意识问题十分重要。党员意识的强弱,是判断、衡量党员对党组织和党的事业忠诚度的重要标杆,也是判断、衡量党员素质高低和先进性程度的重要因素。因此,新形势下不断强化党员意识,对始终保持党员的先进性和增强中国共产党的执政能力具有重大意义。

1 党员意识的含义及其特点

党员意识是党员政治觉悟和党性的集中体现,是共产党员思想上的“身份证”和精神上的标志,是整个阶级意志和阶级利益在每个党员身上的集中表现,是共产党员在对党的纲领与任务的认同、对自己所承担的责任与义务的认同、对党的组织与纪律认同的基础上形成的。党员意识有着丰富的内涵,主要包括角色意识、执政意识、信念意识、服务意识、理论意识等。

从社会意识的角度看,党员意识属于社会意识中群体意识的范畴,是群体意识中的重要组成部分。但由于党员尤其是执政党的党员是社会群体中的一个特殊的群体,因而,党员意识具有不同于其他群体意识的特点。

1.1 具有主导性

党员意识是内在的自觉认知,不是依靠外力所能够强加的,也不是靠违心表白所能够获取的。同时,党员意识是以强大的国家政权作为后盾,通过党的基本路线和一系列具体的方针政策加以体现的,因而党员意识在当今我国的社会意识中处于支配地位,并对整个社会的精神面貌和广大群众的思想行为起着重要的作用。

1.2 具有时代性

党员意识是时代的产物,不同的历史时期,总是赋予党员意识不同的时代内涵和特点。党员意识的具体内涵,或者说具体内容包含以下主要方面:对党的理论、纲领的自觉认同;关心党的事业和利益并自觉为之奋斗、奉献;对党组织忠诚、信赖、服从并积极参加党的活动;从党的立场上想问题、干事情,遵守党的纪律、维护党的形象;积极履行党员的权利和义务。

1.3 具有政治性

政治性是党员意识的本质特征。从某种意义上说,只要是党员,就具有鲜明的政治身份,因而所拥有的观念意识也就具有以个人的意志为转移的政治性特点。在现阶段,维护四项基本原则的政治作用,坚持共产主义的政治方向,为绝大多数人谋利益、全心全意为人民服务的政治立场,是党员意识的基本内容和要求,也是党员意识政治性的突出表现。

1.4 具有先进性

先进性是党员意识的一个重要特点,体现在两个方面:就其主体来看,中国共产党是工人阶级的先锋队,而一切共产党员都是组成这一先锋队的先进分子;就其内容来看,党员意识以科学的理论为基础,以维护绝大多数人的利益和追求实现美好的共产主义社会为己任,它反映了社会进步的基本趋势。这样,党员意识自然就具有先进性的特点,这是一种立足现在、面向未来的社会意识。

2 深刻认识当前增强党员意识的重要意义

2.1 增强党员意识是开展保持党员先进性教育活动的客观要求和重要内容

《中共中央关于在全党开展以实践"三个代表"重要思想为主要内容的保持共产党员先进性教育活动的意见》中指出,要:"提高党员素质。党员学习实践'三个代表'重要思想的自觉性、坚定性进一步增强,对新时期保持共产党员先进性的要求进一步明确,理想信念进一步坚定,先锋模范作用进一步发挥。"这里所谈到的提高党员素质,实际上就是要强化党员意识,使广大党员的党性不断增强,为实现党的宏伟目标提供思想保证和理论基础。

当前进行的保持党员先进性教育活动能否取得成效,除了活动指导思想、活动方案的正确制定,重要的是取决于党员参与的积极、自觉程度。因此,增强党员意识,是搞好保持党员先进性教育活动的客观要求。同时,保持党员先进性的教育活动,必然要对党员提出增强党员意识的要求。

2.2 增强党员意识,是发挥党员先锋模范作用的重要前提

党员是党的肌体的细胞和党的行为主体,党的先进性最终要靠党员的先进性体现。对于一名共产党员来说,具有明确而强烈的党员意识,是最基本的要求,也是发挥党员作用的重要前提和思想基础。只有始终牢记自己是一名共产党员,才能时刻用党员标准严格要求自己,才能积极行使党员权利,认真履行党员义务,充分发挥先锋模范作用,真正成为一名合格的共产党员。

2.3 增强党员意识,是加强党的执政能力建设的重要基础

对于一个政党来说,党员意识直接关系党的向心力、凝聚力和战斗力。尤其是我们这样一个有着7400多万名党员的大党,如果广大党员缺乏强烈的党员意识,就无法真正成为一个紧密团结、能够战胜各种困难和风险、具有强大战斗力的政治集团,无法真正成为中国工人阶级的先锋队、中国人民和中华民族的先锋队。国际共运史上一些大党、老党之所以走上解散、衰败之路,原因固然很多,但很重要的一点,是广大党员的党员意识淡漠的结果。而对于我们党来说,人民群众之所以信任我们、拥护我们,坚定地跟着党为实现国家富强、民族振兴和创造自己的美好生活而奋斗,一个重要原因,就是千千万万共产党员彰显党员意识而带来的巨大感召力——人民群众从广大党员的模范行动中看到了希望,看到了力量,看到了前途,增强了信心。

3 目前存在的党员意识淡薄的现象

胡锦涛同志在新时期共产党员先进性专题报告会上的重要讲话中,深刻分析了党员队伍状况发生的重大变化,针对党员队伍中与保持先进性要求不相适应、不相符合问题的主要表现及其成因作了深刻阐述。总结目前存在的党员意识淡薄的现象主要表现在:

3.1 角色意识弱化

中国共产党是一个有着光荣传统和辉煌功绩、处于中国核心领导地位和国家执政地位的

大党,作为这样一个党的一分子,是很光荣的。同时作为其中的一分子,正确履行自己的权利和义务,是党员无可推卸的政治责任。然而在现实生活中,部分党员的光荣感和责任感弱化。有的党员把光荣感异化为“面子”和“身价”,异化为一种索取的权力和要价的“砝码”;有的党员对身为党员毫无光荣感、自豪感可言,甚至为之叹息、为之后悔。与之相伴的是,有的党员忘却了对党组织应负的责任和应尽的义务,不愿认真学习和深入领会党的文件,不肯积极参加党的活动;对党组织的决议、决定或意见,合意的就执行,不合意的就敷衍,甚至拒不执行;对党交给的工作任务,有兴趣的或于己有利的就去做,没有兴趣的或者于己无利的就推诿或者应付了事;只想要个人的自由,不想受党的工作制度、管理制度和组织纪律的约束;遇到影响党的团结和形象、违背党的原则的言行,不愿挺身而出,采取能回避就回避的态度。

3.2 信念意识迷失

少数党员对马克思主义的基本理论缺乏学习的兴趣,对党作出的重大决策抱着事不关己、高高挂起的心态,对中央强调的党员必须讲学习、讲政治不以为然,甚至存在厌烦的情绪。有的党员对马克思主义科学真理产生了某种疑惑,对社会主义经过长期发展最终必然战胜资本主义产生了动摇,对建设有中国特色的社会主义事业缺乏信心;还有的党员对建设有中国特色社会主义事业进程中遇到的困难和问题缺乏思想和精神准备,因此一遇到困难就产生悲观失望的情绪。少数从事理论工作的党员淡忘了一名党员理论工作者的责任,自觉或不自觉地把维护、强化马克思主义在意识形态领域的指导地位与理论研究创新割裂开来、对立起来,不是坚定地站在党的立场上进行“破”和“立”,不是坚定地以马克思主义的科学精神评判“是”与“非”。

3.3 宗旨意识淡薄

加入共产党,意味着应当在党的组织和引领下,更好地为人民的利益服务、为社会的进步奉献。做一名党员,就应当有为了党和人民的事业、为了大多数群众的利益而随时牺牲个人利益的精神准备。然而,有的党员也许从入党的那一天起就缺乏这种思想基础,也许在“环境的熏陶”或“现实的反思”中,服务和奉献的理念被消解了。有的党员个人主义膨胀,只讲索取不谈奉献,讲吃讲穿讲享乐,就是不讲为人民服务;有的党员奉行多一事不如少一事的处世“原则”,事不关己,高高挂起。在这些党员头脑里,“不贪不占”就是党员的标准,而“牺牲奉献”只是“过时的”口号。

4 新形势下增强党员意识的途径和方法

党员意识不是天生就有的,也不是一劳永逸的,党员意识的养成是一个系统工程,它既来自于党员自身内在修养的提高,又来自于长效机制的建立健全。增强党员意识,必须按照党章和胡锦涛同志提出的新时期保持共产党员先进性的六点基本要求,持之以恒地加强党性修养和锻炼。

4.1 增强党员意识,必须要加强学习和教育

马克思主义政党的先进性首先表现为理论上的先进性,党员意识的形成也首先得益于每个党员形成对党的理论的理性认识和把握。一个党员理论上成熟是政治上成熟的标志,理论上坚定是政治上坚定的基础。在新的历史条件下,理论武装的重大任务摆在了我们面前。我们必须把学习理论作为掌握马克思主义立场、观点、方法的重要途径,作为成事之基、做人之

道。因此,只有加强学习和教育,才能使党员对党和党所领导的事业的认识不断深化和提高;才能使每个党员都能透过纷繁复杂的社会现象和党的现实状况把握事情的本质主流和内在规律,从而坚定对党的信念,增强对党的信心。而且,这种学习和教育必须要坚持不懈、持之以恒地抓紧、抓实、抓好。要坚持和完善已有的学习和教育制度,健全学习、培训体系,拓宽学习途径,丰富学习和教育内容,提高学习和教育的针对性和实效性。同时还要建立和落实学习考核和教育激励机制,营造全员学习、终身学习、自主学习的良好氛围,逐步建立起党员长期受教育、永葆先进性的长效机制。

4.2 增强党员意识,必须加强管理和监督

依靠党员通过学习增强党员意识,虽然十分必要,但仍然是不够的。因为党员意识的增强,还需要通过党组织的管理、监督加以引导、启发和不断巩固、强化来完成。作为党的组织,应当切实认真地贯彻落实从严治党的方针,本着对党负责、对党员负责的精神,坚持对党员严格管理、严格监督。要针对党员管理中的新情况、新问题、新特点,合理调整基层党组织的设置,把每个党员都纳入到严格的党内生活中来,坚持民主评议党员制度,对群众意见大的党员做好个别教育工作,对不合格党员要及时进行处置,切实保持党员队伍的先进性。同时将党员的权利和义务以及日常性的工作进行目标管理,制定详细的考核标准,科学、合理地对党员进行考核,不断促进党员增强自身的角色意识和责任意识。

除加强党员规范化、目标化管理以外,还要完善各种监督机制。要通过强化党内监督意识,教育党员干部进一步强化自我监督和自觉接受监督的意识,自觉构筑思想道德防线。其次要提高民主生活质量,严格开展批评和自我批评,引导党员相互监督。最后要通过社会和党组织入手加强对党员干部的教育监督,使他们在任何情况下,都不能淡化乃至丧失自己的党员意识。

4.3 增强党员意识,必须要加强修养和实践

增强党员意识的要求,最终还是要在改造社会的客观实践和完善自我的修养锤炼中真正得到实现,并且还要通过工作实践和生活实践检验和确认。党员意识是一种主观内在的东西,但它又要通过具体的言语和行为外化出来,或者说在实践行为中得到具体的物化。党员的修养是执政党获得政治威信的重要影响力,人民群众主要通过自己接触到的党员形象评判执政党的形象。党员形象的好坏,直接影响人民群众对其政治上的认同、信仰和取舍。因此,它也就有了客观的衡量尺度。人们可以通过具体的自我实践过程评价和判断党员自我修养的程度。所以说,每位党员要真正达到增强党员意识,就要努力做到:在坚定理想信念上当模范;在立党为公、执政为民上当标杆;在履职尽责、爱岗敬业上当先锋。

总而言之,党员意识是党员对党的纲领与任务的认同,是在对自己所承担的责任与纪律的认同基础上形成的,是每个党员所应必备的素质。党员意识又是时代的产物,不同的历史时期赋予了党员意识不同的时代内涵和特点。因此说,在改革开放、发展社会主义市场经济的新形势下,作为党员,只有不断增强自己的党员意识,明确党员的基本要求及所承担的历史使命和历史任务,才能充分发挥先锋模范作用,为党旗增辉添彩。

探析交通工程建设中的“三控制”

李 敬

（河南高速公路发展有限责任公司）

摘　要　随着经济的不断发展，我国交通工程建设也取得了很大的进步，与此同时，交通工程的建设质量就成为人们广泛关注的重点问题。在交通工程建设中，对工程的投资、质量以及进度进行有效的控制，被称为交通工程建设中的“三控制”，这3项内容控制的成果，直接关系着交通工程建设的质量。本文就针对交通工程建设中的“三控制”进行简要的分析。

关键词　交通工程　投资控制　质量控制　进度控制

在交通工程建设中，投资控制、质量控制和进度控制称为“三控制”。其中，投资控制是根本，质量控制是前提，进度控制是关键。通过科学合理的投资控制，能够使工程造价降到最低；质量控制是确保工程质量的保障；进度控制是影响建设单位效益的主要因素，进行有效的进度控制能够确保建设单位效益的最大化。在交通工程建设中，对这3方面进行有效的控制和管理，是保证工程质量的关键所在，也是对业主的负责，更是降低建设单位成本、增加效益的根本途径。

1　投资控制

投资控制是“三控制”的根本，也是建设单位实现效益目标的关键性影响因素。对建设项目投资进行有效的管理，需要从项目的决策阶段、设计阶段、施工阶段以及竣工验收阶段进行全过程的控制。而其中对投资影响最大的阶段就是项目的施工阶段，在这个阶段中，由于受到各种不确定因素的影响，对于施工的时间、施工的过程等都会产生较大的影响，而这些问题正是影响投资控制效率的主要因素。因此，对交通工程建设项目投资控制需要以项目的实施阶段作为主要控制阶段，可以从以下几个方面进行：

1.1　对工程施工现场的变更和签证进行有效的控制

在施工过程中，要加强对工程设计变更的管理，如果是不可避免的变更，尽量将其控制在工程施工的初期，如果是对工程造价影响较大的重大变更，则需要首先对其进行科学的预算和核算之后，再采取有效的措施对其进行控制。总的来说，在项目工程的实施阶段，尽量避免或者是减少工程设计的变更，也尽量控制工程量，做到任何一项工程要对其工程量进行认真的审核，才能够有效地实现工程造价的科学管理。

1.2　加强对工程施工图的预算控制

施工图是现场施工的根据，通过施工图能够对现场的施工量以及施工进度进行有效的控制。对于超出工程预算的部分，应当进行详细的分析，在此基础上找到合理的解决办法，对控制目标进行调整或者是修正,使得工程造价控制始终能够处在一个动态的形式下,有利于投资控制的顺利进行。

1.3 加强相应人员素质的建设

作为工程管理人员,应当加强自身对理论知识的学习,具备较为系统的工程理论知识体系,并且具有一定的现场施工经验。能够做到在进入到现场后,针对不同的问题,提出不同的处理方案,在各种方案中选择一个最为合理和科学的方案用来解决实际问题。另外,应当对工程建设的基本程序有着较为系统的了解,对于工程招投标的相关资料也要掌握,这样才能够有效地进行投资控制。

1.4 随时深入到施工现场中,对工程的地质情况进行即时的勘察

根据施工图纸,对施工现场的地质情况进行熟悉和掌握,并且及时与监理人员、承包人等进行沟通,对工程的相关资料进行必要的了解和收集,及时对控制目标进行适当的调整,最终为工程的总结算提供科学、完整并且有效的依据。

2 质量控制

质量控制是交通工程建设中关键的部分,也是进行进度控制的前提。工程质量的控制对于整个工程的建设质量有着重要的影响,同时也对工程的二次投资起着重要的作用。工程的质量是交通工程建设的生命,也是关系到建设企业信誉的重要因素。交通工程与土建工程有着很大的区别,其具有自身的特点,因此在质量控制过程中所采用的手段和方法也与其他的工程有着很大的不同,在实际工程建设的过程中,可以从以下几个方面进行控制:

2.1 对原材料的控制

原材料的控制是加强建筑产品质量控制的一个主要程序,也是一个关键的程序。对于不符合设计要求和质量不合格的材料,应当禁止进入到施工现场。因为进入施工现场的材料,对于交通工程建设的质量控制有着关键性的作用,比如标志牌、防护栏等产生的质量问题,往往不是在安装的过程中,而是出现在进场构件的质量方面。在安装过程中进行控制相对较为容易,而对进场的材料进行控制则稍有难度,对于有缺陷的材料往往不能及时发现,只有在使用过程中才能逐渐暴露出来,因此,对进场材料的控制是十分重要的一环。相关的工作人员需要到进货的厂家进行实地考察,对于工厂的生产设备以及生产能力是否符合要求进行综合的分析,而且对材料的运输过程也要进行定期的巡查,确保供应商能够提供合格的产品。当材料进场后,由技术人员根据相关的设计要求和规范进行检验,包括产品的尺寸、规格等是否符合要求,对其能否用于安装进行确认。当发现疑问时,则随时可以根据相应的单据要求供应商进行赔偿或者更换。

2.2 对施工流程的控制

对交通工程建设项目质量的有效控制,除了把好材料进场关,同时也需要对施工的流程进行有效的控制,如波形梁钢护栏施工工序为:放样—打桩—护栏安装—护栏线形调整。隔离栅及防抛网的施工工序为:放样—挖坑—浇基础、立柱安装—挂网。标志的施工工序为:基础定位放样—基坑开挖—基础混凝土浇筑—标志立柱安装—标志板安装。

2.3 建立科学的质量控制体系

建设工程项目质量的有效控制,需要一个系统的管理体系作为基础和保障。而在施工项

目的管理层中,项目的总工程师是该项目的负责人,需要根据工程的实际情况,执行施工工程质量的总体方针和政策,以及工程质量检验的标准。由工程师和实验人员对工程质量进行定期的检查,发现有不符合规定的需要及时进行处理,使其能够达到规范要求的标准。只有在一道工序达到要求后,才能够进行下一道工序。在需要的情况下,可以由专业的技术工程师到施工现场进行指导和监督,对于现场出现的问题能够及时解决,这样便能够形成一个科学的、全面的、系统的质量管理方案,有效地实行质量控制。

3　进度控制

进度控制是交通工程建设中的关键部分,是建设单位最为直接的需求,也是监理单位进行控制的主要项目,是建设单位创造经济效益和社会效益的主要影响阶段。在进度控制过程中,存在着很多的不可预见因素和不可控制因素,只有不断加强对工程进度的有效控制,才能够有效地控制建设产品使用者的经济效益和社会效益,并且使其达到最优化。对交通工程建设的进度控制,可以从以下几个方面进行:

3.1　在施工之前进行必要的考察工作

施工单位应当在施工开始之前,就对施工现场的情况有一个详细的了解,根据业主的要求,按照合同中规定的工期对施工过程做一个详细的计划,并且对需要的人力、物力和财力等进行科学的规划,只有做好这些准备工作,才能够保证工程的顺利开工。在工程施工的过程中,应当根据施工现场的实际情况,及时增加或者是调整施工队伍,使组织计划能够不断得到完善。对于工程中的关键部分或者是可能影响其他分项的工程,应当首先着手进行施工,以便进一步打开工作面。

3.2　有效的监理工作

监理单位要本着对业主负责的态度,认真督促施工单位按制定的施工组织计划施工。制定年进度计划,按时向建设单位上报月进度计划、季进度计划、月形象进度和季形象进度。发现影响工程进度的因素,要及时准确地向业主单位报告,以利解决实际困难。

3.3　建设单位主要通过合同措施来实现对进度的控制

一是与施工单位签定合同工期,要求务必在规定期限内完工,对于工程延期的给予经济处罚。二是工程款支付与进度挂钩,根据工程量和形象进度拨付工程款。三是设立奖惩机制,激发施工单位的积极性,有效地加快工程进度。

3.4　创造良好的施工环境

交通工程与其他工程相比,具有线长面广、分部分项工程繁多、气候影响大、制约客观因素多的特点。因此,建设单位必须积极与当地政府和相关部门沟通联系,搞好征地拆迁和协调工作,为施工单位创造一个良好的施工环境,这是进度控制的前提。

3.5　落实好资金

工程款的到位情况是影响进度控制的又一重要因素。大多数工程资金的落实都比较困难,这将严重影响施工单位加快工程进度的积极性,以致影响整个工程的进度。作为业主单位必须设法落实好资金。

在交通工程建设中,需要不断加强对投资、质量和进度的控制,才能使工程造价和质量得到有效的控制,进而促进我国交通工程建设的不断发展。交通工程建设过程中的"三控制"之间是相互制约和相互联系的,而且三项控制工作是不可分割的一个整体,以“三控制”进行有效的管理,对于建设单位和监理单位都有着重要的影响。“三控制”的有效实行,需要业主、监理单位以及施工单位的共同努力,才能够实现有效的控制与管理。

参 考 文 献

[1] 刘永吉.现代信息管理在交通工程建设中的应用[J].中小企业管理与科技,2010(28).
[2] 程青现.交通工程建设中要注重“以人为本”[J].大众科技,2005(7).
[3] 胡超明.关于交通工程建设市场招投标的几点思考[J].城市建设理论研究(电子版), 2011(17).
[4] 胡红波,张炳志.西藏交通工程建设中存在的质量问题及其对策[J].山西建筑,2011(34).
[5] 麻进兴.浅议交通工程建设中的“三控制”[J].城市建设理论研究(电子版),2011(33).
[6] 蒋国祥.如何进一步完善交通工程建设管理体系的思考和实践[J].中国科技博览,2010(30).
[7] 尹军,杨占生.现代化信息管理在交通工程建设中的应用[J].山西建筑,2008(22).
[8] 井锡卿.浅析交通工程建设中影响造价的因素及对策[J].科技创新导报,2009(18).
[9] 许丽,李迁,姜天鹏.大型交通工程建设安全管理体系分析与实践[J].建筑安全,2006(11).

窗口单位和服务行业创先争优活动长效机制探索

戴　静

（高发公司郑州分公司沟赵收费站）

摘　要　在党的基层组织和党员中深入开展创建先进基层党组织、争当优秀共产党员的创先争优活动，是党的十七大和十七届四中全会作出的重要部署，是推动学习实践科学发展观向深度和广度发展的一个重要抓手，也是新形势下党的基础组织建设的一项重要创新。深入推进窗口单位和服务行业创先争优活动，是创先争优活动的一项重要任务，对于进一步密切党群、干群关系，优化发展环境，推动经济社会跨越式发展，具有十分重要的意义。

关键词　窗口单位　服务行业　创先争优活动

在党的基层组织和党员中深入开展创建先进基层党组织、争当优秀共产党员的创先争优活动，是党的十七大和十七届四中全会作出的重要部署，是推动学习实践科学发展观向深度和广度发展的一个重要抓手，也是新形势下党的基础组织建设的一项重要创新。深入推进窗口单位和服务行业创先争优活动，是创先争优活动的一项重要任务，对于进一步密切党群干群关系，优化发展环境，推动经济社会跨越式发展，具有十分重要的意义。

1　充分认识窗口单位和服务行业开展创先争优活动的重要意义

开展创先争优活动，是党对世情、国情、党情新变化提出挑战和考验的深刻回应，是提高党的执政能力、巩固党的执政基础、实现党的执政使命的必然要求，是党建工作面临的一系列难题的现实需要，是以党内和谐增进社会和谐的有效载体，是落实以人为本、执政为民要求的实际行动。窗口单位和服务行业联系民生最紧密、服务群众最直接，涉及面广、社会影响大，是党和政府联系群众的桥梁和纽带，是群众得实惠的关键部位。窗口单位和服务行业的创先争优活动群众容易看得到，感受最直接，深化窗口单位和服务行业创先争优活动对进一步密切党群干群关系、提升党和政府的形象，进一步促进行风建设、提高行业服务水平和效率，进一步加强各行业基层组织和党员队伍、干部职工队伍建设，推动国家“十二五”发展开好局、起好步，具有十分重要的意义。以高速公路收费站为例，作为高速公路服务社会大众的一个单元，收费窗口虽小，驾乘接卡、缴费的时间虽短，但收费员的一言一行、一举一动，甚至一个眼神，都直接代表着高速公路的形象、所处省市的形象，甚至整个交通系统的形象，因此在基层收费站党支部开展创先争优活动意义非凡，责任重大。

2　准确把握窗口单位和服务行业创先争优的目标要求

高速公路收费站作为窗口单位和服务行业应紧紧围绕创先争优活动“推动科学发展、促进社会和谐、服务人民群众、加强基层组织”的总体目标任务，按照创建“五个好”先进基层党组织、争做“五带头”优秀共产党员的标准，紧贴交通行业的性质、特点、职责、任务，从经济社会发展和群众需求出发，找准工作重点和结合点，在优化环境推动发展，规范管理提高效率，提升素质改善服务，改进作风树立形象上创先争优，努力做到服务意识明显增强、服务作风明显改进、服务效能明显提高、服务能力明显提升，把收费窗口办成优化发展环境的示范窗口、服务人民群众的便民窗口、展示精神风貌的形象窗口。努力形成长效服务机制，推动作风建设不断上水平，让过往驾乘人员享受到舒适便捷、安全畅通的优质服务。

3　结合工作实际构建创先争优活动长效机制

要使创先争优活动取得实效，长期坚持，就要在建机制、求长效上下工夫。高速公路收费站在创先争优活动中，各级党组织要通过建立“四项机制”，确保创先争优成为推动科学发展、促进企业和谐、服务职工群众、加强基层组织的经常性动力。

3.1　强化领导责任落实，建立健全组织保障长效机制

首先要把创先争优活动开展情况纳入基层党委抓党建工作责任制考核，强化基层党支部书记履行第一责任人职责，做到领导重视，带头落实；其次建立常设机构，通过逐级常设创先争优活动领导小组和办公室，履行对活动的组织领导和协调指导职责，做到日常工作和创先争优活动统筹兼顾、同步推进；三是党委组织部门、宣传部门、业务科室以及工会、共青团组织积极参与，明确分工，努力打造党委统一领导、组织部门牵头抓总、各部门积极配合，一级抓一级、层层抓落实的创先争优活动常态化工作格局，确保活动能抓在手上，落到实处；四是结合工作实际，制订阶段实施方案，坚持民生为先，把群众得到实际利益作为出发点和落脚点，将活动开展与中心工作紧密结合，相互促进。

3.2　强化素质提升，建立学习教育长效机制

收费站直接面对社会大众，服务对象范围广泛，各种问题不断涌现，对其服务水平与解决具体问题能力提出了更高的要求，因此，提升人员素质是开展好创先争优活动的基础。一是建立全员学习培训制度，建立健全全员脱产轮训、关键岗位与骨干人员定期培训、岗位以老带新、个人自学的多种形式教育培养工作制度，确保学习的制度化和常态化。二是学习教育培训的内容要紧密结合行业特点。以高速公路沟赵收费站创建形象示范站活动为例，结合工作实际，举办了形象示范站培训班，培训主要内容有：收费规范操作流程、交接班仪式及军事训练、基本服务礼仪、星级员工考核评定办法、微笑服务标准流程、工作化妆法等，并出台了《沟赵站业务用语规范》，对收费过程中遇到的各种情况下的服务用语进行规范指导，使服务更加专业、规范；同时组织收费员对高速公路网络、沿线风景区、省会交通干线以及大中专院校、企事业单位位置等进行熟知熟记，为驾乘提供延伸服务。通过培训，使全体员工增强了服务意识，提升了服务技能。三是学习教育培训应根据行业需要、技术升级以及人员调动情况定期开展，更新内容，覆盖全员。

3.3　强化行业特点，建立服务民生长效机制

服务民生是窗口单位和服务行业创先争优的落脚点，群众是否满意是创先争优活动实效的最好标准，关系到创先争优活动的成败。高速公路收费站作为窗口单位，直接为过往驾乘人员提供服务，创先争优活动应主要围绕收费中心工作，如何更好服务驾乘开展。一是建立健全

党员联系服务群众制度，通过广泛开展“三亮三比三评”（即“亮身份、亮标准、亮承诺”、“比技能、比作风、比业绩”、“群众评议、党员互评、领导点评”）等活动，例如高速公路郑州分公司开展的“党性在岗位闪光——党员挂牌示范岗”为主题开展党员主题实践活动，通过党员佩戴党员标志上岗、党员职务岗位上墙、落实百分责任制、做出岗位承诺等形式，使每名党员在岗期间亮出身份，亮出工作，亮出责任，亮出承诺，增强党员为企业发展做贡献的观念，接受广大群众监督，取得了良好效果。二是切实抓好党务公开、政务公开、站务公开等制度的实行，拓宽渠道，广开言路，为党组织和党员更好地联系群众、服务群众创造条件。三是建立健全评议制度。通过设置意见箱、聘请社会监督员、开展行风评议等形式，把党员服务群众、服务驾乘情况作为党性分析的重要内容，认真组织党员群众评议，促进党组织和党员经常倾听群众呼声，解决实际困难，热心服务驾乘，让群众感受到创先争优带来的新变化，努力提高社会满意度。

3.4 强化管理落实，建立监督考核长效机制

创先争优活动时间长、节点多、任务重、涉及范围广，能否持续给力，不折不扣把各项任务落实好，关键是要建立完善推动各项任务落实的监督考核工作机制，以有力的机制来保证各项任务落到实处，取得实效。一是严格督导讲评，强化过程控制。对各个阶段、各个节点、各项任务制定推进表，列出控制节点，为做好过程控制奠定基础。要通过定期收听汇报、下发检查通报、领导专题点评、政工例会讲评等多种形式，调度工作进展，协调解决难题，督促工作落实，以此形成检查与通报、调度与讲评相结合的全方位的工作督导落实机制。二是建立考核办法，促进工作落实。建立考评办法，做好考评工作是抓工作落实的重要手段。三是实行对标晋级，实现持续改进。持续改进是提高工作落实质量的重要方法。各级党组织和党员以对标晋级为手段，广泛开展“对照目标差什么，立足岗位干什么，赶超先进怎么办”大讨论，查找自身差距，明确努力方向和目标，制订跟进、赶超的具体措施，使创先争优工作在对标、赶标、超标中，形成持续改进、持续赶超、奋勇争先的螺旋式上升的生动局面。

建立健全创先争优长效机制是一项长期任务，只有随着时代的进步和实践的发展不断创新，才能确保创先争优与时俱进、充满活力、富有实效，推进党的各项事业顺利发展。

浅谈企业培训效果的评估

江　帆

（河南高速公路发展有限责任公司）

摘　要　企业人员培训是企业人力资源管理工作的重点之一，培训体系应该由培训内容制定、培训执行机制和培训评估体系等组成。员工培训不应是盲目的人才开发，而应是有目标的开发，在培训项目结束后，要运用一定的评估指标和评估办法，就培训效果进行一次总结性检查。

关键词　企业员工培训　培训体系　评估模型

企业的竞争越来越体现在人才的竞争上，而对人才的培养也越来越成为企业长久发展的原动力。目前，一个企业是否具有系统化、专业化的培训体系和广阔的发展空间，成为吸引人才的利器之一，也成为企业人力资源管理战略的一个重要部分。以往，培训主要考虑企业当前的工作需要，着重知识、技能方面的补充。随着知识经济时代的发展，现代企业制度的逐步推进，企业步入了高科技化、国际化、竞争化的新时代，需要员工培训更加具有战略性，不仅着眼于知识与技能的补充，更要培养企业文化与企业精神，培训员工新观念和良好的工作作风，让员工掌握市场竞争、国际交往的知识和能力，保证企业经营和个人发展同步进行。同时，培训的目的不能仅仅局限在基本技能的开发上，更多应看成是创造人才资本的手段，使员工在现在或将来的工作岗位上的工作表现达到企业的要求，并发挥最大的潜力以提高工作绩效。

1　员工培训体系建立的重要性

企业员工培训是企业人力资源管理工作的重点之一。企业通过各种各样形式的培训，有计划地对员工进行训练，使其具有自身工作、企业发展相关的知识、技能以及工作态度等素养，能适应本职工作或更高职级的岗位工作。培训体系应该包括培训内容制定、培训执行机制和培训评估体系等组成。其中，培训内容制定是否全面决定员工培训目标能否实现，是培训工作的根本；培训执行机制是保障，是建立在培训需求的基础之上；而培训评估体系是衡量培训工作的唯一尺度，是培训的收尾工作，也为下一次培训奠定基础。

员工培训不是可有可无的，它是一项重要的人力资源管理工作，是企业提高竞争力，实现可持续发展的重中之重。社会的发展日新月异，知识快速更新，通过培训才能让员工做到无论是技术层次还是知识水平跟上知识经济社会的时代节奏。因此，员工培训工作十分重要，而为了达到预期效果，一个完整的员工培训体系的建立尤为重要。完善的培训不会对企业成本造成浪费。完善的培训一方面呈现综合化、复合化、广泛化趋势，另一方面呈现专业化、精细化、高品质化趋势，而且企业培训本身向市场化、企业化、集团化和高科技化发展。能达到预期效果的培训，是一种良性投资，往往能给企业带来更多隐形的经济效益和社会效益。

2 员工培训效果评估在培训体系中的重要性

员工培训不应是盲目的人才开发,而应该是有目标的开发,这种目标的确定在一定程度上是依据效果评估的结果加以确定的。目前,部分企业在培训工作中投入了大量的人力、物力,培训作为一种良性投资,却并未给企业带来更好的投资效益,最大的原因就来自于企业在培训过后,不能回头审视每次培训,只是单纯将知识或技能灌输给员工,却忽略对培训质量、培训效果进行评估,以致企业的培训工作质量始终没有更大的提高,原地踏步或是后退。员工在培训后,接收到了新知识和新技能,但并不代表他们就能够自主地将培训内容运用到工作中来,达到个人素质和工作业绩的提高。

前面说到:培训评估体系是衡量培训工作的唯一尺度,是培训的收尾工作,也为下一次培训奠定基础。所以,员工培训效果的评估,不仅是对培训组织部门业绩的评估,同时为培训组织部门提供良好的工作经验,也能对受培训地员工培训后情况进行更加细致的了解。

3 以柯克帕特里克培训评估模型为基础进行评估

在培训的某一项目或者某一课程结束后,就要对培训效果进行一次总结性的检查,依据培训的目的和要求,运用一定的评估指标和评估办法,找出受训员工有哪些收获和提高,同时也找出培训执行机制有哪些不足和优点,检查和评定培训的效果。当前,对培训评估进行系统总结的模型占主导地位的仍然是“柯克帕特里克”模式。

柯克帕特里克在1959年提出的培训效果评估模型至今仍是国内外运用得最为广泛的培训评估方法。柯克帕特里克从评估的深度和难度将培训效果分为4个递进的层次。这种评估工具较为实用,它不仅要求观察受训员工的反应和检查受训员工的学习结果,而且强调衡量培训前后的表现和公司经营业绩的变化。模型内容见表1。

柯克帕特里克培训效果评估模型 表1

层　次	问　题	方　法
反应层	受训人员喜欢该项目吗?对培训人员和设施有什么意见?课程难吗?他们有些什么建议	问卷
学习层	受训人员在培训前后,知识以及技能的掌握方面有多大程度的提高	笔试、绩效考核
行为层	培训后,受训人员的行为有无不同?他们在工作中是否使用了在培训中学到的知识	由主管、同事、客户和下属进行绩效考核
结果层	组织是否因为培训经营的更好了	事故率、生产率、流动率、士气

柯克帕特里克评估模型至今仍是国内外运用得最为广泛的培训评估方法。考核的是受训人员接受培训后其学习、工作反映的情况,以及该人员在企业或组织的执行情况和最终带来的效率。较为全面,在实施中也是较为可行的。但是在评估过程中,很多方法过于单一,只是单纯地对培训人员做出前后比较。如果组织不恰当,随意性太大,因此我们要在模型基础上更好地完善培训内容、增加评估办法,多形式地进行培训评估。

柯克帕特里克评估模型将第一层设定为:反应层,即了解受训人员、培训单位和讲师等的反应。然而,在实际操作中,我们首先应先评估培训工作开始前的准备工作。评估培训确定时期,确定的培训原因、培训内容、培训对象、培训时间、培训地点、培训经费、成本核算、培训方式的制定是否存在偏差或不完善,确保每个培训项目在执行前均能符合科学性、实用性、合法性、正确性。

柯克帕特里克评估模型第一层反应层评估主要评估受训人员对培训内容、讲师、材料、设施的意见,采用的主要方法是问卷调查。可以说,设计恰当的问卷调查更加直观,易于实施,节省时间,容易分析,利于总结。但是因为问卷调查问题的主观性,也往往会因为被调查者在不同环境中的主观思想不同,而使调查结果产生偏差。因此在评估时,我们要做到调查及时,在课程结束时,及时发放问卷,以方便被调查者快速做出反应。并且培训结束后,问卷调查收集结果将对下一次培训也发挥至关重要的作用。

柯克帕特里克评估模型第二层学习层评估主要评估受训人员对培训内容掌握程度。采用的主要方法是笔试、绩效考核。在评估过程中,我们还可采用培训内容演示、工作环境场景再现、讨论等多种方式。同时,应根据培训内容和培训群体的不同采用不同的评估办法。对管理人员的知识性内容,例如企业文化、业务规程、岗前培训、规章制度等可采用笔试的方法。而对于技术人员,安全操作、转岗培训、特殊行业取证培训等就可以用演示、考核等方法评估培训效果。并且,在评估前,如受训人员得知将采用笔试或考核的办法对培训效果进行评估,也会促使受训人员更加努力学习。

柯克帕特里克评估模型第三层行为层评估主要评估受训人员培训后,在实际工作中的变化。采用的主要办法是跟踪调查,由主管、同事、客户和下属进行绩效考核,安排在培训后 3 个月左右时间进行。如培训人数众多,可通过抽样调查的方式。这样的评估可以使高层领导和直接主管看到培训的效果,是他们更支持培训。当然,这种评估也需要培训主管部门与其他各职能部门建立良好的关系,以便不断获得受训人员的行为信息。

柯克帕特里克评估模型第四层结果层评估主要评估受训人员受训后行为的变化是否能为企业带来良性结果,有多少积极结果是与培训有关的?培训后,受训人员是否产生了良性发展。这也是评估过程中最复杂、最重要、最耗时、最需要上级支持的环节。通过对受训人员事故率、生产率、流动率、士气分析,当然,企业也应该具有完善可行的绩效考核体系。在年终,可以通过企业效益、成本、安全事故率、培训计划执行率、特殊行业取证率等内容作为指标加以评估,分辨出哪些结果与你要的评估课程有关系,有多大程度的关系?

总之,要建立健全完善的培训评估体系,改变以往培训评估简单的问卷调查和笔试的方法,将培训评估融入培训前、培训中和培训后,使评估指数更加具备科学化、易操作、详实性等特点。加强培训评估体系建立,才能更好地服务于企业,贴近企业实际。因此,重视人才的培养和教育已是企业飞速发展的必备武器,只有做好企业的培训系统,才能更好地奠定企业在市场中的发展地位,促进企业良性发展,为企业拥有竞争力提供有力支持,才能更好地让企业走向未来,走向世界。

浅谈企业人力资源管理建设

何晓晨

（河南高速公路发展有限责任公司）

摘　要　随着社会经济的迅猛发展，经济全球化趋势日益增强，技术改革和技术创新速度日新月异，消费群体的需求差异性日渐增多，企业如果想在市场上占有一席之地，需要面对的机遇和挑战也越来越多。而众多的机遇与挑战中，人的作用越来越重要，这就要求企业必须重视人的因素，建立以人为中心的管理制度，而人力资源管理的本质就是通过以人为本的管理方针，通过人力资源政策和具体细致的人力资源工作，达到人力资源有效配置，促使员工潜能和创造力得到发挥和提升，激发人的积极性，实现企业有效发展的目标。

关键词　企业　人力资源　管理

1　我国目前企业人力资源管理存在的主要问题

1.1　人力资源制度的建设

制度建设是人力资源管理之本。一方面，部分企业在人力资源制度建设的过程中，常常制定了各种各样的人力资源制度。但仔细看来，往往不外乎员工薪酬、员工考勤、奖惩制度、培训制度等，虽然对员工行为加以规范，但是一定程度上也限制了员工的创造力，降低了员工的积极性，没能准确站在“以人为本”的层面，达到员工发展和企业目标实现的和谐统一。另一方面，准确的、全面的人力资源制度是推进企业发展的重点。然而部分企业不注重人力资源制度内容的制定。可以说，准确的、全面的人力资源制度应该是根据企业的发展战略、发展目标及企业内外环境的变化而制定的，通过预测未来企业的要求，制定出满足企业未来要求的人力资源目标。在这样的前提下制定出的人力资源制度才能够做到全面契合企业发展，推动企业快速前行，为企业可持续发展提供出前瞻性的人力资源规划。

1.2　人力资源机构的设置

部分企业并没有设置专门的人力资源机构，职能往往由办公室或行政部兼任。虽然部分企业在逐步发展的过程中，将人力资源部单列，但即便如此，也存在着非人力资源专职员工，人力资源部的员工往往还兼职着许多与人力资源管理关系不大的其他一些管理职责。企业领导将人力资源管理的范畴过于简单化理解，造成人力资源工作仅仅是人力资源部职员工作上的副业，不列入重点工作。

1.3　人力资源管理的侧重

部分企业的人力资源管理还处于传统行政性人事管理阶段。主要特点是只管“事”，不管“人”，只就“事”论“事”，没有“事”与“人”的协调统一，强调“事”的单一管理，认为人力资源管理只是单纯地解决一个又一个的“事”，“事”解决了，“人”就管好了。一味的控制“人”去做

"事",却不去积极调动"人"主动去最大限度地完成"事"。

1.4 人力资源机构的定位

部分企业高级领导层受业务困扰,对人力资源工作的重要性认识不够,部分企业不重视人力资源部门的建设,将人力资源部门定位太低,造成人力资源管理过程中,无法统筹管理整个企业的人力资源。受职权限制,人力资源部门与其他业务部门沟通困难,造成考核体系不完善,激励机制不健全。

1.5 人力资源专干的配备

部分企业没有配备专职的人力资源专干。即使有,也常常仅仅是管管薪酬、档案和保险等,按照以"事"为中心的传统模式操作,不能起到应有的作用。

综上所述,目前我国企业存在的主要问题集中体现在人力资源管理无法充分有效地激活人力资源,激活企业活力和员工创造力。

2 未来我国企业人力资源管理的发展趋势

人力资源管理的过程中,我们要努力实现:人力资源管理的规范,良好企业氛围的营造,员工潜能的开发利用,员工生活质量的提高,员工职业满意度的增强,企业核心竞争力的提升。要站在可持续发展的高度上进行人力资源管理,企业的各项人力资源管理的方针、政策、实施理念都应围绕"充分调动全体员工的积极性和创造性"为根本。"充分调动全体员工的积极性和创造性"不是单纯的企业人力资源管理实施的结果,而是企业所制定、实施的各种人力资源开发和管理的体现和贯彻机制。

因此,科学、高效地进行人力资源开发与管理,关键在于建立起完备的人力资源管理机制和环境,将人力资源管理模式纳入管理乃至战略阶段,即在确立"以人为中心"的基础上,通过人才选拔、职业培训、工作激励、员工参与等方式来调动员工的积极性和创造性,使员工处于自动运转的主动状态,激励员工奋发向上、励精图治的精神,营造出一种所有员工被调动的环境氛围和管理机制。

3 企业人力资源管理建设应注重技术和管理相结合

决定企业人力资源管理是否有效的影响因素很多,集中体现在企业用人方针及员工自身发展两方面。企业用人方面,讲求科学用工机制的建设,即建立起科学规范的人力资源开发和管理制度,激活全体员工的积极性和活跃度。员工自身发展方面取决于员工自己对工作的认识,当员工将工作能当做事业来做,形成持续的努力时,从而实现企业的发展目标就有了最最重要的基本条件。

3.1 构建人力资源管理制度体系

企业的人力资源部门不仅要注重招聘、员工合同管理、考勤、绩效评估、薪酬制度、调动、培训等与公司内部员工有关的事情,而且重视与客户的联系,关注客户需求和市场变化,从而建立人力资源管理制度体系。制度体系的构建应该与整个企业组织的战略目标、组织文化、组织机构、员工现状等完全协调,以便准确把握,并在制度体系的构建中有效贯彻、实践。可见,人力资源制度体系应包含当前企业急需解决的人力资源管理问题,即明确人力资源管理方向的人力资源规划体系;实现组织战略目标的绩效考核体系;激活人力资源的薪酬设计与激励体系,保证优秀人力资源不断供给的人才培养与管理体系。随着人力资源管理体系的建立及人力资源管理功能的完善,整个人力资源管理体系和谐统一,从而有效地发挥人力资源管理的整体效能。

3.2　构建人力资源管理核心技术

企业应全方位地掌握人力资源管理技术,才能形成一个有效的人力资源制度。

3.2.1　人力资源规划明确

根据企业的战略目标、文化价值导向和员工情况,明确人力资源未来导向,规划清晰、有效,具有前瞻性,从而提出企业人力资源管理策略。

3.2.2　组织结构设置灵活

企业的人力资源部门应以市场为导向,结合企业管理实际,灵活掌握机构工作职责和工作范围、工作强度,根据组织结构和组织战略目标,科学设置岗位及编制。

3.2.3　员工配置准确及时

应根据不同条件,准确规划企业人才库及未来需求,建立人才库,有详细、准确的员工情况明细,以方便相关岗位配置人才。

3.2.4　员工规划长远有效

企业应根据自身发展需要,通过职业规划,采用培训、学历深造等方式,有目的、有计划地对员工进行职业规范和能力开发。

3.2.5　人力资源专干定位明确

人力资源部门应该根据企业的实际情况,明确角色定位及职责要求,有针对性地锻炼人力资源专干的素质,促进组织目标的实现。

3.3　构建人力资源管理激励机制

现今社会人才竞争日趋激烈,人力资源管理应通过激励机制,吸引、开发和留住人才,激发员工的工作积极性和创造性。

3.3.1　完善薪酬机制

目前的薪酬主要涵盖基本工资和绩效工资等方面。通过组织架构以及设置岗位、评价岗位等基础工作,才能有效地确定岗位工资。同时,只有具备相应知识、技能和能力的员工才能配置到合适的岗位。采用基本工资和绩效工资相结合的分配办法,将绩效工资与员工业绩、企业效益挂钩。

3.3.2　健全员工培训机制

增加人力资源的培训投入,注重对培训必要性的研究,针对员工履行工作职责能力的不足进行培训,通过各式各样的培训培养出能够发展或拯救企业的人才。并注意最大限度地降低培训投资的风险,防止员工因培训提高择业能力和职业适应性而另谋高就。

3.3.3　完善精神激励机制

企业管理者应从满足员工的精神需要出发,一方面注重创造一套自我激励、自我约束和促进人才脱颖而出的机制;另一方面强调以团体为中心的奖励机制,增强员工的团结力,进而达到对个体的有效激励,努力营造尊重、和谐、愉快、进取的氛围,激发员工的上进心和工作积极性。

高速公路管理

吴　丹

（商丘分公司商丘收费站）

摘　要　高速公路建设对于实现河南省内贯通一体化发展、改善路网结构、提升交通运力、加快沿线资源开发、促进地方经济发展具有重要意义和影响。但是随着经济的快速发展，我们的高速公路也要有相应的变化与改善，以适应未来交通运输的需求与变化。

关键词　高速公路　养护　收费　路政　服务区　科技

过去十几年，我国高速公路建设确实取得了很大的成绩，在这样一个成绩的基础上，国务院专门批准了一个新的中长期高速公路发展规划，确实有它的特殊意义。从 1988 年上海至嘉定高速公路建成通车至今 17 年间，在“国道主干线系统规划”的指导下，中国高速公路总体上实现了持续、快速和有序的发展，到 2004 年底，中国高速公路通车里程已超过 3.4 万公里，继续保持世界第二。当前，中国已进入全面建设小康社会的新时期，并将逐步实现现代化，经济社会发展对中国高速公路发展提出了新的更高要求。从国家发展战略和全局考虑，为保障中国高速公路快速、持续、健康发展，有必要规划一个国家层面的高速公路网，连接所有目前城镇人口在 20 万以上的城市；连接首都与各省会、自治区首府和直辖市；连接各大经济区和相邻省会级城市；完善省会级城市与地市之间、城市群内部的连接；强化长江三角洲、珠江三角洲和环渤海三大经济区之间及与其他经济区之间的联系；保障西部地区、东北老工业基地内部高速网络的合理布局和对外连接；加强对国家主要港口、铁路枢纽、公路枢纽、重点机场、著名旅游区和主要公路口岸的连接。国家高速公路网规划建成后，可以形成“首都连接省会、省会彼此相通、连接主要地市、覆盖重要县市”的高速公路网络。这个网络能够覆盖 10 多亿人口，直接服务区域 GDP 占全国总量的 85% 以上；实现东部地区平均 30 分钟、中部地区平均 1 小时、西部地区平均 2 小时抵达高速公路，客货运输的机动性将有显著提升。国家高速公路网是中国公路网中最高层次的骨干通道，主要连接大中城市，包括国家和区域性经济中心、交通枢纽、重要对外贸易口岸；主要承担区域间、省际以及大中城市间的快速客货运输，保障提供高效、便捷、安全、舒适的服务。规划确定的国家高速公路网采用放射线与纵横网格相结合的布局形态，构成由中心城市向外放射以及横连东西、纵贯南北的公路交通大通道，包括 7 条首都放射线、9 条南北纵向线和 18 条东西横向线，可以简称为“7918 网”，总规模大约为 8 万 5 千公里。

虽然我国的高速公路发展事业蒸蒸日上，但是也有需要改善的地方，我们应注意以下几个方面。

1　养护

养护管理是高速公路管理中的一项重要基础工作，是保证高速公路快捷、安全、舒适，达到

“畅通、平整、洁净、美观”的行驶质量的重要手段。管理部门应通过对高速公路及其附属设施进行经常性、及时性、周期性的预防养护与维修,保持其正常的使用质量、路容美观。从以下几个方面着手:

(1)保证快捷。关键在于对紧急事件处治的力度。除冰雪、防洪抢险是常规性的工作,从而实现预防为主,排查有效,反应迅速,快速畅通。

(2)提高安全设施被损坏后的恢复速度。

(3)保证路面行驶的舒适度和车辆的行驶安全。

(4)保证道路畅通安全。

2 收费

高速公路收费管理不仅关系到通行费征收,同事也是各个高速公路管理部门直接面对社会展示文明形象的重要窗口,因此,人员素质至关重要,我们应结合实际工作,做到以下方面:

(1)建立合理有效的酬薪制度,提高收费员工的工作积极性。

(2)培养收费员工参与社会化就业的技能和能力。

(3)最大限度地提高收费站快速放行能力。在设备配置、收费人员配备和技能等方面建立有效机制。

(4)提高收费设备维护能力,保证收费系统正常运行。

3 路政

路政管理的主要功能是保护高速公路路产,维护路权,它具有行政执法效能,更具有服务功能。在路政队伍的内部管理中,强化队伍建设时路政管理的核心,必须以制度管理人,以规范约束人,科学合理地制定相关制度,解决实际管理中存在的诸多问题,比如,事故清障的及时性,提高路政人员巡查的责任心,认真负责地对超限车辆管理等问题。

4 服务区

服务区是高速公路的重要配套设施,早期的服务区建设仅仅从配套设施的要求出发,现在要以人为本、人性化等方面考虑,在功能布局、外观设计等方面努力。做好长久性的基金准备,针对社会经济不断发展以及不断变化的顾客消费需求,本着以车为本,以顾客为本,长期持久地完善服务功能,不断改进服务设施,从而提高顾客在接收服务时的舒适度和满意度。

5 科技

科技是第一生产力。高速公路是以高科技为先导谋求发展的,在建设运营管理等各个环节中,无不体现出高科技的重要作用。具体表现在运营管理以人性化为根本,使整个系统始终在实践着管理现代化、运营自动化。

参考文献

[1] 曹学明.高速公路紧急救援系统研究.工业安全与环保,2003(8).

[2] 中国公路网,http://www.chainhighway.com.

[3] 孟祥海.高速公路管理与设计.哈尔滨工业大学出版社,2006.

高速公路监控系统技术初探

汤　鑫

（河南省桃花峪黄河大桥投资有限公司）

摘　要　随着经济的不断发展，高速公路也越来越贴近大众生活，已逐渐成为人们商务、休闲、假日旅行的首选出行方式。但随着通行车辆的持续增长，由此带来的交通拥堵及事故也不可避免地成为制约高速公路健康发展的瓶颈。为确保驾乘人员的外出安全与便捷，构建一套技术先进、数据传输率高、性能稳定的监控系统已成为调整车流量分布状态，实现车辆安全、有序运行的重要手段与共识。

关键词　监控系统　体系结构　传输技术

1　监控系统功能

高速公路道路监控系统是将先进的信息技术、数据通信传输技术、电子控制技术以及计算机处理技术等综合运用于地面运输管理体系而建立的一种在大范围内实时、准确、高效的公路运输综合管理系统，能有效地加强对交通流的交通监视诱导，改善交通管理、提高道路服务水平，同时能进一步平滑公路主线的交通流，控制行车速度，减少偶发事件引起的交通拥挤和阻塞，保证道路的通行能力，减少车辆延误；通过外场监控设备实现对路段实时、不间断的监控，避免和减少交通事故特别是二次事故的发生，加快对突发事件的反应和处理速度。

2　监控系统管理结构

高速公路监控系统是一个地理范围分布很广的系统，从监控中心的硬件设备到高速公路沿线布设一系列外场设备都必须进行统一协调的管理。

从控制论角度考虑，高速公路路段多且相互关联，受控变量和控制量多，并且随时间作不确定的变化，这就使得对各路段进行集中式最优控制的难度加大。所以监控系统要做到对各路段交通情况及时、准确的了解，并对各种交通事件进行快速有效的响应，就要根据整个高速公路的路网情况制定合理的监控系统的层次结构。

一般来说，一条50km以下的高速公路可设一个监控中心，而对于更长的高速公路可设一个监控中心和若干监控分中心，每个分中心管辖部分路段，监控中心对分中心进行协调管理。为便于管理，目前高速公路大多采用由上至下、分级分散监控管理方式。监控系统按照监控中心和监控分中心采用C/S模式三级分布式的系统架构，同时三个层次用计算机网络远程联系，形成多级计算机网络监控系统。

3　监控系统体系结构

高速公路道路监控系统主要通过外场设备对公路全线的交通流量、交通状况、环境气象、运行状况进行检测和监视，以交通流的监视和诱导作为主要的监控策略。随着路网的监视和控制手段的完善，整个高速公路信息管理系统将向 ITS 方向发展，根据路段的交通流量分析和路网分析，通过事件检测等手段发现路段内的各类偶发性交通事件，利用车辆检测器检测本路段的车流量和拥挤情况，发布交通诱导信息，调节交通流。

按照道路监控系统的功能和设备特点，系统又可分为交通信息采集子系统、交通状态分析子系统、交通控制子系统、交通诱导子系统等。

3.1 交通信息采集子系统

交通信息采集子系统的功能是获取交通信息原始数据，如车辆检测器采集的车流量数据，气象监测器等采集高速公路各地段的温度、湿度、能见度、雨雾天气等气象数据，及时准确地送至监控中心，同时根据原始数据进行统计运算，生成各类报表。

3.2 交通状态分析子系统

交通状态分析子系统根据采集到的交通信息原始数据，首先判断是否为交通事件或事故。若经过视频人工确定为交通事故，则直接将相关信息传递给交通控制子系统；若不是交通事故，则利用计算机程序求得各路段的交通状态参数，并利用交通流理论分析该路段的交通状态。

3.3 交通控制子系统

交通控制子系统根据交通状态分析子系统输出的交通状态数据，若为交通事故，则根据发生事故的地点和特点自动生成最佳紧急交通诱导控制方案，并发送给交通诱导子系统；若不是交通事故，则根据交通状态、气候数据及管理需要，按预定正常交通诱导方案执行。

3.4 交通信息诱导子系统

高速公路交通诱导子系统是最优的路网调度方案的执行者，进行相关信息的发布，对交通流进行引导和控制，以提高道路网通行能力。该系统包括指挥信息的可变情报板系统、可变限速诱导系统，向车辆提供准确的交通状态和警告。

4 传输方式

监控系统要实现对车流量、交通环境的管理与协调，离不开信息的传输与交换。采用什么样的传输方式，将决定监控系统的技术架构和类型。目前市场上主要有以下两种方式。

4.1 节点式传输方式

目前大多高速公路监控系统采用多节点的模拟视频传输方式，它应用了非压缩数字视频技术，通过 TDM（时分复用）和 ADM（电分插复用）技术将图像、语音等数据信号进行无损传输中继。

同时节点式光端机可以根据需要在若干个传输结点接入一到多路视频信号，并将路段上各点图像分别集中，然后按照汇聚点的先后顺序依次将所有视频串行传输到监控中心。这样，每条串行通道仅需占用 1 芯光纤，而每条光纤链路分别可设置 10 ~ 16 个汇聚节点，每两个汇聚节点之间的距离可达几十公里，一条上百路图像的高速公路也只需几芯光纤即可把所有图像都传回管理中心了，大大节省了光纤资源。目前节点式传输已成为高速公路监控系统传输方式的主流。

节点式传输方式采用全程数字非压缩视频传输，其优点在于视频质量高，性能稳定，没有压缩图像传输的延时问题，同时可随时根据需要对图像路数进行增减，并且对集中、分散图像的传输都能很好地适应。其不足在于传输及供电线路铺设花费较大、可扩展性及灵活性不强。

4.2 IP 传输方式

随着互联网技术的应用，监控系统的 IP 化已然成为行业发展新趋势。IP 化的视频监控系统最明显的特征表现为：在该系统内的任何一个主要设备，比如图像采集设备（摄像机）、图像处理/管理设备（浏览服务器、管理服务器等）、图像存储设备（NVR、存储服务器、IPSAN 等）均具有唯一一个 IP 地址，并且部分设备还可采用 PoE 方式直接取电，减少了走线的麻烦。

通过分配 IP 地址、连接 IP 网络，视频编码器即可以组播或者单播的方式将 MPEG 码流送往网络上指定的目标 IP 地址，并根据高速公路通信系统预留的通信接口，按照需要将各收费站、道路沿线视频图像传输至各监控点及监控中心。

用户在获得相应的授权后，通过网络便可实现在任意时间、任意地点，对系统内的各种设备进行登录访问、浏览控制、参数调整等操作控制。IP 化的视频监控系统，从根本上克服了以往传统视频监控系统存在的技术瓶颈，实现了视频信息的多通道数字交换，支持任意形态网络拓扑结构与设备扩展，从而使 IP 传输具有适应多环节、长距离的传输特点。不但如此，数字视频信号具有可扩展性和互操作性，便于在各类通信系统中传输。这些技术优势又恰恰满足了高速公路联网和扩展的基本特征和需要。

从发展的角度来看，数字系统不仅较模拟系统性能优越、功能强大，而且在今后的全数字化时代，IP 传输必将占据主导地位。但就目前来看全 IP 化的视频监控系统，还并没有达到大面积普及的地步，主要有以下几方面原因：

首先 IP 技术和 IP 网络，从技术层面来说其本身并不是为实时的、大容量的视频传输业务而设计的。而 IP 摄像机、IP 存储设备均是将视频流通过特殊算法，打包成 IP 数据包在网络上进行传输。这些大容量 IP 数据包在网络上进行传输时，不可避免地经过交换机、路由器等设备，这些设备的数据交换效率，将对视频的实时性、图像质量、准确性、延迟抖动等产生较大的影响。

其次，IP 化的视频监控，必须依赖现有的 IP 网络作为视频流的传输载体/介质。比较国内外的平均带宽水平，我们会发现国内的网络带宽并不能真正提供适合监控视频流的传输。国内目前的带宽水平一般为 0.5 ~ 2M bit（桌面带宽）。而以现在主流的 H.264/MPEG4 为压缩格式的视频，在中等画质的情况下，其单路视频的码流一般都为 1.5 ~ 2M bit/s；百万像素以上的高清摄像机，在百万像素的模式下，全实时传输，其码流可以达到 15M bit/s 左右。显而易见，目前国内的带宽水平是不足以支持高清视频传输的（当然，局域网内不存在这个问题）。

因此无论对于视频监控系统的设计者和使用者而言，要想解决前两个问题，是比较困难的。尤其是网络环境，目前带宽的限制，严重制约了百万像素网络摄像机的使用。面对今后视频监控行业 IP 化的趋势，相信未来网络传输会实现更高的带宽，以满足各行业对高带宽的需求。在带宽问题得到解决后，IP 化的视频监控将得到真正的发展和应用。

高速公路监控系统是高速公路建设不可缺少的重要组成部分，通过它不仅可以及时监视、处理和引导交通流，更是保证服务品质的主要手段。随着路网的完善及信息技术的发展，未来一个功能完善、技术先进的现代化高速公路交通监控系统必将改变传统交通运营管理模式，使管理更加人性化、科学化、规范化。

参考文献

[1] 何红梅.高速公路移动视频监控系统应用研究[J].中国交通信息产业,2008(10).
[2] 陈磊,董金明.新型远程监控系统的设计[J].电子测量技术,2006(2).
[3] 齐运书.高速公路建设远程监控系统设计方案.中国交通信息化,2012(1).
[4] 王建军.高速公路管理设施系统设计理论与方法.人民教育出版社,2008.6.

高速公路运营企业的路域经济开发探讨

赵　璞

（河南高速公路发展有限责任公司商丘分公司）

收费是高速公路公司目前的主业。但按照我国现行法律规定，高速公路通行费收取期限一般不超过30年。那么，30年后高速公路不能收费了，企业该怎么办？解决方法之一是利用现有资源优势，进行多元化经营，充分培养、发展路域经济，形成高速公路主线、多点开花、持续发展。

首先我们来看看路域经济与高速公路产业带的关系。高速公路产业带是指以高速公路为基本走向并扩延至高速公路两侧，产业群体相对集中，经济发展水平或速度高于所在经济区域平均商品的带状区域。而如果由两条交叉的高速公路形成交叉产业带就可能发展成高速公路产业园区，从而形成经济增长极。同时高速公路产业带或产业园区的发展将对周边形成强有力的辐射，从而引领周边区域经济的发展。在产业带形成的初期，高速公路的建成为高速公路产业带的形成提供了基础设施和前提条件。通过交通条件的明显改善，首先在高速公路两端和沿线出入口附近等若干点位上形成区位优势，吸引资金、技术、人口等生产要素向这些点位聚集。当一批支柱产业和带头企业建立后，金融、保险、商业、运输、咨询、饮食、医疗等服务行业就会聚集到附近，形成一种强大的集聚效应。高速公路产业带发展初期在空间上表现为高速公路中若干点位的有限积聚增长，尽管高速公路两侧传统产业仍占较大空间，但受到新兴产业的带动该区域经济发展明显高于周边地区。

由于受到土地成本、原料供应、人才资源、投资费用等因素的影响，高速公路沿线产业不可能均匀地分布在两侧所有区域，新的生产要素也不可能同时出现在所有经济点位上，而是以梯度扩散的方式发展，在空间上表现为以高经济密集点位为中心，向周围地区扩散，由点成轴而成片。新的经济增长极是沿高速公路纵向发展和沿高速公路连接线横向发展的贸易积聚和高速公路枢纽地区。

高速公路产业带发展到一定程度，内部差异逐渐缩小，经济状态趋于稳定，经济规模和发展水平相对高于周边地区。各种生产要素在产业带的经济增长极内逐渐昂贵，经济增长极原有的优势逐渐消失，从而开始向周边地区进行经济渗透，逐渐推动周边经济的发展。

物流中心将随着产业带的发展而发展起来，在自身增长极的形成过程中，逐步开始发挥物流中心作为经济增长极的作用。最终由物流中心而形成的物流枢纽将依托高速公路网络，优化地区物流结构，繁荣和完善市场体系，提高城市经济规模，带动运输业、仓储业和配送业的发展，提供新的就业机会，增加税收。

高速公路所形成的这种前向和后向的乘数效应对经济的刺激作用不言而喻。

其次，高速公路的建设与发展所产生的社会经济效益。由于扩散途径的不同，高速公路产业园区以及因高速公路而发展起来的经济增长极所产生的社会经济效益可分为：一、用户直接使用效益,其受益主体是运输部门和使用高速公路的各种机动车辆拥有者。其来源渠道主要是用户工资成本费用的节约、原料及车辆磨损等费用的节约、安全性能提高而减少的事故损失费用等。二、开发效益,指高速公路带动沿线地域资源开发而产生的经济效益,包括高速公路沿线影响区域内的地产增值、自然资源的开发利用、旅游资源开发及旅游吸引力增强等内容,是产业带效益中与高速公路直接联系的一种效益类型,其受益主体为以高速公路的建设为发展前提条件,以交通状况的改善或交通流量的增长为持续发展重要支撑的一些产业。三、波及效益,指由于高速公路带来交通条件显著变化导致沿线地区区位优势增加、竞争优势提高而产生的经济效益。波及效益多集中于高新技术产业、加工制造业及农业领域,对第三产业影响相对较小。四、传递效益,指受益对象本身与高速公路并无紧密联系,但受产业间投入产出因果关系的影响,或是围绕其他主要受益产业发展出现新的需求,致使连带产业从高速公路中间接受益。其特点是与高速公路的直接使用联系相对较弱,产业带的形成和主导产业的发展是其获益的前提条件和主要途径。高速公路产业带中的第三产业的发展具有典型的传递效益。五、潜在效益,指交通功能的加强使经济信息交流得到发展,市场范围扩大,沿线地区思想观念的转变,竞争意识增强,这种无形的社会功能是产业带效益中的潜在效益。

以上我们只是从宏观的角度分析了高速公路所产生的路域经济效应。然而对于高速公路运营企业而言,其路域经济开发又有何对策呢?

对高速公路经营权的分析可以知道,除收取通行费的权利外,高速公路经营权还包括沿线土地的开发权和对服务设施的建设与经营权。以下我们就对高速公路运营企业的路域经济开发的对策作一番探讨。

首先是对沿线土地的开发利用。高速公路的修建带来了沿线土地迅速增值,高速公路修建遗留的可开发土地资源可分成两类:一类为开发优势好,土地相对集中;另一类属于小面积的不返耕弃土场和公路边沟外侧与外隔离栅以内的土地和立交区内地。第一类土地是为高速公路多元化经营和多方筹措交通建设资金而预留的土地资源,具有增值潜力,面积集中易开发。随着高速公路的建成通车即可进行该类土地的综合开发。主要可进行房地产开发,建造类似法国的停车场或服务区,或者直接在高速公路交叉区域建设小型 CBD 或商业区,如若管理经营得法,均可做到盈利性开发。如四川成雅高速公路利用其与成都市连接的 5.78km 高速公路高架桥,管理者直接进行运作形成了规模宏大的桥下商铺和展场,充分发挥集团开发的优势;广州市北环高速公路利用穿越城市的优势,对高架桥进行加工和改造后用于商业用途;沪宁高速公路的阳澄湖服务区在建设时有意识结合风景区和当地特产进行建设,通车后由于其优美的景观和环境,便捷的交通,使其成为品尝阳澄湖大闸蟹的宝地之一。如土地相对集中,但土壤条件比较恶劣的取、弃土场,可以考虑以群植速生林木为主,从采伐和绿化二者结合考虑开发,也可种植经济林采收果实,既可创造经济效益,又可形成森林景观,保护水土。

其次,物流、贸易市场开发。由于高速公路管理公司本身拥有畅通的道路,为物流开发提供良好的通道。而高速公路所连接的均为城市或人口相对密集的地区,物质交换和运输非常频繁,具备了物流的条件。因此在高速公路用地范围内建立起设施齐全、管理完善的各种专业物资批发贸易市场,可以快速集中物资、快速运输物资,能够取得良好的经济效益,同时又可以增加道路的通行收费。

再次,营销开发。利用高速公路先天的路名品牌优势,打造高速公路品牌,并以品牌为核心竞争力,采用网络经济模式,从事除高速公路运营以外的品牌管理,从而使得高速公路运营企业朝着多元化的方向发展,进入到委托生产、贸易、物流等诸多领域。同时,也可以采用广告出租、联营、营业推广等模式涉足其他相关领域,拓展高速公路运营企业的经营。甚至可以考虑同高速公路沿线地方当局共同开发物流园区,参与地区经济发展。

第四,旅游开发。旅游已逐渐成为人们的日常消费项目之一,具有强大的市场潜力。旅游业的发展又有赖于道路的畅通,运输业的便利。而高速公路运营企业可以利用自身天然优势进行一定规模的旅游辅助开发。比如,参股组建旅游车队。也可以利用高速公路沿线现有的旅游景点进行整合和拓展,形成高速公路特色的旅游景观。特别是与土地开发相结合,形成高速公路旅游景区优势。

第五,其他开发。高速公路的建设、经营和管理不仅是道桥、交通设施、网络技术、生态工程等高新技术的结晶,换种说法是各种新材料新技术的集合体,因此完全有技术力量从事专业技术培训、咨询等业务。另外随着旅游和交通运输业的发展,对道路路况、天气等信息获取也变得尤为重要,利用高速公路电台传播相关信息从而扩大广告规模也是开发之道。

总而言之,从社会发展和高速公路经营发展的多元化角度考虑,高速公路参与除高速公路运营外的各项开发特别是资源的开发势在必行。

高速公路绿色通道管理实践探讨

许世运

（河南高速公路发展有限责任公司安新分公司）

摘　要　本文根据绿色通道管理的有关问题，结合本人几年来的管理实践，对绿色通道管理作出初步探讨，提出绿色通道管理的方法、对策、措施及建议。

关键词　绿色通道　管理　规范

自2008年1月国家对运输鲜活农产品车辆实行免费通行的惠民政策以来，绿色通道管理就成为收费运营管理的重要课题。结合几年来本人的工作实践，对绿色通道车管理实践探讨如下。

1　安新高速绿色通道管理的特点

京港澳安新高速是河南高速的北大门，日均出口交通量20000余辆，其中绿色通道车900余辆，高峰期达1300余辆，其绿色通道管理特点如下：

1.1　认定鲜活农产品品种范围仍存在理解不一

绿色通道政策实行以来，经过国家的调整，鲜活农产品品种范围的界定已经非常明确，但在实际执行过程中，仍存在驾驶员（车主）不能理解的情况。如带壳鲜花生或花生米的界定，有的驾驶员（车主）理解就不一样，去皮花生米应当属于深加工类，不属于《目录》范围以内的，也不在《目录》范围以外其他农产品品种内。混装的其他农产品不超过车辆核定装载质量或车厢容积20%的车辆，其他农产品品种界定，有的驾驶员（车主）难以理解。

1.2　检验绿色通道车辆存在难度

检验绿色通道车辆是一大难题。一是装载容积不好界定。装载鲜活农产品的容积是否达到车辆核定装载质量或车厢容积的80%不好界定；同样混装其他农产品的容积不超过20%也不好界定。二是集装箱运输车封铅。有的集装箱运输车，驾驶员以车厢后面有封铅，货主规定不能开柜验货为借口，拿着该货物的检验证明就要求按绿色通道车辆放行。三是尾部伪装需要卸货。有的驾驶员在集装箱运输车尾部摆放数排鲜活农产品，工作人员需将车厢内货物进行卸货，方能辨出该车是否是混装车，耽误验货时间，增加验货难度。四是检验方式落后。目前绿色通道的检验方式依然是钢钎探测法为主，有的驾驶员不能理解。五是检验程序繁琐。按照要求对绿色通道车辆要四处检验、拍照六张、上报监控登记等有待改进。如明显运输鲜活农产品（牲畜活禽等）的检验应当简化。

1.3　治理假冒绿色通道车辆难度大

绿色通道政策对假冒绿色通道车辆如何治理处罚没有明确规定。我省对假冒绿色通道车辆的处理也是首次违规，批评教育，录入黑名单；二次违规，全面检查，不享受绿色通道优惠政策;多次违规,根据有关规定进行追加通行费的处理。实践证明,这些办法不能有效遏制假冒绿色通道车辆的违法行为。

1.4 假冒绿色通道车辆时有发生

由于受绿色通道车辆享受免费通行利益的驱动,假冒绿色通道车辆时有发生。从安新高速绿色通道检验点近年检验出假冒绿色通道车260余辆来看,假冒种类多、手段新、隐蔽性强,主要特征有:

1.4.1 包装假冒类

苹果包装箱内装电料;蔬菜包装箱内装鲜花;大箱内套小箱,大箱装蔬菜,小箱装鲜花;鲜肉包装箱内装深加工肉类等。

1.4.2 车厢伪装类

车厢四周箱装鲜鸡蛋,里边箱装变蛋;车厢四周蔬菜或水果,里边装百货、药品、轮胎、电器、汽配、铁器等;甚至一车橘子下边是机电设备;或集装箱运输车尾部摆放蔬菜或水果进行混装。

1.4.3 鲜活伪装类

上边是鲜活鱼,下边是冻鱼等。

1.4.4 按查获并处理的假冒绿通品种分类

(1)食品类,包括咸鸭蛋、松花蛋、火腿肠、乡巴佬鸡蛋、方便面食品、鱼干、米酒、柿饼等占假冒绿色通道车辆的34.78%。

(2)小食品类,如饮料、巧克力、果冻、饼干等占假冒绿色通道车辆的7.25%。

(3)副食品类,如干银耳、干香菇、袋醋、调味品等占假冒绿色通道车辆的11.59%。

(4)电器设备类,如汽车配件、机械设备、电动三轮、轮胎、电缆、发电机、钢材、钢丝、小家电、医疗用具等占假冒绿色通道车辆的21.74%。

(5)冻货类,如冻猪肉、冻虾、冻鸡、猪骨等占假冒绿色通道车辆的5.79%。

(6)其他类,如鲜花、饲料、化工原料、布匹、纸箱等占假冒绿色通道车辆的18.84%。

1.5 假冒绿色通道车辆逃费方式新

在绿色通道管理中,由于对绿色通道政策理解的不同和对鲜活农产品品种范围界定的差异,以及工作人员责任心不强,操作程序不规范,造成对绿色通道车辆的检验尺度不一,往往会出现当绿色通道车辆的终到下道站检验严格规范的,假冒绿色通道车辆会从前边检验欠规范的收费站下道,达到逃费目的后上道,到其终到站下道缴费。例如一辆限重48t总重45.8t六轴的五型车(假冒绿色通道车辆),从豫南站上道到豫冀站下道,应缴通行费1385元(绿色通道免费1385元),为达逃费目的,该车若从卫辉站下道,由于检验不严格,免缴通行费1125元,再从卫辉站上道到豫冀站下道,正常缴通行费260元,逃费865元。若该车从浚县站下道,由于检验不严格,免缴通行费1230元,再从浚县站上道到豫冀站下道,正常缴通行费160元,逃费1070元。这种新的逃费方式,务必引起收费管理人员的高度重视。

1.6 收费队伍廉洁性经受严峻挑战

绿色通道管理工作,是收费运营管理的一项新工作、新挑战,既是堵漏增收之重点,又是廉政建设之前沿。绿色通道诱人的免费政策,使一些铤而走险的不法分子,在巨大利益的驱动下,打着绿色通道伪装,骗逃通行费的同时,向收费人员行贿,达到假冒绿色通道车辆免费或办理检验证的目的。以安新高速绿色通道检验点为例，自 2009 年 3 月运营以来，已经批评教育行贿驾乘人员 87 名，拒收贿赂 38600 余元。最大拒贿金额 2000 元，最小拒贿金额 100 元。这仅是一个绿色通道检验点的拒贿实录。河南全省 270 个收费站，若一个站发生一起行贿逃费的，就是一个非常惊人的数字。收费队伍廉洁性经受着严峻挑战。为此，绿色通道管理，务必建立严格的岗位责任制，制定严格的工作程序，实行有效的考核监督，确保绿色通道检验的准确性，并防止出现违规违纪问题。

1.7 主线站畅通受到影响

由于省界站、市级站车流量大（京港澳豫冀站日均出口流量 9000 余辆，其中绿色通道车 700 余辆），加上绿通验货、拍照以及咨询、解释等程序，增加了车辆的等待时间，容易造成堵车，影响了收费站的畅通，在社会上造成负面影响。

2 建立“绿色通道”管理规范

安新高速根据路段实际情况和绿色通道管理的特点，从建立管理规范入手，确保绿色通道在高速公路上畅通。

2.1 建立“绿色通道”设施规范

2.1.1 建立检验机制

为减小省界豫冀站通行压力，安新高速在省界豫冀站前方安阳服务区设立绿色通道检验点。检验点入口至主线上 2000m、1500m、1000m、500m 处设立绿色通道检验提示标牌。检验点比照收费站建制，设立主任 1 人，副主任 3 人，4 个班组，每班设 3 个小组（验货 2 个、办证 1 个），实行四班两运转工作制，执行对过省界绿色通道车的检验任务，拟减轻省界豫冀站的通行压力，确保高速公路畅通。

2.1.2 配备检验工具

为绿色通道车检验提供包括不锈钢检验梯、验货钢钎、验货工作台、强光手电筒、照相机、反光背心等工具用具，确保绿色通道车的验货检验。

2.1.3 完善监督设施

在绿色通道检验点、收费站验货区设立包括廉政承诺图版、意见箱、室外监控设备等，确保监督到位，验货规范。

2.1.4 完善服务设施

设立包括服务承诺、绿色通道政策、验货程序图版、便民服务台、消防器材等，为绿色通道提供服务保障。

2.1.5 开发办证软件

在“收费监控管理系统”基础上研发绿色通道检验点办证系统软件，为经过检验的车辆办理“绿色通道检验证”。此系统提高了办证效率，减轻了劳动强度，单车办证时间由原来的 30s 缩短为 15s，工作效率提高了一倍，降低了办证错误率和作废率。该系统能随时分类、汇总、查询所有办理检验证车辆信息。2010 年该系统在原有防伪基础上，又增加了电脑打印条形码防伪技术，加大了“绿色通道检验证”的防伪科技含量。通过“收费监控管理系统”能对全线黑名单车辆实现信息共享，对逃费车辆实施有效的监控和治理。

2.2 建立"绿色通道"检验规范

安新高速绿色通道车辆检验主要还是人工检验的方法。在管理实践中,建立检验规范。

1)"三个必须"

(1)必须由两名当班人员(身穿反光背心)进行检验;

(2)必须由两名当班人员办理绿通检验证(绿色通道检验点);

(3)必须在监控镜头监控范围内检验"绿色通道"车辆。

2)"四检验"、"四判别"、"四必须"

(1)"四检验"。按照"绿色通道"车辆运输鲜活农产品品种的装载规定,对篷布类、箱装、袋装类货车,通常进行一后(后侧),二左(左侧),三右(右侧),四上(上方)用检验钢钎探测的方法进行检验。

(2)"四判别"。即在实施检验中,安新高速总结的"望、闻、问、切"四字判别法。"望"就是根据车型、车牌、包装、高度,初步判断拉什么货,从哪里来。"闻"就是近前闻一下什么味道,判断拉什么货,通常像大蒜、苹果、香蕉、蔬菜等都可以闻得出来。"问"就是问一问驾驶员司机拉的什么货,从哪里来,路上跑多长时间,到哪里去。"切"就是按照绿色通道检验的要求进行检验。

(3)对集装箱、箱式货车检验"四必须":根据车型不同,检验方法也有侧重,对集装箱、箱式货车检验,通常进行一开(必须打开后门),二上(必须上验货梯),三照(必须强光手电探照),四卸(必须后数排卸货)。有偏门的箱式货车,还应按该程序对偏门进行检验。

3)"三个一"

一车一检验,一车一登记,一车一办证(绿色通道检验点)。

4)"四相符"

(1)车辆车牌号与车辆行车证必须相符。

(2)检疫证明或发货单与实际载装品种必须相符。

(3)运输品种与"绿色通道"《目录》规定的品种必须相符。

(4)装载(质量或容积)比例与整车合法装载(质量或容积)规定必须相符。

2.3 建立"绿色通道"监督规范

严格监督管理,按照安新高速制定的《绿色通道检验人员岗位职责》、《绿色通道检验廉政规定》等管理规定,规范"绿色通道"检验工作。使检验人员做到:工作职责明确;工作制度标准;操作程序规范;廉政建设到位。明确要求检验工作人员必须做到"三严禁"、"六严格"、"十不准":

1)"三严禁"

(1)严禁检验人员与办证人员互相串通、营私舞弊;

(2)严禁给不符合绿色通道规定的车辆办理证件;

(3)严禁不经检验发放"绿色通道检验证"。

2)"六严格"

(1)严格工作程序;

(2)严格执行政策;

(3)严格检验车辆;

(4)严格核实证件；

(5)严格廉洁自律；

(6)严格交接班制度。

3)"十不准"

(1)不准擅自巧立名目乱收费；

(2)不准违规抽取和索取被检验物品；

(3)不准伪造或违规使用检验证件、印章、标志；

(4)不准接受驾乘人员的宴请；

(5)不准接受驾乘人员的礼品、礼金和有价证券；

(6)不准刁难办理绿色通道检验证的驾乘人员；

(7)不准除检验人员以外的人员参与检验工作；

(8)不准验货人员与办证人员相互串通，营私舞弊；

(9)不准给不符合绿色通道规定的车辆办理"绿色通道检验证"；

(10)不准不经检验发放"绿色通道检验证"。

4)"三不一通报"

绿色通道检验点要做到"三不一通报"，即①凡拒绝验货的绿色通道车辆，一律不予发放"绿色通道检验证"；②凡发现伪装绿色通道的车辆，一律不予发放"绿色通道检验证"；③凡不符合鲜活农产品品种规定的或装载规定的，一律不予发放"绿色通道检验证"；④凡不符合绿色通道规定不予发放"绿色通道检验证"的车辆，及时将该车的车牌、车型、颜色等特征，通报到下行收费站，提醒下行收费站严格监控、检验、照章收费。

5)"三符合"

收费站车道对"绿色通道"管理要做到"三符合"，即①检验员、收费员、监控员的操作流程符合要求；②车道、收费亭、监控室的监督过程符合要求；③收费(免费)、报告、记录、放行作业程序符合要求。

2.4 建立文明服务规范

绿色通道管理是收费管理的一项重要内容。安新高速按照文明服务、热情服务、标准服务、微笑服务、委屈服务的要求，建立文明服务规范如下：

(1)驾驶员咨询做到"三声"：收费站(绿通点)工作人员要掌握绿色通道政策，熟悉鲜活农产品种《目录》的范围，明确运输鲜活农产品装载标准，面对驾乘人员的咨询，要做到"三声"，即来有问声，问有回声，走有送声。并做到回答咨询解释政策热情耐心。

(2)文明服务做到"三个一"：优质服务、文明服务是绿色通道管理的基本要求，工作人员要做到：一张笑脸相迎，一声询问温馨，一颗诚心办事。

(3)宣传工作做到"四公示"，即：

①公示绿色通道政策提示。绿色通道政策提示及《目录》公示的目的是告知驾驶员朋友，为维护高速公路正常通行秩序，保护合法运输鲜活农产品者的利益，根据交通部、国家发改委交工路发(2009)784 号、(2010)715 号和河南省交通厅豫交高管(2009)24 号、(2010)125 号等文件精神，请运输鲜活农产品的驾驶员朋友注意的有关事项。公示绿色通道政策提示包括：

a. 享受运输鲜活农产品绿色通道优惠政策的运输车辆是指：整车运输新鲜蔬菜、水果、鲜活水产品、活的畜禽、新鲜的肉、蛋、奶的车辆。

b. 所有运输鲜活农产品绿色通道车辆，在通过收费站时，须从设立的绿色通道专用道上下道口通过，自觉接受并配合工作人员的验货验证。

c. 所有运输鲜活农产品绿色通道车辆，装载货物种类必须符合国家公布的运输鲜活农产品品种目录。

d. 所有运输鲜活农产品绿色通道车辆，必须是整车合法装载，超载幅度在合理计量的5%以内，所装载的运输鲜活农产品应占车辆核定质量或车厢容积的80%以上。

e. 在《目录》范围内不同鲜活农产品混装的车辆，按照整车合法装载鲜活农产品车辆，享受绿色通道优惠政策。

f. 对《目录》范围内鲜活农产品与《目录》范围外其他农产品混装，且混装的其他农产品不超过车辆核定装载质量或车辆容积的20%的车辆，比照整车合法装载鲜活农产品车辆执行。

g. 未达到装载标准的车辆或与其他非农产品混装的运输车辆不能享受绿色通道优惠政策。

h. 拒绝通过指定车道或拒不接受检验的鲜活农产品车辆不能绿色通道优惠政策。

i. 在绿色通道检验点验货的车辆，请主动出示相关证件（行车证、检疫证明、货单），配合工作人员对所运货物进行检验，符合绿色通道政策的领取"绿色通道检验证"，持证在所下道收费站通行。

j. 特别提醒，对假冒运输鲜活农产品的车辆，除按规定收取正常通行费外，还将按照有关规定进行处理，触犯法律的依照有关法律追究其法律责任。

②公示鲜活农产品品种《目录》。根据交通部、国家发改委、财政部联合下发的《关于进一步完善鲜活农产品运输绿色通道政策的紧急通知》（交公路发〔2010〕715 号）文件精神，准确公布鲜活农产品品种《目录》。

③公示绿色通道检验程序。收费站绿色通道检验程序如下：

a. 班前讲评→统一保管私款和手机→准备验货工具→携带摄像设备；

b. 引导车辆进入验货区→履行告知程序→审查相关证件→监控实时监控；

c. 检验拍照→上→下→左→右→前→后（拍照六张）→向监控报告→记录；

d. 办理"绿色通道检验证"（绿色通道验货点）；

e. 验货结束→放行。

④公示绿色通道廉政承诺。在绿色通道检验点向社会公开廉政承诺即前述"十不准"。

3 严格治理假冒绿色通道车辆

根据绿色通道管理实际，按照绿色通道管理要求，安新高速从管理入手，提出绿色通道管理具体措施，严格治理假冒绿色通道车辆。

（1）凡持就近站（一站或数站）通行卡，在本站（如省界）下道的外省大货车或中心城市站下道的大货车，务必要调阅远程录像，看该车上道信息是否正常，如属正常上道，则询问上道站监控室，该车是否在上道站下道并作绿色通道车辆免费处理，如是，务必严格检验，属于假冒绿色通道车辆的，一律按规定"五倍加一"收费。

(2)凡计重磅称重超载幅度超过5%的绿色通道车辆,一律按规定正常收取通行费。

(3)凡不符合绿色通道装载鲜活农产品品种《目录》规定的车辆,一律按规定正常收取通行费。

(4)凡装载鲜活农产品质量或容积不满80%的绿色通道车辆,一律按规定正常收取通行费。

(5)凡混装鲜活农产品品种《目录》范围以外的其他农产品,超过车辆核定装载质量或车辆容积20%的车辆,一律按规定正常收取通行费。

(6)凡假冒伪装绿色通道逃费的车辆,一律按规定"五倍加一"收取通行费。

(7)凡拒绝接受验货的绿色通道车辆,一律按规定正常收取通行费。

安新高速按上述要求严格管理绿色通道,假冒绿色通道车辆达到治理,近年来共治理假冒绿通车260余辆,挽回通行费23.3万元,加收通行费126.3万元。

4 绿色通道管理应当注意的事项

4.1 认真解决验货难的问题

解决验货难,重点是研究解决密封罐装车、厢式货车等验货的方式、方法、程序问题,不断改进验货方法,创新验货工具,提高验货技能,同时开发高科技验货手段,解决验货难的问题。

4.2 加强教育,增强责任,严把检验关

要加强对职工的思想教育,对检验中发现假冒伪装绿色通道车辆的要给予奖励,调动其工作积极性。要增强责任意识,规范操作行为,严把检验关。

4.3 研究特征,掌握规律,打击假冒绿色通道车辆

要认真研究假冒伪装绿色通道车辆的特征、类型、规律(包括车主的语言行为等)以及车籍、出发地、目的地等情况,总结检验绿色通道车辆的方法、经验,严厉打击假冒伪装绿色通道车辆。

4.4 严格工作纪律,把好廉政建设关

在绿色通道验货中,要坚决杜绝内外勾结行为、不经检验发证、敷衍检验免费等不良现象的发生。严肃处理任何违规违纪的人和事。

5 建立绿色通道管理的审核与稽查机制

5.1 明确审核与稽查的目的和意义

审核与稽查是绿色通道管理的一项十分重要的经常性工作,是促进绿色通道管理规范的重要督查手段。其目的和意义在于:通过审核与稽查,规范检验程序,优化工作环境,杜绝违规违纪行为,提高队伍整体素质。同时,发挥审核与稽查的威慑作用,使被稽查人员产生一种心理效应,进而增强责任意识,在制度规章的约束下自觉地做好岗位工作,促进绿色通道管理规范化。

5.2 建立严格的审核制度

审核,即对书面记录资料或数字资料的审查核定,检查核对审定其是否正确。审核的方式,依照有关管理规范、细则、要求,对记录资料和录像资料进行对照检查,察看验货人员行为是否符合要求,存在什么问题。可采取不定期的或有重点的抽查(重点审),即对一个完整班

组的班次或数个班次所有的记录资料和录像资料,从工作人员上班、操作、下班过程中发现问题。此种方式虽然原始,但是一种最具有预防性和威慑力的方式,也是促进管理上台阶上水平的方式。

5.3 审核记录和录像的方法

不定期地对所属各站绿色通道管理进行审核(普审)。其方法是利用记录资料和录像资料对各站(班组)的验货人员的上班、操作程序、免费过程、下班交接进行审核,了解绿色通道管理流程是否规范。若发现问题,再组织对不同日期同时间段的其他班组班次的记录资料和录像资料进行审核,看是否存在类似的问题,以防范集体作弊行为。审核记录资料和录像资料时应重点关注:①是否两人同时且在监控镜头下验货;②验货程序是否符合要求;③是否有车辆在验货区或车道内长时间停留;④是否有驾驶员司机在验货区或收费窗口行动可疑;⑤是否有车辆反复倒车复磅现象;⑥是否存在固定人员搭伴验货现象;⑦审核所拍照片是否真实全面反映载货情况;⑧审核监控记录与实际验货人员、时间、货物、车型等是否相符;⑨审核验货人员、时间、货物、车型与办理“绿色通道检验证”是否相符(绿色通道检验点)。

5.4 认真开展稽查活动

稽查即检查,是高速公路管理单位检查内部作业程序的活动。稽查方式主要是对绿通验货程序(活动)进行明查、暗查。在绿色通道管理中,除按有关规范、细则、要求对验货程序(活动)进行稽查外,重点关注验货程序(活动)的监督管理及班组之间检验绿通车辆的差别:①监控镜头是否在指定位置,监控区域是否覆盖绿通车辆验货区域及其通道;②收费亭监控镜头对收费员操作过程监督是否存在盲区;③绿色通道车辆车型、车牌号、数量、出发地、目的地、装载品种;④免征通行费金额大小;⑤大额免征通行费车辆是否与特定班组或特定验货人有关联;⑥大额免征通行费车辆有无下道后随即又上道的现象,如存在此类情况,除严查该车在该站下道信息外,还应追踪其上道后的去向及其下道时缴费情况;⑦把重点人列入重点稽查对象(重点人是指执行纪律缺乏自觉性的人),对此类人的当班班次、工作过程进行重点关注和稽查;不仅要关注其收费过程,绿通检验程序,还要审查其收费报表情况等。安新高速坚持对绿色通道运营的审核和稽查活动,确保了队伍建设廉洁高效和绿色通道惠民政策在高速公路上畅通。

6 绿色通道管理建议

6.1 配备验货人员

绿色通道管理作为收费运营管理的重要内容,增加了管理投入,也增加了劳动强度,按照二人验货的要求,原有的人员配备显然满足不了要求,特别是绿色通道车辆多的收费站。建议:根据收费站绿色通道车辆流量的大小配备验货人员。

6.2 实行奖励机制

安新高速除对收费人员进行补贴外,对抓获假冒绿色通道车辆的人员,实行每一辆次奖励200元。河北冀星高速涿州收费站对检验人员实行每人每月给予200元的补贴的同时,对查处假冒绿色通道车辆建立奖励机制,用加收通行费的30%奖励收费人员,以杜绝腐败行为的发生,提高打逃堵漏的积极性。河北冀星公司的奖励机制可以借鉴。

6.3 开发便携式探测设备

安新高速公路绿色通道车辆检测系统(雷达比重法),虽然具有自动分析检测数据、工作效率高、对绿色通道车辆判断准确、对混装金属类物品感应图像数据明显等特点,但在实际应用中,依然存在有不足,如同车装载鲜蛋和松花蛋、鲜肉和冻肉混装的不好检测;对集装箱车的检测也不方便。因而,开发便携式探测设备,成为一种需求。

6.4 建立处罚机制

对假冒绿色通道车辆,实行处罚,是治理假冒绿色通道车辆的有效手段。问题是目前还没有一套具体的假冒绿色通道车辆处罚办法。建议制定打击高速公路逃费行为的相关法律,或就逃漏通行费行为作出适应法律的司法解释;制定假冒绿色通道车辆处罚办法,使之能够依法治理假冒绿通,震慑逃费车辆,打击逃漏通行费行为。

6.5 科学规划绿色通道检验点

科学规划设立绿色通道检验点是确保绿色通道管理规范、道路运输秩序良好、高速公路畅通的有效途径。在重要的出省通道、中心城市出入口,可考虑设立绿色通道检验点。

高速公路收费管理经验浅析

张艳红

（河南高速公路发展有限责任公司洛阳分公司）

摘　要　本文重点对收费稽查、精细化管理等工作进行了分析，提出了相应的解决措施，对收费业务指标的概念及考核办法提出了自己的观点。

关键词　高速公路　收费管理

1　高速公路收费稽查工作

1.1　收费稽查的目的及重要性

与传统收费模式下的稽查工作相比，稽查的目的不仅是为了加强营运管理，完善高速公路内部检查监督机制，对通行车辆收费情况及营运工作的各个环节进行适时监督、指导和考核，更重要的是提高征费能力，打击逃费车辆，堵漏增收，有效杜绝各种逃漏费行为的一种手段。随着社会经济不断发展，高速公路路网不断完善，从按照车型征费到载货类汽车按计重收费方式征费转变，驾乘逃费的方式层出不穷，从而导致通行费严重流失。高速公路联网收费后，路段间的收费、监控、通信管理、联网收费机电一体化等受到了严峻挑战，稽查管理也遇到了前所未有的困难。基于这些困难，我们应该清醒地认识到打击逃缴、拒缴、少缴通行费的不法行为，堵塞漏洞，是当前工作的重点，任重而道远。

1.2　收费稽查中各类违章违纪现象分析

为了有针对性的加强收费稽查，我们应当先了解一下联网收费稽查中各类违章违纪现象，并对其进行深入分析。

1.2.1　采取不法手段对抗计重收费

计重收费实施后，一些不法车辆偷、逃通行费手段也不断翻新。具体表现为：第一，甩挂运输重车短缴。有些货车把挂车甩放到就近的服务区，牵引车下路缴费，然后重新领卡上路拖运挂车，减少重车行驶里程，用空载车辆替代重车缴费，偷逃通行费。第二，重车卸载逃避高费率。有的严重超载车辆即将出站驶离高速公路时在就近的服务区雇佣其他车辆进行卸载分担载重量，同样达到逃费目的。此类车以油料车等易于装卸的车辆为主。第三，伪装车蒙混过关。因目前计重收费只限于货车，对于客车仍采取原方式收费。有的车主对厢式货车进行改造并伪造行驶证，空车时要求收费员按货车计费，重车时则要求按客车或集装箱车计费，集装箱车仍按车型划分的优惠收费标准。第四，故意干扰收费设备造成混乱。有些货车通过收费车道时，故意高速通过或人为遮挡光栅；或在夜间趁工作人员不注意在称重台上放置垫板、安装液压千斤顶；有的货车车主采取走S形；计重磅上猛起步、磅上急刹车、猛加油快速通过、跳磅等手段减少车辆轴重，从而达到逃费的目的；引发称重设备数据不准，浑水摸鱼干扰收费。

1.2.2 非正常行驶、换卡逃费，长途短缴

一些线路相对固定的车辆在高速公路途中调换通行卡，将长途车辆信息转化短途，达到少缴费的目的。也有些车主行驶U形路线，从而达到逃费的目的。高速公路的收费方式是按里程来计算的，这样违章掉头所行驶的路线如果不按U形部分来收取通行费的话，那此类车辆又偷逃了部分通行费。

1.2.3 假"绿通"泛滥

国务院七部委联合出台对按规定运输装载鲜活农产品的营运车辆减免通行费的优惠政策，也给不法车主有了一些可乘之机，他们采取货物混装、货物不足、非法装载等方式企图蒙混过关。虽然我们收费站收费人员两人同时验货，对货物摄像拍照等多种方式打击此类现象，但是假"绿通"车依然猖獗。

1.2.4 假军警牌、证件逃费

有些不法车主利用免费车的空子制造假军牌、假警牌以及假证件，在上高速时将牌照更换。此类车仅凭肉眼很难辨识出，只能依靠工作经验、盘查询问车主，或后台稽查才能发现破绽。

1.2.5 暴力抗费、无牌车冲岗

目前车牌是对车辆进行处罚的重要依据。也正因如此，不法车主抓住了收费管理上的漏洞，进入高速前取下车牌，在出口处强行快速冲岗，让收费人员难以预防。且此类车如未使用阻车器有效拦截，因为无牌照也无法录入黑名单。

1.3 完善高速公路收费稽查工作的几点建议

1.3.1 提高收费员的业务素质

首先，对收费员加强业务培训，提高收费员对客车车型和货车核定载荷的判别能力，查找收费过程中的漏洞，使收费员在理解政策、执行政策上做到准确无误，有力打击造假行为，切实做到应征不漏。对货车走S形、跳磅的，或收费站出现跳磅、计重磅上猛起步、磅上急刹车、猛加油快速通过的，收费员应该对此类车辆准确判断，熟练掌握收费政策，做到文明礼貌待人，耐心地做解释说服工作，减少工作中遇到的摩擦和阻力。其次加强收费站之间和路与路之间的沟通，真正做到统一口径、步调一致、统一行动，统一车型判别标准，并及时反馈信息，上报收费工作的难点和疑点。

1.3.2 强化高速公路收费稽查内部管理

一是搞好队伍内部建设，加强政治思想教育和制度建设，杜绝或减少内部作弊事件和联合作弊事件。二是加强通行卡管理，由于联网收费之后，路网较长，倒卡、换卡、卖卡可带来丰厚的不正当利润，利用通行卡作弊案件有增多的趋势，手段也越来越隐蔽，所以各路段要加强入口发卡工作的管理，建立健全入口各项报表管理制度，加大稽查力度，发挥"路网"的功能，做到路段互查、联合稽查、联网中心抽查等，有效防止卡丢失。三是由监控室每天对车流量、收费额、实征率进行统计和比较，掌握第一手资料。每月将误判率、升档率进行统计和比较，与同年上下月对比和上年同期对比，分析征费情况，发现薄弱环节及时进行调整。四是每天要进行现场稽查、录像稽查、跟班稽查，及时发现问题，掌握收费情况，适时地解决征费中所出现的问题。

2 高速公路收费工作精细化管理概述

2.1 收费管理精细化基本概念

"天下大事必作于细"。所谓高速公路收费工作精细化管理,就是以法律法规为依据,以提高收费工作效率和经济效益、社会效益为目的,在已有的管理基础上运用精细化管理方法把收费工作做精做细,达到对管理对象实施精细、准确、快捷的规范与控制,从而形成一套科学、规范、专业并可参考借鉴的收费管理模式。深入研究精细化管理有利于提高管理水平,提高企业效益,提高工作质量和增强竞争力。

2.2 收费管理精细化特征

收费管理精细化是一种理念,一种技术,一种认真的工作态度,一种精益求精的企业文化。收费管理精细化最基本的特征就是重制度、重标准、重流程、重基础、重落实、重效果。"精"就是切中要点,抓住收费管理中的关键环节——收费业务、文明服务和人员管理。"细"就是把管理具体化,从点滴做起,从小事做起,抓好重点——考核、监督和执行。

2.3 收费管理精细化背景分析

2.3.1 高速公路收费工作性质

收费站作为一个最基层的管理单位,处于高速公路管理的最前沿。收费站一般在郊区,地处偏僻,收费工作琐碎、单调、枯燥,但责任大如天。收费站 24 小时运转,管理工作也要 24 小时持续开展,基层管理工作纷繁而复杂,来不得半点马虎,特别是在重大节日,车流量高峰期,加班加点的工作情况是难免的,有时是常态。由于工作的特殊性,收费站一般实行半军事化管理,精细化管理显得尤为重要。

2.3.2 高速公路收费工作现状

目前收费人员构成复杂,除以前高管局人员外,有公路局、稽征局、路桥分流及新招聘人员等,收费及管理人员的素质也参差不齐,年龄跨度较大,各站人员结构、素质条件、基础情况不同,整体提高上还需要一个循序渐进过程。

2.3.3 收费站精细化管理思路

收费站精细化管理应以人为本,综合管理、注重实效。高速公路收费站工作主要涵盖收取通行费、服务保畅、堵漏增收和员工管理等四项内容。推行收费管理精细化就是本着以"收好费、服好务、带好队"为原则,以三个服务为工作目标,以"三心"理念(安心工作、静心学习、舒心生活)推动收费工作良性发展。如在创造和谐、温馨的工作生活环境上狠下工夫,在业务上开展培训,提高服务水平,在站区绿化美化环境,开展多种文体活动,缓解员工压力;在工作和生活上给予尽可能的关心和帮助,搞好食堂伙食质量,可开办无利服务部,解决员工购物不便等问题;增加工作、思想上的交流,达到稳定队伍,凝聚人心,共同进步,使员工对所站产生强烈的亲近感、归属感,在收费站真正做到安心工作、静心学习、舒心生活。

2.3.4 收费团队精细化管理思路

收费工作精细化管理应结合实际,有所侧重。收费工作精细化管理是一个动态的过程,是不断改善和提高的过程。精细化管理没有固定模式,需要在收费管理实践中不断总结和归纳,找到合适的方式,要考虑实际情况、基础条件、人员结构、业务素质、承受能力、技术条件,效率优先,投入与产出等。经验可以参照和借鉴,但绝不是生搬硬套和简单的复制。从泰和管理中心来说,以"映山红"收费站为标杆,从基础条件较好、软硬件条件相对成熟的站点试行,并进行总结,取长补短,形成一套行之有效的收费管理精细化模式后,在所有站点全面推行。对收费业务,文明服务、日常管理等具有共性的管理措施可同步展开。高速公路收费团队在管理上还需注重培养员工职责意识和奉献意识,不断提高收费人员业务水平和理论知识水平,不断提高服务意识,转变思想观念,加强职业道德修养;需要以默默无闻的忍辱负重,以脚踏实地的苦干实干,塑造无私奉献形象。

2.4 高速公路收费工作精细化管理方法

2.4.1 突出管理重点,科学高效

高速公路收费工作性质提醒我们,精细化并非越精细越好,精细化管理要突出重点,分清轻重缓急,要突出精细化管理的几个重点,即员工管理的精细化、服务管理的精细化、收费管理的精细化三个方面,是精细化管理的主攻方向。制定并学习"收费管理精细化实施方案"、《收费管理精细化指导手册》,让精细化管理入脑入心,形成"规范在脑中,考核在心中,标准在手中"的良好习惯。

2.4.2 明确管理制度,目标具体

任何管理都离不开规范的制度。精细化管理也必须以规范的制度为基础,主要体现在激励机制、监督机制和考核机制。在日常收费管理中应规范落实以下几项制度要求。

1)工作职责标准化

根据规定要求,明确并统一张贴收费站工作职责及收费站长、综合办事员、票卡稽核员、收费班长、收费员、水电工、驾驶员等岗位的工作职责,实行标准化管理。

2)业务管理制度化

收费站定期汇编各类收费政策、法规和业务规定,组织员工学习贯彻执行,把收费业务工作纳入制度化、规范化的轨道。每月通报通行费征收情况、车道特情处理情况、稽核、票卡管理情况,指出问题,明确整改方向。

3)工作安排定期化

坚持每月一次工作例会制度,总结上月工作,布置下月工作及需要完善的工作。每周班务会制度,各收费班长汇报上周工作情况、存在问题和下步打算,交流工作经验;每半月可召开1次站务会议,稽核员公布稽查情况以及安全卫生检查情况,站长布置工作,形成会议纪要。

4)现场管理定量化

把票卡稽核、收费岗位作为管理的重点,明确工作要求,根据百分考核标准,细化各项工作项目,分解考核点,量化考核评价分值,严格考核。

5)工作过程程序化

制定值班站长、办事员、收费班组、稽核、票据等各岗位"日工作要求",各岗位严格按规程要求落实各项工作。

6)考核奖惩公开化

考核是对过程的判定与总结,是对员工工作的肯定与鞭策,是对单位制度的检索与改进,故考核机制一定要科学、严谨。坚持做到每日考评、每日公布、每周反馈、每月汇总,结果在站务公开栏上公示。

7)台账资料规范化

按照“综合归类、类中分项、一事一档、资料共享”的原则,建立健全台账管理体系,切实按规范化、有序化、简单化要求开展台账管理,做到“准确、真实、规范、统一”。

2.4.3 规范管理流程,精细简单

收费管理精细化,必须提供精细的可操作机制。高速公路收费所站工作重、人员多、业务杂,应建立一套业务范围清晰、承办部门明确、工作步骤清楚、工作时限确定的工作流程,提高工作效能。

(1)完善各项工作任务中的详细步骤,明确责任人、权限,保证各项工作做到“事事依职责明确到人,人人按流程落实到事”,如制定收费各项工作流程,编制收费工作手册、“映山红”服务规范手册,值班站长、班长工作手册,特情车处理指南、逃费车处理流程等。梳理管理制度,整合各种表格,力求考虑全面,制订准确。既要做到流程化、标准化又要简单化。

(2)对各项收费工作流程进行认真梳理,仔细分析在实施中发现的问题和难点。经过修改、完善和提高,使各项制度、流程更具有科学性、实用性和可操作性,详见收费工作流程表。

收费工作流程表

管 理 模 式	精细化管理
工作岗位	收费各岗位工作手册
工作流程	岗位职责细化
	主要工作流程化,工作操作指南
	责任明确、细化,权限
	详尽的收费工作方法及说明、提示
	工作执行标准、量化
	考核事项细化、量化
	管理者工作手册规则、标准执行
	检查要求,明确规定检查人
	规范化服务操作流程
	收费制度,政策标准
	明确规定各奖惩事项

2.5 精细化管理在收费工作实践中的应用

在高速公路收费管理中,精细化管理的关键在于如何结合实际把工作做在平时、做在日常,把各项措施落到实处,为过往驾乘人员提供高质量的优质服务,将精细化管理应用到高速公路收费的实际工作中。

2.5.1 收费服务品牌提升与推广

一条高速公路就是一道风景线。不断赋予“映山红”服务品牌新的时代内涵,积极创新活动载体,认真开展节假日便民活动。一个收费站就是一个服务窗口。关注驾乘人员期望,提供特色服务,增加服务品牌的附加价值,提高服务品牌的认知度和满意度,夯实服务品牌优势。

(1)服务水平的整体提高。按章收费、优质服务、治通保畅是收费工作的基本。车型识别“稳、准、快”,特别是在收费作业过程中严格执行标准化手势和文明用语的使用。在打造“畅

行高速路,微笑映山红"的服务体系中,逐步形成"映山红"高速品牌服务、客户中心咨询服务和收费站救助服务三位一体的服务网络。

(2)服务品牌的整体提升。服务品牌的定位应构建在驾乘人员能感觉到的地方,诸如别具一格的服务形式和站口形象;统一、规范且训练有素的微笑服务、文明用语、肢体语言服务;快捷、准确的操作;让驾乘人员耳目一新的收费人员形象;雪中送炭式的人性化的服务手段和延伸服务措施;便捷且智能化的保畅措施等。

(3)评比活动的组织开展。以"创先争优"活动为纵贯全年业务竞赛为主线,继续开展服务标兵、服务之星、优秀班组等评先选优活动,形成全站"有榜样、有竞争、有促进、有提高"的岗位竞优新格局。

2.5.2 收费业务技能提高与规范

老子曰:"业精于勤,荒于嬉"。收费专业水平与专业技能是保证收费管理精细化的必要条件,积极开展"岗位练兵、技能比武"活动,达到以学立德,以学增智,以学长才,以学促神。

(1)按照"培训工作两步走"的思路,抓好长效培训,结合工作实际,有计划地开展职工培训。举办收费业务、收费管理培训,提高业务水平和操作速度,提高组织管理、分析能力和处理收费问题能力。在定期的礼仪培训中,不断规范收费人员的服务理念、服务用语和服务态度。

(2)培训内容多样化,选择针对性强、效果好的学习培训内容,包括法律法规、规章制度、党风廉政、安全生产知识、收费业务、文明服务规范、身体素质训练,收费业务上包括收费设施故障排除、应急保通、打击逃费车、真假绿通车识别,票据、交款、填报基础知识,写作知识等丰富内容,激发职工学习兴趣,提高职工文化素质和道德情操。

(3)在培训形式上采取多元化,通过集中培训、班组培训、个人自学、交流探讨、实际演练(队列、交接班、微笑服务)、竞赛等形式,让培训学习丰富多彩。

2.5.3 收费管理水平增强和提高

"日日行,不怕千万里;常常做,不怕千万事"。就是说,路必须去走方能到达,事必须去做才能完成。培育能力的事必须继续不断地去做,又必须随时改善工作方法,提高工作效率,才会增强。

(1)收费人员。收费工作在一线,直接面对驾乘人员,易出现新情况、新问题,做好收费工作经验的积累与总结,形成具有指导性、操作性的书册,待条件成熟后向其他存在同样问题的收费站点进行推广,为今后各站点解决收费、服务问题提供良好参照。

(2)收费班组。收费班组的管理方式、组织行为、团队精神和管理水平,直接影响高速公路的社会形象和经济效益。在班组这个小集体中,班组成员的思想、文化、技能、性格、年龄等都存在差异,他们长期朝夕相处,便于开展思想政治、业务技能、文化知识的培训和交流。选拔优秀班长和提高班长综合管理水平,是提高员工素质的重要手段。加强班组教育,提高班组战斗力,激发员工积极向上的工作热情,可达到共同进步的目的。

(3)领导班子。作为各项政策法规、规章制度、工作任务的具体执行者,领导班子管理的好坏、人员素质的高低、团队精神的强弱也直接影响着收费、服务质量,影响着收费政策和各项制度的执行,影响着收费计划和各项责任目标的完成。因此,加强领导班子建设可促进良好的经济效益和社会效益。

2.5.4 堵漏增收与打击偷逃通行费行为

随着高速公路通车里程的迅猛增长和车流量的快速增加,高速公路运营管理中暴露的新情况、新问题也逐年增多,特别是不法驾驶员蒙牌冲岗、跟车冲岗、假冒绿通车、利用金钱诱惑、车辆跳磅、U形车逃漏通行费等问题,不但给国家带来经济损失,而且给收费人员安全和正常的收费秩序带来严重影响,需采取综合措施,综合治理才能有效遏制。

(1)警告和禁止信息。采用光、声、色或其他标志等作为传递警告和禁止信息,以保证安全。如在收费广场、岗亭安全岛张贴或悬挂宣传画、安全标志、板报警告等,利用干线情报板或在重点收费站悬挂条幅,进行相关政策宣传,给有逃费想法的驾驶员司机以震慑,减少逃费行为的发生。加大宣传力度,向过往大型货运车辆发放宣传单,要求广大驾乘人员依法经营,按章缴费。

(2)建立和落实相应的奖惩机制。对于逃费车辆的治理,单独依靠收费部门很难达到预期效果。为加大治理力度,形成长效机制,就需要全员参与,出台相应的奖惩办法,鼓励一线员工主动发现可疑车辆,在第一时间进行反馈,对不作为的员工给予一定的惩治。

(3)根据以往直接冲岗和跟车闯关大都发生在岗亭外人员比较少、夜深人静或是倒班吃饭时间段的情况,利用新配备的对讲机,及时与当班人员进行联系拦截;重点所站、重点时段加派人员,加强收费现场巡逻和监督,对进入车道紧跟前一辆车的嫌疑车辆,提前拦截;加强管控,维持好车道和收费广场秩序,使有意想跟车闯关的车辆没有可乘之机。冲岗车一般具有突然性、隐蔽性及团伙冲岗,给追逃工作带来一定的难度和危险性,由于目前收费站不太具备追逃的设备、人员及力度,追逃应在确保人身安全的前提、准备充分及结合当时的情形下开展。追逃工作还需得到上级部门人力、物力的支持,公安交警路政执法单位的配合及措施的完善。目前对追逃工作还有待商榷。

(4)对已经闯关逃费的车辆迅速记录车辆特征,通报监控记录该车的信息,并上报信息中心。对录像资料作长期备份保存,并汇总记录到闯关车黑名单,让其他站进行拦截。根据记录的冲岗车辆黑名单,充分利用图像稽查查找出入口车辆信息,实行出口收费员和监控员两级审查,加强对黑名单车辆的控制,一经发现,及时采取相关措施处理。

(5)提高绿通查验管理,规范绿通查验工作。制定《绿通查验管理规范》,加大对绿通车的监管力度,确保绿通车的查验步步有流程,人人有责任,事事有监管。

(6)加强同执法部门的合作,争取上级管理部门的领导,向其他所站学习交流。各收费站点根据自身所处地理位置的实际情况,加强与高速交警或地方公安执法部门的密切合作,与路政机构保持密切联系和沟通,与驻地派出所进行经常性联络,与交警建立良好的关系,了解所在地方医疗、消防、电力、应急救援队伍的情况,掌握其联系方式并及时更新,发现可疑情况后及时报警,利用国家的执法机关打击逃费违法行为,形成上下联动、左右联合、内外联系的应急预防与处置工作网络,不断提高应急管理水平。

(7)充分发挥一线收费员工的作用。收费员在收费过程中发现无牌照车辆下道,要及时上报监控等待调查处理。发卡员发现可疑车辆上路(是否可以禁止无牌照车辆上路,有待研究),及时通知监控室,将车辆信息及上道通行卡号通知收费稽查部门、信息中心或联网中心,由稽查部门或联网中心同相邻高速稽查部门联系,对无牌照车辆所持通行卡在重点收费站进行追踪,便于及时控制逃费车辆。

2.5.5 应急处置与提高突发事件现场处置能力

收费站作为高速公路最基层的管理单位,处于高速公路管理的最前沿,而且地处偏远,全天候工作,现场管理人员少,发生突发事件的概率相对较高。因此,加强对收费现场的管理十分重要和必要,尤其是要重视应急管理,完善应急机制,积极应对突发事件。

(1)紧密结合收费工作特点,与收费业务工作相联系,从人员结构、专业特长、业务能力、素质经验、住家位置等方面综合考虑各所站组建一支应急队伍。人员调动随时补充,定期开展学习培训,提高处置突发事件的反应、处理能力,避免慌乱和失误。在关键时刻"拉的出,打的响",时刻做好"养兵千日、用在一时"的准备,确保队伍在各种突发事件面前行动及时,经受住考验,处置得当,保障高速公路收费工作秩序。

(2)进行科学的研究分析,不断完善突发事件应急预案。收费站结合车辆通行、环境条件情况,总结经验,对突发事件进行准确判断,从而完善现有的各类突发事件应急预案,依此制定应急预案操作流程手册,简单明了。如在高峰时段做到快速启动相应的高峰期收费预案,做好人员安排,设备到位,车辆疏导,确保车道畅通。在高峰时段,不论是开通车道,还是疏导交通;不论是检查"绿通"车辆,还是换零钱,当班人员均快速进行,争分夺秒地开展各项工作,积极提高工作效率。对排队等候的驾乘人员细致地做好解释工作,态度和蔼,耐心回答驾乘人员的提问。

(3)定期开展综合演练活动。演练活动可采取循序渐进的方法,分步骤进行,如分批训练,授课、器材使用等,以学到知识、提高处理问题能力为目的。避免走形式,达不到预期效果。首先要从理论上使职工了解处置突发事件的程序和要求,并以真实事件为背景,根据不同季节、地理位置以及突发事件种类分别制订道路交通、设备故障、冲岗逃费、消防等应急预案演练方案。也可借鉴其他所站工作经验。演练后进行总结,对演练过程中好的方面和存在的不足分别进行讲评,对查找出的不足,提出改进措施,以便进一步完善。

3 结语

随着时代发展,高速公路收费工作将逐步朝着规范化、精细化方向发展,成为服务社会的窗口行业。收费管理精细化要由浅入深,渗透到日常管理之中,是一个循序渐进的过程,不能一蹴而就。收费管理精细化还有很多工作要做,还需要在工作、管理实践中不断思考,边学习、边完善、边总结,结合工作实际制订适宜的管理措施。在做好日常收费管理基础上,才能创造出工作亮点和特色。以上论述是日常收费工作中经常面对和遇到的问题,一些不成熟的见解,不当之处,敬请同仁指正。

高速公路收费站运营管理

刘　含

（河南高速公路发展有限责任公司柳林收费站）

摘　要　强化管理，提升服务，不断提高收费站在社会公众心目中的形象。

关键词　收费站　日常管理　环境建设　堵漏增收　优质服务

收费站是高速公路的一个基层单位，也是组成高速公路管理体系的一个重要元素，担负着完成高速公路投入产出最重要的任务。收费站虽是最基层单位，但所做的工作直接关系到高速公路的生死存亡。因此，只有让收费站管理工作呈现勃勃生气，收费站工作人员充满旺盛的活力，高速公路这个现代化产业才能在激烈的市场竞争中长久立于不败之地。

1　强化日常管理，为全局工作开展提供根本保障

收费站的工作，就是认真贯彻落实省公司、分公司管理工作的总体部署，紧紧围绕公司年度征收管理工作目标及收费中心工作内容，结合收费站工作实际来开展，需要从各个岗位、各个工作流程的细节入手，认真落实公司绩效评价办法；按照省公司《绩效考核评价办法》内容，坚持以考核制度和微笑服务评定办法相结合的考核体系为主要管理手段，从各个岗位、各个工作流程的细节入手，坚持每天对职工进行全方位稽查并形成制度；通过规范各项标准细则，进一步规范考核评价工作；建立科学有效的激励约束机制，提高收费站规范化管理水平和员工的整体素质，增强职工的责任感和荣誉感，营造积极竞争的良好工作氛围。

2　强化环境建设，为收费站各项管理工作保驾护航

在提高规范化管理水平，统一制度标准的同时，收费站的成长需要一个好的环境。所谓好的环境，主要包括学习环境和工作环境，二者相辅相成，缺一不可。要想创建一个良好的学习环境，首先要创建一个和谐的工作环境。在认真落实精细化管理制度和管理考核制度的同时，不断规范员工的工作行为和生活习惯，规范考核标准，加大对员工日常工作的检查和监督，让各种违纪现象消失在萌芽状态。利用严明的纪律、公平的考核，促进全站管理工作的规范化、科学化、制度化，让员工充分了解什么能为，什么不能为，什么必须为，什么绝对禁止为，并在有效的规则范围内，逐步创建和谐的工作环境。

有了和谐的工作环境，才能逐步创建浓厚的学习氛围。在创建浓厚学习氛围的过程中，将员工个人学习和集中学习有机结合起来，为员工提供良好的学习与生活环境，促使员工安心学习，善于学习和学习的自主管理。重点把握好“两条主线”，第一条主线是学微笑服务、学收费业务，为员工统一购买一些专业书籍，有效增强员工的学习意识和团队协作精神。第二条主线

是采取走出去的方式,到兄弟单位进行参观学习,以积极的态度学习可资借鉴的东西,吸收先进的管理理念和高超的服务技能,使员工不断开阔视野,增强求知欲和上进心。

3 强化堵漏增收,不断净化收费站通行环境

作为基层收费站,保证良好的运营管理秩序和征收任务的圆满完成是工作的重中之重。其中,堵漏增收是关键。如何强化堵漏增收呢?

首先,收费站应积极采取有效措施开展“打逃”治理活动,根据不同时期、不同阶段、不同情况制订不同的治理方案和采取不同的处理方法,并针对种种干扰收费秩序的行为,做到具体问题具体分析,不断完善治理倒卡行为的各种措施。

其次,在强化措施的同时,要加强与高速交警部门联系,成立联动小组,启动联合治理逃漏通行费机制,进一步加大打击力度,切实把好收费关口,杜绝通行费流失。

4 强化优质服务,全力打造高速公路服务亮点

收费站属服务行业,树立行业窗口形象势在必行,因此,应始终以“增强服务意识,提供优质服务”为着眼点,认真执行《高速公路收费服务》地方标准,规范高速公路服务行为;关注细节,实施全方位服务,确立“服务至上,关注细节,快速反应”的服务理念,把服务工作体现在管理的各个环节上;抓好细节,紧紧围绕省公司“理念创新、管理精细、程序规范、优化服务”的管理思路,在精细管理上下工夫,在深化服务上想办法,在提升形象上做文章,以深化文明优质服务工作为突破口,响亮提出“一个微笑、一路温馨”的文明优质服务口号,大力开展以微笑服务为重要内容的文明优质服务活动,努力打造省会高速公路窗口形象,促进运营管理工作健康开展。

落实好以上几项工作,才能不断提高收费站在社会公众心目中的形象,进而促进物质文明和精神文明的建设,在取得良好社会效益的同时,也获得良好的经济效益,使我们河南高速公路成为行业内的知名品牌。

基层路政管理难点亟须破解的难题

张华兢

（河南高速公路发展有限责任公司洛阳分公司）

随着经济社会的迅猛发展，交通建设日新月异，对路政管理工作提出了新的机遇与挑战。为了适应公路事业建设和发展需要，使路政管理进一步纳入规范化、科学化、法制化管理轨道，省公司每年都会开展执法培训，考试合格人员才能执证上岗。基层单位也会结合工作实际，开展形式多样的培训、军事化训练等。如2012年8月份洛阳分公司路政就开展了为期一个月的作风教育整顿，对提高路政人员素质，执法水平，业务能力都有很好的促进。但路政工作中存在的问题确也很多，也不容回避，主要有以下四点：其一是违章建筑问题。《公路法》中明确规定，等级公路均不容许在设定的范围内从事违章建筑，但某些部门或个体受经济利益的驱使，公路两侧的违章建筑屡禁不绝。尤其是刚建设的新公路，有的路未建成，违章建筑先行一步，利用了公路尚未交付使用的时间差，为日后的路政执法工作带来制约。其二是占用公路问题。公路穿越集镇和村庄的地方，往往是路政治理的重点，行人违章上路，摆摊设点，在收费站区拉客等人等，公路俨然成为他们谋利的场所。其三是侵占路产问题。公路的沿途少数居民法律观念淡薄，破坏公路现象时有发生。他们利用夜晚或节假日，加班突击从事非法活动，盗挖砍伐公路行道树，挖取公路路缘石，拆卸公路护栏及偷盗标志设施等。其四是超限运输问题。当前公路上运输的超限超载车辆逐年递增，对道路的损害明显，让国家遭受到巨大损失。

路政人员就存在问题的成因进行了解析，认为基层路政管理的难点及问题很多，形成的原因有多种因素，主要有：一是沿线乡镇政府部门对公路产权及违章现象管理不力及沿线群众对公路法规意识淡薄，公路部门亦存在重建轻管现象。二是违章建筑和占用公路问题，公路控制范围内的管理，城建、规划、土地及公路路政等都有份，政出多门，造成管理局面的被动；其次是有些违章建筑是经过合法的手续，甚至是个别管理部门引用法规不当或当地政府有关部门越权批准，既成事实后，给公路路政的处理造成一定阻力。三是路面市场化普遍，制约着路政管理。路政人员数量少，力量单薄，精力有限，巡查的范围及时间受到一定的限制，顾了东顾不了西，疲于应付。四是执法力度不大，在路政执法过程中如果遇到阻挠等，都会令执法深度大打折扣。五是政府部门未能真正意识到超限车辆的危险。

针对存在的路政管理问题，高发司洛阳分公司新安路政大队对侵占公路路产路权问题的治理突显紧迫和重要，如何提高路政人员素质，提升执法工作水平，强化路政管理工作，扎实有效开展新时期基层路政执法，通过讨论，一致认为：一是路政管理人员要不断加强业务技能培训及专业知识学习，锻造一支素质过硬、作风顽强、业务娴熟的新时期路政执法队伍。二是更新观念，引进人才，从优秀社会人才及大本（专）科毕业生中选聘，作为基层路政新生骨干，做好人才衔接及高科技知识的中坚力量，充实路政执法队伍。三是广泛宣传，与沿途乡镇政府及有关部门沟通协调，让路政管理新理念深入人心，抑制多头管理、政出多门现象，实现目标一致、联合共管、综合治理的良好路政执法局面。四是查源堵流,狠抓源头整治工作。在公路新建或大中修路段建设时期,路政部门要提前介入,打好路政管理预防针,做好路政管理政策宣传员,发现有违规建设或苗头,及时处理,以绝后患。五是加大路政管理巡查及执法力度,规范执法程序。依据《公路法》、《公路路政管理条例》等严格执法,不徇私情,公正、公平处理各种违规和侵占、破坏及损坏公路违法行为。六是要求执法人员严格自律,严肃纪律。路政人员在执法工作中要严格自律,秉公执法,严禁在路政执法过程中吃、拿、卡、要或违规执法,情节严重,性质恶劣,影响极坏的执法人员,一经查实,要清除出路政执法队伍。

论高速公路收费站管理

闫　辉

（河南高速公路发展有限责任公司洛阳分公司）

在迅猛发展的信息化时代，高速公路引领着时代的潮流，彰显着中国经济迅速发展的步伐。高速公路收费站作为窗口服务单位，其管理就显得尤为重要。推行精细化管理就是本着以"收好费、服好务、带好队"的原则，以提高收费效益为工作中心，从收费班组建设和系统的角度出发，抓好那些既能给驾乘人员和社会带来价值，又能给单位和职工带来效益的关键环节。收费站作为高速公路基层运营单位，只有加强收费站的管理，才能有效激发职工的主观能动性，更好地推动收费站工作良性发展，打造"畅通、平安、舒适"的高速路。只有不断创新高速公路收费站的管理方式方法，提高收费站的服务水平，才能更好地发挥高速公路服务社会经济发展这一根本目标。从经营理念上来讲，高速公路收费站应进一步强化服务意识，树立以服务为核心的理念，在更好地服务于广大驾乘人员的基础上完善其收费功能。

1　要解决好收费人员的心态问题

我们高速公路收费队伍人员的素质可谓参差不齐，要想从源头上加以治理规范，需要国家政治层面的不断推进，在此我们不予讨论。但中国有句古话，叫"良木可雕，孺子可教"。怎样将我们收费人员的综合素质提高到能够满足高速公路的现实发展需要、满足驾乘人员日益增长的服务需求，委实是在考验高速公路经营管理阶层的集体智慧。目前，一些收费人员的困境在于，总是抱着得过且过、做一天和尚撞一天钟的心态，对收费工作不尊重，对上级的工作安排不负责，没有对高速公路收费工作的责任感、使命感，没有为高速公路奉献青春的决心和抱负。他们总是认为目前的中国社会是不平衡的、不兼顾的，自身没有努力的方向。他们要求高起点、大平台，认为只有如此才能充分展现自己的聪明才智，而不愿意将基层收费站作为当前崭露头角的舞台。其实，这种理论和心态是站不住脚的。这就需要我们的经营管理阶层对存在这种心态的人员加以引导，鼓励他们要能够接受组织的培养，相信"天道酬勤"，努力总会有收获。同时，要加强对收费站工作人员的业务培训，提高业务素质。优秀的员工是收费站提供良好服务的根本保障，加强对业务人员的培训主要包括政治思想教育、职业道德教育、政策法规教育、收费业务技能培训；同时可结合职工个人的具体情况进行个人修养、才艺、情趣及生活能力等的拓展培训。

2　要建立收费站良好的工作氛围和和谐的人际关系

收费站的工作区别于其他工作之处就在于它的工作地点相对偏远，人员流动相对较少，与其他人接触的机会偏少，而与同事朝夕相处，抬头可见，正是因为接触频繁就比较容易产生矛盾，包括工作上的、生活上的。这就需要我们自身发扬品质，外界加以引导，在收费站倡导助人为乐、宽容为怀的高尚品质，积极创建和谐的人际关系，努力形成团结一致干事业的局面，让这种和谐的氛围最大限度地促进我们的工作。体现以人为本，营造舒适温馨的工作环境。收费员收费工作时间长、劳动强度大、工作单调，管理者应营造舒适温馨的工作环境，缓解精神压力，改善工作环境，提高工作效率和服务水平。积极把握“以人为本，创新管理”工作理念的切入点。

3 要一以贯之地要求收费人员坚持文明收费，优质服务

文明收费、优质服务是高速公路收费站收费工作的基本理念，笑脸相迎、真诚服务是我们对驾乘人员最基本的尊重和承诺，也是展现高速公路良好形象的最佳机会。为此，我们应不断深化文明微笑服务的内涵，以高标准、高质量的微笑待人，努力做到“眼睛也会笑”。而随着时代的不断进步以及情势的不断变化，一张笑脸、一声问候已不能充分满足我们创建品牌的工作目标，我们需要建立更新、更大限度的现代文明岗亭。它应该是能够满足广大驾乘人员现实需求的，包括所需地图、应急药品箱、加水服务以及其他便捷服务在内的综合服务措施，并以此为基础拓展出更多的文明服务方式方法。我们甚至可以考虑在收费站开展“微笑大使”的评选，对参选人员进行严格的筛选和培训，进而培养一批服务权威、业务精湛的收费精英，同时倡导大家积极学习，努力体现模范效应，将文明微笑服务整体推进。

4 要建立切实有效的防贪堵漏机制，加大对内稽查力度，实现赏罚分明

收费工作无疑要与钱打交道，与钱打交道就会敏感，容易产生问题。所以，我们要倡导收费员在工作中明智保护自己的理念，号召他们将一切征费工作程序置于监控镜头之下。此外，随着征费工作形势的日趋复杂，我们的稽查工作制度以及稽查工作的方式方法也要不断创新和进步，我们的稽查人员更要善于发现和处理可能出现的问题。目前，我们防贪堵漏工作的重点和难点在于绿色通道的政策把握。公司规定的绿通车“一车一验”制度已经比较好地解决了此问题。目前，我们仍应坚持班长与保安“两人验货”的制度，做到鉴别与收钱分开。内部稽查对于绿通政策更要严防死守，要认真核对每台绿通车的信息，采取调取交易信息、视频录像、现场稽查相结合的稽查方法，将一切可能出现的违规违纪现象消灭在萌芽状态。要充分调动收费人员识别偷逃通行费行为的积极性。鉴于目前倒卡车猖狂且非常具有隐蔽性，给稽查工作带来很大难度，要定期加强一线收费人员的业务交流，使收费人员能够迅速识别和发现偷逃通行费的行为。同时要建立合理的奖惩机制，对及时发现驾驶员偷逃通行费的收费人员进行奖励。

收费站的工作方方面面，需要把握和解决的问题着实不少，我们当以高度的责任感和使命感，不断提高驾驭复杂局面的能力，以实事求是的态度和摸着石头过河的改革精神，走好每一步路，搞好每一个环节，切实肩负起河南高速公路科学跨越式发展的崇高使命。

浅谈高速公路运营管理水平绩效考核

王 炎

（河南高速公路发展有限责任公司商丘分公司连霍高速商丘路政大队）

规范化的路政管理工作是高速公路管理的重要组成部分，科学的员工绩效考核体系对于提升队伍素质，规范路政管理，激励员工创造性地开展工作，具有非常重要的意义。针对目前我国高速公路运营管理中存在的问题，提出如下完善高速公路运营管理绩效考核评价体系的设想。

高速公路的大规模建成，极大地促进了我国经济发展。不仅使国内的商品经济流通加快，也促进了国际贸易的发展。同时，也为各地对外招商引资创造了良好的交通环境，可见，高速公路建设的飞速发展，对国民经济发展具有重大的意义。伴随着我国高速公路里程的不断增长，高速公路管理，以及构建于其上的高速公路管理体制应运而生。进入21世纪，中国的经济发展步伐加快，伴随着加入世贸组织的脚步，政府对高速公路管理的干预范围不断缩小。于是，为了更好地对高速公路运营实施管理，绩效考核的评价方式走上历史舞台。

1 绩效管理概述

绩效管理是指通过设定组织目标，运用一系列的管理手段对组织运行的效率和结果进行控制与掌握的过程，包括长期绩效管理与短期绩效管理。长期绩效管理主要通过战略规划系统来完成；短期绩效管理主要通过经营计划与经营检讨、工作总结来完成。绩效管理包括了4个环节：绩效计划、绩效辅导、评价反馈、结果运用。

2 高速公路运营管理实行绩效考核评价的意义

2.1 有助于提高员工工作的主动性，从而提高工作效率

在落实绩效考核的过程中，会对个别违章违纪、表现差的员工，进行相应的扣分，而且有连带责任者，也要受到处罚。要对表现优异的员工，给予奖励。这样，奖罚分明，就可以大大调动员工的工作积极性。员工工作态度端正了，工作效率就可以提高，就可以取得更好的效益。

2.2 有助于提高员工的理论水平和创新意识

作为路政部门，创新意识非常关键。通过对员工的绩效考核，可以激发员工的创新热情，积极进行理论创新和实践创新。在绩效考核中，对于取得创新成果的员工，要给予相应的加分和物质奖励。这样，就可以引导员工进入创新工作的氛围，集思广益，群策群力，创造性地开展工作，对于拓展工作思路，推动路政工作向前发展，具有积极的意义。

3 我国高速公路运营管理现状

（1）随着我国国民经济的快速发展，高速公路建设逐步走向市场化；高速公路建设的市场

化使得投融资渠道多元化,同时要求经营管理方式的公司化。目前我国主要采用的是“一路一公司”的经营管理模式;这种模式带有小农经济色彩,市场发展到一定程度必然会发生转让、兼并等市场行为。

(2)相对于西方发达国家,管理模式相对落后。我国高速公路管理,起步较晚。目前,我国高速公路仍处于建设期,管理体制还比较僵化,大多数采用事业单位的管理模式,有部分单位完成了企业改制,但是,运营管理机制还是比较落后,难以适应现代化的管理需求。

(3)我国高速公路公司的性质仍有些模糊,大多数公司人事关系、产权关系等还不明确;在经营管理方面,经营方式、技术手段、经济效益等仍需改善和提高。与发达国家高速公路建设、经营公司化相比,我国的公司化背景条件明显不如发达国家。

4 我国高速公路运营管理绩效考核评价标准体系的构建

4.1 建立绩效考核评价体系的原则

真实性原则(是指一方面要确保评价工作过程中所提供的基础资料真实、准确;另一方面确保用于绩效评价的方法体系要科学)、一致性原则(是指绩效考核评价指标必须与企业发展战略相一致,考核采用的评价方法、评价标准、基础数据、指标口径前后一致)、独立性原则(是指评价人员在评价过程中要保持独立性,不带有任何的主观与成见,也不受评价单位和外来因素的影响)、稳健性原则(是指对被考核单位的评价过程中,采取定量指标和定性指标相结合的方法)。对评价结论要慎重,要有充分和令人信服的依据和理由,尽量做到评价结果客观、公正。

4.2 完善高速公路绩效管理的几点措施

强化绩效意识。在服务或管理过程中,引入企业的先进管理方法。真正把绩效考核同每个人的切身利益结合起来,鼓励所有成员,积极参与绩效考核。

绩效管理制度化。作为一种独特的管理活动,绩效管理不同于其他的管理方式,必须在制度的保障下开展。高速公路的绩效管理,首先要建立健全相关制度,只有制度化,才能保证连续性。同时,在立法中也要体现出高速公路的特性,给予高速公路绩效管理合理准确的定位,保证高速公路各方的责权利对称。在此基础上,完成各项技术性的立法工作,并全面落实绩效管理,真正实现依法治路。

制定灵活多样的绩效目标。绩效管理的目的在于改进组织绩效,所以,在绩效改进方面,高速公路管理部门应有明确的目标。目标可以是宏观的,也可以是具体的。要将长期目标与短期目标、总体目标与现实目标结合起来。

员工绩效考核,是高速公路运营管理中一个非常重要的环节,也是进行人力资源管理的基础,是人力资源管理的政策性依据。作为高速公路运营企业的重要管理手段,绩效管理对于树立企业良好的社会形象、提升企业利润水平和服务水平等,都具有重要的推动作用。高速公路是国家的经济命脉,高速公路运营管理的成效,直接影响到国家的经济发展,进而影响我国参与世界经济竞争。因此,加强高速公路的运营管理,关系重大,而建立绩效评价体系,迈出了科学管理的重要一步。我们要继续探索,继续前行,借鉴国外的成功经验,结合我国高速公路发展实际,摸索出一套适合我国实际的绩效考核体系。

浅谈收费站的人性化管理

徐 昕

（河南高速公路发展有限责任公司郑州分公司惠济收费站）

收费站是高速公路管理公司的窗口，是高速人形象展现的重要舞台，每天工作人员面对来来往往的驾乘，面对工作中的各种问题，伴随家庭中可能有的困难，压力难以舒缓。那么，该如何舒缓职工压力，使职工能够更好地投入到工作中，改变以驾乘为“发泄对象”的恶劣服务态度，减轻“笑对驾驶员”背后的压力呢？笔者以所在收费站的情况进行简要说明。

笔者服务于郑州分公司惠济收费站，该站开通于2008年12月1日。建站以来，历任站领导班子都坚持围绕省公司征收管理目标，以“和谐型收费站创建”为目标，团结带领广大干部职工，同心同德，积极进取，付出努力，完成上级交付的各项任务，努力达到分公司“抓管理、促规范、树形象、出亮点、创一流”的工作目标。

惠济站在管理方面，有自己独特的一面，即坚持开展人性化管理。围绕这项工作，惠济站首先是在收费亭内设置了心情展示牌，随时展示当班职工即时的心情状况，展示牌提供了5个选项：“高兴”、“平静”、“低落”、“较差”、“烦躁”，以不同颜色进行区分。由收费班长随时进行检查，值班站领导在进入站区检查工作时，也必须要对心情展示牌进行查看。当发现职工心情在“低落”至“暴躁”之间任意一种时，就立即安排当班外勤与收费员进行暂时换岗，了解职工心情不好的原因。如果能及时解决职工困扰、舒缓其心情，就再令其上岗，如果经过简单的心理疏导仍然不能恢复平静心态时，将把其请入站上特别设置的“谈心室”，由站长以谈话的形式开展疏导工作。

谈心室的布置以平缓、鲜明、阳光为主，房间位于站办公楼内唯一一间两面有窗的房间，墙上悬挂字画，室内配有绿色植物，准备有茶水，在一边聊天一边喝茶的轻松状况下，很容易解决职工困扰，使其心情得到舒缓，尽快恢复到满足文明服务的心情状态。

除此以外，惠济站一直以公开接受监督的状态，吸引职工加入管理，广开言路，职工们可以畅所欲言，参与到管理中来，使各项措施的推行更容易。

人性化管理模式采用以来，惠济站各项工作得到突出发展，获得各级领导表扬。

2011年10月份开始，由于全车牌录入系统的使用，加快了“黑名单”、“灰名单”系统的完善。惠济站按照公司相关要求，对流失卡车辆进行管理，通过电话告知、发函通知的形式，督促流失卡车辆到站接受处理。职工们积极建言、献计献策，在工作中又细心观察，为挽回损失作出了贡献。

2011年4月30日，惠济站站区进行改扩建施工，恰逢五一节车流量高峰。此时，全车牌录入系统已经完全实行，自动发卡道都改为人工车道，造成各班人员紧张。为避免造成堵车，惠济站职工在站领导班子的带领下，放弃休息，全力以赴开展保通工作，取得显著成绩。每天当班的外勤都按照岗位要求，在班长的带领下开展好保通工作，做好限行期间的解释工作。在车流量多的时段，由外勤人员在自动发卡机处协助驾乘取卡，避免因不熟悉情况造成通行速度缓慢，从而引起堵车。

为缓解郑州中心城区交通压力，经过多次的数据调查，郑州市政府与交通运输厅联合发布通告，对出入口均在绕城高速10个站的豫A牌照小客车实施优惠，8月1日零时开始收取原通行费30%的费用，12月20日零时开始对此类车辆实施完全免费。

优惠政策出台后，惠济站上下站车流量迅速增加，豫A牌照车较以往增加200%以上。惠济站积极行动，在前期组织职工对政策进行学习，并对过往驾驶员进行宣传，后期在执行中，及时调动数量充足的通行卡和零钱，加大外勤工作力度，确保了车道的畅通，为郑州市交通压力缓解作出贡献。

2012年中秋、国庆双节长假前夕，惠济站职工又按照上级要求，认真学习相关文件，在最短的时间内掌握了新精神，并且主动放弃休假，各班人员积极加入讨论中，决定以备班的形式增加外勤人员，全力做好节日期间的保通工作。由于一直坚持在工作中加入人性化管理模式，此次免费政策的出台带来的巨大工作压力迅速得到职工们的广泛认同和高度配合，在前期准备中没有遇到职工的不理解，而是得到了更多的支持。

由于收费人员的工资与通行费收入挂钩，车流量增加后，职工收入相对有所下降，但是站上在管理方面注重调整，各班职工根据本班实际情况进行了班内调整，调整后，人员得到适当的休息，缓解了在岗的疲劳，更好地使职工投入到工作中去。

管理离不开思想教育，惠济站领导班子在人性化管理中，也不放松职工的思想教育，在分公司的带领下，开展各种形式多样的活动，使职工从思想上得到提升。同时，也高度重视志愿者活动的开展，组织青年团员开展义务植树、垃圾分类宣传、“地球一小时”等形式多样的活动，增强了组织凝聚力。

目前河南高速公路通车里程保持国内第一，随之而来必然是征收管理工作的加重。在此，谨以浅见以供参考，寄愿于河南高速事业能得到迅猛发展，打造出河南高速品牌！

浅谈收费站工作经验

雷　洁

（河南高速公路发展有限责任公司上街收费站）

摘　要　根据公司文件要求，结合几年的收费工作经验，对收费站的实际工作情况进行浅析。

关键词　收费站　工作经验　强化　创新

1　强化服务意识，创新管理举措

1.1　强化管理

首先狠抓管理层的工作态度及工作作风。收费站领导加强勤政廉政，落实收费站领导标准工作制，加强会议制度、学习制度，落实收费站领导值班巡查制度，实时掌握各项工作运转情况，做到心中有数，同时对监控室各项记录进行巡视、审核，以此加强收费站务管理。二是制定各岗位工作流程，推进精细化管理工作上新台阶。岗位细分为：收费站长、副收费站长、收费班长、监控班长、收费员、监控员、票款员、内业管理员、伙食管理员、车辆管理员、电工、厨师、保洁员等，各任其职、各负其责，分工明确，责任到人，有效促进各项工作顺利开展。三是实行物品管理责任制。统计公共区域和各房间物品，制定管理细则，划分责任人和监督人，明确责任，实行上墙监督、公开监督。五是实行巡检亮相制度。在便民服务台和消防箱上贴上巡检表，逐日巡检，及时记录，形成制度，公开监督管理。

1.2　强化考核

日常考核工作中，认真按照省公司、分公司下发的各项考核制度、细则及本收费站制定的考核实施办法开展考核工作，针对收费站内平时工作中存在的问题，研究细化管理考核细则，从工作纪律、规范要求、文明服务等方面进行细化打分。同时加大责任追究力度，坚决做到考核制度认真落实，考核结果如实上报。同时，将三级考核工作与星级收费员评定工作认真结合，切实做到每月有三级考核汇总排名、每季有三级考核汇总排名和星级评定结果。

1.3　强化学习

为加强职工队伍建设，收费站对职工教育常抓不懈。一是开展政治思想教育。组织职工开展学习实践科学发展观教育活动和“创先争优”学习教育活动。二是加强业务学习。通过收费站务会、班组会，对省厅、省高管局及省公司、郑州分公司相关文件、会议精神进行及时学习，贯彻落实到每一名职工，积极开展岗位练兵和微笑服务培训，不断提升职工业务技能和服务水平。三是加强廉政教育。按照上级有关安排，学习公司各项廉政制度、规章条例，开展警示教育，人人签定《党风廉政建设目标责任书》，增强职工的遵纪守法意识和廉洁自律意识。

1.4　强化服务

为进一步创新管理模式、提高服务质量、结合自身的实际情况和特点，将微笑服务与文明用语紧密结合，创新服务理念，规范服务标准，延伸服务内涵，强化品牌意识。

2　强化收费管理，狠抓堵漏征收，推动征收工作顺利开展

收费站根据经验判断和对现行偷逃漏费行为的深入研究和分析，在日常工作和专项治理活动中采取措施，狠抓堵漏增收，为收费工作有效开展打下坚实基础。

通过采取多种措施，强化收费管理，狠抓堵漏征收，认真贯彻落实收费政策及免征规定，严格收费工作纪律，加大监管力度。

3　党政工团齐抓共管，开创团结务实、积极向上的工作局面

党支部加强组织建设，通过活动的积极开展促进党建工作深入开展。在各项工作和活动中，党员和团员青年们处处身体力行，做好表率，不断推进创建工作向前迈进。

4　强化保通，确保安全工作顺利开展

严格按照安全工作的有关文件和指示精神贯彻执行，牢固树立“安全第一”的思想，强化安全生产工作，及时查找隐患，杜绝不安全因素存在。在年初我收费站制定出安全工作计划，并且不断完善了各项安全制度。使职工警钟长鸣，防患于未然，把事故处理在萌芽状态。

浅谈运维分中心的人性化管理

周　娜

（河南高速公路发展有限责任公司郑州分公司运维分中心）

郑州公司运维中心，在省厅及公司的领导下，认真贯彻落实全省交通工作会议和全省高速公路工作会议精神，创新管理理念，完善各项管理制度，时刻以打造“全省一流”运营维护中心为目标，以精细化管理为重点，以“四四三三”工作制为依托，高标准完成各项运营维护工作任务。

同时我们还积极加强与征收、路政、养护和稽查之间的合作，确保了收费、监控、通信和供电系统的正常运行，为全公司运营工作顺利开展提供了强有力的技术保障。

1　坚持目标化管理原则，做到“三个明确”

1.1　思想认识明确

为了更好地保障公司机电设备的正常运转，完成公司既定的工作目标，我中心不断强化维护人员的思想认识和理念，把维护工作与公司发展战略紧密结合起来。认真贯彻落实省公司交通机电工作会议精神，坚持发展、创新、服务、规范的主旋律，深入开展“交通管理年”活动，创新理念、规范行为、提升队伍素质，牢固树立“故障就是命令，时间就是保证”的思想，时刻做好应对一切突发事件的各项准备。实现交通机电运营管理水平整体提升，为高标准完成工作任务打下良好的思想基础。

1.2　工作思路明确

为确保维护工作的正常开展，我中心坚持在管理上以专业化运作、精细化管理为方向，深入研究新的工作思路，转变工作理念。牢固树立“预防为主，维修为辅”工作思想，变过去的“被动维修”为“主动维护”，探索新方法、新模式。并在全体职工中突出维护工作的有效性和针对性，加强人员管理。尤其在提高队伍建设、科技创新等方面上下大工夫，提倡“一专多能”型人才，全面提高中心维护水平和技术保障能力。

1.3　工作目标明确

根据公司要求，我中心认真研究部署，建立和完善了交通机电“三级维护体系”，在工作中不断推行“四四三三维护工作责任制”，确保通信、收费、监控、配电照明等系统运行安全，高标准、细致化地完成各项维护工作任务。

在做好维护工作的同时，我们还紧跟时代步伐，进一步强化路警联合指挥中心管理模式，深入结合信息化社会的发展要求，依托全方位的信息资源和共享优势，打造全省高速公路现代化立体指挥调度管理体系。

2 完善队伍建设,加强后勤管理,做到“三个加强”

2.1 加强人员业务能力

为充分落实省公司的工作要求,我中心以培养和锻炼一支综合化、专业化的高素质人才队伍为工作重点。并坚持从两方面入手,不断提高职工的业务素质。一是采取多种形式人才培养手段,不定期组织培训,安排维护人员进行业务交流和学习,提高人员维护能力。二是完善制度建设,强化内部管理,规范工作流程,倡导“一专多能”型人才,全面提高维护水平和技术保障能力。

同时提高和保障人员培养机制,探索运维人才培养机制,对于维护维修过程中出现的问题进行探讨,制定合理的解决方案。

2.2 加强考核力度

为了更好地开展工作,进一步提高职工的工作积极性,我中心建立了一套完整的考核制度,坚持平时与定期相结合,夯实考核基础。

在实施年度考核时,将日常工作任务的完成情况、出勤情况等有关平时考核资料加以整理,把年度考核与平时考核有机结合起来。并积极推行量化管理,增强年度考核结果的科学性和准确性。既从“德、能、勤、绩”4 个方面,又从履行职责、开拓创新、廉洁自律等方面对考核对象一年来的思想、工作、学习情况进行综合客观的评价。采取部门工作同个人工作相结合,职位职责同工作特点相结合,个人表现同目标任务相结合,工作实绩同平时考核相结合的方式,进行全面的考核。

2.3 加强后勤仓库管理

为了提高维护工作的效率与质量,进一步落实精细化管理模式,我中心从仓库管理入手,针对以前仓库备品备件数量众多、存放混乱、查找不便的具体情况,认真研究部署,在对各类备件进行统一核实对照,分类存放的基础上,特别引入了现代化仓库管理办公软件,加强对备品备件存放和内部调配的管理,使仓库保管人员对各类备件的存放数量、出入库时间、存放地点等情况一目了然。备件资料信息的完善与建立,又进一步促进了中心对各类备件的查找、存放、调配能力,提高了维护工作的效率,实现了我中心对各类突发事件的快速反应能力,为公司机电设备的正常运行保驾护航。

3 发挥自身优势,做到“两个突出”

3.1 突出综合维护能力

为更快、更好地开展维护工作,中心领导统筹兼顾,合理安排人员,时刻立足于加强班组成员协同开展维护工作的能力,最大限度地提高处理各类故障的效率。明确每个班组中各个维护人员所负责的设备、系统、电路,明确不同班组重点负责的区域,确保每项设备都有明确的责任人。这样不但可以确保快速排除大部分故障,同时也保证各类设备的疑难故障有专人处理。从而不但提高维护人员在排除各类设备一般故障的维护技能,又突出、强化其所负责的系统或设备的维护能力。

3.2 突出指挥中心快速反应、协调、调度能力

指挥中心是全公司的信息中枢,它起着政令上传下达的重要作用,肩负着公司各部门的协

调和调度管理。它由监控、路政、高速交警人员共同组成,以路警“四联合”(联合执法、联合巡逻、联合指挥、联合施救)的主导思想开展电子巡逻、信息互通、指令传达、协调指挥等各项工作。

为进一步实现指挥中心反应灵敏、协调有序、运转高效的工作目标,不断发挥其在监控管理、社会联动和应急处理中的突出作用,我们通过道路监控系统、微波车检器、气象检测器及可变情报板等先进的硬件设施及时汇总、分析、传递各种数据,为征收、养护、路政、交警等各部门提供准确、翔实的路况信息。整合、调度、指挥郑州分公司各部门人力资源,协调各个部门快速、准确、规范地处理各类突发事件。

在树立服务意识的前提下,指挥中心不断履行着职责、发挥着自己的职能,对内服务公司运营工作,对外服务社会。并真正成为辅助决策的智囊、快速反应的龙头和服务群众的窗口,展现了河南高速的良好形象。

浅析我国高速公路管理体制

李　辰

（河南高速公路发展有限责任公司商丘分公司济广高速商亳大队）

摘　要　高速公路管理体制是在公路交通领域实现政府管理职能的一种重要组织形式。文章首先分析了高速公路管理体制对于高速公路发展的意义。根据现阶段高速公路管理体制中存在的问题，就健全高速公路管理法规体系，完善高速公路经营制度，建立适合我国国情的高速公路管理组织模式提出了自己的看法。

关键词　高速公路　管理　体制

随着我国高速公路的快速发展，高速公路管理体制越来越被人们所重视。高速公路管理体制是在公路交通领域实现政府管理职能的重要组织形式。高速公路行政管理是政府管理社会公共事务的权力与责任在交通公路部门的具体表现。

1　高速公路管理体制对于高速公路发展的意义

从广义上来说高速公路管理体制包括高速公路建设体制、高速公路运营体制、高速公路养护体制、高速公路监管体制、高速公路投融资体制等内容，涉及高速公路的方方面面，是一个庞大的机制系统。而从狭义上，高速公路管理体制主要指运营体制，指的是高速公路的管理机构设置及其管理权限的划分。高速公路管理体制对于高速公路的发展具有重要意义。高速公路是现代化交通设施，具有通行能力强、速度快、服务功能完善、科技含量高的特点。它全封闭、全立交，与一般公路完全不同，必须有科学的管理体制，才能保障其优势和功能的发挥。相反，如果管理体制不顺，管理水平落后，就会产生政出多门、职责交叉、多头管理、互相扯皮，就会极大地影响高速公路优势的正常发挥，难以实现高速公路快速、高效、安全、畅通的功能，不能达到高速公路资源的充分利用。

2　我国高速公路管理体制存在的问题

2.1　高速公路管理体制法律法规不健全

没有一个健全的法规体系，致使目前的高速公路管理无统一的法规可依，而是政出多门，职责交叉，互相扯皮。现今国内还没有一套适用高速公路的法规条例，实施管理的依据仅仅参照普通公路的法律条款。省级交通主管部门又缺少调控手段，无力监管。企业管理目标偏离公众愿望，无法体现公路的公益属性。因此，高速公路管理法规滞后，已成为影响我国高速公路健康、持续、快速发展的重要因素。

2.2　政企不分、事企不分、缺乏活力

高速公路管理具有明显的企业性质，本应按现代企业制度的要求，办成自主经营、自负盈

亏的经济实体。但目前绝大部分的高速公路管理单位或公司都具有行政职能,在经营管理上还是事业性质,没有竞争机制,缺乏活力。在养护管理上,又专设一套人马,职工队伍庞大,设备利用率极低,造成闲置和浪费,影响了高速公路效益的发挥。

2.3 机构重叠、职能交叉、关系不顺

当前,就全国来讲,高速公路管理机构重复设置的问题比较突出。不少省(区)在公路管理局以外,又平行设置了高速公路管理局或高等级公路管理局、路政管理局、征费稽查局,有的还成立收费公路管理局等,致使在一个行政区域内出现了几个公路管理机构,形成政出多门,多头管理,职能交叉,不仅相互间的关系难以协调,而且造成工作上相互扯皮、推诿,致使政令不能通达。

3 我国高速公路管理体制的完善

3.1 建立健全高速公路管理法规体系

我国《公路法》、《收费公路管理条例》等法律法规的颁布,为高速公路的管理工作提供了保障,但是针对高速公路相对于一般公路的特殊性,这些法规还不能完全满足高速公路发展的需要,笔者认为还应着手建立针对于高速公路的法律法规,以保证高速公路能够顺利发展。建立高速公路管理新体制要充分运用法律、经济和行政手段,通过立法,调整现有高速公路管理的法律、法规、规章不一的地方,理顺高速公路建设特别是运营管理中的各种关系。依据《公路法》,充分考虑高速公路的特点,制定、完善高速公路的管理办法、法规和规章。但是,走法治道路也需要一个过程,基于高速公路的公益性和发展的阶段性,客观情况不允许我们乐观地去观望和等待,高速公路管理在相当长的时间内,还要依靠各种优惠政策和特许政策。因此,可根据本地区高速公路发展形势和法治化进程,首先通过地方人大提案讨论通过,建立地方性高速公路法规,使高速公路管理体制、运行机制建立在较完备的法律基础上,逐步实现科学化管理,促进高速公路事业健康发展。

3.2 完善高速公路经营制度

由于高速公路具有公益性和商品性二重属性,投资巨大,投资主体多元化,致使高速公路的管理不应局限于行政管理,而更应该注重经营管理。根据高速公路事业发展的需要,可以有偿转让某些符合条件的已建成高速公路的经营权,采取多种措施,拓宽融资渠道,有效地筹措建设资金,解决高速公路建设资金短缺问题。同时引入现代企业经营机制,以求提高高速公路资产的使用效益。在当前的形势下,要完善高速公路管理体制,高速公路经营制度的健全和完善是重要内容。完善高速公路经营制度要认真界定政府和经营企业的职能。

3.3 建立适合我国国情的高速公路管理组织模式

对里程较短的高速公路,且在一个地区有几条,采取多路一公司,实行条块结合的经营管理。这些高速公路公司主要负责高速公路收费经营、高速公路维护保养及大中修工程,高速公路加油、修理、餐饮经营,规定区域广告经营,土地开发利用等。这种“统一领导、分工负责、授权经营”的组织模式,明确了政府和企业各自的职能,双方各司其职,政府行政部门通过法律、法规的完善,管理技术标准、运行总体目标的统一,尽可能缩减对企业的行政管理范围,给企业以充分的自主经营空间。另一方面行政部门也要采取适当方式,在履行必要行政职能时不直接参与企业的经营管理活动。

总之,高速公路管理体制对于高速公路事业的发展至关重要。要锐意改革,勇于实践,努力探索适合我国国情的高速公路管理体制。

参 考 文 献

[1] 王国清.论中国公路的产业属性及高速公路产业化[J].西安公路交通大学学报,2000,20(4):64-67.

[2] 王联明.高速公路公司化运作的实践与思考[J].经济师,2002,14(12):190-191.

[3] 郭超,樊建强.高速公路管理体制现状与改革[J].长安大学学报(社会科学版),2006,9(3):12-16.

[4] 曾江洪.高速公路管理体制刍议[J].湖南交通科技,2000,6(2):69-71.

软实力助推全面提升

——浅谈潢川分公司企业文化建设

刘　建

（河南高速公路发展有限责任公司潢川分公司）

摘　要　文章从亲身实践着手探讨了高速公路管理公司如何有效运用企业文化软实力助推运营管理硬实力的快速提升。

一个发展良好的企业离不开企业文化这个重要课题。

企业文化建设方面的有益探索、有益尝试起到了十分关键的助推作用。

企业文化的建设是一个漫长的实践活动，是一种思想的沉淀。它的启迪作用是潜移默化的。需要不断地完善、充实、调整、发展。其作用也像“润物细无声”一样需要沁润的过程。既不能简单地挂在嘴上、贴在墙上，做做样子完事，更不能时断时续。

关键词　企业文化　引领　导向

潢川分公司在集团、省公司的正确领导下，按照年初既定的“六强化、两完善、一提升”的工作目标，抓队伍树形象、抓学习强素质、抓管理创品牌，各项运营管理工作按照交通集团及高发公司各项工作要求安全平稳的推进发展并取得了令人满意的成效。先后获得省交通集团表彰的运营管理标准化精细化提升活动先进单位；省纪委、省委宣传部、省文化厅联合命名的廉政文化进企业示范点；省委、省政府表彰的省级文明单位称号等。其中：企业文化建设方面的有益探索、有益尝试起到了十分关键的助推作用。给我们今后的管理运营工作一个较好的提示：企业发展一定要有自身区别他人的、切实可行的文化机制。企业文化这个软实力的有效操作，对运营管理的全面提升有着十分重要的现实意义。

1　创新发展思路、打造管理品牌，确保运营管理水平全面提升

一个发展良好的企业离不开企业文化这个重要课题。文化，是企业前行的灵魂。潢川分公司采取了几个选点有效地开展了文化建设的创新工作。

第一方面：以文化建设凝心聚力，强化队伍建设，着力提升工作合力。

企业文化的创建和完善，是一个现代企业必须要完成的重要环节。系列的企业文化内容和目标内涵，决定着一个企业发展的明确思路。潢川分公司首先致力建立一整套由《员工行为规范》、《文明礼仪手册》、《核心价值观理念》以及《员工训辞》等组成的系列范本。从思想和行为上规定了每位员工应做到的“知所思、知所事、知所守、知所拒”。重在培养员工清晰了解作为高速人的责任和义务。力求员工具备强烈责任心，把职业当作事业，追求精细、抓住细节、力求完美的较高素养。

一是分批对全体员工进行素质教育培训，内容涵盖业务知识、文明礼仪、规章制度、企业文

化、廉洁从业、突发事件应对、军事训练和内务整理等。培训旨在进一步帮助员工增强工作技能和职业操守，建立全员学习、终身学习的引导机制、评价机制和激励机制，形成全员参与、全域覆盖的员工教育培训体系。通过培训提高了员工的大局意识、学习能力，增强了团结协作精神、达到锻炼队伍、发现人才的目的。二是结合"下基层、转作风、强服务、提效率"机关作风建设，开展机关人员深入路政大队体验活动，组织动员机关人员到淮息高速立交跨线施工区保通点协助执勤值班，与路政人员同吃同住同劳动，使机关人员切实感受了一线员工的工作生活情况，助推了良好作风养成，促进了工作作风转变。三是以"践行三平精神、强化道德建设、讲感恩树新风、构建和谐企业"为主题，并以团总支的名义向全体员工发送一封倡议书，在全体干部职工中开展两项主题活动、四项具体行动的感恩教育系列活动。四是通过走基层，访一线，集广大员工智慧收集编辑了《员工摄影集》、《文学集》和《企业文化故事集》，在企业形象歌曲《拥抱理想》的基础上，又创作了一首反映高速公路行业特点的形象歌曲《走向美好》；对《高速潢川》内刊和公司网站进行了全新改版、优化，使栏目设置更加合理、美观，版式更新颖，更加贴近一线员工。因地制宜扩大绿色家园建设和规模化养殖，在院区种植石榴、葡萄、草莓等果树。组织开展"我们的节日"、"趣味运动会"、"篮球友谊赛"、"志愿者活动"等各种文娱活动，让员工调节情绪，放飞心情。

第二方面：以扎实开展"守纪律、讲团结、树正气、比奉献"主题教育活动为主线，进一步夯实党建工作基础，服务中心工作。

一是深化"守纪律、讲团结、树正气、比奉献"主题教育活动。以"三进三同"机关下基层转作风、强班子讲团结，讲道德树正气，强能力比奉献，讲传统树新风、学雷锋展风采等活动为载体，不断提升干部职工队伍整体素质。二是通过抓实开展"三会一课"、政治理论学习等不同形式的理论学习和教育，强化纪律作风建设，全面提升干部的政治素质、品德修养、工作能力和执行能力。三是以省公司开展的"学雷锋、树新风、爱高速、比奉献"实践活动、"日行一善"感恩回报活动为统领，结合工作实际，开展了"扬雷锋精神、建绿色高速"义务植绿活动，"与雷锋精神同行、爱我家园大清洁"义务劳动，"雷锋在我身边"征文，"学雷锋、树新风、爱高速、比奉献"主题演讲比赛，"日行一善"从身边做起等，教育引导员工爱司如家，常怀感恩之心，积极投身公司发展建设。

第三方面：以"强基础、优环境、抓服务、促收费"为目标，大力开展学技能、学先进、学规范、比服务的"三学一比"活动，夯实"文明形象示范站"基础。完善文明服务激励机制和奖罚办法，强化发卡人员的业务技能和综合素质培训力度。把五准（收费准、绿通车辆核查准、车型判别准、假币辨认准、回答驾驶员司机问题准），四快（上岗速度快、收费速度快、找零速度快、处理问题速度快），三美（动作美、声音美、笑容美）落实到文明服务工作中去，强化"服务观念不打折、服务标准不打折、服务方式不打折"的服务意识。以"微笑服务之星"、"收费状元"、"星级评定"等活动为抓手，有效激发员工的工作热情，形成人人有指标、个个有压力、人人争第一、个个争星级的和谐竞争氛围，全面提升征收队伍整体素质和形象。对内强化培训严格考核，打造"业务精、能力强、素质高、服务优"的收费队伍，全面提升征收队伍整体素质和形象。

2 创新教育培训、强化队伍建设，确保公司健康发展的人才需要

打铁全靠自身硬。越是机遇在前、重任在肩，越是要加强自身建设、提高能力，为公司发展

提供最大的智力支持。要对照岗位、演好角色、敢于担当,做到职随责走,心随责动。加强机关和中层干部队伍建设,拓展"工作承诺制",凡属各科室、各单位职责范围内的事情,由本科室、本单位每月列出工作内容和时限要求并向全公司公开,执行情况作为绩效考核的重要内容,努力形成办事高效、求真求实的工作作风。灵活用人机制,进一步优化中层干部配备,形成能上能下,一专多能,多岗位锻炼队伍的模式,激发岗位竞争力和紧迫感。完善全员考勤和休假制度,加强劳动纪律管理。探索科学有效的劳务派遣员工的岗位激励机制,提高责任意识和工作标准。开展全员培训,以提高业务技能和个人软实力为培训重点,增强培训实效。探索制定选拔培养优秀员工的长效机制,建立公司人才库,把那些想干事、能干事、干成事的人才充实到管理岗位上来,为公司长远发展打下坚实的基础。

3 创新党群建设、坚持深入基层,确保服务保障作用有效发挥

紧密结合广大员工的思想和工作实际,紧紧围绕中心任务,继续探索党群工作一体化的新思路、新方法,创新工作载体,形成党群建设强力驱动运营管理的良好局面。持续开展好"守讲树比"主题教育活动,加强干部员工政治理论学习,把每周四定为机关和各基层单位的学习日,形成常态化。以"治庸、治懒,狠抓工作落实,提升执行力"为主线,大力开展执行力建设年活动,组织引导全体干部员工当先锋,争模范。继续发挥短信平台的便捷性和实用性,坚持每周编发一期短信党课,同时在健康知识、业务知识等方面拓展编发范围。要以弘扬雷锋精神为切入点,深入开展创先争优、夺旗争星、六必访、扶贫帮困、"党员先锋岗"、"党员巡逻车"等活动,发挥党员先锋模范作用。坚持日常宣传和重点宣传相结合,抓好重大事件、重要时段的宣传报道工作,丰富报道手段,提高报道深度,扩大宣传效果。把建立一支稳定的、业务能力强的信息工作队伍列为年度信息工作的重中之重,不断提高对信息宣传作用的认识,聘请专业人员开展信息员综合素质培训,强化信息员发现信息、挖掘信息的能力和写作水平,拓宽信息渠道,加强沟通协作,增强信息员的使命感和责任感,提升信息宣传工作水平。

4 创新文化特色、丰富文化内涵,确保文化建设凝心聚力

紧扣"六种精神",突出创新性和独特性,打造具有鲜明行业特色和丰富内涵的文化品牌,完善和延伸企业核心价值观、文化理念。编辑出版《员工摄影集、文学集和企业文化故事集》,创作一首反映高速公路行业特点的形象歌曲;以"非物质激励因素在运营管理中的突出作用"为课题,成立课题研究组,撰写理论文章。对《高速潢川》内刊和公司网站进行全新改版、优化,使栏目设置更加合理、美观,版式更新颖,更加贴近一线员工。

5 创新监督机制、弘扬廉洁文化,确保风清气正的干事创业氛围

突出重点考核和针对性考核,不断健全完善考核工作机制和人事考核办法,强化对工作落实、干部员工履职履责、请销假等情况的考核。继续推行全员考核评价,考核结果要作为业绩评定、奖励惩处、评优评先、选拔任用的重要依据,充分发挥考核的杠杆作用,激励先进,鞭策后进。加强监督是爱护人、保护人的重要体现,要切实加强干部员工的作风建设,畅通监督渠道,引导广大干部员工互相监督,健全监督网络,增强勤政廉政意识。加强廉政教育,借力廉洁文化进家庭活动成果,拓展廉洁文化教育活动阵地,扩大廉洁文化的有效覆盖面。

简言之,企业文化的建设是一个漫长的实践活动,是一种思想的沉淀。它的启迪作用是潜移默化的。需要不断地完善、充实、调整、发展。其作用也像"润物细无声"一样需要沁润的过程。既不能简单地停留在挂在嘴上、贴在墙上;不能贪图一劳永逸的摆摆架子、做做样子完事;更不能时断时续的主观臆断。潢川分公司健康、稳健、和谐、持续的前行,正是得益于坚持把企业文化的思想引领、企业文化的发展完善当做重要议事日程常抓不懈。

"三个先行"明确了高速人的使命:科学发展交通先行;中原崛起交通先行;三化协调交通先行。我们重任在肩。科学的发展观要求我们在不断的提升中前行。这个前行必须要有引领,那么,这个引领无疑要看我们企业文化的导向。

提升运营管理水平　构建和谐高速公路

李占伟

（河南高速公路发展有限责任公司洛阳分公司）

企业管理的目的是通过构建和谐的发展环境追求利润和效益的最大化。企业生存于特定的社会环境之中，尤其是现代规模性企业，不仅集合了各种生产要素，而且人文和社会特性明显，是社会关系和生产关系的综合。企业管理的过程，本质上就是科学理顺各种关系，最大限度集中社会、团体优势，合理组合和分配生产要素，调动个体积极因素，凝聚团队精神的过程，使企业内部人与人、人与组织的关系达到和谐状态，使企业外部，企业与社会、政府、企业与企业之间形成和谐的关系。和谐的发展环境，不仅能使企业有效获得利润和效益，而且，更能消除企业发展中的各种内外部矛盾和阻力，扩大企业的发展潜力和空间。为此，现代企业管理应该致力于构建和谐发展环境。从国有高速公路企业管理看，其中心工作就是构建“和谐高速”。

1　构建“和谐高速”，必须坚持以人为本，加强高速公路企业文化建设

以人为本是科学发展观的核心，是实现社会和谐的前提和决定因素。坚持以人为本，要把建设和谐企业文化贯穿于高速公路各项管理工作中，以发展促进和谐，以创新推动和谐，以公正求得和谐，以稳定保证和谐，以文化孕育和谐，着力打造和谐高速公路。最终实现满足职工精神文化需要，促进人的全面发展和高速公路经营者获得经济社会效益的“双赢”。

1.1　加强机制建设，构建和谐的制度环境

构建和谐高速，离不开各项规章制度，一个制度不健全的企业就不会实现和谐。要坚持始终把制度建设、制度创新贯穿于企业改革发展的全过程，建立健全科学的制度体系，用制度来规范和调节各种关系，形成有效的构建和谐企业的工作机制。在内部管理上，对领导层、领导干部约法三章，建立政务公开、民主治理、廉洁勤政等规章制度；对员工可以推广本行业的现代管理理念、行为理念、规章制度、员工守则等，规范职工行为，培养良好的职业习惯，树立企业积极向上的创业氛围、创新动力、创造活力，积极营造和谐有序的治理环境。在外部管理上，要严格规范执行国家有关高速公路治理的法律法规，切实加强通行费征收监管，保证通行费征收“应征不漏，应免不征”，为高速公路事业发展提供资金保障。

1.2　加强民主管理，构建和谐的人文环境

在构建“和谐高速”的过程中，必须始终坚持重大事项集体讨论民主决策的原则，充分发扬民主，不搞“一言堂”，定期召开领导班子民主生活会，开展批评与自我批评，及时剖析民主治理的薄弱环节，切实增强班子整体的工作合力。要充分发挥党组织的领导协调作用，坚持抓党建促和谐，全面履行领导、监督、维护、参与、建设、教育的六项职能。充分发挥工会、妇联、共青团和职代会等群团组织的纽带和推进作用、倡导和组织作用以及沟通和协商作用，不断充实

和丰富内容，逐步建立企业民主决策、民主治理、民主监督的基本制度，充分代表和体现广大职工主人翁的地位。同时，还要积极建立正确的人际关系舆论导向，强调团结合作的重要性，敦促每个员工为建立起一个融洽、和谐、向上的人际关系而努力，形成一个“能干事、想干事、干成事”的创业氛围。

1.3　加强安全管理，构建和谐的安全环境

高速公路的安全畅通与否，是高速公路作为社会公共产品质量好坏的重要判定依据，在一定程度上也是考量社会和谐的重要指针。加强安全管理，构建和谐的安全环境，对内要始终坚持“以人为本”和“从严治理”的原则，坚定不移地把确保人身安全，防止人身伤害事故放在安全工作的首位，落实安全生产和职业防护措施，改善劳动安全设施和劳动保护条件，切实维护员工的健康权益；对外就是要切实保障高速公路运行畅通，提高对恶劣天气等非正常条件下突发交通安全事故的处理速度，增强路网车情的预见能力和调度能力，清除道路病害，提高管养水平，为社会公众提供安全、便捷、舒适的道路出行环境。此外，还要加大对高速公路犯罪的打击力度，维护人民生命财产安全，打造平安文明高速。

1.4　加强队伍建设，构建和谐的人才环境

企业的发展首先是人的全面发展，构建和谐高速的重要内容就是坚持以人为本，努力实现职工的自身价值，全面提高职工的综合素质。要积极推行“人尽其才、才尽其用、酬显其绩”的人才观，全面贯彻“尊重劳动、尊重知识、尊重人才、尊重创造”的方针，积极打造“学习型”高速公路运营企业，为人才的成长提供健康和谐的环境，努力形成“人心思进、团结和谐、共促发展”的良好氛围。要注重提高干部队伍的素质，把培养干部职工坚定的政治信念、高超的业务水平、健全的人格品质作为开展好各项工作的基础和条件。要建立完善各项制度，形成制度保障机制，实现队伍治理的规范和高效，提高班子的领导艺术和领导水平，以公为本、公正处事、公平待人，以高尚的人格魅力影响人。改革用人机制，推行“末位淘汰制”、“竞争上岗制”，使一线具有真才实学的员工脱颖而出，充分发挥一线员工工作的主观能动性。

1.5　加强文明创建，构建和谐的精神环境

作为高速公路经营治理企业来讲，不但要担当创造社会主义物质文明，还要担当传播社会主义精神文明的公益使命。要以精神文明创建为载体，加大文明单位的创建力度，不断提高职工道德素质和文明程度，提升文明和谐的企业形象。要全面启动以“提高管理水平，增强核心竞争力”为主要内容的创建文明窗口活动，促进员工文明形象和素质的全面提升，从而实现“一流的公路、一流的管理、一流的队伍、一流的业绩”的目标。加强企业多元文化建设，夯实构筑和谐高速公路的思想基础，提炼企业精神，创新管理理念，弘扬独具特色、深入人心的企业文化。全方位拓展企业文化理念，使文化理念展示在环境中，渗透在制度里，体现在领导者的思路中，融汇在职工的思想行为上，聚焦在文化楷模的形象上。切实加强全体职工的职业道德建设，强化全员文明教育，全力打造新机制、新水平、新形象、新发展的和谐高速公路，也为和谐高速公路的构建提供强大的思想基础和智力支持。

1.6　加强作风建设，构建和谐的工作环境

对高速公路的领导层而言，要大力倡导“政治坚定、业务精通、求真务实、团结协调”的工作理念，对员工而言，则要形成“爱岗敬业、服务诚信、业务熟练、奋发向上”的工作氛围。要按照立党为公、执政为民的要求，采取切实有效的措施，扎实推进作风建设，加强领导班子执政能力、发展能力、引导能力、协调能力建设，发扬求真务实的作风，深入一线开展工作。要构建一个政令畅通、运转协调、科学有序的工作机制，使单位各项工作出现蓬勃生气，让社会满意，让各级领导满意。创造良好、和谐、融洽的人际关系，建设高速公路事业治理与进步发展的内外部环境，为建设和谐高速公路的治理环境提供坚实保障。

近年来，洛阳分公司不断加强企业文化建设，通过挖掘、凝练、总结、发展，形成了以"尊重、诚信、责任、创新"为核心价值观，"倾注真情，用心服务"为理念的特色企业文化。实践告诉我们，健康向上的企业文化，为企业提供持续竞争力，为企业发展提供强有力的后劲。洛阳分公司也从来没有放松过文明创建工作，精神文明建设成果不断巩固和扩大，实现了市、省、国家级文明单位的"三连跳"。精神文明建设为企业健康发展起到了保驾和促进作用。

2 构建"和谐高速"必须创新思想政治工作，发挥思想政治工作的生命线作用

思想政治工作是其他各项工作的生命线，它必须与一定的教育任务、教育内容、教育客体和教育环境相适应。结合公司实际，构建"和谐高速"，必须创新思想政治工作，发挥思想政治工作的生命线作用。

2.1 坚持用科学发展观统领构建和谐高速的思想政治工作

建设"和谐高速"是坚持科学发展观的重要举措和必然要求。因此，在建设和谐高速的过程中，必须坚持科学发展观的统领作用，加强职工思想教育工作。要在着力推进经济健康快速持续发展的同时，更加重视企业政治文明、精神文明与和谐社会建设，更加重视促进人的全面发展，努力提高新形势下正确处理人民内部矛盾的能力。要对高速公路运营企业的属性、责任和任务重新进行熟悉和定位，对员工在高速公路中的地位、作用、价值以及如何全面发展，重新进行评价和安排。着力推进企业体制、机制、制度和政策的创新，果断摒弃那些过时的理念和做法，推动高速公路运营企业走上以人为本，科学发展和和谐发展之路。

2.2 坚持把宣传和谐发展理论作为思想政治工作的重要内容

党的十七大明确指出，"用科学发展观统领经济社会发展"，和谐社会、和谐发展、和谐理论已经成为今后一段时期思想政治工作的主旋律，要把和谐发展理论的研究、宣传作为重要任务。在当前构建和谐高速的征程中，思想政治工作要加强马克思列宁主义、毛泽东思想、邓小平理论和"三个代表"重要思想关于社会主义社会建设理论的研究，并用来指导我们构建和谐高速的各项工作。通过深入系统的理论研究、国内外的和谐比较理论研究，深化对构建社会主义和谐社会的规律性认识，推动并引领和谐高速公路的理论建设、思想建设，乃至职工文化建设。

2.3 坚持将实现人的发展作为思想政治工作的出发点和归宿

突出以人为本的发展理念，强调让人民群众共享改革发展的成果，是十七大一个引人注目的亮点。作为高速公路企业来讲，坚持以人为本，以实现好、维护好、发展好广大职工群众的根本利益为出发点和落脚点，建立公平合理、效率优先的薪酬分配机制，公正公平、能者为贤的选拔任用机制，受益普及、多层次、多方位的职工培训机制，保证职工切身利益不受损害。要把对职工素质的培养、提高和完善，作为企业的一项战略任务来对待，多措并举，全面推进，实现"传统人"向"现代人"的转变，促进人的全面发展，充分调动员工的聪明才智和潜能。

2.4 坚持用思想政治工作激发员工投身和谐高速建设的实践

构建和谐高速公路，是构建和谐社会的重要组成。思想政治工作要充分发挥为构建和谐高速公路提供精神动力的作用。一是要加大宣传力度。使大家充分认识到，高速公路作为国民经济发展的先导产业，在构建社会主义和谐社会过程中所担当的“牵引力”和“助推器”作用，构建和谐高速公路关系到经济社会全面、协调和可持续发展的总体质量，从而以更加积极的姿态和饱满的热情为构建和谐高速公路作出贡献。二是要发挥典型示范作用，引导各级党组织、党员干部把构建和谐社会当作是自己的重要职责，努力维护和实现社会公平，带头成为民主的表率、法治的表率、善治的表率、宽容的表率、诚信的表率、合作的表率。三是发挥沟通融合功能，树立以和为贵、以和为美、以和为善、以和为真的和谐思想，自觉调整人际交往中的消极心理和情感，形成积极、健康的性格和心态，从而发挥社会和谐理念在建设和谐高速公路中的规范约束和沟通融合的功能。

3 构建“和谐高速”，必须解决好员工实际问题，焕发员工积极性、主动性和创造性

企业在自身改革发展过程中，不可避免地会产生各种各样的问题和矛盾。问题和矛盾并不可怕，重要是要用实事求是精神和态度解决之，否则问题和矛盾“排队”、“积累”、“发酵”，就可能发生逐步恶化的现象，甚至出现对立性矛盾，解决起来的难度也随之加大。企业管理者在这方面要具备“眼观六路，耳听八方”的素质，深入基层向群众了解实际情况，倾听员工的心声和诉求，掌握第一手资料；练就从宏观着眼、微观着手，从小事做起，敢于和善于解决实际问题的能力。通过真心实意地为员工群众办实事，解决实际问题和困难，获取群众的信任和支持，激发员工的敬业意识、责任意识、参与意识和创业奉献热情。要想方设法让员工分享企业成功和发展的成果，让员工通过物质和精神生活质量水平的不断提高，增强对企业的信心和期望，焕发员工的主人公精神。

3.1 解决好员工的思想实际问题，增强企业的向心力

随着改革的深入进行，经济成分和经济利益日益多元化、多样化，社会生活方式日益多样化，社会组织形式和就业岗位、就业方式也日趋多样化，人们的收入差距越来越大，思想领域的热点、难点和疑点问题不断增多，越来越困扰着员工的思想。这就需要我们管理者站在理论的高度，站在全局的高度，站在稳定和发展的高度，切实深入员工的思想实际及时解决员工思想上存在的疑虑，使员工拨开迷雾，树立信心。

3.2 解决好员工的工作实际问题，增强企业的凝聚力

高速公路管理工作是员工主要社会实践活动，也是员工物质文化生活的主要收入来源。从洛阳分公司的发展历程看，各个时期的体制、任务、管理工作重点各不相同，特别是随着体制、人事制度改革的深入，曾经遗留下一些棘手的问题和矛盾，干扰了员工工作、生活和全身心投入运营服务的主题。要解决员工的实际问题，公司领导班子要坚持把“小事”当大事，用积极的态度，主动破解一个个难题，变矛盾为和谐。要不断改善员工的工作环境和工作条件，从员工工作的实际问题出发，找出问题的原因，拿出解决问题的具体办法，能够解决的要尽快解决，对一些遗留问题不太好解决的先拿出方案，逐步解决，切实给员工创造一个良好的工作环境，增强企业的凝聚力。

3.3 解决好员工的生活实际问题,增强员工的信任感

企业员工的问题,除一部分是认识问题和思想意识问题之外,大多是生活问题、实际困难引起的。作为企业管理者,要构建和谐高速必须高度重视解决员工的生活实际问题,把解决思想问题和生活实际问题结合起来,从员工当前最关心、最直接、最现实的实际问题入手诚心诚意地为员工排忧解难。小平同志曾经指出过,"我们的历史经验是:越是困难的时候越要关心群众"。由于经济结构的深入调整,利益分配问题不可避免地会出现一些差异,解决好员工的生活问题,排除其后顾之忧,才能增强员工对企业的信任感,使我们的员工有时间、有精力、有信心创造性地开展工作。

总之,和谐是美的一种形态,和谐可以凝聚人心,和谐可以积聚力量,和谐可以成就一番事业。构建和谐高速公路企业环境,必须坚持以科学发展观念为统领,才能全面提高道路服务品质,增强为经济社会发展的服务能力,为社会公众提供良好的道路服务水平。但构建"和谐高速"是一项长期的系统工程,构建"和谐高速"依然任重道远,还需要我们每一个高速公路管理人员孜孜不倦地去努力,去追求,去实践,为构建和谐企业发展环境做出积极贡献。

以企业文化为切入点改进和加强企业思想政治工作

张建威

（河南高速公路发展有限责任公司驿阳分公司）

摘　要　新形势下加强和改进思想政治工作，寻求思想政治工作的新途径、新方法，是高速公路企业面临的一项新课题。本文就企业如何以企业文化为切入点，改进和加强企业思想政治工做方面作些简要阐述。

关键词　高速公路　企业文化　思想政治

高度重视思想政治工作，是我们党的优良传统和政治优势。党的四代中央领导核心都十分重视思想政治工作，多次强调思想政治工作和精神文明建设的极端重要性。如何在新形势下加强和改进思想政治工作，寻求思想政治工作的新途径、新方法，是高速公路企业面临的一项新课题。以企业文化为切入点，在营造企业文化氛围，树立企业形象，锤炼企业精神之中贯穿思想政治工作，是一条加强和改进思想政治工作的有效途径。

1　企业文化的含义

企业文化是以价值观念为核心的思维、心理和行为方式，是企业两个文明建设的重要内容，它不仅反映了企业的精神面貌，而且有利于振奋斗志，提高劳动生产率和群众素质，具有导向、凝聚、协调、规范、鼓励等功能，对发展企业，造福职工有重大作用。企业文化建设的内涵指企业在技术因素之外所独有的价值体系、行为方式、文化积累、文化传统，包括企业价值观念、企业经营理念、企业精神、企业道德、企业行为规范和思想方法等。

2　企业文化与思想政治工作的辩证关系

企业文化建设是20世纪80年代开始在我国一些企业中兴起的，经过十多年的探索，已经成为我国企业建设的重要组成部分。企业文化建设紧密结合生产经营工作，与思想政治工作一道，通过文化活动方式，把思想政治工作的一些内容以更易为职工群众接受，更易得到企业行政部门实施的方式，融入企业发展各项工作中，使职工把自己对生活目标的追求和企业的发展紧密结合起来，以崭新的时代风貌和高度的主人翁精神，为企业发展做贡献。企业文化建设是企业精神文明建设的有效途径，是加强和改进企业思想政治工作的重要措施。企业文化与思想政治工作在调动职工积极性，增强企业凝聚力，保证企业发展目标实现上起着相辅相成的作用。但二者性质有所区别。企业思想政治工作是以企业内部员工为对象，以解决思想问题为目的的一种活动；企业文化是一种社会文化现象，是与企业经营活动有机融合在一起的一种活动。这种活动包含着极丰富的文化内容，不仅对内有黏合作用，对外也具备一种争取公众对企业认同的社会功能。企业文化与思想政治工作的关系是，企业文化可以在更大的领域里为思想政治工作提供观念、价值、精神表现的形式与载体；思想政治工作借助企业文化方式，可以不断丰富内容、深化工作效果。企业文化通过科学文化和人文文化手段的综合运用，把思想政治工作开展的党的路线、方针、政策的教育内容转化为企业的价值观，进而增强企业的凝聚力，发挥职工生产经营的积极性，为企业和国家多做贡献。

2.1　企业文化与思想政治工作的不同点

企业文化与思想政治工作是两个完全不同的概念，它们有着本质的区别，不能混为一谈，更不能互相取代。

2.1.1　性质不同

思想政治工作是我党的优良传统，它以马克思列宁主义、毛泽东思想和邓小平理论为指导，依照党的纲领和不同阶段政治、经济的中心任务，通过有组织、有意识的教育，灌输马克思主义理论，使党员和广大人民树立科学的世界观和人生观，掌握马克思主义的观点、立场和方法。它具有鲜明的党性、思想性，本质上属于政治工作范畴。企业文化是产生于西方资本主义发达国家的一种新的管理理论，它是通过培育企业职工共同的价值观和行为准则，对职工的行为进行有效的管理和控制，追求企业整体优势，具有明显的管理性、经济性，本质上是经济管理问题。

2.1.2　内涵不同

思想政治工作是根据党在企业的中心任务与职工的思想和行为规律，遵循精神文明建设的基本要求，着重对人的思想政治观念、世界观、工作态度和生活态度施加影响，以便调动积极性，服务于生产建设，因此思想政治工作既是研究人的思想和行为规律的理性概念，又是进行思想教育活动的实践性概念。而企业文化是在企业长期生产经营过程中逐步形成的、全体成员共识共守的行为规范、传统作风和价值观念，主要是理性文化概念。

2.1.3　内容不同

思想政治工作的基本内容是对党员干部和广大群众进行马克思主义基本理论、党的基本路线、爱国主义、集体主义、社会公德及艰苦奋斗的教育，培养“四有”职工队伍；同时，对职工在生产过程中所产生的各种思想问题、情绪问题和行为问题进行疏导，及时予以解决。企业文化的基本内容是根据企业内外条件选择经营哲学、确定管理信条、培养企业精神、确立企业目标、建设企业道德、树立企业形象等。因此，思想政治工作的任务是立足于全党的思想政治上高度统一，具有较强的共性特征。而企业文化是在宏观的大政方针指导下，主要是依据本企业的实际情况长期铸就的，具有鲜明的个性色彩。

2.1.4　方式不同

思想政治工作与企业文化运作方式不同。这是因为二者的活动主体不同。思想政治工作的活动主体是在党委集体政治核心领导下，专职兼职相结合，领导群众相结合，党政工团齐抓共管的体制，其运行方式是在党委统一领导下，主要是系统教育、正面灌输。企业文化建设的主体是企业的全体职工，良好的企业文化氛围，是在社会主义文化大背景下，通过企业领导人的倡导，靠全体职工的自我教育、自我约束、自我体验，逐步养成。一旦企业职工拥有了共同的价值观念，企业就有了巨大的凝聚力和感召力，职工就会自觉自愿地、齐心协力地为实现企业目标而奋斗。它的运行特点主要是以潜移默化的形成，通过良好的企业文化氛围，提高职工的思想道德素质。

2.2　企业文化与思想政治工作的联系

企业文化与思想政治工作是两个不同的概念，是两项不同的工作，但在实际操作中又有着密切的联系，在许多方面都是相同、相通和相融的。

2.2.1　对象相同

企业文化和企业思想政治工作，作为两门科学，其研究对象都是人，都是以人为本的科学，都是做人的工作。它们都是以尊重人、理解人、关心人、激励人为共同的出发点，都强调协调好企业内部的人际关系，都重视培养人的集体意识和提高人的思想道德素质，都把最大限度地调动职工积极性和主动性作为自己的重要任务。企业文化从研究人的共同的价值取向出发，注重焕发人的精神，塑造人的灵魂，倡导群众的优良作风和好的传统，强调自我激励的作用，在企业现代化管理中实行人性化管理。企业思想政治工作解决人的思想认识、观点、立场问题，以育人为业，以转变人的世界观为本，旨在用共产主义精神培养有理想、有道德、有文化、有纪律的社会主义建设人才。总之，企业文化和思想政治工作在培养人的良好品质、塑造人的美好灵魂方面是完全一致的。

2.2.2　方向一致

企业文化和思想政治工作都属于意识形态范畴，要为经济基础服务。无论是企业文化还是思想政治工作都必须坚持共产党的领导，坚持社会主义的方向。中国的企业文化是社会主义的企业文化，它必然受社会主义思想原则、道德规范、行为准则和集体主义价值观指导，体现社会主义精神文明建设的要求。建设有中国特色的企业文化，不仅与思想政治工作的政治方向是完全一致的，而且坚持思想政治工作优势又能保证企业文化建设的正确方向，提供思想动力。任何排斥、削弱思想政治工作的企业文化都会背离企业的社会主义方向。

2.2.3　目的相近

企业文化的功能之一就是效益功能。建设企业文化或企业精神的目的，就是通过强化软管理，激发人的工作热情，从而提高经济效益，进而发展社会生产力。思想政治工作的目的，是通过对马克思主义理论教育和社会主义、爱国主义、集体主义思想教育，调动人的积极性，最终达到提高企业的经济效益的目的。思想政治工作应服从、服务于经济建设。思想政治工作是发展社会主义生产力的可靠保证。可见企业文化和思想政治工作的共同终极目的都是为提高企业的经济效益，发展企业生产力，为经济建设服务。

2.2.4　途径相通

企业文化和思想政治工作为达到目的的途径或手段是相通的。思想政治工作经常采取的一些途径，对企业文化建设也适用。例如，开展丰富多彩的寓教于乐的文体活动，创造良好的人际关系环境，树立典型，学习榜样等等。这些途径和手段都是企业文化建设和思想政治工作共同使用的，几乎完全可以通用。

2.2.5　环境相似

无论企业文化建设还是思想政治工作都是在一个特定企业环境中进行的。企业环境包括内部环境和外部环境。内部环境包括生产经营状况、规章制度、产品结构、员工素质、技术水平、领导能力、公共关系、经济效益和分配方式等等因素。外部环境是指企业生存和发展的社会条件,包括国家的产业政策、宏观调控、市场情况、社会责任等。企业文化建设和思想政治工作都是在这种既确定又多变的环境中进行的,必然受到内外环境中的各种因素的影响,其中有的因素可能起积极的作用,有的因素可能起消极作用,要认真分析研究这些有利和不利因素,为企业文化建设或思想政治工作找好基点和提供条件。在同一环境中,在相似的影响因素的作用下,企业文化和思想政治工作根据各自的特点和优势,确定建设自己的企业文化起点和程序,选择思想政治工作的重点和突破点,以求两项工作同步获取成果。

3 新时期思想政治工作面临的困难和任务

当前思想领域面临着复杂的形势。当今社会是一个以科学为先导,以经济竞争为主题的崭新世界,无论是政治和经济领域,还是科学文化和意识形态领域,都呈现出复杂的矛盾和斗争,并不断涌现出许多新的问题和难题。

从国际政治斗争上看,西方敌对势力加紧对我实施“西化战略”,通过各种途径加紧进行思想和文化渗透,以此动摇我国人民的理想信念。外国资本主义腐朽的东西和生活方式以及资产阶级的某些政治观点和社会学说,对我国的社会生活和人们的思想作风产生的不良影响也必然会有所增强。能否及时而有效地抵制和战胜这些东西,是对外开放以后的思想政治工作面临的新难题和新考验。

从我国社会主义初级阶段上看,面临着封建主义、资本主义腐朽思想、小生产意识以及唯心主义等各种非马克思主义思想的广泛影响,思想领域的矛盾和斗争是长期的复杂的。同时,改革是极其复杂的群众性的探索和创新事业,经济体制改革和政治体制改革将在相当广阔的领域内和相当深刻的程度上展开,不仅会引起人们经济生活、政治生活的重大变化,而且会引起人们生活方式、思想方式和精神状态的巨大变化,甚至还会出现一些消极现象。因此教育人们正确认识改革,澄清各种糊涂认识和错误观点,变革思想观念,适应改革和对外开放的需要,是思想政治工作的紧迫任务。

从当前社会变革的形势看,我国正处在深刻的社会变革时期,随着改革的深化和社会主义市场经济的建立,社会情况发生了复杂而深刻的变化,经济成分和经济利益、社会生活方式、社会组织形式、就业岗位和就业方式的多样化,带来了人们思想观念、价值观念的多样化,给思想政治工作增加了复杂性和艰巨性。

从高速公路企业的实际看,经过近几年的改革与发展,高速公路企业机构进行了重大变革,经历了政企分离,公司化改制等,高速公路企业已从以前的独家经营到引入多家竞争的局面。利益格局的进一步调整,企业体制的进一步转换,给职工带来一些实际问题和思想困惑。面临迎接国内外市场的严峻挑战,参与高速公路建设和管理的激烈竞争,将河南高速品牌叫响全国,广大高速公路职工肩负着繁重而艰巨的任务。这种复杂形势和繁重任务,必将给思想政治工作提出新要求,表明了加强和改进新形势下思想政治工作的极端重要性和紧迫性,必须下大力气把思想工作提到更加突出的位置,认真抓好。

4 正确把握企业文化和思想政治工作的关系,推动企业健康发展

企业文化与思想政治工作的概念是独立的,但相通相融是客观存在的,两者之间的联系是明显的,结合点是很多的,因此,通过两者的相互影响、相互渗透、相互促进、彼此互补,达到共

同发展。

4.1 同企业文化相结合是新时期思想政治工作的有效形式

企业文化是经济与文化的产物，是企业管理从经济层面向文化层面拓展的结果，它的主体虽属观念形态，但它更贴近生产经营管理，更容易为各层次职工所认同和接受，为改变以往思想政治工作单向灌输和一个方子包治百病的僵化模式提供了一种新的工作形式。它与企业思想政治工作相结合，将企业思想政治工作纳入企业管理轨道，较好地解决了思想政治工作与经济工作的“两张皮”问题。

企业文化所倡导的企业精神，包括竞争精神、创新精神、科学精神、主人翁精神、群众精神、奉献精神、民主精神、服务精神等，不仅丰富了思想政治工作的内涵和外延，而且给思想政治工作增添了新的活力。同时，在培育企业群体意识、倡导企业道德、规范员工行为、开展各种文化活动中，为思想政治工作提供了更广泛的活动舞台。

以驿阳分公司为例，驿阳分公司自开通以来，在加大投入，积极改善软硬件设施，建设优美的职工工作、生活环境，营造安全舒适的行车环境的同时，下大力气抓好企业文化建设。在充分酝酿、深入调研、认真研究的基础上，提出了“广纳众智、和谐共创”的核心价值观，“自信自强、求是求精、思危思进、争先争优”的企业精神，“人在路上、路在心上”的工作理念等八大企业理念，完成了企业文化形象识别系统的设计制作与安装，制定了员工行为规范，形成了完整的企业文化体系。公司十分注重企业文化与思想政治工作的有机结合，不断创新思想政治工作的途径和载体，创办了《驿阳高速》报纸、博客，并与企业文化宣贯会、思想政治工作专题会、丰富多彩的文体活动等方式相结合，尤其是与领导干部带头践行企业文化的实践方式相结合，全方位、多角度、多途径宣传公司企业文化，加强对员工的思想教育，收到了良好的效果。公司成立3年来，始终保持着和谐、稳定的环境氛围和强劲的发展势头，并取得了较好的成绩。2008年，公司被命名为“市级文明单位”，一些基层单位也获得市县级“青年文明号”、“行业文明窗口”等荣誉称号。2010年，公司荣获“全国交通运输企业文化建设优秀单位”，省级“卫生先进单位”，河南交通投资集团“标准化、精细化提升活动先进单位”，驻马店市“高速公路建设管理先进单位”。公司党总支被高发公司授予“五好党总支”，团总支荣获河南省“五四红旗团委”、交通运输厅“五好基层团组织”荣誉称号……这些都是公司注重企业文化建设，成功将思想政治工作融合于企业文化宣贯，通过文化建设达到教育员工、调动员工积极性的良好结果。

4.2 企业文化建设推动思想政治工作的改革和创新

企业文化为思想政治工作的改革和创新提供了一个新天地，企业文化建设使思想政治工作的内涵更深刻、外延更扩展，使思想政治工作更适应市场经济的需要，更便于与经济工作融合在一起去做，从而增强思想政治工作转化为物质生产力的力量。过去国家实行高度统一的计划经济体制，企业靠指令性计划生产经营，企业没有自主性，企业的任务就是完成国家下达的计划，职工就是做好企业领导分配的工作，缺乏独立性、自主性，不可避免地脱离实际，缺乏活力和生机。市场经济体制中，企业文化建设有助于思想政治工作的改革和创新，正是在于它的内涵大大丰富了思想政治工作的内容，创造出能够团结和凝聚职工的、能够增强企业向心力和竞争力的新形式、新方法，能够克服思想政治工作某些弊端，改变在旧体制下形成的不适应社会主义市场经济发展的旧观念、旧模式、旧方法，使思想政治工作与经济工作更加有机地融为一体，落到实处。高速公路企业要致力于建设一种既体现社会方向，又有高速公路行业和企业个性,融职工理想信念、价值观念、道德情操、行为方式、生活情趣、职业技能于一体的科学文明、健康向上的企业文化。驿阳分公司将"想干给机会,能干给舞台,干好给荣誉"作为自己的人才理念,并以此作为选人、用人、奖励人的标准,大大激发了员工的工作积极性、主动性和创造性,提高了工作效率和运营管理水平。

由于高速公路管理企业经营特征的特殊性,就是高速公路管理企业不生产新的物质产品,其生产过程即是顾客的消费过程,生产和消费同时发生。高速公路管理企业一切活动最终目的,都是向社会提供满意的通行服务,其产品的好坏体现在服务质量和水平上。因此,高速公路管理企业的企业文化建设和思想政治工作都应围绕服务而开展,高速公路服务是企业文化建设和思想政治工作的最终落脚点。驿阳分公司的服务理念是"驾乘满意是我不懈的追求"。为将这一服务理念深入到员工内心,公司开展"形象示范站"建设活动,邀请国内著名礼仪师对员工进行文明服务礼仪培训,开展"假如我是一名驾乘"换位思考大讨论,规范文明服务、微笑服务标准,充分展现出"形象示范站"文明服务、微笑服务的亮点、特色,真正做到优雅的迎姿、亲切的注目、真诚的微笑、适度的点头、悦耳的问候。在做好日常文明收费的同时,开展了"和谐驿阳、与你同行"春运文明服务活动,"唱响服务主旋律、构建和谐驿阳路"优质服务 100 天等活动,推出"周边环境快速指路"特色服务,展示了良好的"窗口"形象,受到了过往驾乘的好评,树立了驿阳高速服务品牌形象。

4.3 思想政治工作保证企业文化建设的正确方向

企业思想政治工作是我党的一大政治优势,企业思想政治工作从党和国家的中心工作的大局出发,正确处理国家、集体和个人三者的利益关系,保障企业的社会主义方向。只有坚持企业文化建设的社会主义方向,有效地开展思想政治工作,才能解决好价值观这一文化建设的核心内容,以保证高速公路企业文化建设健康发展。

高速公路管理企业廉洁文化建设的探索和思考

席宗明　沈保坤　金煜炜　郭东海

（河南中原高速公路股份有限公司）

摘　要　在河南省高速公路飞速发展的今天，高速公路管理企业把深化廉洁文化建设当做系统工程来抓，突出重点，贴近实际，全面推进，不但可以营造“以廉为荣、以廉为乐、以廉为美、人人思廉、全员助廉”的廉洁文化观念，提升企业文化内涵，增强企业的软实力，而且有助于进一步促进高速公路运营管理精细化、规范化，为实现企业持续和谐发展提供坚强保障，助力河南交通事业又好又快发展。

关键词　高速公路　廉洁文化　系统构建

在中纪委十七届二次全会上，胡锦涛总书记强调，加强企业廉洁文化建设，是新形势下加强党风廉政建设、推进反腐倡廉工作的迫切需要，是企业和谐发展的时代要求。因此，在河南省高速公路飞速发展的今天，高速公路管理企业把深化廉洁文化建设当做系统工程来抓，突出重点，贴近实际，全面推进，不但可以营造“以廉为荣、以廉为乐、以廉为美、人人思廉、全员助廉”的廉洁文化观念，提升企业文化内涵，增强企业的软实力，而且有助于进一步促进高速公路运营管理精细化、规范化，为实现企业持续和谐发展提供坚强保障，助力河南交通事业又好又快发展。

1　高速公路管理企业廉洁文化建设的意义与内涵

1.1　建设高速公路管理企业廉洁文化的意义

截至2011年年底，河南省高速公路通车总里程达到5196公里，连续第6年位居全国第一。伴随着高速公路通车里程的不断增长，河南省交通运输厅提出了更高的要求，即是要以提升高速公路的管理和服务水平为突破口，加快构建功能强大的河南综合交通运输体系，为服务河南乃至全国经济发展当好先锋。这一目标的实现离不开高速公路管理单位廉洁文化的支持。建设高速公路管理企业廉洁文化，不仅可以为高速公路发展提供思想内容，为制度提供精神支撑，为监督提供价值标准，还可以不断增强领导干部的廉洁勤政意识，促进领导干部形成勤廉的良好作风，提高管理水平。可以对广大职工的大局意识、责任意识、工作作风、生活方式、理想信念起到积极的影响，从而形成正确的价值取向，在良好的文化氛围中实现自我价值。所以说建设高速公路管理企业廉洁文化对于提升企业素质，最终实现企业的健康快速和谐发展，为将河南由交通大省提升为交通强省，具有现实意义和深远影响。

1.2 高速公路管理企业廉洁文化的内涵

高速公路管理企业廉洁文化作为企业文化的重要内容,建设时必须以先进的邓小平理论和“三个代表”重要思想为指导,从社会主义核心价值体系出发,树立科学发展观。做到以高尚的廉洁精神为核心,以规范严密的制度体系为基础,以鲜明的奖惩机制为条件,以全方位的监督考评为保障,突出公司经营理念和企业精神,使企业廉洁文化逐步成为广大领导干部职工廉洁从业的精神动力,从而推进廉洁文化建设的有效开展。

2 高速公路管理企业廉洁文化建设的途径和方法

2.1 加强领导,保证企业廉洁文化建设有效开展

领导干部具有榜样和示范作用,是落实责任的主体,企业廉洁文化建设成效如何,关键在领导干部的认识是否到位、措施是否得力。所以,为保证廉洁文化建设扎实推进、深入开展,不断取得新成效,首先必须加强对廉洁文化建设的组织领导。一是公司要建立健全廉洁文化建设组织机构,明确党政领导班子主要领导为落实责任制的“第一责任人”,实行“一岗双责”的追究制度。二是领导干部负责企业廉洁文化的倡导、组织和设计,要有高度的责任感和使命感,要认清自己的位置,自觉做到严格执行企业的规章制度、管理制度和反腐倡廉的各项规定,为职工作出表率,以自己实际行动取信于职工,起到带头作用。三是各部门要在统一的领导下,发挥各部门的优势,大力宣传、组织、开展建设活动,尤其是企业的纪检监察部门更要加强对企业廉洁文化建设的督促检查。四是要围绕企业经营管理,建立起协调机制,使各部门相互密切配合,全面履行职责,落实各项工作,将廉洁文化建设活动引向深入。

2.2 建章立制,为企业廉洁文化建设提供坚强保障

制度是企业廉洁文化建设的保障。廉洁文化是企业文化建设中不可分割的一部分,是一种预防性文化建设,它的构建是一项长期的基础性工作。所以,要预防、要治本必须有制度建设作为保障。在河南高速公路管理发展的新形势、新任务要求下,我们要把廉洁文化建设纳入到公司的制度建设中来,通过加强制度建设为廉洁文化建设提供保证。

根据河南高速公路发展现状及本单位的情况,不断建立健全各项廉洁从业规章制度及奖惩激励机制,把反腐倡廉的触角,横向拓展到各个领域,纵向延伸到事发源头。紧紧围绕容易滋生消极腐败现象的领域和部门,群众反映强烈的突出问题,管人、管钱、管事等关键环节、关键部位,制定相应的廉政建设规章制度。结合高速公路管理企业的特点,在《中国共产党党员领导干部廉洁从政若干准则》和《国有企业领导人员廉洁从业若干规定》的指导下,制定《加强党风廉政建设责任制》、《廉政建设量化考核细则》、《运营管理纪检监察考核管理办法》、《领导干部述廉制度》等规章制度。把党员干部在廉政建设中的责任义务、应达到的目标要求和廉洁自律情况进行细化、量化,明确责任、制定目标和具体标准,明确廉洁从业的格格框框,为干部职工从业提供规范依据。同时,还要把完善奖惩机制作为一个重点,做好责任追究和激励引导工作,深化惩防体系建设,形成立体防范格局。

其次,为了打造河南高速公路品牌形象,公司制定相应的廉洁文化建设制度与考核标准时,必须站得高一点,看得远一点,谋得深一点;要求我们节奏要更快、标准要更高、工作要更实、状态要更好;要求我们做到新思维,大手笔,超常规,增信心。一方面从公司管理实际出发,同时注意不能闭门造车,所谓“他山之石,可以攻玉”,我们大可以借鉴其他单位在廉洁文化建

设中的方式方法,甚至借鉴国外企业的廉洁文化建设经验,从而总结出公司在廉洁文化建设上的问题和不足,提炼出更加适合公司实际情况的做法,以推动公司企业廉洁文化建设更好更快地发展。

在预防制度建设和奖惩激励方面,我们头脑要清醒,工作要到位。实际上,只要腐败现象存在,就始终有一个正确处理惩治和预防两者关系的问题。必须在认识和实践两个层面上更加自觉、更加正确地予以把握,在坚决惩治腐败的同时,更加注重治本,更加注重预防,更加注重制度建设,使惩防体系建设取得标本兼治、惩防并举的整体效能,实现科学性、针对性和系统性的辩证统一。只有这样,我们才能逐步实现廉洁文化建设的制度化,才能建立健全廉洁文化建设的长效机制。

2.3 强化监督,为廉洁文化发挥效能创造良好条件

强化监督,要充分调动一切监督力量,把事先防范、事中监督、事后惩处有机地结合起来,防止出现权力失控、决策失误、行为失范。

2.3.1 要做好强化党内监督

党内监督是加强党的执政能力建设的重要保障,是完善社会整体监督的关键环节,是从源头上预防和治理腐败的重要举措,是保持党的先进性、纯洁性和提高党的战斗力、凝聚力的迫切需要。在高速公路管理工作中,要制定并落实党委参与企业重大决策的规程,实现党内监督的有效性。做到抓关键,始终把对领导干部特别是"一把手"的监督作为重点;抓基础,大力发展党内民主推进党内监督;抓制度,实现党内监督的制度化、规范化;抓责任,确保党内监督落到实处。

2.3.2 不断强化群众监督

首先,完善职工民主监督,通过设置"行风举报箱"、"小金库专项治理举报箱",畅通职工群众进言渠道。其次,通过向驾乘人员发放调查问卷,向社会公布廉政监督承诺和监督电话等方式方法,调动广大驾乘人员的监督积极性,同时聘请公检法单位的同志或人大代表为特约监督员,进一步增强监督力量。

2.3.3 做好日常监督检查

一是对公司大宗物品采购、招投标、合同管理等进行监督。二是建立廉政档案,对领导干部个人家庭配偶子女从业、操办婚丧嫁娶、家庭经济收入等情况进行登记,年底要进行一次述职述廉报告,并将此作为廉政建设责任考核的一项重要内容。三是加强对监控录像的使用,对各收费站和服务区的过路涵洞进行录像抽查,加强私放人情车和公路"三乱"等情况进行检查。四是定期或不定期的开展日常稽查,对稽查出的问题实行连续跟踪,让员工能够感觉到有制度、有督促、有提高的工作氛围,使之不想也不敢违规违纪。

通过建立全过程、全方位、多层次、立体式的监督防控体系,最终形成"有权必有责,用权受监督,违纪违规受追究"的监督约束氛围。在这个过程中,仅靠一个部门、一段时期的突击监督是远远不够的,必须内外结合,调动方方面面的力量,建立立体的监督,形成监督合力。

2.4 加强教育,为廉洁文化进心入脑提供思想保障

廉洁文化深入到干部职工心中,才能成为企业前进的灵魂。所以做好廉洁文化建设并不是喊喊口号,做做样子就行了,而是要通过大力宣传教育,提高党员干部廉洁勤政和拒腐防变的意识。把典型教育、警示教育和党纪党规教育三者有机结合起来,使干部职工牢固树立正确

的世界观、人生观、价值观,解决好地位观、权力观和利益观问题,形成奉献高速、服务社会的理想和精神支柱,坚定献身河南交通事业大发展的理想信念,筑牢抵御腐朽文化侵蚀的思想道德防线。

一要健全党员干部的廉洁从业教育管理办法,把廉洁从业教育融入“三会一课”中,发挥党支部战斗堡垒作用和党员先锋模范作用,使廉洁文化进班子、进机关、进岗位,渗透到各个角落,增强廉洁文化的影响力。

二要充分发挥典型示范效应,组织学习交通系统中典型人物的先进事迹,弘扬交通行业先进人物的精神等做法,发挥先进典型的启发、激励和感染作用,从而在高速公路日常运营管理工作中倡导并形成良好的风气。

三要利用开会和办培训班的形式,开展警示教育和政策法规教育,并广泛开展读廉文、讲廉课、看廉片等专题活动,利用身边的事和身边的人对党员干部进行正反两方面典型事例教育。增强廉洁文化的预警力,教育干部职工树立正确世界观、人生观、价值观,反对腐败不廉洁行为。

四要及时传达学习廉洁从业文件精神,广泛开展工作谈话、任职谈话、提醒谈话、诫勉谈话、民主生活会、述职述廉、参观警示教育基地,有针对性地实施监督检查等活动,促使干部职工保持清醒头脑,做到廉洁自律。

五要利用现代科技、现代传媒建立起信息平台,增强廉政教育的直观性、灵活性,使其在传承的基础上有所创新,不断发展。比如说可以利用企业网站、电子杂志等来搞好丰富多彩的廉洁文化的建设与宣传,长期搞下去,廉洁文化就会在企业不断得到普及和提高。

六要加强纪检监察人员的学习教育,重点学习《纪检监察干部工作守则》、《公司稽查条例》等相关规定,提高纪检监察人员的整体素质,使监察工作不流于形式,便于及时发现问题,将问题消灭在萌芽状态。

通过多渠道的廉洁文化教育,力求避免单一、说教式的教育方式,以增强廉洁文化的感染力,使廉洁文化建设贴近实际、贴近生活、贴近职工,做到以德感人、以理服人、以情动人,促使干部职工时刻绷紧廉政建设这根弦,要清清白白做人,踏踏实实做事。

在河南高速公路事业飞速发展的今天,加强高速公路管理企业廉洁文化建设,使全体干部职工在政治上做明白人,在经济上做清白人,在生活上做正派人,在工作上做勤奋人。算清人生的政治账、经济账、名誉账、家庭账、友情账、健康账、自由账。大力营造以廉为荣、以廉为乐、以廉为美、人人思廉、全员助廉的廉洁文化氛围,塑造河南高速公路管理企业的良好形象,切实增强企业软实力,助力河南交通事业大发展。

论高速公路收费站标准化建设

谢文红

（河南中原高速公路股份有限公司郑漯分公司）

中原高速从区域分段收费到高速公路全省联网收费，收费管理按照“高起点开局，跨越式发展”的发展思路，从起步到目前的科学化、规范化管理，发生了较大变化，但离高速公路收费站标准化建设标准还有一定距离。在总结几年来收费管理经验基础上，现从收费站标准化建设的需要和实现的途径谈谈收费站标准化建设。

标准化是指“为在一定的范围内获得最佳秩序，对实际的或潜在的问题制定共同的和重复使用的规则的活动”。简单地讲，就是在一定范围内制定发布标准、贯彻实施标准并进行监督检查。标准化的本质是统一。在标准化工作中，制定标准是基础，贯彻标准是核心。

1　标准化收费站建设是适应形势的需要

1.1　开展标准化收费站建设是适应新形势的需要

强化办公职能，收费站整体职能，建立健全各项规章制度，明确工作标准，规范工作秩序，加大创新工作的开展，加强队伍建设，造就一支开拓创新求真务实，服务优良，办事规范，工作高效，遵章守纪的队伍的需要。

1.2　完善营运监管体系是保障标准化收费站建设的需要

高速公路收费实行入口领卡、出口交费的联网收费方式，各种原因造成的违纪行为时有发生。明确工作步骤，完善各项制度使工作有条不紊秩序井然是建设收费站标准化的依据。监控、通信、稽查、票证管理职能还需加强。

1.3　自我提高

“写我所做的，做我所写的”是收费站标准化建设的内在动力的体现和需要。切实转变思想观念，克服固有的思维定式，创新管理理念，严格按照收费站标准化建设的要求和目标开展好工作。

1.4　完善考勤管理制度是创建标准化收费站的需要

一线收费员工作积极性需要激发。完善考勤管理制度对擅自离岗，串岗不请假的个人行为加以处罚。对一线收费员收费多的，无病事假违纪行为的，建立相应的奖励机制是激发收费员工作积极性的一种切实可行的方法。站上虽然树立了岗位标杆，但现在的岗位标杆吸引力不大。原因是标杆标准不具体，如“星级收费员”和“岗位标兵”的评定无硬性标准规定，收费员不知道如何努力才有资格评选。再者评选为标杆应享受何奖励或待遇并不明确。

1.5　标准化收费站建设应包括的其他内容

节约用电、用水、办公用品，响应国家建设节约型社会的号召。抓好各项制度建设。建立健全各项责任制、岗位责任制、服务承诺制、强化服务，把收费窗口建设成工作标准化、程序化、法制化、优质化、规范化的服务平台。

2 标准化收费站实现途径

2.1 建立两级营运监管体系是标准化收费站建设的关键

收费站最主要职责就是收费,而预防收费违纪违规也是收费站的核心工作,强化收费纪律和收费秩序管理是工作的重点。加大对站各办公室人员考勤力度是关键。

2.2 提高管理的科技含量是标准化收费站建设的手段

2.2.1 完善现有收费软件系统

增加或启动软件附加功能。收费站培养自己的软件维修人员,做到小毛病自己修,大问题能找出。软件的功能充分利用如出口的读卡信息可以和语音系统相连读出卡上的入口站名和车牌号,对减少倒卡车起到作用。

2.2.2 充分利用现有硬件设施

目前,全线收费硬件、职工学习生活硬件、庭院规划硬件都处于较高水平。要充分利用已经建立的计算机网络,建立自己的网页,让更多的职工在网上提供建议。在各站建立电子阅览室,实行局域网络远程教育,使员工能够在工作区域内接受统一的教育。在庭院规划上建议公司结合实际进一步明确各站名称标识、房建、庭院绿化的标准。

2.3 调动收费员工作积极性是标准化收费站建设的基础

一是建立以绩效工资为基础的薪酬分配机制,设立以主要业务指标(如:操作时间、差错率、升档金额、投诉次数、业务考试成绩等)为考核内容的业绩考核,根据不同得分划分不同的绩效工资档次,每档次之间差距至少100元。二是明确收费岗位业务合格标准,规定个人收费差错率、驾乘有理投诉次数等的合理范围,对不能胜任基本收费工作的人员实行待岗甚至更重处理。三是明确各种先进评选资格,为员工指明努力方向。如星级收费员评选资格,应具体说明主要业务指标在单位排名、全年出勤率、服务标准等。

2.4 文明收费站创建是标准化收费站建设的促进

多开展以站为单位的主题征文,演讲比赛等活动让更多职工参与进来,篮球赛、乒乓球赛等比赛既丰富了职工生活又体现了企业的活力,增强了团队精神。开展一些以收费业务为主题的竞赛活动,对促进收费人员业务能力的提高有一定的帮助。

2.5 建设标准化收费站收费窗口是一项基础工程

其重要性在于收费窗口是高速公路的关键所在,相当于人的脸面,其运作的顺畅与否,直接关系到整条路的形象和效率,关系到在社会中的威望,关系到经济效益和社会效益。因此,从收费窗口抓起,从收费窗口做起,"牵牛牵住了牛鼻子",是必然的选择,也是一项事半功倍的基础工程。

2.6 收费站标准化建设是一件检查督办的重要举措

管理是门科学,也是天天都要做的工作。尽管我们出台了若干"不准"、若干"规定"、若干"纪律",甚至"违纪处罚办法",如上岗时间不准带手机、值班人员不准喝酒、不准与驾乘人员吵架、不准擅自离岗等,但仍有违纪现象发生,屡见不鲜。通过收费站标准化建设,规定一条较为规范的运行轨道,做出明明白白的约束,给出违纪行为的相关连带的管理责任,这样有章可循,有规可依,管理也得心应手了,便于稽查和管理,防止各种违纪现象发生和管理不到位。

3 建设标准化窗口的基本内容

3.1 设备标准化

收费亭、配电室、发电设备的保养要标准化。

3.2 展示标准化

标牌、桌牌、《行车指南》、收费标准、规范标准化。

3.3 服务标准化

窗口就是服务，服务必须热情。收费人员要按时上岗，戴胸卡、要文明用语，规范用语；要热情服务，工作认真；要设有意见簿，倾听驾驶员呼声。

3.4 管理标准化

要加强对考勤的管理，要实行上岗上班签到制，每天出勤都要本人签字。办公用品，如文件柜、纸张、桌椅等，都要明确保管人员，及时登记、看管和摆放。要实行请销假制度，及时请假销假，保持正常的办公秩序。

3.5 文档规范化

对收件要及时登记、存档，防止流失。要注意记录好人好事，重要事要记下来，以备查。文件管理要专人负责登记归档。要做好月总结、半年和年终总结。

4 标准化收费站建设的保障

企业文化建设是标准化收费站建设的重要保障，重点要在以下几方面做文章。

4.1 领导层的认识和决心是企业文化建设的前提

一个优秀的领导者对事业的发展起着决定性作用。作为交通窗口单位，我们不仅要创立一个服务品牌，更要创造一种文化模式。领导层对企业文化的深刻认识和培育企业文化的决心，是企业文化建设能否成功的前提和关键，不能仅仅是口头上重视和宣传。企业文化是指导和约束企业行为以及员工行为的价值理念，它往往更是领导者经营、管理理念的直接反映，是企业管理和企业价值的灵魂，是一个单位向更高层次发展的内在要求，是推动事业发展的重要力量。

4.2 管理创新是企业文化建设的基础

企业文化与企业管理具有天然的、密不可分的联系，企业文化是在企业内部管理不断创新的过程中概括、总结、提炼而成的产物，企业内部管理是企业文化建设的基础。不可能抛开企业管理谈企业文化建设，不可能为文化而文化，进行企业文化建设，必须以加强企业管理和创新为载体。

4.3 员工认同度是企业文化建设成功与否的标志

企业文化是否能够发挥其功能，关键在于它是否得到全体员工的认同。每个员工都应是企业文化的创造者、补充者、完善者和体现者，而不是一个被动的承受者。若企业文化仅仅停留在口头或者纸上，仅仅依靠严格的规章制度来强制员工遵守，是不能称其为企业文化的。文化与制度的区别在于制度往往是员工的对立之物，而文化则是超越了制度的对立，成为员工的自觉之物，制度是一种强制力，而文化是一种更为强大的自然整合力。

总之,标准化收费站建设是一个持续、动态的过程,需要在启动实施过程中不断摸索改进,未来几年我省高速公路收费管理系统还将不断的改进发展,一个大的系统改造工程业已纳入了日程。储值卡收费系统,不停车收费系统工程将在全省各收费站所启动,这种形势下就要求我们在工作中不断的学习新内容,提高业务素质及能力跟上时代科技进步的步伐。当然在现阶段还有许多收费站存在的共性问题需要上级领导的指导和我们的努力,但高速公路标准化收费站建设一定会在不断实践中逐步完善,成为全国高速公路收费站管理的样板。

党风廉政建设责任制中问题的分析与对策

王梓裕

（河南中原高速公路股份有限公司郑州分公司）

摘　要　近年来，随着我国反腐倡廉工作的深入，党风廉政建设愈来愈受重视。党风问题关系重大，它关系着我党的执政根基，根基不稳，万丈高楼也会风雨飘摇，同时，它还关系着我国社会主义事业的兴衰成败。党风不正，贪污腐败蔓延，将会极大地动摇我党的执政基础，使我党内部“乌烟瘴气”，将会损害我党在人民群众心目中的形象。而当前，我国党风廉政建设还面临着诸多问题，“口号好喊，落实太难”是最突出的问题。为了解决这一问题，中共中央、国务院专门颁发了文件，文件指出要推行党风廉政建设责任制，要把党的廉政建设作为一项长期制度来抓来落实。这一文件的推出，对改善我党廉政建设“干打雷，不下雨”局面将起到立竿见影的效果。本文主要分析了纪检监察部门落实党风廉政责任制方面存在的问题，并提出了具体的解决对策。

关键词　党风廉政建设　责任制　问题　对策

1　落实党风廉政建设责任制存在的障碍和问题

1.1　认识“难”

部分领导干部存在“事不关己高高挂起”的心态。加强党风廉政建设不是哪个部门的事，也不是哪个领导干部的事，更不是一朝一夕可以完成的。但是在党风廉政建设责任制的实际贯彻和执行中，认识上的不足和思想上的不重视仍然是其突出问题。部分纪检监察部门领导干部觉得在这个“腐败成风”的社会风气下，即便是建立责任制也无法起到根治腐败的作用，在实际的落实中更是不能做到严以律己。还有部分领导干部认为紧靠一己之力是难以“力挽狂澜”改变腐败局面的，因此不愿意主动投入反腐败的工作中，在工作中表现得消极被动或是不作为。还有部分领导干部觉得只要自己“出淤泥而不染”就是为党风廉政建设做贡献，对别的干部是否严格贯彻廉政建设漠不关心。这就使得纪检监察部门的领导干部在贯彻党风廉政建设的过程中有“井水不犯河水”的心态，不能做到协同作战，在工作中不能很好地交流和沟通。

1.2　责任“难”

纪检监察部门领导缺乏高度的责任感和使命感，在实际的工作中“睁一只眼闭一只眼”，埋下了党风廉政建设责任制落实难的隐患。当前，缺乏责任感也是制约党风廉政建设责任制落实的主要因素。纪检监察部门的领导不能把落实党风建设责任制作为重要的大事来抓，纪检监察部门是维护党的纯洁性的重要部门，但是在实际工作中却不能充分发挥其作为监督者和维护者的作用，甚至姑息贪污行为，对一些贪污腐败形象“睁一只眼闭一只眼”，或者自身收受贿赂，默许某些贪污腐败现象的滋生。这都是缺乏责任感和使命感的表现，也是影响党风廉政建设责任制落实的重大隐患。

1.3 操作"难"

纪检监察部门党风廉政责任制的落实中存在"表面功夫做得足,实际功夫不到位",制度力度不够强,监督过软,责任追究不够严的情况。首先,党风廉政建设责任制的落实缺乏制度保障,无法责任到人,不能做到"人人为廉政,人人都廉政"。当前,纪检监察部门党风廉政建设责任制的落实存在无章可循的现象,没有严格的制度保障,党风廉政建设责任制的落实就会流于形式,就只能停留在"表面功夫"的层面上。比如缺乏行之有效的考评制度,不能有效地约束每个领导干部的行为。其次,党风廉政建设责任制的实行缺乏监督,对实际的操作和执行情况监管不严。不能保证党风廉政建设责任制的贯彻执行,就很难起到监督其落实的作用。再次,党风廉政建设责任制的落实不能做到"追究到人,追究到底"。主要表现在:遇到说情的不好追究,遇到事关自身利益的不愿追究,遇到权势不敢追究,遇到阻挠放弃追究等。在这种形式下,很难做到彻底追究,很难将贪污腐败行为"连根拔起"。

2 落实党风廉政建设责任制应采取的积极对策

2.1 加大宣传

要加大对党风廉政建设责任制的宣传,要为党风廉政建设责任制的顺利实施和落实培育"肥沃的土壤"。加大对党风廉政建设责任制的宣传,目的是为了在广大领导和干部中间深化党的思想作风和思想内涵,是为了给党的反腐倡廉工作打下坚实的基础。在宣传上要把握几个关键点。首先,要审时度势,要结合当前的新形势和党的新的方针路线的要求给廉政建设责任制的宣传注入新的活力,要让广大纪检监察部门领导干部的思想跟得上形势,与时俱进。其次,要采用灵活多变的形式,不能只依靠"大会讲,小会开"这样枯燥的形式进行廉政教育,要密切结合纪检监察部门的工作情况,具体问题具体分析深化党的廉政思想。再次,要组织纪检监察部门全体领导干部进行全面学习,要让他们用知识武装头脑。要带领他们学习落实党的廉政建设责任制的相关要求,明确各自在党的廉政建设责任制落实中所肩负的职责和使命,要让他们坚持正确的工作方针,理解党的廉政建设责任制的内涵,为党的廉政建设责任制的落实营造良好的实施环境,让党的廉政建设责任制的落实更"畅通无阻"。

2.2 加强考评

要建立行之有效的考评机制,要把党的廉政建设责任制的落实作为领导干部考核的重要指标之一,要让他们产生危机感和使命感。当前,党的廉政建设责任制的落实不到位与领导不干部责任心不强,不把其作为主要工作来抓有关。要想改变纪检监察部门部分领导思想上不重视,行为上不实施的现状,必须要抓住他们的"命门",要把党的廉政建设责任制的落实情况作为他们政绩和工作考核的重要指标,要建立绩效考核制度,做到奖惩分明。对在廉政建设责任制落实方面工作不力的领导干部要进行惩处,对表现良好,落实到位的领导干部要进行奖励,要让他们把廉政建设责任制的落实充分地与自己的绩效挂钩。

2.3 强化监督

要加大加强监督力度,要做到监督手段的"掷地有声",责任追究要做到"快、准、狠",要确保党的廉政建设责任制的落实。纪检监察机关要对责任制的落实情况进行定期检查或不定期抽查,要确保适时监督、时时监督。要在党的廉政建设责任制的落实中建立自省机制,对各个阶段的落实情况进行反思总结，进行考核落实，对徇私舞弊、贪污腐败行为要做到“发现一例惩处一例，发现一个处理一个”，确保责任制考核的有效实施。此外，要坚决执行责任追究，针对领导干部中出现的贪污腐败行为，要在第一时间明确到人，要及时找出腐败源头，对有贪污受贿等行为的领导干部要在第一时间进行处理，要做到“不姑息，不纵容”。要敢于打破人情、权力等的束缚，要敢于向贪污腐败行为“叫板”，要顺藤摸瓜，把责任追究到底，绝不能半途而废，得过且过。

2.4 发挥一把手的带头作用

要充分发挥纪检监察部门领导干部“一把手”的带头作用，要利用榜样的力量带动整个纪检监察机构党风廉政建设责任制的落实进展，要准确把握廉政建设责任制的大方向。当前，责任制的落实存在的一个主要问题就是领导干部不能明确自己所担负的责任，认为靠一己之力保证廉政建设责任制落实的难度大，所以在责任制的落实过程中不作为。这就需要充分发挥一把手的带头作用，要一把手在廉政建设责任制的落实中“带好头，当好排头兵”。一把手要严以律己，要带头落实廉政建设责任制，要把自己的工作成绩和廉政建设情况定期向上级或下级领导班子汇报，要把自己在责任制落实中遇到的问题、取得的成效和其他领导干部分享，要自觉接受上下级监督。要充分一把手的带头作用，给所有的领导干部树立一个学习标兵，让他们在廉政建设责任制的落实中自觉地向一把手看齐，主动地参与到廉政建设责任制的落实中，并作出成绩。

综上所述，当前，纪检部门在落实党风廉政建设责任制方面取得了显著的成效，开辟了党风廉政建设的新局面，受到了社会各界的好评，但与此同时，我们必须清醒认识到党风廉政建设责任制的实际落实情况与人民群众的期望还有距离，还存在这样那样的漏洞，做表面文章的现象还是存在，“光听响雷，不见骤雨”还是困扰党风廉政建设责任制落实的难题，在以后的工作中，必须要着力改变这一局面。

参 考 文 献

[1] 吴健.落实党风廉政建设责任制的几点思考[J].胜利油田党校学报;2006(6).

[2] 朱长江，胡建芳.制定可操作性方案　落实党风廉政建设责任制[J].黑河学刊;2006(5).

[3] 李四华，陈忠良.党风廉政建设责任制实施过程中存在的问题及对策探析[J].新西部(下半月);2008(9).

提升运营精细管理　创新思路堵漏增收

杨建坤　李亚辉　杨　涛　王梓裕

（河南中原高速公路股份有限公司）

摘　要　在高速公路堵漏增收工作中，营运客车逃漏通行费一直是治理的空白点。中原高速通过对营运客车逃漏费、利用 ETC 逃费现象的探索性治理，不仅挽回了大量流失的通行费，而且有效减少了收缴矛盾，净化了高速公路收费大环境，体现出“证据确凿、消除矛盾、节约成本、持续有效”的工作特点和成效。

关键词　客车逃费　ETC 逃费　堵漏增收　提升管理水平

河南中原高速公路股份有限公司在 2012 年度目标任务中，明确把“确保高速公路零漏费率”列为收费管理的首要目标。中原高速驻马店分公司紧紧围绕这一目标的实现，在对各类逃漏通行费行为保持长效治理机制的基础上，探索性地对辖区内营运客车逃漏费进行了专项治理。整个治理活动得到省高管局、河南交投集团、中原股份公司的支持，治理措施在全省开展的营运客车“大车小标”逃费专项治理工作中被总结推广，治理取得的显著成效并受到各级的充分肯定和表彰。

1　客车逃费治理的难度及危害

长期以来，在高速公路堵漏增收工作中，营运客车逃费一直是治理的难点和空白点，其难度及危害主要有以下 3 方面。

第一，随着运营客车数量的逐年猛增，其经营者为追求利益最大化，普遍在车辆证件上造假以降低车型，给全省各收费站在客车车型的判别上造成一定混乱，而收费站又无权对其出示的行车证等证件鉴别真伪，治理起来缺乏真凭实据，手段一直软弱无力，致使越来越多的客车经营者心存侥幸、公然逃费。

第二，省内各收费站因车型判别不一致造成的入口发卡错乱，又极易在出口造成收缴矛盾。客车经营者又多是出口的当地人，由此造成地方势力干扰、围堵收费站的现象时有发生。每当此类收缴矛盾爆发产生冲突时，为保持收费站畅通，避免不良社会影响，在不得已降低车型收费后，既减少了通行费收入，更造成逃漏费的恶性循环。

第三，此类营运客车长期、频繁地通过固定的收费站，车型判别偏差上存在的漏洞又极易被意志薄弱、动机不纯者通过内外勾结、从中牟利，在高速公路运营管理中引发不廉洁问题。

2　客车逃费的严重程度及治理效应

2.1　营运客车逃费的严重性分析

从驻马店分公司所辖京港澳高速 3 个收费站（驻马店站、遂平站、西平站）通行的营运客车大部分行驶郑州方向,基本保持每天往返一次。在收费站日常工作中,频繁遇到原本为C型的客车采用假行车证、拆卸座位等手段伪装成B型客车通过。因收费站查处权限受限,为避免矛盾和拥堵,多数情况下只有按B型发卡和收费。以西平站到郑州南站为例,B型客车收费标准是115元,C型客车是210元,单程相差95元。如果C型降档为B型收费,按一辆客车全年营运330天计算,单车逃费额达6万元之多。保守估算,目前仅驻马店辖区涉嫌逃费的运营客车有180辆之多,年逃费额就超过千万。由此推算全省营运客车的逃费额更是惊人。

2.2 注重依法治理,坚持务求实效

基于以上调研分析,驻马店分公司确定把“堵漏打逃”工作的着力点定位在对辖区内营运客车逃费的全面治理上。经过前期排查,详细收集通过所辖3站的营运客车信息,重点对B型、C型之间模糊难判的客车车牌号、行驶线路、行驶时段、上下站领卡及缴费等信息进行全面核查,从以往存在争议的300余辆辖区营运客车中,锁定180辆作为治理对象。为强化治理的权威性,分公司与驻马店市道路运输管理局积极协调,得到他们的大力支持,提供并证明了全部客车的原始信息,为全面治理辖区营运客车逃费提供了有效的法规依据。业务部门把证明营运客车真实信息的影印件《客车座位核查统计表》发至所有收费亭,开始在所辖3站对营运客车逃漏通行费行为展开集中治理。

治理伊始,艰难异常。每治理一辆客车,都会遭遇车主和驾驶员司机的强烈抵触,素质好点的软磨硬泡,形成长时间堵占车道,素质差的张口就骂,甚至以暴力相威胁。在营运客车上下道较为密集的西平收费站,当班收费员被骂哭,甚至被泼一脸水的情况时有发生。面对客车驾驶员的无理谩骂和蛮横纠缠,收费人员均表现出极大的忍耐及良好的服务水准,始终做到以礼相待、有理有节、文明服务。最终,所有被治理的营运客车面对事实证据及真实信息,都按照实际车型缴纳了通行费。

2.3 辖区内治理的成效显著

通过为期20天的集中治理,所辖3站共升档营运客车1238辆,升档金额6.66万元。与治理前同时段相比,升档车辆较前期200辆上涨了5倍,升档金额较前期1.46万元上涨了近4倍。

仅2012年上半年,驻马店分公司在有效保持集中治理取得成果的基础上,所辖3站共升档营运客车6975辆,升档金额35.6120万元。此举不仅挽回了大量流失的通行费,而且有效减少了收缴矛盾,净化了高速公路收费大环境,在提升运营管理水平活动中产生了良好效应。

3 客车逃费治理依然面临的问题及探讨

3.1 面临的问题

目前的局部区域治理还无法全面遏制逃漏费现象。集中治理初期,原来由郑州南站至西平站下道的营运客车流量迅速下降了80%。其原因就是此次治理活动只局限于驻马店辖区的营运客车及所辖的3个收费站,部分营运客车为躲避治理,采取在周边区域就近下站再领卡上道的办法来继续逃费。为应对这种状况,分公司主动联系相邻的郑漯、漯平等兄弟公司,发送《客车座位核查统计表》进行联合治理,在一定范围遏制了逃费行为。至集中治理活动结束时,辖区内流失的逃费客车虽然基本回流,但跨辖区逃费、辖区外逃费的现象依然严重存在。

利用ETC收费系统不完善公开逃费的问题显现。全省高速公路ETC收费系统开通至今,

业务部门在对所辖驻马店站 ETC 车道通行车辆稽查中,发现部分营运客车所持的中原通卡车型与实际车型不符。经核查,确认这些营运客车都是在办理 ETC 入网手续时,提供虚假车辆信息,直接把 C 型办成 B 型。在已被分公司治理的 180 余辆营运客车中,利用办理 ETC 再次逃费的约 25 辆,他们不仅利用“大车小标”偷逃应交通行费,而且堂而皇之地享受快速通行及 95 折优惠,其逃费性质更为恶劣。通过前期集中治理,这些利用 ETC 逃费的客车在通过所辖 3 站人工车道时,均自觉接受升档处理,而通过 ETC 车道(目前仅驻马店站设置)时则形成公开逃费,其逃费额近 20 万元。

3.2 客车逃费问题的治理探讨

驻马店分公司通过对辖区营运客车逃费的集中治理,进而又发现其利用 ETC 逃费的新问题,主要得益于早期进行的全面排查和参照对比,其前后关联密切、性质严重,唯一目的就是利用高速公路管理中还存在的漏洞弄虚作假、投机钻营以逃漏通行费。透过驻马店辖区来看,全省范围内营运客车逃漏通行费的情况可以说是触目惊心、亟待治理。

要从根本上遏制营运客车形成更大规模的逃漏费现象,首先,应尽快在全省范围统一核查各地营运客车的原始信息,从交通系统内部实现信息共享、联网治理的大格局。其次,要加强与金融等部门联动,对申办 ETC 的营运客车必须依据其原始信息严格审核。通过建立相应体制和操作规范,在省内形成长效治理机制,实现通行费颗粒归仓的目标。

当前,在河南全省高速公路系统开展的“双百三十”创建及提升管理水平活动中,驻马店分公司认真查找制约收费管理提升的突出问题和薄弱环节,把“确保高速公路零漏费率”列为提升管理水平的重要目标。通过对辖区逃费营运客车进行前后两个阶段的探索性治理,从采取的措施、取得的成效及获得的经验综合分析,总结出“证据确凿、消除矛盾、节约成本、持续有效”的工作特点和成效。在与实际工作的有效结合中,较好地落实了中原股份公司确定的“围绕精细化管理,促进各项工作管理水平持续提升”的工作主线,以及“抓好开源节流和节能降耗”的工作重点。在具体工作的落实中,大胆创新工作思路,以堵漏增收为突破口,通过内外联动,进行了有益尝试和探索,为省内外营运客车“大车小标”及利用 ETC 逃漏通行费的治理工作提供了借鉴和经验。成绩的取得要感谢各级领导对收费管理工作的关心支持。更要感谢、赞美收费一线广大员工文明服务、忍辱负重、敬业奉献的精神风貌。同时,对中原高速收费管理水平的整体提升也将起到进一步推动作用。

LED 显示技术在高速公路上的应用

陆秀峰　焦　航

（河南省交通运输厅高速公路少林寺至新乡管理处）

摘　要　随着我国高速公路交通的蓬勃发展，高速公路上的智能交通管理在保障车辆交通安全、提高交通管理效率等方面发挥着越来越重要的作用。各类 LED 显示屏在高速公路信息发布系统中作为信息显示终端为车辆引导提供车况、路况等交通信息，通告各种气象信息，发布交通指令，保证交通行车安全。所显示的图像和文字既可以事先编制、存储在 LED 显示屏控制器内，也可在控制计算机上随时进行编制、再发布。它作为高速公路智能交通管理的一部分，为高速公路交通的高效、智能化的管理发挥着不可替代的作用

关键词　LED 显示技术　可变情报板　高速公路

LED 显示技术在许多领域都有广泛的应用，交通信息的显示是其中的重要应用领域之一。特别是信息时代的到来，智能交通系统信息的发布，在为社会公众服务的交通领域发展成为重要的服务内容，各类信息显示设备成为机场、火车站、码头、公交车站、高速公路、城市道路、停车场等面向公众发布信息的主导手段。

LED 显示屏是 20 世纪 90 年代出现的新型平板显示器件，亮度高、可靠性高、寿命长、功耗低、画面清晰、色彩鲜艳，在公众多媒体显示领域一枝独秀，市场空间巨大。

LED 显示屏的显示面一般由 LED 显示阵列构成，每一个发光单元称为一像素，每一像素都是由发不同发光基色（红、绿、蓝、黄）LED 管按一定的比例组合而成的。显示屏自身具有显示驱动、检测和控制等功能，同时配备远程通信接口，与中心实现通信。

目前高速公路基本使用两类显示屏体：一类是双基色显示屏，红和绿双基色，256 级灰度，可以显示 65536 种颜色。另一类是全彩色显示屏，红、绿、蓝三基色，256 级灰度可以显示 1600 多万种颜色。

随着公路运输的发展，高速公路车流量越来越大，交通拥堵现象和交通事故频繁发生，重、特大恶性事故比例较大，而且事故处理难度大，给高速公路管理者带来了诸多困扰，给国家和社会也带来了不必要的损失。这些事件的发生有许多是由于管理手段不够完善，交通信息发布不够及时、准确造成的。为了降低高速公路交通拥堵现象和交通事故发生的频率，改善高速公路运行条件和现有的安全保障体系，减少事故、拥挤所带来的延误和损失，应充分发挥高速公路信息发布系统的作用，为高速公路安全、高速和畅通的运行保驾护航。

交通信息发布系统也称交通诱导信息系统，是高速公路监控系统的重要组成部分，是智能交通系统 ITS（Intelligent Transportation System）重要的显示手段。该系统是为道路使用者提供指导其正确驾驶或更改行车路线的有效的交通信息，并且为道路管理者提供发布交通信息的平台。

实践中,面向公众的交通诱导信息一般是在室外环境下发布。由于LED显示的高亮度特点,各种形式的LED显示成为交通诱导信息主要的发布载体。常见的交通诱导LED显示方式有交通诱导LED显示屏(可变情报板)、交通诱导路径显示牌、停车指示牌、可变标识标志等。交通诱导信息室外LED显示,根据道路交通管理的要求和交通诱导信息发布显示的实际情况,在具体的使用功能上具有以下特点:高亮度,视角合理;显示颜色以红、绿、黄为主;显示亮度自动可调;全天候工作,环境条件复杂;远程控制,智能检测;安全性、实时性、准确性、可靠性要求高。目前,在国内高速公路领域,LED设备主要使用在以下几个方面:

1 道路LED显示设备

道路LED显示设备指在高速公路主线上安装的LED显示设备,主要包括可变电子情报板及可变限速标志。他们是综合应用光电技术、计算机技术和自动控制技术研制而成的高科技产品,作为智能交通系统信息发布的重要组成部分,可变情报板及可变限速标志由监控中心计算机通过通信网络实行远程控制,传送并显示各种图文信息,向驾驶员及时发布不同路段的不同路面情况及各类交通信息,并进行交通法规、交通知识的宣传,达到减少高速公路重现性阻塞及高速公路非重现性事故的影响,提高行车安全,从而有效疏导交通,提高高速公路的使用效率。这套设备可用在高速公路和一般道路上,尤其是高速公路出入口控制段。

设备组成如图1所示。

2 移动式LED显示设备

移动式LED显示设备主要是指车载显示屏,又称为移动式交通信息屏。道路施工与维修所造成车道封闭或缩减,对公路主管部门、施工人员而言是早已经预订好的工作,但对于大多数道路使用者仍是不可预知的事件,因此通过交通诱导屏告知驾驶人员或路人非常重要。固定式的可变情报板受限于道路施工地点的状况往往不易发挥功效,而车载屏(移动式交通信息屏)却因其小巧灵活,可随时随地放置在目标现场直接显示等特点,弥补了固定式可变情报板的不足。

设备组成如图2所示。

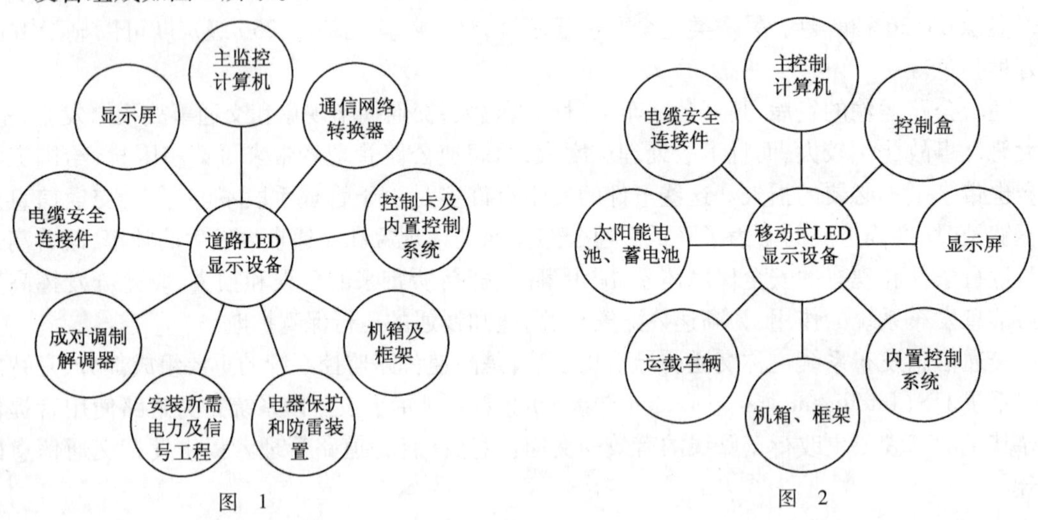

图 1　　　　图 2

3　临时 LED 显示设备

临时 LED 显示设备是指路段施工、保通时使用的 LED 设备，主要采用 LED 导向指示牌。为了保证高速公路上施工作业人员和车辆的安全，同时也是为了保护使用高速公路的人员和车辆的安全，交通安全管理部门要求，高速公路作业车辆必须安装醒目的标志，用以警示和引导后续其他车辆，避免意外事故的发生。而导向警示牌正是高速公路上的施工作业的车辆必备装备。

设备组成如图 3 所示。

4　服务性 LED 显示设备

服务性 LED 显示设备是指收费站区、服务区安装的提供各类服务、宣传的 LED 设备。收费广场、服务区停车场、室内安装的各类 LED 显示屏能及时为过往驾乘人员提供实时路况和服务帮助等各类信息，方便了驾乘人员，提升了路段的管理水平和外在形象。

设备组成如图 4 所示。

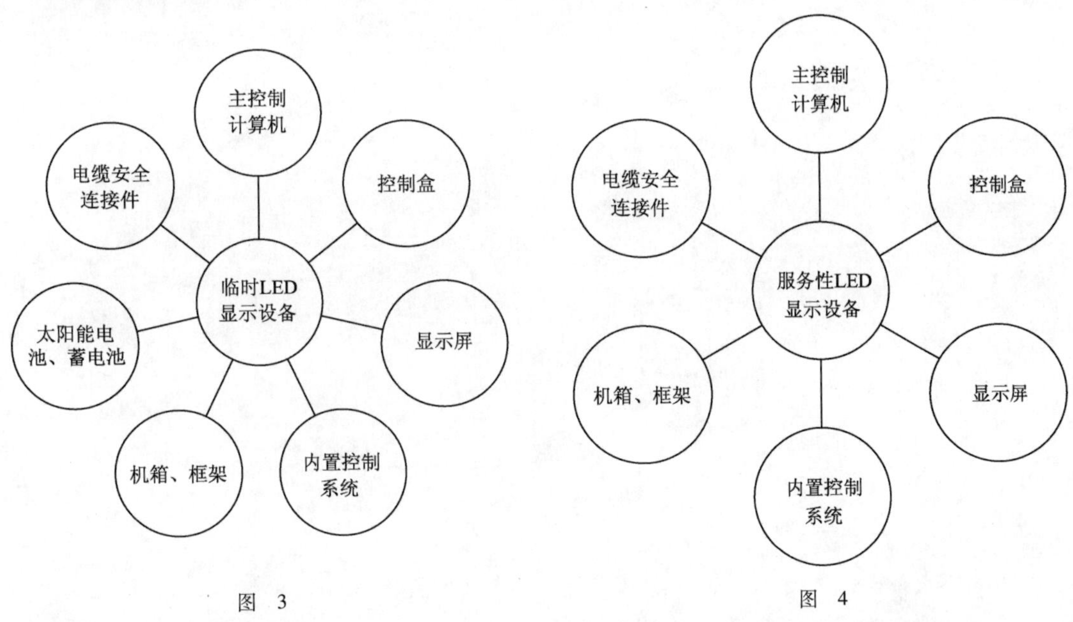

图　3　　　　图　4

随着 LED 技术在高速公路上的普遍应用，各类显示屏的可视效果存在很大的差异。降低差异的方法主要考虑以下几个方面：

(1)因各个厂家产品质量、性能差别较大，建议在工程建设期间选型时采用名优产品，并尽量减少厂家数量，尽可能统一产品型号。

(2)对使用时间较长的产品进行检测、调整，使其可视效果更加稳定。

(3)对一些达到或超出设计寿命且无实际维修意义的可考虑予以更换。

(4)尽量使用自动设置亮度功能，以避免白天显示亮度太暗，夜间显示亮度太强，使设备在任何时候都处于最佳显示状态。

(5)对于新增加的情报板要选择好安装位置,尽量避免情报板亮度随着光线的改变,受到顺、逆光的影响,导致LED亮度在视觉上的相应改变。

5 结语

高速公路LED信息显示发布系统不仅增强了高速公路的运行速度和行车安全性,提高了运营效益,而且可以创造一定的社会效益。相信随着今后全国高速公路通车里程的不断增加,以及计算机技术的不断提高,公路监控技术的不断完善,该系统会在高速公路发挥越来越大的作用。

机场高速公路照明设备防盗措施浅析

冯　雷　霍　岩

(北京首都高速公路发展有限公司)

随着人们逐渐重视高速公路照明的作用和北京国际化大都市的发展需要,尤其是机场高速公路独特地理位置的重要作用,要求夜间通行或特殊天气期间都要保证亮灯,为此,机场高速公路被北京市纳入了城市夜景照明体系重要路段之一。

然而自2006年以来,机场路照明控制设备及电缆的频繁被盗或损坏,且有越来越猖獗之势,不但给国家财产造成了严重损失,给广大过往车户造成了极大不便和安全隐患,也影响了北京的城市夜景照明景观。怎样解决照明设备的防盗问题?本文进行一些初步探讨。

1　照明及防盗背景情况

机场路是连接北京市区和首都机场之间的一条非常繁忙的高速公路,它全长18.735km,有照明路段双向37km,箱式变压器6个,配电箱21个。高速公路全线两侧相对排列设置低杆灯677盏,各立交桥区共设置32盏30~40m的升降式高杆灯,天竺收费站设置18m的中杆灯8盏。低杆灯间距分布间距为45m。有照明低杆灯677盏,中杆灯8盏,高杆灯33盏。

在2006年机场高速大修期间,针对电缆被盗情况,我们改造了照明系统,安装了电缆防盗报警设备。但由于道路路灯照明设施的设置面广线长,管理区域之间路程较远,加上维护人员在明,不法分子在暗,且流动性大,无法杜绝电缆被盗事件。

2　防盗措施

鉴于这种情况,为保证机场公路路灯设施的正常使用,防止机场路电力设施被破坏,最大限度地减少机场路的损失和负面影响,我们制定了机场路路灯电缆防盗方案,采取了人防、技防和物防的三防措施,并与沿线公安部门开展联合行动,将偷盗电缆造成的损失减小到最低。以下我们就电缆防盗措施使用后的情况进行了分析:

2.1　技防措施

我公司对电网设施安装了自动化安全监测设备,建立了电力变压器和电力线路防盗报警系统。遇有警情发生该系统立即在监控中心发出报警,并在报警平台电子地图上显示警情位置,监控中心立即通知路产巡视员和电缆维护人员到现场检查,根据现场情况调动企业保卫人员共同抓捕犯罪分子,从而避免或减少因盗窃破坏而造成的损失。给盗窃分子予以威慑,使其放弃继续作案行为,降低破坏损失,同时又可指导案发现场,使企业保卫人员迅速到达现场,阻止其破坏行为(图1)。

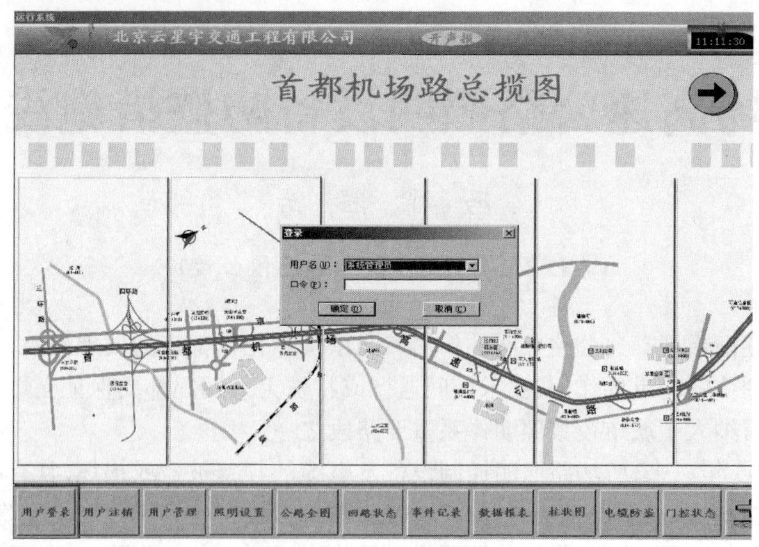

图1　报警电子地图页面

该系统由一台报警监控站接收机主机，一台计算机和数个监控站机组成一个防盗报警监控网，电力线或变压器一旦被盗，断线或停电，主机报警，微机经分析判断报警分级及可能出现故障的线路后声音报警，屏幕显示报警日期、时间、报警号、故障变压器及可能的故障线路，并以电子地图方式显示报警变压器及故障线路的实际地点，将报警数据存入数据库以备查询(图2)。值班人员得到报警后立即派巡视人员到现场查询情况。

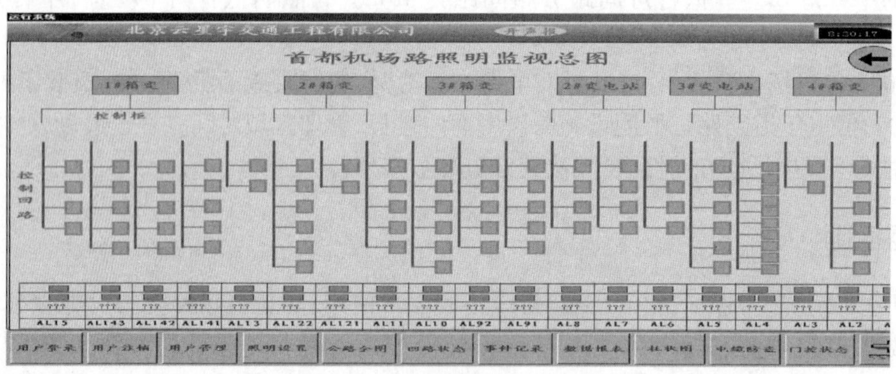

图2　机场路照明监视页面

实时报警，系统有报警发生时，实时报警窗口会自动弹出(图3)。

技防的优势及局限性如下：

该方案实施后可以有效监控全线电缆，能够充分化解不法分子昼伏夜出，流动性大，维护人员在明，不法分子在暗等被动因素，清晰掌握沿线电力设施的各种状况。

该系统不仅具有防盗功能，还具备线路维护检修功能，能够及时发现线路故障和故障原因。

由于该套设备完全依靠电流侦测，对于经验丰富的不法分子，盗窃速度较快，巡视人员在接到通知后无法及时抓获不法分子，且该系统受下雨、线路短路等影响误报警较多。

图3　报警窗口页面

2.2　人防措施

由公司路产巡视人员、安保人员和养护维修人员共同组成路灯电缆防盗队伍，制订巡视计划，对重点位置严防死守。

2.2.1　重点巡视、看守区域

1）出京方向 K6 +800 ~ K12 +800。每天两班人员倒班巡视。

2）进京方向 K0 +200 ~ K14 +500。每天两班人员倒班巡视。

2.2.2　防盗工作职责

充分调动养护、物业和公司各部门电缆防盗的人力、物力，利用现有资源，合理安排巡视时间，并在夜间进行机动巡视，避免夜间发生电缆盗窃事件。

1）路产巡视人员负责全路机动巡视，每天一辆路产巡视车和一辆清障车对电力设施进行重点巡视，重点时间段为：5：00—7：00；12：00—14：00；20：00—22：00；次日 2：00—4：00。重点部位巡视时车速应在 40km/h 以下，车上无法观察到的部位，路产巡视员须步行巡视。

2）物业每天派出一辆巡视车对电力设施进行重点巡视，重点时间段为：7：00—9：00；13：00—15：00；18：—20：00；22：00—24：00。重点部位巡视时车速应在 40km/h 以下。

3）养护派出一辆巡视车，随时待命修复路灯电缆。此外，路上捡拾人员和作业人员对电缆随时进行看护。

4）安保员负责每天 0：00—24：00 对机场高速公路各站点周围 500 米范围内电力设施进行看护。

2.2.3　后续跟踪

由路产管理部对电力设施破坏事件进行后续跟踪，将电力设施的破坏情况、影响程度、需要修复的时间和维修费用向公司进行汇报，保证电力设施及时修复。

人防措施的优势及局限性如下：

该方案具有启动快，见效快等特点，在各部门充分配合下，可以在一定时期内打击目前偷盗电缆不法分子的嚣张气焰。

人防措施较为被动,不能完全解决电缆被盗的问题,投入人员多,投入精力较大会影响日常工作,因此,该措施需要和技防措施相结合。

2.3 物防措施

2.3.1 电缆井填埋

对电缆井进行填埋,给盗窃电缆增加难度。

电缆井填埋可保护井内设施,给偷盗制造困难,但不便于后期养护维修,并有可能造成线路老化和短路。

2.3.2 电缆直埋

目前电缆多为穿管形式,可逐步改造为直埋,增加埋深,使电缆无法被抽出。

可以有效降低电缆数量,造价低,具有一定的可行性。

2.3.3 用水泥井盖密封电缆井

经实践检验,效果不太好,有些不法分子连同水泥井盖一起砸碎,也不便于正常维修。

2.3.4 使用带锁的铁盖

成本大,且容易锈蚀,维修不方便。

3 路灯电缆偷盗情况

2007—2010 年机场高速发生电缆盗窃事件 175 起,严重影响了通行安全,近几年因电缆丢失造成的经济损失约 157 万元(表 1)。

历年丢失电缆情况表 表 1

序 号	年 份	丢失电缆次数	丢失电缆长度(米)	修复费用(万元)
1	2007	60	4174	56.7
2	2008	23	848	21
3	2009	17	512	15
4	2010	41	2529	33.5
5	2011	34	2422	31
合计		175	10485	157.2

此外,除了直接造成经济损失之外,路灯电缆偷盗还给城市安全带来了极大的危害:

3.1 治安和交通安全受影响

路灯大面积停电,汽车行驶在道路上,平均每几分钟就会遭遇黑暗,这种停电故障 90% 以上是由盗缆贼挖走电缆造成的。路灯不亮的情况下,潜在交通事故、客车上的偷盗案件发生比例都会上升,由此产生的社会治安问题也会层出不穷。

3.2 生命安全受威胁

路灯电缆的切割口裸露的线头都是带电的,如果经过的路人、养护人员、维修人员不慎踩到或碰到了这些线头,触电的可能性极高,严重时甚至会触电身亡。偷盗者本身在盗窃过程中也时有触电身亡的例子。

3.3 路灯电缆偷盗发展趋势

近年来由于有色金属涨价,城市规模扩大,外来流动人口增加,路灯电缆偷盗的情况在加速恶化，并成为每一个照明管理人员心中的一块巨大心病。

4　改进措施

目前城市路灯线缆偷盗形势不断恶化，必须尽快采取相应的技术手段和措施遏止这种趋势的蔓延。升级照明线缆防盗报警技术，通过对路灯线缆进行全天候实时监测，及时发现异常，结合防盗、巡视、养护人员的联动，能降低甚至防止线缆偷盗损失，是一种较好的防偷盗方案。

此外，还需要各级管理部门高度重视，公安、公路、路产部门要协调合作，协同作战。如定期组织召开电缆防盗分析会，对于盗窃事件进行分析，通过分析总结规律和经验，并在事件中认识到处置工作中的不足。

5　解决办法的探讨

千里之堤，毁于蚁穴。近年来，路灯电缆偷盗现象造成的经济损失和社会危害巨大，引起人们的警醒。“蚂蚁”为生存而将生命悬于“堤”固然可悲，但“毁堤”而造成生灵涂炭却是可恨。防患于未然是重要措施，本文介绍了几种防盗措施，任何一种措施都存在局限性，需要联防联治，并从源头上取缔违法收购线缆的不法商贩，并立法进行严厉的处罚甚至判刑，从根本上解决才有可能解决路灯电缆被盗的问题。

总之，公路照明设施的保护是一项长期而艰巨的工作，需要各相关职能部门时刻保持警惕，协同合作，形成合力，不断探索和创新的切实有效的防盗措施和方法，为保障高速公路的安全畅通做出贡献。

浅析重大节假日小型客车免费政策影响及应对措施

（首发集团京开路分公司）

摘　要　2012年7月24日，国务院正式下发《国务院关于批转交通运输部等部门重大节假日免收小型客车通行费实施方案的通知》（国发〔2012〕37号）文件，节假日实施高速通行费免费成为现实。但同以往地区性春节免费政策不同的是，国务院此次明确的节假日免费的范围只限于7座以下（含7座）小型客车，而不是所有车辆，同时要求小型客车和其他车辆要实现分道行驶，有序通行。在没有专用设施进行车类划分的条件下，高速公路运营管理单位面临着新的挑战，在政府重视、百姓期待、媒体关注以及没有历史数据参考、没有历史经验借鉴、各省市细化政策不尽统一的多重压力下，如何有效地进行收费现场保障成了全国高速公路及相关公路管理单位面临的新问题。本文结合节假日免费工作安排提出了中秋、国庆双节首次实施免费政策的难点问题，分析了实施免费政策的措施要点，阐述了北京市高速公路管理单位应对重大节假日小型客车免费的主要做法，仅供高速公路运营管理同行们交流参考。

关键词　重大节假日　小型客车　免费

2012年春节，为营造祥和的节日气氛，方便人们返乡过年及春节出行，全国七省市相继出台高速公路通行费减免政策。通行费减免措施的实施受到了广大群众的认可和追捧，引起了媒体的广泛关注，效果不同凡响。也正是因为春节免费政策的实施，使广大群众节假日免费通行高速公路的愿望更加迫切，加之社会各界提出假日高速免费的舆论效应，于是，高速公路是否实施节假日免费问题正式提上了国务院议事日程。

1　北京市重大节假日小型客车免费政策实施的背景

2012年7月24日，国务院批转了五部委制订的《重大节假日免收小型客车通行费实施方案》，作为全国各省市落实节假日小型客车免费通行政策的指导性文件。

为了尽可能地做好高速公路节假日小型客车免费工作，全面贯彻落实实施方案要求，北京市作为首都高度重视此次免费工作，不但成立了市专项组织领导小组，并且组织了多次不同层次的专项研讨工作，涉及交通运输、路政、公安、环境等多个部门及单位。经过反复验证，北京市交通委路政局《2012年国庆节期间免收小型客车通行费专项工作方案》于9月17日正式下发，作为北京市实施小型客车免费的重要依据。

首发集团作为北京市高速公路管理单位之一，所辖路网份额已超北京市高速公路路网的80%，为了能够更好地实施国务院、北京市两级保障工作要求，在充分认清政策意义及影响，细致梳理运营管理工作，客观剖析保障工作难题基础上，首发集团于9月17日正式出台了《首发集团重大节假日小型客车免费通行实施方案》，作为集团所辖路网实施小型客车免费的依据，并提出了"一司一策、一路一方案、一站一措施"的保障工作思路,同时要求各运营保障单位实施保障工作推演,确保措施有效,预警在前。作为集团公司下属运营管理单位之一,下面结合目前高速公路通行现状、面临的工作难点和实际管理工作谈谈北京市应对此次小型客车免费所实施的保障工作思路。

2 北京市高速公路通行现状

北京高速公路近几年发展迅速,在城市交通运输体系中发挥的作用也越来越重要。但是,随着经济社会日益发展与城市总体规划的逐步调整,北京市高速公路在区域交通运输体系中所面临的问题与挑战也日益凸显。目前,北京市已形成"环线加放射线"的收费高速公路路网格局,2011 年底北京市建成通车高速公路里程达 900 公里,全市收费高速公路收费车交通量年均增长率达 22.2%,收费高速公路交通量中,以小型汽车为主,占比达 77%。[1]随着北京市机动车保有量的逐年递增,2012 年全市机动车保有量已突破 500 万辆大关,同现有的道路资源相比,交通拥堵问题显著。为此,北京市高速公路除了具备拉动经济,促进城乡一体化、区域化发展的职责外,还肩负着疏导普通公路交通压力,尽社会服务责任的作用。

3 节假日实施高速公路小型客车免费通行衍生问题

3.1 首次免费可能带来的连带效应

每逢节假日,高速公路交通量必然增长,加上此次中秋、国庆双节首次实施免费,从公众出行的角度考虑,双节期间的交通必将进一步增加,但增加的幅度无法预计,有关部门和高速公路服务单位将面临巨大的压力。

3.2 维护通行秩序难度加大

随着临界车型、新车型的增多,免费车辆和收费车辆甄别困难,再加之没有有效的设备设施自动区分车辆性质,车辆混行的方式将给收费现场通行秩序维护带来新的考验。

3.3 道路拥堵程度进一步增加

实施免费势必引发通行流量增加,新的拥堵点也会有所增加,特别是一些瓶颈路段和流量较大的站点,倒灌、行驶不畅等问题将进一步凸显。

3.4 突发事件增加

跨省车流显著增加,本埠、外埠各车型混行,在没有专用设施划分车道情况下,站区、路段交通事故等突发事件发生几率增大。

3.5 恶劣天气影响

北京市南部高速公路,特别是京开路分公司所辖的京港澳高速、京开高速、六环路南段高速、京津高速公路是大雾多发区域,节假日期间因雨雪雾天气封路,如出现特殊天气,道路拥堵状况将进一步加剧。

---

[1] 摘自《价格理论与实践》2012 年第 03 期《北京市收费高速公路现状及对策研究》,作者:杨帆、张珺。

4 北京市应对重大节假日小型客车免费的做法

4.1 提前组织政策宣传，是规范车辆通行的重要手段

国务院指导政策出台后，北京市利用电视、交通广播、报纸、交管局政府网站、新浪搜狐大众网站等各种媒体广泛宣传政策内容，首发集团统一印制《重大节假日小型客车免费通行》服务宣传折页手册，提前在收费站口发放宣传，同时，利用首发集团信息中心 96011 服务短号码专人解答现场咨询。

4.2 高度重视，认清保障形势，是做好保障工作的前提

高速公路节假日小客车免费政策是一项拉动内需、促进经济增长以及惠及民生的好政策，对构建和谐社会存在重要意义，北京作为首善之区，将受到各方的关注，随着城市的快速发展，市民出行需求提升，也较为强烈的期待节日出行能够享受实惠、便利和快捷。节假日免费政策的出台既能使市民出行得到福利，也将使高速公路管理行业面临一个重大考验，高速公路的安全维稳、服务保畅、应急响应、协调联动等诸多能力将直接接受社会各方检验。政策执行好，能够让百姓感受国家为和谐、稳定做出的努力，对树立首发集团良好形象起到积极作用；政策执行不好，将直接对社会、对高速管理企业造成不良影响。为此，京开路分公司高度重视此次政策实施，充分认识和理解实施节假日免费通行的目的意义，认清保障形势，在积极响应市交通委、市路政局、集团公司等上级部门的指导精神同时，主动肩负社会责任，树立大局意识，坚持以“保安全、保畅通、保稳定”为宗旨，全力克服多方面的困难，做到“收费操作快、特殊事件处理快、突发事件应急响应快”，努力减少路内拥堵，减少站区纠纷，提升车辆通行速度，全力为客户提供高水平服务。

4.3 明确工作标准，是做好保障工作的保证

1）细化制订工作方案

在国务院、交委路政局、集团公司三级保障措施基础上，分公司制订《重大节假日免收小型客车通行费实施方案》，并采取一路一方案、一站一措施的方式，制订路段、站点特殊情况下分流、导流措施，细化管理要求、规范现场操作，确保收费现场通行秩序稳定。

2）明确免费时间及范围

时间：中秋、国庆双节免费于 9 月 30 日 00：00 开始至 10 月 7 日 24：00 结束（收费公路以车辆驶离出口收费车道的时间为准），其他节假日以上级部门批准的时间为准。

范围：7 座以下（含 7 座）载客车辆（小型客车）和普通收费公路行驶的摩托车。

3）设置“小型客车专用通道”，解决分道行驶的问题

收费主站按具体交通量及车型分布情况，原则上主站按车道数（不含 ETC）不少于 40% 设置“小型客车专用道”，匝道站有条件的且交通量大的设置专用通道，专用通道收费岛头安装“小型客车通道”标志。同时，设置小型客车专用通道的收费站前 1000 米、500 米处安装“小型客车靠左”提示标志，引导车辆提前并线，减小事故发生概率。

4）车道操作方式

（1）设置小型客车专用通道收费站入口正常发卡，出口收卡免费通行，小型客车按照交通

引导标识，行驶免费专用通道快速通行。其他车辆通行非免费车道正常领卡、交费。

(2)设有小型客车专用通道的匝道站出、入口，小型客车行驶专用通道快速通行；其他匝道站车辆混行，所有车辆正常领卡、交卡。

(3)ETC车道遇持速通卡车辆系统正常识别判断扣费，误入的收费小客车快速免费放行，本道实现缴费通行。

(4)市界共建收费站车道操作参照上述通行方式。

5)ETC车道保障安排

保持ETC车道开通，改造ETC收费系统，将免费通行期间小型客车通行费率调整为零，免费结束后，系统恢复正常。

6)制订突发事件处理标准，统一口径

自主印制《重大节假日小客车免费通行保障工作问答》工作手册，涵盖政策解读、车辆通行规则、岗中执行细则、结账执行程序、数据统计计算、应急预案、特殊事件处理和安全注意事项八大类，将以人手一册的形式分发并作为分公司收费现场操作的指导性资料。

7)召开联动专题会，实现多方保障部门通力配合

提前组织召开同相邻省市、交通执法单位、路产养护单位的专项协调会，就京津冀省市界代发卡、交通管制、恶劣天气、交通事故等突发事件快速处置、交通事故及车辆故障救援清障、道路拥堵快速分流、中央开口带应急布控、信息沟通联动、辅路交通灯配时等问题进行研讨，形成措施标准，全力配合做好保障工作。

4.4 充分研讨推演，是提高保障效率的关键

北京市高速公路执行节假日免费措施史无前例，各方面的问题不可预知，为了能够更为全面的做好节假日保障准备，分公司组织专业人员充分研讨期间可能发生拥堵、交通事故、阻断、恶劣天气等各种情况，以推演的形式提前组织演练，制订应急预案，一旦发生突发情况立即启动预案，确保事态得到控制，避免次生影响。

4.5 强化服务，是确保客户满意的有力保障

今年的“十一”黄金周既是执行小客车节假日免费措施的首个节假日，又是一年中旅游出行的黄金时期，高速公路管理部门肩负着保障免费政策顺利执行和客户出行质量的双重任务。结合本次保障工作特点，分公司在确保一线收费人员、现场保障人员充足的基础上，执行分公司领导带班，分路盯岗；机关部室管理人员充实保障一线；收费管理所所长带班；所辖路段出口广场管理人员、班组长及稽查人员值守的措施，形成运营现场有人负责、突发事件有人处理、秩序有人维护的服务格局。

4.6 坚守“安全第一”原则，是顺利完成保障任务的根本

安全无小事，保障队伍的安全稳定是重中之重，不容忽视。节日期间高速路势必会堵，通行秩序势必会乱，但要确保“堵而不死、堵而不乱、乱而有序”，要严格执行“安全第一、预防为主”的工作方针，关注员工思想动态，教育引导员工提高自我防护意识，严格按照安全制度要求做好安全防护，积极维护现场工作环境的稳定和客户的安全，确保保障工作顺利实施。

5 结语

重大节假日小型客车免费政策是国家利民惠民、促进经济发展的重要举措，也是高速公路管理部门应对紧急事件、处理特殊情况的一次重要考验，更是窗口服务行业展现自身服务水平，发挥自身服务特色的一个良好契机，高速公路行业执行小型客车免费通行政策既要面临困难和考验，又要把握命运和机会，"十一"黄金周在即，保障工作可能出现的各种情况无法预知，北京市将举各方之力、通力配合、团结一心，细致筹划，全力为广大车户打造一个和谐、畅通的节日出行环境。

北方地区高速公路岩石边坡植被恢复养护技术探讨

王英宇　王　峰

（北京市京石园林绿化有限公司）

摘　要　本文以北京市京石园林绿化有限公司承建的京承高速公路三期边坡绿化工程为依托，分析探讨了岩石边坡绿化养护的重要性，岩石边坡人工植被限制因子及相应养护策略，北方地区岩石边坡绿化分级养护等内容。依据实际养护工程和部分养护技术的理论研究，提出了北方地区岩石边坡绿化养护具体技术，为北方地区高速公路边坡绿化养护提供参考依据。

关键词　北方地区　高速公路　岩石边坡　人工植被　绿化养护技术

京承高速公路三期起止桩号 K67 + 800 ~ K130 + 400，全线 62.7 公里，岩石边坡面积约 58.4 万平方米。北京市京石园林绿化有限公司承建了约 27 万平方米的岩石边坡绿化，工程于 2009 年 3 月 31 日开工，9 月 20 日竣工，同时对所承建的岩石边坡植被恢复进行了养护关键技术研究。

1　岩石边坡绿化养护技术重要性

目前国内高速公路岩石边坡植被恢复理论研究与工程实践都已开展，并取得了一定成果和宝贵的经验，主要包括乡土植物选择与配置、客土层构建、施工技术等，为我国高速公路绿化建设提供了很好的理论支撑。但这些理论和工程经验多集中于边坡植被恢复工程技术方面，而对植被建植后的养护措施重视不够，导致许多边坡植被恢复工程出现“一年绿、二年黄、三年就死光”现象。不仅造成巨额投资的浪费，同时对边坡稳定性产生二次影响，对公路安全产生重大影响。而植被恢复工程成功与否，后期的养护措施十分关键，尤其是施工完成后的 1 ~ 2 年，这个阶段是人工植被从重建到群落稳定并实现自然恢复的关键期，科学合理的养护措施，直接关系到植被群落的成功建立与演替，同时还对于边坡的稳定起到一定的影响作用。

目前养护技术处于摸索和试验研究阶段，各项工程项目的绿化管理和养护部门常根据调研结果或实践经验提出相应的公路边坡绿化养护方案，缺乏理论支撑和规范标准，这无疑对于高速公路绿化工程的成功及其可持续性产生较大影响。因此，从生态环保、安全保障、提高资金效率等角度，应充分认识到高速公路边坡绿化养护技术的重要性，尤其岩石边坡，在植被固坡功能充分发挥之前，必要的养护措施对边坡植被的顺利演替及边坡稳定起着至关重要的作用。研究和制定科学合理的岩石边坡养护技术及规范，是对我国岩石边坡绿化工程缺乏养护技术规范的补充，可为我国岩石边坡绿化工程养护作业提供参考，对于改善我国高速公路路域生态及保障行车安全意义重大。

2 岩石边坡植物生长限制因子及养护策略

岩石边坡具有缺少植物生长所需的土壤及养分条件,坡度陡,坡面自然条件差等特有的生态特点,因此,从最适宜植物种类的选择、植物生长基质的确立到生态工程技术的实施,一定要严格遵循恢复生态学理论。即在诸多限制因子(水分、土壤、温度、湿度、光照、气体等)中,找到在岩石边坡特殊环境下影响植物生长的关键性因子,在确立适宜的植物种类前提下,尽量保持生物多样性,通过养护期的人工诱导,补充或解决特定立地条件下的限制因子,调控人工植被恢复的过程和发展方向,在短期内恢复或重建生态系统的结构和功能,并使系统达到自我维持状态。

岩石边坡与土石边坡相比,对养护的需求更高,其中关键因素是水分和养分的有效循环过程。土石边坡的养护集中在植被构建后的第一年,由于基质保水能力强,水分散失慢,边坡植物生长较迅速,只要植物配置科学合理,一般在一年内即可初步形成灌草复合群落,且灌木生长表现出一定优势,这样的边坡基本不需要刈割、补播(栽)等措施,养分需求可根据土壤养分测定及客土构建时的物质组成特征而定,但基本不会成为限制因子。

岩石边坡基质较薄,保水能力差,水分散失明显,尤其是阳坡—陡坡,水分因子对此类边坡植物的抑制作用明显。人为洒水车的补水方式,对边坡的水分供给效率是有限的,导致岩石—阳坡多处于缺水状态,若不及时浇水,极易导致木本植物生长受阻或受到草本植物的抑制,但如果想保证浇水及时有效,则养护强度较大。由于水分因子的影响,岩石边坡更易受到杂草的侵入和影响,尤其是阳坡—陡坡,这类边坡需要适当考虑刈割措施,以保证出苗的木本植物能够脱离草本层的影响而迅速生长。除了需要刈割措施外,补播(栽)的养护方式也是岩石—阳坡补充灌木植物的有效养护措施,种子喷播方式在高陡岩石阳坡很难保证苗木出苗及正常生长,而补栽苗基本不受草本植物的影响,只要前两个月补水及时的话,补栽苗生长迅速,可以很快成为这类边坡的乔灌木层主体,在两年期内可形成乔灌草的复合结构。对于养分的需求,岩石—阳坡的边坡类型没有表现出明显的特征,但受到径流损失及有机质分解慢的影响,岩石—阳坡和岩石陡坡可考虑适当增施一些肥料。

其他养护作业内容,如病虫害防治、修剪、保洁、防火等,对边坡植被形成影响不大,边坡类型之间基本无差异。

3 北方地区岩石边坡绿化养护分级探讨

目前所讨论的岩石边坡植被恢复,属于工程创面破坏后的人工植被恢复,其恢复思想为采用人工方法构建植被并辅助和诱导人工植被有序形成,使其顺利进入稳定群落并自然恢复。由于是在植物生长较为恶劣的条件下重建人工植被,植物种子出苗、苗期生长与竞争、目标群落是否形成等都是人工植被恢复能否成功的关键,而且边坡条件下水、肥循环特征复杂,外部供给较为困难,随着植物生长期的不同,植被形成的限制因子也会有所变化,因此,以植被恢复进程为划分依据,区别不同恢复阶段人工植被的特点及主要生长限制因子的影响,将养护管理分为三个时期或三个养护级别。

第一个时期为植被构建后1~2年,为人工诱导期。此期间是种子出苗、苗期竞争到群落初步形成阶段,是人工植被的重点养护期。期间关键养护管理措施依次为浇水、刈割和补播

(栽)。浇水对于较为缺水的边坡植被而言,是影响植物出苗、幼苗存活和竞争以及后期正常生长的关键,尤其是北方干旱、半干旱地区。因此,在浇水养护无法保证的情况下,植物的抗旱性特征成为护坡植物选择的重要参考特征。浇水养护有条件保证的情况下,苗期的浇水频率一般较高,3~6 个月后逐渐降低,浇水养护的重点是木本植物,如果后期补播和补栽措施较多,则较高的浇水频率需要一直保持。对于岩石边坡植被恢复,人工补播(栽)是非常有必要和行之有效的重要辅助措施,一般在 1~2 年内完成,重点是木本植物。刈割措施对于以木本植物恢复为主的边坡尤为重要,在草本植物快速覆盖和影响灌木生长的矛盾之间,刈割是较为常见的解决措施之一。植被构建后 3~6 个月内,草本植物快速覆盖边坡,视其对木本植物的影响程度而确定是否采用刈割。一般植被恢复设计方案中,目标草本植物的播种量基本可以控制在较为适宜的范围,因此实践中杂草的刈割更为常见,如北方地区边坡绿化中出现的蒿类、灰藜、狗尾草、菊科等。

第二个阶段是群落由人工诱导向自然演替转变期,一般为植被构建后的 3~5 年,人工植被群落经过了 1~2 年的重点养护期,群落已初步形成,北方地区多以灌草群落为主,灌木作为群落优势植物存在,且物种较丰富(4~5 种以上),木本植物基本脱离草本层影响,形成了复层群落结构。此期的植物群落内部竞争已经由第一阶段的同水平竞争逐步转变为空间的竞争,环境资源的充分利用已经成为竞争的主要特征,群落逐步向良性循环发展,木本植物无论在地上空间和地下根系空间而言,都已经与草本层分开。此阶段的养护管理策略与第一阶段相比,由人工强养护转为尽量免养护,随着植株受干旱、养分及生长空间竞争的影响限制大大降低,则人工养护强度和内容也大幅减少,可根据对植被恢复要求高低而适当选择养护内容,如浇水、病虫害防治等还可选择实施,施肥、刈割、补播(栽)等养护作业内容基本不再考虑。修剪、保洁、防火等普通养护措施基本不变。

第三个阶段为自然演替阶段,一般为人工植被构建 5 年以后,目前对于人工植被研究多集中在 1~2 年内,较长时期的研究结论较少,但根据我们研究认为,5 年以后的人工植被可视为稳定群落基本形成,除了保留如防火等类安全措施外,人工养护管理措施基本退出。

4 北方地区岩石边坡绿化养护技术

4.1 浇水

岩石边坡客土基质薄,水分散失快,同时洒水车浇水方式易产生径流,单次浇水效率低,导致浇水措施的实施难度很大,且作业量占到了整个养护工作大部分,同时也成为岩石边坡植被恢复初期群落形成及顺利演替的关键。植被建植后第 1 年边坡植物处于需水敏感期,同时边坡植被盖度较低,单次浇水强度不能太大,只能以浇水频率弥补;到了养护期第 2 年,植被恢复显现出效果,单次浇水量增加,浇水频率降低,浇水应根据植被情况确定。

岩石边坡目前多采用厚层基材喷播技术,喷播的基质厚度一般为 12~15cm,但随着雨水的冲刷和表土流失,两年期基质厚度多在 8~10cm,甚至更薄。对两年期主要植物的萎蔫系数(紫穗槐、胡枝子、紫花苜蓿、高羊茅)及岩石边坡基质水分散失规律进行了研究,结果发现阳坡一级坡水分散失最快,在夏季高温季节,一般 3~5 天基质水分即达到了主要植物的萎蔫系数,而二、三级边坡与一级坡相比,一般推迟 2~3 天,而同等观测条件下,阴坡在 7~10 天范围基质水分依然未达到萎蔫系数。

综合以上多方面的考虑,以调查为基础,将养护期第1~2年的用水比例分配及浇水频率的方案推荐如表1和表2所示。

第1~2年用水比例分配 表1

占总用水量比例			占总用水量比例	
第1年	土石坡	1/6	阳坡	1/9
			阴坡	1/18
	岩石坡	5/6	阳坡	5/9
			阴坡	5/18
第2年	土石坡	—	阳坡	适当区别对待即可
			阴坡	—
	岩石坡	1	阳坡	2/3
			阴坡	1/3

第1~2年浇水频率 表2

返青水3月份			4/5/6/9/10月份	7/8月份	封冻水11月份
第1年	阳坡	浇透水2次	2-3天/次	1-2天/次	浇透水2次
	阴坡	浇透水2次	3-5天/次	2-3天/次	浇透水2次
第2年	阳坡	浇透水1次	3~4次/月	1~2次/月	浇透水1次
	阴坡	浇透水1次	2~3次/月	1~2次/月	浇透水1次

注:1.在责任期第2年,对于新补喷的边坡,浇水措施参考第1年,对于新补栽苗木的边坡,补栽苗新枝高度达到50厘米之前,参考第1年浇水,高度达到50厘米以上可以慢慢降低浇水养护强度。

2.7/8月份的灌溉频率是在连续未降雨的情况下进行的。

3.第1年植物覆盖度低,容易产生径流,按少量多次进行灌溉,第2年灌溉则以浇透为宜。

4.2 施肥

对两年人工植被恢复期基质养分调查,边坡基质养分状况为有机质含量、全氮、速效磷处于中上水平,速效钾含量处于中下水平,总体养分状况良好。

边坡植被恢复中多以豆科植物为主,根系固氮作用突出,客土基质中的有机质分解也会在一定程度上增加氮素供应,而实际施肥养护中又多以氮肥为主,这些因素是导致氮肥较丰富的主要因素。钾肥缺失可能与边坡淋溶流失有关。在重点养护期(1~2年)的施肥对策中,采用一年施肥两次,春季施氮肥,施肥量6~10克/(平方米·年),夏季施磷钾肥,施肥量7~15克/(平方米·年)。

重点养护期后,进入正常养护阶段(3~5年),植被枯落物分解的养分归还量会逐渐增加,豆科植物根系固氮作用依然存在,施肥一年一次,以复合肥为主,施量为6~10克/(平方米·年)。对于养护要求不高的边坡,考虑到枯落物中养分逐渐回补的因素,可考虑不再进行施肥养护作业。

4.3 刈割

刈割可以显著增强植被层内部的光照强度,改善冠层内部低矮植物的光照条件,同时增加地表温度,降低相对湿度。刈割措施的第一个关键期为播种后2~3个月,此阶段是播种后草本植物快速生长期，如果草本植物密度过大，很容易对生长较慢的木本植物形成影响。一般而言，对于配置了波斯菊等生长较快的草本植物的边坡，或出现较多蒿、狗尾草等侵占性杂草的边坡，苗期刈割处理是非常必要的。刈割措施的第二个阶段为木本植物脱离草本层之前，此阶段一般为植被建植后的 1～2 年，即木本植物成为优势植物，并迅速脱离草本层的影响，但这个阶段受边坡立地类型及植物种类影响较大。对于第二个刈割阶段，夏季是重点时期，草本植物生长迅速，尤其是菊科、蒿、狗尾草等植物较多的边坡，应及时选择刈割。经调查，边坡常用的灌木紫穗槐、胡枝子、刺槐等植物，一般种植一年后高度可达到 70～100 厘米，一年后基本不用刈割（边坡的常见草本中，禾本科草类，其高度多在 30～50 厘米，菊科等植物，高度为 80～100 厘米），或者针对波斯菊、蒿等株型较大草本植物进行选择性刈割。

4.4 补播（栽）

补播（栽）措施是北方地区岩石边坡木本植物补充与丰富的重要措施，尤其是高陡岩石阳坡。北方地区岩石边坡植被恢复选择补播（栽）植物时，重点考虑以下两点：(1)补栽应选择苗木容易成活，且补栽后苗木生长较快的植物，如紫穗槐等，种子补喷则以种子发芽率高的植物为主，如胡枝子、刺槐等；(2)植物边坡适应性强，能够成为边坡植被群落的优势植物，北方地区植被恢复补播（栽）常用植物有紫穗槐、胡枝子、锦鸡儿、榆树、刺槐、臭椿等。总之，边坡补播（栽）措施的实施要视边坡的具体情况而定。一般情况下，对于存在大面积裸露地表的边坡则适合以种子补喷为主，对于以草本植物为主的边坡，则以人工苗木补栽为主。补播（栽）措施是丰富植物群落，改善景观效果，快速形成乔灌草群落结构的主要措施。补播（栽）的养护重点是浇水，其强度基本同新建边坡。

4.5 病虫害防治

边坡人工植被病虫害防治应贯彻“预防为主，综合防治”的方针，基于高速公路边坡的特点，一般病虫害防治以化学防治为主，物理防治为辅。在搞好预测预报的前提下，正确使用农药适时进行防治，一般可取得良好的防治效果。冬季是控制越冬病虫害的有利时机。在虫害较严重地区，清理、挖掘栖息在枯枝落叶、土壤等处的虫蛹、虫茧，并集中销毁，对控制尺蠖、透翅蛾、刺蛾、蚧壳虫等多种害虫都有显著效果，清除销毁枯枝落叶还可以减少越冬的病原菌。

京承三期高速公路调查昆虫有 36 种，隶属 9 目 23 科，其主要害虫是斑衣蜡蝉、异色瓢虫、榆黄毛萤叶甲、双痣圆龟蝽、榆绿叶甲等。臭椿、刺槐、胡枝子、沙打旺、榆树、紫花苜蓿六种主要植物中，以榆树危害最为严重，主要被榆黄毛营叶甲取食叶部，其次是刺槐和胡枝子，臭椿树干上发现大量斑衣蜡蝉的若虫。使用药剂为：(1)5% 阿维菌素；(2)高效氯氰菊酯稀释倍数1∶10000。(3)25% 高渗苯氧威可湿性粉剂 300 倍液。

4.6 其他养护措施

除了上述主要绿化养护措施外，高速公路边坡绿化的养护措施还包括防汛、修剪、保洁、防火等。北方地区汛期集中在 7 月中旬到 8 月上旬，降雨集中且雨量较大，6 月份提前做好边坡排水设施的排查，以保证排水设施的通畅。汛期期间，在每次降雨后及时巡查边坡排水设施，以降低因排水设施时效而导致滑坡发生的风险。防火养护措施也是高速公路边坡养护的特殊措施之一，防火工作一般安排在 10 月至次年 3 月。作业人员需及时清理坡面绿地内的枯枝、落叶、杂草及各种易燃物，消灭火源。秋末对一级坡面草本植物进行刈割。保洁和修剪养护工作在高速公路边坡绿化中不是养护工作重点。

做好工会工作　做员工的贴心人

刘虹燕

（北京市首发集团京开路分公司）

摘　要　企业员工的变化对工会提出新的挑战，从事工会的人员必须认识工会工作的重要性，不断改进和创新工作方式、方法，通过组织各种活动，引导激发员工参与工作热情，以适应企业快速发展的需要。

关键词　工会　员工　贴心人

工会是参与企业文化建设的群众性组织，是企业联系员工的桥梁纽带，做好工会工作，不仅是确保企业稳步推进，促进企业快速发展的重要保障，也是关注员工成长，为员工创造更好个人平台的基本要求。作为工会工作者，不仅需要了解工会工作的重要性，更应该立足企业实际，立足员工发展，加强日常调研，有创造性地开展工会工作，只有这样，才能在履行工会职责的同时，发挥工会组织的群众作用，做员工的贴心人。

1　工会工作在企业发展中的重要作用

工会是维护员工合法权益的组织。工会组织作为企业管理层与员工之间的桥梁和纽带，要从实际出发，努力为员工排忧解难，真正实现员工"有苦有处说、有难有人帮"，只有这样，才能最大限度地维护企业的安定团结，更好地发挥工会维护员工合法权益的作用。

工会是教育引导员工健康成长的阵地。"以人为本"是企业发展的宗旨，这与工会组织的职能不谋而合。充分发挥工会组织、教育、引导员工的积极作用，将健康向上的企业精神，丰富多样的企业文化，以工会组织为载体，通过各类活动的开展，实现教育人、培养人、塑造人的目的，不断提升员工整体素质和企业管理水平。

工会是企业开展组织工作的平台。通过建"家"把员工们有力的组织起来，以员工喜闻乐见的方式、方法吸引员工，感染员工，使员工在各种有益、有情、有趣的活动中受到潜移默化的教育，调动员工参与企业文化建设的积极性，在营造"凝聚"的企业文化的同时，使员工能够健康、迅速的成长。

2　分公司员工的主要特点

作为承担高速公路收费运营管理工作的分公司，京开路分公司管理里程长，管理规模大，工作性质特殊，这样的工作特点决定了分公司员工的特点也相对明显。

一是年龄结构尚轻。目前，分公司员工队伍已超过3000人，但未满30岁的员工超过员工总数的80%。如此大比例的年轻人队伍在使我们的企业朝气蓬勃的同时，也为日常管理带来了一定的难度。年轻人多,思想活跃,行动力强,但很多想法还不成熟,对团体观念的认识相对较浅。

二是社会经验较少。分公司在册员工中,很大一部分都是离开学校后就到分公司工作,分公司是他们踏上社会的第一步。众所周知,踏入社会的第一步就如人生的第一步一样关键、重要,如何走好第一步,完成从学生到职业人的转变,对个人是极大的挑战,对公司也提出了更高的要求。

三是品质要求高。作为高速公路运营管理单位,我们的一线员工每天在为数以万计的客户服务的同时,也要承担起现场收费的任务,他们的工作空间就是三尺岗亭,他们的工作内容除了服务就是收取通行费,这样的工作性质对初入社会的年轻人来讲,除了自身锤炼,更多意志和品格的是考验。

3 结合实际,开展的主要活动和效果

结合员工的特点,为丰富员工业余文化生活,提升大家参与活动的积极性和主动性,分公司通过开展各类活动提高大家的参与热情,并取得了积极的效果。

一是在分公司范围内组织各类活动,提高员工参与热情。通过组织开展分公司联欢会、乒乓球、羽毛球比赛、踏青郊游等活动,丰富员工业余文化生活,使员工在紧张的工作之余,放松身心,在强化员工体质的同时,提高了员工参与活动的热情,也使更多的员工自觉、自愿的将活动中的精神带到工作中去,提高工作热情。

二是以集团公司竞技社团为依托,承办、参加集团公司各类活动。作为集团公司竞技体育社团的组织者,分公司在2012年承办了第四届羽毛球赛、第六届乒乓球赛等相关赛事,同时承办了集团公司参加交通行业运动会的组织工作,在取得良好成绩的同时,承办工作也得到了认可。更重要的是,通过活动的组织和参加,既提升了工作人员的组织能力,也展示了分公司员工奋勇争先、勇于拼搏的精神,取得了良好的效果。

三是通过走出去的方式,参加交通委、全国交通系统的相关活动。竞技体育社团先后参加了全国柳工杯乒乓球赛、北京市交通运输乒乓球赛、全国公路职工乒乓球大赛等相关赛事,同全国的同行切磋技艺,共同提高,这样的活动,既锻炼了员工的心理素质,也从一定程度上强化了行业内的交流,展示了企业形象。

四是以关怀员工,展示风采为主题,组织了各种活动。在分公司内部,通过开展送温暖、暖心工程等活动解决员工困难,将分公司的关心和关怀送到员工手中;对外,代表参加北京电视台录制的“最强阵容”栏目,获得了好评。同时组织参加廉政故事讲演活动,在分公司内外形成良好的“廉荣贪耻”氛围。

4 工作中的体会

1)通过各项活动的开展,增强了员工的凝聚力和向心力。通过开展一系列活动,是参与员工的积极性大大提高。员工在参与的过程中体会到了融入其中的乐趣,也在合作中感受到了集体力量带来的勇气。通过活动的开展,既激发了员工参与活动、提升素质的热情,也让员工充分感受到了团队精神的无穷力量,使大家更乐于投入到这个集体中,同这个集体共前进,无形中提升了凝聚力和向心力。

2)通过各项活动的开展,宣传了公司,树立了形象。作为对外宣传的一种方式,各项活动的参加和开展,从侧面展示了分公司员工健康积极、青春向上的精神风貌,特别是借助北京电视台等媒体播出平台,扩大了影响,也展示了形象,使更多的人认识这群可爱的年轻人,通过他们的表现,让更多的人愿意认识公司,了解公司,甚至加入公司,树立了良好的正面宣传形象。

3)通过各类交流活动的进行,学习了经验,强化了管理。通过参与北京市、全国交通系统的各项活动,增加了同其他省市兄弟单位间的交流合作,大家通过竞技体育的共同爱好连接在一起。赛场上,我们是对手,生活中,我们是朋友和战友。赛场上的奋力拼杀,成就了赛场下的牢固友谊。正是有了赛场上的认识和友谊,我们的交流和沟通才更为顺畅,探讨企业管理,提升管理水平的态度也更加真诚,相互学习,共同促进,相互提高的愿望也更为强烈。

4)通过各类活动的开展,挖掘人才,发现人才,留住人才。作为企业文化建设的一种载体,各类活动的开展,为员工成长搭建了平台,也为企业发现人才提供了途径。在近几年的工作中,我们一批批优秀的员工通过在活动中的优异表现脱颖而出,走上更加适合自己的岗位。既使自己的特长有了用武之地,也为企业的发展留住了人才,实现了员工同企业共同发展,企业与员工携手进步的双赢局面。

有人说,工会工作千头万绪,有人说,工会工作举步维艰,但我认为,只要真正了解了工会工作的宗旨和要求,做好工会工作,不仅不是难事,更是一件可以让企业和员工共同受益的好事。具备了帮员工所需的热心,急员工所难的爱心,就有了做好工会工作的前提;具备了想员工所想的同情心,做员工所乐的奉献心,就有了做好工会工作的保障。我相信,只要我们深刻了解工会工作的中心和核心,加上我们的信心和决心,就能更好地做好工会工作,成为员工的贴心人。

匹配高效复式收费工作管理体系的构建与实施

赵淑媛　赵雪松　杜志国　王古苑　郭　颖　李　跃
杨　峥　张　铮　武宝伟　王铁花

（首发集团八达岭路分公司）

摘　要　随着社会机动车保有量的日益增加，给高速公路收费工作带来巨大压力，高速拥堵更是成为社会广泛关注的焦点。首发集团八达岭路分公司高度重视疏堵保畅工作，发挥试点单位标杆作用，针对日常车辆通行拥堵状况认真分析，基于现有复式收费情况的不足对复式收费方式进行了创新，反复研究，总结归纳出匹配高效复式收费管理体系，并在实际复式工作中加以运用，提高了车道资源的使用效率，有效缓解了收费站区的交通压力。

关键词　交通拥堵　复式收费　匹配高效　管理体系

北京作为首都，是政治、文化中心。2008 年奥运会申办成功后，首都城市事业迎来了跨越式的发展机遇。随着经济建设和城市化的飞速发展，城市中心表现出强烈的吸引力和辐射力，使城市交通流呈现明显的集中性，交通拥堵问题日渐凸显。交通拥堵损害城市形象，对城市的投资环境产生负面效果，影响城市的经济发展。城市交通拥堵对社会生活造成的最大影响就是降低效率、增加成本。城市交通是影响和带动整个城市功能发展、改善人们居住生活和出行条件的一个重要因素，如果不能得到有效解决和治理，必将对城市的持续、快速、健康发展构成严重威胁。因此，解决交通拥堵问题已经成为城市化进程中一项重要而迫切的课题。

1　成果产生的背景

1.1　交通拥堵问题原因分析

从一般规律看，交通拥堵从本质上讲是汽车保有量与道路之间的矛盾和冲突。

据统计，北京市机动车保有量达到第一个 100 万辆，是从 1949 年到 1997 年，期间经历了 48 年；第二个 100 万辆，从 1997 年到 2003 年，经历了 6 年的时间；第三个 100 万辆，从 2003 年到 2007 年，经历了 4 年的时间；第四个 100 万辆，从 2007 年到 2009 年，经历了 2 年零 7 个月；北京采取限购令后，机动车保有量的增长速度虽然得到了一定的遏制，但是 2012 年 2 月，还是突破了第五个 100 万辆。

与机动车保有量的增长速度相比，区域公路里程的增长速度远远滞后，而作为区域路网结构交通主动脉的高速公路，承载着交通疏导的主导作用。但是，现状高速公路的原设计最大日交通流量与各收费站的车道数量设置，是将当时的社会机动车保有量作为一个基础参数，同时考虑前期机动车保有量增长速度，进行通行量设计的。而机动车保有量的迅速增加，导致了道路资源的紧缺，所以北京区域的各条高速公路均不同程度地出现拥堵现象，尤其在重要节假日、早晚高峰时段，拥堵情况十分明显。

1.2 常规复式收费工作

近年来，随着社会机动车保有量逐年大幅提升，交通拥堵问题日渐凸显。早晚高峰时段，在首发集团八达岭路分公司所辖路段，特别是京藏高速公路的部分热点路段和站点，交通拥堵现象已呈现常态化。为了应对这些常态化的拥堵，更好地向过往客户提供优质的通行保障服务，我们积极想办法、定措施，归纳总结出了渠化车道、U 转调头、入口暂时性封闭、开启应急出口、“交通诱导提示牌”、发放交通拥堵绕行路线示意图、长城站后撤等 14 项疏堵保畅措施，有效地缓解辖区路段通行保障的压力。

同时，在日常收费运营管理工作中，我们广泛采用了复式收费这一疏堵措施，并将复式保畅措施作为一项常规性的保障工作。复式收费，就是在同一条收费车道按先后顺序依次安排两个或多个收费点位，对同一队列的两辆或多辆通行收费站区的车辆，同时收取通行费，实现在同一车道，短时间内放行多辆机动车，从而提高机动车在收费站区的通行速度。

常规的复式收费方法，虽然可以在一定程度上提升疏堵能力，但是由于在复式收费过程中，各点位人员的配置属于自然配置状态，没有考虑各点位车辆到位时间、收费环节繁琐程度以及各点位人员的业务水平等因素，造成各点位完成收费流程所控制的时间点不统一，从而致使各点位车辆相互制约，不能充分利用车道资源，其主要表现在以下几方面。

首先，由于收费人员的业务技能水平不尽相同，各收费点位对人员业务水平需求也有所不同。因工作流程的不同使各收费点位在收费时存在时间差，需进一步优化从而缩短时间差直至零差距；其次，复式收费人员在工作中配合的默契程度不同，未能准确把握收费过程，造成车辆通行时间空当相对较大，车辆无法实现预期效果快速通行；第三，复式收费工作中，收费员工对客户使用的引导性语言或手势的明确性和准确性有待规范。自由的引导性语言或手势易使驾驶员司机产生误解，使客户未能准确将车辆停靠在收费点位，车辆在重新调整停靠位置中延误了通行时间，造成通行速度降低。

1.3 成果的产生

为突破收费站区车辆拥堵瓶颈，进一步做好疏堵保畅工作，首发集团在不断改善硬件条件、增加科技投入的基础上，通过对日常车辆通行拥堵状况分析，基于现有复式收费情况的不足对复式收费方式进行了创新。

2011 年，首发集团在八达岭路管理分公司成立了疏堵保畅领导小组，以清河收费管理所为试验点，深入研究《匹配高效复式收费工作管理体系》，并在实际复式工作中加以运用，有效缓解了收费站区的交通压力。

《匹配高效复式收费工作管理体系》一经推出，就引起了社会各界积极反响，得到了社会广大客户一致好评。经过进一步修改完善，已经在首发集团联网的高速公路推广应用中。

2 成果的内涵及主要做法

《匹配高效复式收费工作管理体系》是通过研究复式收费工作中因收费流程不同、收费员业务水平不同、工作环境不同等诸多因素造成的窗口人员和复式人员操作步骤不同步，根据收费人员业务技能水平，合理匹配各点位的人员，使得各点位的复式收费人员和窗口收费人员的收费速度达到匹配,使进入车道的车辆批次有序通行收费站点,从而最大限度地提升站口通行速度,提升车道资源的使用效率。

2.1 目的及意义

通过对《匹配高效复式收费工作管理体系》的研究,寻找目前复式收费工作中存在的不足并提出行之有效的复式配合方案,在复式收费点位与岗亭收费点位人员相匹配的情况下,对车辆通行速度进行测试,最大限度提升站口通行速度,进一步挖掘复式收费潜力,提升车道资源使用效率,实现单车道车辆呈批次通行,从而使复式工作更加规范化、精细化,减轻目前日益增长的交通量对高速公路收费工作的影响,缩短车辆滞留收费站的时间。

同时,将匹配高效复式收费运用在"一岗三人"的收费方式上,确保单车道能够以最快速度完成交费工作,从而显著提高收费站区整体的通行能力,为客户营造更为方便、快捷、高效的通行环境,为客户提供更加方便、快捷、安全的收费方式,提高车辆通行能力和服务质量。

2.2 成果的构建基础

实施匹配高效复式收费,主要是参考生产流水线的工艺流程,在不考虑过往车户这个客观不可控因素的情况下,对复式收费人员业务水平和复式点位这些主观可控因素进行合理匹配,在完成交费程序后,最终实现驶离收费窗口的车辆,由单一运转,转变为两辆或多辆同时驶离的批次运转,从而有效提高车道资源的利用率,提升收费站点的通行能力。

匹配高效复式收费的含义分为三层,首先,其形式是复式收费,其次是匹配,最终的目的是实现高效。为了更直观地解释匹配高效复式收费工作,我们以京藏高速公路清河收费站经常使用的复式收费各点位安排举例说明(图1)。

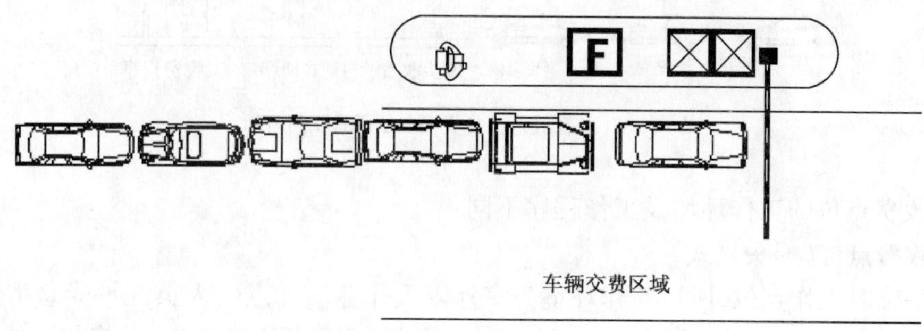

图 1

一般情况下,在同一车道布设三个收费点位时,其顺序依次为:船头复式收费点位、复式岗亭收费点位、收费亭收费点位。日常复式收费过程中,通过对各收费点位工作程序的观察和总结发现在不考虑客户等客观因素的条件下,车辆从等候区驶入相应的收费点位到完成交费后驶离收费点位的整个过程中所耗费的时间受两方面的因素制约。

1)车辆从等候区到收费点位所行驶的距离和所用时间不同

如图2所示:通过实际测量发现,普通A型车的车身长度通常约为4.4m,取最小车辆间距为0.5m,则车辆A、B、C三辆车在等候区时,车辆A与车辆C的距离为9.8m。

如图3所示:车辆A、B、C进入车道进行交费时,复式收费三个点位1—3的距离为$L=20$m,车辆A,B,C在进入交费区域时(从车辆A—车辆C)的距离为20m,如此可见车辆A、B、C在进入交费区域前后行驶的距离是不同的。

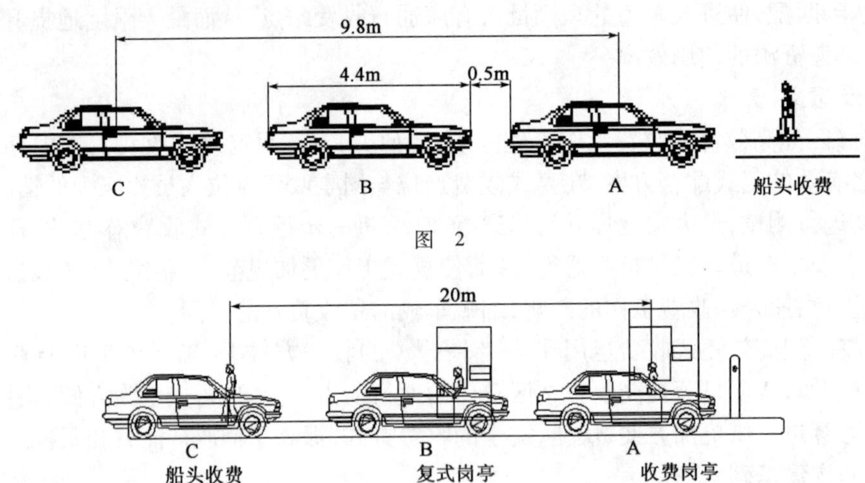

图 2

车辆在驶入车道后比驶入车道前的间距要大得多,每辆车到达交费点的时间是不相同的

图 3

如图 4 所示:车辆 A 距收费亭的距离为 $L=25\text{m}$,到达收费岗亭所需时间约为 6s,车辆 B 距复式岗亭的距离为 20m,所需时间约为 5s,车辆 C 距船头复式点位的距离为 14.6m,所需时间约为 3.6s。

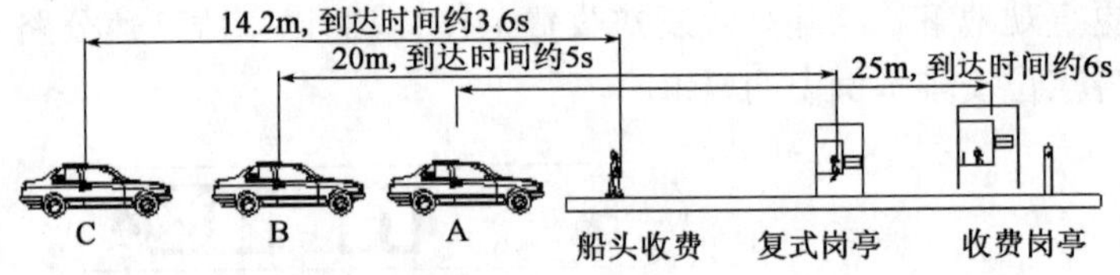

车辆 A、B、C 在驶入各自交费点位所需要的时间

图 4

2)各收费点位的工作环境及工作程序不同

第一收费点位(船头复式):

因为是临时工作点位,所以工作环境为室外露天作业。此点位人员在承受恶劣天气因素的同时,为了排除风力影响,确保票款安全,需要将通行票进行立体捆绑,并将收取的通行卡和通行费以及找赎的零用钱及时放置在复式包内,因此工作程序比较繁琐。一般情况下,此点位的收费时间为 5.8s。

第二收费点位(复式岗亭)

此点位人员不但可以在复式岗亭内工作,而且实施纯手工收费,可以将通行票、零用钱等物品分门别类进行摆放,收费环境较好,操作便利。同时,与使用收费设备人员相比,此点位人员可以发挥多个工作环节同时展开的优势,在一定程度上节约了收费时间。一般情况下,此点位的收费时间为 4.9s。

第三收费点位(收费岗亭)

此点位人员要在非完全降级模式下进行收费工作。因收费设备的程序化要求,收费过程相对较长。一般情况下,此点位的收费时间为 6.2s。

如此可见，为实现上述三个收费点位人员同步完成收费工作，需要不同收费点位人员的合理布局以及密切合作（图5、图6）。

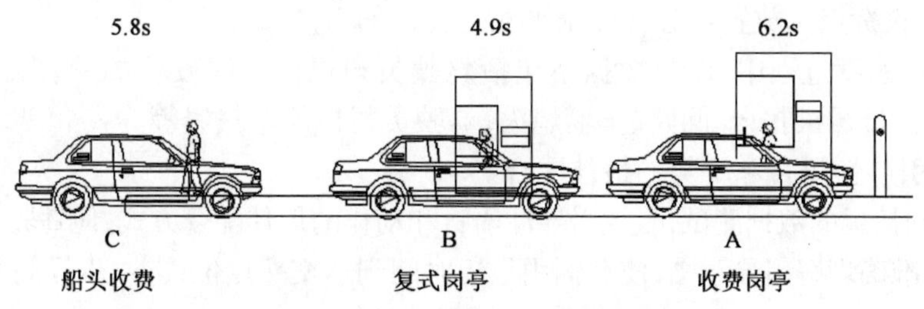

复式收费三点位不同的收费时间如上所示

图 5

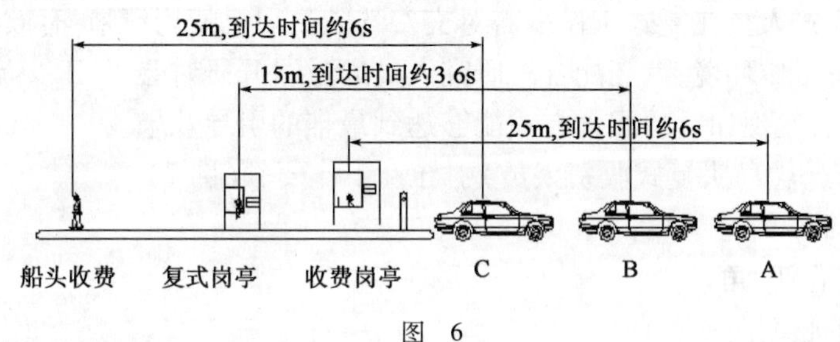

图 6

2.3 主要内容及做法

1）匹配复式收费三点位对不同业务水平人员的合理分配

通过对员工工龄与业务技能的数据进行测算、统计、分析，将人员分类，并根据收费复式工作点位对员工业务技能的要求，找出人员在不同收费点位的最佳分布方式。

我们对200名员工进行了测试，得出员工在第三点位（收费岗亭）不使用扫描仪下平均收费速度在6～8s，使用扫描仪下平均收费速度在6.5～9s；在第二点位（复式岗亭）平均收费速度在3～5s；在第一点位（船头复式收费）平均收费速度在3～6s。

由此可以看出在进行二组复式收费工作中，复式岗亭收费速度最快，船头复式收费速度次之，收费岗亭的收费速度最慢。因为收费岗亭的收费速度对单车道通行时间的影响较大，所以此点位对员工业务水平的要求相对较高。

然而，船头复式收费人员不但肩负着收费的任务，而且还担负着引导驾驶员司机准确驶入收费点位的工作，因此对其业务的要求也相对较高，要求高于收费岗亭。

测试小组通过对员工工龄与业务技能水平关系进行数据测算分析后，考虑到综合工龄、业务能力、服务水平以及处理特殊情况的技能等多方面因素，将员工分为三个类别，分类标准如表1所示。

表1

分类	工　龄	特殊事件处理时间（s）	单车通行能力（辆/h）	其他综合能力
A类	2年以上	≤60	200～210	强
B类	1－2年	>60，≤90	230～240	较强
C类	1年以下	>90，≤120	250～260	普通

根据收费复式工作的点位对员工业务技能的需求，确定了人员在不同收费点位的最佳分布方式，即第一收费点位（船头复式收费）和第三收费点位（岗亭收费）的人员安排为 A 类和 B 类的员工，第二收费点位放置业务技能水平相对普通的 C 类员工。

在测试收费速度过程中，以上数据不包括驾驶员司机交费时发生的一些特殊情况，例如 100 元找零，驾驶员司机找卡、问路、车辆熄火、驾驶员司机停车找钱等。

2）对人员引导性语言和手势的最佳配合

通过对不同情况的数据测试，寻找引导性语言和动作的最佳配合方式，使驾驶员司机在收费人员的引导下，准确理解引导意图，使车辆用最短时间到达交费点位，进一步提高复式收费工作效率。

在没有配合的情况下，车辆通行收费的单车道小时流量为 350 辆左右。要进一步提升单车道的通行能力，复式人员在复式工作中需对交费驾驶员司机使用清晰、有效的引导性语言和手势，同时根据自身工作环境，默契配合。研究人员通过召开研讨会、员工交流会，岗上实地测试等多种方式调查后发现如下的配合方式能够达到最佳的引导效果。

（1）第一收费点位（岛头复式收费人员）引导性工作要领（图 7）

①身体面向车辆；

②左手臂弯曲呈 90°角；

③五指并拢、手心朝向；

④驾驶员司机做“请”的手势；

⑤引导的同时使用“请在第二个窗口交费”的提示语。

（2）第二收费点位（复式岗亭人员）引导性工作要领（图 8）

图 7

图 8

①收费人员面向驶入车辆；

②左手伸出窗外，五指并拢做“请”的手势；

③引导的同时使用“请前方窗口交费”的提示语。

（3）第三收费点位（收费岗亭人员）引导性语言工作要领（图 9）

①收费人员面向车辆；

②左手伸出窗外，五指并拢做“停”的手势；

③执行正常收费操作程序。

3)对不同收费点位人员的收费程序优化

复式工作中,对不同收费点位职守人员的收费程序进行测试(如粘贴常用性语言标签,提示驾驶员司机事先备好零钱等),简化收费步骤,寻找不同点位收费员最佳的收费方法。

(1)收费岗亭

①收费员接到通行卡后进行手工录入通行卡信息,可以使用三指录入法:食指和中指录入广场号和车型,无名指按“确认”键,在简化操作的同时提高手工录入的速度(图10)。

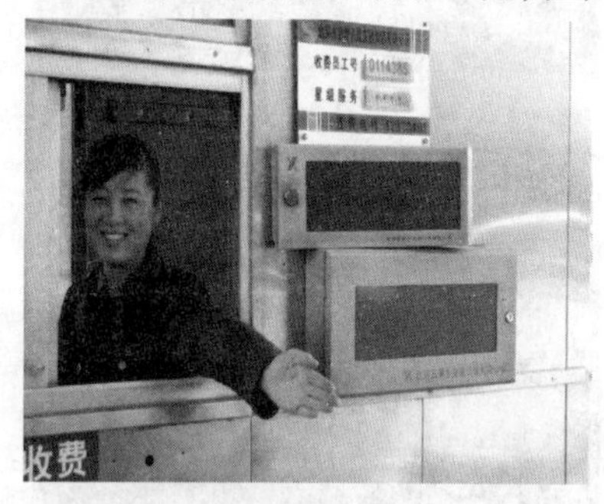

图 9

图 10

②根据实际收费特点,提前准备45元零钱进行找赎,在找钱过程中按照最大面额、最少张数进行搭配,以达到快速、准确的目的(用1张5元包住4张10元,如图11所示)。

(2)复式岗亭

①收费员备足手撕票,按照5元、10元、15元、30元顺序进行码放,并且做好折角方便撕票(图12)。

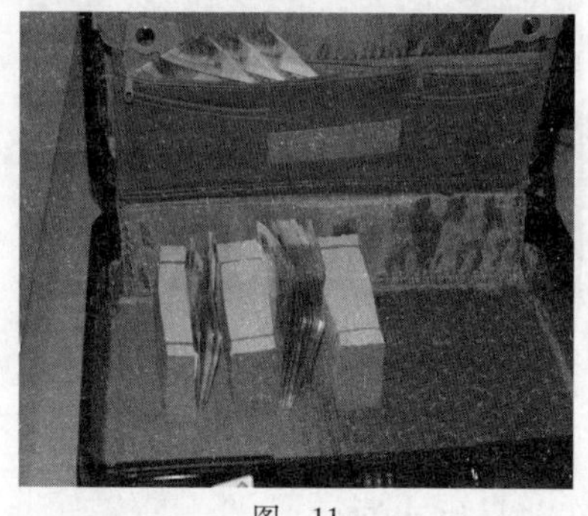

图 11

图 12

②收费员左手接到通行卡后,用右手进行单手撕票,车辆起动后再整理通行卡和现金,优化收费程序(图13)。

③提前准备45元零钱进行找赎,并按照最大面额、最少张数进行搭配(用1张5元包住4张10元,如图14所示)。

(3)收费岛头

①收费员备足手撕票,并按照顺序进行捆绑,保证高峰时段使用。同时,按规定戴复式帽和挎售票式复式包,站立于防撞桶后(如图15、图16所示)。

②为方便找赎,收费员应在中指与无名指之间夹一定少量张数的5元、10元现金,同时以45元为一份准备少量用于找赎的零钱,尽量减少车辆在此点位的停留时间(如图17、图18所示)。

图 13

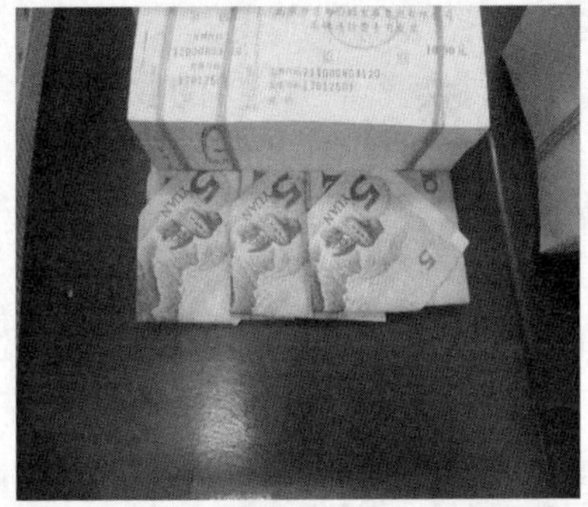

图 14

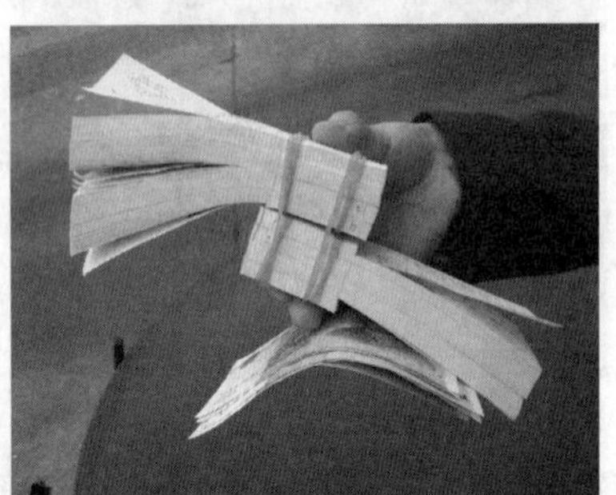

图 15

图 16

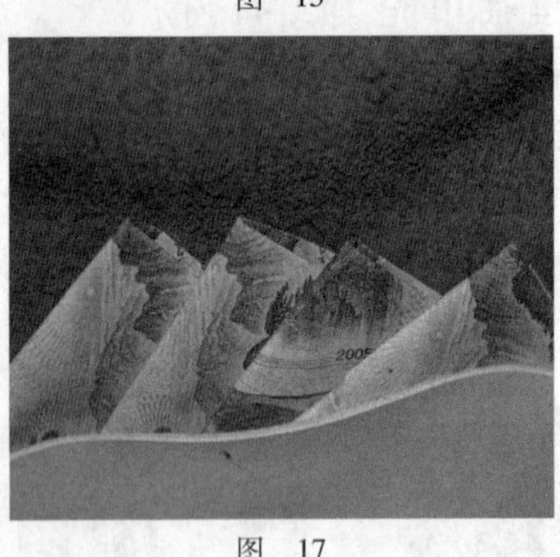

图 17

图 18

3 成果的特点

(1)最大限度发挥车道资源使用效率,实现单车道车辆呈批次通行。

《匹配高效复式收费工作管理体系》在推行前,广场车辆交织,随意变更车道,通行无序。推行后,车辆在收费人员的引导下有序通行,缩短了通行时间,提升了车道收费通行能力,最大限度发挥车道资源使用效率,实现单车道车辆呈批次通行。

(2)打破常规复式疏导运行模式,规范员工动作手势,引导车辆到达点位。

《匹配高效复式收费法工作管理体系》把复式工作中不同点位的员工对车辆的引导手势进行合理规范,减少易产生误解的手势。员工使用明确、合理的引导手势,使驾驶员司机领会意图,按照预期设想,停留在相应的交费地点,进一步提升收费通行效率。

(3)缩短各点位人员操作时间差,实现业务操作同步,将人员随机组织转为科学匹配的管理工作体系。

《匹配高效复式收费工作管理体系》对复式工作中不同点位的员工的业务操作流程进行合理安排,在交费过程中,实现窗口服务人员和复式人员操作同步。同时,在原有复式工作的基础上,把员工的业务水平与收费点位的需求进行科学合理的配对。通过对不同业务水平的员工进行分类,将最适合的员工放置在最需要的工作点位,从人员随机组织转为人员科学匹配的管理工作体系。

4 成果的效益

4.1 经济效益

如图 19 所示,《匹配高效复式收费工作管理体系》的原理主要是通过复式收费点位对人员业务水平的需求来合理配置人员,缩减复式收费不同点位的时间差,从而使车辆能够成批次、有秩序的通行收费站,进而提升通行效率。下面是以达岭路分公司清河收费管理所所辖的上清东收费站为测试地点,对《匹配高效复式收费工作管理体系》进行的测试。

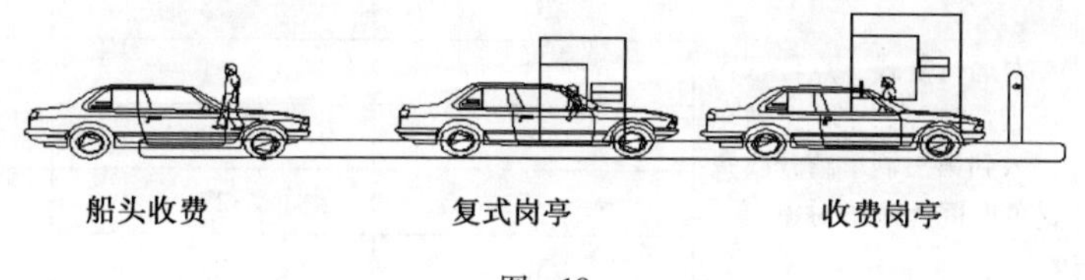

图 19

数据如表 2 所示。

收费岛单车道小时通行能力测试表 表 2

组号	测试地点	测试时段	二组复式测试类别		
			应用前(辆)	应用后(辆)	提高(%)
1	上清东收费站	单车道高峰小时流量(以 60min 为单位)	303	376	24
2			309	371	20
3			341	406	19
4			360	421	17
5			355	412	16
6			344	416	21
7			336	413	23
平均值			336	403	20

由上组数据得知,实施二组复式收费过程中在使用《匹配高效复式收费工作管理体系》后,单车道通行能力由 336 辆/h 上升到 403 辆/h。同时,与复式人员自然配置下相比,通行效率平均提升了 16% ~24%。由此推断上清东收费站由 3 条收费车道组成,每小时的平均通行能力若为 336×3=1008 辆,在使用《匹配高效复式收费工作管理体系》后,按提高 16% ~24% 计算,通行能力可达到 1169 辆至 1250 辆左右。

单车道通行能力在使用《匹配高效复式收费工作管理体系》后得到提升,有助于对运营工作成本的控制。如 5 条车道在使用《匹配高效复式收费工作管理体系》后通行能力等同于 6 条车道的通行效果,相当于多建设出一条土建车道。由一条土建车道的生产成本大约 200 万元左右(未包含征地等其他费用)可知同一条车道在使用《匹配高效复式收费工作管理体系》后相当于节省了16%~24%的成本。据首发集团八达岭路分公司统计数据,分公司所辖车道259条(其中89条ETC车道不包括在内),全部实行《匹配高效复式收费工作管理体系》后相当于多建设了42条至63条车道,共计节约成本8400万元至12600万元。

4.2 社会效益

1)缩短客户交费等待时间

以首发集团八达岭路分公司所辖上清东收费站为测试地点,三辆车为一组作为研究对象,收费岛单组车辆通行时间测试表所示通行时间数据如表3所示。

表3

组号	测试地点	测试对象	二组复式测试类别		
			应用前(s)	应用后(s)	提高(%)
1	上清东收费站	对通行复式三点位三辆车进行测试,以第一辆车进入到第三辆车离开收费岛的时间为测试对象	32	25	22
2			31	25	19
3			37	31	16
4			36	29	19
5			35	27	23
6			30	24	20
7			33	26	21
平均值	—	—	33	27	20

通过表3可以看出,在未使用《匹配高效复式收费工作管理体系》而进行二组复式收费的情况下,3辆车通行车道的时间平均为33s。在使用《匹配高效复式收费工作管理体系》后,平均时间缩短为27s,节省了6~8s,工作效率提升了16%~24%,从而大大节省了用户通行收费站的交费等待时间。

根据首发集团八达岭路分公司的运营数据,京藏路2009年所辖路段交通量为61932219辆,2011年交通量为78118128辆,年增长率为12.31%,预计2012年交通量为87734470辆,未来3年产生的节约时间的社会效益如表4所示。

表4

年份	通行量(辆)	单车节省时间(s)	总节省时间(s)	折合年数
2012年	87734470	6~8	526406820~701875760	16.69~22.19年
2013年	98534583	6~8	591207498~788276664	18.75~24.99年
2014年	110664190	6~8	663985140~885313520	21.05~28.07年

通过表4可以看出,2012年交通量增长为87734470辆,单车交费节省时间6~8s,最多可节省22.19年。同理,2013年和2014年分别可节省时间24.99年和28.07年。

2)提高工作效率　提升服务质量

优质的服务质量往往能带来好的服务形象,促进企业社会效益的提升。高速公路作为对外窗口服务单位不仅以为客户提供快捷、舒适、安全的通行环境为目的,更要不断满足客户日益增长的物质生活需求。客户在交费过程中需要的是快速、准确、优质的服务。使用《匹配高效复式收费工作体系》后,达到车辆由单一运转,转变为两辆或多辆同时驶离的批次运转的目标,有效减缓了收费站区通行压力,使工作效率提升了16% ~24%,在有效提高车道资源的利用率的同时,减少站区拥堵时间。

《匹配高效复式收费工作管理体系》对复式工作中不同点位的员工的业务操作流程进行合理配置,在工作过程中实现窗口服务人员和复式人员操作标准化、服务精细化。在服务中,常常一次差的服务就会给服务受众带来持续差的影响,这种概念是需要长时间来消除的,甚至会形成连锁反应。时时刻刻为客户提供高质量服务是很难的,但是提高是一个过程,《匹配高效复式收费工作管理体系》追求的是在循序渐进中逐步做到质量的提升,稳步实现高速公路效益最大化。

3)减少油耗,降低客户出行成本费用

客户在驾车行驶过程中,匀速行驶和怠速等待所消耗的油量不同。匀速状态下百公里在7L油左右,结合目前每升油8.33元,可知平均每车每公里油费为0.58元。有数据表明,普通车量怠速1h消耗燃油约在0.8 ~1.1L,以此计算,每等待3min等于匀速通行1km的油耗,由此推算每秒怠速的油耗为0.0032元。在车辆等待时间减少6 ~8s左右的情况下,相当于节约燃油费用0.0192元至0.0256元。

据首发集团八达岭路分公司运营数据,京藏路交通量平均年增长率为12.31%。估算未来3年产生油耗费用支出减少如表5所示。

表5

年　　份	通行量(辆)	单车节省费用(元)	总节省费用(万元)
2012年	87734470	0.0192 ~0.0256	168.45 ~224.60
2013年	98534583	0.0192 ~0.0256	189.19 ~252.25
2014年	110664190	0.0192 ~0.0256	212.48 ~283.30

通过表5可以看出,2012年交通量增长为87734470辆,单车交费油耗节省0.0192 ~0.0256元,则最多可节省224.60万元。同理,2013年和2014年分别可最多节省油耗费用252.25万元和283.30万元。

4)降低污染排放量　缓解大气污染

以一辆经济型轿车为例,它以正常速度行驶100km使用6 ~7L油就够用了。而在交通拥堵的情况下,汽车边走边停,则至少要使用8 ~9L油。这表明,交通越堵,汽车排放的尾气越多。此外,汽车尾气成分非常复杂,其中的主要污染物包括一氧化碳、碳氢化合物和氮氧化合物,这些污染物会对人体健康产生直接危害。若以百公里油耗为7L油计算,即每公里油耗为0.07L,按车辆在怠速状态下每3min相当于消耗1km汽油推算,可知怠速状态下,每秒钟消耗汽油为0.00039L。

据首发集团八达岭路分公司运营数据,京藏路交通量平均年增长率为12.31%。每燃烧一升汽油，可产生 10m³ 的废气。在使用《匹配高效复式收费工作管理体系》后，按每辆车在交费时等待时间减少 6～8s 计算，则可知减少消耗汽油 0.00234～0.00312L。以此估算未来 3 年产生有害物质减少如表 6 所示。

表 6

年　份	通行量(辆)	单车节省油耗(L)	总节省油耗(L)	减少有害物质排放(m^3)
2012 年	87734470	0.00234～0.00312	205299～273732	2052990～2737320
2013 年	98534583	0.00234～0.00312	230571～307428	2305710～3074280
2014 年	110664190	0.00234～0.00312	258954～345272	2589540～3452720

通过表 4 可以看出，2012 年交通量增长为 87734470 辆，单车辆交费时减少有害物质排放量，则最多可节省 273 万 m³。同理，2013 年和 2014 年分别可减少有害物质排放 307 万 m³ 和 345 万 m³。

《匹配高效复式收费工作管理体系》试用以来，给通行高速的广大客户带来了便利，在重大活动及节假日的通行保障工作中大大提升了收费站区的通行能力，在完善现阶段复式收费工作基础上，使高速公路窗口服务工作更加规范化、精细化。

首发集团八达岭路分公司在提高车道资源利用率，完善高速公路窗口服务工作方面所取得的成绩，只是发展进程中迈开的一小步，它是一项长期而艰巨的工作。《匹配高效复式收费工作管理体系》是一个发展变化的动态体系。首发集团联网的各高速公路有其自身的特点和规律，尤其是在疏堵保畅工作面临艰巨形势下，还会发现许多新情况、新问题。面对这些新变化，我们要坚持科学发展观，坚持持续发展改进的方针，把理论联系实际，逐步完善《匹配高效复式收费工作管理体系》中不适宜或不充分的地方，建立一个自我修正、不断改进的动态管理体系，创造出更大的社会效益和经济效益，为更好解决北京城市交通拥堵问题做出贡献。

高速公路沥青路面养护决策模型及预测理论的研究

胡兴安　肖卫国

（北京首发公路养护工程有限公司）

摘　要　本文针对沥青路面早期破坏现象，结合北京高速公路连续几年路面调查数据，以路面裂缝、车辙、破损、平整度和抗滑性等作为评价内容，确定了各单项指标在综合指标中所占权重，提出了基于路面养护的最佳养护决策模型；同时，利用高等级公路路面状况指数PQI与路面养护费用之间的回归关系，结合路面使用性能的最低可接受水平，确定整个规划期的养护需求，进而建立沥青路面养护对策的预测模型，从而为路面养护决策提供科学依据。

关键词　沥青路面　路面使用性能　衰变方程　费用—效益原理　决策模型

1　前言

随着我国基础设施投资力度的加大，高速公路网络的不断完善，高速公路建设以前所未有的速度发展。随着使用年限的增加，许多高速公路已出现车辙、龟裂、坑槽等病害，路面使用功能和服务水平逐渐降低。只有长期保持良好的路面使用性能，道路建设的巨额投资才能充分发挥其效益，而长期保持道路良好的技术状况必须有一个强有力的养护维修支持系统来保障，从这一意义上来说，养护维修实际上是道路建设的一种延续。因此为了使路面保持一定的服务水平，必须进行定期的大、中修养护，不断地投入养护资金。公路的养护资金是有限的，如何合理地分配有限的养护资金，保持路网的完好并不断改善高速公路的技术状况，降低养护成本，延长公路使用寿命，保障高速、安全、舒适的高速公路特性，更好的发挥高速公路为经济发展提供良好的交通运输服务的作用，已成为目前公路养护面临的重要课题。

目前高速公路养护决策多以传统的经验法为主，缺乏科学规划性，常年累积的养护数据没有进行综合分析使其对今后的养护工作产生指导作用，养护管理缺乏科学的监管手段，养护管理缺乏现代化的制度保障体系，新技术、新设备、新方法没有得到有效的实施，因此养护决策水平有待提高。

为了提高科学决策方案，并为大中修专项工程提供一种理论依据，根据沥青路面使用性能指标，本文提出了不同路段采取不同养护方案的决策模型。同时，把路面综合指标与养护费用联系起来，研究出了一套完整的路面养护预测模型，从而选择最优的维修顺序，利用有限的资源，以尽可能小的经济投入获得最大的效益。研究结果表明，本文建立的模型，把维修费用联系起来，而路面状况性能主要来源于所采集的数据，在一定范围内，能够很好地预测路面状况性能。

2 路面使用性能

路面使用性能,需要从5个方面来描述:路面损坏状况、路面行驶质量、路面结构强度、路面车辙和路面抗滑性能。其中,路面的损坏状况,是指路面结构保持完好的程度,它表现为路面在使用过程中随行车荷载和环境等因素的作用及路面龄期的增长而出现各种损坏的程度;路面行驶质量是指路面满足车辆快速、安全、舒适和经济的行驶能力,它反应了路面的服务水平;路面结构强度,是指路面在达到预定的损坏状况之前,还能承受的行车荷载作用次数,或者还能使用的年数;行驶安全性主要是指路表面的抗滑能力。为了能够对路面使用性能进行评价和预测,路面系统中对这5个方面都设定了相应的评价指标。

要表征路面的损坏状况,既可以采用一种综合指标,也可以采用反映路面破损的某一个单项指标。综合指标是对路面损坏的综合测度,可综合表征路面不同损坏类型、损坏程度和损坏数量的影响。单项指标是指直接采用路面损坏的诸多物理指标特征指标来表征路面的破损状况。本文在研究了分项指标的基础上,采用综合性指标—路面使用性能指数 PQI(Pavement Quality Index)作为表征路面综合指标。

3 养护决策模型

路面在使用过程中,其使用性能会随时间或行车荷载作用次数的增加而逐渐衰减。当损坏达到某一预定标准时,就需要对路面采取改建措施以恢复和提高其使用性能。在高速公路大中修管理系统中,为了提出设计方案、对各设计方案进行费用—效益分析及选择最佳养护和改建对策等,需要明确何时采取养护和改建措施以及采取什么样的措施合适。这就要预先估计路面在采用新建、设加铺层或其他各种养护和改建对策后,其使用性能随时间或行车荷载作用次数的变化规律。

依据我国现行《公路技术状况评定标准》,采用 PQI 作为评价路面使用性能的综合指标,包含路面损坏 PCI、平整度 RQI、车辙 RDI、抗滑性能 SRI 和结构强度 PSSI,所采用的评价指标体系如图1所示。其中,路面结构强度为抽样评定指标,单独计算与评定。

基于各指标对路面使用性能的影响大小,文献中各分项指数的权重系数如表1所示。

$$PQI = \omega_{PCI}PCI + \omega_{RQI}RQI + \omega_{RDI}RDI + \omega_{SRI}SRI \tag{1}$$

式中:ω_{PCI}——PCI 在 PQI 中的权重;

ω_{RQI}——RQI 在 PQI 中的权重;

ω_{RDI}——RDI 在 PQI 中的权重;

ω_{SRI}——SRI 在 PQI 中的权重。

高速公路沥青路面 PQI 各分项指数权重系数 表1

分项指标	PCI	RQI	RDI	SRI
权重	0.35	0.40	0.15	0.10

在对北京市常用沥青路面养护措施进行详细调研的基础上,本文根据《公路养护技术规范》、集团《高速公路运营管理手册》,以及国内工程经验和专家建议,得出沥青路面的养护决策方法,见表2。

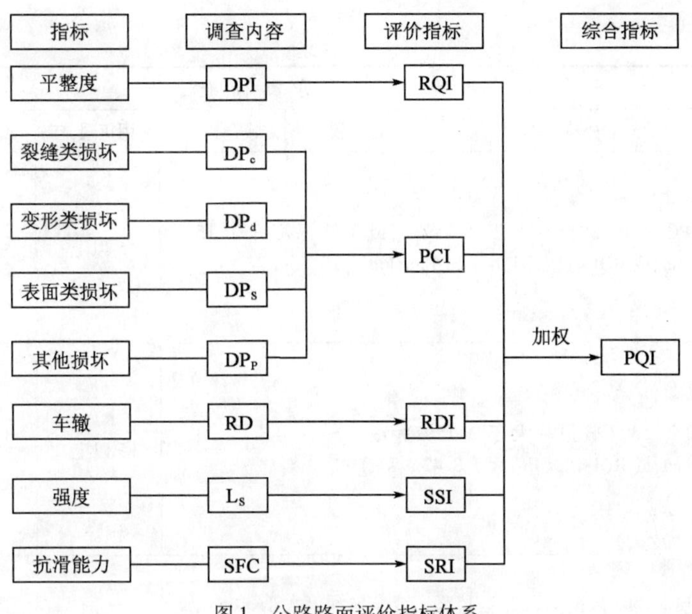

图1　公路路面评价指标体系

沥青路面养护决策　　表2

养护措施	分类标准					
	分项指标	权重	综合指标	使用年限(年)	交通等级	重车比例
日常养护	PCI > 90（破损率小于0.4%）	0.35	PQI≥88	—	—	—
	RQI > 90（IRI小于2.3m/km）	0.40				
	RDI > 80（车辙深度小于10mm）	0.15				
	SRI > 80(SFC > 40)	0.10				
	PSSI > 70	—				
雾封层（PQI≥88）	PCI介于85 ~ 90(破损率介于0.4% ~ 1%)、或RDI介于70 ~ 80(车辙深度介于10 ~ 15mm)			2 ~ 3	轻、中	—
微表处（PQI≥88）	PCI介于80 ~ 85(破损率介于1% ~ 2.15%)、或RDI介于70 ~ 80(车辙深度介于10 ~ 15mm)、或RQI < 85(IRI大于2.3m/km)、或SRI < 80(SFC < 40)			3 ~ 4	中、重	—
超薄磨耗层（PQI≥88）	PCI介于80 ~ 85(破损率介于1% ~ 2.15%)、或RDI介于70 ~ 80(车辙深度介于10 ~ 15mm)、或SRI < 80(SFC < 40)			5	重、特重	—
①原路面再生,并加铺4cm沥青混凝土罩面（PQI ≥ 85, < 88）	PCI < 80(破损率大于2.15%)、或车辙深度介于20 ~ 30mm、或RQI < 80(IRI大于3.42m/km)			5以上	—	—

续上表

养护措施	分类标准					
	分项指标	权重	综合指标	使用年限(年)	交通等级	重车比例
②铣刨原路面,重铺 4cm 沥青混凝土罩面(PQI ≥ 82, < 85)	PCI < 80(破损率大于 2.15%)、或车辙深度介于 15 ~ 20mm、或 RQI < 80(IRI 大于 3.42m/km)			5 以上	—	—
③原路面上面层铣刨重铺,并加铺 4cm 沥青混凝土罩面(PQI ≥ 82, < 85)	PCI < 80(破损率大于 2.15%)、或车辙深度介于 20 ~ 30mm、或 RQI < 80(IRI 大于 3.42m/km)、			5 以上	—	—
④铣刨原路面中上面层,重铺(PQI < 82)	PCI < 80(破损率大于 2.15%)、或车辙深度大于 30mm、或 RQI < 80(IRI 大于 3.42m/km)、或 SRI < 80(SFC < 40)			5 以上	特重	> 20%

注:交通等级划分依据《公路沥青路面设计规范》。

4 养护预测模型

沥青路面的使用性能直接影响路面的养护对策和资金投入。为了在时间和空间上优化分配给定的养护资金,确定最佳的路面养护方案,必须预测一定时间内路面的使用性能。建立一套实用的路面使用性能预测模型,需要全面考虑各种因素的影响,一般要考虑以下几个问题:预测指标、路段划分和模型形式。

4.1 路面性能指标

路面性能指标包括破损、平整度、强度和摩擦系数。本研究主要将路面综合指数——路面使用性能指标作为预测指标来进行。

4.2 研究路段划分

对路段划分是进行养护规划的第一步,各种养护措施只有被应用到合适的路面上,才能收到最好的效果。研究的范围可以是路网内的几条或十几条路,也可以是一条较长公路上的几个或几十个路段,路段的分类需考虑以下因素:

(1)路面类型和使用年限;

(2)路面结构和厚度;

(3)交通量;

(4)道路几何特征;

(5)道路等级。

本文提出依据以下原则对现有道路进行路段划分:

(1)一路一划分。分别对高速公路进行养护段落的划分,严格区分上下行方向。

(2)依据交通量进行划分。将具有相同交通量及相同重车比例的路段进行合并。

(3)依据路况检测数据进行划分,参照《2011 年度首发集团高速公路技术状况评定报告》对各条道路的 PQI 调查数据,将相同路况的路段进行合并。

依据以上路段划分的原则和前面对每条道路的分析评价,把具有相同路况条件的路段归并,从而在养护实施时可以做到一蹴而就,避免重复性工作造成的浪费,本文最后将北京 13 条高速公路共划分为 74 个路段。

4.3 路面性能预测模型形式

确定路面养护时机,需先选择一个合适的路面使用性能预测模型,以便得到各使用性能指标日常养护下的衰变方程。路面性能预测模型应满足以下条件:

(1)模型应能模拟路面发展的全过程;

(2)模型形式应尽量简单,易于建立和修改;

(3)模型应满足边界条件。

路面性能预测模型从表达方式上可分为确定型和概率型路面性能预测模型。由于概率型预测模型对给定的条件,模型会给出不唯一的预测结果,因此本文主要采用确定型预测模型,即满足给定条件模型所给出的预测结果是唯一的。确定型模型的常用表达方式包括直线、负指数曲线、S 形曲线。

根据路面性能影响因素和开发容易程度,本文采取负指数曲线模型,考虑了主要影响变量,如路面结构(面层类型、厚度和基层类型)、路龄、交通量以及上年的路况水平。该模型综合了一般确定型和概率型模型的特点,尽可能完善地考虑了路况发展的各影响因素,既表明路面性能与路龄有关,又考虑了当前的路面状况。这样,从确定型模型角度讲,当前路况就成为路况发展的一个约束条件,而从概率型模型角度讲,路龄也对路况的状态转移起到一个约束作用,使其概率分布的方差降低。针对新建路面,采用经验回归的方法对其预测指标(如路面使用性能指数 PQI 的衰变过程)进行了预估。预估模型采用负指数衰变方程,具体形式如下:

$$PQI = PQI_0\left\{1 - \exp\left[-\left(\frac{\alpha}{t}\right)^{\beta}\right]\right\} \tag{2}$$

式中:PQI——日常养护下路面使用性能指数;

PQI_0——路面新建或最近一次大中修后某路况指标的数值;

t——自路面新建或最近一次大中修到计算时的使用时间(年);

α、β——模型参数,α 为使用寿命因子;β 为路面衰变的模式因子。

由式(2)可见,为使方程形式简单,便于回归,选定使用年数 t 作为唯一变量,这样在充分考虑了荷载因素的作用外,也较好地计入了非荷载因素对路面使用性能地影响。其中,PQI_0 一般情况下为 100。α、β 是两个回归参数,当 α、$\beta > 0$ 时,使用性能指标单调减小。要得到最终的衰变曲线方程,关键是要确定模型参数 α、β,它们的数值可由观测数据回归而得。

本次研究采用确定型模型中的经验型模型对路面使用性能进行分析,即对实测数据用多元回归技术回归,通过回归系数的确定,得到路面使用性能衰变方程。选取该方程作为本文路面使用性能预测方程的原因有两个:

(1)该方程形式简单,参数含义明确。利用此方程,可以很方便地计算出新建路面使用性能评价指数随时间的变化情况以及路面在采取罩面后,新旧沥青路面经过耦合作用后路面使用性能评价指数的衰变趋势,这为建立路面在罩面后使用性能衰变方程提供了必要的基础。

(2)该方程通用性较强。一般利用回归分析得到预测方程,其参数含义不明确,外延性不强。但该方程因其参数的物理含义比较明确,这样当方程推广到不同地区时,只需要根据不同地区的影响因素确定 α 和 β 就可以确定方程形式。也就是说可以将一个复杂的难以描述的衰变方程映射为一个二维点(α,β),不同的 α、β 对应不同的衰变方程,这样就可以通过对 α,β 变化规律的研究来确定路面使用性能衰减规律的目的。

5 养护措施的费用—效益分析

在路面大、中修分析期内,养护措施在满足路面技术要求的前提下,经济上应该是节约的,本文主要采用费用—效益原理进行考虑。这些措施所产生的效益主要来源于路面使用性能的提高,所以可采用路面性能曲线下的面积来表征养护措施的效益,称为效益面积。费用—效益分析主要考察的是养护措施的经济因素,它是养护对策选择的经济合理性的重要保证。每一个方案其总的费用效益可根据分析期内每种措施的效益总和与费用现值总和的比值来确定。由不同养护措施随机组成的养护方案中,效益费用比最大的方案被认为是最优的养护方案。费用效益计算涉及的内容如图 2 所示。

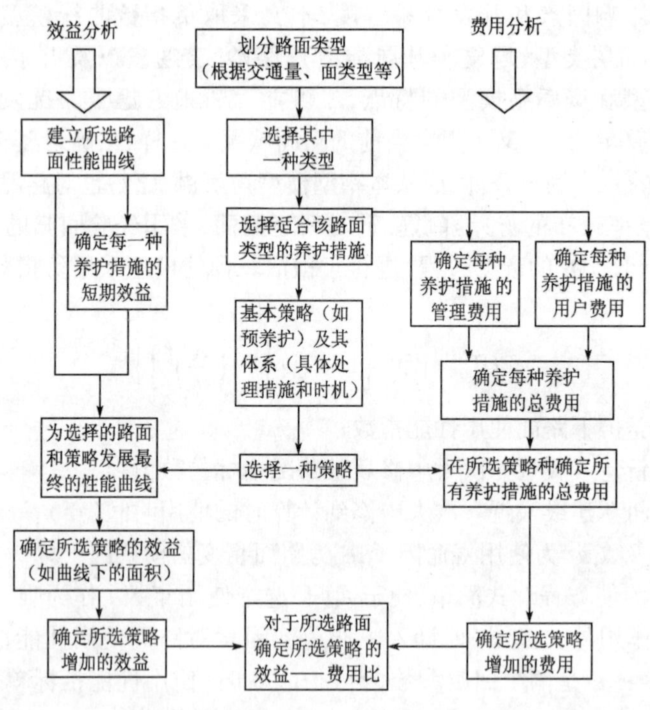

图 2 费用效益分析法流程

在计算费用时,首先要确定各养护措施的单位费用。其中费用包括所有与实施养护措施有关的费用,主要包括设计费(含室内试验费)、材料费、施工费(含原路面处理费)和交通控制费等。经调查北京地区各养护措施的单位费用大体如表 3 所示。

北京地区沥青路面专项工程单位费用　　表3

专项工程	雾封层	微表处	超薄磨耗层	大修 a	大修 b	大修 c	大修 d
单位费用(元/平方米)	20	30	45	150	120	200	260

在2011年集团高速公路路况调查的基础上,结合现有养护措施及费用效益分析方法,本文对北京13条高速公路做了5年的大中修养护规划。当预算出现一定限制时,在不影响路面使用性能的前提下,可对养护方案进行调整,调整原则如下:

(1)保证每年全路网的路面使用性能PQI≥91。

(2)充分考虑雨天行车安全,经过实地调查对车辙深度大于20毫米的路段进行优先处置。

(3)对交通量较大的路段进行优先处置。

并得出了不同投资水平下的效益与不采取任何措施效益的对比图,如图3所示。

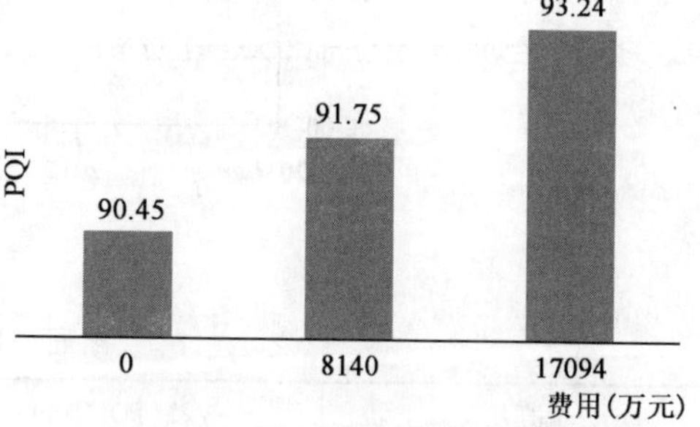

图3　2012年不同投资水平下的效益对比图

6　举例分析

根据北京地区的路面检测数据和养护理论模型,对北京13条高速公路进行了最优养护方案的比选。根据养护段落划分,以1号路段京哈高速上行段K0~K7为例,阐述沥青路面养护措施的最优选择。

(1)依据路面使用性能衰变模型,从检测数据和相应的使用年限,得出$\alpha = 25.20$、$\beta = 1.27$,"十二五"期间PQI的预测值见表4。

(2)依据养护决策模型,初选两个方案:

①2012年雾封层,2014年微表处;

②2013年采用大修方案:加铺4厘米沥青混凝土罩面。

两个方案"十二五"期间PQI的预测值见表4。

路面使用性能PQI预测值　　表4

年份	2011	2012	2013	2014	2015
原PQI	92.31	90.15	87.87	85.52	83.14
方案①	92.31	94.30	92.31	93.33	91.25
方案②	92.31	90.15	98.63	97.52	96.06

(3)对两种方案进行费用效益分析,在进行费用计算时考虑北京当地状况,取贴现率5%。效益计算为各个方案的PQI曲线与原PQI曲线所围成的面积,见图4所示。

两种方案的效益费用比见表5,从表中可以看出方案①的效益费用比为0.073,要好于方案②。所以G1京哈高速上行段K0-K7"十二五"期间最优养护方案为方案1。

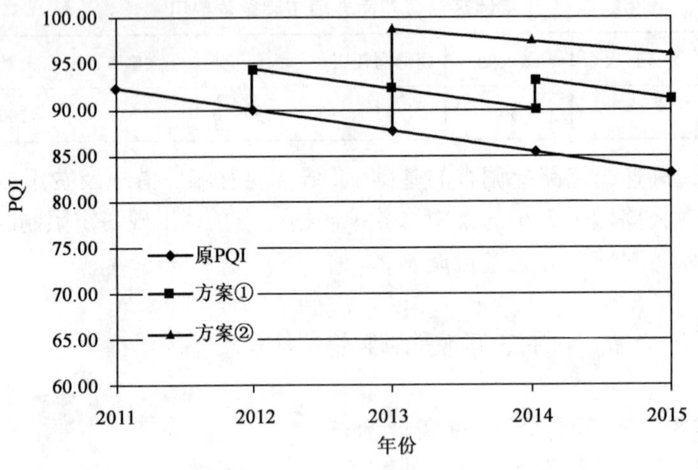

图4　效益分析

路面使用性能 PQI 预测值　　表5

养护方案	效益(PQI*年)	费用(万元)	效益/费用
方案1	24.51	334.37	0.073
方案2	35.68	992.25	0.036

7　结语

本文针对沥青混凝土路面早期破坏现象,将裂缝、车辙、平整度和抗滑性作为养护决策的早期性能评价内容,利用近年调查的数据,首先考虑单项指标及其各个权重,再结合综合指标——路面使用性能指标,对其进行了分级。根据分级,本文从技术角度提出了最优养护决策模型。探讨了沥青路面使用性能中路面使用性指数预测模型的建立,分析了新建路面在使用期内的衰变趋势,对高速公路沥青路面早期性能进行量化分析。并通过费用—效益分析,该模型对方案比较、确定最佳养护计划、进行合理决策优化具有重要的意义,为道路管理决策提供科学理论依据和决策支持,使路面养护具有针对性和可操作性。

提升高速公路服务水平
打造首都路产服务品牌

褚文洁　任瑞德　王展旗　唐　波　王建春　高　孜　刘　涛

（首发集团安畅分公司）

安畅高速公路管理分公司（以下简称安畅分公司），隶属于北京市首都公路发展集团有限公司。1999 年 11 月 9 日注册成立，2004 年 2 月重新组建。2005 年 1 月开始，接收路产管理，管理重心由养护资产管理过渡到路产管理，主要职能是 24 小时不间断开展所辖道路路产巡视工作，保证路产设施安全完好，管辖道路安全畅通。目前，安畅分公司设六部一室及六支路产队，管辖京哈、通燕、京平、京承、京藏、京新、京港澳、京开、京津二通道、机场二通道、机场南线、机场北线和五环路、六环路，共计管辖里程 807 公里，管辖房屋资产 29 处。

安畅分公司重新组建以来，认真贯彻集团公司"三大发展战略"和"六高目标"要求，在集团公司党委、董事会的领导下，以"统一、规范、创新、提高"为指针，强化路产管理，提高服务水平，切实履行保护路产，维护路权，保障管辖道路安全畅通的神圣职责；以保持国有资产保值增值为目标，不断加强资产管理，推进土地权属登记工作，提高资产利用率；以制度建设为主线，夯实基础管理，加强队伍建设，不断提高综合管理水平；以党建创新为抓手，深入开展科学发展观主题教育、创先争优等系列活动，加强领导班子建设和党员队伍建设，发挥党员先锋模范作用和工会、共青团群众组织的桥梁纽带作用。安畅分公司各项管理工作不断发展，取得了一定的成绩，连年超额完成路损赔补偿收入等各项任务指标，圆满完成奥运会、建国 60 周年等重大活动服务保障任务，先后获得集团公司级"文明单位"、优秀信息单位、"先进基层党组织"、"四好班子"荣誉称号；2008 年，"党员巡视车"活动获得北京市国企党建创新二等奖，人事劳资工作获得"北京市劳动关系和谐单位"称号。"安康杯"竞赛活动 2009 年获得北京市优秀单位称号、2010 年获得"全国安康杯竞赛优胜企业"荣誉称号。

1　成果产生背景

国务院国资委提出要将国有企业划分为公益性企业和竞争性企业。就首发集团而言，尽管管理的高速公路大部分为收费经营路，但依然承担着很大的社会责任，公路设施的公益性质并未因为市场化运作而改变，公益性仍然是高速公路的基本属性。但作为企业又必须要讲经济效益，没有效益就谈不上发展，通过为用户提供高水平的通行服务获取收益、实现经济效益是可持续经营发展的前提条件。因此，在追求经济效益的同时，更要注重社会效益。

发达国家的一些发展经验表明，随着布局合理、功能完善的公路网络基本形成，公路交通工作的重点应逐步转变到加强养护、规范管理、提升服务以及完善路网支撑系统上来。目前北京已经基本形成了以高速公路为骨架的路网体系，主要矛盾已经由过去的基础设施供给能力不足，转化为发展方式与经济社会发展需求不相适应，服务能力与社会公众要求不相适应的矛盾。人民群众对提升服务水平的要求和期盼越来越高，首发集团面临着既要提供均等化公共服务，又要提供更高品质的个性化服务。安畅分公司作为首发集团所属路产管理企业，是一个展示首发集团企业形象的窗口企业，为车户提供高水平服务就显得更为重要。

分公司统一接管路产管理工作之前，由于各条高速公路路产管理工作分别归属于收费运营单位、养护单位，而且路产管理工作的特点是巡视员驾车在各条道路上开展路产巡视工作，点多、线长、人员分散，缺乏监控手段与监督机制，实际工作中各个方面存在着不统一、不规范、工作衔接不紧密、服务质量参差不齐等实际问题。社会车户驾驶车辆行驶在首都高速公路上，同样的问题可能处理结果不一样、服务标准不相同、办事流程不一致，严重影响树立首都高速公路路产管理“窗口”形象，不适应建立中国特色世界城市的服务要求。

为了促进集团公司可持续发展，集团公司在2005年工作会上明确提出“三大战略”和“六高目标”的发展方向，即：集团发展战略、资本发展战略、人才发展战略；高素质队伍、高效率管理、高效以经营、高科技应用、高质量工程、高水平服务。集团公司号召广大员工：“提高为服务对象文明服务、高水平服务的本领，进一步把高水平服务活动转化为实践服务活动。”

“高水平服务”是企业承担的社会责任的集中体现，蕴涵着丰富的内容和要求。实现高水平服务，首先必须明确指导思想，统一认识。为此，分公司在不同层次展开了广泛、深入的学习讨论，深刻理解“高水平服务”的内涵，明确服务对象、服务宗旨、服务内容和“高水平服务”的目标要求。明确了实现“高水平服务”的指导思想，即以邓小平理论和“三个代表”重要思想为指导，深入贯彻、落实党的十六大会议精神，树立科学发展观，坚持全心全意为人民服务的宗旨，紧密围绕高速公路运营管理工作特点，更新服务理念，转变工作作风，强化责任意识，创新服务措施，提高服务水平，为广大客户提供快速、安全、舒适、畅通的行车环境，展现公司形象，树立服务品牌，实现公司发展战略。在这一指导思想指引下，分公司在开展路产管理与服务保障工作中，亟待开拓服务新思路，寻找服务新视角，提出服务新创见，建立一套服务体系制度、服务行为要求、衡量服务的准则。

2 成果主要内容

为了打造富有特色的路产服务品牌，切实提高高速公路路产服务水平，经过广泛讨论，深入研究，分公司研究决定，牢固树立以客户满意为中心的服务理念，通过加强思想教育，转变服务观念；建立服务标准，规范服务行为；开展竞赛活动，营造良好氛围；党建工作创新，发挥带头作用；加强考核监督，防止质量事故，全方位开展路产服务品牌建设，努力打造首都路产管理的“窗口”形象。

打造首都路产服务品牌，分公司重点采取以下主要措施：

2.1 编写业务规范，细化服务标准

2006年，分公司按照“规范、提高”的总体要求，提出建立“五心三满意”服务体系，即：文明服务要热心、助人为乐要诚心、尊重客户要真心、排忧解难要细心、化解矛盾要耐心；使用文明用语让车户满意、着装规范仪容仪表让车户满意、热情服务让车户满意。

“五心三满意”服务理念有效统一了员工的思想认识，转变了服务观念，提高了服务意识。为了认真贯彻“五心三满意”服务理念，组织人员对分公司路产管理规章制度进行全面梳理，

修改完善了《路产管理部规章制度汇编》，编写了《运营管理手册（路产篇）》，正式将“五心三满意”服务标准列为路产管理人员职业规范写入岗前培训教材。从员工的仪表风纪、行为举止、文明用语、办事公开、工作流程、应急抢险等各个方面予以规范，明确提出了路产人员“八要八不准”服务准则，即：

要仪容严整，仪表端正；不准举止不规，着装不整；

要坚守岗位，尽职尽责；不准消极懈怠，擅离职守；

要遵章守纪，办事公道；不准以权谋私，收礼受贿；

要依法办事，照章论处；不准乱施处罚，故意刁难；

要语言文明，态度和蔼；不准出口不逊，恶语伤人；

要秉公办事，接受监督；不准徇私舞弊，拒绝批评；

要文明执法，待人热情；不准讽刺挖苦，骄傲硬横；

要多办好事，服务社会；不准敷衍推诿，推脱搪塞。

《路产管理部规章制度汇编》和《运营管理手册（路产篇）》作为全体路产员工的行动指南，在路产巡视员岗前培训和定期开展的业务培训中重点学习，确保全员知晓率100%，为推动路产服务工作规范化、制度化创造了条件。

2.2 开展“星级服务标兵”评比活动，形成比、学、赶、帮、起的良好氛围

依据《首发集团窗口单位高水平服务标准》和《首发集团高水平服务星级评比办法（试行）》，分公司在全体路产管理队伍中广泛开展高水平服务星级评比活动，实行挂星上岗。星级评比分为一星、二星、三星、四星、五星，五个级别：

一星：上岗未满三个月的人员；经过再培训教育重新上岗的人员；

二星：上岗三个月以上、季度评比达到规范化服务标准的人员晋升为二星；

三星：连续四个季度评比达到规范化服务标准（可跨年度评比）的人员晋升为三星；

四星：连续两个季度评比达到高水平服务标准（可跨年度评比）的人员，经路产队推荐、领导小组办公室复核合格后，晋升为四星；

五星：年度内连续四个季度评比均达到四星级服务标准（不可跨年度评比）的人员，经领导小组办公室复核合格、领导小组审议后，批准为五星级人员。

评比标准由各路产队结合实际工作具体制订，定期开展量化考核及业务考试。其中服务质量得分占90%，业务考试成绩占10%。综合分值在90分（含）以上的，达到高水平服务标准；综合分值在80分（含）至90分的，达到规范化服务标准；综合分值在80分以下的，未达到规范化服务标准。各路产队评定一星、二星、三星路产巡视员的基础上，根据综合得分每季度向分公司推荐四星级服务标兵人选，由分公司“高水平服务星级评比”工作小组办公室进行复核，符合条件的人员每季度发放150元专项奖励，发生服务质量事故试行“一票否决”，取消评比资格。连续四个季度被评为四星服务标兵的，由分公司向集团公司推荐，参加五星级服务标兵的评选，获奖人员由集团公司予以表彰和奖励。

高水平服务星级评比活动开展以来，广大路产管理人员积极投身到服务车户、树立品牌的实际工作之中，掀起了比学赶帮超的竞争氛围，人人争先，主动作为，涌现出许多先进事迹和优秀典型，以车户为中心的服务理念逐渐深入人心。

2.3 发挥模范带头作用,建立党员服务平台

分公司在职员工中现有党员89名,在先进性教育活动期间,分公司党支部根据集团公司党委的总体安排和部署,深入开展了“树立新形象、做出新贡献”党员主题实践活动。为了使此项活动更加深入开展,更加贴近工作实际,结合创新党建及思想政治工作和路产管理工作的特点,分公司党支部分别在京沈路产队、京石路产队、八达岭路产队建立“党员巡视车”,深入开展“党员巡视车”活动,以行之有效的活动载体,进一步加强党员队伍建设,以“党员巡视车”的典型示范作用,推动路产管理工作整体水平的提高,努力实现“高水平服务”。

2005年9月26日,分公司在京沈高速公路田家府服务区举行了“党员巡视车”启动仪式,党支部书记为5辆“党员巡视车”授牌,号召党员巡视车人员在路产管理工作中切实发挥高速公路“保护神”的作用,依法维护路产,保护路权,充分发挥党员的先锋模范作用,以“党员巡视车”的规范管理、热情服务,推动基层班组建设,以点带面,发挥典型示范作用,促进全体巡视员综合素质和服务水平的不断提高。“党员巡视车”活动正式启动以来,各级领导和相关部门都非常关注和支持这个“群体”。通过简报、黑板报和网络信息广泛宣传先进事迹,号召全体员工、特别是路产巡视人员要学先进、赶先进、争先进。通过广泛宣传和典型引路,在分公司范围内形成了各级领导关心“党员巡视车”,全体员工关注“党员巡视车”,广大巡视员学习“党员巡视车”的良好氛围,为打造一支“政治合格、作风过硬、业务精湛、纪律严明”的路产管理队伍创造了良好条件,为实现“高水平服务”奠定了坚实的基础。随着活动的深入开展,为进一步加强“党建带团建”工作,分公司党支部将“党员巡视车”人员进行了调整,由原来2名党员一组改为由1名党员带1名积极分子为一组,经过一段时间的实践,不仅推动了“党建带团建”工作的深入开展,而且进一步扩大了“党员巡视车”的影响力,为“党员巡视车”活动的深入开展注入了新的活力。

2.4 加强考核监督,防范服务质量事故发生

随着社会公众对高速公路运营服务的要求和服务质量标准不断提高,媒体越来越热衷于炒作市民出行方面的热点问题,高速公路路产服务与安全保障工作被摆在了“聚光灯”下,涉及路产服务的投诉风险、甚至法律诉讼风险快速增加。外部因素:目前有关路产管理方面的法律法规不够完善,路政管理行政授权机制尚不健全,路产损失赔补偿标准存在缺项、标准与实际不符等问题。内部因素:以客户为中心的服务理念还不够深入,广大路产巡视员的服务意识、服务技能还存在较大差距,分公司路产服务的监督检查机制、激烈约束机制有待进一步健全,路产服务品牌尚未得到社会广泛认可。内外部因素共同作用,对分公司路产服务质量提出了更高要求和更加严峻的考验,服务投诉风险系数快速增加。

为了加强内部控制机制,分公司一是建立了《绩效考核管理办法》,将服务质量作为重点考核内容,定期检查,随机抽查,发生服务质量投诉相应扣减责任部门、责任人绩效考核分数,考核成绩与员工绩效奖金挂钩,奖优罚劣、奖勤罚懒;二是针对较大的责任事故及媒体曝光事件,实行问责制,建立了责任追究机制;三是在全面风险防范管理中,将服务质量事故及法律纠纷作为重点防控内容,根据形势发展趋势,深入查找风险点,分析研究内在因素并组织制订具体的防范措施,年终对风险防控情况进行总结,改进不足,持续提高。

3 成果的实施

3.1 加强组织领导，建立强化服务的组织体系

打造首都路产服务品牌，提升路产服务工作需要分公司各级管理人员统一思想、团结协作、共同推进。为此，分公司建立了由党政一把手负总责，领导班子成员分工负责，各部室、路产队根据职责任务各负其责的组织体系，明确了各部门主要职责，一级抓一级，层层抓落实，形成了强有力的组织领导机构，如图1所示。同时，分公司明确要求各级领导为员工服务，机关部室为路产队服务，广大员工为车户服务，建立服务链条，将服务保障的重心放在高速公路第一线，全心全意为广大车户服务。

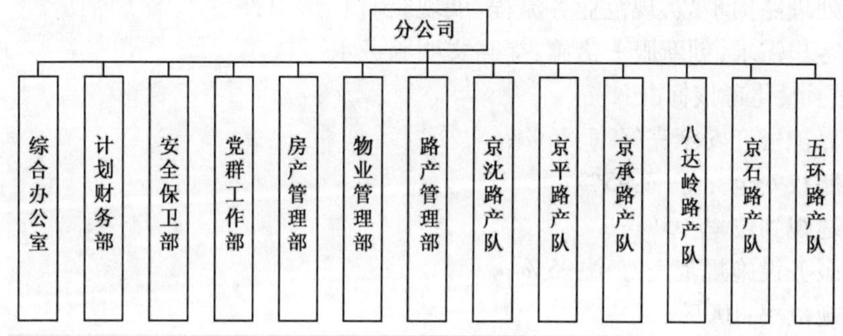

图1 组织机构图

在打造首都路产服务品牌的组织架构中，机关各部室牢固树立"服从大局、保障一线"的意识，在进一步夯实基础、苦练内功、创新管理、突出实践成果的基础上，本着全心全意为一线服务的原则，深入基层，靠前指挥协调，为分公司路产管理的发展提供强有力的保障。全体管理人员按照分公司开展素质教育的要求，结合本职工作不断提高自身素质，丰富为基层服务的手段和内容，确保为基层服务能够落到实处，突出成果。分公司各级管理人员普遍树立了"人人都是巡视员、我为路产做贡献"的理念，积极参与路产管理工作，及时发现分公司路产管理中的问题，并客观、准确的提出意见或建议，为分公司路产管理水平的提高贡献力量。

路产管理部作为分公司重要职能部室，认真贯彻落实《中华人民共和国公路法》、《北京市公路条例》等相关法律法规和规章制度，依据集团公司《运营管理手册（路产篇）》，不断细化分公司路产管理的规范标准，组织编写了《路产管理业务规范》，修改完善分公司《路产管理突发事件应急保障预案》，积极协调相关部门，建立并巩固联动机制，及时妥善处置各类突发事件，保障管辖高速公路安全畅通。

各路产队积极主动的协调管辖区域的交管、路政部门，进一步明确职责划分，巩固联动机制，及时有效的处置管辖路段内发生的各类突发事件，不断提高路产管理的效率和质量，确保管辖高速公路的安全畅通。广大路产巡视人员不断强化路产管理意识，树立大局意识和服务意识，积极参加各类培训和技术比武，提高服务意识和服务技能，加强道路巡视，重点路段和桥区采取徒步巡视的方式，及时发现问题，排除隐患，热忱为广大车户提供安全、舒适、畅通的通行服务。

在打造首都路产服务品牌——这一"旗帜"的指引下，分公司各级管理人员、各个部门积极行动起来，形成了齐抓共管、通力协作的工作格局。

3.2 以打造首都路产服务品牌为先导，建立高水平服务实施方案

为了全面提升分公司运营管理水平和服务水平，打造服务品牌，树立企业形象，分公司认真贯彻落实《运营系统实现“高水平服务”实施意见》，结合实际工作情况，制订了具体的实施方案，扎实推进各方面工作深入开展，取得了良好效果。实施方案的主要内容：

一是明确提出了开展路产服务工作的主要目标：

(1)维护管辖道路资产和养护资产的安全与完好；

(2)加强路产巡视工作，全力保障道路畅通；

(3)及时、准确传递信息，为客户提供出行参考；

(4)完善突发事件应急处理机制，保护人民生命财产安全；

(5)依法处理路损事故，规范业务流程，展现“窗口”形象；

(6)适应客户需求，创新服务措施，提高文明服务水平。

二是制订了量化考核标准：

(1)管辖养护资产安全完好率:85%；

(2)路产路权安全完好率:95%；

(3)检查巡视到位率:95%；

(4)通行服务设施规范完好率:95%；

(5)着装规范率:100%；

(6)文明用语使用率:100%；

(7)服务质量投诉率：<1‰；

(8)发生交通事故或接到救援通知，最迟45分钟内到达现场。

在组织实施过程中，第一步是充分做好宣传动员。根据集团公司“运营高水平服务年”动员会的指示精神，结合分公司实际管理现状，按照集团公司实施方案的要求，细化制定分公司活动方案，并组织全体员工深入学习，理解领会开展此次活动的指导思想和总体目标，统一思想、坚定信念、团结一致，确保路产管理服务水平得到全面的提高。第二步是在分公司活动领导小组的领导下，全面系统的贯彻落实活动方案的有关要求，本着创新管理、提高效率、夯实基础、不断提高路产服务水平的宗旨，有计划、分步骤的开展各自的工作，全面展现分公司路产管理不断进步和发展的成果，以实际行动落实科学发展观，打造路产服务品牌。动开展过程中，分公司各部室、路产队及时总结经验，查找不足，持续改进工作方法，根据分公司的要求不断调整工作思路和方向，完善活动方案，全面促进分公司路产管理水平的提高。第三步是按照由下至上的原则进行总结、推荐，对于在全年活动开展过程中总结出的好的经验和成果进行整理、汇总，对对活动中涌现出的先进个人和先进集体进行表彰，并向集团公司推荐“高水平服务标兵”以及“优秀集体”，并号召全员进行学习，充分发挥模范典型的示范带头作用，激励全体员工以更加饱满的热情、更加昂扬的斗志、更加过硬的业务素质、更加科学的管理和更加先进的管理成果为建设世界城市做贡献。

3.3 设立路产业务服务大厅，公开办事流程

作为集团下属路产管理单位，分公司在开展高速公路路产巡视，保障管辖道路安全畅通的同时，还承担着受理挖掘占路施工、超限运输、非公路标志设置及桥下空间管理职责。为了方便有关单位办理上述相关事项，分公司于2008年5月份正式建立路产业务受理大厅，使上述

路产业务受理工作有了固定的办公场所。在业务受理大厅内,公开工作程序、公开工作要求、公开工作标准、公开监督举报电话,增加了业务受理的透明度,便于客户监督。建立路产业务受理大厅以来,客户申请办理路产业务,标准明确了、程序规范了、效率提高了、相关投诉明显减少了,有效促进了路产管理工作的规范开展,加强了廉政风险防范。

针对路产服务大厅负责的各项业务,分公司提出了“不压件、不拖拉、办实事、求实效”的指导思想,努力为办理各项审批业务的客户做好服务工作,2009 年 5 月份在业务大厅安装了电子视频设备,滚动播放路产业务受理流程宣传片,车户在通过电子显示视频设备不仅能够直观地了解各项路产业务办理的流程,提高政策法规透明度,还可收看天气预报、尾号限行等出行提示。电子显示视频设备的投入使用,受到了集团领导的充分肯定、业内同行的高度赞赏和广大车户的一致好评。适应迎接全国干线公路养护与管理大检查的具体要求,分公司逐步强化路产业务大厅制度化、程序化管理,提高办事效率,加大监管力度,完善基础资料和基础数据的整理与积累。

2011 年,为了进一步加强《中华人民共和国公路法》、《公路安全保护条例》等相关法律法规的宣传教育,提高社会公众依法办事的意识,路产服务大厅编辑制作了超限运输、挖掘占路施工等业务办理宣传手册,以流程图的形式,简单明了地介绍业务须知,明确告知办理相关业务所需材料,有效提高了路产业务受理的社会认知度,规范了工作流程,提高了办事效率,受到普遍好评(图 2)。

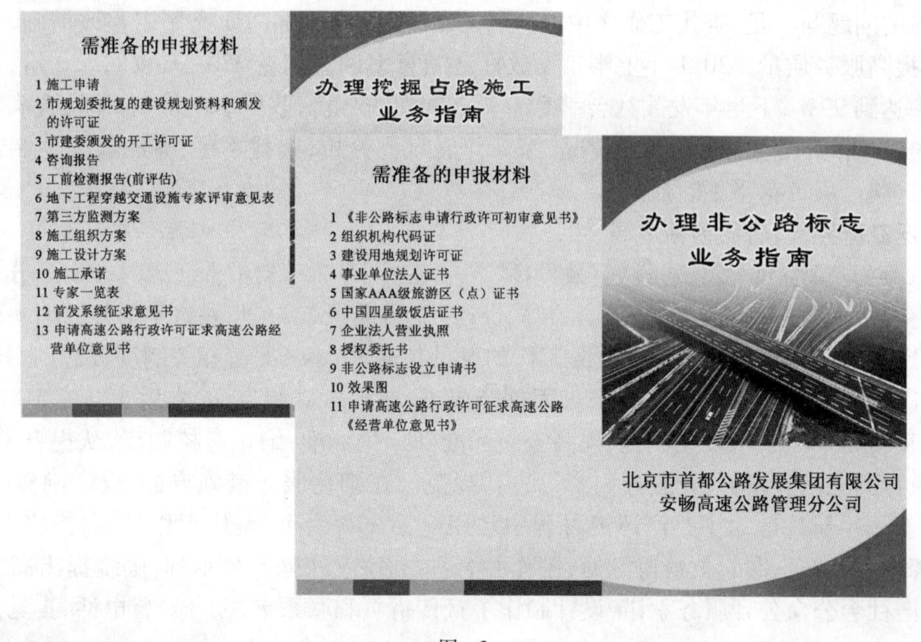

图 2

3.4 接受社会监督,开展服务满意率调查

路产服务质量的优劣最终检验标准是广大社会公众的评价与感受。分公司在加强内部检查考核的基础上,邀请祥龙运输公司、燃气集团、区县路政大队、各高速公路交警中队等相关单位人员担任路风监督员,向每一位路风监督员颁发聘书并明确职责,主要职责有:

(1)监督路产管理工作中相关政策法规的执行情况,协助分公司加强路产管理队伍作风

建设、廉政建设。

(2)关心、了解高速公路路产管理工作的现状和发展趋势,为强化路产管理提供指导意见。

(3)监督路产巡视员仪容仪表、文明用语、业务处置、道路保畅等工作作风,协助提高文明服务水平。

(4)按时参加路风监督员会议,如实反映路产管理工作作风的状况,帮助分公司总结作风建设经验、查找工作中存在的问题,提出改进意见和建议。

(5)代表分公司路产管理的服务对象、工作对象,及时反映群众关心的热点、难点问题。

(6)督促整改措施的落实情况,及时反馈有关信息。

(7)依据相关政策法规和规章制度,举报违法违纪的行为和现象,纠正行业不正之风。

路风监督员聘期两年,到期续聘或根据工作需要调整。聘任期间,路风监督员随时对分公司路产服务工作提出意见或建议,每年到分公司召开两次路风监督员座谈会,共同研讨路产服务工作中存在的问题与不足,研究制定改进措施,反馈整改落实情况,督促分公司不断提高路产服务水平。

分公司党群管理部根据集团公司统一部署,定期组织员工在高速公路服务区、主要收费站口向广大过往车户发放《社会满意度调查问卷》,广泛征集社会车户对高速公路路容路况、绿化美化、通行状况、信息公开、文明服务等各方面的意见和评价,汇总整理后深入分析路产服务工作存在的问题与不足,查找工作之中的薄弱环节,责成相关部门研究制定整改措施,延伸服务范围,提高服务质量。2011 年上半年发放社会满意率调查问卷 350 份,收回 350 份,总体社会满意率达到 99%;下半年发放社会满意率调查问卷 369 份,收回 369 份,总体社会满意率达到 99.63%。根据社会满意率调查情况,深入开展对比分析,查找不足,有的放矢地制定整改措施,促进路产服务水平不断提高。

3.5 广泛交流经验,巩固创新成果

为永葆“党员巡视车”先进性,有效发挥“党员巡视车”流动党员责任区的作用。分公司定期组织召开“党员巡视车”经验交流会,共同探讨“党员巡视车”在开展路产服务过程中的经验与心得,广泛征集广大车户对路产服务工作的意见与需求,不断完善相关制度,规范服务流程,提高服务水平。2011 年,分公司为了巩固创新成果,在建章立制方面,先后建立完善“党员巡视车”制度规范 10 项,从设立门槛,提高上岗标准到量化标准,细化考核制度,从提升素质,加强培训教育到亮出身份,公开服务内容等进行规范。在细化服务措施方面,设计制作《“党员巡视车”实用手册》,收录了路产巡视过程中常用电话 170 余个,制作工作日志、指路卡、客户留言卡等内容。在亮明党员身份方面,制作并悬挂“党员巡视车”公示牌,围绕提出高水平服务标准,向社会公众公开服务承诺,设计制作了宣传折页和联系卡,公开监督电话,自觉接受社会的监督。

3.6 全力创建“五星巡视车”特色品牌,进一步提升路产服务水平

2012 年,集团公司党委书记、董事长郭普金和总经理张闽分别到分公司调研指导工作,要求分公司转变职能定位,强化服务意识。分公司全体员工认真学习、深刻领会集团领导重要指示精神,充分认识客观形势的发展变化,努力站在时代的高度,用发展的眼光审视我们的工作,切实转变思想观念,牢固树立以客户为中心、以保护路产路权安全完好为神圣使命的服务观念

和责任意识，正确履行工作职责，提高通行保障能力。下半年，分公司以打造“五星巡视车”路产服务品牌作为我们各项工作的重中之重，通过开展“五星巡视车”创建活动，引导广大员工学习先进典型、提高综合素质、争当服务标兵，积累经验，逐步推广，形成具有分公司鲜明特色的新的服务品牌。围绕“五星巡视车”创建工作，重点开展以下工作：一是深入开展路产职能定位问题大讨论，进一步统一思想，提高认识，找准工作的着力点和落脚点，依法合规履行路产管理职能；二是积极调整目标管理，根据形势任务发展需要，合理确定任务指标，增加管理质量与服务质量的考核项目及权重比例，重新签订《目标责任书》，发挥考核指标的导向作用；三是强势启动以创建“五星巡视车”为主要内容的全员劳动竞赛活动，通过橱窗、海报、折页等多种形式全方位开展宣传发动，努力营造比技能、比业绩、比服务的良好氛围；四是将“五星巡视车”创建标准纳入员工入职教育和在岗培训内容，让每一名路产巡视员做到服务有标准、工作有目标、发展有方向；五是研究建立专项奖励机制，创新评优工作，为广大员工立足本职、岗位建功搭建平台；六是适时组织开展阶段总结和经验交流活动，相互借鉴，共同探讨，发挥优势，弥补不足，共同推动“五星巡视车”创建活动深入开展；七是根据各路产队“五星巡视车”检查评比情况，大张旗鼓表彰服务标兵和优秀组织部门，完善创建标准和活动方案，为下一步全面推广特色活动奠定坚实的基础。

目前，创建“五星巡视车”这一崭新的服务品牌经过前期大量的筹备、策划工作，已经全面投入实施，广大路产巡视员以满腔热情全身心投入到“五星巡视车”创建活动中来，业务规范、巡视质量和服务水平逐步提高。

4 成果实施效果

4.1 有效提高路产巡视效率，连年超额完成任务指标

打造首都路产服务品牌的工作中，有效激发了广大员工的工作责任心与积极性，在保证完成每昼夜 4 次巡视任务的基础上，各路产队以“五一”、“十一”黄金周等特殊时期和雨、雪、雾特殊天气为保障重点，严格落实工作预案，结合管辖路段实际情况，进一步细化了路产巡视及保障方案，明确重点路段、重点时间段，加强巡视，排除隐患，把保障管辖路段安全畅通放在第一位，灵活、快速处理路产事故，努力减少对车辆通行的影响。路产巡视发现率保持在 90% 以上，路产案件结案率 100%、赔偿率 100%，集团公司下达给分公司的主要经济指标——路产赔补偿收入连年超额完成，设施修复收支比保持在 1:1可控范围以内。路产逃逸案件、丢失案件逐年减少，逃逸、丢失等非正常路产设施支出比重由 2008 年的 35% 降低到现在的 25% 以内，维护路产设施安全完好的职能有效发挥。在集团公司年度业绩考核中，分公司连续三年被评为 A 级(优秀)。

分公司在迎接全国干线公路养护与管理大检查期间，集中开展交通标志及非公路标志专项排查治理活动，发现损毁或功能缺失交通标志 446 块，建议更换 244 块，拆除各类违规标志 842 块，有效维护了良好的通行环境。全国干线公路养护与管理大检查，北京市取得了总分第三名，直辖市第一名的好成绩。年终，集团公司对国检工作中表现突出的先进集体和个人予以表彰和奖励，其中：八达岭路产队获得先进集体荣誉称号，稽查班获得先进班组荣誉称号，刘涛等 60 名员工获得先进个人荣誉称号。

4.2 涌现许多优秀典型，逐步树立路产服务品牌

贯彻实施“五心三满意”服务体系以来，分公司深入开展特色活动及劳动竞赛，涌现出许多先进事迹和优秀典型。2011 年，分公司各路产队全年共计清理道路障碍 1404 次，劝离行人 1612 人次，好人好事 690 件，收到锦旗 57 面，以人为本的服务意识明显增强，路产服务质量明显提高。

在开展“星级服务标兵”评比活动中，2011 年评选出“四星级服务标兵”73 名，“五星级服务标兵”13 名，分别给予物质奖励和表彰。

八达岭路产队全体党员自发组建“党员志愿者”队伍，在节假日等重点保障时期主动放弃休息休假，积极参加志愿服务活动，协助收费站区劝离社会车辆，帮助交警疏导重点出入口的交通秩序，热情为过往车户提供咨询、指路、加装冷却水、更换轮胎等各项服务。几年来持续开展志愿服务活动，赢得了社会的广泛认可和赞许。

京承路产队坚持贯彻“以路为责，以雨为令”的指示精神，针对山区路段防汛特点，有针对性地制订了收听天气预报、增加巡视频率、加强部门联动、做好安全防控、妥善处置水毁、塌方等突发事件五项保障措施，确保管辖路段汛期安全。

广大党员、入党积极分子深入开展“党员巡视车”、“党员先锋岗”特色活动，发挥先锋模范作用，在疏堵保畅、重点路段巡视等急、难、险、重的任务面前都能看到他们冲锋在前、无私奉献的身影。2010 年，分公司“党员巡视车”活动被授予北京市国资委国企党建创新二等奖，八达岭路产队“党员巡视车”被北京市总工会授予“工人先锋号”荣誉称号。

打造首都路产服务品牌，是分公司开展路产管理与服务实践过程中，根据广大车户的实际需要建立的，具有分公司鲜明特色的服务理念和服务标准，在实际工作中不断健全完善。经过分公司全体员工几年来的不懈努力，“五心三满意”服务体系已经成为广大员工开展本职工作的思想共识，逐步转化为做好本职工作的自觉行动，在推动分公司可持续发展的工作中，发挥着无可替代的核心作用。

浅谈高速公路管理智能化发展现状与趋势

赵一凡

（首发集团京沈路分公司监控中心）

摘　要　交通运输业是国民经济中具有全局性和先导性的基础产业。高速公路作为现代化交通基础设施，其通行能力大、行车速度快等显著特点，成为适应现代化产业结构发展需要的骨干运输方式和重要运输通道。随着近年来我国高速公路通车里程的不断刷新，如何适应目前高速公路的发展需求，提升高速公路管理部门的管理水平，促进智能化发展，已经摆在了高速公路运营部门的议事日程上。因此，改善交通传统管理模式，实行科学化、现代化管理迫在眉睫。

关键词　高速公路管理智能化　发展现状　趋势

1　前言

北京市政府、市交通委和交通行业的各级领导以及社会各界，对北京收费高速公路的建设管理工作历来非常重视，随着交通需求的不断增加，公众对高速公路的通行效率和通行服务质量的关注度及要求也越来越高，因此改善交通传统管理模式，实行科学化、现代化管理，是我们加强交通智能化发展战略的重要保障。

2　高速公路智能化管理产生的背景

城市交通是影响和带动整个城市功能发展、改善人们生活水平和出行条件的一个重要因素。随着经济建设和城市化的飞速发展，交通需求的不断增大，城市中心表现出强烈的吸引力和辐射力，使城市交通流呈现明显的集中性，交通拥堵问题日渐凸显。高速公路作为城市交通的重要组成部分，如果无法解决和治理此类问题，必将对城市的持续、快速、健康发展构成严重威胁。因此，利用现代高新技术和智能化管理模式，提高路网的通行能力，已经成为城市化进程中一项重要而迫切的课题。

2.1　北京高速公路各时期的发展状况

“七五”期间，北京市开始实施以解决城郊间的交通瓶颈路段，打开城市进出口，缓解进出城难为主要目的的公路建设。京石高速公路北京段、京津塘高速公路北京段等工程相继开工建设。

“八五”期间，北京市以干线公路高速化、高等级化为建设核心，京津塘高速公路北京段、京石高速公路北京段相继竣工通车，首都机场高速公路在此期间竣工并通车，京哈路改造为高速公路，八达岭高速公路一期工程开工建设。

“九五”期间，八达岭高速公路一期工程建成通车。随后，八达岭高速公路二期工程、京沈高速公路北京段也相继开工并建成。至此，北京市域四周均已具有向外辐射的高速公路通道。1999 年在国家实施积极的宏观财政政策背景下，北京市高速公路建设步伐加快。

"十五"期间，北京高速公路发展驶入"快车道"。八达岭高速公路三期工程、京承高速路一期工程、五环路、六环路工程相继建成通车。2003 年随着五环路全线贯通，北京市各条主要放射线高速公路均通过五环路实现"高"接"高"连通。

"十一五"期间，机场北线、京承二期、京包高速相继通车。机场南线、西六环、京津二通道、京平高速、京承三期已开工建设，并相继建成通车。至 2007 年底，北京市高速公路通车里程达 628 公里，北京市收费高速公路总里程 524 公里，占全部高速公路里程的 83%。同时，北京市区域内各主要收费高速公路将实现联网收费。

进入"十二五"，北京市高速公路发展速度更加迅猛。为完善高速公路网络，建设京台高速北京段、京昆高速、京新高速（五环、六环）、110 国道二期、109 国道、京密高速等高速公路，并配合河北省、天津市加快首都外环线高速公路建设，市域高速公路通车总里程约 1100 公里，形成以北京为中心的"三环十二放射"高速公路网络。

2.2　产生高速公路智能化的原因

近年来，随着社会经济和技术的发展，以及居民收入水平的不断提高，居民的消费水平也在发生变化，汽车保有量逐年增多。据统计，北京市机动车保有量达到第一个 100 万辆，是从 1949 年到 1997 年，期间经历了 48 年；第二个 100 万辆，从 1997 年到 2003 年，经历了 6 年的时间；第三个 100 万辆，从 2003 年到 2007 年，经历了 4 年的时间；第四个 100 万辆，从 2007 年到 2009 年，经历了 2 年零 7 个月；北京提出限购政策后，机动车保有量的增长速度虽然得到了一定的遏制，但是 2012 年 2 月，还是突破了第五个 100 万辆（如图 1 所示）。

随着汽车保有量的不断增多，交通管理部门也进行了大规模的公路基础设施建设，但交通拥堵、环境污染等问题并没有因为道路基础设施的增加而得到根本的改善，却陷入了"汽车增长—交通拥挤—环境污染—修建道路—汽车继续增长—再建路—交通更加拥挤—环境继续恶化"的恶性循环。虽然 20 世纪 80 年代北京市就开始提出优先发展城市公共交通的理念，但公共交通总体发展依然相对滞后。加之国家鼓励发展家庭轿车的产业政策，越来越多的城市居民选择了购买家庭轿车作为日常通勤工具，在这种情况下，往往造成新改建道路通车后不久，反而诱增了更加大量的机动车。北京市收费高速公路交通量中，小型汽车达 77%，京石路、京开路、京承路、京哈路、机场路等五条路，小型汽车超过 80%。实践证明：解决交通拥挤，仅靠单纯的道路建设，增加交通设施供给，不仅会诱发交通量增加，更加刺激交通需求的增长，还使交通拥挤状况不但没有缓解反而却变得更加严重。

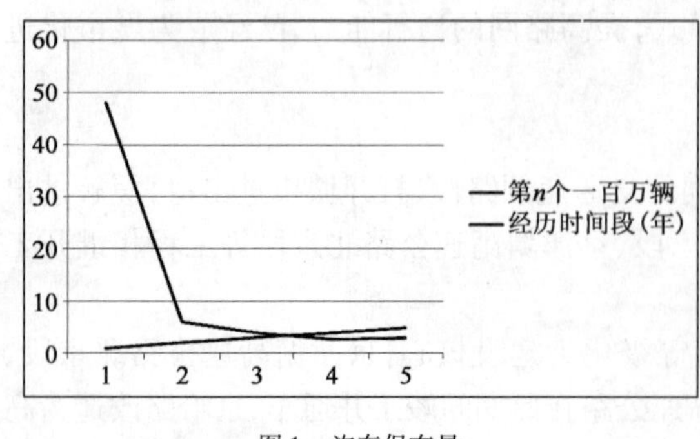

图 1　汽车保有量

因此，传统的交通管理理念已不适应目前管理的需要，我们必须依靠智能交通的方式，加大智能交通系统的研究和建设力度，发挥交通基础设施的潜能，采取不同的管理措施解决交通拥堵及环境污染等状况。

3　高速公路智能化管理的内涵及功能特点

3.1　高速公路智能化管理的内涵

所谓智能化管理，是指将先进的信息技术、数据通信技术、控制技术、传感技术、运筹学、人工智能和系统综合技术有效地集成应用于高速公路的建设和管理，使其具有语言、数学逻辑推理、视觉模拟或替代人的肢体运动的能力，从而加强车辆、道路、使用者三者之间的联系，形成一种安全、高效的运输系统。高速公路智能化的基本要素主要包括信息化和综合化：

(1)高速公路智能化是将原先分散的各个子系统有机的组成一个整体，大大提高了现有交通系统的管理水平、控制能力，并提高了交通网络的通行能力，减轻了交通对环境的负面影响，而且发展了交通运输行业的组织形式、管理水平、革新了交通运输观念；

(2)能完整地、实时地采集和发布高速公路交通信息及其他相关信息；

(3)交通参与者、交通管理者、交通工具、道路管理设施建设能实时和高效地进行信息交换。

3.2　高速公路智能化管理的特点

近年来，随着计算机技术的迅猛发展，智能化管理已越来越多地应用在日常工作当中，并发挥着无可取代的作用。高速公路智能化管理首先表现在硬件上，未来的交通运输系统的硬设备都带有芯片，整个交通运输系统就是一个大的计算机网络。交通科学与工程的发展，极大地促进了知识经济时代的到来。同时，新的知识经济时代对高速公路管理提出了更新、更高的要求。其次表现在软件上，这不仅表现在人机界面应该更加友好和人性化，而且还要求管理、经营、控制等方案的高智商。智能运输系统具有如下特点：

(1)智能运输系统具有以知识表示的非数学广义模型和以数学模型表示的混合模型，适合于对含有复杂性、不完全性、模糊性、不稳定性和算法未知的运输过程的描写具有分层信息处理和决策机构。智能运输系统的核心在高层模块，它对运输环境或运输过程进行组织、决策和规划，实现广义求解智能运输过程具有非线性特点。智能运输系统根据当前的客货流量的大小和方向，在调整运输系统参数得不到满足时，就以跃变的方式改变运输系统结构，以此提高运输系统的效益智能运输系统具有总体自寻优化的特点；

(2)高速公路智能化管理是改善交通传统管理模式，实行科学化、现代化管理，改善道路运营环境和提高服务水平，形成高效、优质、安全、舒适的道路运营体系的有效手段；

(3)采取高速公路智能化管理，可以在一定程度上提高交通运输的安全水平；减少交通堵塞，保持道路交通畅通；提高运输网络的通行能力；降低交通运输对环境的污染程度并节约能源；提高交通运输生产效率和经营效益。

4　我国高速公路智能化现状

中国智能交通系统的发展已有30多年的历史，到目前为止经历了三个阶段。

第一阶段从1973年至1984年，依靠我国自己的技术和国产设备，以电视监控与线控为起点逐步向面控系统发展，实现了以北京交通监控系统为代表的城市主要交叉路口的点控制及路段的线控制。

第二阶段从1984年起，北京、上海分别应用前南斯拉夫、美国和澳大利亚的面控系统，直到公安部组织完成了面控系统国产化的"七五"攻关。此后,中国几十个大中城市相继采用了国产的面控系统。

第三阶段从1993年起,中国部分城市开始了现代化综合交通指挥系统的研制与实施。这种系统不仅包括了交通信号控制和电视监视系统,还包括了自动检测系统、识别系统和不停车收费系统。

下面就简要介绍几种我国目前采取的智能化管理系统。

4.1 雷达测速联动大屏显示智能卡口系统

为了对违章驾驶员司机起到警示作用,高速公路上设置了"雷达测速联动大屏显示智能卡口系统",它是通过对高速公路车辆通行速度进行分析、判断,对车辆抓拍并将捕获到的超速车辆信息实时发布到附近的可变情报板上(如图2所示),以减少高速超速带来的危害。

"雷达测速联动大屏显示智能卡口系统"主要由前端采集模块、数据传输模块、信息发送模块和中心管理等模块组成。该系统的设计完全按照高速公路管理部门的流程习惯,操作人员易于掌握,并且在工作中遇到新的流程,可随时根据需要调整软件模块。后台管理软件采用C + + Builder 和 Oracle9i 的开发模式,B/S 的双重数据架构,提供开放的数据接口和联网功能,具有强大的多用户网络处理、统计分析、联机查询和决策分析等功能,有效地减少了操作人员的工作量。

4.2 道路检测智能分析子系统

传统的监控功能只能通过监视器实时、直观地再现部分道路和收费广场的实况,监控人员通过对监视器图像的人工监视,发现异常情况人工报警,提出事件处理和实施救援的建议措施,完全属于事后决策。这种监控方式对突发性较强的交通异常事件无法预测,易造成二次事故,如大规模的追尾等。为了提高高速公路的服务水平,尽可能地避免更大的生命财产损失,及时准确地检测出交通异常事件,提高系统的响应速度,为突发事件处理和紧急救援赢得宝贵的时间,引入了交通事件自动检测系统(如图3所示),检测道路交通流量、异常行车状况、事故、洒落物等。在交通事件智能监测器上内置基于视频分析的事件处理算法,通过道路沿线的摄像机图像进行分析,根据图像处理算法产生事件告警。该算法软件适用于白天、夜晚、雨、雪、雾等各类天气,能对高速公路上发生的各种交通事件进行检测,并且伴有声光告警信号提示监控值班员。

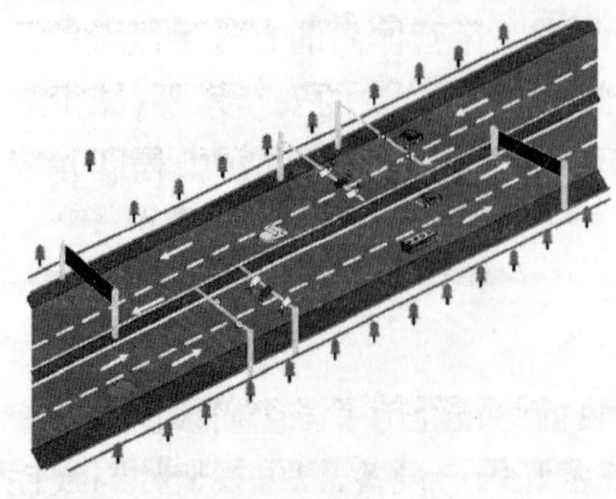

图2 可变情报板发布超速车辆信息图

图3 道路监控图

4.3 车牌自动识别系统

车牌自动识别系统(如图4所示),是在摄像机对好汽车牌照的最佳位置处设置传感器,当汽车驶入所设计的位置时,车辆检测部分就可检测到汽车位置传感器发来的信号,并同时发送一个触发信号给图像采集部分;图像采集部分将采集的汽车车牌图像信号送入图像处理与识别部分,以对图像进行预处理、二值化、字符切分、特征提取、再经字符识别程序,最后将识别结果写入数据库,供查询部分使用。

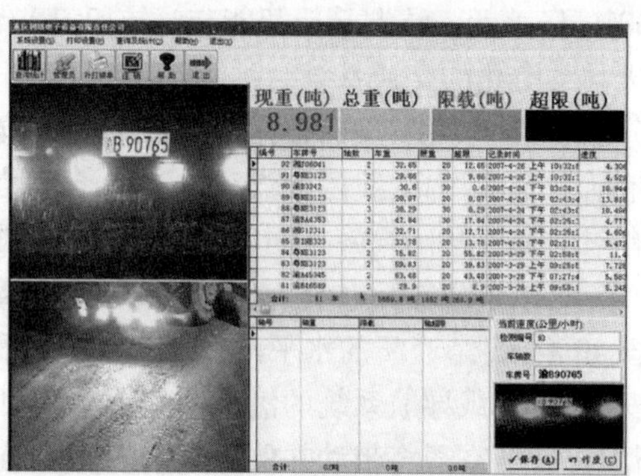

图4 车牌自动识别系统

车牌自动识别系统,无论在存储空间的占用上还是与管理数据库相连方面,都有无可比拟的优越性。这在高速公路运营管理等方面,有着广泛的应用前景。

4.4 ETC 电子不停车收费系统

ETC(Electronic Toll Collection),又名电子不停车收费系统,是目前世界上最先进的收费系统,是智能交通系统的服务功能之一。该系统是指,车辆在通过收费站时,通过车载设备实现车辆识别、信息写入(入口)并自动从预先绑定的 IC 卡或银行账户上扣除相应资金(出口),是国际上正在努力开发并推广普及的一种用于道路、大桥和隧道的电子收费系统。使用该系统,车主只要在车窗上安装感应卡并预存费用,通过收费站时便不用人工缴费,也无须停车,高速公路通行费将从卡中自动扣除。这种收费系统每车收费耗时不到 2 秒,其收费通道的通行能力是人工收费通道的 5 ~ 10 倍(见图 5)。

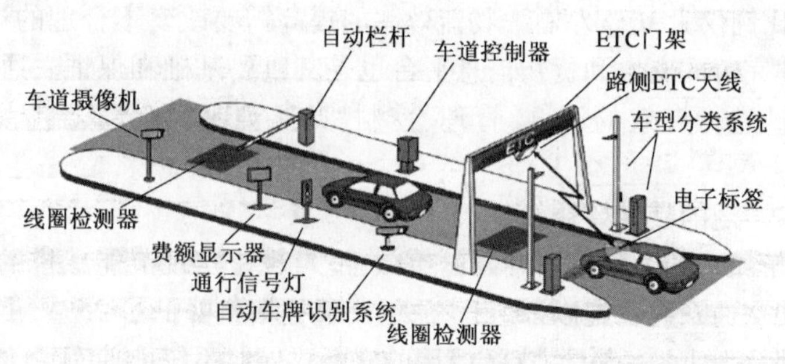

图5 不停车收费系统

通常 ETC 系统是不含视频抓拍的,而高清抓拍单元可以实现 ETC 车道通行车辆的联动抓拍功能,有效弥补了 ETC 系统无图像记录的缺点。通过高清抓拍单元与 ETC 设备的有效融合,形成了相关通过车辆的关联图像记录。通过调用注册车辆信息,对照车辆相关信息,方便日后稽查,也可有效预防电子标签被盗用进行核对留底备查,同时该系统所捕获的照片还可以看清驾驶员司机的人脸,更加增强了信息的说服力。

5 新形势下我国高速公路智能化管理的发展潜力

5.1 我国智能交通市场需求巨大

智能交通在欧美日等发达国家已得到广泛应用。日本 1998 年到 2015 年的市场规模累计将达 5250 亿美元,其中基础设施投资为 750 亿美元、车载设备为 3500 亿美元、服务等领域为

2000 亿美元。欧洲希望智能交通在 2010 年产生 1000 亿欧元的经济效益。相比于国外智能化和动态化的交通系统,我国智能交通服务手段和内容单一、运行效率和管理水平不高、地区分割和行业分割普遍,整体发展水平还比较落后。而近年来随着国民经济的快速增长和人民生活水平的提高,我国的汽车保有量迅速增加,交通出行量大幅上升,使得巨大的行车需要与有限的交通基础设施之间的冲突进一步加剧,必将催生出庞大的智能交通产品市场。

仅以车载导行系统为例,目前,我国车载导行系统的安装率仅为 2%,远低于日本 60%、韩国 40%、欧美 25% 的水平。按目前市场价格每台 10000 元计算,保守估计,若我国达到 25% 的安装率,车载导航系统的潜在市场规模就可达 1400 亿元。

5.2 智能交通将带动并催生庞大的产业链

发展智能交通在带动庞大软、硬件设备行业发展的同时,还将催生交通信息服务等新兴产业的形成,形成交通管理、出行信息服务、电子收费、应急管理、公共交通运营管理等不同的系统应用。从软、硬件产品看,智能交通建设需要大量芯片、光纤、传感器等产品,这些产品的研发、投资、生产,将拉动高科技产业增长,创造大量就业岗位。同时,智能交通信息平台的建设为交通信息服务业的兴起提供了基础,以位置信息服务为例,就包括了地图、定位、导航,以及智能交通调度、智能站牌、智能停车等服务,从而衍生出多个新兴产业。从美国已实施的智能交通系统看,其收益成本比低的为 2:1,高的达到 62:1,多数达到 10:1。

5.3 智能交通直接带来物流效率的显著提高

智能交通的发展能够显著改善物流效率,提高经济整体效益。目前我国物流运输车辆空驶率达 37%,车辆运输成本是欧洲或美国的 3 倍,物流运输成本占 GDP 的 20%。而在发达国家,物流占 GDP 的比例仅为 10% 左右。物流效率的提高需要改变不合理的运力结构,减少地方保护主义,但构建完善的交通和货物信息平台也是其重要基础和保证。通过智能化交通建设,可以对运输车辆进行有效的调度、管理、控制,真正实现"物畅其流",大幅度地降低空驶率。

5.4 智能交通带来广泛的社会效益

智能交通是缓解城市的交通拥堵问题的有效手段,也是实现节能减排的重要方式。2007 年,斯德哥尔摩智能交通系统实施以来,市中心的交通拥堵量降低了 25%,市中心的零售店也因此实现了 6% 的业务增长;在美国,广泛使用的交互式导航系统能使车辆废气排放量减少了 5% ~16%;在日本,智能交通实行后,可望在 30 年内将 CO_2 产生量减少 15%,NO_X 排出量减少 20%,燃料消费量降低 25%;欧洲计划到 2012 年,实现新车平均 CO_2 排放 120g/km,与现在相比降低 25%,其中,使用技术手段就可以将 CO_2 的排放量降低到 130g/cm,而另外 10g 主要应用信息和通信技术即智能化和创新的运输系统解决,包括智能化引擎管理、智能化车辆安全系统、智能化实时交通管理、驾驶人信息系统、集成化的物流系统等。

从国内已经实施的部分智能交通系统看,智能交通在城市内部交通方面可以减少 10% ~ 20% 的交通拥堵量,在高速公路方面可以增长超过 30% 的交通流量。

6 中国智能化管理应采取的主要手段和对策

国外的实践证明,在完善道路等交通基础设施的同时,加强组织建设、建立信息共享和协调机制、注重人才培养、加大科技投入,可以有效改变城市交通流量的时间、空间分布,从而较好的改善城市道路、高速公路状况。

6.1 进一步加强智能交通发展的组织建设

国内智能交通的推动工作主要由科技部联合公安部、交通部、建设部等有关部门,成立的全国智能交通系统协调指导小组。近年来,指导小组在智能交通的技术研究、系统集成、示范作用等方面取得了显著的成效,但在协调各部门间沟通、指导智能交通行业、监督行业标准实施等方面的作用是还有很大的发展空间。建议进一步加强智能交通发展政府机构力量,强化其在规划制定、部门协调、政策研究、技术研发、标准统一、市场秩序维护、质量监督、信息服务等方面的作用,促进我国智能交通产业健康持续较快发展。

6.2 建立部门间信息共享和协调机制

国内智能交通需要通过城市内部智能交通系统整体框架规划,建立信息共享平台,以促进各部门间的信息交换和深加工。在省市层面,可以尝试建立包括交通、公安等部门相关负责人成立的交通信息协调和监督小组,致力于不同部门间的信息共享平台建设和利用,最终建立全国层次的信息共享和协调渠道。

6.3 注重人才的培养

随着智能化管理的进一步发展,交通运输将会发生重大变化,而对专业人才的要求也与以往大不相同。为此,应加强国内高校、交通运输领域的科研单位与国外智能化管理部门的交流合作,派出人员学习培训,走出去、请进来,将最新的智能化技术融入交通运输专业的科研与实践当中,以高素质的人才去迎接新世纪的挑战。

6.4 加大科技研发投入,统一标准并提高执行力度

进一步加大智能交通领域的科技投入,鼓励、引导企业开展技术研发,加强产、学、研合作,组建由政府、产业链企业、科研院所、等产业战略联盟,在共性及关键技术的领域方面开展深入合作,力争形成更多、更好的,具有自主知识产权的产品、技术和品牌,改变核心技术受制于人的局面。大力提升标准水平和质量,增强标准公信力,并在全国推广统一的技术标准,建立完善的标准执行机制,为产业发展提供重要前提保证。

7 结语

经过一段时间的发展,我国智能交通系统从无到有、从小到大,逐步建立起自己的标准体系,研究、开发出具有自主知识产权的科研成果,并通过示范城市开展试验示范。随着新交通技术的不断发展、不断更新,智能化的交通产品已显露出传统方式无法比拟的强大优势,有其广泛的市场应用前景和强大的生命力。相信通过我们共同的努力,高速公路发展将成为符合国家、首都、交通行业形象的"智能路、畅通路、环保路"。

参考文献

[1] 吴渝铃、陈鹏、张凌. 高速公路智能化交通管理[J]. 科技信息,2012,(16):340-341.

[2] 焦伟. 试论述高速公路智能化的管理方案[R]. 天地伟业公司交通行业部,2009-02-11.

[3] 中华人民共和国中央人民政府. 北京市"十二五"时期重大基础设施发展规划[Z]. 2011-11-18.

[4] 王忠华. 高速公路智能化系统工程项目管理[J]. 中国交通信息化,2010:36-39.

突破创新深化管理　打造一流维修队伍

纪月玲

（北京云星宇交通工程有限公司）

摘　要　本人从维护维修的组织结构、管理模式、工作理念等方面阐述了实施精细化管理的必然性，结合工作实际情况介绍了管理得具体表现形式以及在把控管理中取得的一些显著的成果，并通过不断摸索、实践，总结创新服务模式，与业主之间形成良好合作关系。

关键词　维护维修　管理　精细化　提升服务

维修中心隶属于首发集团北京云星宇交通工程有限公司（以下简称公司），主要业务范围包括高速公路、市政道路、停车场、轨道交通等智能交通领域机电系统的维护维修、运营保障等业务以及办公自动化、信息安全管理、楼宇自控等行业的 IT 服务，承担着首发集团所属高速公路 MTC 与 ETC 混合收费模式下联网机电系统的运维保障工作。

在首发集团公司的正确领导和关怀下，云星宇维修中心的运营维护管理水平不断提高，在现行市场化的机电设备维护维修中，能准确地抓住市场脉搏，积极把自己融入市场竞争中，对外强业务、重服务，对内抓管理、促技能，不断提高运营队伍的管理水平，效果显著，主要表现在以下几点：

1　优化队伍结构，提高队伍素质

经过多年的锤炼，云星宇维修中心现今已形成一支由 231 人组成的高素质专业化维修队伍，其中本科以上学历占总人数的 45% 以上。在维护维修一线岗位上，根据机电系统设备地域分散广的特征，维护管理工作采取分布式管理模式，即维修中心—业务部—路段维修组的三级管理体制。

根据路段运营管理单位的不同、所处地域位置的不同、道路建设完工情况的不同，采取自上而下的分布式管理模式，有针对性设立 6 个维护业务部（京开、京承、机场、八达岭、京沈、信息中心），并根据管理分中心路段区域的不同，在 6 个业务部基础上又分为 17 个路段维修组，并拥有一支由各方面技术专家组成的技术支持团队进行硬件、软件技术保障及技术研究。

通过建立三级管理机构，并使之与运营管理单位—路段监控中心—收费站级业务管理相适应，简化了工作和办公流程。

2　提升服务质量，强化工作理念

优质的服务、科学的工作理念是树立公司品牌的最好载体。云星宇维修中心作为公司高速公路机电系统运行保障的重要部门，多年来，秉承“事先计划、事中控制、事后改进”的工作理念，始终服务在高速公路一线的岗位上。随着设备的不断更新，业主对维护维修的要求也越来越高。为此,维修中心积极转变工作思路,通过对设备的故障发生规律进行统计分析,及时预见故障发生的征兆,逐步实现了从“事后维修”向“预防性维护”的转变,并通过严格的维护维修标准化作业、完善的各级运维保障机制,不断提升服务质量,努力争创一流维修队伍。

3 专注细节把控,实现精细化管理

多年来,云星宇维修中心在分布式管理模式的基础上,总结以前的维护维修管理经验,全面推行了管理精细化,从资源配置、业务书籍编纂到息管理系统、综合业务平台、教学测试平台等多方面层层细化,实现了维护维修管理的标准化、信息化。

3.1 优化资源配置

高速公路机电设备复杂多样,而分布式管理模式的实施使维修人员、专业设备、备品备件、应急车辆等各种资源都得到了更合理的优化配置,大大降低了运营成本。同时,信息管理系统的建立,使维修各组之间能有效地进行技术和信息交流与互动,从而实现了资源的共享。此外由于机电系统运营过程中随时可能发生突发问题,这就需要在考虑整体运行的前提下及时调配可用资源,如人员、车辆等进行应急支援处理,提高了工作效率。

3.2 搭建综合业务平台

随着队伍的迅速壮大以及维护维修经验的不断积累,维修中心应对机电系统设备维护和维修、应用软件维护、系统改造设计及施工等各类复杂工作的能力日益提高,与此同时维修中心及时建立了“综合业务网络管理平台”,为实时高效的软、硬件维护维修作业提供了有力的技术保障。

3.3 建立教学测试平台

近年来,维修中心涉及的技术服务路段、服务范围不断扩大。本着“突破瓶颈,不断创新”的目标,维修中心建立了教学测试平台。该平台作为实操基地,以高速路机电系统作为参考,实现了总中心、分中心、车道及外场设备的各项功能的模拟,并配有工作站、服务站、票据打印机、车道控制器、信号显示灯、自动栏杆机等设备,能够现场模拟路上各种设备测试,为新员工技能培训、新设备新技术应用检测、技能比赛和技术交流活动等提供了一个高速路机电系统实践基地。

3.4 制定5S管理制度

结合精细化管理的推进,维修中心制定了5S管理制度,对各个班组的办公区域、宿舍、维修现场提出了明确而详细的目标。通过实施5S管理,提高了维修队伍形象,改善了维护维修品质、提高了生产力、降低了成本、确保了安全运维及保持维修人员高昂的士气。

3.5 编纂指导手册

经过长时间的不断学习和摸索,总结多年来的实践经验,维修中心多名专家、业务骨干经过潜心研究自主编纂了《高速公路机电系统维护指导手册》、《高速公路联网机电系系统信息安全培训手册》、《高速公路联网收费系统DB2数据库迁移手册》等软硬件、信息安全技术指导操作手册11本,目前已经印制275册。

3.6 引导班组建设

为了引导班组建设,提高团队战斗力和凝聚力,维修中心积极推进了六型班组建设,通过创建学习型、创新型、安康型、和谐型、效益型、技能型班组的活动促进高技能人才建设以及职工队伍整体素质的不断提高,促进维修队伍整体稳定持续发展,增强了维修中心自主创新能力和竞争能力。

4 联合互动互助,创新服务形式

机电维护维修,从表面看,服务的对象是设备,但是,从根本上来说,还是对业主的服务。为了给业主提供满意、高质量的服务,云星宇维修中心作为高速一线机电设备的保障部门,为了提供更好地服务,与业主之间保持良好的服务关系,结合自身工作实际,形成了互动互助的沟通方式。

4.1 与业主共建档案资料室

维修业务部与业主将相关资料统一整理存档,包括各类型机电建设工程资料、运维业务机电管理日常运转表单、典型设备的技术资料等,实现了档案资料共享。

4.2 与业主达成培训共建项目

为新入职收费员、监控员提供岗前培训,包括设备操作、信息安全管理、机电运维管理技能技等方面内容,并提供后续的答疑解惑;与此同时,业主的一些如管理、技能讲座的培训,业务部人员也积极参加。

4.3 与业主开好务虚会

为了满足业主各方面诉求,业务部每年组织两次务虚会,就如何减少投诉率、如何提高服务质量等与业主进行探讨,确定共建项目的合作与开发,征集建议和意见并及时进行整改。在了解业主心声的同时,更好地为业主服务。

4.4 与业主建立联动机制

主要包含机制联动和资料物品联动,机制联动包括联合演练、制定应急工作流程、成立联动成员队伍等;资料物品联动包备品备件资源的共享,即将业主库房备件挑选一部分作为联动共享资源,维修组能够在紧急时候有权使用和调配,从而提高了应急处置速度。

通过互动,业务部与业主之间形成了良好的协作互助关系,投诉率大大降低,在确保设备正常稳定、高效运行的同时,以高效优质的服务赢得了业主一致的认可和支持。

自成立至今,云星宇维修中心在首发集团的带领下,已完全了具备为运营单位提供高质量、高水平的运营维护服务的能力。多年以来,维修中心承蒙各运营单位的信赖与鼎力支持,在社会认知度得到不断提高的同时,也荣获北京市第二十四届企业管理现代化创新成果一等奖等多项殊荣。

相信在首发集团"绿色高速、人文高速、科技高速"理念的指引下,在首发集团领导的大力支持下,云星宇维修中心将充分把握和利用战略机遇,充分发挥自身优势,继续秉承服务文本、勇于创新、稳步发展理念,为首发集团的持续稳定发展作出更大的贡献。

论运营服务水平的提高

刘增银

（首发集团京沈路分公司机场北线收费管理所）

摘 要 本文结合当前高速公路运营服务发展现状，提出了当前服务水平存在的问题，分析产生这些问题的内外原因，并提出了四点解决措施，同时提出了对未来高速公路服务行业的发展展望。

关键词 服务水平 培训 内外因素

在社会经济迅猛发展的时代，人们对服务有了更高的标准与期待，高速公路作为窗口行业，一直受到各方的广泛关注，服务质量的好坏将直接影响到公司、首都的形象。本文从多角度来探讨目前的服务现状和存在的问题，并提出相应的改进措施，力求通过多方努力实现科技高速、人文高速、绿色高速的目标。

1 高速公路服务质量现状

在分公司高速公路里程不断增加，人员爆炸式发展的今天，对服务水平有了更高的要求。目前服务质量现状可以总结为以下几个特点：①员工服务意识一般，普遍能做到微笑服务，基本能达到服务过程四部曲中第一、二步骤的要求；②基本能够秉承应征不免，应免不征的收费原则，耐心为车户讲解收费政策，能够为车户提供指路等延伸服务；③员工业务及服务水平参差不齐，员工个体存在较大差异；④车户对服务基本满意，但员工服务水平还有很大的提升空间。

2 制约服务水平提高的因素

2.1 服务质量难以准确评价

对服务质量进行准确评价和测定是做好高速公路通行服务工作的重要环节。虽然对服务质量有一定的衡量标准，定期对车户发放调查问卷进行测量，但是，由于服务产品不同于有形产品，服务质量的评价取决于车户的直接感知，取决于车户的主观感受。而每位车户的认知水平、心理预期等因素存在差异，对于所接受到的同等服务，不同车户的感受也有所不同。所以，准确、公平地衡量服务质量存在一定的困难。

2.2 员工自身综合素质有待提高

分公司一线收费人员属于年轻的团体，员工平均年龄 20 岁左右，员工自身存在一定的问题：一是刚迈入社会，对工作认知度较低，对工作期望值较高，不珍惜现有工作，辞职率居高不下，员工队伍不稳定，集体凝聚力不强；二是一线员工大多来自中专、职高等院校，员工自身综合素质较低，缺乏对自身职业生涯的整体规划，学习能力及各方面综合水平有待进一步提升；

三是服务质量的高低从根本上取决于收费人员的服务意识。虽然收费员在上岗之前接受过相关的培训,但是车户已经不满足于简单的你好、再见等普通服务,员工服务意识有待加强。

2.3 缺乏提升服务的内在动力

分公司注重对窗口行业服务水平的提升,并通过开展劳动竞赛等形式大力推行高水平服务,但是由于奖励机制的不健全造成目前惩多奖少的局面,许多收费员工因付出与回报不成正比而缺少了服务的动力,造成一部分优秀员工的流失,年人员流失率达到20%以上。如何提升员工的工作积极性,提升员工队伍的集体凝聚力和向心力,是提升服务质量的重要影响因素之一。

2.4 外部环境对服务的影响

虽然服务质量在不断提升,但是与车户逐步提高的服务需求还存在一定差距,受到外部环境的影响与制约。一是部分站点站区设备老化,设备性能的滞后性影响收费员工的操作,对收费速度造成一定的影响;二是站区拥堵等特殊情况,导致通行能力下降,给服务水平的充分展现造成一定的障碍;三是标识、标牌不清晰,个别路段收费不合理,给收费员提供延伸服务、解释收费政策带来一定的困难。

3 提高服务水平的具体措施

目前高速公路行业已经步入稳定发展的阶段,如何科学、全面地分析和评价目前的服务质量,并针对现状以及对服务产生的不良因素进行有效改善,最终提高服务水平成为迫切需要解决的课题。

3.1 树立正确的服务意识,培养正确的服务理念

观念的树立是切实有效提升服务水平的主要途径之一,应对一线员工树立正确的服务意识,培养正确的服务理念。教育和引导员工正确认识工作性质,做到主动服务,微笑服务,做到干一行、爱一行,在为车户提供优质服务的同时,展现企业良好形象。服务过程中从车户角度出发,解决车户实际困难,由被动服务逐渐转变为主动服务。让员工的服务源于内心,源自真诚。同时,在分公司不断发展的过程中,积累了丰富的服务文化,如:“车户至上,服务第一”;“微笑是最好的礼仪,快速是最好的服务”等等。加强对企业文化的宣传与渲染,提高员工队伍整体凝聚力,对提升服务水平起到积极的促进作用。

3.2 拓宽培训形式,发挥先进典型的引领作用

加大对员工日常培训是提升服务水平的又一途径,而惯有的教学式培训模式不利于培训内容的掌握与贯彻。因此,应从培训内容与方式上着手,不断丰富培训内容,拓宽培训渠道。一是扩大培训范围。分公司针对不同群体的特点,对管理人员、班组长开展了丰富的培训课程,但一线人员的相关培训较少,应扩大覆盖面,为其创造更多学习的机会。二是拓宽培训形式。利用多媒体等电子设备,从培训的形式上进行改进,采用播放电教片、现场互动、到其他服务行业相关单位交流学习等方式调动员工积极性,提升培训效果。三是发挥先进典型作用。分公司自成立以来先后涌现出方秋子、张静等一批优秀员工,可采取先进典型下站交流,各站优秀员工间相互交流的方式,充分发挥先进典型的模范带动作用。

3.3 改善奖励机制,促进良性竞争

良好的竞争与激励机制能够提升员工的工作积极性,进而提升服务水平。因此,应针对一

线岗位的特点对现有考核体系进行完善,使现有考核机制对员工起到一定的激励作用,促进员工间良性竞争。鼓励员工参加社会各类学习与培训,不断提升员工综合素质与能力,提高员工核心竞争力。同时,为员工提供更加广阔的发展平台,营造浓郁的工作、生活氛围,培养员工的企业归属感,从而有效提高员工服务水平,打造高素质队伍。

3.4 总结服务经验,探寻服务技巧

经过多年服务工作的积累,对服务有了更加深刻的认识,在服务过程中应做到真诚、真情、真心。为车户提供真诚服务,让车户感到亲切的同时,产生信任感和归属感;把一腔真情倾注到服务工作中,为车户排忧解难;倾注真心,用心服务。同时,在日常工作中应不断探索工作方法、服务技巧,达到高水平服务。

3.5 注重员工业务水平的提升

收费员的理论知识与业务技能是服务工作上水平、上档次的基本功。除了组织员工参加各类业务培训外,还应广泛学习、借鉴国内、国际先进的服务理念和经验,不断丰富服务内涵,优化员工知识结构。收费员的技能操作本领是做好服务的硬件基础,不仅要会,而且要精,拥有过硬的操作技能是高标准服务的根本保证。应加大对点钞、假币识别、小交通等基本功的训练,熟练掌握各项业务技能。

3.6 服务过程因人而异

服务过程讲求人性化、灵活化,在服务过程中注重研究揣摩车户心理,根据车户的年龄、性别、文化层次、工作性质把握服务用语和形式:对待年老车户要主动;对待年轻车户要细心;对待外地车户要热情;对待性格急躁的车户要耐心;对待过激车户要诚恳。在与车户沟通交流的过程中,营造和谐的氛围,建立畅通的沟通渠道,拉近与车户的距离。

4 对高速运营发展的展望

十几年的发展,让我们成为行业的领跑者,今后的展望可用以下 28 个字概括:优美的站区环境,良好的精神风貌,快速的通行保障,优质的服务水平。

优质的服务是高速公路形象的“代言人”,良好的服务将赢得车户的长期信赖,作为窗口行业应提升高速公路整体服务水平,围绕企业“三大战略”、“六高目标”,全面推进“三个高速”建设,促进企业又好又快发展。

参考文献

[1] 肖伟. 关于提高高速公路服务水平的意见及对策. 黑龙江交通科技,2011(7).

[2] 田燕玲. 浅论提高高速公路收费服务水平. 中国高速公路管理学术论文集(2010 卷)[C],2010.

[3] 刘伟清. 高速公路营运管理专业知识与实务[M]. 北京:人民交通出版社,2006.3.

[4] 吴毅洲,梁华,卢晓春. 高速公路营运服务质量管理体系的建立与实施[J]. 广西交通科技,2002,12(4).

[5] 胡啸峰. 高速公路整合管理体系建立后开展优质服务工作的探讨. 中国高速公路管理学术论文集(2011 卷)[C],2011,10.

浅论提高高速公路收费服务水平

薛美杰

(北京市首都公路发展集团有限公司八达岭高速公路管理分公司)

摘　要　随着城市交通事业的飞速发展,市场经济服务理念的不断提升,高速公路收费窗口行业便成为现代服务行业中被大众广泛关注的焦点之一,高速公路收费服务水平在一定程度上直接影响着人们对地区文明程度的看法和认知。因此,提升高速公路收费服务质量,提高收费服务水平,塑造良好的窗口形象,满足客户对高速公路服务多样的需求,是高速公路管理者不懈努力的方向。八达岭路分公司从加强高速公路收费运营管理,推进收费服务标准化与规范化,塑造良好的服务意识与习惯三个层面提高高速公路收费服务水平,努力实现收费服务最优化。

关键词　收费站　服务水平　服务标准　服务习惯

随着城市交通事业的飞速发展,市场经济服务理念的不断提升,高速公路收费窗口行业已然成为现代服务行业中被大众关注的焦点之一,能否为客户提供安全、畅通、快捷、优质的通行服务,日益满足客户对出行的广泛需求在一定程度上直接影响着人们对地区文明程度的看法和认知。高速公路收费站是高速公路基层运营单位,也是高速公路文明服务的窗口,其管理水平决定了整个高速公路的管理水平,其服务水平不仅代表着一个企业的形象,更发挥着高速公路服务社会的作用。因此,提升高速公路收费服务质量,提高收费服务水平,进一步塑造文明的窗口形象,满足客户对高速公路服务多样的需求,是高速公路管理者不懈努力的方向。

1　高速公路收费服务行业的问题

由于中国历史的原因,我国社会更多地注重在生产领域实现的标准化,缺乏对服务领域的严格标准。随着经济的飞速发展,物质生活水平的不断提高,人们的服务理念与服务需求不断提升,而服务领域的标准与水平已远远不能够与经济的发展速度,人们对服务的多样化需求相适应。高速公路收费服务行业是服务领域中的重要组成部分,高速公路收费服务水平是高速公路行业发展水平的最终体现。高速公路收费运营管理水平与收费服务水平的高低影响着客户对高速公路行业的认可程度。

高速公路收费服务行业的问题主要体现在:一是高速公路收费运营管理制度尚不完善,管理方法、措施还不够全面、到位,管理力量有待进一步加强。二是对高速公路服务标准研究深度不够,各方面标准制定的不是非常全面,缺乏完善的服务体系,还不能实现高速公路收费服务的标准化。三是服务意识和服务理念有待进一步加强。让服务行为渗透到服务意识上,实现自觉践行高水平服务的习惯,才能实现收费服务最优化。

2　深化服务管理层次　提高收费服务水平

面对高速公路收费服务行业的飞速发展,如何才能处理好高速公路收费服务中出现的问题,并及时、有效地采取正确、合理的解决办法是实现收费服务最优化的方向。八达岭路分公司认为加强收费运营科学管理是提高高速公路收费服务水平的重要手段;建立起相关的收费服务标准是实现科学管理的基础;塑造良好的服务意识与服务习惯是实现收费服务最优化的核心。

2.1　加强高速公路收费运营管理

2.1.1　当前收费运营管理主要存在问题

八达岭路分公司通过认真研究分析,发现当前收费运营管理工作主要存在几方面问题:①随着一线收费队伍在不断壮大,队伍年轻化,管理力量相对薄弱的问题日益凸显。②收费运营管理制度尚不完善,管理方法、措施还不够全面、到位。③高水平服务还不够高,在收费服务过程中投诉事件时有发生。④面对城市交通拥堵问题严峻形势,挖掘疏堵保畅潜力,加强疏堵保畅能力有待进一步提高。⑤应急反应、处置能力有待进一步加强,与各有关单位的联动协调能力需要强化。

2.1.2　加强收费运营管理的具体措施

(1)实施所级纵横管理模式,优化管理组织结构

随着首都高速公路路网的不断完善,所辖路段、站点不断增多。收费队伍日益庞大及人员的年轻化,造成收费班组管理难度与日俱增。为加强收费运营一线的管理力量,尽可能减少收费队伍中存在的不稳定因素,八达岭路分公司结合管辖路段及管理人员特点,在各收费管理所实施副所长包片、管理人员包班两个层面的所级纵横管理模式工作,各收费所制定具体的适合自身工作实际的实施方案,定期(月度、季度、半年、年度)进行效果评定与经验交流工作。实施纵横管理模式横向拓宽副所长管理范围,打破副所长内外业分工模式,通过区域包片管理,提升副所长统揽全局的能力;纵向将拉伸所管理人员管理半径,通过责任包班管理,加强管理人员对班组工作指导,从而起到加强班组建设的作用。

(2)实施人才发展战略,培养T字型人才

为加强管理人员力量,开展管理人员业务竞赛活动,充分调动管理人员的积极性;加强骨干力量培养,通过重点培养对象到不同岗位轮岗培训体验,提升层面、积累经验,给员工创造施展才华的空间,创造锻炼学习的机会;加强先进典型培养,不断总结、挖掘和培养收费队伍中的典型先进人物,并在广大员工中进行推广、宣传,真正发挥典型先进的示范、带动、辐射、激励作用,引导更多的员工共同进步。

(3)增强主动服务意识,降低服务投诉率

服务质量投诉率的高低是一个公司整体服务水平的重要表现。降低服务质量投诉率,是提升公司整体信誉和竞争力的客观需要。八达岭路分公司利用现有服务评价器评测客户满意度,开展调查互动活动,在了解客户需求的基础上,采取内部评价与外部评价相结合的方式,收集客户意见;为增强员工掌握服务技巧,提高服务纠纷处置水平,采取定期召开服务质量投诉分析会,对发生的服务质量投诉事件逐一进行细致分析,并形成有效的服务质量整改措施,杜绝类似投诉事件的再次发生;为及时有效处理客户服务纠纷,建立起客户投诉分级处理机制,

将接到的客户投诉事件按照性质和紧急程度进行分类分级处理，确保客户投诉处理流程运转顺畅高效。

（4）创新疏堵措施，有效提高通行效率

八达岭路分公司率先提出“车队快捷通行”服务理念，制定相关管理规范。企事业单位的大型活动、民间结伴自驾游、婚丧嫁娶等需要集体出行的车队，采取提前预约、统一付费、专道通行的方式，即可快捷、安全的通行于高速公路收费站区。此项举措使车队通过站区时手续简单，车辆不易掉队，车队安全、快捷通过站区。多年来，在北京市高速公路中推广应用过程中，为客户在组织车队通过收费站区提供了方便。

为进一步提高站区通行效率，八达岭路分公司挖掘复式收费潜力，从数据测试分析、人员排布方式、各收费点位工作标准、人员动作配合等四个方面进行梳理和规范，形成业务能力评定－选人－搭配－应用的匹配高效复式收费工作管理体系。通过对复式收费人员业务水平和复式点位这些主观可控因素的合理匹配，在完成交费程序后，最终实现驶离收费窗口的车辆，由单一运转，转变为两辆或多辆同时驶离的批次运转，从而有效提高车道资源的利用率，提升收费站区的通行能力。目前，匹配高效复式收费管理体系已在首发联网的高速公路上广泛推广应用，并在黄金周、小长假等车辆高峰期时段发挥较大作用，单车道通行效率提升15%～20%，有效缓解了拥堵压力。

“刘永德车型判别精准法”在八达岭路分公司京新太平庄站试用后，对提升站口通行能力起到了良好的效果，且对车型判别有普遍指导意义。八达岭路分公司为了使该方法在疏堵保畅中的保障效果最大化，在原有判别法的基础上，继续完善区别货车车型划分的相关信息，总结归纳车型判别精准法，使员工在工作过程中能够做到快速准确判别，提高发卡、收费速度，提升站口通行能力。

（5）完善应急处置预案，发挥站级联动机制

八达岭路分公司为了向客户提供更加优质的通行服务，把疏堵措施与突发事件应急处置相结合，通过搜集、总结各路段特殊情况处置案例，应急保障措施等应急处置工作，完善应急处置预案与突发事件应急救援体系。组织员工做好预案的培训学习工作，注重提高员工应对突发事件及特殊事件的能力，注意培训特殊事件的处理技巧、沟通能力，提高员工应急处置能力。发生特殊事件及时与路产、养护、交通执法部门等相关部门联系，确保信息传递及时到位，处理得当，处理过程资料文件保存完好。

2.2 推进收费服务标准化与规范化

2.2.1 推进收费服务标准化与规范化的意义

高速公路收费服务标准化与规范化是实现科学管理的基础，也是服务质量的主要考核依据。对于客户来说，对高速公路运营单位的印象基本上来源于收费服务的质量。建设收费服务规范化与标准化能够进一步完善服务标准和规范收费人员操作行为、收费站区的工作秩序，发挥收费运营管理的服务效能，提升客户对高速公路收费服务的满意度，为企业创造更多的经济效益和社会效益。

2.2.2 推进收费服务标准化与规范化具体措施

八达岭路分公司以《高速公路运营管理手册》为基础，以《高水平服务标准》为依据，结合“优秀收费站区”打造情况与各项工作的考核结果不断完善《收费站区规范化标准》，对收费服

务质量、服务标准、基本要求、基础管理、业务技能、服务礼仪、安全管理、联动工作、通行保障、站区环境等方面进行了规范和统一，推进收费服务向标准化、规范化、精细化迈进。

(1)完善员工收费服务星级评定工作，打造高素质队伍

为了深化评定工作，完善评定机制，充分发挥星级评定的约束、激励作用，八达岭路分公司结合员工收入比例的调整，加大考核力度，对考核内容进行一定程度的细化，使考核标准更贴近收费员工工作实际与运营管理实际。此外，八达岭路分公司根据高水平服务标准、规范化标准，在收费服务中展开星级评定。为了能够准确掌握员工星级水平，八达岭路分公司在细节上结合现阶段收费运营管理的实际，在星级评定上进行了细微调整，将延伸服务等项目考核从试卷形式调整为现场抽查形式，收费部联合稽查部，重新测算两项标准的达标率情况，保证所得到的评定结果具有更强的真实性。

八达岭路分公司按照员工星级评定结果，加强对员工文明服务、业务技能等方面的要求。围绕快速、准确、文明、热情和延伸服务五方面，按照《高水平服务标准》的要求，开展深入的业务摸底、多层次的互帮互促、全方位的业务培训、多形式的岗位练兵活动，增强员工的业务素质和服务水平，打造“业务熟、技术精、服务好”的技能服务人员队伍，提升企业的核心竞争力。

(2)完善收费服务语言标准，提升窗口服务形象

面对岗上特殊事件处理的复杂性以及新员工多等特点，为了培养员工流畅的语言表达能力与随机应变能力，有效提高服务质量，杜绝服务忌语，八达岭路分公司为员工编制了一本《高速公路服务规范用语》(试行版)实操手册，完善收费服务语言标准。主要内容包括：收费人员服务用语规范、个性化问候语、特殊情况服务语言规范、眼神服务语言规范等九部分内容。目前，手册已在运营一线全面推广、应用：一是面向新员工的培训；二是作为服务用语的考核标准，目的是实现收费服务用语统一、规范、甜美、自然，使员工具备流畅的语言表达能力及应变能力，进一步树立良好窗口服务形象。

(3)规范基础管理，实施国检常态化管理

收费管理部在实施国检常态化考核基础上，对照现行制度查漏补缺，梳理内业管理、票证管理、质量记录管理等多项常态化工作标准，为将国检检查评分标准与现行考核体系有机结合起来，依据新版《高速公路运营管理手册》、新版《高水平服务标准》、《员工奖惩办法(讨论稿)》、《2011年全国干线公路养护管理规范化检查评分标准》、北京市交通委员会路政局《收费(高速)公路运营养护管理工作检查评分标准》，进一步改进、完善了《收费管理部两级考核及星级评比办法》，增加了“国检常态化考核办法”章节，对考核记分分值明细表中可能导致严重后果的违纪条款加大了考核力度，共对严重违纪问题及一般违纪问题中126条条款进行了修订，增加31项条款。新考核办法试行后，将国检标准予以常态化，规范了日常管理工作，对考核工作起到了激励约束作用。

(4)完善站区环境布设标准，美化站区环境

站区环境是收费站区服务水平最直观的表现。八达岭路分公司严格按照国检布设标准和“优秀收费站区”对站区环境的布设要求，对收费站区岛头、标识、标线、地下通道等基础设施进行整改。通过设置规范、统一、温馨的提示牌，为客户提供气候提示、路况提示、节日祝福等信息；采取各种方法进行收费额提示，如设置站区广播设备、摆放提示牌等，让客户准备好零钱，加快收费速度；增设对外服务的设施、工具等，如修车工具、小药箱等，让客户驶入站区有宾

至如归的感觉。此外,每日安排专人对所辖站区环境进行清理、美化,并集中对车道油泥、岗亭外壁进行清理,把美化站区环境作为日常工作规范的一部分,按照环境卫生检查表,每日对站区卫生进行巡查,保持对营造优美站区环境的约束力。各集宿地对办公、住宿场所进行日常清扫、整治,充分利用闲置空地,种植各种时令蔬菜,搭建谈心亭、打造小景区,营造和谐的工作氛围,也陶冶了员工的情操,让员工有家的归属感。

2.3 塑造良好的服务意识与服务习惯

每一位员工既是收费服务的管理对象,也是收费服务的主体和实施者,是提升收费服务水平的内在动力。因此,提升收费服务的整体水平的关键是让每一位员工最大程度发挥服务潜力,通过培训、学习、考核等多种形式提高员工队伍的整体素质,将规范化、标准化的行为渗透到服务意识中,主动为客户服务,克服生、冷、硬的服务态度,形成自觉践行服务的好习惯,赢得社会对收费服务行业的理解和支持。

八达岭路分公司在塑造员工服务意识和服务习惯上积极探索,开展了岗前职业习惯训练特色活动,通过利用岗前10~15分钟,组织员工开展管理人员送生日祝福、培训服务用语、肢体语言、岗前一笑讲幽默故事以及岗前训词,提振士气等训练项目。培训过程中重点加强员工对服务标准的训练,规范岗中操作行为,对常出现问题的服务行为及时培训,强化员工记忆,将良好的服务行为渗透到员工服务意识上,最终养成服务习惯,形成和谐的企业文化氛围。

为了使岗前职业习惯训练活动有计划、有步骤地开展,八达岭路分公司收费管理部结合《收费站区规范化标准》制定了《岗前职业习惯训练手册》,各收费所根据所内实际与《岗前职业习惯训练手册》,制定所级服务培训方案,组织员工培训学习。八达岭路分公司组建了志愿服务团队,团队由服务手势规范、服务语言标准、服务习惯良好的员工组成。通过志愿者的讲解、示范,带动员工共同进步、同步提升。各收费管理所还兼顾统一性与灵活性,通过形式多样的活动发挥潜能,突出特色。通过组织学习、培训、评比竞赛、知识竞赛、主题演讲、采集拍摄训练视频等形式,使员工对训练内容深刻领会、牢记于心。在浓郁的活动氛围下,员工服务训练热情高涨,服务习惯逐步形成,服务水平明显提高。

3 结语

加强高速公路收费运营管理,实现收费服务标准化与规范化,端正收费人员服务态度、服务行为,提高服务质量,塑造文明服务窗口形象,提高收费服务水平,全力打造高速公路企业服务品牌,是一项长期的工作。八达岭路分公司会不断深入研究,针对实际情况认真分析,采取有效措施,为高速公路收费服务行业的和谐发展贡献力量。

浅议高速公路收费稽查工作

吴　珊

（首发集团京开高速公路管理分公司稽查管理部）

摘　要　近年来，高速公路运营的科技化应用不断增多。为了更好地适应变化，稽查管理工作也要随之发生改变。本文浅议现阶段稽查工作以及稽查的科技应用，来提高稽查能力，发挥好稽查职能。

关键词　高速公路　收费稽查

1　引言

随着高速公路联网收费的逐步推进，科技化应用在给运营管理带来便利的同时也暴露出许多问题，使得稽查工作也需要做相应的改变来保证收费工作的正常秩序，确保收费额足额上缴，做到应征不漏，应免不收。

与传统模式的稽查工作相比，目前的稽查工作需要根据新设备的特点和新环境的变化来调整工作重点，把对后台联网收费报表的稽查利用科技手段更好的实现对运营收费环节的监督检查。同时提高征费能力，查处偷逃通行费行为，仔细筛查收费环节可能存在的漏洞，及时堵漏以完善收费流程，挽回通行费损失。

2　现场稽查的科技应用

现场稽查主要是稽查人员对一线运营人员（收费员、收款员、保安员）进行的内部检查，包括文明服务、劳动纪律、工作程序、安全等方面。为了更好地体现公平公正，现场稽查时稽查人员应不少于两人，并且应做好记录，详细记录被稽查人信息和稽查内容、稽查时间等以便纪律，规范收费业务程序的作用。

2.1　移动终端的应用

为了免去现场稽查业务数据的手工记录和二次录入，提升稽查工作效率和质量，可引入移动设备来辅助现场稽查。以PDA手持设备为信息终端，以先进的3G无线技术为网络支撑，设计研发的高速公路移动稽查工作站用于支持稽查员随时随地、及时准确地对基础业务信息进行浏览、查询、核对；实现征费稽查外业检查数据的现场数字化采集；并根据需要通过3G无线网络、内部局域网或数据同步工具，进行稽查业务数据上传，协助稽查管理人员更有效地开展工作，便于各级运营管理者实时了解稽查业务情况，加强分析与决策力度。

2.2　与其他部门相互配合，信息共享

现场稽查一方面能帮助稽查人员发现一线运营人员的违反纪律现象，如携带违禁品等。另一方面，通过现场检查票、款、卡三项是否相符，来稽查收费人员是否足额上缴通行费。这不

仅要收费员的配合,还要监控部门的配合再结合收费系统的数据等来进行稽查。具体配合主要如下:

(1)稽查员现场检查收费员账目时,一名稽查员记录收费员现场收费的最后两辆车的通行卡号和入口站。(为了确保监控中心数据上传完整)另一名稽查员与监控中心联系申请封道,并说明封道原因。封道申请批准后让其收费员变更车道指示灯,并让保安员疏导车辆进行封道。

(2)稽查员让该收费员进行下岗操作,询问监控员当班次收费员的特殊事件,上报收费员的详细信息让监控员进行冲账。监控员通过《北京联网收费系统》进行冲账。将冲账后的流量和应收金额告知查账人员。

(3)稽查员对收费额进行清点,清点后让该收费员进行确认。

(4)票款卡三项相符的填写现场检查记录并且签字确认。三项不符的开据稽查通知单。如现场发现收费员的账目不正常需要进一步核查的及时上报稽查班长,等待指令。

(5)帮助收费员整理好通行费,与监控中心联系准备开道。

由此可见,在现场稽查中,监控中心起到了不可替代的作用。作为监测收费业务数据,记录特殊情况等职能的部门,监控中心握有大量业务数据,对稽查工作极有助益。稽查工作要想顺利开展,必须加强与其他部门间的联动,平台互借,信息共享,才能做到及时掌握收费业务情况,迅速反应。

3 后台稽查的科技应用

随着科技的不断进步,设备的不断完善,除现场稽查外,积极开展后台稽查也是稽查重点工作之一。后台稽查主要通过监听、通行卡、联网收费报表、录像等方式进行稽查。

3.1 利用联网收费报表稽查

收费联网报表是真实反映收费情况的系统,记录了收费车道、发卡车道的原始流水交易,涵盖了多种收费模式下的数据。稽查人员通过查询联网报表,根据报表内容核对通行卡和特殊事件,就能查找收费工作中的一部分错误或漏洞。稽查应用范围最广、使用频次最高的包括车道出、入口交易数据、出入口结账数据、封账报表、并结合录像、监听、日志查询系统,实现报表差额数据的对账功能。

3.2 监控记录稽查

收费员对收费过程中突发的各种非常规事件进行上报,由监控中心记录并且给出执行指令。监控记录涵盖了收费广场、站点、车道发生的各类特殊事件。通过核查监控记录,实现了从第一现场收费员上报到第二现场监控员记录,再到第三现场稽查员核查的"三点一线"模式,确保各个环节的真实性和有效性。

3.3 录像监听稽查

充分利用录像监听系统,该系统涵盖了收费(发卡)车道实时录像监听及回放功能。稽查员可结合报表交易数据、特殊事件发生过程,通过视频画面,核对车道流量,跟踪验证特殊事件真实状态、收费服务过程及发现岗中人员有无其他各类违纪现象。

(1)通过录像、录音能抽查收费员的工作情况,查看是否有违纪现象,是否按规定使用文明用语,操作流程等。

(2)通过录像可以人工数出一段时期内车道内的车流量,包括各种车型的车流量,用来核对账目,查看是否相符。

(3)通过录像可以核实收费员上报特殊事件的真实性,逐一冲减账目。

录像稽查流程如图1所示:

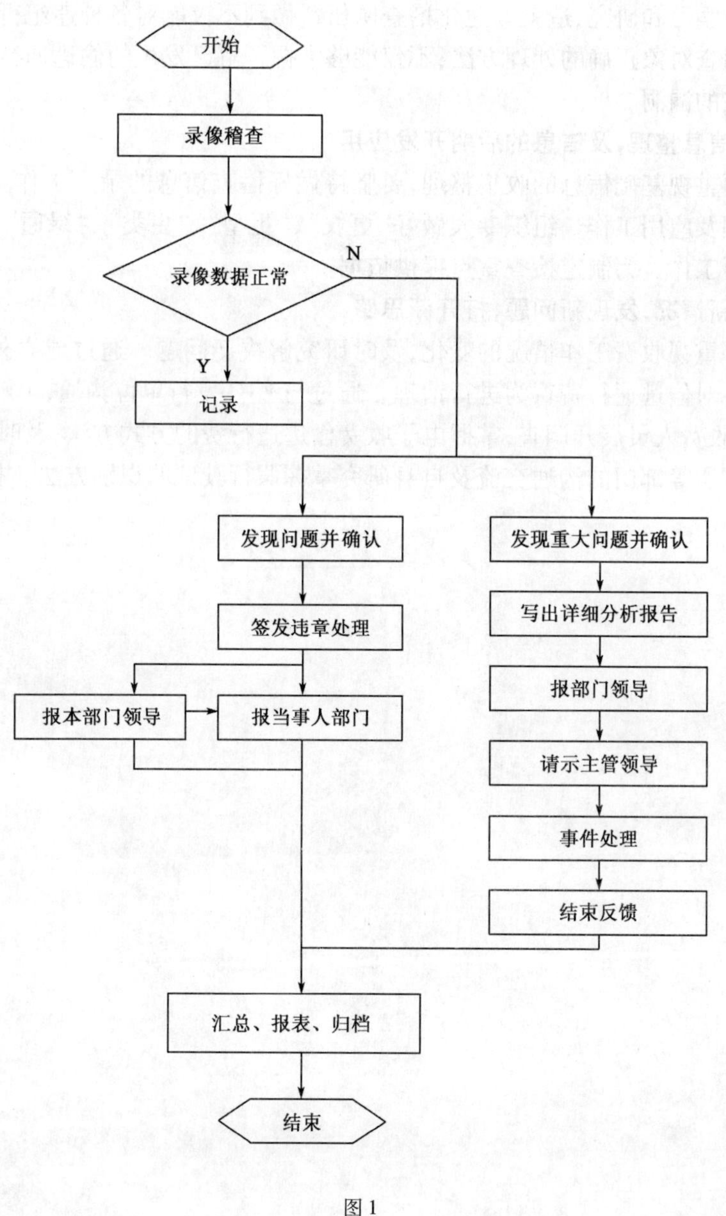

图1

4 稽查管理的创新

为了更好地完成稽查工作,稽查管理尤为重要。高速公路运营管理单位可设置稽查管理部门,对稽查工作进行统一的管理。

4.1 开展培训学习,提高人员素质

随着收费政策、通行方式、设备设施的变化,各种新问题新现象不断出现。这就要求稽查人员根据工作需要,不断加强学习。例如参加电子收费知识的学习,研究电子收费设备的使用及各种可能引发的问题。同时要求稽查人员时时学习新的收费政策、管理规定,做到合法合规稽查。通过不断学习和研究,造就专业化稽查队伍。做到不仅能对各种违纪行为准确定性,同时可以指导被稽查对象正确的处理方法;不仅能够掌握了解已发生的偷逃通行费行为,同时可以堵塞各种潜在的漏洞。

4.2 加强基础信息整理,及信息的后期开发应用

稽查工作要重视基础信息的收集整理,要坚持做好稽查信息的录入工作。同时重视信息的后期分析处理及应用工作。组织专人做好“更农”、“更型”、“更类”、“绿通”、“逃费”等特殊事件的统计分析工作。为制定检查重点提供依据。

4.3 注意研究新情况,发现新问题,打开新思路

稽查工作要重视收费工作情况的变化,及时研究解决新问题。通过建立外部偷逃通行费车辆档案等方式对偷逃通行费行为进行治理。通过与 ETC 发行单位沟通,了解掌握 ETC 通行方式,并对现场收费人员展开调查,掌握电子收费偷逃通行费的方式方法,及时堵塞相关漏洞。通过与车辆管理所等部门的沟通交流及自身研究掌握假行驶证的识别方法。打击治理恶意偷逃通行费等行为。

浅谈高速公路机电设备管理

黄　骞

（北京市首都公路发展集团有限公司八达岭高速公路管理分公司）

摘　要　高速公路机电系统是确保高速公路“安全、快捷、畅通”的重要基础，本文主要根据机电系统的特点，结合当前国际先进设备管理理念，对首都高速公路机电系统的管理方式进行阐述和探讨。

关键词　机电设备　管理　高速公路

近年来，我国的高速公路建设迅猛发展，截至2011年年底，全国的高速公路里程已达83505公里。如何保障行驶在高速公路上车辆的安全、畅通、快捷，一直以来是高速公路运营工作的重要目标之一。而高速公路机电设备的良好运转，是达成这一目标的重要基础。如何“用好、养好、修好、管好”设备，充分发挥机电设备的作用，推动运营管理水平不断提高，已成为摆在我们面前的一大课题。为便于机电设备维护维修工作的开展及设备的资产管理，根据高速公路机电系统中各设备所处的方位及其功能，我们把高速公路机电系统分成5类，分别是监控系统、收费系统、通信系统、供配电系统及隧道系统。本文以北京市首都公路发展集团有限公司八达岭分公司机电管理模式为依托，借鉴其他省市机电设备维护维修管理工作的宝贵经验，对高速公路机电设备管理模式进行探讨和研究。

1　现行机电设备管理的方式

作为现代化的高速公路运营基础设施，高速公路机电设备系统具有组成复杂、技术含量高，单体成本高，使用寿命有限等特点。机电设备的好坏直接影响着高速公路的运营状况。随着路网的不断增加，设备的不断增多和升级，目前高速公路机电系统的种类多，数量大，设计的领域广，给高速公路机电设备的管理带来了一定的难度。现行的机电设备管理的思想主要来源于更具操作性的以人为核心的全员生产维修制度TPM（Total Productive Maintenance）和更具理论性的以设备为核心的设备综合工程学。

1.1　全员生产维修制度TPM（Total Productive Maintenance）

在20世纪70年代，日本工业迅速发展，为加强设备管理，提升经济效益，其在引进美国预防维修和生产维修体制的基础上，吸取了英国的设备综合工程学的原理，结合日本的国情，创建了富有特色的全员生产维修体制TPM。它的含义和要点是：以提高设备的总效率为目标；建立维修总系统，管理设备的一生；设备相关的所有部门，包含设计、使用、维修等全员参与；从企业的最高管理部门至基层员工全体成员都参加；加强思想教育，开展小组自主活动，推进生产维修。

1.2 设备综合工程学(Terotechnology)

设备综合工程学是为了提高设备管理技术,提升经济和社会效益,运用系统论、控制论、信息论的基本原理,综合现代化科学在故障物理学、可靠性工程、维修性工程等方面新成就,而逐渐建立起来的一种新兴的设备管理学科。于1971年,在英国工商部的指导下,由英国丹尼斯·帕克斯(Dennis Parkes)在国际设备工程年会上首次提出。它是一门全面考虑设备一生技能的全过程管理科学,强调关于设计、使用效果及费用信息等的交流和反馈,以研究最经济的设备寿命周期费用为目标;综合与设备相关的工程技术、管理、财务等各方面内容的综合管理科学;提出了进行设备可靠性、维修性设计的理论和方法。

2 首都高速公路机电设备维护维修管理的方式

截至2010年年底,北京市首都公路发展集团有限公司共投资建成高速公路606.3公里,初步实现了首都高速公路放射线加环线的网络化格局。目前,首发集团负责管理的高速公路约757公里,包括京港澳高速、京藏高速、京哈高速、通燕高速、京开高速、京承高速、机场北线、机场南线、京平高速、京津高速、京新高速、机场第二高速、五环路和六环路。为便于高速公路运营业务的管理,上述路段分成3个运营分公司分别管理,维护维修工作主要通过外包的形式组织开展。以下以首发集团八达岭路分公司为例阐述机电设备的管理方式及未来的发展方向。

首发集团八达岭路分公司负责管理的高速公路包括京藏高速、京新高速、六环路的北部和西部路段。采用以TPM管理方式为主导,结合设备综合工程学的优点,对负责路面的机电设备进行管理工作。截止2011年底,所负责高速公路的机电系统年均完好率皆保持在99%以上,较好的保证了高速公路运营管理工作的良好开展。

2.1 设立一个完整的设备管理体系

高速公路机电设备数量多、技术含量高、专业性强,设立一个专业的机电设备管理团队是做好机电设备管理工作的关键。在首都高速机电系统的管理中,设立了首发集团运营管理部统筹全局,分子公司具体实施的管理模式,运营管理部设立专职机电主管;八达岭路分公司确定设备管理部门——监控中心,形成由分公司主管经理指导,部门负责人组织,机电设备管理员具体实施的管理体系,开展对机电系统的管理、改造、更新、报废等相关工作。

2.2 做好技术档案的归档工作

机电系统的技术档案包括建设过程中的招标文件、设计资料、施工图、竣工资料、竣工图等方面。它能客观地体现设备所处的方位,运行时间,设计指标等重要信息。特别是发生设备管理人员变动时,完善的归档资料能较快地使新员工了解设备情况,方便开展具体工作。现主要采用设立档案馆的方式对纸质资料进行存档。

2.3 切实做好设备的维护维修工作

(1)全员参与,制定适宜的工作计划

从设备的开始使用到终止,设备的使用阶段是最长的,也是最重要的。合理地维护维修工作是保证使用阶段良好进行的重要保障。为确保设备的可用性,故障的低发性,现主要从设备的维护工作和维修工作两方面入手,对设备进行保障。维护工作主要是对设备进行定期的保养及预防性的维修。通过研究和故障规律的分析,将维护工作分为五级,分别为一级(每周维护)、二级(月度维护)、三级(季度维护)、四级(半年度维护)、五级(年度维护)。每月由分公司机电设备管理部门对维护工作完成质量进行检查,确保设备正常进行。每年由集团公司组织,会同维护维修工作外包单位、各运营分公司一线职能部门,根据设备的使用年限和运行状况,进行下一年度维护计划的探讨和确定,确保维护工作的适宜性和有效性。维修工作主要为事后维修,是维护工作的一种补充。为确保运营业务的正常开展,现采用1.5小时到场,18小时修复制,对维修工作进行规范。

(2)维修外包,分路管理,综合协调

首都高速机电系统的管理现采用维护维修工作外包,各运营分公司协调管理,集团公司统一调度、监督的方式。外包单位在设立维修大组和技术支持组,维修大组在各路设维修小组开展维护维修工作。运营分公司设立专职机电设备管理人员,在日常维护维修工作中,各个小组负责各自路段的工作;在发生一些突发性情况,如重要通信设备故障、收费站区发生交通事故导致岗亭中设备损坏等情况时,又可以根据需要,几个小组会和一起,解决问题,能够充分的发挥每个人的能动性,在最短的时间内对故障进行修复。

同时在分公司设立机电设备库房,对各个路段的机电设备备件进行统一管理。在分公司级别进行统一的设备管理,能较好的对不同路段机电设备的运行状况进行分析对比,制定更准确的备品备件筹备方案;同时以分公司为单位进行管理,可以在确保机电系统正常运转下,有效避免设备的重复储备现象。如视频光端机、语音光端机、服务器等。若以路为单位,为确保设备在维护维修时机电系统的正常运行,势必在每条路都至少需储备一套,但是以分公司为单位的话,所需储备的总数量将大为降低。而且设备备件的统一管理,也有利于对设备台账的管理,降低国有资产流失的几率。

(3)环形工序,多方监督,确保维修到位

整个机电设备管理体系中,由使用人员(收费员、监控员、稽查员等)、监管人员(设备管理员、管理部门负责人及相关领导、上级管理部门)、维护维修组(专业维护维修工程师)三方组成。由使用人员根据设备状况,填写设备运行记录。若出现异常,通知设备管理部门,设备管理部门将收集到的设备异常情况反馈给维护维修组,由维护维修组对特殊情况进行处理,并填写纸质记录。处理完毕之后,由使用人员对维护维修工作进行确认,形成单个设备的维修小闭环。监管人员调取所有异常情况,核对维护维修记录,确保所有异常时间处理到位。同时将异常记录进行电子化存档。定期对设备情况进行统计分析,针对性的调整维护计划,减少一下时间段的故障率,形成一个整体的良性发展的大闭环。

(4)整体分析,集中改造

高速公路机电设备因所处工作环境恶劣,技术更新迅速等特点,落后设备的集体升级、老化被腐蚀设备的整体改造是提升机电设备整体工作状态的重要保障。通过一线工作人员对具体设备使用效果的反馈,维护维修人员及设备管理人员对故障现象的综合分析,上级管理部门对运营工作整体方针及主流技术指标的指导,三位一体,实行专项工程的申报和实施,在最大程度上确保设备的可用性和经济性。这是设备维护维修的重大补充,也是整个系统稳定运行的重要保障。

3 提升设备管理水平的制约因素及以后的发展方向

3.1 档案资料的电子化

在分公司,重要设备的存档资料全部采用纸质资料存档,对资料存放的环境和空间上都有较高的要求;其次纸质资料易出现部分内容因保存时间过长,出现文字模糊、数据丢失等情况;而且档案室存放的资料极多,再查看历史资料时,也不是很方便。尽快实现档案资料的纸质资料和电子资料双重存档,对于设备管理人员加强对机电系统的了解,较快的开展设备管理工作,提升设备管理水平有极大的益处。

3.2 设备信息数据库的建立

机电系统本身的负责性决定了机电系统设备管理、维护的复杂性。机电设备种类繁多,功能各异,从维护到维修对实施人员的技术要求较高。在整个过程中,技术人员需要参考相关的资料,必要时还需与设备厂家联系。因各系统中设备由不同的厂家提供,且同一功能的设备可能由不同厂家生产,使设备的管理工作变的比较复杂,现主要依靠熟练技术人员采用人工记录的方式,缺少一个统一的对设备的具体信息,如所属系统、所处方位、厂家信息、开始使用时间、相关技术参数等的数据库。

随着技术的发展及高速公路机电设备的更新,电子化、自动化势必将成为未来设备管理工作的一种主流方式。

3.3 实施针对性的维护计划,提升设备管理水平

因首都机动车数量较多,高速公路车流量极大,这对机电设备的管理是一个挑战。以京藏路清河收费站为例:2011 年时,该站出口广场共有 12 条车道,其中 11 条 MTC 车道,1 条 ETC 车道。2011 年的总车流量为 12117016 辆(不含通行 ETC 车道车辆及 MTC 车道刷卡通过的车辆),单条车道最大年车流量为 1450413 辆(日均 3974 辆),单条车道平均年车流量为 1009751(日均 2766 辆);车流量呈早、晚集中,中午及夜间车流量较小的潮汐分布。这种情况对扫描仪、打印机、栏杆机等设备的稳定性是一种挑战,对设备的维护维修管理工作也是一种考验。把握车流潮汐分布的时间特点,有针对性地开展设备维护工作,合理安排每日的维修循序,能有较好的确保设备的可用性,做好高速公路的通行保障。

4 结语

随着 ETC 技术的完善和发展,数据传输编码的改进,高速公路机电系统势必会向着功能集成化,技术专业化,性能智能化等方向发展,如何利用先进的技术和管理手段来提升机电设备管理水平,确保机电系统的稳定运行,会是高速公路运营保障的重点。

参考文献

[1] 郭普金,王亚忠.高速公路运营管理手册[S].北京:北京市首都公路发展集团有限公司,2010.
[2] 张耀躍.高速公路机电系统维护管理问题研究[J].北方交通,2007,32(1):89-90.
[3] 李卓.高速公路机电设备故障预测及维修决策系统研究[D].长安大学,2009.

构建卓越文化　助推冀星升腾

郝建平
（河北冀星高速公路有限公司）

摘　要　加强企业文化建设是培育具有鲜明的时代精神和浓郁行业特色的需要，是强化企业科学管理，推动企业转型走向现代化的需要，本文结合行业特点和企业实际，对冀星公司文化建设的历程、核心价值体系的构建以及如何践行企业文化进行了深入浅出的阐述。

关键词　企业文化　建设　概述

近几年来，冀星公司组织文化建设按照《交通文化建设示范单位管理办法》的要求，认真落实《交通运输文化建设"十百千"工程实施方案》的精神，以"立道、育人、凝心、聚力"为指导思想，以"高起点、严要求、全员参与；分阶段、有步骤、从细做起；系统化、规范化、不断提高"为基本思路，以"领导、员工双向互动、群策群立"为主要方法，经过"科学构建、深化实践、整合提升"三个阶段，形成了系统、完整的"一家人"文化体系。用"一路有家、以道达远"的深刻内涵，诠释了冀星人打造和畅通京石走廊的鲜明特色，展示了冀星公司一派升腾的美好景象，从价值理念和文化形态上聚焦与浓缩了京石高速快速发展、科学发展、和谐发展、安全发展的历程，向社会递出了"一路畅通、一路平安、一路关爱、一路无忧"的靓丽名片。

1　坚持先进文化方向，冀星文化走过三个历程

在冀星文化建设三个发展阶段中，我们始终坚持以人为本方向，服务人民方向，把社会效益放在首位方向。

1.1　企业文化的萌生期——文化积淀

京港澳高速公路京石段始建于1987年，系国家"7918"高速公路网——北京至珠海高速的重要组成部分。京港澳高速公路京石段是河北省第一条自行设计、自行修建的高速公路，素有"河北第一路"之称。冀星公司自管理京港澳高速公路京石段以来，始终以河北高速先行者的胆识和智慧，不断探索，不断超越，赋予了京港澳高速公路京石段不凡的生命力和文化元素。在高速公路建设、管养的初期，培养了一大批高速公路建设和管理人才，造就了一支素质高、作风硬的职工队伍，形成了深厚的文化积淀，企业文化开始萌生。

1.2　企业文化的成长期——梳理整合

冀星公司在实践中探索，在总结中提高，本着"立道、育人、凝心、聚力"的"八字"方针，有目标、有计划、有步骤地对多年形成的文化积淀进行系统梳理提炼。

通过反复的自上而下、自下而上的互动方式，建立起了由核心价值观等理念构成的价值理念体系；围绕营运、养护两条主线，建立了完整、系统的制度文化；贴近员工的生产生活，推出了系列化的行为文化；着眼树立窗口文明形象、展示先进文化气息，构建了冀星物质文化。使企

业的“自在文化”变成了“自为文化”。

1.3 企业文化的提升期——一路有家

在“转型发展”的重要阶段,公司本着适应社会公众出行诉求上升的要求,适应新形势下队伍建设的要求,适应转变发展方式的要求,适应“和谐稳定”时代背景的要求,对企业文化体系进行了整合和提升,在现有企业文化风格的基础上形成了“一家人”文化体系。

著名管理大师德鲁克认为,“一个好企业像什么?应该像家。”家是爱的聚合体,是心灵的归属,是精神的家园,是成长的摇篮。文化决定管理。在今天,当人们热衷于繁茂的西方管理学时,我们认为家文化依然具有极大的价值,家文化蕴含的管理哲学很值得我们求索和弘扬。

“一家人”文化的实施,使带着各自“家”文化背景融入冀星团队的每个员工,找到了成长的沃土,有了心的归属感,也为他们释放智慧、创新发展提供了广阔舞台,为企业的和谐发展注入了不竭的力量之源。

2 把握核心价值内涵,科学构建冀星文化体系

我们以社会主义核心价值体系、全国交通运输系统核心价值体系为统领,紧紧抓住思想道德、职业诚信这一价值内涵,构建起具有先进性、时代性和独特性的冀星文化体系。

2.1 提炼精神文化

冀星公司精神文化分为两部分,一是核心理念部分:由冀星使命——立足京石、服务社会、回报股东、惠泽员工;冀星愿景——创造辉煌、跨越发展、省内领先、国内驰名;核心价值观——以路为家、服务至上、科学发展、创造价值;冀星精神——人本、敬业、和谐、创新四条理念构成。二是应用理念部分,由冀星信念、冀星作风、冀星形象、管理理念等十六条理念构成。二十条理念形成了冀星公司的精神文化体系。

2.2 创新制度文化

公司站在文化制度化的高度,着力将价值观念变成有操作性的管理制度,从管理流程的源头做起,从员工从事职业活动的岗位做起,建立了完整、系统的制度体系。在此基础上,本着科学化、高效化、易操作的原则,公司又制定了《精细化管理总体方案》、《精神化管理操作手册》。公司各职能部门对照岗位说明书,本着“事事依职责明确到人,人人按流程落实到事”的目标,梳理工作流程,编制了1100多个流程图。

2.3 倡导行为文化

公司将价值理念变成了操作性较强的行为规范,突出文明、和谐的时代主题,紧贴员工的生产生活,推出了系列化的行为文化。这一行为文化涵盖了《冀星员工工作行为规范》、《冀星员工公共行业规范》等方面,对员工的职业行为、职业道德、职业纪律、社会公德等进行了全面系统地规范。

2.4 建设物质文化

公司建立了统一醒目的视觉识别系统,企业标志、标准色、标准字、办公用品外观、公务交通工具、工作着装,都给人一种个性鲜明的感觉。公司对以上内容进行系统地整理,形成了《冀星公司环境文化规范》和《冀星公司形象文化规范》手册。同时公司还建立起了以“一本画册、一个大事记、一册网络文集、一部宣传片、一台联欢会”为主要内容的“五个一”文化。

2.5 “一家人”文化内涵

“一家人”意喻京石路就是“冀星人”共同的家，全体“冀星人”就是一家人。“冀星人”视工作如家事，视员工为亲人，视同事如朋友，和谐奋进。在公司内部牢固树立“领导为员工服务、机关为基层服务、后勤为一线服务”的意识，以此作为快乐工作、快乐生活的润滑剂。

“一家人”意喻京石路就是广大客户的家，“冀星人”与广大客户就是一家人。“冀星人”视驾乘人员如亲人，从内心深处为客户提供家人般的真诚、友爱、贴心、舒心的服务，以“京善京美”，让客户一路舒畅走京石。

“一家人”意喻京石路就是“冀星人”和友邻单位共同的家，“冀星人”与同为京石路服务的交警、路政、服务区等友邻单位就是一家人。我们倡导“同在京石路，同为京石路”，以“一家人”的理念和谐相处，共同为广大客户提供一条和谐大通道。

3 突出和谐时代主题，冀星企业文化重在实践

企业文化是“做”出来的，深层意义上的企业文化建设，是基于员工价值共识基础上的行为规范和责任体现。也就是说，要使每个员工都能自觉地践行“一家人”文化，在任何情况下都能把企业价值观作为自身行为的判断标准，这是我们进行文化建设追求的实质性效果。

3.1 把“家文化”价值观融入队伍建设

在当今的知识经济和信息化时代，员工队伍的价值观发生了一些新的变化，出现了多元的现象，思想比较活跃。对此，我们运用“家文化”的价值取向对员工进行引导、熏陶和感染，通过潜移默化的方式，为员工铸魂立道，把全体员工聚集到家文化的旗帜下，使大家不但认同家文化，而且遵循家文化、自信家文化，自为家文化，激发了广大员工“爱家”、“护家”“建家”、“兴家”的热情。员工队伍中出现了对工作更敬业、对事业更讲奉献、对企业和他人更感恩、相互之间更宽厚包容的新气象。公司内部凝聚力、向心力、亲和力空前增强，出现了风清、气正、和谐、稳定的新局面，企业进入了历史最好的时期。

3.2 把家文化价值观融入安全畅通

京石高速公路开通运营早，基础设施差，日均车流量5.2万辆，高峰期9万辆，全年出口车流量2134万辆，入口车流量2068万辆。根据这个情况，我们秉持“安全畅通为本，恪尽社会责任”的职业理念，一方面，竭尽全力为顾客提供“大气、秀气、文气、灵气”四气兼备的道路通行环境；另一方面，以“八个率先、四个首创”，有效践行了“人便于行，货畅其流，服务群众，奉献社会”的行业核心价值观。工程养护中，在全国率先实施了隔离带防撞护栏增高加固工程；率先采取特大桥维修“河床内修路绕行”的保畅方案；率先践行“让路于民、让路于车”的施工理念；率先实现机械化清扫作业；率先实施公众举报安全信息的奖励措施。运营服务中，率先开创“4断面32收费点”的作业模式；率先开展优化流程、降低差错率活动；率先推行肢体礼仪语言和亲情化服务，让驾乘人员“一路无忧”。信息保障中，在全国首创路况信息带状发布平台、在全省首创公众出行服务信息系统、收费特殊情况管理系统、免费客服电话，以科技创新提升了服务保障水平和窗口形象。

3.3 把家文化价值观融入亲情服务

伴随社会公众出行诉求由“走得了”向“走得好”的上升趋势,我们适时地调整价值取向,把广大客户放在起点和中心的位置上,牢固树立“大服务”观念,以客户的需求为第一选择,以客户的满意为第一标准,于2010年年初,在全系统率先开展了“一套礼仪、一条短信、一份热饭、一桶燃油、一处驿站、一双援手、一杯热水、一张导航图、一剂非处方药、一套修车工具”十个一亲情服务,让过往客户感受到京石高速家一般的亲情和温馨,让过往客户体会到京石路承载的是善行,传输的是大爱,从而提高客户的满意度,建立客户对京石服务品牌的信任度。与此同时,通过驾乘人员代表座谈会、行风监督员座谈会等渠道,不断加深与顾客群之间的感情关系,广泛获得顾客群的文化认同,使顾客群不但是京石“一家人”文化的支持者,而且是京石“一家人”文化价值的传播者。

3.4 把家文化价值观融入品牌经营

冀星公司构建“一家人通道”品牌,实施品牌经营和品牌战略,是在传统交通运输业向现代服务业转型的重要时期进行的。我们抢抓转型先机,紧跟时代步伐,从战略上顺应行业转型发展的走向,以变应变,以变图新,以变蓄势,以变求强,伴随“现代交通正在向老百姓走来”的趋势,立足优化发展方式、提升发展层次高度,以“一家人”文化为价值导向,以“两为两提高”为内在动力,以促进年度任务目标完成为落点,以亲情化服务为本质,以凝心聚力、全员参与为保障,高站位谋划,高起点着手,高标准运作,高品位推进,通过“一个方针,六个动意,三个定位,五个目标,八个标准,五个体系,五项举措”等一系列做法,全力以赴把“一家人通道”品牌做新、做特、做优,培塑一流的服务能力和服务水平,向着“和畅京石”、“卓越京石”、“品牌京石”扎实迈进,用先行一步、差异制胜的优势,抢占河北交通服务品牌的高地,力促京石高速在激烈的市场竞争中获得持久的竞争力,实现了“内凝动力,外提服务;内强管理,外拓市场”的预期目标,受到了社会公众和上级机关的充分肯定与广泛赞誉,2012年年初获得了全省交通运输十大服务品牌殊荣。

3.5 把家文化价值观融入和谐企业打造

冀星公司“一家人”文化建设,紧扣“和谐稳定”这个主题,根据“和谐社会、和谐河北”的要求,以“家为基、情为本”,采用多措并举的做法,全力构建“劳动关系和谐企业”。一是宣贯“家”文化价值取向,激发员工文化自信、文化自觉,构建“心灵家园”;二是履行合同管理,规范用工制度,夯实和谐劳动关系基础,构建“舒心家园”;三是建立民主管理机制,满足员工参与管理诉求,充分调动员工的积极性,构建“活力家园”;四是以人为本,倾情关爱,为员工提供全方位保障,构建“幸福家园”;五是完善激励机制,注重潜能挖掘,拓宽员工发展空间,构建“奋进家园”。“五个家园”的创建,加强了企业劳动关系的和谐融洽,促进了企业与员工同进步、共发展,达成了企业与员工双赢。2011年8月,公司获得了“全国模范劳动关系和谐企业”荣誉称号,公司主要领导在北京人民大会堂受到了中共中央政治局常委、中央书记处书记、国家副主席习近平的亲切接见。

一分耕耘一分收获。通过几年来“一家人”文化软实力的培塑和锻造,助推了冀星的持续升腾,公司以“一家人”优秀文化和“一家人通道”知名品牌,成为河北高速的标杆和领跑者。先后荣膺全国“五一”劳动奖状、全国交通运输文化建设示范单位、全国交通运输企业文化建设卓越单位、河北省文明单位、河北省政府质量奖等国家级、省级荣誉50多项;基层单位获得了全国模范职工小家、全国工人先锋号、全国青年文明号、全国巾帼文明示范岗、河北省先进集体等国家和省级荣誉30多项；员工获得了全国交通运输行业文明职工标兵、全国交通系统岗位技术能手、河北省“五一”劳动奖章、河北省青年技术能手等国家和省级荣誉10多项。

在新的发展机遇期，团结务实的冀星人将继续以“跨越发展，创造辉煌，省内领先，国内驰名”为愿景，以“一家人”文化为动力源，全力打造“安、畅、洁、齐、美”的京石走廊。

以“家”文化为导向构建“一家人通道”品牌

苏敏江

（河北冀星高速公路有限公司）

摘 要 品牌是一个企业区别于其他企业的标志，代表了企业潜在的竞争力与获利能力，是质量与信誉的保证，品牌经营与品牌战略是培育企业核心竞争力的重要支撑，本文详尽阐述了冀星公司秉持“人便于行、货畅其流、服务群众、奉献社会”的核心价值观，以“一家人”文化为价值导向，站在优化发展方式、提升发展层次的高度，着力构建“一家人通道”品牌的动意、定位、标准、做法、工作举措以及所取得的成效。

关键词 企业品牌 建设 概述

冀星公司构建“一家人通道”品牌、实施品牌经营和品牌战略，是在传统交通运输业向现代服务业转型的重要时期进行的。情况表明，抢抓转型先机，跟上时代步伐，从战略上顺应行业转型发展的走向，以变应变，以变图新，以变蓄势，以变求强，企业就会获取新的生机和活力，就会在可持续发展上赢得“质”的飞越，呈现一派升腾的景象。否则，就会在发展上下行、落伍，以至被淘汰出局。基于这样一个判断，我们伴随“现代交通正在向老百姓走来”的趋势，秉持“一家人”文化价值理念，奉行“畅通为本、服务至上”的宗旨，以“亲情、责任、奉献、分享”为内涵，以“一路畅通、一路平安、一路关爱、一路无忧”为亮点，打基础、强管理、抓规范、提服务、树形象，把京石高速打造成了一条洒满亲情、善待客户、承载冀星“家文化”厚重基因的“一家人”品牌通道，受到了社会公众和上级机关的充分肯定与广泛赞誉，2012 年初获得了全国交通运输文化建设示范单位、全省交通运输十大服务品牌殊荣。

冀星公司构建“一家人通道”品牌的总体要求是：立足优化发展方式、提升发展层次高度，以“一家人”文化为价值导向，以“两为两提高”为内在动力，以促进年度任务目标完成为落点，以亲情化服务为实质，以凝心聚力、全员参与为保障，高站位谋划，高起点着手，高标准运作，高品位推进，全力以赴把“一家人通道”品牌做新、做特、做优，培塑一流的服务能力和服务水平，向着“和畅京石”、“卓越京石”、“品牌京石”扎实迈进，用先行一步、差异制胜的优势，抢占河北交通服务品牌的高地，力促京石高速在激烈的市场竞争中获得强势而持久的竞争力，为冀星公司又好又快发展提供坚强保障。

1 六个动意

冀星公司构建“一家人通道”品牌，是从企业面临的市场背景、内外环境为出发点的，主要基于六个方面的考虑。

1.1 适应交通运输行业转型发展的需要

根据党中央、国务院关于加快经济发展方式转变的要求,交通运输业正在由传统产业向现代服务业转型,推进“一家人通道”品牌建设,用现代服务顺应行业转型发展的走向,将要成为冀星公司突破发展瓶颈,寻求更大发展空间的战略支点。

1.2 适应社会公众出行诉求上升的需要

伴随经济社会的快速发展,广大公众出行诉求呈现了不断上升的趋势,由原来的“走得了”,上升为“走得好”——走得便捷、舒适、安全。推进“一家人通道”品牌建设,正是满足了社会公众的这一需求。

1.3 适应员工思想观念发生新变化的需要

市场经济及信息化程度的日益发展,使员工队伍思想观念、价值取向出现了多元化的现象。一方面员工们在价值取向的选择上空间较大,另一方面又容易使员工的价值追求不统一,削弱企业的内聚力。从这一实际情况出发,用“一家人”文化构建“一家人通道”品牌,为企业“带队伍、聚人心、迎挑战、谋发展”赋予了导向标和黏合剂。

1.4 适应提升企业核心竞争力的需要

一段时间以来,高速行业管理模块、服务方式趋同化的状态愈来愈明显,用冀星人“奉献化”的服务境界、“亲情化”的服务理念,精心打造独具特色的“一家人通道”品牌,是不可复制的核心竞争力,是极其宝贵的优质资源和无形资产。

1.5 适应市场变化竞争不断加剧的需要

由于高速路网的逐步形成,随着大广高速、张石高速运营的不断完善,已经对京石高速造成了东西夹击之势,加上宏观经济走缓的因素,给京石高速效益带来了严峻的挑战。把“一家人通道”品牌做新、做特、做优,抢占河北交通服务品牌的制高点,是京石高速在激烈的市场竞争中先人一步、高人一筹、差异制胜的战略选择。

1.6 适应京石路改扩建有效运营的需要

京石路即将进入改扩建实施阶段,在新的条件、新的情况下,如何拥有市场份额,保持有序运营、有效运营,打造“一家人通道”品牌,将为此奠定良好的基础,提供坚实的支撑。

2 四个定位

“一家人通道”品牌定位突出文化引领,重在服务公众,核心内涵充满“家”的亲情。

2.1 文化定位

“一家人通道”品牌建设,以“一家人”文化为价值导向和思想底蕴,以“爱家、为家、建家、兴家”的价值理念和现代文明的精髓,为全体员工提供行为判断与选择的标准。

“一家人”文化的建设旨在塑形育人、凝心聚力,在全体员工中建立起互助互爱的亲情关系,在服务对象之间构筑起“一家人”般亲情基础,以内外和谐融洽汇聚企业力量,提振企业士气,培育企业优势,促进企业生产力发展。使“一家人通道”成为“一家人”文化的精神所在,成为“一家人”文化核心价值观的诠释。

2.2 品牌内涵

“一家人通道”品牌内核是“亲情、责任、奉献、分享”,蕴含着冀星人“厚德于心、善于行”的职业品质,冀星人不辱使命,把服务公众作为第一意识,把客户满意作为第一标准,把驾乘人员“畅舒走京石、一路好心情”作为第一追求，千方百计发现客户需求，尽善尽美满足客户需求，为客户提供“超群、超值、超出想象”的服务，让驶在路上、行在桥上、通过站口的广大驾乘人员感受到家一样的亲情温馨；让遇到困难、发生险情、需要帮助的广大驾乘人员切实体会到亲人一样的关爱救助。与此同时，强化员工的归属感、成就感，让员工明白“公司靠员工发展、员工靠公司生存”的道理，激发员工为公司这个家增砖添瓦的热情，也让员工在这个家尽享温暖和快乐，升华思想品位，提高生活水平。

2.3 特色定位

“四个一路”是“一家人通道”品牌的最靓特色。一路畅通：畅通快捷是高速公路的生命和全社会关注的焦点，冀星公司始终把构筑京畿坦途，确保“人便于行、货畅其流”作为第一要务。一路平安：安全保障直接关系驾乘人员的生命财产安全，公司恪守“100 - 1 = 0，没有安全就没有一切”的理念，全力服务于社会公众的安全出行。一路关爱：关爱是和谐交通的纽带，亲情是冀星文化的精髓，公司坚持以客户为中心，给驾乘人员提供“一路有家、一路有爱”的贴心服务。一路无忧：无忧是公众出行的夙愿，公司积极适应驾乘人员的需求，通过全方位的亲情服务体系全力解决驾乘人员出行途中的各种难题与困扰。

2.4 目标定位

总体目标为：内凝动力，外提服务；内强管理，外拓市场。具体目标为：一是“一家人”文化价值观进一步深入人心；二是“一家人通道”品牌价值内涵进一步深化；三是京石高速服务能力、服务水平进一步提升；四是冀星公司的持续发展进一步加强；五是“服务零投诉、安全无事故”进一步巩固。

3 八项标准

3.1 畅通服务标准

严格执行《收费公共管理、收费工作作业指导书》，站口通行快捷，不拥堵；高峰时段，车道全部开启，红、橙、黄三级预案迅速启动；绿色通道开通率100%；保畅预案执行率100%。实现公司提出的目标。

3.2 收费服务标准

严格执行《收费公共管理、收费工作作业指导书》，小客车平均收费时间不超过10s；收费差错率小于0.06‰；窗口形象靓丽，服务设施完善；制式化管理标准达标率100%；保畅预案执行率100%。

3.3 信息服务标准

严格执行《路中心工作作业指导书》，通过手机短信、路面情报板、客服电话等载体第一时间发布详细准确的路况信息，公众可在出行前、出行中、出行后灵活方便地获取；路况信息5min内发布；信息精准发布给路上行驶的驾乘人员，不干扰周边公众；提供合理绕行路线，详细说明路况原因。

3.4 贴心服务标准

严格执行《收费人员肢体礼仪服务规范》，收费人员将肢体动作、目光、表情、礼仪、文明用语有机结合起来，形成一个完整、新颖、独特、标准化的肢体礼仪服务体系；“十个一”亲情服务项目执行率100%。

3.5 养护服务标准

严格执行《日常养护管理、养护公共作业、桥梁养护管理专项工程管理以及养护保畅预案指导书》,路面无坑槽、桥头无"跳车",行车无障碍;路容靓丽,设施完善,标志标牌醒目,视觉畅美舒适;路面清扫作业全路机械化;养护公路技术状况指数(MQI)≥92;路面使用性能指数(PQI)、路基技术状况指数(SCI)、桥隧技术状况指数(BCI)、设施技术状况指数(TCI)≥85。

3.6 监督服务标准

严格执行《稽查、监控工作作业指导书》,投诉处理率100%;问题解答率100%;合法装载的绿通车辆免费政策执行率100%;不规范服务纠正率100%;收费秩序良好率100%;特殊车辆处理差错率≤1‰。

3.7 保障服务标准

严格执行《机电维修作业指导书》,重点收费站安装ETC车道和自动发卡机,启用率100%;三级维护保养制度落实到位,应急维修响应率100%;设备完好率99%;设备操作维护规范执行率100%。

3.8 服务主体标准

员工是服务标准执行的主体,作为冀星大家庭管理层,在素质上要具备科学地领导力、果断的决策力、卓越的执行力、优秀的统带力和超前的学习力;作为冀星大家庭成员,在素质上要具备敬业上进的职业理念、服务第一的职业行为、合作创新的职业习惯、大方得体的职业礼仪、"两为两提高"的职业风范。

4 五个做法

4.1 构建道路畅通体系

一是建立预防性养护机制;二是建立站口畅通预案机制;三是建立机电与信息综合保障机制;四是建立快速预警反应机制。

4.2 构建道路平安体系

一是建立路桥安全机制;二是建立重点防范机制;三是建立安全责任机制;四是建立安全巡查机制。

4.3 构建舒心服务体系

一是夯实硬件设施服务平台。以"路容靓丽、功能完善"为目标,向社会公众提供"大气、秀气、文气、灵气"四气兼备的通行条件和环境,确保"人便于行、货畅其流"。二是站口实行"收费10s操作法",提高收费发卡速度,让驾乘人员快速通行。三是推出"十个一"亲情化服务,即"一套礼仪、一条短信、一杯热水、一份热饭、一桶燃油、一处驿站、一双援手、一张导航图、一剂非处方药、一套修车工具",让驾乘人员感受一路如家,一路关爱,一路无忧。

4.4 构建信息服务体系

一是多渠道收集路况信息,便于更好地服务驾乘人员。二是科学利用路况信息,通过信息管理程序,分类处理到位,保证驾乘人员畅行京石路。三是及时发布信息,公司利用自身研发的"路况信息带状发布平台",通过手机短信第一时间向行驶车辆发送相关路况信息和绕行路线建议,驾乘人员可据此选择最佳通行路线,使公众出行更顺畅、更舒心。

4.5 构建特色服务体系

基层单位从自己的实际出发，在公司打造"一家人通道"品牌的总体框架下，创造性的开展工作，先后创建了"佳音服务台"、"蓝钻服务队"、"百分百服务班"、"三四五亲情服务"、"美丽收费班"、"雷锋小站"等特色鲜明的服务品牌雏形，营造了典型引路、以点带面的良好态势，使之不断为推进"一家人通道"品牌建设给力。

5 五项举措

5.1 建立组织机构

为保证推进"一家人通道"品牌建设深入有效地进行，公司成立了领导小组。领导小组下设办公室，办公室设在党群工作部，负责"一家人通道"品牌建设的组织策划、方案制定、安排部署、沟通协调、检查监督等日常工作。所属各单位都建立了相应的组织机构，明确专人具体负责本项工作。

5.2 建立责任网络

各单位一把手对本单位推进"一家人通道"品牌建设负总责，班子成员负共同责任。保证计划到位、工作到位、人员到位、措施到位。同时，总部机关实行了包点责任制，公司班子成员每人包五个点，机关部门各包三个点，形成了齐抓共管的创建格局。

5.3 建立管理制度

一是健全品牌建设督导制度，布置的工作做到有人跟踪，有人检查，有人督导，有人反馈，并纳入考核体系。二是健全定期用户走访、诊断分析制度，及时完善服务工作，维护品牌的社会信誉度。三是健全动态维护制度，及时发现和采纳客户的新需求，及时改进和推出服务新举措；及时处理客户投诉，及时矫正服务质量问题，及时搞好矛盾隐患排查，制定解决预案，积极稳妥地处理好信誉影响。

5.4 建立动力机制

围绕推进"一家人通道"品牌建设，公司于2011年10月启动了"两为两提高"主题活动。

"两为"——为基层服务；为本职负责。"两提高"——提高工作标准；提高工作效率。开展"两为两提高"活动公司机关率先行动，先后进行了"走基层、搞调研、访民意、听民声、问落实、强督导、转作风、树形象"等系列活动；公司经营班子成员集中3天时间，分头到基层单位深入调研、现场办公，通过座谈会、个别交谈等方法，面对面地了解基层的意见、要求，面对面地与一线员工促膝谈心、交流思想，面对面地为一线员工答疑释惑，面对面地解决基层单位的生产生活难题。在公司领导的引导下，所属各单位从"比工作查标准、比作风查状态、比形象查纪律、比履职查成效"四比四查切入，在全线掀起了一场"效能革命"，兴起了一股"提神、提速、提质、提档、提效"的良好风气，催生了一种好的精神状态和好的工作作风。

5.5 建立传播平台

一是紧扣品牌建设，通过统一设计、包装，把全线收费站口扮美、扮亮，把"一家人"文化和"一家人通道"品牌"物化"在站口，给过往驾乘人员以新的视觉冲击力和吸引力。二是采用牌匾标识、信息情报板等形式，在京石大道上向社会公众传播"一家人通道"品牌宣传语、品牌主张、品牌特色、品牌文化，既引导驾乘人员参与和检验，又成为全线员工行为选择的导向标。三是通过冀星网站、京石路讯、宣传画册、宣传标牌、社会媒体等渠道，宣传"一家人通道"品牌建设的价值取向、伦理道德、审美属性，推介“一家人通道”品牌建设的成功经验、典型事例、创建成果，不断扩大“一家人通道”品牌的社会知名度和美誉度。

6 五大成效

6.1 智能化服务保障能力和水平明显提升

建设“一家人通道”品牌以来，面对一条设计标准低、开通20年的老路，每年2100多万辆、单日最高9万辆近乎饱和的巨大车流量，京石高速实现了“车流高峰随时出现，道路站口时时畅通”的良好局面。通过实行预防性养护、坚持“宁停工、保畅通”和“六不开工”原则、建立系统完善的应急保通机制等举措，确保了路桥畅通；通过大力实施站口扩容改造工程，开创主线站“四断面”立体收费模式，积极推行电子不停车收费系统，着力提高单车通行速度，建立“红、橙、黄”三级保畅预案、车流量预警系统和“复式收费、借道逆行、边道收费、分道行驶”等全方位应急保畅体系，确保了站口畅通；通过优化机电设备管理、坚持“预防维护、保障及时”的理念、健全信息收集处理体系、构建高效运营调度平台等举措，确保了信息畅通。

6.2 亲情化服务成为“一家人通道”的靓丽风景

冀星员工以“一家人”文化为价值取向，千方百计为驾乘人员提供温馨关爱，竭尽全力为驾乘人员提供无忧救助，最大限度满足驾乘人员出行需求。累计发送路况信息手机短信320万条，免费提供各种燃油2098L（310车次）、矿泉水14005瓶、方便面3016盒、非处方药4375人次，紧急救助车辆（补胎、事故）133辆次，救助伤员68人次，爱心驿站免费送站、免费提供食宿288次，免费手机充电、车辆充气1552次，发放便民服务卡130万张，解决了驾乘人员的燃眉之急，同时，累计免费通行绿通车及救灾物资车辆157万辆，让社会公众真正感受到了“一路畅通、一路平安、一路关爱、一路无忧”。

6.3 全员化创建特色品牌活动如火如荼

先后创建了涿州北站“王彦军主线安畅创新工作室”、涿州站美丽收费班、涿州处国辉监控班、高碑店站“百分百”服务班、徐水春花服务站、保定管理处蓝钻服务队、石家庄处佳音服务平台以及京石高速公众出行智能信息平台等特色服务，不断为“一家人通道”品牌注入新鲜血液，充分体现了一路有家、一路有爱。涿州北站“王彦军主线安畅创新工作室”成为高管局系统第一个省级“创新工作室”，机场收费站被高管局树为“规范化管理”示范站，京石高速路况信息带状发布平台被列为示范工程。

6.4 社会化效应拉动了京石高速沿线区域发展

京石高速途经涿州、保定、定州等11个县市，为沿线群众的生产生活提供了方便，大大缩短了物流、客流的运输时间；以京石高速为依托的涿州高新技术开发区，高碑店娃哈哈、豆豆集团、白沟箱包市场，清苑张登果蔬批发市场，博陵街建材市场、地道桥钢材市场、胜利客车厂等知名企业应运而生，有效带动了周边经济的不断发展；以赵云庙、大佛寺、冉庄地道战遗址、白洋淀、直隶总督署、野三坡、清西陵、狼牙山、满城汉墓等为代表的河北大部分旅游景点途经京石高速，有力带动了沿线周边旅游业的快速发展。

6.5 从文化形态上聚焦了“一家人通道”品牌的放大性价值

“一家人通道”品牌是冀星公司“一家人”文化的产物，它传播了冀星“一家人”文化的基因，向社会递出了冀星人“爱民、为民、善行”的价值理念和服务境界；“一家人通道”品牌是冀星公司“创新、发展”闪光轨迹的展现，它彰显了冀星人转变发展方式、培育发展优势、立足“差异胜出”的战略意识和智慧；“一家人通道”品牌是冀星继往开来、在更高层次上取得发展的里程碑，对公司当前和未来的走向产生了历史性的影响。应该说，这是打造“一家人通道”品牌最根本、最长远的成效。因此，“一家人通道”品牌受到了社会各界的广泛赞誉，青海、四川等省交通厅以及江苏宁沪等省内外20多家兄弟单位到公司考察交流。全国海员建设工会交通系统委员会、河北省交通主管部门在京石路召开了多次现场会。

一路畅通　一路平安　一路关爱　一路无忧

武红星

(河北冀星高速公路有限公司)

摘　要　坚持思路创新、发扬管理优势是现代企业应对新情况、新形势、新变化、新需求的重要举措,冀星公司立足行业特点和企业实际,开拓思路,提升服务,适应需求,通过一系列人性化、标准化、规范化的方法、举措,为社会公众打造了一条"一路畅通、一路平安、一路关爱、一路无忧"的"一家人通道",并取得了丰硕的成果。

关键词　建设　畅通　平安　关爱　无忧　高速公路

由河北冀星高速公路有限公司负责运营管理的京石高速(河北段),是河北省第一条自主设计、自主修建的高速公路,北起冀京界,南至石家庄市南高营村,双向四车道,全长222.526km,途经涿州、保定、定州等11个县市,北部与廊涿高速相通,中部与保津、保沧高速相接,南端与石安、石太、石黄、张石等四条高速交汇,地理位置十分重要。该路始建于1987年,1994年全幅全线建成通车,是京港澳高速的重要组成部分,也是全国首批完工开通的高速公路之一。

面对逐渐老化的路况设施、1.75倍于设计标准的车流量和货车承载量数倍增加的巨大挑战,以及将要实施道路改扩建工程所面临的复杂形势,冀星公司在省交通运输厅、高管局和董事会的正确领导下,以科学发展观为统领,以"畅通为本,服务至上"为宗旨,秉承"一家人"文化,坚持"在继承中求创新、在创新中谋发展"的工作思路,科学养护,规范管理,精心服务,为社会公众打造了一条"一路畅通、一路平安、一路关爱、一路无忧"的"一家人通道"。公司先后获得了全国模范劳动关系和谐企业、全国五一劳动奖状、全国模范职工之家、全国交通运输系统先进集体、全国交通运输文化建设示范单位、全国交通质量奖、全国五四红旗团委、全国交通运输企业文化建设卓越单位、全国安康杯竞赛优胜单位以及河北省文明单位、河北省政府质量奖、河北省服务质量奖、河北省企业文化示范单位、河北省劳动关系和谐企业、河北省学习型组织先进单位、河北省引领文明服务奥运示范单位、河北省交通运输系统先进集体、省直先进基层党组织、河北省企业管理创新优胜企业等多项国家、省部级荣誉;多个收费站分别被授予全国工人先锋号、全国青年文明号、全国巾帼文明示范岗、全国模范职工小家、河北省先进集体等称号;涌现出了全国交通运输行业文明职工标兵、全国交通系统岗位技术能手、河北省"五一"劳动奖章等一大批先进模范人物。

1　一路畅通

畅通快捷是高速公路的生命和全社会关注的焦点,冀星公司始终把构筑京畿坦途,确保"人便于行、货畅其流"作为第一要务。

(1)科学养护,路容整洁安全畅通。面对"开通20年,设计标准低,车流量饱和"的老路,公司全面开展预防性养护,投资8.43亿元实施了400多km(单幅)的路面病害处治工程,解决了因病害影响畅通的行业难题;养护施工中开创了2km作业法,坚持"六不开工"原则,遇车流高峰"宁停工,保畅通",最大程度让路于民;积极推广应用了改性沥青、抗裂贴、钢制施工便桥等一系列新技术,大幅缩短了占路施工时间;公司配备了各种养护设备,在全省率先实现了机械化清扫和除雪作业,形成了国内一流的高效养护体系,缩短了养护时间,提升了应急保畅能力。

(2)多措并举,站口靓丽通行快捷。公司大力实施站口扩容和亮化美化工程,在面临京石路改扩建的情况下,仍然投入2600万元在全线12个收费站先后增建了39条车道,在3个重点收费站安装了5条不停车收费系统;全路建立了"红、橙、黄"三级保畅预案和车流量预警系统,形成了现代化的综合调度指挥体系;首创了收费特殊情况管理系统,发明了小客车10s收费操作法,比局标准提高了2.6s;开创了"4断面32收费点"主线站保畅模式,形成了"宁肯流汗流泪,不让车辆排队"的保畅精神,在单日最高9万辆的饱和流量下,实现了站口快捷畅通。

2 一路平安

安全保障直接关系驾乘人员的生命财产安全,公司恪守"100-1=0,没有安全就没有一切"的理念,全力服务于社会公众的安全出行。

(1)全时监测,管养到位路桥安全。公司建立了桥梁病害动态管理制度、重点桥梁永久性观测制度和病害桥梁"发现一座,处治一座"机制,率先采取特大桥维修"河床内修路绕行"的组织方案,研制了简单实用的挠度观测仪,确保了900多座20年老桥涵的安全运行;对所辖路面实行全时巡查,首创了安全信息报告奖励制度,鼓励驾乘人员、沿线居民和参与京石路管理的所有人员及时报告安全隐患,养护部门第一时间进行处治,保证了驾乘人员无障碍平安出行。

(2)全程控制,维护及时设施完好。公司投资8000万元在全国已开通运营高速中率先实施隔离带防撞护栏增高加固工程;率先实行巡查车随车携带维修工具材料,安全设施随坏随修;增设了38块安全标志,重点路段全部施划了震荡标线,路面情报板随时发布路况安全信息,时刻提醒驾乘人员谨慎驾驶;革新隔离栅等安全设施的管理方法,变"被动修复"为"主动看护",率先建立了标准化的施工安全标志体系,为安全行车构筑了坚固的防护屏障。

3 一路关爱

关爱是和谐交通的纽带,亲情是冀星文化的精髓,公司坚持以顾客为中心,给驾乘人员提供"一路有家、一路有爱"的心贴心服务和快捷无忧、充满亲情的"一家人通道"。

(1)培塑文化,全心服务驾乘人员。公司以"家"文化为思想底蕴,坚持从"心"开始,真诚到"心"的服务理念,引导员工以京石路为载体,把广大驾乘人员当作充满亲情的一家人,为公众提供家一样的服务;在全省交通系统率先推行了人性化、标准化的肢体礼仪语言服务,让驾乘人员倍感亲切、舒适,使窗口服务形象更加规范靓丽;率先印发了50万份公开信,主动针对性解答驾乘人员疑问,引导车辆合理规避车流高峰;率先定期召开物流企业代表恳谈会,属公司权限内的合理意见一律限时解决,权限外问题尽一切努力协调其他部门解决,增进了沟通交流。

(2)亲情服务,有求必助无微不至。率先开展了以“一套礼仪、一条短信、一份热饭、一桶燃油、一处驿站、一双援手、一杯热水、一张导航图、一剂非处方药、一组修车工具”为主要内容的免费“十个一”亲情服务。收费人员用发自内心的家人般真诚笑容、甜美问候和亲切规范的肢体礼仪迎接过往驾乘人员;乘人员可在京石路上第一时间收到详实准确的路况信息手机短信;驾乘人员因雪雾等恶劣天气长时间滞留时免费提供快餐食品;行驶车辆在京石路上遇有燃油耗尽时,免费上路送5~10L燃油,确保车辆行驶至服务区或下一出口;每个收费站口设置“爱心驿站”,为遇困人员提供临时免费食宿、保暖衣物、手机充电、应急电话服务;遇有流浪、受骗、离家出走、紧急赶路等人员时,免费派车送家或送车站、机场;随时为遇有突发事故的车辆和人员提供救人、救火、报警救援等帮助;收费站口24小时提供免费热水;随时向路过站口的车辆提供标有附近相关路线、汽修厂、报警电话、宾馆、医院、旅游景点等内容的导航图;为身体不适人员免费提供非处方药品和临时休息等帮助;车辆故障时,免费提供简单维修服务或帮助联系修理厂。

4 一路无忧

无忧是公众出行的愿望,公司积极适应驾乘人员的需求,通过全方位的信息与服务体系全力解除驾乘人员出行途中的各种难题与困扰。

(1)贴近需求,信息周全方便出行。为最大程度满足驾乘人员的知情权,公司在全省交通系统率先研发开通了公众出行服务信息系统,在全国交通系统首创了“路况信息带状发布平台”,在全省高速率先开通了966122免费客服电话。出行前,驾乘人员可通过公众出行服务系统查阅路况、线路、服务区、天气等信息,合理安排行程;出行中,遇有交通阻滞时可随时收到详细的免费路况信息手机短信,到达阻滞区域前可根据指引信息提前绕行或在服务区休息等待,处于阻滞区域内时可清楚掌握交通状况、灵活调整行程安排;出行后及出行全程,可随时拨打客服电话咨询路况、查询路线、遇困求助、投诉监督。

(2)规范管理,提升服务保障民生。公司以追求卓越为目标,全面实行科学管理,在全省率先推出了规范化管理,率先通过档案工作AAAA级认定,在全国高速首批通过了ISO9000、IS014000、OHSAS18000体系认证;率先导入卓越绩效管理模式,在战略、管理、服务、考评等各层面形成闭合管理链,优化了1100多个作业流程,编写了16本作业指导书,实现了软硬件“十个统一”,构建了独具特色的规范化管理服务体系,被誉为具有行业标准的基础性文件。在第三次全国干线公路养护管理检查中,检查组评价冀星公司的规范化管理、亲情化服务和家文化建设等工作特色鲜明、亮点突出。依托精细的流程、规范的操作、严格的考评,京石高速的运营服务更加卓越、超群。

行业作风改进的基础是思想意识的转变

杨善革

（河北冀星高速公路有限公司）

摘　要　随着社会经济的发展和某些行业发展周期的变化，其行业作风的改进将变得越来越重要，作为建设较早的高速公路来说，如何在暂时无力改善道路设施条件的情况下，为社会公众提供安全畅通的环境和最优的服务，已成为大多数运营企业亟待思考和解决的问题。本文以建设较早的京石高速公路为例，结合企业现状和行业发展形势，从三个方面入手，对如何加强行业作风的改进进行了阐述。

关键词　行业作风　改进　探讨

随着经济的飞速发展，人民生活质量不断提高，汽车的社会保有量随之大幅增加，像京石高速这些初期建设的高速公路在建设标准和规模上，已与急速增长的车流量不相适应，而公众出行对安全顺畅的要求却越来越高，在道路设施短期不能改善的情况下，改进行业作风，增强服务意识和服务水平，以此提高运营效率就显得极为重要，以京石路多年的探索实践中发现需从三个方面加以改进。

1　从思想认识着手，做好从行业管理到为出行大众服务的转变

如今社会大环境已经从单一购买物质发展到了还要同时购买服务的层次，追求物质文明的同时还要追求精神文明已经潜移默化在大家的脑海中。然而高速公路自兴建开通起，从业人员一直是以行业管理的角度履行着自己的职责，只考虑按国家政策法规做好收费、养护工作，没有考虑如何向出行大众提供安全、顺畅、方便、快捷的服务，显然落后于社会的发展与进步。为使这种局面早日改善，冀星公司本着思想意识教育与实际行动相互结合的方针，采取多种举措以期使“服务”根植于员工的思想意识中。一是大力推进“一家人企业文化”建设活动，提倡内部人员要向家人一样相互理解、相互支持，对待驾乘人员要向亲人一样给予温暖、给予帮助，要把个人、企业、社会相互融合为一个大家庭；二是企业领导班子成员深入基层与员工谈心，了解大家的思想动态、工作困难和对企业发展的意见、建议，帮助员工理清和谐共事服务大众的从业标准与思路；三是开展“行驶京石一路有家”亲情服务活动，在免费为受困车辆提供帮助、为受困人员提供食宿的基础上，大力推行“一套礼仪、一条短信、一份热饭、一桶燃油、一处驿站、一双援手、一杯热水、一张导航图、一剂非处方药、一套修车工具”亲情服务“十个一”，向社会庄严承诺行驶京石“一路畅通、一路平安、一路关爱、一路无忧”。随着上述活动的开展和常态化，员工的服务意识有了很大改进，服务水平也在不断提升，从管理到服务的转变效果正在逐渐显现。

2 从以人为本、服务社会出发,做好交通信息服务工作

信息化已深深扎根于大众生活中,信息的及时准确对出行的顺畅与否至关重要,而做好交通信息的服务已成为体现高速公路服务水平的一个主要标志。但是现有的运营办法和硬件设施严重阻碍了信息服务水平的提高,为此,需从六个方面加以改进。一是充分发挥多方多渠道力量主动搜集信息。为使交通信息能够收集到位,设置的客服值班电话要24小时有人接听,随时接受驾乘人员反映的情况与需求;同时利用视频监查、检测线圈的自动报警功能实时监测主线车流变化;要求养护巡逻,公司车辆、业内人员发现影响通行的事件要及时上报路中心,发动全司力量实现路况信息的主动、全方位搜集。当信息的准确性无法保证时,值班员可随时指派附近单位的车辆、人员上路实地勘查,并与各片区交警、路政保持值班电话联系。二是科学分类信息为正确决策奠定基础。对信息进行综合分析、甄别、筛选,按照影响范围、影响程度、发布种类进行归纳整理,确保信息的准确性和实用性。为信息上报、运营决策、对外发布、调度指挥奠定基础。三是规范信息发布,为准确调度指挥提供依据。在工作中规范信息发布的格式、内容及接收范围,发布时只需将事发地点、时间填入制式化条目中即可;将施工区域、恶劣天气、交通管制、主线车流情况等路况信息,利用可变情报板、路况导航服务系统、路况信息带状发布平台对外发布。四是正确利用信息及时采取有力措施。利用能见度检测仪、外场摄像密切关注各路段状况。遇有封路开通、局部拥堵、车流高峰、浓雾消散、能见度缓解等情况时,及时通知两端收费站做好应对准备。冬季雪天随时将降雪位置、降雪强度通知养护部门,使其掌握除雪时机。五是准确检测信息及时启动保障预案。利用检测线圈实时观测主线车流变化,结合主要收费站点情况设定报警阈值,当某个断面的车流量超过一定数值时,即向其发出保畅预警,提前20~40min提示该站启动相应等级的保畅预案做好应对准备。六是针对具体信息多方协调积极应对。利用集中监控全线视频直达路中心的优势密切关注全路段路况,发现异常立即进行分析追踪,必要时向相关站点发出预警提示。当发生交通事故、出现人员伤亡、车辆着火等意外情况时,值班人员立即通知交警、医院、消防队等相关单位进行救助。上述措施的实践有力地促进了服务水平的提高。

3 从科技创新和服务创新着手,做好新技术的研发与应用,以科技力量支撑服务水平的提高

为了使路况信息能及时有效的传达到驾乘人员手中,大家以社会大众行驶高速公路的"需求"为己任,想驾乘人员之所想,做驾乘人员之所需,从创新服务方面进行了多项有益的探索与实践,值得一提的是经过近两年的不懈努力,与中国移动河北分公司、中国联通河北分公司合作,相继研发并开通了服务于移动手机用户和联通手机用户的《京石路况信息带状发布平台》,当车辆行驶前方因养护施工、交通事故、交通管制、恶劣天气、车辆分流及其他特殊情况影响车辆通行时,可以利用此平台及时向行驶在京石高速公路上的手机用户发送前方道路状况的详细信息且反方向行驶的车辆不受干扰。同时提出选择绕行其他路段、提前选择出站口下路等建议,驾乘人员可据此选择最佳通行路线,使自己的出行更顺畅、更舒心,从而提高公众出行的效率。这个平台的使用是交通系统和通信系统相互联合为公众服务的首例,实现了主动为驾乘人员提供前方道路通行状况信息的目标,改变了以往交通信息要由出行人员自己

查询的被动局面，为出行大众及时准确获取道路通行状况提供了方便，也有效提高了信息服务效率。

“始于客户需求，终于客户满意”是思想意识转变的宗旨，行业作风的改进是社会发展的需要和必然产物，作为社会大家庭的一员就必须要紧跟社会发展形势，不仅从思想上，还要从行动上适应社会发展的主流意识，不断探索社会公众对高速公路服务需求的变化与提高，坚持与时俱进，开拓创新，为社会的发展与进步作出自己的贡献。

建设智能调度平台　提高信息管理水平

杨善革

（河北冀星高速公路有限公司）

摘　要　本文针对公众出行需求和高速公路信息化、智能化发展需要，详细阐述了建设京石高速公路智能调度平台的基本情况和其功能概况。

关键词　高速公路　信息化　智能化　建设

近年来，河北冀星高速公路有限公司（以下简称冀星公司）矢志不移地坚持"立足京石，服务社会"的企业宗旨，以社会大众行驶高速公路的"需求"为己任，想驾乘人员之所想，做驾乘人员之所需，结合自身的设备设施情况和管理架构，在强化信息收集的同时，更加注重信息的利用，尤其将与驾乘人员出行相关的路况信息作为研究、改进的重点，继2010年6月开通移动手机带状短信平台后，又于2011年正式开通了联通手机带状短信平台，使90%以上的手机用户在行驶京石路时，可以享受到路况信息服务。

随着以上平台的投入使用，截止到2011年年初，冀星公司的信息服务、信息管理平台多达12个，在日常使用过程中公司发现，每处理一条信息几乎需将所有系统、平台操作一遍，用时多达20min，严重影响了路况信息的时效性，是京石路服务质量提升的"瓶颈"，为此，公司领导发动大家集思广益，决定开发一个能够集中控制上述信息处置操作的京石高速智能调度平台，把上述平台进行整合以提高路况信息处置时效。2012年年初，公司按照省厅和高管局加强高速公路管理信息化、智能化建设要求，启动了京石高速智能调度平台的研发工作，到目前为止，已完成运行测试，正式投入使用。

1　整合优化模块系统，增强综合处置功能

京石高速智能调度平台采用模块化结构，一是以现有涿州、保定、石家庄三个监控分中心的特殊情况管理系统和公司办公自动化系统为基础联网建设，整合2套路况信息带状发布平台、3套干线信息监测系统、1套公众出行服务系统、1套冀星网站路况信息实时发布系统、1套公司内部管理信息上报系统、1套信息上报高管局系统、34块情报板发布控制系统等现有管理资源；二是开发、改进信息管理、设备管理、监控管理、稽查管理、数据管理、公务车管理、月票车管理、绿通车辆管理、绩效考核评审等模块。并将这些平台、系统、模块通过技术组网、编程控制、建设基础数据库等办法，实现信息记录选项化，信息上报程序化、信息分析标准化、信息处置智能化，形成一个自动按公司相关工作制度、工作预案中的要求，进行调度处理的综合业务平台。

2　强调实用性，重视可操作性

一是它所管理的各种信息、数据、业务都与公司的管理制度、业务流程、应急预案相统一，

充分考虑了信息收集记录中可能遇到的问题和各种情况，搜集了三年来近 4 千条信息采集的人工记录，对其进行了分类整理，详细归纳了描述语句的形式和特点，最终提炼整理出了日常工作中遇到的各种信息记录用的标准模板，并以此建立了数据库，改原来的人工记录为计算机选项记录，实现了信息收集记录的选项化，既实现了这一环节的高效快速，又实现了信息记录的标准化，还同时实现了信息类别的细分，为信息处置环节打下了基础。二是调度平台是以现有的各种平台、系统为基础，编制应用软件通过局域网络实现集中控制，多个系统同时工作，既可使上报或发布的信息内容标准一致，还可成倍缩短处置时间，不仅简化了操作方法，更提高了工作时效。三是因其所有信息处置内容均由计算机按编程统一控制实施，克服了人工处置时因疏忽而漏遗的问题，既减轻了路中心值班人员的工作强度，又保证了工作质量。四是所有信息的收集、处置过程全部由计算机完成，值班人员只做审核确认即可，为事后查询、汇总及信息处置情况、工作质量情况的审核分析提供了方便，为运营工作的改进提高提供了更快捷、精准的依据。

3 强化信息分析，提高利用效率

在做好信息采集、分类的同时，依据冀星公司路中心工作规程及机电管理制度等业务要求，对上千条路况信息进行了“利用价值”方面的纳整理，把信息分为了“只需上报、只需内部处理、需上报且内部处理、需上报且对外发布、保畅调度、服务调度、运营调度、管理决策参考”等 8 大类 90 余分项，结合冀星公司的运营情况逐个进行了的分析与研讨，就每个分项信息的处置办法制定了标准的流程，尤其是对实时路况信息如何向驾乘人员发布、利用哪个平台发布、什么时间发布、向何位置发布都进行了详细的研讨；对保畅信息的发布、应落实的单位、落实单位所采取的措施、公司应采取的措施都进行了实地的测量与验证，以期达到每一条信息不仅能收集好，更可有效利用到服务质量提升与管理决策当中。

4 注重应用效果，提高智能水平

信息的智能化处置是这个平台研发的最大特点。原来每一个信息从收集记录到处置完毕，完全依靠值班员按照规章制度来把握并人工实现，有时会因为疏忽大意而造成疏漏，或因对事件理解的偏颇而采取了不准确、不妥当的处置措施。为此公司在平台研发的伊始就从智能化的角度进行了谋划与探讨，把每项信息从采集记录、分类开始进行了详细的分析，根据其归类分析的结果，设计了上报、处置的方法流程，在以计算机引导的方式加以处置。现举两个例子加以说明。当接到一起交通事故的信息并录入智能调度平台后，平台会由应用程序控制对这起事故的影响位置、影响程度、发生时间等关键数据进行分析界定，根据界定结果，调度平台一会自动引导你去做按业务规范设定好的处置任务，它会设定是否向相关单位通报情况，应向哪位领导、哪级单位上报情况，情况内容也会依据信息录入内容而自动升成；二会自动界定是否向外发布路况提示信息，如果需要对外发布信息，平台会自行设定利用哪个系统或平台发布，并自动确定发布内容，发布位置，行驶建议等；三会在调度运行图上直观反映出事故发生的位置、处置情况和影响程度，使调度值班人员及运营决策人员实时的掌握事件发展进程，及时采取必要的调度措施；四会随时自动对未处置完毕的信息事件进行提示，时刻提示调度值班人员加以注意。当调度平台监测到干线监测系统、线圈车辆检测器在谋个监测点的车流变化，并且达到或超过设定阀值时，平台会自动报警提示值班人员，通知相应站点起动相应级别的保畅预案，并提出在全线范围内应采取的限行、封路、分流等措施，以此实现保畅措施的实施监测和智能调度。

京石高速智能调度平台的运行，使一条信息的处置时间由 20min 缩短到 3min，大大提高了工作效率，同时也标志着冀星公司在信息管理与信息服务方面向智能化迈出了坚实的一步。

高速公路收费服务的有形化探索

刘孔杰

（河北省高速公路石安管理处）

摘　要　高速公路的发展日新月异，人们的物质、精神需求越来越高，由于高速公路的公益性，人们对高速公路所提供的服务越来越关注。如何将无形的服务通过有形的要素使服务具体化、标准化是高速公路服务质量实现质的提升的有效途径。本文从服务产品、服务环境、服务人员、服务水平、服务考核和服务品牌六个方面的有形化进行了探讨，希望对高速公路的服务形象建设有所帮助。

关键词　高速公路　服务　有形化　探索

1　服务有形化概述

服务有形化是指企业借助服务过程中的各种有形要素或载体（包括实物、数字、文字、音像、实景、事实及其他可视方式），使无形服务及企业形象具体化和便于感知的一种方法。

2　高速公路服务有形化的重要意义

高速公路作为一种同时具有公益性和商品性的基础设施，具有"高效、便捷、安全、舒适"的特性。因此，近年来我国大力发展高速公路事业，目前通车里程已跃居世界第二位。由于高速公路的公益性，服务无疑成为高速公路管理的永恒主题。但由于经济的发展，人们物质、精神生活的提高，出行越来越多，带来了车流的迅速增加，人们对高速公路所提供的服务也越来越关注。但由于高速公路提供的产品是一种难测度、难量化的无形服务，限制了人们对高速公路服务质量、服务水平的认同。因此，高速公路服务要不断创新，大力实施品牌化战略及有形化建设，使高速公路的服务通过具体的载体，规范化、标准化、制度化。服务有形化建设，是提高服务质量的有效途径，对树立高速公路的窗口形象，转变人们对高速公路的传统认识，都有十分重要的意义。

3　高速公路服务有形化建设的内容及实现

高速公路作为一个服务行业，声誉和服务的重要性已经日益突显，我们不仅要为人们提供快速通行的保证，而且要为消费对象提供优质服务，为此我们提出了"零缺陷服务"的服务理念和"高效、便捷、安全、舒适"创建目标，并借助有形文化载体让驾乘人员对我们的服务工作有一个清晰的感知。文化的建设和发展都离不开一定的传播载体，没有有形的文化载体，就不可能把优良的精神文化进行有效承载和传递，就不可能让公众社会感知和提升高速公路服务水平和形象，这也是有形化建设的功能性和必要性。

3.1 服务产品的有形化

即通过服务设施的建设和不断采用先进的技术手段,如增加 ETC 收费方式(电子不停车收费系统)、便携式发卡(收费)机、站口电子路况信息显示屏、绿色专用通道、消费电子终端等技术来实现服务自动化、简便化,提高服务效率和服务质量。

服务产品的有形化,需要一大批有知识、懂技术、有创新精神和敬业精神的高速公路职工队伍。要不断学习高速公路建设的最新成果,要不断研究和探索先进的高速公路建设和管理技术,并将这些成果和技术不断应用到服务产品的建设上,保证服务产品质量的不断提升。

3.2 服务环境的有形化

服务环境是高速公路提供服务和驾乘人员享受服务的具体场所和氛围,它虽不构成服务产品的核心内容,但它能给高速公路带来“先入为主”的效应,是服务产品存在不可缺少的条件。服务环境从某种意义上讲,就是服务的“营销”,有策略的设计和提供服务环境,让驾乘人员通过接触环境来识别和了解服务理念、服务质量和服务水平,从而提升驾乘人员对高速公路的认知度和对高速收费服务的满意度。

高速公路服务环境的有形化建设,应着重从以下几个方面进行:一是高速公路的建筑风格,要根据所处的地域、民俗、政治要求,结合服务功能,力争做到一站一景,一区一景,给过往的驾乘人员以耳目一新的感受。二是高速公路的环境。它是有形产品的派生物,是有形产品综合作用而形成的一种感受,如高速公路沿线的绿化,收费站、服务区的美化,广场环境的整洁等都决定着驾乘人员对高速公路的感受。三是服务设施,如收费岗亭、岛头、车道指示灯、费额显示器、收费广场夜景装饰等,都要为驾乘人员推测高速公路的服务水平和质量提供依据。四是徽标的设计,设计要新颖有创意,能够体现自身特色,使驾乘人员联想到服务特色,提高服务效果。

3.3 服务人员的有形化

服务人员所具备的服务素质和性格、言行以及与消费者接触方式、方法态度等,会直接影响到服务营销的实现。为了保证服务营销的有效性,高速公路应对员工进行服务标准化的培训,让他们了解高速公路所提供的服务内容和要求,掌握服务的必备技术和技巧,以保证他们所提供的服务与高速公路的服务目标相一致。因此,高速公路服务有形化建设应把收费服务人员作为重点。从收费员着装、仪容仪表、交接班流程、内务标准来规范和统一。

在服务有形化建设中,一是要注重收费人员的培训,首先是服务意识的培训。收费人员要在工作中始终热情地为驾乘人员服务。比如培养和要求收费人员始终面带微笑,这是一种真诚、友爱的标志。但微笑只是友爱的显露,爱的经营在于真正了解驾乘人员的真实需要,对他们始终做到“四心”,即热心、细心、真心、耐心。其次是服务技能的培训,以提供高品质服务为基础,通过培训提高收费人员的知识素养,利用服务知识来满足驾乘人员的需求,充分发挥知识在服务营销中的作用,通过技能培训来帮助收费人员树立良好的服务意识,规范其服务操作,提高服务技巧,从而提高服务品质。二是注重收费人员的外表展示。视觉形象在收费服务管理中也特别重要,职工的仪容、仪表、仪态不仅代表个人形象,同时也是高速公路收费窗口的“门面”。语言是与驾乘人员交流的重要手段,收费人员说话时的语调、语气、韵律等都至关重要。收费人员的行为方式反映了高速公路的服务理念。因此,对收费人员在工作场所的着装、化妆、饰物、举止等应有统一的规范要求。

3.4 收费服务水平的有形化

服务标准有形化,公布服务质量标准,实质上是事先对车主用户的一种承诺。

在服务营销中,推出以展示服务标准为主的服务承诺,关键是要有效力或营销的吸引力,从服务过程的各个环节、各个方面的质量进行全面的承诺,并以此促进服务营销。如服务时间承诺;便民服务承诺,免费提供开水、简易修车工具、应急药品;服务礼仪承诺,两转体、两点头、并五指、露八齿、停两秒;服务用语承诺;来有迎声、问有答声、去有送声、常有谢声;文明用语要热心,收费发卡要细心、微笑服务要真心、回答询问要耐心。

3.5 收费服务考核有形化

收费服务有形化有了明确的标准和制度,而实施的成效,关键还在于考核机制的有形化,即有一套完善的考核机制。为此,石安处制定了《星级收费站千分考核办法》,每季度对所属单位进行内部考核;在通过"三体系质量认证"的基础上,定期进行内审和外审。对发现的问题限期整改并做好记录,实现了服务痕迹有形化。目前,石安处已通过河北省档案4A认证,所属单位全部通过3A认证。

3.6 收费服务品牌的有形化

服务的有形化建设使服务价值越来越容易为顾客所感知,服务内容有形化加速了服务产品化,企业要想保持服务这种"产品"长远的竞争优势,那就要像打造产品品牌那样塑造服务品牌,通过品牌确立服务差异化优势。

所谓服务品牌,就是经营者提供并得到市场认可的个性化服务标识,它代表着创建品牌企业的特色服务,而不是雷同化、一般化的服务;这种个性化的服务标识,是市场认可、社会认同的,在消费者中有一定的知名度、信誉度。高速公路收费服务品牌化,就是高速公路经营者建立自己服务品牌和利用品牌来促进服务营销宣传。由于品牌是有形的,所以品牌化策略是服务的一种有形化策略。

服务品牌化的建立。由于服务是一种无形的产品,具有不可感知性,并且服务质量的稳定性和抗外界因素干扰力差,这就为服务品牌化增加了难度和不确定性。为此,按照服务品牌营销的策略,服务品牌化建设需要使用全方位的品牌要素,主要包括:

1)服务品牌的名称。服务品牌的命名经历了一个由同质到差异、由普通到个性、由直白到概念的过程。服务品牌名称的好坏,对品牌的建立和发展至关重要。优秀的服务品牌名称既要容易识别,又要个性化,还要易于传播。石安高速目前开展的"春雨服务"活动,就收到了一定的品牌效应,并被广大驾乘人员所认同。

2)服务品牌的理念。一个收费服务品牌能否提供给驾乘人员满意的服务,不仅取决于是否"畅、洁、绿、美、安"的通行环境和娴熟的服务技能,更取决于我们是否拥有先进而独特的服务理念。先进而独特的服务理念是服务品牌有形化的前提和基础。

3)服务品牌的视觉形象。主要包括标准色彩、标准字体、人员着装等要素,设计良好的服务品牌视觉形象,有利于表现服务理念,有利于服务品牌化的建立,推广和促进服务营销。

4)服务品牌的特色。一个品牌要想在激烈的市场竞争中站住脚,使广大的驾乘人员在众多的收费服务中喜欢这个品牌,就一定要有自己鲜明的个性和特色。如果没有个性特色,就形不成服务品牌。

5)服务品牌的传播。服务品牌有形化塑造离不开传播,"酒香不怕巷子深"的年代已过去,如今是信息化社会,客观上要求通过品牌这一载体把服务的各种信息高效地传达给社会和驾乘人员。要通过高速公路广告、发放宣传资料、开展便民服务周、咨询服务日等方式来提高品牌的知名度。2011 年,为把“春雨服务”打造成具有河北高速特色鲜明的服务品牌,石安高速对“春雨服务”进行了系统梳理、提炼和品牌创新规划,实施了品牌注册,成功将“春雨服务品牌创新战略研究”课题列入河北省交通运输厅 2011 年度科技项目计划。2012 年,“春雨服务”被河北省授予“十佳优质服务品牌”。高速公路收费服务一旦建立了自己的品牌,尤其是知名名牌,可以有效传播高速公路收费窗口的形象,对提高高速公路的社会效益意义重大。

4 结语

服务至上是高速公路永恒的主题,有形化只是服务的一种营销方式。工作中要主动积极实施有形化,才能不断提高服务水平,提高社会对高速公路的认知度。同时有形化要结合时代特点,紧跟时代步伐,与时俱进,不断创建新的有形化载体,才能把服务工作做得更好。

标准化意义上的高速公路星级服务区实践与探索

王凡昌

(湖北省交通运输厅京珠高速公路管理处)

摘　要　高速公路服务区,是高速公路的重要组成部分,为高速公路全封闭、高速行车提供保障。它既为行车提供物质上的供应及后勤保障,也为旅客、驾驶人员、公路管理部门人员提供生产生活服务。由于投资渠道、经营模式不同,现有的服务区管理体制各有特色,进行规范化管理,实现经营效益与社会效益的同步发展,日益引起各方关注。本文结合湖北京珠高速服务区践行标准化管理的实际,对此进行阐述。

关键词　标准化　星级服务区　实践与探索

1　高速公路服务区标准化管理概述

泰罗认为:科学管理实际上是一种规范化、标准化的管理,用培训来教给工人完成任务的技能,用科学研究制定标准和规章制度规定下达的任务,用奖惩等激励机制保证任务的完成。规范化、制度化是企业大规模生产的基本要求,是任何先进管理思想得以实施的基础。可以说,没有管理的标准化、规范化,就没有管理的现代化。

高速公路服务区标准化管理,是以多元化经营开发体系、规范化综合管理体系为架构,以服务区日常管理为基础,通过制定和执行统一的规范、标准,建立起以现代化设备为基础、规范化管理为核心、人本化服务为支撑、科学化考核为保障的结构体系,力求实现最佳的管理秩序和管理效益。

1.1　服务区标准化管理的概念及意义

1.1.1　为实现全面的社会服务提供保障

高速公路通行车辆日益增多,人们的消费水平不断提升,对高速公路服务区的功能要求日益增多,只有通过服务区的硬件、软件的不断协调发展,并按照标准化的经营管理体系监管,才能为驾乘人员提供优质、全面的服务。

1.1.2　为实现优质的经营环境提供保障

优质的经营环境包括服务区的安保体系健全、环境洁净美观、服务优质高效、设施完好无损等。在服务区的标准化管理中都给予了严格的要求和具体的标准。

1.1.3　为实现良好的品牌效益提供保障

服务区标准化管理中,对规范、诚信经营做了明确的规定,并制定一整套考核体系保证日常运作,这对于树立服务区的经营品牌,实现社会效益和经济效益的双赢局面奠定了基础。

1.2 服务区标准化管理的内涵

1.2.1 服务区标准化管理的目标

以统一的标准和管理方式解决服务区管理过程中遇到的困难和矛盾,使服务区从经营监管到考核监督,从服务标准到工作流程,从硬件配置到软件建设等方面达到统一。以高标准、严要求,实现服务区管理的标准、规范、细致,使服务区的经营管理更好地为社会驾乘服务,更好地展示窗口形象,保障驾乘人员在高速公路上衣食住行的优质、快速、便捷。

1.2.2 服务区标准化管理的特点

服务区标准化管理实现了日常管理流程的量化和细化。一是实现了针对性与全面性的良好结合。管理体系中的制度、细则涉及服务区管理的方方面面,同时对服务区的特点进行了很好的归纳,适用性很强。二是实现了概括性与操作性的良好结合。管理体系分为设施配置、服务监管、日常管理、考核评价四大部分,每部分都对管理中的操作流程进行了细致的规定,使服务区各项管理详实、细致、有章可循。三是实现了创新性与规范性的良好结合。管理体系中既包含了从业人员标准化工作规范、星级评比细则、市场及顾客调查问卷等创新性规范,又将其融入日常规范性、常规性工作,实现了管理与创新的无缝对接。

1.2.3 服务区标准化管理的实现方式

通过加强职责细化、职能分工、目标管理、全面督办、强化考核等内部运行机制,实现管理体系的正常运转,确保服务区工作的及时、高效。在管理中,保证了管理体系中的各项制度及流程落到实处。

2 高速公路服务区标准化管理的体系建设

2.1 标准化管理组织体系建设

2.1.1 建设要点

由于国内服务区经营方式各有特色,管理模式差异性较大,总体来讲,主要分为业主投资、业主负责经营管理的自营模式和业主投资、委托经营、业主负责经营监管的社会化经营模式。两种方式的差别表现在服务区管理机构的职责有所不同,一种是经营管理,一种是经营监管。在管理机构的设置上要充分考虑到职责定位。

2.1.2 把握原则

一是精简高效,因事定岗,定岗定人,一人多岗,杜绝可有可无的中间环节,避免人浮于事、职责交叉、相互推诿的现象;二是行业整合,除业务性强需专业管理的部分外,其余部分实行同一班子负责、同一制度管理、同一标准考核、同一结果运用;三是层级管理,实行管理办、部门、班组的管理架构,确保管理触角延伸到每个岗位、每个时段;四是权责相符,实行管理与被管理、监督与被监督的辩证统一,增强各级责任意识;五是有利经营,剔除官僚文化、小团体意识,一切为社会效益和经济效益的同步发展服务。

2.1.3 湖北京珠服务区标准化管理组织体系

1)服务区管理机构设置

在机构设置上,湖北京珠高速公路管理处下设服务区管理所,负责服务区的日常管理工作。服务区管理所内部机构设置综合办公室、物业办公室,并在每个服务区设有现场管理办公室,负责日常事务的具体执行和落实。

2)服务区内部管理模式

服务区采取三级管理模式,一级管理为管理所所务会,日常由所长、副所长负责各项工作;二级管理为综合办公室、物业办公室及现场办公室,综合办公室负责综合管理和服务区内业管理,物业办公室负责经营监管、工程、水电等管理工作,现场办公室负责服务区及停车区现场保安、保洁、资产、设备等工作;三级管理为各服务区保安队、保洁队、水电巡查组,负责服务区的安全保卫、卫生保洁、水电设备维护等工作。

3)服务区管理机构运行

服务区管理机构对服务区的整体经营情况和软硬件运行情况进行管理,实行24小时值班制度,并通过与各部门交叉合作,做到全面管理。在日常管理中,对经营单位、驾乘人员行使服务职能;对经营活动、服务过程、安全管理、环境卫生、设备运转行使监督职能;对经营人员、从业人员、保安队伍、保洁人员行使管理职能;对经营管理、软硬件建设、内外协调、项目投入、科学发展等工作行使指导职能。

2.2 标准化管理制度体系的建设

2.2.1 设施配置标准

按照交通运输部的要求,服务区设施分功能性基本设施、经营性基本设施、公益性基本设施。

1)建设要点

经营性设施由经营单位按照营业需要自行配置,功能性设施重点考虑为服务区的功能拓展作预留,突出节能、环保、美观、实用,公益性设施要与社会发展相结合、与驾乘需求相结合、与技术进步相结合。

2)把握原则

一是经济适用,作好项目的分析与论证,在充分考虑性价比、投资回报率、净资产收益率的前提下合理确定方案;二是科技创新,大胆采用新材料、新技术、新工艺、新装备,提升科技含量,以先进生产力提高劳动效率;三是社会进步,瞄准社会发展的主流方向,把握业内管理发展动向,勇于创新;四是有效保障,一切为经营的发展服务,一切为满足驾乘的需求服务,一切为品牌的创建服务;五是环保节能,大力普及污水综合治理系统、垃圾处理系统、节能系统、沼气池、风力发电装置等,营造绿色服务区。

2.2.2 服务监管标准

服务区标准化服务,是对日常经营服务活动进行规范和监督,分为标准化工作规范体系和标准化服务监管体系两类。

(1)标准化工作规范体系,包含了礼仪规范、服务规范、操作规范等。一是从业人员标准化工作规范的共性指标,分为着装规范、用语规范、仪容规范,用语规范中包括常用文明语、服务禁语。二是从业人员标准化工作规范业务指标,按行业、岗位分工作规范、工作标准、标准工作流程,涉及保安员、加油员等七个岗位系列。

(2)标准化服务监管体系,服务区的日常监管工作由交通主管部门指定的管理单位实施。组织实施的主要内容包括日常监督检查、问卷调查、投诉处理、第三方评议。

①建设要点。在体系建设中,一是细化指标,实现行业服务标准的统筹兼顾;二是量化考核,实现实用和科学的紧密结合。

②把握原则。一是行业理念的统一性原则，把实施意义说明、实施思路说清、实施标准说透，实现行业规划的高度统一、经营理念的高度统一、员工思想的高度统一；二是行业的共性和特性的统筹原则，针对从业人员不同的行业性质，按照共性指标和特性操作规范进行分类和细化，在需要共同遵守的规范之外，加入大量的行业操作流程；三是具体操作的实用性原则，标准覆盖到岗位、指标分解到班组、责任落实到个人，实施依据、流程、标准既要有详尽的文字描述，又有具体的数字标准，以口号传递战略、以条款指导实践；四是集合员工智慧的人本性原则，变“闭门造车”为“全员参与”，变“要我参与”为“我要参与”；五是先进性原则，瞄准社会需求，大胆引入先进服务理念，融合品牌企业管理标准。

2.2.3 经营监管标准

将服务区餐饮、超市、住宿、汽修、加油等经营项目全面实施精细化监管，更好地为驾乘人员提供优质、便捷、全面、高效的服务。监管范围包括服务区经营项目的具体要求和经营单位质量管理两个方面，包含价格监管、质量监管和卫生监管三项内容。

(1)建设要点。以《中华人民共和国产品质量法》、《中华人民共和国食品安全法》、《中华人民共和国价格法》、《中华人民共和国安全生产法》、《汽车维修行业管理暂行办法》等法律法规为依据，结合实际制订相应管理条款，确保经营商品符合国家技术标准，在体系建设中，一是严格落实国家相关行业标准，作好商品质量、价格、卫生、安全监管；二是公开透明、公正诚信、文明经营、周到服务。

(2)把握原则。一是依法依规，以国家法律法规为依托，以经营合同为参照，结合实际情况建立健全相关规章；二是精细管理，具体到每个行业、每大类商品都有相应的监管标准，每个环节、每个细节都有具体的工作要求；三是供求相符，指导实行分类经营，产品围绕市场需求转，商品价格围绕价值转；四是品牌至上，围绕核心竞争力的提升开展经营活动，围绕品牌的创建指导经营活动。

2.2.4 物业管理标准

在整个服务区的管理中，物业标准化管理支撑着整个管理工作的正常运转，分为安保管理、保洁管理、应急管理、环保管理四大体系，这四大体系确保了服务区运行安全有序、服务温馨关爱、环境干净整洁。

(1)建设要点。以工作目标、工作规范、工作要求、工作流程的框架建设为依托，确保服务区功能适用、设施良好、安全卫生、秩序良好、环境优美，为经营单位提供良好的经营氛围，为驾乘提供良好的休息、消费环境。

(2)把握原则。一是细化指标，指导性强的原则。指标细化到每个行业、每个班组、每个岗位，细化到每个流程、每个环节，目标要明确，要求要具体；二是健全流程，便于操作的原则。把日常工作要求程式化，做到各项工作有序操作，提高效率和质量，杜绝违规操作带来的安全风险；三是巡查为主，责任到人的原则。以动态巡查和静态驻守相结合，分行业、分片、分岗位责任到人，保障服务环境的良好有序；四是完善预案，群防群治的原则，针对服务区在治安、交通、火险、危化品泄露、恶性传染病、食物中毒等方面存在的隐患，按照预防为主、科学防范、加强演练、多方连动、及时处置的原则，在第一时间内控制局面，尽快恢复正常秩序。

2.3 标准化管理运行、监督体系的建设

2.3.1 建设要点

1)建立长效教育培训机制

实行分级培训,以管理所、现场办、经营单位为单元,建立常态化专业技能培训、跨行业的接待礼仪培训、安全培训制度。

2)建立分级考核机制

实行三级管理框架内的跨行业联合考评制,以定期检查、随机抽查、动态稽查、第三方评议等形式,对服务水准、顾客满意度进行客观描述,突出工作绩效。

3)检查考核内容及实施

检查商品质量、服务水准,安保、保洁、后勤、环保、应急体系机构及人员的履职效果。行业、班组自查与考核机构检查相结合。

4)考核结果的运用

一是与单位服务保证金、个人月度绩效相结合,发挥绩效杠杆的调控作用;二是与月度、季度、年度创星,年度评优评先相结合;三是与个人职务变动、岗位调整相结合。

2.3.2 把握原则

一是流程的闭合与持续改进原则,按照有效管理理论的流程管理(MTP),对流程规划、设计、构造、调控所有环节进行分解、完善,在运行中加强观察、记录、分析、总结,不断调整提高;二是有效激励原则,发挥经济杠杆的作用,提高以"微笑京珠"为特色的创优服务在绩效考核中的权重,实施微笑服务星级制,开展服务竞赛、星级评定;三是整体进步原则,以学习型团队建设为抓手,以班组细胞建设为重点,大力开展培先创优活动,营造积极向上、乐于干事的良好氛围;四是公开公正原则,考核标准要切实可行、结合实际、充分反映每个人的劳动价值,考核结果要公开公正、客观合理、能产生积极效果,为广大员工所认同,服务区的整体水准为过往驾乘所认同。

3 湖北京珠高速公路服务区标准化管理的主要内容

在标准化管理中,标准的制定是基础,标准的贯彻是核心,管理的目的是"获得最佳秩序和社会效益",以精细管理、优质服务为打造窗口品牌形象打下坚实基础,从而实现社会效益与经济效益的双赢。

3.1 设施标准化管理

3.1.1 功能性基本设施

服务区功能性设施配置主要是指除满足一般日常经营性工作外,服务区在管理中要满足顾客需求而应达到的硬件配备,具体分为绿化、照明、给排水、污水处理、备用电、安保及生活等设施。代表性的有:

(1)安保设施,健全的安保体系是为驾乘人员提供良好消费环境的重要保障,服务区标准化安保设施包括监控设施、通讯设备、巡逻设施、值勤设施四个方面。

(2)环保设施,包含污水处理系统、垃圾处理系统。

(3)导向设施,包含外观标识系统、交通导向系统。

3.1.2 公益性基本设施

为驾乘提供停车场、饮用水、公共厕所、信息查询、监控查询等免费服务,代表性的有:

(1)电子触摸查询系统,设置电子触摸式查询机,提供电子地图、实时交通天气情况,并对服务区内经营的商品价格进行储存更新。

(2)多媒体视频,配备多媒体液晶电视,每天 24 小时滚动播放视频节目、广告、宣传片等供驾乘人员欣赏,对外进行宣传、广告经营及娱乐。

(3)液晶信息显示屏,设置液晶显示屏,对实时路况、天气信息、商品信息、服务信息等进行不间断滚动播放,为顾客提供便利。

(4)手机充电站,设置拥有各型号的手机截口的充电机,解决驾乘人员在旅途中无法正常进行手机充电的困难。

(5)IC 卡室外电话,设置室外 IC 卡电话,方便旅客通讯。

3.1.3 经营性基本设施

经营方按实用原则,配置经营活动所需设施,满足市场化运作需求,自主管理。

管理要点,一是健全档案,完善资料,做好资料的收集、存档工作,随时备查;二是职责明晰,责任到人,以相关管理者、专业维护人员、使用者为主体,强化责任意识;三是定时巡检,详实记载,制订巡查频率、做好巡查记录,及时发现故障隐患;四是建立流程,规范使用,明确使用程序、使用范围、要求,完善细节管理;五是及时维护,保障完好,建立定期维护、及时维修制度,延长设施、设备的使用寿命。

3.2 服务标准化监管

通过行业规范、行业公约,服务标准、服务理念、服务流程的制订和实施,确保经营单位依法依规开展经营活动、从业人员提供文明优质服务。

3.2.1 管理要点

标准实施、考核监督做到"实、严"。

(1)标准普及要"实"。把握四个途径,一是发挥管理者效应,管理者的效率,往往是决定组织工作效率的最关键因素。并不是高级管理人员才是管理者,所有的负责行动和决策而又是有助于提高机构的工作效能的人,都应该像管理者一样工作和思考,带头实践与提高。二是强化执行,对从业人员持续强化、改造、教育,通过持之以恒的管理,提升执行力。将"微笑服务"与载体活动紧密结合,把其作为优秀典型推树的重要标准,形成人人争做微笑大使的氛围。将现场问卷与网络评议紧密结合,建立社会评议机制,让驾乘人员参与监督,提升组织和个人的执行力。三是关注"二八现象",组织中 80% 的绩效往往由 20% 的人创造,在运行中要关注 20% 的优秀群体,充分发挥其潜能和示范作用,同时关心 60% 的大众群体、鞭策 20% 的后进群体,防止出现一部分人在干、一部分人在看、还有一部分人在捣蛋的现象,两极分化最终导致团队解体。四是加强细节管理,细节决定成败。在各行业、各岗位找出节点,作为优先目标,运行中保质保量不放松。把流程梳理清楚,把易出问题的环节作为重点监控目标,运行中加大检查力度不放松。

(2)标准考核要"严"。把握三个重点,一是指标量化,实现实用和科学的紧密结合。湖北京珠服务区在日常管理上抓好服务的考核和奖惩兑现工作,量化每项标准的考核分数,开展日考核和日奖惩兑现制度。二是考核公平,实行组织考核、员工个人自评、相互评议、第三方评议、社会评议相结合,消除个人主观因素导致的考核不科学,尽量使考核结果客观、真实,消除"做表面工作""八个不一样"的情况。三是科学评价,评价的方式要多样化。通过绩效考核、稽查单、口头通报、文字通报、书面反馈等形式,突出反馈和沟通,突出肯定和鼓励。

3.2.2 组织实施

(1)坚持以人为本,强化标准化队伍建设。一是教育员工,着力提升岗上行为的专业性。树立科学发展观,开展511人才工程建设,建立中长期人才培育规划,增强服务区可持续发展的软实力;建立固定式技能培训与阶段性综合培训相结合的机制,定期进行培训、考核、比武,并结合阶段性时间内员工的需求进行定向培训;建立人才选拔机制,从考核、比武中发现人才,稳定和充实核心团队,减少人才流失带来的影响。二是关注员工,着力提高服从管理的自觉性。实施"员工关注计划",坚持每月为员工解决两至三件困难。三是激励员工,着力提高参与管理的主动性。建立奖惩分明的工作激励机制,鼓励先进,留住优秀员工,充分满足员工的价值追求。

(2)注重沟通交流,落实标准化反馈机制。一是采用现场沟通的方式互动。在服务区内推行统一的交流制度,每周内服务区管理人员、经营单位、油站负责人及员工代表都要集中进行与驾乘聊天、沟通1次,向他们介绍服务区工作开展的情况,询问他们服务中还有哪些需要改建的地方,将收集的意见和建议进行归纳反馈。二是采用网络沟通的方式进行互动。每个服务区都建立自己的网站,在其中设立QQ和所长信箱沟通板块,每日有一名专职人员在线,直接与驾乘进行实时交流,解答驾乘疑惑,收集驾乘意见。三是采用第三方评议方式进行互动。聘请经常到服务区消费的驾乘做为暗访稽查员,随时记录从业人员的服务行为,定期邀请他们召开座谈会,将情况进行反馈。并大量开展问卷调查,把与驾乘人员的沟通交流做到最大化。

3.2.3 经营质量标准化监管

经营管理的质量监管体系是将服务区餐饮、超市、住宿、汽修、加油等经营项目全面实施精细化监管,更好地为驾乘人员提供优质、便捷、全面、高效的服务,包含商品价格监管、商品质量监管和卫生监管三项内容。

(1)经营质量基本要求。各项经营活动应严格实行价格公开,杜绝乱要价、乱收费等现象,收费或开票人应使用正规的票据;经营方必须保证质价相符,按章纳税,文明经商、严禁欺行霸市,强行拉客,哄抬物价;提供相应的便民服务措施。

(2)监管组织实施。按照超市、餐饮、汽修、加油站、住宿等五个行业划分标准,确保在资质、价格监管、食品安全、消防安全、商品质量分量等方面符合国家规定。服务区管理机构可以开展日常检查、接受举报,或与相关行政执法部门联合,对照国家法规、内部考核细则,予以督查。

3.2.4 物业标准化管理

1)安保管理

(1)安保管理的主要内容:规范执勤,指挥车辆,预防交通事故,保证停车场秩序正常;检查消防器材,保持消防通道畅通,对装有易燃、易爆及危险品的车辆指定场地停放,预防消防事故;关注可疑人员,预防偷盗等治安案件;开展安全生产专项检查、安全法制宣传和安全教育培训,联合有关部门制止群体性事件,确保服务区安全有序、正常运转。

(2)安保管理的组织实施:实行现场管理员对保安队(监控室)、保安队长(监控员)对保安队员的分级管理,按照岗上行为日常检查、查看执勤记录,抽查监控录像、区域分片包干到人的思路进行,分为工作规范、工作标准、工作流程的检查考核。

2)保洁管理

保洁人员工作管理主要包括负责服务区内洗手间、营业场所等公共区域通道、广场、行车道、绿化带等公共设施的保洁工作和垃圾池的清洁、清运和消毒工作。

(1)管理机构。按照合情、合理的原则可以划定各经营单位卫生责任区域,确定责任人,并在卫生包干区域放置标示牌,严格实行门前三包(包卫生、包绿化、包社会秩序)。依据门前三包内容、卫生责任划分区域、责任制管理规定、卫生评定标准和检查奖惩办法,服务区现场管理办公室按照划定的责任区域与各责任单位分别签订责任状。

(2)保洁管理的组织实施。实行现场管理员对保洁队(经营单位)、保洁领班(经营单位负责人)对保洁员的分级管理,按照岗上行为日常检查、查看保洁记录,抽查监控录像、区域分片包干到人的思路进行,分为工作规范、工作标准、工作流程的检查考核。

3)后勤保障

依靠日常水电管理保障设备设施的正常运转,并提供停水、停电等特殊时期的正常供应,保障服务区的运营秩序。分为水电设备管理流程、服务区停水停电应急预案、日常设施维修管理。

(1)后勤管理要点。早中晚对服务区所有的供水、供电、污水处理系统进行三次全面巡查,定期巡视、检修、维护,发现问题要及时处理;服务区停水、停电必须在15分钟内启动供水或停电设备;每周对服务区的电路、设备和消防设施进行二次安全检查,及时处理安全隐患,并做好记录;发生设备短路损坏和危急人身安全的重大情况时,应立即切断电源,并报请上级部门,组织解决。

(2)后勤管理的组织实施。由现场管理员对水电工进行检查落实,按照岗上行为日常检查、查看水电巡查记录、机电设施巡查记录,抽查监控录像的思路进行。

4)应急管理

应急管理体系是服务区为了应对突发和紧急状况,而做出的快速反应,具体有安全预警体系、应急预案体系两个方面,对保障服务区正常运转提供保障。主要有安全预警体系、应急预案体系,其中,火险应急预案、运载易燃易爆有毒化学品车辆起火应急措施、防抢防盗应急预案、食物中毒应急预案四个突发情况是重点。

(1)安全预警体系

充分利用通信、监控、网络等现代科技手段,采取集中安全检查与自查自改相结合,每日巡查与定期抽查相结合的方法,使事故隐患的监测常规化,将所收集到的信息进行科学的分析并做出预测和决策,以便发出及时、准确的预警报告,提高对安全事故的警觉,做好应对事故的准备,减少事故造成的危害。

(2)应急预案体系。为在重大事故发生时能及时予以控制,服务区现场办公室应组织进行安全事故预测,有目的地制订救援措施,成立救援队伍,配备基本的消防、医疗救援装备和器材,并定期开展培训和演练;同时加强与救护中心、警务中心、消防中心等外部救援单位的协调沟通,构建快速、高效的综合救援网络体系。

5)环保管理

环保管理体系中包括环保工作制度和服务区水电节能管理两个方面。环保工作制度的建立是为加强服务区环境治理及保护工作,确保经营过程中产生的污染物经处理后达标排放,保障污水处理系统及垃圾处理系统的正常运转,保护周边生态环境。

(1)工作要点。服务区污水处理系统应保持正常运转,保证经营性污水的达标排放;建立与环保机构的经常性联系,定期检查、抽查排放水样的成分;严禁固体垃圾的外流,做到及时处理、及时运输。

(2)组织实施。水电工负责污水处理设备及垃圾处理设备的维护、检测和管理工作;服务区配备专门的检测设备,坚持每周进行水样检测;至少每季度联系地方环保部门进行菌群检测和水样抽查,发现问题,停止排放,及时查找问题;定期保养设备,避免设备的超负荷运转;服务区现场管理员应参与到设备巡检、水质检测等工作中,并定期请专业人员进行设备维护、人员培训。

4 高速公路服务区标准化考核评估

考核考评机构服务区的标准化考核是实现标准化管理的保障体系,为各项管理工作的正常运行提供保证,主要内容包括考核组织体系、从业人员考核、经营单位考核、星级评比四部分。

4.1 考核机构和管理职责

服务区考核机构可根据管理单位的实际情况设置。湖北京珠服务区采用三级考核的模式,按照管理职责的不同实行分级、分内容、分层次的考核。考核机构如图所示。

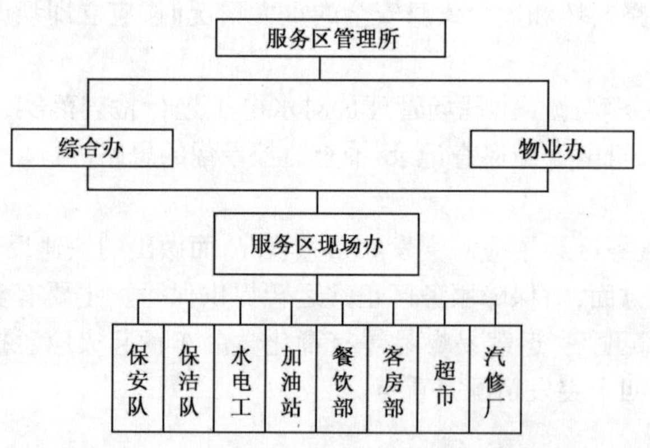

考核机构成员每月会同相关部门负责人,对考核工作实施组织、指导、监督;每月对服务区进行一次全面的集中检查和不定时、不定期的日常检查或稽查,服务区现场管理办公室每月根据各岗位考核标准对水电工、保安、保洁、经营单位进行日常检查、考核。

4.2 从业人员考核

在制订各岗位考核评分细则的前提下,主要对从业人员岗上行为的规范性、标准性进行考核,旨在提升从业人员的服务水平,为驾乘人员提供优质服务,分为考核小组对从业人员的日常履职考核、社会满意度调查、同级认可度评议三部分,按照集中检查、随即抽查、群众举报、问卷调查、不记名书面打分等方式组织实施。

4.3 经营单位考核

在制订各行业管理考核评分细则的前提下,考核小组定期对各经营单位的日常工作进行全面考核,分为考核小组对经营单位的日常考核、社会满意度调查两部分,按照集中检查、随即抽查、群众举报、问卷调查等方式组织实施。

4.4 服务区星级评比

4.4.1 月度五颗星评比

主要考核服务区现场管理机构,分为卫生星、规范星、整洁星、文明星、安全星五个竞赛单项,采取日常抽查、月度交叉检查与季度集中考核相结合,问卷调查与社会评议相结合。获得单项奖项及以上者予以奖励,连续三个月对没有获得一颗星的服务区实行通报批评并处以经济处罚。

4.4.2 季度星级经营单位及员工评比

每季度末进行一次评比,按照问卷调查、日常稽查与专项检查、现场办评议相结合的方式实施,具体评分标准按照相关考核标准和细则实施。按照分值划定星级,各经营单位、各岗位取最高分值者为五星级单位(员工),评选结束后挂星级牌上岗,并给予经济奖励。

4.4.3 年度星级服务区评比

主要考核各服务区,按照集中检查、日常抽查、第三方评议方式,根据考核评比细则,以分值评选三星级以上服务区。三星级以下不授星,并对相关单位给予相应处罚。

5 高速公路服务区标准化管理的发展趋势及思考

随着经济的发展,商品流通量、人民群众出行的频率越来越高,作为流通主动脉的高速公路越来越受到各方关注,现有的服务区管理水平与社会期望值有差距,要实现经济效益与社会效益的同步发展难度加大;随着我国高速公路路网的日益密集,行业发展悄然加速,路与路之间、路与地之间的竞争日益激烈,行业内外的信息互动日渐频繁,现有的管理理念升级压力加大;许多高速公路积极引进 ISO9001 国际质量认证体系、OHSAS18001 职业健康安全体系、ISO14001 环境质量体系等,以行业的国际标准为参照,立足实际,建立了齐备的管理体系,并推进管理体系的持续改进,积极适应国际高速公路行业发展的需要,为服务区的标准化发展探路;在新形式下,交通主管部门出台统一的高速公路服务区管理规范也是社会的呼唤。

在此时代背景下,高速公路服务区标准化管理发展前景广阔。

5.1 服务区标准化管理发展趋势

行业经营趋向专业化,行业规范与标准化管理制度的融合加快。

(1)行业分工更加细化,扁平化管理逐步流行。在经营竞争压力加大、服务区功能不断拓展的情况下,服务区经营模式的变革将以提升核心竞争力、两个效益同步发展为目标,分行业引入品牌效益突出的专业化企业,传统的、粗放的、家族式管理模式逐步淡出,一个企业总包一对甚至相邻的几对服务区的现象逐步减少,新的管理体系逐步形成,品牌专业连锁店、职业经理人制度为标准化管理的深入创造良好环境。

(2)行业标准渐趋统一,标准化规范体系逐步普及。继发布《关于加强高速公路服务设施建设管理工作的指导意见》后,社会期盼由交通主管部门主导推出服务区服务规范;随着高速公路的发展,各级地方政府行政主管部门对服务区经济活动的监管力度加大,行政性技术规范的约束作用日益明显;竞争的日益激烈,也促使同行经营者出台行业公约、规范,为标准化管理的发展奠定良好基础。

(3)行业行为追求规范,标准化管理全面铺开。随着社会的发展,消费者的维权意识不断增强;劳动法规的完善,强化了从业人员的维权意识;路段管理单位对服务区的窗口地位日益重视,使行业活动将依法管理、依法经营、追求规范,标准化管理全面展开。

5.2 企业管理趋向规范化,经营管理与标准化管理的互动加强

5.2.1 企业内控体系逐步健全,标准化运作力度增强

由垄断、半垄断经营向市场化竞争的转变,提升企业的核心竞争力尤为重要,建立现代企业管理体系,加强成本核算、营销管理、岗位目标管理、流程管理,以强化管理、优化服务、科技应用提升经营效益,标准化运作力度得到增强。

5.2.2 强化员工队伍建设,标准化服务水平提高

经营的中心是管理 + 服务 + 营销,落脚点是员工的岗上行为优质、高效、周到,通过建设学习型团队,使员工的服务技能提升,通过绩效管理,使员工服务质量和水平得到激励和提高,管理层的管理效能不断优化,标准化服务水准得到提高。

5.2.3 企业商誉日益突出,市场化运作助推标准化管理

品牌就是效益,在业主建立经营单位诚信档案、将企业商誉纳入招标考核内容后,以精细管理、优质服务为支撑的企业品牌不仅是企业生存发展的关键,更是企业能否靠竞争进入高速公路服务区经营的生死门槛。

5.3 功能定位趋向综合化

5.3.1 社会消费需求的升级,推动标准化管理的进步

社会消费升级,人民生活质量的提高,使出行人员在服务区不仅满足于加油、进餐、休息,经营品种的吸引力、服务质量的优劣、消费和休息、休闲环境的好坏都必须满足群众的需求;信息传播的快速发展,各地高速公路服务区的突飞猛进,地方服务水平的持续提高,将冲击现有经营管理理念,推动标准化管理的进步。

5.3.2 服务区功能逐步拓展,标准化管理内容有待创新

随着功能的拓展,服务区中长期规划目标为:舒适优美,构建绿色环保型服务区,突出地域及人文特色,体现出园林式的景观特色,加大环保设施的投入和改造,打造绿色家园;平安畅通,打造安全型服务区,建立立体安保系统,充分发挥服务区在紧急避险、紧急救援、紧急分流削峰等三个方面的功能;配套全面,构建城镇型服务区,通过地域特色文化、产品、旅游景点的推介,搭建人、物流通基地,让服务区成为城镇的延伸;拓展内涵,打造多功能型服务区,开拓市场,逐步完善经营项目;便民惠民,构筑公益型服务区,利用科技手段,配备便民设施,进一步完善公益性服务功能;凸显地域,建设特色型服务区。

5.4 标准化管理的实现途径

为实现中长期发展规划,标准化管理必须与时俱进,不断创新。

5.4.1 树立三种意识,夯实标准化管理基础

一是树立精品意识,做到管理质量、经营质量并重,经营服务、公益服务一流;

二是树立责任意识,管理上坚持服务社会需求、服务行业发展、服务员工进步;

三是树立团队意识，坚持行业有效整合，服务区各行业要分工不分家、工作互补围台不拆台、相互协作整体进步。

5.4.2 把握六个要点，提升标准化管理效能

1)解放思想，与时俱进

一是实现粗放管理向精细管理的转变。坚决消除思想认识的误区，平息从业人员畏难、患得患失的抵制情绪，破除墨守成规、安于现状的消极情绪。二是树立管理就是服务的意识。坚持服务至上、品牌至上，完善服务支持与保障功能。三是善于吸收先进管理理念。实现软硬件同步发展、经济效益社会效益同步发展、落实行业标准与吸收行业管理经验同步发展。

2)克难攻坚，强力推行

一是工作体系完善健全。坚定信心、克难攻坚，全行业、全员参与，涵盖面广，总结分析、不断完善。二是运转框架切实可行。要与行业、岗位要求相结合，与效能建设相结合，与员工进步相结合。三是标准执行持之以恒。要坚持制度管人，坚持标准的连贯性，坚持管理的公开、公平、公正。

3)行业整合，效能优先

一是突出社会效益。既要突出公益性，又要突出商誉，突出团队的整体进步与发展。

二是效能优先。做好资源的整合与共享，实现行业经营的互惠与良性互动，确保核心竞争力的培树与增强。

三是行业标准的普及与运用。既要保证国家标准的贯彻实施，又要做好行业规范的大力普及，保障管理体系的全面运用。

5.4.3 全员参与，强化执行

一是学习型组织的建设。坚持管理者、骨干员工、一般员工的分期培训，做好专门培训机构、单位专人培训的结合，定期培训与适时应急培训的结合。

二是参与和监督。完善制度建立与民主管理，做好员工、管理者的相互配合与监督，实行定期总结与专项工作总结。

三是互动和改进。开展实施效果的评估，收集驾乘人员建议与意见，实行持续改进。

5.4.4 理清思路，稳步实施

一是结合实际，着眼长远抓落实。要扎根基层，找准重点、难点、节点，把问题梳理清楚；加强调研分析，把思路理清；开展研讨，统一思想。

二是紧跟社会经济发展水平，与高速公路发展思路相结合。与社会发展相配套、与满足社会需求相配套、与行业发展战略相配套。

构建核心价值体系　推进行业文明创建

——关于高速公路行业核心价值体系的探索与实践

郑　建

（湖北省交通运输厅京珠高速公路管理处）

摘　要　胡锦涛总书记两次视察湖北时都强调，要把湖北打造成促进中部崛起的重要战略支点。湖北省第十次党代会强调把交通放在突出的位置，要求把湖北打造成为全国交通运输和中部崛起的“立交桥”，打牢交通大底盘，畅通交通大通道，完善交通大网络，构建交通大枢纽，发展交通大物流，服务经济大发展，最终实现湖北作为中部乃至全国的综合交通枢纽。

湖北素有“九省通衢”的交通优势，湖北通则中部通，中部通则中国通。作为湖北交通“五纵六横一环”高速公路骨架网中重要“一纵”，湖北京珠责无旁贷地肩负着“战略支点”的重任。本文将结合湖北京珠的管理实践，就如何构建行业核心价值体系，加强行业精神文明建设，抢占促推科学发展、跨越式发展的“精神高地”，探索核心价值体系与高路事业发展相契合的思想政治工作之路进行探讨。

关键词　价值体系　思想政治　探索与实践

高速公路的发展，人是最关键的因素。在社会思想日益多元、多样、多变的情况下，如何科学有效地开展思想政治工作，培树高路行业的核心价值体系，调动一切可能调动的积极因素，思想迷惑，心气不顺，精神不振，不可能形成一个健康、愉悦的工作氛围。思想政治工作就是通过广泛深化而细致的思想教育和人性化的关怀沟通，从而化解矛盾与隔阂，形成心诚气顺、风正劲足、团结奋进的良好发展环境。

党的十七大报告中提出要“推动社会主义文化大发展大繁荣，建设社会主义核心价值体系，增强社会主义意识形态的吸引力和凝聚力”。社会主义核心价值体系的重要意义和意识形态功能，使其必然成为统领高路事业发展和思想政治工作活的灵魂，这对如何加强高速公路行业文化建设，培养行业核心价值观提出了新要求。

1　高速公路行业核心价值体系的基本内涵

行业价值体系是一个行业健康发展的助推力。湖北京珠高速公路管理处经过十多年的探索与实践，以深厚的文化内涵为基础，以弘扬行业核心价值观为前提，以人文关怀、心理疏导为重点，探索将“与微笑同行”作为文化理念，培育员工的爱岗敬业精神、服务理念和感恩意识，建立以“京珠模式”为核心的六大管理体系和以“微笑京珠”为载体的五大服务体系，积极探索和研究职工价值取向，形成包含使命、愿景、精神等为基本内容的职工价值理念体系，着力提高全体干部职工的文明素质和行业文明程度，努力打造湖北京珠服务品牌，实现九省通衢和中部崛起战略，推动国民经济和社会的发展。

1.1 高速公路行业核心价值体系的基本概念

高速公路行业价值体系是高速公路职工行为方式、群众意识、价值观念的反映，是一个行业意识形态凝聚力和软实力的象征，也是高速公路的价值导向、经营理念、管理方式、行业行为、服务质量、社会责任所渗透的文化内涵，体现了对民生的关爱与尊重，传播的是单位的文明与素质，展示的是高速公路行业的服务水准和窗口形象。核心价值体系是一个单位的方向盘和发动机，是职工积极向上的价值取向的思想保障，更是高速公路"服务人民、奉献社会"服务品牌塑造的核心和主导。能否构建起具有强大感召力的核心价值体系，关系人心向背和事业的成败。因此，我们要正确把握高速公路行业的核心价值体系的内涵，在增强理论教育的转化力、价值观念的渗透力、文明创建的辐射力、文化氛围的影响力等方面潜移默化，因势利导，答疑解惑，创造和谐的内外部环境，充分发挥其在凝聚力量、鼓舞士气、引领风尚、教育职工方面的作用，形成统一的指导思想、共同的理想信念、强大的精神支柱和基本的道德规范，为推动高速公路发展提供强大的精神动力。

1.2 高速公路行业核心价值体系的构成要素

坚持以推进行业核心价值体系建设为主线，最大限度地凝聚高速公路行业精神力量，以"积极向上的价值取向，开拓创新的思维理念；勇于奉献的牺牲精神，宽松和谐的内外环境；坚定明确的奋斗目标，分工具体的岗位职责；灵活有效的协调机制，忠于职守的职工队伍；以身作则的管理团队，团结拼搏的领导集体"作为共同的目标，不断丰富和弘扬高速公路行业核心价值体系，形成并成为全体成员遵循的行业使命、共同愿景、行业精神和职业道德等职工价值理念体系，增强广大职工的认同感和归属感。具体落实到高速公路管理行业来分析，行业使命，即发展现代交通，不断提升"三个服务"的能力和水平；共同愿景，即建设一个更安全、更畅通、更便捷、更经济、更可靠、更和谐的现代化交通运输系统，实现人便于行、货畅其流，让人们享受高品质的运输服务，让经济社会发展更加充满活力，让交通与自然、交通与社会更加和谐；行业精神，即艰苦奋斗、勇于创新、不畏艰难、默默奉献；职业道德，即爱岗敬业、诚实守信、服务驾乘、奉献社会。

2 高速公路行业核心价值体系的主要内容

核心价值观在很大程度上表现凝聚力，而这种凝聚力主要来自于人们对行业核心价值的认同。实践科学发展，需要一支开拓进取、干事创业的职工队伍。当前，职工来自工作、家庭、婚姻、社会的压力和困惑日趋增大，职工的关注度也发生了变化，工作热情的消退和工作疲软期的到来，这对高速公路行业管理和服务提出了新要求。必须正确处理单位发展和维护职工合法权益、维护职工思想稳定、解决职工思想问题的关系，激发职工的工作热情与活力，构建和谐的工作氛围。

2.1 共同的职业价值取向

我们必须适应职工变化的思想实际，围绕"铸魂、立道、固本、塑形"的总体思路，着力培养员工爱岗敬业、乐于奉献的价值观，培养员工感恩驾乘、感恩社会、感恩家庭、感恩组织的感恩意识，努力形成"感恩、乐业、尊重、和谐"的职业价值理念，培树行业核心价值观，保持良好的精神面貌。一是强化"理想、信念、追求、责任就是生命力"的价值理念，引导职工提高政治素养；二是强化“服务、技能、业绩、争先就是竞争力”的价值理念，引导职工扩大知识和技能容量；三是强化“敬业、拼搏、奉献、协作就是执行力”的价值理念，引导职工施展创业的能量；四是强化“关爱、理解、帮扶、培养就是凝聚力”的价值理念，引导职工树立“与高路共命运”的大局理念，从而形成包含使命、愿景、精神等为基本内容的职工价值理念体系，增强广大职工的认同感和归属感。

2.2 共同的职业服务理念

高速公路是公众出行的重要公益性设施，向社会提供优质服务是高速公路的本质要求。必须大力培育职工的敬业精神和服务理念，把职工凝聚于高速公路事业之“魂”；用文化力影响职工行为，使员工受信于理念之“道”；全方位营建高速公路文化，塑造高速公路优质服务形象之“形”，构架崭新的高速文化平台，形成高速公路行业的核心价值体系，促进职工的服务意识、服务心态、服务理念转变，提高行业凝聚力和向心力。并通过高速公路人的具体职业行为和职业道德规范来体现，传播一个行业的文明、素质、形象，体现出一种良好的素养和品质，体现出对顾客、对驾乘、对社会一种友善，一种诚信和服务，这也是对社会驾乘负责的一种态度和一份责任。

2.3 共同的职业行为规范

按照社会和驾乘人员的权益和服务需求，建立科学合理的标准体系，规范有序的制度体系，职责明确的监管体系，以人为本的保障体系，自我创新的支撑体系，全面促进行业的精细管理，这就要求制订收费、路政、养护、服务区的服务标准和行为规范，形成高路特色的“四个服务”礼仪岗位标准和行为规范，使广大职工认同、信奉、实践和社会公众理解、接受。以服务标准、考核标准等形式，明确提出高速公路职业道德、经营理念、发展战略、远景规划等，明确描绘高速公路及职工共同追求的长期愿景；对职工本职工作的质量、效率、目标提出明确要求，树立热情、友善、文明、人性的服务态度，体现快捷、畅通、安全、舒适、美观、怡人的服务质量，营造一种自觉自愿、心情愉快的收费环境，取得全社会对高速公路建设事业的理解和支持。

2.4 共同的行业使命愿景

行业核心价值体系建设必须坚持围绕中心，服务大局，树立“服务为本、效益为先”的发展理念，把行业使命愿景放到全局工作中去谋划、去部署，服从和服务于中心工作。行业使命愿景包括思想道德建设目标、科学文化建设目标、创建文明行业目标、服务品牌创建目标等具体内容。思想道德建设包括社会主义荣辱观教育和社会主义核心价值体系学习，培养一支政治坚定、作风过硬、业务精湛的高素质干部队伍。科学文化建设目标要以“创建学习型组织、培养知识型员工”为主要内容，建设一支结构更合理、门类更齐全、数量更充足的人才队伍。创建文明行业要以“全国文明单位”为目标，打造一个“效益型、智能型、服务型、法制型、低碳型、素质型”高速公路。京珠品牌创建目标要以“标准化建设”和“微笑京珠”工作为抓手，以“安全、畅通、快捷、舒适、舒心”为出发点，打造一个安全畅通、服务优质、运转高效、节能环保的高速公路运营管理体系。

2.5 共同的行业特色精神

行业精神反映了高速公路人在公路建设、养护管理、运营管理实践中，各个阶段创造的物质财富和精神财富的灵魂，它既是高速公路的技术发展状况、管理状况及道路条件的体现，也是高速公路职工行为方式、群众意识、价值观念的反映。行业精神是一个行业在理念先导力、政治价值亲和力、文化吸引力、精神感召力、舆论引导力上的实践提炼,是团结、鼓舞全体职工共同奋斗的精神动力和智力支持。京珠高速不仅是一条南北经济大动脉,更记载着设计者的奇思构想、指挥者的雄才大略、管理中的独特思维、施工中的忘我奉献。我们要大力继承和弘扬建设时期所创造的精神财富,那就是以"不计得失,顾全大局的整体精神;团结互助,风雨同舟的协作精神;勤政廉洁,公而忘私的公仆精神;依靠科技,开拓进取的创新精神;脚踏实地,埋头苦干的实干精神"为主要内容的"京珠精神"。新的历史时期,我们要沿着建设者的足迹,探索一套适合我国国情的高速公路建设和管理经验,培养一批跨世纪的高速公路建设人才和管理大军,培育和塑造具有高速公路特色文化的理想信念和价值取向,让精神文化成为推动一个单位和行业健康发展的动力和引擎。

3 高速公路行业核心价值体系的实现途径

高速公路点多、线长、面广,地理位置偏僻,远离城市、远离家庭、远离亲人,如何构建高路行业核心价值体系,下面结合湖北京珠的探索和实践,浅析高路行业核心价值体系的实现途径。

3.1 以价值体系建设为根本,着力打造一支思想健康、业务精湛的优秀团队

3.1.1 建立行业宣贯体系,实施"育魂工程"

以党委中心组理论学习为依托,以"京珠课堂"为阵地,开展行业核心价值体系学习和普及活动,坚持每年6次以上中心组理论学习,每季度一次"京珠课堂"讲座,以EMBA核心课程为主要内容,举办EDP领导干部研修班,包括市场营销、人力资源、创新管理、组织行为学、战略管理等内容,通过采取请教授辅导讲座、学习交流、心得评比、党校培训、外出参观、请进来等形式,分别聘请过复旦、北大、清华、武大、华科大、武汉理工大学等全国及省内知名高校教授来我处授课,把最优秀的管理理念,最优秀的教育资源吸引过来为我所用,夯实全行业干部职工共同奋斗的思想基础。2012年6月份,40余名中层干部赴厦门大学,先后邀请了全国台湾研究会理事李非教授、央视《百家讲坛》主讲人傅小凡教授、厦门市委党校副校长彭心安等国内知名专家授课,培训效果非常显著。

3.1.2 建立典型培树机制,实施"素质工程"

坚持面向基层,培树先进典型,弘扬劳模精神,形成人人争当"业务骨干、管理能手、服务明星、十佳标兵、金牌银牌收费员"的创先争优氛围。通过打造微笑京珠圈、形成人才培养群,建立微笑互动、岗位交流、联合稽查、典型培树、座谈交流等多种联动共建机制,"芳式微笑法"、"杨丽工作法"、"王维稽查法"等先进经验不断涌现,充分发挥典型和榜样的示范作用,以自身的典型辐射带动"素质工程"向一线延伸。同时,结合实际制定一系列政策引导和鼓励员工进行专业技术学习,目前已有50多名青年职工走上中层管理岗位,并为高速公路建设指挥部输送技术人才60余名,搭建人尽其才的成长舞台。

3.1.3 建立教育培训机制,实施"人才工程"

积极探索人才培养的长效机制,以培养知识型职工为目标,采取学历教育、业务培训、岗位技能"三位一体"的教育培训方式培养年轻干部,引导青年职工学政治、强理论,学专业、钻技能,学法律、习管理,学科技、拓视野,先后组织计重收费、资产管理、财务管理、网络安全、党务知识、法律法规、摄影知识、公文写作、职工代表等各类培训及岗位练兵,每年开展各类培训30

余次,培训人员达2000多人次,职工培训率达100%,努力构建广覆盖、多层次的职工教育培训网络,为职工学习成才搭建平台,逐步培养出一批多层次、多门类的管理和业务人员,培养、造就一大批事业心、责任感强,勇于实践,敢于创新,专业水平高,管理能力强的管理干部队伍。

3.2 以思想政治工作为重点,为职工搭建一个展示才华、脱颖而出的发展舞台

3.2.1 关注职工成长,重视对职工的教育和引导

受多元化思潮的冲击,职工形成了多元化的价值观念和理想追求,有的职工追求的是自我价值的实现,有的追求的是更多更高的收入。由于高速公路的工作性质和特点,刚参加工作的年轻人,新鲜感后枯燥、机械的工作、复杂而现实的人际关系、理想和现实的巨大差距往往让他们倍感失落,缺乏政治追求和理想信念,对单位的现状和发展前景认识模糊,容易出现心理上的焦虑和消极情绪,出现职业生涯的“低谷期”。因此,必须加强调查研究,积极抓好职工的思想引导,特别注意他们的思想动态,关心爱护他们,帮助他们解决实际困难。

3.2.2 发挥服务功能,增强职工成长成材的归宿感

解决实际问题和解决思想问题相结合是思想政治工作的基本原则。坚持“以人为本”方针,努力营造“尊重知识,尊重人才”的良好氛围,帮助职工树立“竞争上岗,优胜劣汰”、“能力席位”、“有能才有位”的成才意识。主动关心职工的生活、情感,给职工创造舒适的工作、生活环境,出台和制定各项改革政策时,兼顾到职工的意愿,统筹考虑职工的长远利益和短期利益。同时,不断完善表彰激励机制和举荐机制,增强职工的成就感和荣誉感,增强自身价值的实现和社会认同感。

3.2.3 建立交流渠道,构建一个和谐愉悦的工作氛围

以“五好”班子建设为重点,建立干部作风建设标准、一线工作法“四个一”、机关“四定一保”和基层蹲点制度,真正做到情况在一线了解、问题在一线解决、矛盾在一线协调、服务在一线体现。通过感动管理文化“四个一”,每月一次职工聚餐、每季一次职工生日聚会、半年一次走出去交流学习、每年一台联欢晚会,对职工进行人文关怀;通过畅通沟通交流渠道,完善职工亲情档案,做到“六个必访”,即职工婚礼必访、生病必访、分娩必访、丧事必访、突发灾害必访和重大贡献必访,经常与职工进行思想沟通和情感交流,及时掌握职工的真实思想状况和队伍整体思想脉搏,鼓励职工立足岗位建功立业。

3.3 以高速公路文化建设为动力,着力构筑一个健康向上、激昂奋进的精神家园

3.3.1 搭建学习阵地,用优美环境感染人

通过搭建学习阵地加强对职工的思想、文化的熏陶。我们加大资金投入,每年都有6万元图书专项资金,全线累计投资42万元,藏书量8万多册,为开展行业文化活动奠定坚实的基础。建立健全“四室一家”(即:党团活动室、网吧室、图书室、荣誉室和职工之家),累计投入资金近300万元,统一配置室内、室外健身器材和体育设施,为行业文化建设提供有力支撑。加强所、站、队文化阵地建设,以各具特色的庭院为依托,形成山水、园林等特色。通过细胞建设和特色班组、兴趣小组建设,提升文化底蕴,营造浓厚的文化环境,活跃和丰富职工的精神文化生活。

3.3.2 建立交流平台,用正确的舆论引导人

坚持把开展群众性文化活动与弘扬行业精神、树立行业品牌有机结合起来,寓教育性、知识性、娱乐性于一体,创办“二站一报一刊”(即京珠网站、各站所队网站,京珠快报和《湖北京

珠》刊物)的文化阵地,为职工搭建学习平台。开通京珠论坛、QQ交流群和OA办公系统,搭建员工沟通交流平台。出版发行了一套高速公路管理体系和服务体系系列丛书,每年拍摄一部京珠纪实片,提炼一部文艺节目,推出一批高质量的文学作品和书画摄影作品,首办全国六省、市"京珠情"联谊活动,加强省际兄弟单位的联系与沟通,使之成为激励广大干部职工昂扬向上、奋发有为的精神动力,充分展示了湖北京珠的文化底蕴和文明风采。

3.3.3 创新文化载体,用良好风气感染人

寻找能让职工喜闻乐见、积极参与的活动载体,抓住群众的精神、物质需求的核心,成立了文学、书画、摄影、艺术、演讲等多个社团和兴趣小组,注重形成京珠特色的"三二一"活动品牌,即三年一次"京珠之光"文艺汇演,二年一次书画摄影展,一年一次职工运动会,丰富职工文化生活。湖北京珠先后培养出"全国五一劳动奖章"贾雪峰、"亿元收费明星、全国交通运输行业文明职工标兵"杨丽、"全国红歌手"陈玲青、央视"非常六加一"明星吕桦等一大批特点鲜明、个性明显的典型,使其能够感召、引领京珠事业的发展。

3.4 以行业文明创建为目标,着力打造一个安全畅通、服务优质的运营体系

3.4.1 以"与微笑同行"为主题,深入推进"微笑京珠"建设

党的十七大把关注民生、提高服务业的比重和水平摆在更加重要的位置。人们已经不再满足于最基本的安全畅通,更多的是希望得到尊重,得到精神的愉悦,得到更文明、更规范的服务。一是升华理念,提供"微笑京珠"的原动力。湖北京珠在服务创新上首开先河,在全省高速公路系统内首次提出"微笑京珠"品牌目标,制作《微笑京珠实用礼仪》电教片及宣传海报,策划"微笑京珠"征文、"与微笑同行"演讲比赛、"微笑明星"评选活动,逐步将"微笑京珠"服务理念根植于各岗位。二是范围拓展,做到"微笑京珠"全覆盖。以"满意在费亭、舒适在路途、服务在沿线、安全到终点"为己任,制定收费、路政、养护、服务区和机关"五个服务"礼仪岗位标准和行为规范,受到社会的广泛关注和认可,《中国高速公路》进行了专版报道,"省文明行业创建品牌行"媒体采访团走进湖北京珠,深度报道"微笑京珠"服务模式。三是完善机制,巩固"微笑京珠"常态化。建立考核体系,细化考核指标,并委托专业考评公司对基层站、所、队进行第三方考评,形成层层相扣的管理链条,真正做到三尺费亭微笑服务、执法行政便捷服务、养路护路通畅服务、示范窗口优质服务、机关建设高效服务,不断提升京珠窗口形象和社会满意度。

3.4.2 以"同管一条路"为内容,深入推进"畅通京珠"建设

一是以联手赛的形式开展"五比五创"创先争优活动,比学习,创一流素质;比技能,创一流业绩;比服务,创一流作风;比团结,创一流队伍;比奉献,创一流形象,建设集"服务站、信息站、救助站、咨询站"于一体的收费站,建设集"法治型、安全型、便捷型"于一体的文明示范路,建设集"公益化、优质化、特色化"于一体的现代综合型服务区。二是以共创建的形式,开展"四好四保"文明同行活动。秉承"同在一条路,同是一家人"的理念,深入推进"管好路、保平安"的警路共建体系建设、"养好路、保畅通"的社会化养护管理体系、"收好费、保目标"的六省共建机制、"服好务、保形象"的市场化经营管理机制,提升创建的合力和动力。特别是在2008年南方特大雪灾、"5·12"抗震救灾、奥运火炬传递、"绿色通道"等车辆优先快速通行,受到中央首长和交通部领导的赞誉和肯定,被评为"全国交通行业抗灾保通先进集体"和"全省交通行业抗雪保畅先进集体"。同时,成功处置"11·3"黑火药车侧翻、"10·16"特大交通事故等

突发事件,切实做到“保安全、保畅通、保稳定”。

3.4.3 以“标准化建设”为主体,深入推进“品牌京珠”建设

按照构建和谐高速公路的管理理念,出版发行了《湖北京珠管理模式》和《高速公路标准化运营管理与实践》,形成自己独特的管理品牌,建立六大支撑管理体,以机电系统升级改造为突破口,形成了现代化的网络管理体系。以机电和通讯系统升级改造为平台,建立了现代化的指挥调度系统,全面打造“数字京珠”、“信息京珠”;以高速公路养护为突破口,形成了社会化的养护管理体系,出版了《湖北京珠高速公路养护纲要》指导社会化养护;以标准所建设为突破口,形成规范化的营运管理体系;以警路共建文明平安大道为突破口,建立了“一个窗口办案、一张表格审批、一个声音调度、一流形象执法、一套制度管理、一条道路畅通”六个一的警路共建执法管理模式,在全国建立了首家路警联合指挥调度中心、警路联合执法室;以非主营资产经营开发为突破口,形成多元化的市场监管体系,走市场化的服务区经营之路;以ISO9001国际质量管理认证为突破口,形成标准化的综合管理体系,建立《质量管理体系文件》,形成了科学高效的运作管理体系。

11年来,京珠高速公路车流量及通行费收入逐年攀升。截止2012年6月底,进出口日均车流量已达到6.45万辆,在大交通量、超载重载运输情况下,道路养护质量指数MQI值始终保持在95分以上,工程质量合格率100%,优良率95%,全线服务区顾客满意率95%以上,单公里收入和通行费增幅都名列全省之首,先后荣获“全国五一劳动奖状”、“全国文明单位”、“全国精神文明建设工作先进单位”、“全国交通运输十佳文明畅通工程”、“全国档案工作优秀集体”、“省级文明路”、“省级最佳文明单位”等20多项国家和部省级荣誉称号,被湖北省交通运输厅厅长尤习贵誉为“畅通的京珠、兴鄂的京珠、品牌的京珠、摇篮的京珠”,进一步扩大了湖北京珠品牌在行业内外的影响力和知名度。

4 结语

高速公路核心价值体系建设是一项长期的系统工程,任重而道远。构建行业核心价值观要始终坚持围绕中心工作,以情系职工、服务基层、提升能力、增强活力为工作切入点,最广泛地调动职工的积极性和创造性,打牢交通“大底盘”,建设祖国“立交桥”,当好交通“服务员”,推进“文明交通示范路”创建工作,促进高速公路全面协调可持续发展。

微表处在高速公路沥青路面预防性养护中的应用

马银卫[1]　周　丹[1]　梁志浩[1]　李文洋[1]　胡国祥[2]

(1. 湖北省京珠高速公路管理处;2. 武汉工程大学交通研究中心)

摘　要　以道路预防性养护理论为基础,对微表处混合料的配合比设计、微表处的施工工艺进行了探讨与总结。工程实践表明,微表处养护技术施工工艺简单,养护周期短、成本低,在高速公路沥青路面预防性养护中应用效果良好。

关键词　沥青路面　预防性养护　微表处　配合比设计　施工工艺　验收检验

路面预防性养护是在不影响道路使用能力前提下,以养护成本最低、道路使用最优为目标,对路面状况良好的道路进行预防性、小规模的计划性养护。主要实施措施是表面封层,包括微表处、稀浆封层、碎石封层、雾封层、还原剂封层等。其中微表处因其对车辙的填补、路面平整度的提高及泛油处治等具有独特的功能,且有施工工艺简单、开放交通速度快、成本低、污染小等优点,而越来越受到青睐。本文介绍了微表处在高速公路沥青路面预防性养护中的应用情况,以供同类工程参考。

1　实施预防性养护前的路况

京港澳高速公路湖北段的路面结构为:4cm Super12.5 沥青混凝土上面层 + 6cmAC20-I 沥青混凝土中面层 + 6cmAC-20S 沥青混凝土下面层 + 20cm 水泥稳定级配碎石上基层 + 20cm 水泥稳定级配碎(砾)石下基层 + 20cm 水泥稳定碎石底基层。经过数年运营,由于长期渠化交通、超载车辆碾压及夏季连续高温等综合因素的影响,部分路面出现了轻微车辙、裂缝、松散等早期损坏现象,通过路况检测评价与分析,确定适合采用预防性养护。其中 K74 + 400 ~ K75 + 460 路面总体状况良好,无坑槽、无松散、无壅包,有轻度块状裂缝 1 道,轻度横向裂缝 14 道,有明显车辙,深度大多大于 15mm,但小于 25mm,属轻度车辙。通过分析,拟采用微表处进行处置。

2　微表处混合料配合比设计与施工

微表处是由聚合物改性沥青、集料、填料、水和外加剂按合理配合比拌和并摊铺到原路面上达到快速开放交通要求的薄层结构。为确保微表处技术达到良好的效果,确保路面良好的防水、抗滑耐磨性能,根据相关规范规定,确定各种原材料及混合料配合比如下。

2.1　微表处混合料配合比设计

1)集料种类及规格的选择

根据《微表处和稀浆封层技术指南》的要求，采用 MS-3 型微表处，石料采用湖北某地玄武岩 2 号（5 ~ 10mm）、3 号（3 ~ 6mm）、4 号（0 ~ 3mm），集料级配及砂当量（71%）符合规范要求。对各单料级配经过试配，采用质量比 2 号 ∶ 3 号 ∶ 4 号 =4 ∶ 3 ∶ 6.5 的合成级配，筛分结果如表 1 所示。

混合集料筛分试验结果 表 1

筛孔尺寸（mm）	筛分试验 1（通过率%）	筛分试验 2（通过率%）	平均值（通过率%）	MS-3 级配范围
9.5	100	100	100	100
4.75	74.3	73.9	74.1	70 ~ 90
2.36	46.6	46.7	46.7	45 ~ 70
1.18	36.0	35.5	35.7	28 ~ 50
0.6	23.2	22.2	22.7	19 ~ 34
0.3	15.8	14.8	15.3	12 ~ 25
0.15	10.1	8.0	9.0	7 ~ 18
0.075	6.6	5.1	5.9	5 ~ 15

级配曲线如图 1 所示。

2）外加水量的确定

根据稠度试验确定最佳外加水量，以保证微表处具有适宜的稠度和和易性。试验结果为加水量为集料总量的 6.0% ~ 8.0% 时稠度适中，施工时根据温度和湿度等情况进行适当调整。

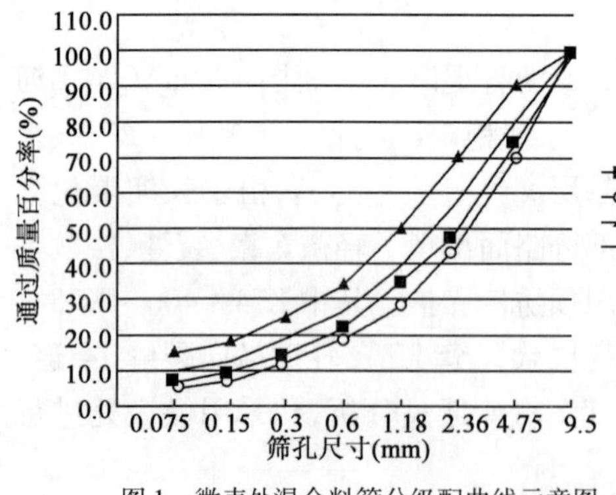

图 1 微表处混合料筛分级配曲线示意图

3）黏聚力试验

根据黏聚力试验确定稀浆混合料的初凝时间和开发交通时间，以确保微表处的早期养护时间和封闭交通时间。黏聚力试验数据见表 2 所示。

4）改性乳化沥青用量的确定

《公路沥青路面施工技术规范》（JTG F40—2004）推荐沥青用量一般在 6.0% ~ 8.5%（油石比）之间，而改性乳化沥青的设计要求沥青含量为 60% ~ 65%。故改性乳化沥青的用量范围分别为 8.46% ~ 9.17%、12.31% ~ 13.33%。根据湿轮磨耗与负荷轮试验，确定沥青的最佳用油量。试验结果如表 3 所示。

黏聚力试验结果表 表 2

养生时间（min）	30（初凝时间）	60（开放交通时间）
黏聚力（N · m）	1.65	2.20
《规范》要求	≥1.2	≥2.0

混合料磨耗附砂试验结果 表3

沥青用量(%)	磨耗值(1h)(g/m²)	磨耗值(6d)(g/m²)	附砂值(g/m²)
6.0	619.0	626.7	208.6
6.5	494.3	577.0	350.6
7.0	341.9	415.3	380.3

确定最佳沥青用量的曲线图如图2所示。

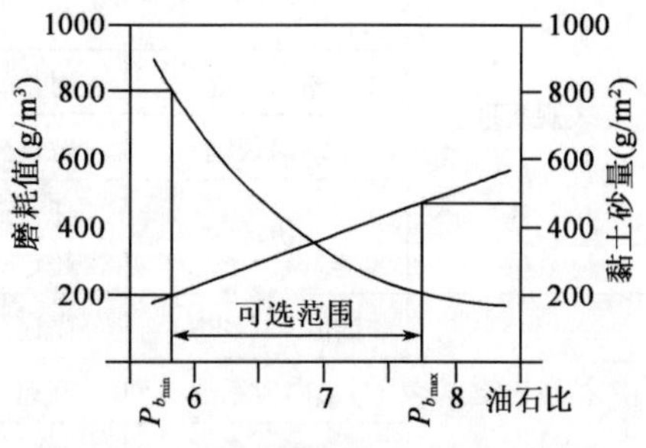

图2 确定微表处最佳沥青用量曲线图

由图1及表3可知,油石比范围5.8%~7.8%,由磨耗黏砂曲线确定最佳用油量10.9%,符合规范要求,具体指标见表4。

根据以上结果,初步确定微表处配合比为集料:改性乳化沥青:外加水量(助剂):填料=100:10.9:7.0(0.5%):3.0。各项指标均符合规范要求。

2.2 微表处施工工艺

1)施工前准备

(1)路面的清扫。原路面上的松散材料、泥巴、油污和其他杂物都会影响微表处与原路面的黏结,造成脱皮。在施工前对老路面进行彻底清扫,对一些不易清扫的路段,用水冲洗,待完全干燥后方可进行施工。

混合料技术指标 表4

试验项目	检测结果	技术指标
可拌和时间(25℃)(s)	>120	>120
湿轮磨耗值(1h)(g/㎡)	341.9	≤538
粘附砂量(g/㎡)	380.3	≤450

(2)病害的处治。提前对施工段路面病害进行彻底处治,保证原路面的平整度及完整性。本路段的主要病害为车辙、裂缝,施工前做了车辙、灌缝处理。

(3)摊铺车标定。微表处摊铺车采用体积计量方式,在铺筑前对其进行认真标定。

(4)交通管制。施工采取半封闭半开放交通的施工方式,每次封闭半幅1km长的路面,保证施工区内无行车干扰。由试验数据可知,本次施工路段1h即可开放交通,但因高速公路上车速太快会对刚成型的路面造成损害,所以设定开放交通时间为2h。

2)确定施工工序

根据《微表处和稀浆封层技术指南》,对深度15~25mm的车辙应首先进行微表处车辙填充,然后再进行微表处罩面。故施工顺序为:路况调查→病害预处理(包括坑槽修补、灌缝、铣刨等)→填充车辙→养生→开放交通→微表处罩面→养生→开放交通。其中的两层微表处施工分别为:第一层用V字形车辙摊铺箱摊铺,以填补轮迹带的车辙;第二层对行车道进行微表处罩面。

3 交工验收检验情况

根据《微表处和稀浆封层技术指南》,微表处工程完工后1~2个月对施工全线以1~3km

为评价路段进行交工验收检验。检验项目包括路面表观质量、摩擦系数、构造深度、渗水系数。由于本试验段微表处为不等厚施工，故未进行厚度检测。

本工程实例交工验收检验结果如表5所示。

微表处工程实例交工验收检验结果　　表5

项目		质量要求	检验结果
表观质量	外观	表面平整、密实，均匀，无松散，无花白料，无轮迹，无划痕	表面平整、密实，均匀，无松散，无花白料，无轮迹，无划痕
	横向裂缝	对接，平顺	对接，平顺
	纵向裂缝	宽度<80mm；不平整<6mm	无
	边线	任一30m长度范围内的水平波动不得超过±50mm	边线顺直，任一30m长度范围内的水平波动小于20mm
抗滑性能	摆值Fb(BPN)	高速公路、一级公路≥45	合格
	横向力系数	高速公路、一级公路≥54	合格
	TD(mm)	高速公路、一级公路≥0.60	合格
渗水系数		≤10ml/min	合格

经检测评价，本试验段的宏观使用性能指标值如表6所示。可见，使用性能指标值提高明显；微观方面，对本试验段实施微表处后，消除了车辙以及车辙内存水导致水漂等安全隐患，表面防水性能大大提高，表面粗糙，构造深度较大，抗滑能力明显提高，路面外观明显改善，效果良好。缺点是行车噪声大，且一旦有剥落，外观将较为难看。

试验路段实施微表处3个月后的使用性能指标值　　表6

指标	PCI	RQI	SRI	PSSI	PQI
检评值	93.7	97.4	93.4	99.7	96.2

4 结语

本路段实施养护不是等路面已经发生明显病害后才进行，而是在发生明显病害前、路面状况总体良好时进行，属于预防性养护，经过微表处技术施工处理后，路面表面防水及抗滑性能大大提高，彻底改变了车辙内存水易产生水漂等安全隐患的情况，改善了路表功能，降低了道路破坏速率，达到了预期效果，其优越性与效益在日后会逐步显现。

参考文献

[1] 交通部公路科学研究院. 微表处和稀浆封层技术指南[S]. 人民交通出版社，2006.3.

[2] 郑如岩. 微表处混合料路用性能室内试验研究[D]. 长沙理工大学硕士学位论文，2010.3.

[3] 中华人民共和国行业标准. JTG F40—2004　公路沥青路面施工技术规范[S]. 北京：人民交通出版社，2004.

[4] 黄新颜. MS-4新型微表处试验与施工研究[D]. 湖南大学硕士学位论文，2009.4.

[5] 段绪斌. 沥青路面预防性养护时机及微表处技术研究[D]. 东南大学硕士学位论文，2009.1.

[6] 李青芳. 沥青路面微表处养护技术研究[D]. 长安大学硕士学位论文，2008.4.

[7] 湖北京珠高速公路沥青路面微表处(试验路段)"总结报告"[R]. 河南省高远公路养护技术有限公司，2007.11.

高速公路节假日免费通行应急保畅的探索与分析

吴海鹏

(湖北省交通运输厅京珠高速管理处)

摘　要　公路免费通行一直以来备受媒体关注,2012年7月国务院正式批转交通运输部等部门重大节假日免收小型客车通行费实施方案,该项政策一出台立即成为社会关注的焦点。但可能剧增的车流及由此造成的拥堵是车主最关心的问题,也是相关管理部门将要面临的新考验。本文从公路免费通行的背景、意义以及由此引发的安全保畅工作等方面进行了系统的分析和研究,提出了完善节假日期间应急保畅的策略。

关键词　高速公路　节假日　免费通行　应急保畅

1　引言

收费公路政策的实施,拓宽了我国公路建设的投融资渠道,对加快我国公路基础设施建设,促进国土资源开发,优化产业布局,保障人民群众安全便捷出行,推动经济社会健康持续发展,都发挥了极为重要的作用。但在实施过程中也出现了一些问题,特别是随着近年来我国汽车保有量的快速增长,每逢重大节假日,部分公路收费站因车流量大、排队缴费而导致的拥堵现象时有发生,直接影响人民群众的通行效率,已成为社会关注的焦点。为提高车辆通行效率,保障公众在重大节假日期间方便快捷出行,近年来,部分地区已在春节期间试行了收费公路分时段免费通行的措施,取得了良好效果。全国各个媒体对此类现象进行了广泛报道,并要求将免费范围扩大到全国,免费时间从春节扩大到其他节假日。随后,交通运输部、国家发展改革委、财政部、监察部和国务院纠风办在深入推进收费公路专项清理工作的同时,对收费公路免收通行费的可行性进行了认真研究,结合各地实践,研究制定并报请国务院批转了《重大节假日免收小型客车通行费实施方案》。

2　高速公路免费通行的意义

我国目前已经进入全面建设的小康社会,构建社会主义和谐社会的新时期。党中央、国务院始终强调,要把维护社会事业的公益性、保障人民群众基本公共服务需求作为政府的主要职责。重大节假日免收小型客车通行费政策的出台,既是国务院根据当前形势及收费公路发展的阶段性特征,作出的一项重要惠民举措,也是一项扩大内需、促进经济增长的重要战略决策,具有重要的现实意义和深远影响。

2.1　高速公路免费通行能够体现收费公路的公益性

公路是国家重要的基础设施,是政府为社会提供的一种公共服务产品。近年来,随着人民群众生活水平的不断提高和私家车的迅速普及,公路出行和使用主体发生了重大变化,社会各界对公路发挥安全、便捷、经济的出行要求越来越高。实施重大节假日小型客车免费通行,以实际行动回应公众诉求,能够直接惠及广大民众,让人民群众充分享受公路交通的发展成果,进一步凸显交通运输行业"修路为民"的核心价值,彰显收费公路的公益属性。

2.2 高速公路免费通行能够扩大内需、拉动经济增长

在综合运输体系中,公路交通具有覆盖面广、运量大、能够实现门对门服务等传统优势。在重大节假日期间免收小型客车通行费,能够充分发挥公路交通的比较优势,进一步挖掘公路运输的潜力,有效缓解其他运输方式的运输压力,起到疏导交通、平衡流量的作用,对推进现代综合运输体系建设发挥极为重要的促进作用。同时,还能够吸引更多的公众在节假日期间外出旅游及其相关产业(如小车租赁等)的发展,从而刺激国内消费,拉动经济增长,产生良好的经济效益和社会效益。

2.3 高速公路免费通行能够深化交通运输业体制改革

众所周知,交通运输业在体制改革上还没有出现"先行"的行动与影响,免费通行并不是政府为了某种短期目标的应急之举,或出台的一项新的惠民举措,也不是没有清晰方向的盲目尝试,而是高速公路发展必由之路的一个新开始,也是构建和谐社会、新型交通的突破性改革,属于我国交通运输体制改革的新内容与新方向。

2.4 高速公路免费通行能够降低公众出行成本

近年来,由于国内成品油价格和人工成本的持续上涨,公路运输成本也快速增长。实施重大节假日小型客车免费通行政策,能够降低公众出行成本,让广大公路使用者得到实实在在的实惠,进一步强化收费公路的基本公共服务职能。

2.5 高速公路免费通行能够缓解收费站拥堵状况

节假日是公众出行的高峰期,小型客车集中出行,呈井喷式增长,部分路段交通量急剧增加,经常发生交通拥堵。传统的收费方式很难适应高峰时段的通行需求,即使采取复式收费以及电子联网不停车收费等技术和管理手段,收费站前的拥堵问题仍然难以有效解决。据初步测算,如果免费通行,小型客车通过收费站的时间将由原来的平均 14 ~20 秒/辆缩短到 6 ~8 秒/辆,通行效率将提高 2 ~3 倍,将极大地提高收费站的通行效率,有效缓解重大节假期间收费站拥堵,保障收费公路高效畅通。

3 高速公路免费通行应急管理形势的分析

今年中秋、国庆"双节",是我国首次在全国范围内实行小型客车行驶高速公路免费通行,这一重大举措,给群众出行带来惠利,同时也给高速公路交通安全带来严峻的考验。随着"双节"长假的到来,届时高速公路车流量会在短期内大量增加,势必会给道路安全保畅工作带来新的压力和挑战。

3.1 高速公路节假日期间大交通流量带来的压力

随着经济发展,人民群众生活水平不断提高,在节假日期间出行、旅游成为人们生活的一部分,而高速公路成为人们出行的首要选择。以湖北京港澳高速公路为例,据相关资料显示,京港澳高速公路日均车流量达到 7 万辆,年均发生各类重特大突发事件 120 余起,平均每 3 天 1 起。而"十一"长假期间进出口日均流量将达到 10 万辆,较平常增长近 45% ,7 座以下客车

日均流量将达到8万辆，占车流总量的70%以上，收费站点将迎来车流高峰，一旦发生交通事故，高速公路将成为“停车场”，高速公路承载着越来越大的应急保畅压力。

3.2 高速公路节假日期间强大的社会关注度带来的压力

高速公路在改善沿线投资环境，促进社会经济发展，完善国家综合运输体系中发挥着重要作用，同时成为人们群众生活的一部分。我国首次实施小型客车免费通行高速公路政策，高速公路在节假日期间如何做好安全保畅工作是各级领导、社会各界、新闻媒体关注的焦点和热点。在信息化社会中，稍有处置不当，就会造成重大的社会负面影响，这给高速公路节假日期间的应急保畅工作带来巨大压力。

3.3 高速公路节假日期间突发事件增多带来的压力

高速公路突发事件的显著特征就是事发突然、危害性大。节假日期间随着免费通行政策的实施，大多数驾驶员为了不交通行费，就会将车辆停在临近收费站的服务区、收费广场，服务区、收费广场内将会大量囤积车辆、人员，且可能会出现车满、人满为患的局面，极易引发安全事故和治安(刑事)案件。节假日免收通行费期间，高速公路车流量会在短期内骤增，车辆故障、交通事故的发生率要比平时大，且一旦有故障车辆停留在高速公路路面或发生交通事故后，如处置不及时，小事故会演变成突发事件，将会造成严重交通堵塞，进而会给原本方便、快捷、安全的高速公路带来不便与安全隐患。

3.4 高速公路节假日期间应急管理平台建设滞后带来的压力

高速公路重大节假日免费通行高速公路政策今年尚属初试，各类应急预案制订、统一调度、信息互通、联动配合等方面还不尽完善，处于摸索之中。特别是“双节”来临，应急管理平台显得异常重要。

4 高速公路免费通行应急保畅机制建设的思考

4.1 建立应急保畅预警预防机制

高速公路重大节假日期间实行免费通行，车流量急增，做好应急保畅工作显得极为重要，而做好应急保畅工作的前提是要有效的预警预防。湖北京港澳高速公路利用沿线69个摄像头、177对报警电话、块电子情报板和3处气象检测站，及时把路面交通、气象等信息集中收集到指挥中心，通过网站、车载通信系统、电子情报板、收费广场显示屏、广播系统等各种途径，及时发布公路路况、公路气象、交通管制、小型客车通行等相关信息，引导公众合理安排驾车出行时间，及时调整出行路线，避免在高速公路上出现集中拥堵现象。

4.2 建立应急保畅协调指挥机制

缺乏统一决策指挥是影响道路安全畅通的关键因素。保障节假日期间的道路畅通涉及多个部门，要提高处置效率就需建立统一的指挥平台、交流平台和应急预案，形成一个声音调度、一种制度管理、一套救援方案的应急处置协调指挥机制。湖北京港澳按照“统一领导、分类管理、分级负责、条块结合、属地为主”的原则，积极主动与地方政府、公安、军警部门加强联系，组建应急管理办公室，实行专人负责，履行应急值守、信息汇总、培训指导、综合协调等职能，充分发挥中枢作用，强化资源互享、信息互通、人员互动的工作机制，确保节假日期间的突发事件能得到及时有效地处置，减轻社会影响程度。

4.3 建立应急保畅预案机制

凡事预则立，不预则废。应急预案是及时、有序和有效开展应急救援工作的行动指南。应针对不同情况，联合制订详细的重大节假日期间应急处置预案，明确部门职责、响应级别、响应范围、响应措施，确保突发事件发生后能及时作出应急响应，有序高效处置，降低事故危害程度。湖北京港澳高速在节假日来临之前，在原有保畅方案的基础上，进一步完善了“湖北京港澳高速公路重大节假日应急保畅预案”，联合高警制定了“湖北京港澳高速公路重大节假日联合保畅行动方案”，为重大节假日期间的安全保畅工作奠定了基础。

4.4 建立应急保畅快速响应机制

按照“统一领导、协调有序、专兼并存、优势互补、保障有力”的要求，建立高速公路重大节假日期间的快速响应机制，聘请相关专家、学者成立应急保畅专家组，成立应急救援队伍，统一指挥调度，形成合力，一旦发生突发事件能及时有效地进行处置。湖北京港澳结合管段实际情况，合理规划和利用现有收费车道，充分发挥通行潜能。车流量剧增时实施复式收费或调整上、下行方向的收费车道，增加流量较大方向收费道口数量，在 ETC 车道增加工作人员；采取技术或管理措施，在确保 ETC 车辆不停车通行的同时，引导部分符合免费条件的小型客车快速通过，提高 ETC 车道的使用效率，最大限度地满足车辆通行需求。加强与交警、地方公安的沟通协调力度，加大巡查力度，快速出警、快速施救、快速撤离现场，对服务区车满、人满的局面进行合理控制，尽量减少对高速公路交通的影响。

4.5 建立应急预案演练机制

高速公路应急保畅工作涉及交警、公安、消防、驻地政府等相关职能部门，结合重大节假日期间的特点，定期开展各类针对性强的应急演练，全面提高统一指挥、协同作战的能力；大力开展高速公路突发事件、安全行车等应急知识普及宣传，通过微博、短信、网络等多种形式和载体，提高社会事故灾难预防、避险、报警、自救、互救等知识能力，形成良好的通行环境。湖北京港澳在全线分片区开展应急演练活动，与咸宁市政府联合举行了“牵手平安行　喜迎十八大”联合保畅行动，武汉西收费站开展了应对节日期间流量突增应急演练，有效提升了节假日期间的应急保畅能力。

5 结语

全国小型车辆即将迎来首个高速公路节假日免费通行日，相关职能部门要动起来、严起来、硬起来，尽职尽责地强化监管措施，以积极的心态、切实有效的措施、认真细致的作风迎接这场“大考”，让“免费通行”后的道路平安顺畅，确保人民群众平安出行、畅通出行。

参考文献

[1] 王太.方便出行　愉快度假　重大节假日免收小型客车通行费政策解读.

[2] 刘解龙.一项可期望多赢的改革.

[3] 范金国.对高速公路节假日免费通行政策的思考.

计重收费——作弊与反作弊的较量

张 祎

（湖北省京珠高速公路管理处）

摘 要 湖北京港澳高速公路对载货类汽车实行计重收费以来，逃缴通行费作弊手法不胜枚举。本文对逃缴通行费作弊手法进行了系统分析和研究，提出了逃费稽查管理方面的有效策略。

关键词 计重收费 作弊与反作弊 较量

自2006年4月1日零时起，湖北省高速公路、长江大桥开始对载货类汽车实行计重收费。计重收费的实施虽然有效地抑制了超限运输，但随之也产生了一些恶意逃费行径。为了达到少缴、逃缴通行费的目的，总有不法驾驶员（车主）铤而走险，在计重吨位上“做文章”，一场作弊与反作弊的拉锯战由此展开。从湖北京珠高速公路的稽查资料显示，目前，发现并已查处的作弊手法不胜枚举，总结归纳起来，大致分为甩挂、转货、换卡、走S形、插螺丝钉、垫钢板、冲磅、冲岗、半倒车、J型、安装液压千斤顶、安装假轴、套牌、持假防汛牌、悬挂假军牌、假绿色通道等近20余种逃费形式。然而，作弊行为终究逃不过稽查人员的“火眼金睛”，高速公路的管理者自有反作弊的妙招。几年来，湖北京珠高速公路已查处了近18.8万余起作弊行为，追缴通行费近3670万元。

1 反作弊招式一：路网协作稽查

×年×月×日，一辆车牌号为鄂B××076的红色斯太尔货车在凤凰山下站，收费员刷卡时系统提示车牌不符，超限率为81%，并且该车从武黄豹澥站到凤凰山站，短短10公里的路程竟用了半个多小时，有“换卡”逃费的嫌疑。果不其然，入口抓拍图像显示为一辆车牌为鄂B××850的蓝紫色货车。通过与武黄监控中心取得联系，查证鄂B××850货车已在武黄庙岭站出站，鄂B××076货车无查询信息，有可能是武黄黄石站发预制卡造成。经过推敲考证，的确，鄂B××076驾驶员在武黄黄石站领卡上路，中途在鄂州服务区换胎休息时，无意中与鄂B××850驾驶员闲聊有了换卡逃费企图，于是将鄂B××850驾驶员所持的武黄豹澥入站卡拿到凤凰山下站，以达到逃费目的。

换卡是较为隐蔽且具有一定团伙性质的作弊手段。实行计重收费后，由于按照计重吨位，车辆轴数以及载核质量计算超限率，想通过换卡“缩短”行驶里程，达到逃费目的的车辆，往往超限率也相对较高。再者，有的作弊者利用各路段之间稽查信息相对独立，处理标准不尽相同的弊端，肆意偷逃通行费。

为此，湖北京珠高速公路已率先在全省路网召开联动稽查推进会，发出了“打击跨路逃费行为，维护和谐收费秩序”建立路网收费稽查联动机制的倡议，并得到全省高速公路联网路段

12 家单位的积极响应和支持，共同签订了“湖北省高速公路、长江大桥联动稽查公约”，确保通力协作，共同打击偷逃通行费行为。

之所以要开展路网协作稽查，是基于以下因素的考虑：随着高速公路联网里程的增加，联网单位、收费站口也呈倍数增长，给整体营运管理带来了一些难题。由于各管理单位的管理方式和结构不同，很多行驶高速公路的车辆利用路网各单位缺乏联防机制、进出口信息不能共享、稽查力量薄弱、车辆处理标准不尽相同等客观因素肆意偷逃通行费，不仅扰乱了现场收费秩序，而且破坏了公平合法竞争的原则。

2 反作弊招式二：警路联合稽查

×年×月×日，一辆车牌号为鄂 S×××××的皮卡车行驶至大悟站，待收费员刷卡时突然冲岗，急驰而去。大悟站通过收集监控录像等资料，及时与路政一大队和高速巡警取得联系，查询到该车所属单位后，三方共同前往对其进行政策宣传和教育，并补缴了通行费。

×年×月×日，一辆车牌号为鄂 M×××××的微型货车在永安站冲岗，通过收集监控图像等资料，管理所与车辆所在辖区派出所值班民警取得联系，根据调查，该车系当地一营运车辆，在出示的相关证据面前，该车主补缴了通行费。

冲岗是作弊手段较为恶劣的一种逃费方式，作弊者有时不等收费员看清车牌，紧跟前面一台车冲岗，以达到逃费目的。但作弊行为总有蛛丝马迹可寻。比如，通过调看监控录像、网上查询等手段寻找线索进行追查，并将逃费违法信息通报车辆所属地的车辆管理所，加强教育管理，也可通过上门执法、建立“黑名单”进行路网通缉等方式，使作弊者迫于交警“威慑力”，想冲岗也不那么容易了。

3 反作弊招式三：服务区联手稽查

×年×月×日，一辆车牌号为鄂 L×××××的货车在赤壁服务区向一辆车牌号为粤 G×××××的长途客车上转货，被正在巡逻的赤壁服务区保安当场发现。×年×月×日，一辆车牌为黑 C×××××的货车在江夏服务区作短暂停留时，路政巡查员发现该车驾驶员往悬挂本地号牌的车上转运部分货物。经现场调查取证，驾驶员企图通过“转运”货物，减轻整车车货总质量，达到逃费目的。

×年×月×日，一辆车牌号为鄂 L×××××的牵引车头在赤壁站下站。当班人员调出该车入口图像显示，进站时车辆完整（含挂），可确定该车欲“甩挂”逃费。据了解，该车由安陆开往湖南，行至赤壁服务区时，将挂车停放，欲驾驶牵引车头出站后，再转国道返回，与其挂车会合继续前行。经测算，如“甩挂”成功，可逃缴通行费 1000 余元。

在服务区甩挂、转货是较为典型的计重逃费行为。其作弊手法较为隐蔽，且不能通过出口图像查询功能完全辨认。尤其是重载车辆“转货”后出站可大大减轻装载质量，逃缴金额相对较高。同时，也可衍生出“代运货物交易”。比如，驾驶员 A 在某服务区卸下代运物品后，再将其他物品直接运往或依次运往目的地。这样，驾驶员 A 在中途既与某个代运货主或多名代运货主完成了交易，也达到了逃缴通行费的目的。

目前，湖北京珠高速公路已出台《逃缴通行费稽查管理办法》，进一步明确稽查管理职责和查处程序,加大路政、服务区人员的现场巡查和执法力度,建立有奖举报机制,对发现的可疑信息及时通知相关管理所,不给作弊者可乘之机。

4 反作弊招式四:现场高压稽查

×年×月×日,一辆车牌为豫A×××××的货车从鄂南站出站,计重信息显示该车限载49t,车货总重为59.69t。当班班长现场观察到该车通过秤台时情况异常,通过对车体外部的细致检查,发现车辆后轴(组)处有一液压千斤顶装置。按要求重新过磅后,车货总重即变为75.81t,两次称重相差16t。

×年×月×日,一辆车牌为黑C×××××的后双轴车从鄂北站超宽道下站。在进入车道时,车辆前轮紧贴着称台的边缘横向前进,车辆行走路线呈现出S形。当班班长当即指出,不仅车辆通过车道时存在着违规行为,并且系统显示此车轴型与实际轴型不符。重新过磅后前后两次重量相差20多吨。

计重收费中,像走S形、安装液压千斤顶等作弊手法,在鄂北、鄂南两大主线站较为居多,作弊者往往想利用“障眼法”,在广场车多、夜间视线不好等情况下,没等现场人员看出门道就通过称重台,完成作弊行为。但现场越是车多,工作人员越是提高了警惕,凭观察判断,凭常规经验,凭岗位技能,就不会让这些“猫腻”得逞。现场所处的高压打击态势,总是给作弊者措手不及。

5 反作弊招式五:定点专项稽查

×年×月×日,一辆车牌为晋M×××××的货车停在鄂南站出口车道,当班收费员刷卡报价后,驾驶员称运输的是“绿色通道”物品,收费员通知班长一起查验货物,但打开车厢仔细查验后发现,装载的货物不属于“绿色通道”车辆范畴。

“绿色通道”本是为了加快鲜活农产品流通,增加农民收入而制定的一项惠民政策。但是在执行中发现,企图利用这一政策偷逃通行费的车辆日益增多,数据显示,“假绿通车”已占到了查处逃费车辆的40%以上,其作弊手法也是花样百出,滥竽充数、鱼目混珠、掩人耳目的不在少数。

为此,湖北京珠高速公路在“绿通车”流量较大的鄂南站开展专项稽查,直指“假绿通车”的作弊行为。并借鉴中医传统诊断方法——“望闻问切”四诊法,提高对“绿通车”的现场辨别技能。员工普遍感到,“望闻问切”四诊法的灵活应用,不仅解疑释惑,而且提高了工作质量和服务水平,达到了事半功倍的效果。

所谓望:一要望其物,通过观察未经封装的货物进行初步判定;二要望其神,通过观察驾驶员的言行举止、神情气质做进一步判断。既要善于甄别所观察到的信息,也要透过现象看其本质。

所谓闻:一要闻其声,通过与驾驶员面对面交谈,找出语言破绽;二要闻其味,通过货物散发出的特殊味道进行嗅觉识别。既要仔细聆听对方的语言表述,也要用心揣摩其真实想法。

所谓问:一要问其因,根据观察后掌握的基本情况,向驾驶员询问有关“绿色通道”物流问题,理清提问的思路;二要问其果,针对驾驶员作出的回答,发现疑点,逐一发问,进行更深层次的判断。既要全面细致地了解运输货物的来龙去脉,也要把握重点,找准问题关键。

所谓切：一要切其诚，通过观察询问，本着以诚相待的原则，对驾驶员主动要求查验的部位进行常规判定；二要切其真，通过梳理望、闻、问信息，随机抽验车辆某一个或几个部位，辨其真伪，以便做出更稳妥的判断。既要恰当分析现场查验情况，也要一针见血地指出问题所在。

几年来，湖北京港澳高速公路已相继组织开展了“打击逃费行为，规范收费秩序”、“创新服务送温馨，联动稽查促和谐”等一系列专项稽查活动。并结合实际问题，适时召开稽查工作专题会、讨论会、座谈会以及经验交流会，加强一线岗位工作法的总结和推广。同时，深入开展调查研究，编印《计重收费案例分析汇编》等多本资料，作为学习和工作参考的范本。目前，湖北京珠高速公路在运用“数字化电子眼”，即车牌自动识别设备的基础上，正积极研究完善电子稽查系统以及路径识别系统等防逃费技术，力求从科技手段上更有效地预防和打击偷逃费行为，堵住作弊漏洞。

高速公路车辆逃费方式及对策浅析

李冬柞

（潭耒高速公路管理处）

摘　要　随着高速公路网的不断扩大，联网收费涉及的部门、业主公司、收费站、收费人员和通行车辆越来越多，违法违纪作弊的空间越来越大，手段也越来越复杂，违法效益更是远大于违法成本。与按车型收费模式相比，联网计重收费模式下车辆逃缴费额更大，逃费方式更隐蔽。个别驾驶员和社会人员，甚至个别收费人员和管理人员在经济利益的驱使下，利用目前计重收费管理和收费系统存在的漏洞，采用各种方式和手段谋求不正当利益，给收费管理工作带来了新的挑战。本文结合当前收费管理模式、计重收费设备、通行费执法、作者实践等情况，深入浅出的梳理和总结了车辆逃费方式及对策。

关键词　高速公路　逃费　方式　对策

湖南省高速公路自2007年6月1日起对载货类汽车实施计重收费后，不仅起到了治理超载超限、保护公路设施和规范运输市场的目的，而且较好地解决了按车型收费存在的管理矛盾和车辆生产企业畸形发展的社会矛盾。

本文结合收费稽查管理的工作实践，秉持不断总结和研究新形势、新发现、新问题的精神，探讨管理对象、管理方式、管理重点的新变化、新特点，希望抛砖引玉，与大家和同行共同探讨联网计重收费模式下的车辆逃费方式和对策。

1　拒（逃）缴车辆通行费行为的社会危害

（1）很多车辆为逃费非法滞留在高速公路上换卡，一些车辆强行冲关或者跟车冲关，很容易出现车毁人亡的惨剧。

（2）一些团伙在谋取暴利后形成地方黑恶势力，扰乱地方治安，危及到高速公路车辆通行安全。

（3）一些车辆为逃费不挂牌照、挂假牌照甚至假军车牌照，对他人生命财产造成威胁。

（4）一些假冒绿色通道的车辆运输违法违禁物品。在检查中我们发现有偷运国家保护动物穿山甲的车辆，有偷运大量香烟的车辆。（已移交相关部门处理）

（5）一些车辆为逃费疯狂压边出现爆胎现象；一些擅于跳磅的车辆驾驶员已经初步职业化。

（6）一些非法改装厂家或个人在利益驱动下违法改装出畸形车辆用来逃费。

（7）逃费车辆恶意扰乱道路运输市场的秩序，采取降低运价等方式打压其他合法运输的车辆。我们查处的逃费车辆车主均反映不逃费不赚钱，形成了恶性循环。

2 通行费行政执法的意义

(1)计重收费是治理超载超限运输的经济手段。维护通行费征收管理秩序能够有效地治理车辆超载超限的违法行为。

(2)维护通行费征收管理秩序,可以促进国家公路基础建设的蓬勃发展,进而促进社会经济发展。

(3)维护通行费征收管理秩序,可以有效地保护高速公路投资者的合法权益。

(4)维护通行费征收管理秩序,可以促进道路运输市场的繁荣稳定、健康发展,保护合法运输业主的合法权益。

(5)维护通行费征收管理秩序,可以维护社会和谐稳定,保障人民生命财产安全。

3 通行费执法的必要性和重要性

在联网计重收费管理中,由于是在收费站出口计重收费,利用收费管理和计重收费设备漏洞违法作弊的可能性更大,漏逃的费额更多,因此稽查的手段必须更强,措施必须更得力。

联网计重收费模式下的收费稽查工作,就是以 IC 卡为载体,依托计算机收费系统的科技管理手段,按照收费流程和收费管理制度的规定,加强对收费人员和通行车辆的管理。

目前联网收费防止作弊最普遍的方式就是采用科技手段,利用收费系统的自动控制、记录和图像抓拍功能,通过闭路电视监视系统(CCTV)和对讲监听系统对收费工作进行全过程的监督。

随着高速公路网的不断扩大,联网收费涉及的部门、业主公司、收费站、收费人员和通行车辆越来越多,违法违纪作弊的空间越来越大,手段也越来越复杂,违法效益更是远大于违法成本。与按车型收费模式相比,联网计重收费模式下车辆逃缴费额更大,逃费方式更隐蔽。个别驾驶员和社会人员,甚至个别收费人员和管理人员在经济利益的驱使下,利用目前计重收费管理和收费系统存在的漏洞,采用各种方式和手段谋求不正当利益,给收费管理工作带来了新的挑战。

虽然收费系统对规范收费操作流程起到了很好的控制作用,但收费现场的情况复杂多变,系统是无法面面俱到的,仍然需要各级收费管理人员采取相应的稽查措施,全方位、多层次地对收费工作和通行车辆进行监督和检查,才能有效防止和杜绝通行费的流失。可以说征费稽查工作成效的好与坏直接涉及联网计重收费的成败。

4 拒(逃)缴车辆通行费的特征

(1)计重收费实施以来,从我们查获的拒(逃)缴车辆通行费的车辆及外省公布的情况来看,逃缴车辆通行费的方式隐蔽性越来越强,花样越来越多,逃费金额越来越大。重载车辆尤其是超限严重的车辆单车每次逃费金额基本都超过了 1 千元。

(2)逃缴车辆通行费的方式、方法有信息化、集团化的趋势。个别地区甚至形成了以此谋取暴利的团伙,分工明确、组织严密,随着利润的增加,发展了很多外围不法分子。据了解,放哨的眼线收入达到每车每次 50 元。有些收费站区出现了强行提供逃费服务的流氓团伙。

(3)逃费车辆勾结在一起,互通信息,共同探讨逃费方式。有些车辆违法停在收费站区前躲避执法人员的监督检查,甚至出现很多车辆堵在收费车道强迫收费站开启超宽车道或者计重设备出现故障车道的集体性事件。

(4)收费站区附近的车辆恶意冲关、跟车冲关,基本上都是遮挡车牌或者取下车牌。

5 逃缴车辆通行费方式

5.1 利用国家规定的免费政策逃缴车辆通行费

(1)假冒军队车辆、武警部队车辆、公安机关统一标志的制式警车、抢险救灾车辆逃缴车辆通行费。

(2)假冒绿色通道车辆逃缴车辆通行费(小型客车使用假行驶证冒充货车装载绿色通道范围内产品假冒绿色通道车辆逃缴车辆通行费)。

(3)假冒省地方性法规和省政府规章或经省政府批准的其他免征车辆。

5.2 利用假行驶证降低客车收费类型逃缴车辆通行费

5.3 利用超限认定标准逃缴车辆通行费

(1)减少实地测量的车货总重逃缴车辆通行费。

(2)增加实地测量的总轴限逃缴车辆通行费。

5.4 利用改变车辆实际入口信息等方式减少车辆实际通行里程逃缴车辆通行费

(1)更换实体通行卡减少通行里程逃缴车辆通行费。

(2)违法行驶减少实际通行里程逃缴车辆通行费。

5.5 利用计重收费系统缺陷逃缴车辆通行费

6 绿色通道车辆逃费方式

由于我省高速公路现在对"绿色通道车辆"实行全免的政策,被巨大的经济利益诱惑,很多驾驶员串通物流公司(站)开具蔬菜类货单,还有的驾驶员在车辆绿色通道登记本上填写假信息。

(1)客车类持假货车行驶证运输绿色通道范围内货物逃费。建议依据交通厅《关于进一步规范鲜活农产品运输绿色通道通行费减免征工作的通知》(湘交财会【2008】477 号)规定,明确客货两用型的载货类汽车范围。

(2)在车头内放置水果等在经过收费站时贿赂收费人员,此类车辆多数是经常跑固定线路的车辆,采用联络感情的方式收买收费人员,达到逃费的目的。

(3)不配合收费人员查验并用威胁的语气恐吓收费人员,达到收费人员产生恐惧心理不敢检查的目的。此类车辆多数都是一些跑线的本地车辆。

(4)利用零点班收费人员精力下降、人员较少的情况,使用假货单蒙蔽收费人员,或采用掀开预先放置少许绿色通道货物的部分给收费人员查看的方式逃费。

(5)拦板类货车用帆布遮挡起来,在车厢四角、车厢货物上面、车厢前后放置一些绿色通道货物;有用泡沫板将货物隔绝封闭起来的;有在四周放置绿色通道货物,在里面放置其他货物的;在车厢左侧收费人员经常检查的方向放置绿色通道货物,在另一侧放置其他货物。

(6)厢式货车在车厢门一侧放置绿色通道货物,在里侧放置其他货物。

(7)与物流站勾结,填写假货单;涂改或填写假信息,更改绿色通道登记本。

(8)拒不出示货单,导致收费人员无法判定是否为我省生产的绿色通道产品。

(9)外省运输从业人员购买我省车辆或购买假牌证冒充我省车辆,在省内绿色通道逃费。

(10)我省车辆运输外省绿色通道货物时,在我省边界收费站掉头,混淆货物生产地点。

(11)货物混装,除一部分装绿色通道货物以外,还装载大量零担货物。

(12)运输鱼类产品时,打开氧气输送装置,伪装成运输鱼类状态,由于比较难以验明,比较隐蔽。

(13)利用小站人手少、车道少的情况,在小站掉头逃费。

(14)与收费人员勾结,利用假冒绿色通道车辆私放人情车。

(15)收费人员由于对文件片面理解或理解方式有误,导致主观上理解错误,导致车辆利用绿色通道逃费。

7 关于绿色通道车辆查验方式的探讨

(1)根据鲜活农产品运量情况,在"绿色通道"专用收费道口适当增加工作人员,尽可能利用高科技检测手段,采用高科技设备辅助检测的方式,方便、快速、有效地查验绿色通道车辆,提高鲜活农产品运输车辆的通行能力和通行效率。

(2)将具备条件的大站的超宽车道设置成绿色通道车辆专用通道。依据有关文件规定:不按规定或不按指定通道行驶的车辆不享受绿色通道优惠政策。采用专人检查放行的管理方式,确保绿色通道车辆优先通行、快速畅通,打击假冒绿色通道车辆。

(3)加大稽查力度,由执法人员对绿色通道车辆进行查验,核对货物或货单,打击利用假冒绿色通道车辆逃缴车辆通行费的违法行为。

建议根据有关规定,公告免费行驶路线和收费站,公告免费绿色通道货物详单,加大稽查力度。

(4)对相关文件进行学习、解读,制定实施细则和措施,落实具体操作过程,对执行情况予以反馈,从而使管理阶层调整措施和方案。

在稽查过程中我们发现很多收费人员对相关文件一知半解,在执行过程中出现种种漏洞,还有的收费人员责任心不足,粗略的检查一下就放行了,这些问题固然和收费站工作性质和工作环境有关,但是长此以往,造成了不应该发生的漏收通行费的现象。因此加强收费业务指导工作,对容易产生的问题、倾向性问题、普遍性问题应当提高预见性,根据实际情况制定实施细则和措施,及时向有关领导反映执行情况,以便及时发现问题,作出具体明确的工作安排或文件解释工作。

对政策性、阶段性、业务性的文件进行分类存档,进行政策调研,提出切实可行的实施措施。对驾乘人员提出的疑问作出解答,暂时无法释疑的事情及时上报,及时反馈,减少征缴之间的矛盾和社会矛盾。

为了加强监督检查规范绿色通道查验放行程序,不折不扣地执行和落实好对整车合法装载鲜活农产品运输车辆免收通行费的政策。同时为了更好地立足收费窗口做服务,制订三个便捷,全力保障绿色通道高效、便捷。三个便捷是:一是查验便捷,主动查验,采取查证件和查实物相结合方法,简化查验程序和减少车主查验时间。二是通行便捷,及时启用绿色通道专用车道,减少车主等候时间。三是服务便捷,开展提醒服务、提前告知服务、天气预报服务和路况服务等,费用全免、服务不减,竭力为绿色通道车辆提供优质、周到服务。树立高速公路的社会窗口形象,在提高经济效益的同时,大力提高社会效益,为道路运输市场的公平竞争保驾护航。

8 其他车辆逃费方式及对策

(1)甩挂。车辆把挂车甩在服务区,牵引车独自出高速再返回拖挂。或者由另外一辆牵引车从附近收费站进高速再到服务区拖挂。此类车辆在牵引车头驶出收费站时多数以修理车辆作为理由,作案隐蔽性强,不在现场捕获很难查处。建议收费站发现此类牵引车及时跟踪查看,采取一定措施控制现场并报请稽查大队协查。同时在收费站和服务区建立并落实协查奖励制度,对举报后查实为甩挂事实的人员给予重奖。

(2)悬挂式升降轴。安装悬挂式升降轴的车辆,路上并不使用,只有在通过收费站时才把升降轴放下,系统检测多一个轴。这些悬挂式升降轴有升降型的,有外翻型的,还有一些是在牵引车头上装升降轴。

(3)利用收费系统计重设备的检测漏洞逃费。后六轮等类型车辆,其中一轴是单轴单胎(多数为悬挂式升降轴)。此类车辆在通过计重检测设备时,系统会检测出并装双轴(而且都是双轮胎)。现在一些厂家生产的车辆其中一轴甚至是固定的无承重能力也不是传动轴的两侧为单轮胎的合法"假轴",此类车辆目前已经堂而皇之的逃费。收费员由于视角的阻碍很难发现,稽查人员又无法进行处理,建议在收费车道安全岛上安装凸面镜扩大收费员视角便于查看,并申报省政府下发规范性文件予以解决。

(4)私自改装加轴。就目前发现的情况来看,有在车厢前面加装一轴的,有在车厢后面加轴的。多数都是固定的,少数是悬挂式可升降的轴(其中有些竟然装的是两侧双轮胎的轴)。

(5)垫板过磅。其中有一次性的木板,也有重复使用的钢板。在车辆过称台前或者前轮开过称台后,人为在称台上(沿车道方向)垫放木(钢)板,由于木板压在弯板上,导致称台测出的数据较低。这种方法多数在夜间车道车辆较多的时候使用。有些收费站甚至出现了当地群众为过往车辆垫板收取"好处费"的现象,更有甚者强迫驾驶员接受垫板行为,采用暴力手段威胁驾驶员交纳"好处费"。建议报请省政府下发规范性文件予以规范,如收费站收费现场前后50m内不得有人员、车辆滞留等。

(6)人为造轴导致车辆分离不清。车辆前轮开过弯板后倒回,但是车头未离开光栅分离器,造成多轴,使得总轴限增大。

(7)压边或走S形。车辆紧靠(左)右边行驶或者走S形行驶,减少轮胎接触弯板面积,造成检测重量减少。前者的主要特征是多数驾驶员都把头探出车窗看着轮胎行驶。此类方式由于驾驶员借口很多,无法采用征稽执法手段处理,基本上都是责令车辆复称。压边严重的车辆甚至有一侧轮胎压到车道边沿上面的情况,而胎型检测器只在一侧弯板安装的。

(8)跳磅。车辆行驶至称台前10~30cm处停下,然后猛踩油门,突然加速,车身后倾,重心后移,车头翘起,前轮滑过称台,当后轮快接近称台时,驾驶员猛踩刹车,车身前倾,重心前移,后轮顺势趟过称台,驾驶员掌握娴熟的驾车技巧,用这种方法降低计费重量一般在3~5吨。自卸车常采取此方法逃费。

(9)在弯板缝隙插螺钉或细钢管。这是降低弯板弹性,对计重设备损害比较严重的一种逃费方式,直接导致弯板摩擦系数加大,弹性无法恢复,如不及时清理,会导致大量车辆间接逃费。

(10)故意遮挡光栅。车辆经过称台时,随车人员故意挡住光栅,使光栅无法正常收尾,从而使称重数据丢失或无法上传,造成无称重信息,扰乱了正常的收费秩序。这种情况的发生也提醒了我们收费员在收费时应当注意车道情况,及时上报值机和班长,避免出现无重或少轴的情况发生。如果未及时发现,可能导致车辆信息不对称,称重数据与实际车辆通行情况出现较大的偏差,甚至引发间接性的征缴矛盾。

(11)换卡。部分车辆通过在高速公路中途换卡,或通过电话联系与相似相近车辆换卡,进而达到买短跑长、逃缴通行费的目的。此类车辆一般都是经常在固定线路从事客运或货运的车辆,还有利用"克隆车"换卡的车辆。此类逃费车辆甚至有集团化、专业化的趋势。

打击此类车辆逃缴通行费的行为应该充分利用高速公路的监控系统和收费系统,通过图像和数据对照的方式对有嫌疑的车辆进行查对,掌握规律,从而对其进行查处。还有就是在收费系统出口程序中加入入口时间一项,以及不同车型的车辆按照高速公路时速规定行驶的时间,一旦出现异常要在屏幕上作出提示,以便收费员进行查对。建议:

①出入口安装牌照拍摄系统及软件,最好是把车辆牌照号后三位及抓拍图像直接录入IC卡内。

②发现可疑车辆及时记录并上报,全线配合。

③对经常跑固定线路的车辆进行重点稽查。

④入口计重,参照出口计重数据,如果差别较大,可列入嫌疑车辆。

(12)倒卖通行卡大致有两种方式,一是收费人员模拟刷卡然后卖给驾驶员或者社会人员;二是社会人员开车从某站驶入,将卡卖给驾驶员。这种情况多数都具备以下几个特征:一是卖卡人员多数都护送买卡车辆出站;二是与内部人员勾结,对我们的稽查方式和收费方式非常了解,很少出现超时等特殊情况,一旦被查处往往都能找人了难;三是采用补卡等方式手中至少保留有两张卡;四是对买卡车辆的通行卡自己使用出站,或者在入口领卡后说有事不走了,然后偷梁换柱,将买卡车辆的卡交给收费人员;五是入口不挂车牌或者挂假牌,卖卡给驾驶员后提供假牌或让驾驶员将前牌卸下;六是有用油泥涂改车辆牌照的行为;七是多数人都采用驾驶"的士头"货车作案,在入口领七型卡后卖给驾驶员,作案方式更加隐蔽;八是很多人都在服务区与驾驶员洽谈业务,或者留下联系方式给驾驶员,下手的对象基本都是跑长途的重载货车;八是此类车辆在出口多数都显示车型与车牌后三位不符。由于我们执法人员对此类案件社会人员卖卡打击力度不够和法律依据不足,导致其比较猖獗,流失费额非常大。

针对性的稽查方案:一是对系统数据和抓拍图像对照核查,如发现某辆车车牌号码与驶入站的情况异常,则调出其数据和抓拍图像与其驶入站核实,不符则有嫌疑,依据该车所持卡卡号进行路径稽查,确定卖卡的嫌疑车辆,然后根据卖卡车辆的领卡情况及卡号,进行路径排查,进而发现倒卖通行卡车辆及嫌疑人;二是在服务区等场所发现嫌疑车辆后进行跟踪,在出口收费站刷卡缴费后,确定该车有买卡或换卡嫌疑后,调出该车入口数据和抓拍图像进行核对,如不符则该车中途换卡或买卡;三是依据收费员反映或社会举报,确定嫌疑车辆,进行排查;四是随车携带便携式读卡器,遇有嫌疑车辆可读出卡内信息,然后核实该车缴费票据、加油卡信息等情况,进而确定有无倒卡或者换卡嫌疑;五是查询系统增加条件选项,如增加选择入口站,具体几型车改几型车的查询方式等,进行专项数据查询;七是在出口显示器上显示一栏中增加入口时间,便于收费员及时发现问题;八是针对此类情况如何依法处理进行调研,并拿出切实可行的措施,不然对有社会人员参与的情况是个法律盲区;九是在收费站设定《异常情况记录本》,记录所有非正常情况,并制定奖励措施,如果从中发现了嫌疑车辆进行处罚后可考虑给予一定的物质奖励;十是发挥监控分中心的作用,实现路段与路段之间、收费站与收费站之间、收费站与稽查队之间的信息协调和共享;十一加强对通行卡模拟车辆通行刷卡或一车刷两张卡的违规行为的管理。

(13)施救车辆与事故车驾驶员串通不缴费或少缴费。建议采用事故车驾驶员在场的由驾驶员缴纳,驾驶员不在场的填写移交单让牵引车驾驶员签字交由路政代收,或者由牵引车驾驶员代缴的方式来解决此类问题。

(14)施救车辆与货车驾驶员串通转货。施救车辆伪称为事故车辆转货,从中捞取好处。或者为没有严重损坏的事故车辆转货,达到轻微事故车辆少缴费的目的。

(15)假救护车。特征:一是无国家强制性标准中的"十字标志";二是车内人数较多,而且没有病人;三是车内无规定的急救箱和随车医生或者护士。

(16)假军(警)车。特征:一是车辆右上角有民用年检标志和强制保险标志;二是车牌号码后三位数字很大,超过了该部门车辆编制数量;三是车牌号码与车辆排气量和标准严重不符;四是只有前牌;五是非警备车辆挂着警灯;六是前后牌挂反了;七是车内人员尤其是驾驶员未着装;八是货车无跟车人员,车内人员着装不整;九是非军队标配车辆;十是车牌制作粗糙,凸出部分有明显裂痕;十一是武警牌照安放在悬挂号牌的外壳内。

(17)假冒国家政策性免费车辆。在特殊时期或者因特殊情况采取政府行为的时候有一些免费车辆,如抗冰、抗汛、电煤等情况。此类车辆参照文件中通行证样式和运输范围与车辆实际情况对照,一般很容易查处。

(18)施工车运输货物或者倒卡,甚至有涂改车牌使用其他车辆施工证的情况。建议在施工证上标注使用途径、运输范围,加大监管力度。

(19)U型、J型行驶逃费。U型行驶根据省政府规定不予处罚,按省政府规定进行处理。J型行驶是很多从事跑线载客的车辆一般都采用这种方式来逃缴通行费。即从入口站驶入后不在目的站驶出,而是从出口站绕回从另外一个离入口站最近的收费站驶出。或者在出口站与另外一辆驶入的车辆换卡,再从入口站驶出。

(20)违法掉头逃费。在未封闭的互通或者匝道处掉头不出收费站继续在高速公路上行驶。还有的从匝道逆向行驶,再顺着匝道方向正常行驶。目的都是为了不出收费站,持续性的在高速公路行驶,进而逃缴车辆通行费。

(21)冲关逃费、出入口超宽车道绕杆冲关。建议超宽车道不使用的时候关闭手动栏杆,并用移动式护栏挡住自动栏杆缺口。

(22)转货或者卸货。特征:一是在服务区转货,一辆货车将货物分别转给几辆车送到不同的地方;二是将货物卸载在服务区,出收费站后再进来装货,达到逃费的目的;三是通过服务区的隐蔽出口转货或者驶出。建议封闭服务区出口或者安装摄像头进行监控。一些服务区在施工过程中或者施工后留下与地方道路相通的路口,存在非常大的隐患,而此类开口行为多数未经收费管理部门审批或监督,导致出现巨大的逃费漏洞。

(23)故意损坏通行卡、故意无卡。部分车辆利用在夜间目视距离不足,无法看清该车从哪个方向驶来的情况,以及夜间收费人员精神状态不佳的情况,故意损坏通行卡,伪称从最近的收费站驶入的,从而逃缴通行费。也有与收费人员勾结,故意把正常通行卡当成坏卡,输入附近收费站,达到买短跑长的目的。

(24)伪造通行卡。建议追查来源,按最远站收费并处以罚款然后移交司法机关。目前外省市已经发现通过伪造通行卡协助他人逃缴车辆通行费谋取非法利益的团伙,我省针对此类违法行为尚无有效的识别程序和手段。

(25)假行驶证(客车、客货混载车辆)。多数长途客车尤其是卧铺车持假行驶证欺骗收费人员,一些客货混载车辆伪造客车行驶证以达到按车型收费的目的。建议核实统计经常跑固定线路的车辆的座位情况并通报各收费站。

(26)套牌车。此类车辆基本跑固定线路,两车对跑,有换卡嫌疑。对有套牌嫌疑的车辆可以通过检查《道路营运证》、《车辆购置税》进行识别;或者采用对照车架号、行驶证、车牌的方式进行识别。

(27)携带电子干扰器。采用电子磁场干扰和电子摇杆数控技术,使系统不能正常显示计重信息。

(28)与收费人员勾结,客车出入收费站均降型收费,货车按车型收费。如驾驶员对两个站收费员都很熟,在完全按免费车操作风险较大的情况下,入口降档输入车型,出口也降档输入车型并收费,这样操作是不会在系统中留下报警记录的。

(29)驾驶员与收费员勾结,由收费员对正常卡故意按坏卡操作,选择距离较近的站名输入,从而达到少缴费的目的。

(30)高速交警和本部门工作用车通行卡存留较多。一是导致通行卡流失;二是导致倒卖通行卡或买短跑长。

(31)人为制造收费系统故障。当收费系统有的车道机发生故障或停机后对本车道失去了监控功能,有车辆通过时也不会向监控室报警,收费员可能会将收费车辆从故障车道放走。再如,由于收费数据是在收费员每完成一次放行操作才会上传一次,出口收费员可在收到驾驶员现金后人为关掉车道机,给驾驶员作废的票据,然后向监控室报系统故障,人为抬杆放行,这笔收入就不会进入系统。

(32)私留废弃票,在车道系统发生故障时充当交付给驾驶员的收费凭证,这时栏杆处于常开状态,收费员收了钱,但系统并未打票和进行收费统计。

(33)无重。造成无重收费的主要原因是因为小车没有正常行驶,驾驶员靠右边行驶,小车的轮胎没有压到或部分压到轮胎识别器上造成的,电脑没能检测出有车进过,收费亭内的显示器不显示。5吨以下的小货车最容易出现无重收费。

(34)"造车"过称方法:车辆前轮过秤后迅速退回,一进一退,光栅测出一辆整车数据,该数据仅为称台测得车辆前轮的两次过称重量,远小于该车实际总重量,这种方法驾驶员一般在夜间道口车辆较多时使用。

(35)"拆分轴"过称方法:车辆前轮通过秤台后,后面每排轮通过光栅前先停顿一下,由于停顿时间稍长,光栅会自动将轴组拆分成数个单轴,轴限变大,使得车辆通行费数额降低。

(36)"安装液压磅":当安装液压磅车辆行驶到收费站,前轴过计重平台时,稍作停顿,快速为液压磅充气,将后轴稍微顶起,使车辆重心前移,减轻后轴的重量。

(37)由于上级关于减免征收通行费的文件下传不及时,或者收费站工作人员不详细查看文件,主管判定免费车范围,以及传达到收费员一级不及时或者未组织学习和落实,很容易造成失职性的通行费流失。

9 通行卡流失途径及对策

随着高速公路联网收费的实行,作为通行介质的通行卡的流失成了高速公路管理部门最为棘手的难题。下面,笔者就通行卡流失的若干途径和解决措施浅谈一下个人的想法。

9.1 通行卡流失的若干途径

(1)闯关(跟车冲关)造成卡流失;

(2)从未安装收费系统的路口或服务区的隐蔽出口驶出带走通行卡;

(3)收费人员私放车辆、私存通行卡、重复刷卡造成卡流失;

(4)公务用车或特权车辆出入造成卡流失。

9.2 遏止通行卡流失的若干措施

(1)公务用车是造成通行卡流失的主要途径。可采用入口领卡,出口刷公务卡放行的方式;或入口不发卡在系统内输入公务车信息,入口领卡,出口按公务车键,输入车牌号后系统进行对照,由监控人员确认后放行;或者入口领卡,出口凭公务车通行证改型后收回通行卡再放行,收费人员与监控人员做记录。

(2)利用记录、数据、图像对照的方式进行监管。根据黑名单卡(超过最长通行时限仍未重新进入系统的)的信息对照录像查实该车的详细信息。再将该车列为征稽对象,查处后既可挽回经济损失又可堵塞收费漏洞。

(3)在出入口安装车道摄像机,在收费广场安装广场摄像机,在出入口安装车牌自动识别系统,以及系统将非正常的操作均做记录,以上种种方式均有利于遏止通行卡的流失。

(4)在设置出入口的服务区安装摄像机,对出入车辆监管,服务区外置出入口只允许驶入的车辆驶出,并进行车辆出入登记和管理。如果服务区出入口值班人员工作失职可予以经济处罚和作为考核服务区的一方面。

10 关于处理第三者参与逃缴车辆通行费违法行为的建议

(1)何谓逃缴。本人认为逃缴收费公路车辆通行费的行为是指以非法占有或窃取车辆通行费为目的,第三者恶意串通驾乘人员或采用欺诈、胁、迫等各种不公开的手段,隐瞒真实情况,导致应按规定缴纳车辆通行费的车辆不交或者少交车辆通行费的违法行为。

(2)偷逃车辆通行费的特征:

非法所得是逃缴车辆通行费的部分或全部;为逃费车辆提供帮助或者逃缴车辆通行费所必需的作案工具,如通行卡、垫板、车辆等;偷逃通行费的第三者自身实际缴纳的通行费等于或大于应该缴纳的通行费;直接或者通过中间人实施偷逃通行费行为;采用威逼利诱或者欺诈的方式通过逃费车辆窃取通行费。

(3)逃缴车辆通行费的行为:

直接或者通过中间人相互交换通行卡或车辆号牌少交车辆通行费;提供帮助或作案工具,采用欺骗手段减轻车辆实际装载重量少交车辆通行费或假冒特种免费车辆不交车辆通行费;

通过伪造、变造、贩卖收费公路车辆通行卡或者提供车辆等方式帮助他人逃缴车辆通行费；以暴力、威胁、侮辱等手段妨碍或阻止行政执法人员、收费人员履行职务，协助他人逃缴车辆通行费；故意堵塞收费公路，致使收费管理工作不能正常进行，从而不交或少交车辆通行费，为自己或他人谋取违法所得；教唆、组织、指挥、领导他人共同逃缴车辆通行费，为自己或他人谋取违法所得。

(4)处置方式

一是当事人为逃费实施的行为违反《中华人民共和国治安管理处罚法》的，交由公安机关查处；二是逃费数额较大(超过5000元)，涉嫌构成诈骗罪的，移交公安机关刑侦部门立案侦查，并由检察院提起公诉；三是高速公路经营管理者根据《收费公路管理条例》补缴车辆通行费；四是高速公路管理机构根据有关法律法规，保护收费公路经营管理者和高速公路使用者的合法权益，对逃费行为进行查处。

11　就新形势下做好收费稽查工作的几点建议

(1)充分利用现有设备设施，对系统软件进行升级，构建收费信息网络平台，实现全局收费信息共享。

随着不断有新开通的高速公路并入联网计重收费系统，路段组成路网，牵一发而动全身，用全局意识去思考处理问题日趋重要。

虽然目前已经采用了半自动化收费模式，可是种种先进的设备、设施不是无法使用，就是无法信息共享，固然在收费车道软件上附加其他软件会降低系统运行的稳定性和响应速度，但是收费软件一直停留在只能算算费额上却无法发挥信息网络优势，实在是不堪设想。联网半自动收费的模式下居然出现冲关车能够大摇大摆的继续在高速公路行驶不能不说是一种无奈和悲哀，可采用微机处理或人工通报方式实行嫌疑车辆黑名单制度。

(2)对高速公路通行费征收执法工作进行法律、政策调研，提高法律法规的承接性和关联性认识，拟定实施方案和细则，做到“有法可依、有法必依、执法必严、违法必究”。

依据《公路法》、《行政处罚法》、《行政执法机关移送涉嫌犯罪案件的规定》等同地方执法部门建立协作执法体系。

随着《公路法》、《行政处罚法》、《行政强制法》等法律法规的制定和实施，为更加有效地落实《湖南省实施〈中华人民共和国公路法〉办法》、《湖南省高速公路条例》，实现省政府对高速公路通行费“应征不漏，应免不征”的总体目标，必须锐意创新、与时俱进，与逃费方式不断推陈出新的违法行为做持久坚决的斗争。

(3)构建执法体系，规范管理，体现出高速公路通行费征收执法的整体性和严肃性。

统一着装、标志、配置，加强行业管理和业务指导能力，树立执法人员的整体形象。

成立收费稽查中队，由三个站左右的专(兼)职稽查人员组成，解决特情处理人手不足和收费站执法点互不关联的问题。

强化上级业务指导部门对下级执行部门的监督和指导职能。收费稽查面临新形势的考验，分路段执法已经严重阻碍了稽查工作的进一步拓展。打破路段区间执法的壁垒，实行首发办案制。形成高速公路征稽行政执法体系，加强执法部门之间的承接性和关联性。

只有统一思想、统一指挥、统一行动才能切实打击各种逃费行为，确保相关法律法规和各项规章制度能够落到实处，提高收费管理水平。

(4)与以前的稽查工作相比，收费稽查的主要内容应有所不同，主要有：收费人员的着装、仪表和文明服务情况；车道收费业务操作流程；出口特情操作规范；收费站收费业务操作规范；收费监控中心收费业务操作规范；各单位IC卡管理情况；各单位通行票据管理情况(定额票、计算机打印票)；车辆领卡、缴费情况；通行费存缴情况；各类报表填报及统计分析情况；各单位对收费政策的落实情况；各单位对收费设备的操作、保养情况。

也就是说，凡是与收费工作相关的人和车辆都是收费稽查的对象，凡是与收费工作相关的业务要求都是稽查的内容。

(5)建立嫌疑车辆档案和信息库。收费员发现数据库中没有此类车辆数据时应及时上报监控室(按车型收费的客车由执法人员核实行驶证)，定期总结并全局共享。在收费站出口收费员输入车型、车号后三位时，关联"车辆黑名单数据库"，遇有逃费嫌疑车辆和违法行为未消除车辆，可由执法人员告知车辆到指定地点接受处理，对不接受处理车辆根据《收费公路管理条例》可以拒绝其上路。

(6)加强通行卡的管理，建立黑名单卡事项，统计散卡、模拟刷卡、丢失卡、损坏卡等卡号，便于追踪管理。在出口车道显示入口时间及入口抓拍图像便于收费员核实车辆基本通行情况。利用IC卡卡号的唯一性和信息记录的连续性进行路径稽查。即对一些有疑问的事件进行跟踪管理。如对无卡车，在确认入站名时，将其领的卡号作好记录，以后随时进行路径查询，若发现此卡又在流通，必须查出原因，以防驾驶员截留卡。

(7)计重设备测量时设计限定时速为5km/小时以内，但是由于各种原因造成行驶速度无法得到有效控制，因此控制车辆进入车道后的时速对提高测量精度来说至关重要。

采用现有减速板技术，由于对行驶中的车辆危险系数较大，因此增加减速板不可取，靠人力又无法有效遏止这种行为，在车道前采用"视觉减速板"技术，是比较妥当而且安全有效的办法。

(8)制定立案结案实时报送制度、重特大疑难案件移交制度。

简化办案过程和执法案卷，加强证据的客观性、关联性和合法性。采用办公自动化节减执法过程所需时间。

(9)在收费车道计重设备一侧安装摄像机和照明设备(现阶段可充分利用广场摄像机进行辅助)。有助于监控人员协助收费人员识别嫌疑车辆情况，也有利于稽查人员处理逃费车辆时采集证据。

(10)对识别出逃费嫌疑车辆，以及工作责任心很强(诸如后六轮误检测成后八轮更正过来的车辆)的收费人员实施奖励制度。建立健全适应计重收费模式的管理人员和收费人员的考核评比制度。

(11)鉴于我省高速公路部分路段已经成为国家级绿色通道，从而对这些路段上通行的绿色通道车辆执行全免车辆通行费的国家政策。由于技术上的原因导致无法精确计算联网路段通行的绿色通道车辆应免部分和应缴部分费额，使得大量通行费流失，借鉴外省同样情况的处理方式，建议采用公告免费路段、收费站，以及收费路段、收费站的方式，如若享受国家绿色通道政策优惠，必须在指定路段的收费站行驶。

(12)创造"比、学、赶、超"的工作氛围，增强自身的社会价值，寓服务性于日常执法行为中,加大宣传力度,争取社会舆论的支持,使广大驾乘人员及社会各界认识到我们执法工作的必要性和重要性,从而为改善收费环境、打击逃费行为营造良好的社会氛围。

联网计重收费的各个单位和部门只有以大局为重才能维护自己的利益,互利互惠才能使联网收费的运营成本降低,进而遏止通行卡的流失,消除通行费流失的隐患,确保联网收费的持续有效进行。

如何才能提高实征率

童　嘉

（湖南省潭耒高速公路管理处）

摘　要　本文通过对如何提高车流量、减少免征车来实现实征率的提高的分析，阐述了堵漏增收对于高速公路收费工作的重要性。

关键词　实征率　车流量　免征车

实征率即实际征收通行费的比率，是指出口收费车流量占出口总车流量的比例，是我们征费工作中的一个重要指标。只有出口总流量不断增加，免费车流量尽量减少，实征率才能保持稳步上升；只有实征率不断上升，通行费征收的颗粒归仓才能得到切实保障。

通过以往高速公路征费工作的实践，我们认为要努力提高实征率，必须要做好两方面的工作：一是通过提供优质的服务、舒适通畅的道路条件，提高道路通行能力，以达到提高通行总车流量；二是加强免征车的管理，做好堵漏增收工作，以减少免征车所占比例。

1　要提高车流量，必须搞好车辆通行环境，即做到两个“一流”

1.1　一流的路况

京港澳高速是一条贯通祖国南北的交通主干线，相比其他道路（如107国道），距离短、耗时少是此条线路人们出行的首选，因此车流量大。潭耒路开通12年来，车流量逐年不断增加，但因为使用时间长、承载量大，路面破损严重导致路况越来越差，事故频发，道路通行力明显减弱，自从去年潭衡西高速开通，许多车辆不得不选择新路绕行。由此可见，道路舒适、畅通无阻是提高车流量的一个必要条件。为了给广大驾乘人员提供一个更好的行车环境，提高车辆通行能力，2012年5月开始，潭耒路由马家河至大浦段进行道路路面提质改造，我们确信，经过改造后，车流量较往年都会有所提升。

1.2　一流的服务

高速公路收费系统是服务性行业，收费站更是窗口单位，每一位岗亭里的收费员一言一行都代表着高速公路的形象，代表着所在周边城市乃至整个湖南省或交通行业的形象，收费员表情、语言、肢体、仪容仪表、工作技能的服务质量都会给在路上辛苦驾驶的驾驶员带来不同的反应，好的服务能给驾驶员带来好的心情，差的服务则能给驾驶员带来坏的心情，甚至引起一些不必要的征费纠纷，优质的服务当然更能吸引游客的到来。因此文明收费优质服务是提高车流量的另一个必不可少的条件。为了提高文明收费服务质量，我们从以下三方面下工夫：一是加强培训。组织员工到文明服务工作做得好的兄弟单位学习；请礼仪专家根据收费工作实际编排一整套文明收费操作规范，包括微笑服务、手势、文明用语、仪容仪表等落实到收费人员平时工作中去；各收费站组织人员通过查看监控录像查漏补缺；通过技能与服务的个人竞赛，班组竞赛以及各收费站之间的考核比拼,取长补短,全面推动综合素质的提高。同时,我处收费系统在以往优质文明服务活动的基础上,在各收费站推行六个“一点”活动,即微笑多一点、嘴巴甜一点、找零钱快一点、效率高一点、肚量大一点、脾气小一点;并将手势服务、微笑服务、语言服务、姿态服务四者结合起来,融为一体,推行全方位、全过程、全时段、全人员的监督管理方法,使优质文明服务活动不断向规范化、常态化推进,成为大家的共识和自觉行为。二是开展劳动竞赛活动。采取激励机制,每月评选出当月文明服务委屈奖、仪态优美奖、快捷熟练奖、准确无误奖等 10 个奖项,管理处每年拿出 80 万 ~100 万元来奖励文明服务做得好的员工,提高员工的工作热情与积极性,从而达到文明服务质量不断提升、不断进步的目的。三是加强管理。严格而又人性化的管理,是一个集体工作得以正常开展的保障。为了将文明服务工作做得更好,我们认真制定了征费系统履职问责考核办法,在原有规章制度的基础上,细化了每个岗位的职责及考核办法,岗位职责明确到每个层次,量化到人,使明责、履职和问责成为有机整体,做到定岗、定责、定人,严格规范问责考核程序。各收费站积极落实岗位履职问责制,并根据各站的具体情况制定切实可行的细则,其中,株洲西收费站采取的末位培训制、新塘收费站采取的轮岗制都取得了很好的成效。通过对每个部门及每个干部职工的考核和奖金兑现,有力地促进了大家工作责任心的加强和工作质量、工作效果的提高。履职问责制的实行,为文明收费优质服务的落实提供了强有力的制度保障。

2 为了减少免征车,必须狠抓三个“不放松”

免费车流量是影响实征率的主要因素,对免费车流进行分析并采取相应的措施,是提高实征率的重要途径。

首先,加强对符合免征条件的车辆的核查,按照相关规定,坚持做到“应免不征、应征不漏”。

其次,免征车中除了符合国家政策的免征范围车辆,还有一部分是造成通行费损失的逃费车辆。征费工作中常出现以下几种偷逃通行费的方式:一是根据计重收费设施设备的精确度数据的差异拒缴或少缴;二是采取冒充绿色通道车辆或混装假冒、利用绿通政策的漏洞偷逃通行费;三是利用车道计重设备,人为制造设备统计数据失实(俗称垫板过磅);四是通过中途换卡;五是强行冲关;六是假冒特殊免费车辆(如军警车、中国公路检查用车、救护车)。这些逃费方式给高速公路通行管理以及通行费征收带来了损失,同时,助长了违法犯罪,对整个社会安定与团结来说也是有害的。如何才能减少免征车流量,我们采取三个“不放松”政策。

2.1 不放松对员工的业务技能培训

定期、不定期地组织员工学习收费政策、法规及各项工作流程,学习同行从工作中摸索出的经验,提高对逃费车辆的辨别、判断能力,提高对突发事件的应变能力。

2.2 不放松对偷逃费通行费行为的打击

为了严厉打击逃费行为,必须加大稽查力度,加强票、卡的管理,加大调看收费亭录像的频率,加强现场稽查,严防内外勾结偷逃缴通行费的现象。同时采取对超时车、IC 卡信息不符车、冲关车等进行蹲点守候和跟踪的办法,获取嫌疑车辆偷逃缴通行费的证据。对于已经触犯法律的,则要与公安机关保持密切联系,取得其支持,予以司法移送,并配合好相关部门的调查取证。

2.3 不放松宣传教育

对内加强管理的同时，对外要加强宣传教育，采取悬挂宣传横幅、张贴标语口号、制作专题简报等宣传办法，通过各种有效的途径和方式方法，提高驾乘人员对高速公路收费还贷的认识，养成自觉交费的习惯，将各种逃费行为遏制在萌芽状态。

社会是不断发展变化的，可能如今的一些措施与手段会因为相关政策以及社会态势环境的影响而需要不断地提炼与融合，特别是在以后的车辆通行费管理方面，还需要我们的管理者、执法者、工作者乃至全社会的积极参与，协抓共管，努力提高实征率，确保高速公路车辆通行费的颗粒归仓。

高速公路征费稽查形势浅析

陈慧亮

（湖南省潭耒高速公路管理处）

摘　要　本文通过对当前高速公路逃费的方式、成因及危害的分析，结合潭耒管理处征费稽查工作实践，探讨打击逃费行为，净化征费环境，塑造和谐高速的方法。

关键词　高速公路　征费形势　分析

随着国民经济快速发展，高速公路在国民经济和社会发展中起到越来越明显的作用。随着计重联网收费里程规模的不断扩大，单车单次交费的费额急剧上升，在利益的驱使下，不法驾驶员使用各类手段和伎俩逃费漏费的现象日益严重，极坏地影响了高速公路经济效益和社会效益的提高。如何在新形势下做好"应免不征、应征不漏"，有效打击各类不法逃费行为，是高速公路征稽部门面临的严峻课题。我们结合近几年潭耒路征费稽查工作实际，对违法拒逃缴通行费行为的方式、成因及对策作出了一些粗浅的思考和探索实践。

1　当前征费形势

1.1　逃费方式

（1）客车：采用假行驶证将原本核定的载客人数下调，以达到降低车型和收费标准。

（2）货车：

①走S线。利用车道的宽度走S行绕磅，改变车辆重心，减少车辆轮轴施加给电子动态称的力量。

②甩挂。货车在高速公路服务区将车头和挂车分离，车头驶出最近收费站，按车头重量缴纳通行费后再上高速公路进服务区将挂车挂上行驶。

③液压千斤顶。在收费道口使用千斤顶减少车重。

④跳磅。在计重收费模式下利用对惯性控制，在靠近地磅时加大动力，过磅后立即制动，改变车辆的重心，使车辆在经过电子动态称时各个轮轴所承受的重量减轻。

⑤倒卡。是指驾驶员通过非法交换通行卡相互改变入口地点，从而缩短行驶里程。目前我们查处的有同型空载与重载车换牌倒卡的；有同型重载车不同入口站倒卡的；有货车小车换卡的；有单车循环留置倒卡的。

⑥私装轴组、轮胎。私自加装轮胎或者轴组提高车辆轴限达到少缴费。

⑦假冒绿色通道。主要表现在混装。

1.2　逃费成因

（1）追求利润最大化

计重收费政策针对超载货车对路面的损害实行补偿性收费，当前物流现状普遍运价偏低，如不超载利润很低。为达到利润最大化,货车通常超载入站,通过非法手段逃费出站。

(2)法规约束不够

高速公路管理部门有责无权,即使对于一些明显的违法现象和行为也无权处置,甚至当收费人员的人格或人身安全受到威胁或侵害时,都没有一项明确的法律来维护他们的权利,导致不法驾驶员越来越嚣张。

(3)设备设施存在漏洞

当前普遍使用的动态计重设备不能有效的遏制跳磅、S 线行驶;自动发卡机存在识别差异;信息抓拍不够精准详细。

1.3 危害

(1)扰乱破坏了正常的收费秩序,征费环境日益恶劣

很多本地货车成群结队的通过收费站,重则冲关,一走了之;轻则反复倒车复称,不达到最轻的吨位不罢休,人为地造成了收费拥堵,严重影响了平安畅通。如果不让逃费,他们就恶意堵塞收费车道。湖南娄底、邵阳等地的货车冲关成风,且逐渐蔓延到省内其他高速公路。2012 年 7 月,株洲市河西某单位因施工需要从娄底采购片石材料,多台货车在株洲西收费站冲关,一个星期经济损失上万元。株洲市本地运输河沙车辆,从株洲县伞铺收费站运往株洲西收费站,高峰时期两三百台,在收费站反复复称,造成交通堵塞。

(2)造成了高速公路通行费的大量流失

逃费车辆以货车居多,在路网发达的今天,运输里程较长,大部分逃费车辆应征金额在 500 元以上。通行费的大量流失直接影响到现行的"贷款"、"还贷"的良性循环机制,直接影响到高速公路事业的可持续发展。

(3)增加高速公路运营管理经费成本

面对日益猖狂的名种不法逃费行为,高速公路营运管理单位只有不断增加人力、物力和财力来应对。冲关、跳磅等行为对收费设施损害巨大,超载超限车辆对高速公路的路面、桥梁等造成了严重的损害,极大增加了管养成本。

(4)严重扰乱、破坏了正常运输市场秩序和社会经济秩序

逃缴通行费能获取高额非法经济回报,不法分子恶意将货运价格压至正常运营成本价之下,使守法运输户无法与其竞争,无奈之下,守法运输户纷纷效仿偷逃通行费,使货运市场陷入恶性竞争。

2 面临的困境

2.1 源头预防难

(1)假牌假证假绿通识别难。目前对真假军车识别方法未下发专门的规范性、指导性文件,收费员难以辨别军车真伪。且军车归部队管理,地方无权干涉,查验证件有难度。绿通车辆混装难以发现,80% 的额定装载人为难以判断,尤其是箱式货车。且绿色通道政策有些鲜活农副产品的认定模棱两可。

(2)设备设施存在缺陷。目前广泛使用的电子动态称重系统无法应对跳磅车辆,驾驶员每次以不同的方法驶入道口,检测的重量都有可能不一样,造成了驾驶员存在想复称后达到最轻吨位的侥幸心理。自动发卡机在车型车牌识别上效果不佳,且容易造成重复拿卡现象。挡

车器对冲关车辆无法起到遏制作用。

2.2 调查取证难

(1)出入口的电子识别仅限于车牌后三位数,且识别能力有限,特别是夜间抓拍功能差,部分换卡车辆外形颜色相似,入口抓拍图像上区别不大,车道光线较暗和车牌识别故障原因造成入口抓拍图像不清或无图片抓拍,造成调查取证难。

(2)高速公路路网广阔,有些路段电话、网络不通畅,嫌疑车辆信息查询困难,特别是及时查询无法保障,以至于让某些逃费车辆在眼皮底下溜走。有些车采取"打一枪换一个地方"的做法,因资源不能共享,稽查工作也没有形成强大的合力,违法车辆经常换路行驶后依旧逍遥法外。

2.3 依法处罚难

有关高速公路法律法规政策体系进一步完善,许多亟待通过法律手段解决的问题目前只能处于悬而未决的状态。目前,国家对有关高速公路管理方面的法律、法规尚不健全,使高速公路管理工作中出现的许多矛盾性问题不能得到有效解决。收费人员在收费过程中经常遇到各种逃费现象,如果坚持按政策处理,遇上蛮横无理的驾驶员,轻者谩骂,重者还会大打出手,收费人员不仅要忍受人格上的屈辱,有的甚至可能还要遭到恐吓或人身上的伤害,可收费员在处理工作矛盾时必须做到"打不还手,骂不还口"。正是由于缺乏必要的政策支持和法律保护措施,多数收费员只能在坚持原则的前提下,灵活处理。

特别是2012年3月31日,《湖南省实施〈中华人民共和国公路法〉办法》修改之后,撤销了原来对逃费车辆逃缴金额5~10倍的罚款后,更是减轻了逃费车辆的法律威慑力。

3 应对措施

3.1 建立全省联网的信息系统,由省局统一指挥、调度,开展高速公路收费大稽查

一是全局系统定期更新公布各单位联系电话号码,各单位加强相互沟通交流建立联动机制,建立稽查执法交流网络联系平台;二是对全省高速公路各收费站车辆交易信息查询网络组建或修复,信息网络支持互访共享查询;三是对于绿色通道政策有些鲜活农产品认定模棱两可现象,全省路网实行统一,避免征费纠纷;四是由省局牵头,开展高速公路收费大稽查。

3.2 更换先进的设备,应对日益复杂的征费形势

一是尽快安装自动化验货设施或设备,加快查验时间和查验的准确性,并确保员工人身安全;二是完善卡号、车牌查询系统,实现卡与车牌关联跟踪管理,输入车牌就能核查该车牌近期在全省各站进出的详细信息,有效打击换卡和套牌车,且入口站可定期对IC卡号查询,了解本站发出卡回收情况,剔除赔卡、坏卡等异常卡,对没有正常回收的卡进行梳理,查明车牌信息,对多次无出口信息的车辆列入重点监控对象;三是系统增加逃费车黑名单功能,全省高速公路共享资源,如在某站有丢失卡、冲关或逃费记录,人工输车牌进站级管理电脑后,下次该车经过任何收费站时,收费系统能有自动报警功能,对黑名单车辆进行跟踪稽查;四是更换较大容量能储存入口图片等信息的IC卡使出口刷卡时显示入口图片;五是对电子动态称重系统升级,减少误差;六是配备红外线的绿通检测仪。

3.3 争取上级部门的支持,加大与执法部门的联动

一是与高速交警、路政联合,集中治理驾驶员作弊逃费行为。对作弊逃费车辆除按相关法

律、法规对其进行违章处罚,并收缴作弊工具,强制拆除违法改装的液压千斤顶、吊轮等作弊装置;二是与公安部门联合,对恶意逃避调整公路计重收费,证据确凿的超载大型货车可依照相关法律起诉至司法部门走法律程序,从重从严处理,做到"杀一儆百"的效果;三是与军检部门联合,对检查完"三证"后,初步判定为假军车,依据总参谋部、军务部、总政治部保卫部、总后勤部军事交通运输部、公安部办公厅和交通部办公厅《关于继续深入开展打击盗用、伪造军车号牌专项斗争的通知》(政保发[2008]7号)文件,严格查处假冒军车逃费行为。同时移交军检部门处理;四是与群众联合,设立举报和查处奖励制度。随着作弊逃费行为越来越隐蔽,形式越来越多样化,发现和查处作弊逃费的难度也越来越大,有些作弊手段完全需要现场人员的高度责任心和艰苦的严看死守。只有建立合理的奖励机制才能调动举报和查处人员工作积极性、主动性,有效地预防和控制驾驶员作弊逃费行为的蔓延和扩散。

4 结语

高速公路头逃费与打击偷逃费的"斗争"是一个长期而复杂的过程,只要我们认真分析驾驶员偷逃费规律,建立长效打压机制,对高速公路作弊逃费行为形成全路网"打围攻"之势,才能使之无可乘之机,增强高速公路堵漏增收能力,做到"应免不征,应征不漏",促进高速公路又好又快发展。

京港澳高速公路长潭段2012年春运流量分析及疏堵保畅应对措施

曾 钢

（湖南省长潭高速公路管理处）

摘 要 本文通过对2012年春运期间车流量进行统计分析，为科学决策提供依据，并通过关键数据指标，提出春运疏堵保畅的具体措施。

关键词 春运 流量分析 疏堵保畅

1 春运背景

由于我国经济社会处在一个重要的发展阶段，加之地区经济发展和产业布局的不均衡，大量中西部地区的农民工到东部沿海地区进城务工，特别是随着人民生活水平的不断提高，春节期间探亲访友和旅游的人数也在迅速增加，春节前后数倍于平时的旅客集中出行已经成为规律性的现象。据统计，春运人数自20世纪90年代以来，年平均增长5.6%，近几年接近10%，年净增长量达到2亿人次，去年总流量为28.95亿人次。

2012年春运从2012年1月8日开始，到2月16日结束，共40天。2012年春运主要有两大特点，一是春运运输高峰更加集中。与去年相比较，2012年春节提前了11天，成为近5年最早开始的春运。春运重点地区节前将主要集中在广东、长三角等经济发达地区，节后返程客流则以湖南、河南等劳动力输出省份为主。二是集疏运和兜底任务更加繁重。春运期间，铁路、民航、水路运输量都达到高峰，今年铁路运量增加6.1%，民航增加7%，水路运输增加3%。公路客运要为其他运输方式承担更多的集疏运任务。

安全是春运工作的重中之重，如何进一步提高高速公路出行服务水平，增强春运安全畅通保障能力，成为各级高速公路运营管理者亟待探讨和解决的课题。本文对京港澳高速公路长潭段2012年春运车流量进行统计分析，通过数据指标的反映，准确掌握春运车流的本质规律，从而提出春运安全保畅的具体措施。

2 车流量数据统计分析及变化特点

为了客观真实地反映京港澳高速公路长潭段春运流量变化，车流量数据按主线流量与收费站流量分别进行统计分析，既可反映过境车流情况，又可反映进出收费站车流情况。

2.1 主线流量数据统计

由于春运车流在节前、节后具有很强的单一方向性，为了便于分析，将车流按周期、方向分开进行统计（表1）。

2011 年及 2012 年春运主线流量统计表(单位:台次)　　表 1

统计项目	统计时段	南往北方向总流量	南往北方向日均流量	北往南方向总流量	北往南方向日均流量
2011 年春运	2011 年 1 月 19 日至 2 月 2 日(节前)	298910	19927	233275	15552
	2011 年 2 月 3 日至 2 月 27 日(节后)	376001	15040	479705	19188
	小计	674911	16872	712980	17825
2012 年春运	2012 年 1 月 8 日至 1 月 22 日(节前)	391311	26087	266795	17786
	2012 年 1 月 23 日至 2 月 16 日(节后)	347322	13893	510063	20403
	小计	738633	18466	776858	19421

说明:统计数据来源为京港澳高速公路长潭段 K1508 处视频车检器采集所的断面流量,流量数据为未折算前的非标准流量。

数据分析结果:

(1)2012 年春运与 2011 年春运走势基本一致,数据呈现出"前后高—中低"的变化趋势。2012 年春运期间日均双向流量为 37887 台次,与 2011 年春运期间双向日均流量 34697 台次相比较,增幅 9.2%,增幅比例较大(图 1)。

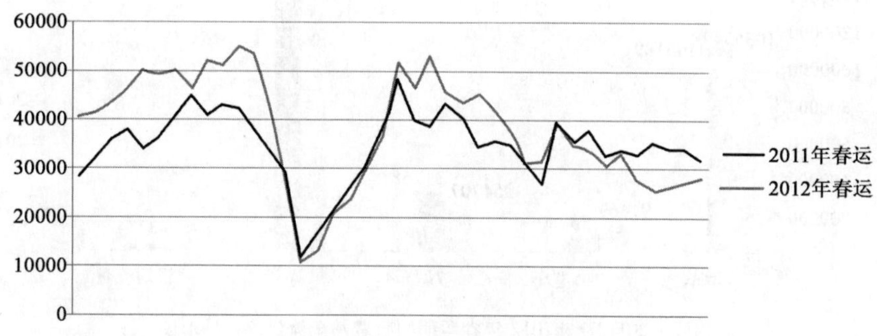

图 1　2011 年与 2012 年春运双向车流量日统计折线图

(2)按节前、节后两个周期统计,2012 年春运节前 15 天的双向日均流量为 43873 台次,节后 25 天的双向日均流量为 34295 台次,而 2011 年春运节前 15 天的双向日均流量为 35479 台次,节后 25 天的双向日均流量为 34228 台次,2012 年与 2011 年春运流量相比较,节前 15 天双向日均流量增幅达到 23.6%,节后 25 天双向日均流量增幅达到 2%,双向日均流量增长主要集中于节前 15 天。

(3)按南往北、北往南两个方向统计,2012 年节前 15 天车流高峰主要是由南往北返乡方向,占双向车流总数的 59.5%,节后 25 天车流高峰主要是有北往南返程方向,同样也占双向车流总数的 59.5%,与 2011 年春运期间的指标相比较,均上升了 3.5%。2012 年节前 15 天的由南往北方向的日均车流量为 26087 台次,与 2011 年节前 15 天的由南往北方向的日均车流量 19927 台次相比较,增长 31%。

2.2 收费站流量数据统计

2011 年、2012 年春运期间收费站出入口流量统计表(单位:辆) 表 2

2011 年春运期间流量统计(2011 年 1 月 19 日至 2 月 27 日)

收费站名称	入口					出口				
	1 型车	2~5 型车	7 型车	总流量	日均流量	1 型车	2~5 型车	7 型车	总流量	日均流量
雨花站	228655	7761	52720	289136	7228	220758	7179	51996	279933	6998
李家塘站	190366	30011	58104	278481	6962	218068	30348	55281	303697	7592
马家河站	90281	7698	17737	115716	2893	87421	8472	18869	114762	2869

2012 年春运期间流量统计(2012 年 1 月 8 日至 2 月 16 日)

收费站名称	入口					出口				
	1 型车	2~5 型车	7 型车	总流量	日均流量	1 型车	2~5 型车	7 型车	总流量	日均流量
雨花站	246547	12522	77029	336098	8402	245276	5888	59660	310824	7770
李家塘站	198210	23495	88589	310294	7757	247069	23314	60532	330915	8272
马家河站	83949	3786	15057	102792	2570	82138	4075	16814	103027	2576

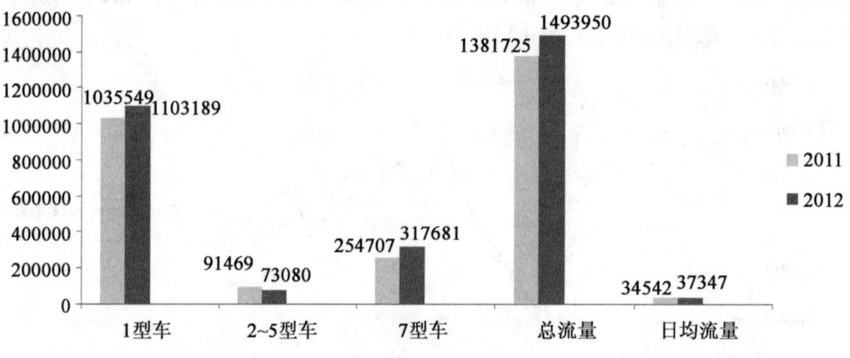

图 2 2011 年与 2012 年春运期间收费站车流量统计柱形图

说明:以上数据来源为长潭段各收费站提供的收费交易数据,以时间段为统计单位,与实际按收费作业统计数据有小幅误差,不影响数据分析结果(表 2,图 2)。

数据分析结果:

(1)2012 年春运期间各收费站出入口合计车流量为 37347 台次,与 2011 年春运期间各收费站出入口合计车流量为 34542 台次相比较,增幅 8.1%,入口增幅为 9.6%,出口增幅为 6.6%。

(2)按收费站进行统计,2012 年春运期间雨花站出入口车流量为 16172 台次,与 2011 年春运期间雨花站出入口车流量为 14226 台次相比较,增幅 13.6%,入口增幅为 16.2%,出口增幅为 11%。2012 年春运期间李家塘站出入口车流量为 16029 台次,与 2011 年春运期间李家塘站出入口车流量为 14554 台次相比较,增幅 10%,入口增幅为 11.4%,出口增幅为 8.6%。2012 年春运期间马家河站出入口车流量为 5146 台次,与 2011 年春运期间马家河站出入口车流量为 5762 台次相比较,减幅 10.7%,入口减幅为 11.2%,出口减幅为 10.2%。增幅最大的是雨花站。

(3)按车型进行统计,与2011年相比较,2012年春运期间各收费站汇总1型车流量增幅为6.5%,2~5型车流量减幅为8%,7型车流量增幅为24.7%,增幅最大的是7型车。

2.3 春运期间车流量变化特点

通过主线及收费站车流量数据统计,长潭段2012年春运有以下几个特点:

(1)车流量增长幅度大。与2011年春运相比较,主线双向车流增长9.2%,收费站出入口车流增长8.1%。

(2)车流量峰值更高。由于2012年春运时间早,元旦、春节间隔时间短,车流量高峰重叠,峰值高。2012年节前返乡车流量最大的日期为1月18日,峰值为54563台次,节后返程车流量最大的日期为1月30日,峰值为52827台次,比2011年春运节前和节后车流高峰分别增长21.3%、8.6%。

(3)车流高峰持续时间更长。与2011年春运相比较,节前15天主线双向车流量增长23.6%。

(4)主线流量方向性增强。2012年春运,节前由南往北方向返乡车流,以及节后由北往南方向返程车流明显增大,与2011年春运相比较,节前15天主线由南往北方向车流量增长31%,节后15天主线由北往南方向车流量增长6.3%。

(5)车流量组成发生变化。与2011年春运相比较,各收费站出入口7型车流量增幅为24.7%。

3 疏堵保畅具体措施

根据2012年春运期间车流量变化特点,准确把握春运本质及规律,从以下几个方面做好春运疏堵保畅工作。

3.1 提前谋划,科学应对

(1)明确疏堵保畅职责分工。春运疏堵保畅工作涉及路政、交警、养护、征费、监控等多单位多部门的职能,为实现春运疏堵保畅工作的统一指挥、协调和调度,处(司)应统一部署疏堵畅通工作,明确相关责任部门和具体责任人,各项工作规范化和流程化,各单位部门各司其职,各负其责,精诚协作,密切配合,信息共享,真正做到疏堵保畅工作快速组织、反应有力。

(2)转变疏堵保畅处置策略。根据春运车流单向、高峰、时变的特点,以"密切监控、未堵先疏"为原则,按照"先主后次、先急后缓、远端分流,近端管控"的处置策略,对全路段实行"区域化、网格化"管理划分,对每个事故堵点制定详细的分流线路,进一步健全和完善了应急预案体系,经常开展针对性地应急演练。2012年春运期间交警部门采取上述处置策略进行区域联动分流,疏堵效果明显。

(3)完善疏堵保畅处置手段。春运往往处于雨雪冰冻等恶劣天气条件下,为及时做好疏堵保畅工作,处(司)应完善各类应对恶劣天气的处置手段。在应急仓库、服务区储备防滑链、工业盐等应急物资以及方便面、饮用水等应急食品和药品;部署多台套包括平地机、除雪车在内的除冰机械设备;配置移动发电机车等应急保障设备;配置移动式无线图像传输通讯终端等高科技技术设备;与当地气象部门保持沟通渠道,及时掌握春运期间的天气变化情况。

3.2 针对问题,有的放矢

根据统计,2012年春运期间共发生交通阻断事件63起,统计如表3所示。

2011年及2012年春运期间交通阻断事件统计表(单位:次)　　表3

统计项目	统计时段	南往北方向	北往南方向	收费站	时间段小计
2012年春运交通阻断事件	2012年1月8日至1月22日(节前)	29	3	6	38
	2012年1月23日至2月16日(节后)	4	17	4	25
	合计	33	20	10	63

事故主要原因有疲劳驾驶、加油排队等候引发二次事故等,事故路段主要是长上下坡、弯道、桥梁、服务区等处。春运交通拥堵属常发性拥挤,出现的时间和地点均能完全、准确地预测,针对不同堵点,采取不同的改进道路供给能力的疏堵策略。

(1)对长上下坡、桥梁、弯道等事故高发路段,增强事故防范能力,提高事故处置效率。工程养护部门要增设安全警示标志标牌,增设震荡标线等安全设施。路政部门加强高发路段的巡逻力度,施救部门提高事故处置效率,交警部门简化交通事故处罚手续。监控部门加强事故路段的监控力度。

(2)对服务区等易引发车辆拥堵的地点,提高加油服务容量,做好现场管理工作。在场地允许情况下,充分利用广场纵深,加油车辆进场排队等候,减少排队车辆占用路肩。在场地无法容纳排队车辆时,应及时关闭加油站,排除由于排队等候可能引发事故的安全隐患。交警部门实施服务区驻警的实效警务新模式,推动施救力量前移,将施救车辆、装备、人员就近部署到高速公路服务区内,便于及时出警,快速处置。

(3)对收费站等易引发车辆拥堵的地点,通过增加临时性收费设施,如便携式收费机、可移动收费亭,运用复式收费、阶梯式收费等多种方式,切实提高收费站通行能力。同时加大现场管理力度,实现客货分流,优先保证小车、客车通行。收费人员应坚持文明收费优质服务,坚持文明窗口服务形象。

3.3 完善手段,准确分析

(1)完善交通流检测手段。现有道路交通流检测手段主要依靠视频车检技术,利用道路主线摄像机图像进行流量、速度、行程时间、占有率序列等数据的检测。但视频检测技术仍存在一定程度上的缺陷,如无法按车型标准,对检测车辆进行车型分类,检测流量无法折算成标准流量,在车流量统计分析上造成不便。应引入微波车检等先进交通流检测技术,对主线车流量可快速准确地进行检测、分类、统计,改变检测结果数据单一的问题。

(2)建设交通流监控系统。通过建设高密度道路监控系统,能在出现交通事故、道路堵塞、恶劣天气等异常情况时及时掌握道路上的现场状况,并适时实施有针对性的交通组织和管理措施。实施了高密度监控,将大大丰富高速公路管理者的管理手段,显著提高相应的管理水平,使他们可以在各种情况下更快捷的掌握高速公路交通状况,对高速公路交通进行更为有效地控制,预防可能发生的突发事件,提高突发事件处置能力,对路网范围内的各条高速公路进行及时、统一地协调,是安全保畅工作的有效手段和重要保障。

(3)建立交通流预测体系。加强高速公路交通信息的研判,全面收集各类交通流及收费数据,统计分析交通流量流向和分布情况,认真研究各类交通违法发生的重点时段、路段,各类交通事故发生的规律和特点,找准造成或可能造成交通拥堵的各种因素,制定相应工作措施。按照发现早、处置快的原则,建立交通拥堵预警体系,实时分析交通流量流向,发现可能造成交通拥堵的苗头及异常情况,进行先期预警,及早采取措施消除影响因素,降低影响程度。

4 总结与展望

通过对统计时段内的车流量数据进行统计分析,能够为科学保畅提供依据。但由于路网不断变化,以及交通流模型随机、时变的特性,从数据上无法准确预测出交通流的发展变化情况。下一阶段工作的重点,将是利用各种技术和手段,及时掌握分析交通流出现的新情况、新问题,创新春运安全保畅工作方式,做好“春运”这张特殊的民生答卷。

湖南高速公路应对雨雪冰冻灾害举措研究与对策分析

邓　宏

（湖南省高速公路管理局）

摘　要　阐述了湖南高速分布的地形情况与气候特点，以及应对2008年、2011年特大冰雪灾害的情况，总结了应对举措和经验，提出了不断完善应对冰雪灾害能力的对策。

关键词　湖南省　高速公路　雨雪冰冻　应对举措

1　引言

1996年8月，长沙至永安这条被称为“省门第一路”的高速公路建成通车，实现了湖南高速公路“零”的突破。经过16年的发展，目前，湖南建成通车的高速公路31条，总里程2753.25公里，在建高速公路项目44个，总里程3696.75公里，在全国排名第一；在建和通车总里程达6450公里，已经形成了以省会长沙为中心的4h高速经济圈。长株潭城市群形成了半小时高速公路通勤圈；建成通车的“一纵五横”高速公路网辐射全省65%的县市区、70%左右的人口。力争到“十二五”末，25个出省通道全部打通，全省100%县（市、区）在30分钟内上高速公路。

随着湖南高速公路通车里程的增长，雨雪冰冻灾害的影响范围也日益扩大，因此必须开展湖南高速公路应对雨雪债还的举措研究，指定对策，才能全面保障湖南高速公路的高效、安全与快捷。

2　湖南高速分布的地形情况和气候特点

2.1　地理位置

湖南位于我国东南腹地，长江中游，自古以来就是中国的交通枢纽之一，分别与湖北、广东、江西、广西、贵州、重庆等省（区、市）相邻，是连接东部沿海省份与西部内陆省份的桥梁地带。温家宝总理给予评价：湖南通则中部通，中部通则全国通。

2.2　地形特点

湖南东南西三面环山，中部、北部低平，形成向北开口的马蹄形盆地。境内山地约占总面积的一半，平原、盆地、丘陵、水面约占一半。全省可划分为六个地貌区：湘西北山原山地区、湘西山地区、湘南丘山区、湘东山丘区、湘中丘陵区、湘北平原区。

2.3　灾害特点

气候条件复杂，境内水系发达，经常是南涝北旱，北涝南旱，甚至水旱并发。重特大洪涝灾害和山体滑坡、泥石流等地质灾害也时有发生，尤其是冰雪灾害影响特别大。

2.4 冰雪灾害(在高速公路上的表现特点)

随着湖南高速公路通车里程日益增长,冰雪灾害的影响也日益突出。

(1)湖南冬季的气象特点是冰雪灾害发生时,气温主要在0℃上下波动,一般夜间至清晨在0℃以下,上午10时到晚10时左右为1℃~3℃,这种气温波动特点造成了湖南高速公路发生冰雪灾害时主要是冰而不是雪。

(2)冰雪天气往往一天内反复几次冻融,这种反复冻融最容易引起高速公路事故。不仅会发生在易结冰的桥面、风口等位置,而且在不易结冰的路面也易出现冰冻。

(3)湖南高速易结冰积雪的位置主要在:桥面、明涵、填土浅的通涵、处于风口的路面等。主要原因是由于这些地方水汽丰富、空气流动快、热量易散失。

(4)冰灾不同于雪灾的特点是:冰硬度高,车辆碾压后不会产生变形;摩擦系数非常小,容易打滑且不易消除。

3 湖南高速公路应对特大冰雪灾害情况

在湖南,每年都会有不同影响范围和力度的雨雪冰冻天气。自湖南第一条高速公路通车以来,有两个年度的冰雪灾害最严重,影响最大。分别是2008年和2011年。

3.1 2008年、2011年冰冻灾害影响情况

(1)2008年:2008年年初,我国南方大部分地区和西北地区东部出现了历史上罕见的低温、雨雪凝冻极端天气,来势凶迅猛,仅从1月10日到29日下午,中央气象台就发出11次暴雪警报(其中9次橙色警报,2次红色警报)。贵州、湖南、湖北、江西、安徽、广西、江苏、浙江、陕西等16个省(区、市)灾情严重,生产生活秩序受到严重影响。由于电力中断,南北大动脉京广线一度受阻,贯穿六省市的京珠高速公路1月12日暂时关闭。

这次雨雪冰冻和严寒天气对湖南交通运输、能源供应、电力传输、通信设施以及农业和人民群众的生活造成严重影响和重大损失,是湖南有气象记录以来影响范围最广、持续时间最长、灾害损失最重的一次。

(2)2011年:2011年1月1日起,湖南、贵州、广西、江西、重庆等省市先后出现了大范围雨雪降温天气。湖南普降小到中雪,湘中及以西局部地区出现了大到暴雪。湖南省气象台发布道路结冰橙色预警,影响最大的是以山区为主的湘西、湘中地区,结冰厚度达20cm,为30年来同期极值。但由于预防和处置得当,全省交通运输、能源供应、电力传输、通信设施以及农业和人民群众的生活基本正常。

3.2 2008年、2011年冰冻灾害气候表现特点

(1)2008年:这场持续低温雨雪冰冻极端天气至少是50年一遇。主要有四个特点:一是影响范围广。大范围天气过程影响到19个省区市;二是持续时间长。出现了持续20余天连续低温雨雪冰冻天气;三是强度大。最低气温达-8.2℃,最大冰冻直径达36mm,电线覆冰厚度达到30~60mm,重度冰冻灾害标准、冰冻持续时间和强度均破历史纪录;四是多种灾害并发。既有暴雪、低温、冰冻,也有大雾雾凇天气。

(2)2011年:1月1日~6日、10日~11日和16日~21日,分别出现3次明显低温雨雪天气过程。具有总过程时间长、气温变化大、低温雨雪日集中等特点。其中第一次过程(1日~6日)冻雨时间长,降雪范围广,但强度较弱,降雪范围集中在湖南、贵州两省。第二次过程(10

日~11日)冰冻范围小,雨雪强度弱。第三次过程(16日~21日)雨雪强度大、范围广,湖南、贵州等地气温为1961年以来最低;湖南、贵州两省平均低温日数为11.5d,较2008年同期(13.1d)略偏少。

3.3　2008年、2011年冰冻灾害发生原因

(1)2008年:一是大气环流异常。这是最根本的原因,因为大气环流的持续稳定,使冷暖空气交汇一直集中在我国的长江中下游和以南地区,加上青藏高原南部水汽的封闭,造成对流层、中低层的持续不稳定。二是"拉尼娜"影响。在大气环流稳定的前提下,从2007年8月开始爆发并一直持续的"拉尼娜"事件起到了推波助澜的作用("拉尼娜"是赤道太平洋东部和中部海面温度持续异常偏冷的现象,其爆发通常会引发世界气候异常和极端天气频发)。

(2)2011年:一是2010年12月份以来有利于冷空气南下的中高纬度大气环流异常长时间维持,造成全国范围阶段性强降温;二是"拉尼娜"现象影响。东亚冬季风偏强,南方容易出现极端低温事件,一旦有暖湿气流配合,则易产生冰冻雨雪灾害。

3.4　2008年、2011年冰冻灾害对高速公路的影响

(1)2008年:1月26~30日,受京珠高速公路封闭影响,京珠高速湖北南段连续5d滞留车队长达35km,滞留车辆超过2万辆,滞留驾乘人员超过6万人。全长532km的京珠高速湖南段在严寒中成了一条危机四伏的冰路,滞留在京珠高速湖南段的车辆高峰时达到了3万多辆、8万多人。2月2日,京珠高速广东韶关段路面结冰厚度超过了10cm,道路交通中断达10余天。

(2)2011年:除贵州以东和湖南以西局部道路出现过短暂的交通中断以外,其他道路基本能够保证车辆缓慢通行。

3.5　2008年、2011年湖南高速冰冻灾害得失分析

(1)2008年:在2008年抗冰战斗中,领导高度重视,及时启动了应急预案,温家宝总理亲自到受灾现场看望慰问受灾群众和被滞留驾驶员。在各方的努力奋斗下,取得了最后的抗冰胜利。但由于阶段应对经验不足,一些紧急情况没能及时应对,甚至有些做法不仅没有发挥作用,还起到了负面效果,导致灾害持续时间长、损害大。主要表现在:一是由于冰雪来势凶猛,人员物资在已定程度上调度不及时,导致不能及时有效地清除冰雪;二是信息流不畅通,导致纵向调度不够、横向协调不力;三是应对经验不足,盲目地采取封闭道路的措施,导致大量车辆和人员滞留,路面积雪结冰加厚,形成恶性循环,给冰雪应对处置工作带来极大的困难。

(2)2011年:在吸取2008年经验教训的基础上,积极采取了一系列有效措施,如:加大投入力度、不关闭高速公路、派车辆牵引、引用新的除冰雪设备等,效果明显,全省所有路段保持安全畅通,未出现一起冻死、饿死人员的情况。得到了交通运输部、省委省政府和省交通运输厅领导的充分肯定和高度赞扬。

4　应对雨雪冰冻灾害的举措和经验

4.1　高度重视,科学应对

(1)领导重视。坚持"一把手负责制"。纪律上严格要求,工作上保证力度,省高管局成立全局应急指挥中心,总指挥、总调度全系统抗冰工作。

(2)思想统一。始终坚持"排除万难,保障畅通,不封闭高速公路"的指导思想。

(3)强力督导。省高管局成立由局领导带队的片区督导检查组,深入一线,组织指导抗冰救灾。

(4)全力投入。全系统取消休假,以抗冰雪为所有工作中心,取消、推迟与抗冰雪无关的会议、活动。

(5)全民皆兵。组织全系统干部职工每天万余人次上路清障、清扫冰雪。

(6)正确应用除雪应急响应等级制度。建立了应急预警信号等级及响应对策,具体将冰雪预警信号分为一般、较大、严重、特别严重四个等级,分别以蓝色、黄色、橙色、红色表示。根据不同的等级,有响应对策,收到了指挥有序,行动一致,应对高效,有条不紊的应急联动效果。

4.2 加强值守,有序调度

(1)实行24小时值班管理机制。局总值班室、监控指挥中心、各管理处(公司)、路政大队实行一把手24小时值班制。路政、养护人员对重点路段和桥涵进行24小时巡查和蹲守。

(2)树立打持久战的思想准备。要求把困难估计足,将时间考虑久,调动所有力量有条不紊,工作分工责任到人。

(3)细化应急预案。各单位根据自身实际,查漏补缺预案,确保环环相扣。并提前做好分流线路设计和物资储备清单。

(4)发挥外协应急单位的力量。迅速调动有协作合同关系的专业应急单位,提供专业队伍和专业设备支持。

(5)项目建设公司对口支援。全省30多个在建的高速公路项目公司对口支援相关运营管理单位,在需要时,及时提供设备、人员、物资支援。

4.3 重难点地段,重点防范

(1)有的放矢开展工作。全面了解道路沿线地质、地理情况,重点路段重点检控,对本路段的难点、关键环节进行了详细的摸底,具体到桩号,做到心中有数。同时针对性重点检控,分段布点,责任到人。

(2)规范各类标志标牌。根据实际需要添置尺寸规范的标志标牌,布设位置距离危险路段要足够远,做到提前警示。

(3)在作业区域前按规定摆放警示标志,确保自身安全。

(4)组织人员及时清除加油站、收费站顶棚及轻型钢结构建筑物的积雪,加强对抗压能力较差建筑物的安全观测力度,进行定期巡查和加固。

(5)根据灾难程度,科学布局50多辆移动视频车,为应急指挥中心即时提供一线灾情。

4.4 结合实际,积极正确运用除冰方法

(1)突出重点,采取先远后近的原则,开展路面除雪、除冰。

(2)在条件允许的情况下,尽量保持车辆行驶,不能中断通行。灾情较重时,采取路政执法车辆带队运行方式,限量限速运行,避免和减少封闭高速公路。

(3)在平原微丘地段的高速公路利用撒盐、撒沙和大马力装载机碾压的方式进行及时除冰。

(4)交通流量较少路段,可以采取将盐、沙撒在一条道上的做法,确保至少一条行车道畅通。

(5)在山区高速公路超高路段、长大纵坡、桥梁、迎风口等易结冰地段,可采取撒盐、沙等

防滑,必要时采取先撒布防滑盐、融雪剂等融雪融冰材料,再使用装载机、平地机等大型机械进行碾压除冰,3cm 左右的冰层采用平地机除冰,6cm 左右的冰层采用装载机除冰。

(6)在应对暴雪工作的关键时刻,各种大型机械设备确保 24 小时连续工作,“人停机不停”。

4.5 科学安排,发挥设备材料效率

(1)冰雪灾害严重路段,机械设备按每 50km 1 辆撒盐车(自有或改装租用)、2 台平地机、4 台装载机的标准进行布置。

(2)在每个收费站和服务区均配备 1 辆拖车和相应工作人员。救援救护设备注意保养和检修,随车配备易损的零部件、润滑油、防滑链条和机修人员等。

(3)新购置 10 辆多功能除雪车、8 辆滚刷改装车用于重难点路段的抗冰。

(4)足量储备的物资主要包括:油料、盐、沙、麻袋、融雪剂、防滑链及饮水食品等。

(5)融雪剂按 2t/km 定点部署。

4.6 合理安排作业时间,确保效果

(1)降雪未被压实前,要及时出动多功能除雪车等进行除雪作业,并用车将融雪剂均匀撒布在路面及桥面上,使雪与路面不板结,雪停后用除雪滚刷(里侧),除雪铲(外侧)快速将路面积雪清理干净。

(2)机械除雪时要将残雪推至硬路肩,并由快速除雪车或装载机将硬路肩残雪清除至护栏外侧,其余残雪由人工进行清除。

(3)晚上 10 点至 0 点时段撒盐、撒沙的化冰效果最好。

4.7 做好信息报送和发布,加大通行分流力度

(1)利用高速公路沿线情报信息板和网络、广播、电视、微博等新闻媒体和宣传载体及时发布路况和出行信息,提醒公众和驾乘人员提前选择行驶线路。

(2)印制安全行车“温馨提示卡”,由各收费站负责发放给过往驾乘人员。

(3)冰冻灾害期间,收费车道处于全开放状态,全力疏导,提高收费站点通行效率。

(4)遇到严重拥堵,实施应急分流,按照统一部署,打开收费道口,免费快速放行。

(5)一有事故要第一时间疏通,以最快速度腾出通道。

(6)对已发生车辆拥堵的路段及时组织分流、疏通和救援,要把绕行分流方案和措施落到实处,特别是客车要强制分流。

(7)全力保证两条车道的通行能力。灾情严重地区,确保至少一条车道能够正常通行,这也是湖南高速抗冰工作的“底线”。

(8)增强快速处置能力。管理处、路政、交警三方加强联动、联勤,并建立了定期会商机制。

(9)认真做好驾乘人员思想和稳定工作,及时对滞留的驾乘人员实行救助。

(10)对流量大的出省通道重点加强疏导力度。

4.8 发挥服务区功能,做好服务工作

(1)做好基本生活物资储备。主要包括米、食用油、方便面、矿泉水,按 30 天时间要求储备,全面发挥服务区“支撑点、安全岛、生命线”的功能作用。

(2)油料满容量储备。重点保证工程车辆和抢险机械所需的负 10 号柴油。

(3)全力提升服务水平。做到"一个微笑,一句问候,一杯热茶,一碗热饭"的"四个一"服务标准,保证卫生、有序、温暖的服务环境。

(4)正确处理分流、安置工作。既要做好分流、安置滞留旅客的准备,同时没有特殊情况,服务区尽量不要滞留车辆。

4.9 建立协调沟通,健全会商联动机制

(1)保持省际的沟通与联系,做到公路通行情况信息互通、共享。局监控指挥中心与五个出省通道的周边省高速公路管理单位每天两次工作连线,建立会商机制。

(2)加强与公安、气象、电力、医疗、国土等部门和地方政府、武警部队和军队部队等的沟通联系和协调,加强信息共享,保证出现分流时的救助安排,形成联动和保畅合力,确保畅通。

(3)加强宣传,注重发挥受灾沿线群众的力量。

(4)注意舆论导向。特别是对应急抗灾一线中出现的典型事例和感人事迹要及时宣传报道,坚持正确的舆论导向。

5 不断完善应对冰雪灾害能力的对策分析

通过抗冰经验的不断积累,结合本省实际情况,湖南高速公路应对冰雪灾害还应加强以下5个方面的建设。

5.1 进一步加强应急预案管理的针对性

因为地域、单位、灾害程度,甚至人员、设备、管理等因素的不同,在抗冰救灾中,往往不同区域会暴露出不同的缺陷,不同执行力度影响不同处置效果。因此要进一步加强应急预案管理,确保应急预案管理工作组织到位、措施到位、落实到位。

(1)进一步完善《湖南省高速公路应急预案管理办法》。指导全省高速公路应急预案编制工作。

(2)加快各级各类应急预案编制步伐。尽快建立"横向到边,纵向到底"的应急预案体系。

(3)强化动态管理。不断修订完善预案同时,增强预案的针对性、可行性和可操作性。

5.2 进一步健全应急工作的管理机制

在抗冰救灾中,各单位之间特别是省有关单位与中直驻湘有关单位、相邻省(区、市)之间的沟通机制不尽如人意。突发事件时,多方联动、联合作战机制不完善便显现出来,不同程度地影响处置效率。

(1)加强统一指挥和协调联动机制建设。主动联系,牵头组织,主动承担工作,牵头完善方案。确保突发事件发生后,能依法及时启动应急机制,上下之间、条块之间、军地之间实现密切联络、迅速行动、形成合力。

(2)完善社会动员机制。充分发挥政治优势和组织优势,健全动员全社会参与突发事件防范应对工作的机制,广泛动员各方面专业力量和社会力量,形成应对突发事件的合力。

(3)完善应急管理目标考核机制。制定详尽考核办法和建立客观、科学评价指标和评估体系,将应急管理工作作为各地、各有关单位领导班子综合考核评价重要内容,建立完善突发事件预防处置奖惩制度。

5.3 进一步加强应急物资保障能力建设

按照"分类管理、分级负责、条块结合、属地为主"的原则,完善应急队伍布局,合理储备和

部署应急物资,为应急工作高效开展提供保障。

(1)合理储备和部署应急物资。根据道路应急特点,湖南高速计划建立了四级应急物资储备体系,分别为一级站——国家级应急物资储备中心、二级站——省级养护与应急中心、三级站——区域养护与应急基地、四级站——养护所(隧道所)。这样的布局主要是基于"布局合理、功能齐全、反应迅速、运转高效、保障有力"的原则实施。目前,交通运输部国家区域性公路交通应急物资中南储备基地建设已经落户湖南,这必将大大提升湖南应急物资储备能力,为应对紧急突发事件提供有力保障。

(2)加强指导,加大督管工作。指导各地、各有关单位做好应急物资储备工作,建立健全应急物资保障体系,确保应急物资存储安全和合理使用。完善应急物资调拨机制,在需要时的及时调拨和交通运输。

(3)建立物资台账管理机制。分层级,分别建立设备、材料台账。确保实现物资筹备合理化、管理数据化、配置科学化、调度快捷化。

5.4 进一步做好舆论引导和科普宣传工作

(1)出台应急宣教培训工作办法。指导全省高速公路应急管理科教宣传、培训工作,进一步提高危机处理水平。

(2)建立与新闻媒体的联动机制。充分发挥新闻媒体在正确引导舆论和稳定公众情绪的作用。

(3)发挥应急管理专家队伍作用。为突发灾害防范应对工作提供决策咨询和技术支持。

(4)加快应急平台体系建设。应急平台是做好信息接报、分析汇总、资源整合、科学调度与决策的重要抓手。

5.5 进一步加强教育和队伍建设,提升应急水平

立足于训练,防患于未然。通过加强教育培训和实战演练,使应急救援队伍成为一支"招之即来,来之能战,战之能胜"的队伍。

(1)以教育促提升。在安全生产教育培训中,专设安全生产事故应急救援课程,对各单位主要负责人、分管领导、安全管理人员、危险工序操作人员进行应急救援处置培训教育,通过培训教育,广泛提升从业人员的自我保护意识和立足本职应对突发事件的反应能力。

(2)强化外协应急队伍的应急投入。目前每个运营管理单位均配备一支专门应急队伍(湖南高速公路系统共配备26支,省高管局签订3个单位,23个运营管理单位各签订了一个单位),由各单位主要负责人负总责,在往后的合作中,我方要针对性提出建议和意见,加强协作单位各项专业能力。

(3)强化与建设项目的合作。在与在建高速公路项目的"一对一"对口支援机制基础上,加强联系沟通,以达到支援、配合力度最大化。

(4)以演练促提升。结合本单位实际,开展不同条件、环境下的综合演练,以检验、改善预案效果,提高应对能力。尤其是开展像低温雨雪天气这种影响范围广、面积大的灾害应急救援演练,每次都要制定切合实际的工作方案,并做好总结。

湖南高速公路应急管理工作实践与思考

邓 宏

（湖南省高速公路管理局）

摘 要 阐述了湖南高速公路应急管理工作实践，提出了进一步加强应急管理工作的几点建议。

关键词 湖南省 高速公路 应急管理

较普通公路而言，高速公路由于具有快速、低耗、通行能力大、行车事故少等优越性，是最直观的“时间”与“效率”，能有力推动周边地区经济快速发展，为人民群众出行带来极大便利。然而，我国是个灾害多发的国家，灾害种类多，波及面广。各种自然、地质灾害，以及人为事故严重影响了高速公路网的可靠运行。随着高速公路的快速发展，高速公路交通安全环境日益复杂，各类突发事件对安全通行的影响不断加剧，应急管理工作面临的形势越来越严峻，任务越来越繁重。

1 湖南高速公路应急管理工作实践

为实现省委、省政府要求的湖南高速公路工作目标，全面提升湖南高速公路管理服务水平，我局根据交通运输部“三个服务”的指导思想，坚持“以人为本，以车为本”的服务理念，按照“统筹规划、规模适度、平急结合、专兼并存”的原则，通过几年来的不断努力，基本建立了符合湖南高速公路管理实际的应急救援体系。成功战胜 2008 年、2011 年初的冰雪灾害，顺利完成抗冰保畅任务，在五年一度的 2011 年国检中，得到国检组的高度好评。主要做法如下。

1.1 健全组织机构，发挥应急效用

一是成立由局主要领导任组长，分管工程、安全、应急、维稳的局领导任副组长，相关处室和各下属单位主要负责人为成员的应急领导小组，同时要求局属各单位根据实际情况由主要负责人牵头成立专门的应急领导小组。

二是在全省高速公路建立应急保障联系点，领导小组成员实行分片包干制，深入到联系点，做到将各种不确定因素了如指掌，并将问题和矛盾及时解决在萌芽状态。

三是与省交警总队高支队等单位成立联合应急小组，建立联动机制应对紧急突发事件，达到资源共享、联动处置的目的，大大提高了应急处置效率。

四是成立兼职应急机构——应急办，选派熟悉政策、应急能力突出的机关干部兼任应急办负责人。

五是外聘专业的应急专家和应急队伍，打造专业化队伍。

六是建立由运营管理单位和在建项目“一对一”应急救援机制，实现应急队伍和力量的统一调度。

七是打造应急管理平台,推进信息化建设,构建了全省高速公路应急路网监控系统。加大了硬件设施建设的投入力度,建立了湖南省高速公路监控指挥中心,每个运营路段成立了监控分中心,每个收费站点分别设立了监控室,各单位采购了一批移动视频车,为突发事件的录像、取证和采取正确的应急处置措施提供有力的保证。

八是进一步健全工作责任追究制度,对重大安全责任事故,严格按照"事故原因未查清不放过,责任人员未处理不放过,整改措施不到位不放过,有关人员未处理不放过"的"四不放过"原则,严格追究相关领导及相关责任人的责任。

1.2 完善应急预案,规范处置程序

凡事预则立,不预则废。通过编制应急预案对突发事件处置程序加以规范,对相关单位、部门和人员的责任加以明确。一旦发生事故,及时启动应急预案,实施科学应对和有序有效救援,可以将事态控制在最小范围内,最大限度减少损失。我局从全省高速公路实际出发,根据国家有关法律、法规,编制和完善了各类预案,包括湖南省高速公路公共卫生事件、社会安全事件、运输安全生产险情及事故、突发公共事件、自然灾害、交通运输生产事故、隧道突发事件等应急处理预案。

1.3 制定保障措施,确保机制运行

为保障应急队伍的建设、管理和运行,局应急领导小组明确了应急队伍建设的基本方案,要求相关部门细化内容,出台专项配套措施。一是落实应急队伍建设经费。按照政策规定,我局在年初就将每年的应急经费计划报财政厅,由政府统一安排,确保应急队伍基地建设、装备配备、应急演练、应急救援、教育培训等费用。二是完善应急队伍运行机制,重点是建立健全应急队伍管理、指挥、调用、协作、培训、演练等制度,建立应急队伍和装备统一调度、快速运送的工作机制。三是建立了"专家查隐患、机关搞督查,部门抓监管、单位抓落实"的督查制度,有效预防各类紧急事件和群体性灾难的发生。

1.4 合理周密布局,提高应急效率

为充分发挥应急工作职能,我局根据我省高速公路实际,按照"分类管理、分级负责、条块结合、属地为主"的原则,完善应急队伍布局,合理储备和部署应急物资,为应急工作高效开展提供保障。一是在每个运营管理单位配备一支专门应急队伍(到目前为止共26支),由各单位主要负责人负总责,并实行在建项目与运营管理单位对口支援,以达到应急队伍和力量统一调度作用。二是合理储备和部署应急物资,根据全省高速公路应急特点,建立上下衔接的应急管理机构。三级应急物资储备体系(图1)分别为:一级站——省级应急物资储备中心(筹建)、二级站——区域应急物资储备基地和三级站——养护所(隧道所)。目前,交通运输部国家区域性公路交通应急物资中南储备基地已定在湖南建址,必将形成四级应急物资储备体系,大大提升湖南应急物资储备能力,为应对紧急突发事件提供有力保障(图1)。

1.5 加强队伍管理,提升应急水平

全省高速公路各单位都成立了安全事故应急救援队伍。各应急救援队伍按照"养兵千日,用兵一时"的要求,立足于训练、防患于未然,切实加强教育培训和实战演练。

一是以教育促提升。在安全生产教育培训中,专设了安全生产事故应急救援课程,对各单位主要负责人、分管领导、安全管理人员、危险工序操作人员进行应急救援处置培训教育,广泛提升了从业人员的自我保护意识和应对突发事件的快速反应能力。

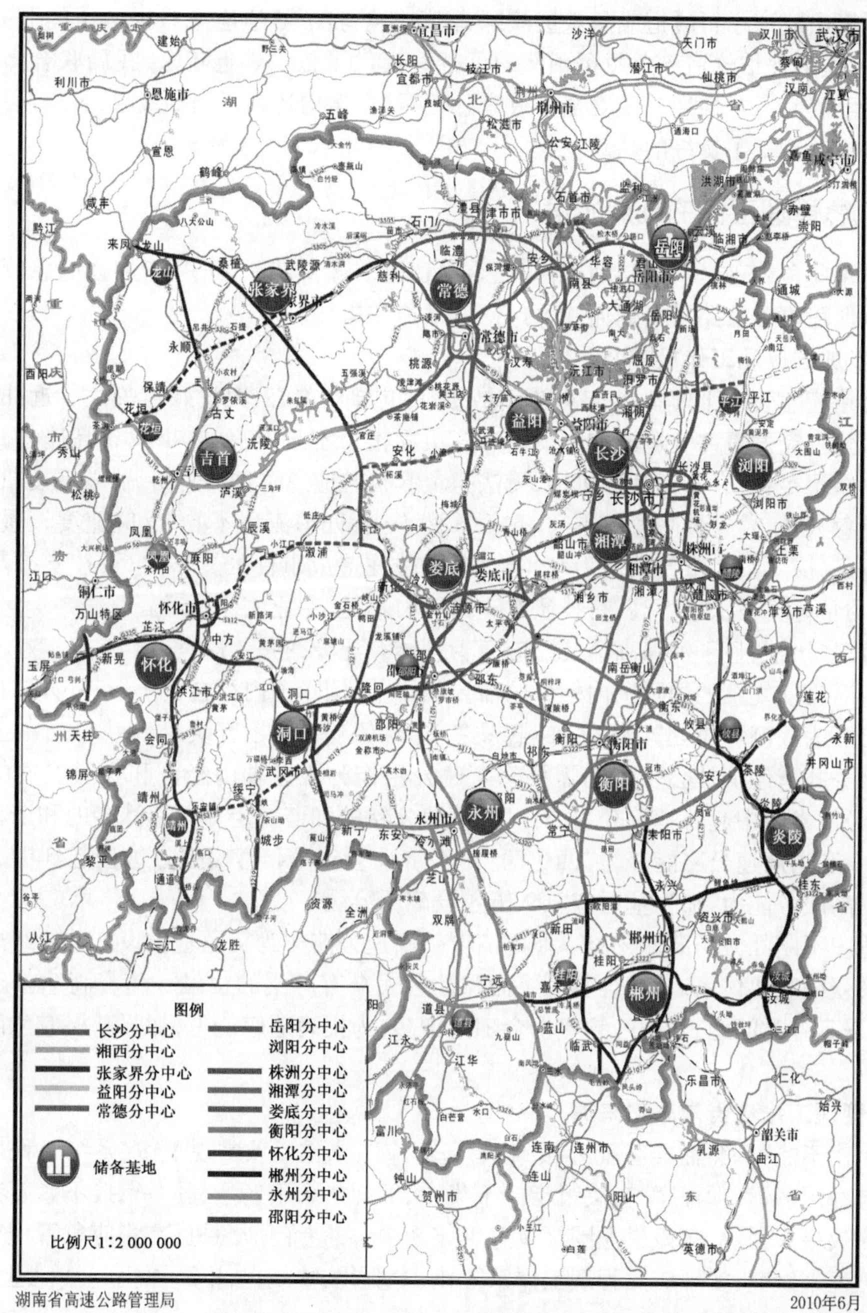

图 1　湖南省高速公路应急物质储备基地布局示意图

二是以演练促提升。组织开展安全事故应急救援演习，每次演习均制定切合实际的工作方案。比如，2008 年 10 月 18 日，为快速有效地指挥、协调安全生产事故应急救援工作，减少和控制事故损失，省高管局组织衡炎高速公路公司联合高速交警、医疗等部门，在衡炎高速公路云阳山隧道施工现场举行隧道施工安全应急救援大演习。2009 年 6 月和 2011 年 9 月，省高管局两次组织邵怀高速公路管理处联合湖南省消防总队、邵怀高速交警、怀化市人民医院等相关单位在雪峰山隧道举行隧道应急救援演练,较好地检验了隧道应急救援队伍的业务水平和实战能力,为正确评估隧道应急救援预案的可行性提供了依据。近年来,我局联合高速交警、通信、电力等部门,经常性地开展安全事故应急救援演习,均达到了预期效果,为今后快速处理事故和抢险救援打下了良好的基础。

2 加强应急管理工作的几点思考

高速公路应急管理是一项长期工作,任重而道远。新形势下,进一步加强应急管理工作,最大限度地保障高速公路安全畅通,十分必要,且迫在眉睫。

2.1 进一步加强应急工作极具必要性

高速公路应急管理工作备受各级政府重视、人民群众关心、舆论媒体关注。近几年来,关于全国高速公路突发事件及造成的不良影响等负面报道不少,也暴露出我省高速公路应急管理方面的一些不足:没有专职管理机构,无法担负起公共应急事件的总协调、总调度机构作用;缺乏专职应急人员,导致预防意识不高、政策掌握不全、处理流程不熟、反应速度较慢等现象;处置经验不足,应对突发事件的能力和经验欠缺,往往造成事件处置不力;科技支撑基础亟待强化,应急的整体科技水平不高,科技研发支撑能力不足,专业人才匮乏。

现实情况日益凸显了加强高速公路应急管理体系建设的必要性。

一是应对当前复杂的国际国内形势的需要。目前,国际国内社会安全形势严峻,群体性事件比较突出。为提高应对处置能力,加强基层应急队伍建设刻不容缓。

二是服务我省经济社会发展的需要。高速公路作为服务湖南经济和交通发展的重要体系,在我省经济发展中起着举足轻重的作用,高速公路的和谐稳定对湖南社会的和谐稳定起着重要的作用,和谐高速公路能够为“四化两型”经济社会建设和富民强省进程起到更大的推动作用。为提高服务能力,加强基层应急队伍建设刻不容缓。

三是适应不断壮大的高速公路事业的需要。高速公路作为交通基础设施重要组成部分和服务社会公众的重要体系,与社会各个层面和社会大众有广泛的接触。随着高速公路事业的不断壮大,遇到各类问题、矛盾的频率也会随之增多,为提高适应能力,加强基层应急队伍建设刻不容缓。

2.2 应急管理工作应当常态化来抓

应急工作不能“因急而应”,而要做到“有备而应”,当作一项常规工作、系统工程来抓。应急工作参与部门多、管理程序严,决策指挥不集中、部门协调不畅通、环节衔接不紧凑都将影响应急处置的效果。因此,应该成立围绕应急工作为中心的专门应急机构,将应急管理工作当作一项系统工程来研究,实现应急管理工作系统化、专业化、常规化,不断深化应急管理工作的内涵势在必行。

下阶段,加快建设全省高速公路专门的应急处置中心,落实机构、编制和经费;建立健全基层应急管理组织体系,初步形成“领导统筹协调、员工广泛参与、防范严密到位、处置快捷高效”的基层应急管理工作机制,都是建立完善的高速公路应急组织体系的重要内容。

2.3 必须进一步完善应急运行机制

要保证能从容有效应对突发紧急事件,应重点围绕以下十个方面加强运行机制建设:

一是着力建设综合应急平台。以现有专业信息与指挥系统为基础,实现与省交通运输厅和省政府互通互联，重点建设应急视频会议系统，做好专业应急指挥系统的视频接入工作；实现应急信息资源整合与共享，健全信息综合研判、指挥调度、辅助决策和总结评估等功能，形成完整、统一、高效的应急管理指挥体系，确保在应急状态下的信息通畅。如：建设卫生应急专业信息与指挥系统平台，实现对传染病疫情、群体性不明原因疾病、中毒等突发公共卫生事件的统一应急协调指挥；建设安全生产应急专业信息与指挥平台，建立应急资源和信息基础数据库，建立全系统安全生产应急救援管理指挥通信信息网络体系，实现对突发安全生产事故灾难的统一应急协调指挥。

二是建立省域高速公路统一指挥调度机制。统一调度指挥各方面力量，实现路警"统一指挥调度、统一使用资源、统一接警号码、统一巡逻执法、统一处置程序、统一信息共享"。

三是要加快建立健全突发公共事件综合预警系统。加强与气象等部门的资源整合，实现资源共享。同时，也要积极完善各类突发公共事件监测系统；加强预警系统建设，及时准确发布预警信息；加强大型桥梁、重要隧道等关键基础设施的监测监控。

四是建立相关部门联动机制。保证高速公路与普通公路管理部门、交通战备管理部门、道路运输部门、民航、铁路、水路运输管理部门的沟通协作和联合处置。

五是建立在应急状态下的车辆通行绿色通道机制。对特勤车辆免收通行费，对关系国计民生的重要物资运输车辆优先放行，全力保障突发紧急情况时运输通道的畅通。

六是建立特殊条件下高速公路通行机制。在恶劣天气情况下，采取限载限速、结队通行、路警开道等有条件通行方式，保证高速公路网运转正常。

七是建立省级交通应急物资储备调度制度。探索建立实物储备与商业储备相结合、生产能力储备与技术储备相结合、政府采购与政府补贴相结合的应急物资储备方式。

八是加强应急预案的完善和演练。结合实际，抓紧修改、健全和完善应急预案，强化预案动态管理，切实增强预案的实战性。并且通过演练提高预案的实用性，专项预案的演练数要占总数的50%以上。

九是开展高速公路应急管理培训。培训内容包括应急管理工作组织协调能力培训、应急管理专业技能培训、应急处置与救援队伍专业技术培训等。重点提高应急管理人员和各级领导的应急指挥技能，普及应急知识，提高全系统干部职工的公共安全意识和素养。

十是加强重点项目建设。在整合现有应急资源的基础上，从全省高速公路实际出发，针对全系统应急体系建设中的薄弱环节和共性问题，进行针对性的重点建设。

2.4 急需进一步加强应急能力建设

应急能力建设是满足和保证有效应对突发事件和恶劣天气下高速公路指挥和调度的必要手段、技术支撑和重要力量，主要包括四个方面：

一是完善应急平台。应急平台应该包括日常监测监控、突发事件预警、动态跟踪、资源调配、调度指挥、多方联动、事后处置等功能。将包括视频监控、交通气象检测、交通量检测等在内的信息采集系统建设，作为高速公路建设的重要内容。

二是应急队伍建设。由高速公路有关部门会同当地公安、消防、医疗和气象等部门，组建"反应灵敏、运转高效"的应急队伍，以提高预防和处置突发事件能力为重点，积极处置涉及职能范围内高速公路上的各类突发性问题和群体性事件，确保高速公路和谐稳定，安全畅通。具体工作主要是加快推进公路应急抢通、抢运和救援队伍建设，强化骨干队伍应急能力，补充更新专业队伍技术装备,积极探索利用社会力量参与应急管理与服务的长效机制,逐步形成专、兼职队伍相结合的突发公共事件应急救援队伍。首先要加强桥梁、隧道应急救援队伍建设;其次建立“以专为主,专群结合”和安全扑火机制,在重点火险地区组建消防队,加强隧道消防队伍装备配置;第三就是加强突发交通事故的应急队伍建设,配备必要的装备,提高对突发交通事故的应对能力。

三是物资设备和经费保障。整合实物储备信息资源,调整储备品种和数量,合理选定储备方式,重点建立健全全系统重要应急物资监测网络、预警体系和应急物资储备、调拨、运输及紧急配送体系,实现各类应急物资综合信息动态管理和共享,发挥应急物资的最大效应,以保证国家在遭遇突发事件或自然灾害时,高速公路能在短时间内恢复正常,保障国家安全和人民生命财产安全。要确保资金的投入,以适应应急队伍、装备、交通、物资储备等方面建设与更新所需维护资金的要求。一方面处置突发公共事件所需经费,分级负担。另一方面各单位要把突发公共事件的应急工作纳入单位发展计划,做好年度预算,合理安排费用,落实应急资金,保障足额到位。而对于当前湖南高速的工作而言,主要是积极筹建国家应急物资储备中心,减轻物资储备压力。另一方面根据全省高速公路的分布情况,根据辖区内高速公路突发事件发生的种类和特点,按照辐射范围在200km左右的要求,进行更合理的布局、统筹规划物资储备。

四是技术保障。加强高速公路突发事件技术支撑体系建设,重点加强防灾抗灾和应急抢修技术、智能化应急网络指挥通信技术装备、行业性的特种应急抢险技术装备的研制工作,提高处置重大高速公路突发事件的决策水平。建立健全科技支撑体系,不断提高应急处置等技术装备的科技含量,提高全系统科技安全水平。

作为重要的交通基础设施,高速公路的安全畅通对经济社会发展的影响日益加大。我们只有充分认识高速公路应急管理工作的重要性,站在服务大局、服务社会、服务民生的高度,不断加强应急工作的演练与实践,全面提高应急管理水平,才能适应高速公路和经济社会的发展。

解决高速公路重大节假日道路拥堵的思考与初步实践

蒋欣荣

（湖南省耒宜高速公路管理处）

摘　要　高速公路重大节假日道路拥堵问题越来越受到社会各界的关注和热议，而如何有效解决这一问题也成为高速公路运营管理部门的重要议题。耒宜高速公路管理处在十余年的重大节假日保畅工作实践中总结出了一些经验和做法，基本实现了高速公路的快速、方便、舒适、安全、经济的运输效益。本文从如何细致谋划保畅通措施、坚实保畅通基础、落实保畅通各项举措等方面详细阐述了耒宜高速公路在控制管理成本和人员成本的前提下，解决节假日道路拥堵问题上进行了积极有益的探索。

关键词　高速公路　重大节假日　治理拥堵　安全保畅　运营管理

1　引言

耒宜高速公路是京港澳高速湖南境内最南的一段，途经耒阳、永兴、苏仙、北湖、宜章5县市区，全长135.372公里。全线共设公平、马田、永兴、五里牌、郴州、良田、宜章、小塘8个收费站，公平、苏仙、宜章3个路政中队和小塘治超检测站，公平、郴州、宜章3个养护所以及永兴、苏仙、宜章3个服务区。耒宜高速公路自2001年12月开通运营以来，有力地带动了地方经济的快速发展。随着沿线经济的快速发展，车流量迅猛增长；郴州地矿资源十分丰富，载货类车辆超限超载运输现象十分严重；受2008年年初冰冻灾害的影响，全线路况急剧下降。加上原设计建设收费设施不能满足车流增长的需要，保畅任务十分艰巨。

高速公路要实现快速、方便、舒适、安全、经济的运输效益，运营管理者就必须把确保道路安全畅通作为工作的首要任务。节假日收费站通行拥堵成了高速公路运营管理工作中急待解决的一个问题，备受社会各界和各级领导的关注。如何在减少改造或管理成本和人员成本的前提下解决节假日收费拥堵问题，确保公路安全畅通，避免通行费的流失，值得深入探讨和研究。结合我处近年来的一些做法，谈几点体会，希望能起到抛砖引玉的效果。

2　解决收费拥堵保畅通

2.1　细致谋划是解决拥堵确保畅通的必要前提

未雨绸缪，科学规划，是做好节假日公路保畅工作的必要前提。我处在实际工作中做到超前谋划、积极部署，做了大量周密细致的准备工作，切实做到了“九个到位”。一是领导到位，实行24小时值班，提前做好节日流量调查与预测。二是动员发动到位，召开保安全保畅通工作讨论会，提出“辛苦我一人，幸福千万家”的服务口号，引导干部职工把思想和精力集中到节日保畅工作上来。三是制度到位，制定了一套包含安全、服务、车辆、财务管理的管理方案；交警、路政、属地政府的联动机制；制定并完善了应对各类突发事件（如抗冰雪灾害应急预案、重特大交通事故应急预案等）的应急预案。四是安检到位，处属各单位提前对各基层单位、辖区服务区、停车场、道路（桥涵）及其附属设施开展大规模的集中安全生产隐患排查和自查自纠大检查。五是宣传到位，联合气象部门做好节日期间的天气预报工作，广泛利用各类媒体及时发布天气、路况、交通信息，为驾乘人员出行提供参考和帮助。六是设备准备到位，组织技术人员提前对收费设备进行检测维修，确保收费设备及备用发电机组正常运转；服务区燃料、物资准备充足，设备性能良好。七是人员到位，收费稽查及路政全体人员取消休假，管理处机关全体干部职工随时待命，做好支援的准备；春运高峰期，从各单位、处机关紧急增调人员充实小塘站一线，还临时外聘勤工俭学的大学生补充临时督导员。八是养护到位，节前抓紧施工，消除影响通行安全的路面坑洞，修复受损的交通设施，节假日期间一切路面作业停止施工。九是事前开好一个工作协调会，召集收费稽查、路政安全、高速交警、服务区等相关部门和单位联席会议，进一步明确责任，联勤联动。

2.2 文明服务是解决拥堵确保畅通的坚实基础

文明征费、优质服务是解决拥堵确保高速公路畅通的坚实基础。为了节日期间耒宜路的和谐稳定，我处加强了对文明服务的管理，严格规定任何人不准以任何理由和驾乘人员发生争执，必须严格做到“以礼待人、以理服人，有理让人、无理道歉”，文明征费、文明执法，急驾乘所急，帮驾乘所需，收费站真正做到“五项免费承诺”、“百问不厌”。一直以来，我处将文明服务融汇于高速公路通行费征收工作当中，努力塑造湖南高速公路良好形象。今年十一长假首次实施国家重大节假日期间对7座及以下小型客车免通行费的优惠政策，我处小塘收费站9月30日（中秋节）在后广场设立了一个服务点，向驾乘人员提供交通信息、交通安全咨询服务，并免费送发月饼、橘子和饮用水等，身在途中的出行公众深受感动。长假8天，全处辖区路段、站区通行秩序井然。

服务无穷尽，管理无止境。为进一步贴近和满足驾乘人员需求，处领导多次带队组织全处中层干部走访沿路矿场、团体、单位和群众，收集相关意见和建议，经归纳整理提炼，制定了《耒宜管理处文明、礼貌、优质服务行为标准》、《耒宜管理处文明、礼貌、优质服务惩奖办法》、《耒宜管理处文明、礼貌、优质服务检查、考核办法》。进一步统一、规范了服务标准与行为，初步建立健全了“文明、礼貌、优质服务”的长效机制，并将其逐步转入常态管理。

2.3 客货分流是解决拥堵确保畅通的有效举措

每逢节假日，高速公路上的车流量骤增，车一堵经常就是几公里、十几公里。加上这几年实行计重收费后，车辆通过收费站的速度较以前有所减慢，很多大货车滞留高速，导致小车、客车也无法正常通行，小车驾驶员在堵车后随意调头、逆行，常常在收费前广场引发交通事故。

小塘站是我省五个省际边界站之一，该站节假日日均出口车流量在2万台以上。从2009年“十一黄金周”开始，我处在车流量最大的小塘站实行客货分离通过收费车道，16条车道和38个收费点以每分钟近70台车辆的速度放行，以单日出口车流量4.22万台、日收费额751余万元成功刷新了该站乃至整个湖南高速公路收费站的单日最高历史纪录。实现了期间未堵车、未放车的理想目标，更未发生一起有效投诉和征费纠纷。

客货分流的具体做法是：在收费站前方5公里、2公里、1公里处设立提示标牌，告知小车、客车驾驶员靠左行驶，载货类车辆靠右行驶。进入广场400m处设立同样指示标牌，同时用水码、反光锥筒设置隔离带，客车、货车分离后有序进入收费车道。由路政执法员利用路政巡逻车上的车载扩音器不间断地提醒过往车辆正确选择客、货车道，避免因车辆（穿）插道、抢道造成交通（事故）堵塞而引发大面积堵车。收费现场外勤工作人员不分昼夜把车辆引入收费道口，同时根据收费广场车流量的大小及客、货车辆的比例，随时合理调整隔离的位置以增减客货车道数。保证小车、客车快速通过，最大限度地提高了收费通行速度，确保道路畅通。

2.4 优化建设是解决拥堵确保畅通的可靠保障

我处高度重视收费站软硬件基础建设，不断优化安全和谐的收费环境，满足广大群众快速安全通行。一是收费站在节假日期间配置了充足的便捷式收费机，流量高峰时在有限的收费车道上增加收费点，大大提高了收费效率。二是各收费站配置了"绿色通道检测仪"，快速、高效对合法装载运输鲜活农产品的车辆准确查验并免费放行。三是推广使用ETC不停车收费设备。

2.5 岗位练兵是解决拥堵确保畅通的坚强保证

打仗还需要自身硬。近几年，我处收费稽查队伍流动性较大，每年补充的新员工在五分之一以上，为确保队伍整体素质的稳步提高，不间断地开展"岗位练兵和业务技能训练"活动，制定科学的岗位练兵业务训练活动机制，新员工培训结束前必须经过考试与考核合格后才能上岗。尤其是节假日前，各收费站反复开展模拟演练，探讨交流在文明优质、准确收费的前提下实现快捷的经验。

2.6 劳动竞赛是解决拥堵确保畅通的动力源泉

职工素质的高低，影响着事业的兴衰。劳动竞赛是提高职工素质的有效途径。开展劳动竞赛，无疑对激发和调动职工的积极性、创造性，促进收费效率的提高起着十分重要的作用。我们制定了《重大节假日收费保畅通劳动竞赛活动方案》，收费员8小时内，在无征费纠纷和收费发卡差错率低于1‰的基础上，收费车辆1000台、发卡车辆1600台以上者奖励100元/人；收费车辆1200台、发卡车辆1900台以上者奖励200元/人。奖励金额当日兑现。

2.7 信息共享、优化资源是解决拥堵确保畅通的有力支撑

收费站保畅的一个重要难题是流量过于集中。早准备、适当分流是确保现场畅通的唯一途径，随时掌握辖区及相邻路段交通情况，分析预测流量峰值及出现的时间，及时启动预案极为重要。我们的具体做法是：收费站、服务区、路政交警将收集到的路段车辆流量、道路通行信息及时报送到管理处信息指挥中心，处信息中心将有价值的信息发送到相关站点。收费站收到信息后，快速准备，在开启全部收费车道的同时，使用便携式收费设备最大限度地增加收费点。解决收费拥堵、确保通道的安全畅通是一项综合性工作，是各相关部门和单位齐抓共管的共同任务，需要各方立足全局、服务大局，加强配合，协同作战，提高综合战斗力。在应对重大节假日大流量时，我处收费稽查协调路政科、高速交警，会同收费站联手对车辆多的路段进行疏导或交通管制，特别是加强应急处置，千方百计提高道路通行能力，为节假日出行的公众提供安全便捷的服务。在交通调度工作中，路政和交警等队伍配合默契，基本实现了及时沟通、快速反应、联动处置的工作格局，尤其是在特情处置方面，能够及时调度，快速施救，近年来先后妥善启动突发灾害等应急处理预案120余次，确保了重大节假日期间道路畅通安全，没有发生投诉事件。

3 解决路面拥堵保畅通

近三年来,随着流量的剧增和相对集中,双向四车道的路面通行条件和服务区的服务能力,远远满足不了实际车流(今年1月29日南下的断面流量为5.8万台,9月30日北上断面流量为6.14万台),主要表现在道路交通事故频繁、服务区等候加油排队的车辆延伸至主线上形成堵点。为此我处会同高速交警反复商讨并采取了以下措施。

3.1 建立联勤联动机制,对路面交通实施有效控管

每逢重大节假日,处养护部门都会在保证质量、安全的前提下加班加点在节前完成养护施工作业计划。节假日期间原则上暂停所有影响高速公路正常通行的养护施工作业,仅留一支日常清洁和小坑洞快速修补队伍,强化路况巡查确保及时全面掌握路况信息,适时采取切实有效的应对措施;路政与交警对辖区路段和主要站点实行24小时不间断巡逻,对路段交通情况有效掌控。对轻微交通事故一律按简易程序处理,实施快勘、快撤、快处、快赔,避免形成堵点。清障车辆停放在重要站点,出现故障或事故车辆能快速救援清障。遇恶劣天气、较大交通事故,快速启动预案,采取分流或借道通行(单幅双向通行)的方式尽快疏导交通。

3.2 拓展服务,引导车辆错峰、理性出行

服务人民群众安全便捷出行,是我们交通人的职责。今年春运和十一长假期间,我们主动向社会和出行公众提供交通信息服务,具体做法是联合新闻媒体、交通电台以及路段设置的电子情报板随时公布道路交通信息,提示引导出行公众错峰出行,理性选择出行时间和线路,避免路段流量过于集中而造成通行缓慢或阻塞。

另一方面往返广东的车辆到达本路段的距离在350km左右大多需要加油,但流量高峰时服务区加油的服务能力无法保障。在收费站入口处向驾乘人员发放宣传资料,温馨提示:节假日通行耒宜高速公路"特别注意事项",一是合理选择加油站;二是车辆驶出高速公路加油,告知加油站的具体位置和行驶线路。各加油站的服务情况同样通过交通电台随时向驾乘人员提供可靠信息。

3.3 合理设立缓冲安全区,协助服务维护交通秩序

服务区遇流量高峰,排队等候加油的车辆骤然增加,为解决这一难点问题,路政队会同高速交警在服务区入口方向前500m处沿路肩分道线用反光锥筒设置隔离带,导流加油车辆进入服务区,确保行车道和快车道车辆通行正常,同时交警、路政联合执勤组在服务区入口疏导指挥交通,果断处置车辆插队、超车、违停违法行为,在服务区出口安排人员,指挥已加油车辆迅速驶离服务区。9月30日北上断面流量达6万余的情形下,辖区内三个服务区均未出现堵点。

在此基础上我处还在永兴服务区试点设置双向环形加油道,货车直接加油出服务区,小车先引导至服务区后面修理厂绕行一段路程,然后再返回至用摆放标志标牌设置的专用加油道依次排队加油出服务区,通过循环加油方法,充分利用服务区的空间,原本只能容纳二三十台车的服务区加油站容量一跃上升至两三百台车,有效地避免了加油车辆影响主线通行的现象。

诚然,我处在解决高速公路节假日期间道路拥堵问题上作了一些积极有益的探索,基本上实现辖区道路的畅通,但与先进单位相比还存在一定的差距。我们将一如既往,进一步总结和巩固好的经验做法,积极学习发达地区的先进经验,努力将耒宜高速公路打造成一条畅通路、文明路、和谐路!

路地警共建机制在加强耒宜高速公路管理中的作用初探

石荣富

（湖南省耒宜高速公路管理处）

摘　要　本文深入分析了高速公路构建“路地警共建机制”的必要性，并对耒宜高速公路在长期构建“路地警共建机制”所做的工作和取得的成效进行了归纳和阐述，进而对如何推动“路地警共建机制”在高速公路的推广应用，有效统筹各方资源，充分发挥各自优势，解决高速公路路政、公安交警、地方职能部门在高速公路管理中职责相互交叉的问题进行了探讨。

关键词　高速公路　路地警共建　群防群治　应急管理　机制建设　行政资源

1　引言

自20世纪80年代沪嘉高速公路通车运营以来，高速公路就以便捷、快速、安全等得天独厚的优势，对社会经济发展起到了巨大的促进作用。与此同时，作为陆地交通的主通道，高速公路的运营管理也越来越被社会各界所关注。但长期以来，由于高速公路经营主体多元化、路网管理分割化、应急管理体制不畅等因素的影响，运营管理普遍存在部门之间横向联动滞后、权限职责交叉不明、综合应急指挥建设滞后等问题，这些都成为高速公路管理工作中的“瘤疾”，也成为提高我国高速公路管理与服务的瓶颈。

在上述社会背景和体制框架下，湖南省耒宜高速公路管理处从保障人民群众的生命财产安全和高速公路安全畅通的高度出发，在建立和完善高速公路“路地警共建机制”，构筑“安全畅通、便捷高效、依法有序、设备完备、环境友善”的和谐高速公路上进行了一些有益的探索与实践。下面，本文将结合耒宜实践工作，就构建高速公路“路地警共建机制”作一探讨。

2　构建“路地警共建机制”的必要性

中国要不要修高速公路，在一个时期充满争论。而在20年后的今天，高速公路的建设已从沿海、平原等经济发达地区延伸至内陆、山区等地，全国各省份高速公路每年新增的通车里程少则一两百公里，多则上千公里。就以湖南高速公路为例，近年来湖南高速以史无前例的速度迅猛发展，2011年年底已开通运营的高速公路总里程已达2348.548公里，预计2012年年底更将突破3000公里大关，达到3660.288公里，跃居全国第5位。

但前期的大建设、大通车在使得社会各界对其高质量管理服务的需求与关注日益增强的同时,也意味着后期运管管理难度的愈发增大,加上高速公路运营管理具有跨行业、跨系统的特点,在日常工作中时不时要与公安交警、地方政府、国土城建等部门打交道,职责交叉,容易出现相互矛盾、相互排挤的僵局,而构建“路地警共建机制”,整合多方资源、实现无缝对接,则正是切合实际、满足高速公路科学管理现实需要的重要途径。

2.1　构建“路地警共建机制”是实施依法治路的现实需要

我国高速公路管理主要是以《中华人民共和国公路法》、《中华人民共和国道路交通安全法》为龙头的法律法规体系为依据,即交通管理部门履行“管路”职责;公安交警部门履行“管交通安全”职责,加上地方各级政府、部门在某些方面的属地管理、工作协调等,使得高速公路管理在管理对象、管理职责、管理资源、管理利益等各方面存在一定的交叉和联系,容易出现“管路不管车、管车不管路、管事不管人”的被动局面。

而构建高速公路“路地警共建机制”,有助于促进路地警三方从切实保障道路安全畅通、维护人民群众生命财产安全的目的出发,调和由于法律法规体系矛盾带来的冲突,整合三方在安全管理、事故处理、道路封闭、车辆查处等方面的职责交叉,做到工作不缺位、不越位、不失位,有效提高依法治路的水平。

2.2　构建“路地警共建机制”是整合行政资源的现实需要

高速公路点多、线长、面广,无论是管理部门、交警部门还是地方政府,光靠哪一方的力量都很难做到科学管理、持续发展,就拿湖南高速公路来说,大部分管理处和交警大队的人员编制依旧是路段开通初期时的配置,而目前高速公路的车流量大多已远远超过核定标准,人员少,任务重,是目前全省各条高速公路尤其是国道主干线交通安全管理的特点,也是制约工作开展的主要症结。

而采取高速公路“路地警共建机制”,有效整合三方行政资源,能大大提高工作效率,推动各项工作落实到位。如高速管理部门由于大部分管理设施与公路同步规划、同步建设,在高速公路机电、监控、通信、数据传输等方面具备了较为齐全的硬件设施和技术条件;公安交警部门则机动灵活,执法手段充足,具备较为有效的行政力量;而地方政府更是在消防、医疗、气象以及协助高速公路打击各类逃费及破坏路产路权等各方面起着不可或缺的作用。如果三方因部门之别互相封锁资源,势必会引起相关管理资源的重复建设、重复配置,导致国家行政资源的重大浪费。构建“路地警共建机制”,则有利于充分整合三方的优势资源,合理实行资源共享,降低行政成本,发挥资源的最大使用效益。

2.3　构建“路地警共建机制”是树立高速形象的现实需要

高速公路是典型的服务性行业,营造“安全畅通、便捷高效、依法有序、设施完备、环境友善”的高速公路通行环境,不断满足驾乘人员对交通出行的需求、对运输服务的需求,努力使社会满意、群众满意是高速公路的本质要求。

而构建高速公路“路地警共建机制”,建立统一的资源共享、信息发布、日常监管、应急处置和决策支持平台,有助于把路地警三方对人、车、路的各项管理职责和执法手段有机结合、统筹管理、科学调配,有效规避并调和不同管理体系导致的反应滞后、管理重叠等弊端,最大限度地为驾乘人员提供便捷、快速、优质的服务。同时,通过建立互相监督、互相补位的良性合作机制,以民为本,树立良好的高速形象,营造和谐的通行环境。

3 耒宜高速公路管理处构建"路地警共建机制"的主要内容

3.1 耒宜高速公路概况及管理体制

耒宜高速公路是京港澳国道主干线湖南境内最南段，它于2001年12月28日通车，全长135.372公里，途经耒阳、永兴、北湖、苏仙、宜章5县市（区），绝大部分处于山岭重丘区，是典型的山区高速公路。地理环境和气候环境复杂，车流量巨大，货车超限超载现象非常严重，致使耒宜路通车近4年其使用期就达到了设计年限，受2008年冰灾的影响，耒宜路全线路况更是急剧下降，已到了部颁标准的大修年限，但由于京港澳主干线是国家南北大动脉，担负着沟通南北运输的重任，其大修只有等到京港澳复线建成通车后方可实施。

目前全线设有8个收费站、3个路政中队、3个交警中队、3个养护所、3个服务区及1个省际治超站，人员编制还是按照通车时情况进行核定的车道数和人员数，而目前车流量已经提高几倍了，小塘、郴州、永兴、良田、宜章、公平等收费站都增开了车道，这给整个运营管理工作带来了严峻的考验，设备、资金、天气等方面的困难和压力也很大，保畅任务十分艰巨。

而耒宜高速公路"路地警共建机制"，则是耒宜高速公路管理处、交警大队以及沿线郴州、衡阳等县市政府行政，根据管理实际，按照各自的职责范围，以"路地共建，和谐双赢"为核心，发挥自身优势，强化沟通协调，建立"联合执法、联合办公、联合宣传、联动执勤"的日常工作机制，是一种常态化、规范化、制度化的管理机制，是一种行政手段的延伸，是一种管理模式的创新。

3.2 "路地警共建机制"的主要内容

（1）政府责任机制

所谓政府责任机制，就是积极争取高速公路沿线政府的支持，将高速公路的爱路护路责任、治安管理责任、环境保护责任等作为政府相关职能部门工作的重要内容，纳入到政府对部门工作业绩的考核范畴，从而增强沿线地方各职能部门对高速公路管理的责任意识和主动意识。如早在2008年，耒宜管理处就协调宜章县政府，在当时逃缴通行费形势严峻的小塘收费站特设公安执勤点，对收费站安全通行、收费秩序等进行24小时动态监管，强有力地震慑各类逃缴车辆通行费行为，为收费站及时堵住车辆通行费流失的漏洞，营造良好的征费管理环境，维护好湖南"南大门"形象起到了积极的作用。

（2）联席联动机制

耒宜高速联席会议机制是指耒宜高速公路管理处、交警大队以及沿线郴州、衡阳等县市政府行政根据工作需要，确定会议主题，定期召开工作例会、联席会议，以及推行现场办公制度等等，相关部门通报工作，分析形势，研究对策，信息共享，形成工作合力。另外，对于需要部门间相互配合的具体问题，与会各单位利用联席会议这一平台，及时沟通协商，提高工作效率。

在此基础上，为进一步加强路地警联系、沟通和交流，耒宜管理处还把融洽地方关系、心系周边群众、帮扶弱势群体等作为推进高速公路发展的重要工作，先后投入上千万元对宜章、永兴等收费站出口连接线进行了提质改造，2010年还积极配合郴州市政府对郴资桂大道进行的全面升级，并投入近百万元对郴州收费站进行了美化、亮化，切实树立起了郴州门户站的良好形象；为沿线村镇修建便道十几公里；基层站、队、所从志愿者服务入手，将地方中小学作为志愿服务对象，在沿线建立了9个志愿者服务基地，定期为中小学捐送学习用品和给贫困学生捐资助学,现已累计对高速公路周边中小学的近百名贫困学生进行了捐资助学,赢得沿线群众的好评。另一方面,管理处更先后选派处办公室、郴州收费站、小塘收费站、苏仙路政中队、宜章路政中队负责人到地方挂职锻炼,通过参与挂职单位的决策和相关会议,学习地方干部的领导方法、思维方式和工作思路,落实好高速公路相关沟通协调工作,在积极配合地方政府做好美化、亮化形象窗口工作的同时,也为辖区安全维稳、综合管控和联勤联动工作提供了强有力的保障。

(3)信息互通机制

高速公路是全天无休的服务行业,这就要求我们的信息服务也必须24小时无间歇运转。在日常工作中,通过不断健全信息采集、监测和反馈系统,及时发现异常情况,及早发出预警信息就显得至关重要。

在耒宜管理处,监控员通过监控设备发现的道路异常信息,以及交警、路政和养护巡查信息、路人求助信息等,都会第一时间归集到监控分中心,以便其及时掌握交通事故、气候变化等路面动态并进行分析、上报、发布,进一步提升了应急救援处置能力。而为强化部门协作,提高应急处置效率,耒宜管理处还多次联合相关部门开展应急演练和实践演习活动。2011年年底,耒宜管理处就曾联合高速交警、广东京珠北高速、消防、医疗等机构,进行冰雪天气应急能力合成演练,演练包括事故报警、现场施救与交通管制、应急分流与事故清障、恢复交通等项目。演练结束后,管理处还组织专门人员对演练的效果做出评价,并提交演练报告,详细说明演练过程中发现的问题,并按照对应急救援工作及时有效性的影响程度,将演练过程中发现的问题进行及时整改,形成长效机制。

(4)护路联防机制

耒宜高速公路全长135.375公里,下辖的3个路政中队和3个交警中队人员不足百人,其中路政具体负责路产路权管理,交警主要负责日常交通管理,与部颁标准每公里2名人员的配置标准相去甚远。而耒宜高速途径5县市区,行政村更多达几十个。为此,耒宜高速立足“依托政府,发动群众,构建网络”,积极探索建立护路联防机制。

一是积极争取沿线政府支持,通过与沿线地方政府签订爱路护路公约,建立政府责任机制,提供政策保障;二是在沿线群众中聘请护路联防员,建立群众情报网,发动群防力量,抓好对沿线村民、学校、企业和过往驾乘的法制宣传工作,2012年6月底,小塘主线收费站就联合耒宜高支队、宜章路政中队、宜章县公安局治安大队、城关镇政府,共出动人员50余人,深入辖区沿线的江坡头村、曹排村等村镇,有针对性地对沿线村民进行了法律宣传,耐心讲解破坏路产、上路叫卖以及协助逃费的危害性,全力争取群众对高速公路工作的理解和配合。三是实行队所互动、路养结合,一方面协调交警实行错时巡逻,建立协防机制,另一方面要求全线养护人员多上路、多观察,发现情况及时上报,构建高速公路内部联防网,缩小管理盲区。逐步形成以路政、交警、养护、民警以及地方政府层层对应负责的联防网络,强化打击力度,提高执法效率,形成有案必报、报案必查、查案必果的良性互动机制。

(5)联合执法机制

依托路地警共建,我们通过采取联合执法、联合稽查等手段,加大对各类逃费违法行为的整治打击力度,进一步规范行车秩序,改善道路通行环境,确保通行费收入。

2012年6月28日凌晨,耒宜高速良田收费站、宜章路政中队、宜章交警中队、良田派出所通过多方联动,上演了一幕夜半成功追截冲关车的精彩好戏。其间,高速公路执法人员从良田收费站沿国道追至宜章县城,历时1个半小时,最终逃费驾驶员束手就擒。与此同时,耒宜高速全线"百日收费环境专项整治及劳动竞赛"行动也在如火如荼地进行着,全处上下紧紧围绕打击"冲关、倒卡、换卡、假轴、假冒绿色通道"等逃费车辆这一工作重心,对内挖掘自身潜力,对外联合多方力量,不遗余力全身心投入,形成"统一领导、各单位协调配合、路地警联合行动"的良好氛围,活动开展不到一个月就查处逃费车辆百余台,形成打击逃费车辆的高压态势,强有力地遏制了逃费车辆的嚣张气焰。

(6)紧急援助机制

高速公路紧急情况处置能力是保障高速公路安全畅通和人民生命财产安全,提高高速公路管理水平的重要体现和必然要求。高速公路紧急情况处置单靠高速公路管理部门的力量是难以应对的,建立紧急援助机制就是要与高速公路沿线的地方政府、政府职能部门、医院、部队等建立联动机制,构筑警路联动、路地协防、队所互动的一体化联防网络,切实增强高速公路紧急情况的防控能力和处置能力,切实加强对高速公路的保护力度,逐步实现部门行为向政府行为、行业治理向社会治理的社会化转变。

在2008年抗冰救灾中,除耒宜管理处以外、交警,地方政府、军队、武警也是高速公路抗灾保畅的中坚力量之一,其中光郴州市就出动了近30台装载车和铲车投入抗冰,为耒宜高速抗冰救灾的决定性胜利提供了坚强的支持和保障。而在2009年4月17日5时许,耒宜路一高架桥被桥下行驶的一辆水泥槽罐车撞断桥墩事故发生后,我们的高速路政人员就在第一时间赶到事故现场,启动应急预案,沉着、冷静、有序处理,实行交通管制,避免了次生事故的发生。在事故的处置阶段,耒宜管理处和省、市有关部门协同作战,妥善处置,将事故损失降到最低,尽快恢复事故路段的交通。为及早拆除受损桥梁进行修复重建,耒宜管理处又联合湖南省路桥公司等共同努力,奋战50多天,按2个月期限,提前12天就完成桥梁任务。

4 "路地警共建机制"的下一步思考

4.1 "路地警共建机制"应坚持统筹兼顾整体推进

路地警三方虽然各自作为相对独立的行政主体,但围绕高速公路的工作大局以及路畅人和的共同愿景,三方的协调配合是能够逐步由浅入深良性发展的。因此,应进一步强化三方之间的沟通协调,换位思考、互谅互让,在各自职权范围内不断完善和丰富队伍管理、文明创建、专项工作、应急保畅、交通管制等共建制度,明确联合巡查、恶劣天气、道路交通事故、突发事件、区域联动等各方的工作内容和职责权限,并根据不同地域和路内交通流量等特点,强化共建机制的灵活性、科学性和可操作性,实现整体覆盖,避免管理"真空",使共建工作有的放矢,切实从局部成效扩展成为整体成效。

4.2 "路地警共建机制"应坚持科学规划有效沟通

"路地警共建机制"的建设是一个在探索中实践、在实践中发展、在发展中完善的过程,这就要求共建三方首先要从领导层出发,按照因地制宜、分类指导、有序推进的原则,全盘研究确定共建体系、工作规划以及制度措施,使共建工作的组织领导坚强有力,高效运转。其次要按照"条块结合、资源共享、优势互补、结对共建"的基本思路,不断建立健全集体协商制度、联席会议制度等,切实做到有议事日程,有人抓监管,有人抓落实,确保各项决议落到实处。同时在共建中开展相互学习、相互借鉴、取长补短，形成上下联动、整体推进的工作热潮。

4.3 "路地警共建机制"应坚持资源共享优势互补

联合共建不仅要求参与各方要发挥自身优势实现效益的最大化，还要从全盘考虑进行统筹规划，建立资源互享优势互补机制，在日常工作要通过联合路面管理、便民服务、应急处置、施工管理、普法宣传等集中优势力量解决管理难点，同时落实分工和责任人，加强过程管理，切实解决职责交叉、权责不明等问题，切实降低执法成本、提高执法效力、改善执法形象，真正实现人力、物力资源的整合。而在高速公路应急管理方面，共建各方更要针对高速公路可能发生的突发紧急情况，充分调动高速管理部门、高速交警、地方公安、武警、消防、卫生、医疗等一切积极力量，在第一时间出动储备应急所需的大型机械、救灾物资、运输设备、专用器材，确保路地警三方的资源得到充分的整合利用。

实践证明，耒宜高速公路通过构建"路地警共建机制"，有效统筹各方资源，充分发挥各自优势，取得了较大的成效，道路行车环境不断改善，收费保畅能力不断提高，交通安全得到有效保障，高速公路社会、经济效益不断提升。但同时，我们也应清醒地认识到，随着车流量高速增长、社会各界期望不断提高，路地警三方相互融合不可能一蹴而就，如何完善制度、规范管理、形成更为强大的合力，将是一个值得长期研究的课题。下阶段，我们将进一步密切与交警、地方的沟通联系配合，不断推进"路地警共建机制"的完善和创新，为湖南高速公路的科学发展做出应有的贡献。

京港澳高速公路长潭段打击假冒绿色通道车辆情况浅析

龙艳萍

（湖南省高速公路管理局长潭高速公路管理处）

摘　要　本文通过对京港澳高速长潭段历年来“绿色通道”车辆流量和减免金额以及假冒“绿色通道”车辆进行统计分析，为如何有效管理“绿色通道”车辆、打击假冒“绿色通道”车辆提出较为有效的措施。

关键词　绿色通道政策　流量分析　打击假冒绿色通道车辆

1　绿色通道车辆政策溯源

为促进农村经济发展和增加农民收入，促进农产品流通，2004 年 7 月 17 日，湖南省人民政府办公厅转发省农业厅、交通厅、公安厅、省纠风办《关于开通我省鲜活农产品“绿色通道”的通告》决定从 2004 年 7 月 20 日起开通鲜活农产品流通“绿色通道”，实行农产品运销“绿色通道”优惠政策。整车装载（达到核定荷载 70% 以上或有效装载空间 70% 以上）我省生产的活猪、活牛、活羊、活禽、鲜活水产品、鲜肉、鲜奶、鲜蛋、鲜果、蔬菜等鲜活农产品的我省车辆，一律减半收取高速公路通行费。

为了建立顺畅、便捷的鲜活农产品流通网络，支持鲜活农产品运销，促进农民增收，根据国务院的要求，交通部、公安部、农业部、发展改革委、财政部、国务院纠风办联合于 2005 年 1 月 13 日联合制定并印发了《全国高效率鲜活农产品流通“绿色通道”建设实施方案》（交公路发[2005]20 号），至 2005 年年底，基本建成全国鲜活农产品流通“五纵二横”的“绿色通道”网络。湖南省京珠高速公路和衡枣高速公路属于“国家绿色通道”。

2008 年 3 月 18 日，根据湖南省交通厅《关于在全国鲜活农产品绿色通道实行省内外无差别政策的通知》（湘交财会[2008]131 号）文件精神，从 4 月 1 日起，“国家绿色通道”对外省整车装载（达到核定荷载 80% 以上或有效装载空间 80% 以上）的绿色通道车辆一律减半征收高速公路通行费。其他公路依法全额征收。

2010 年 2 月 1 日，根据湖南省交通厅和湖南省物价局《转发交通运输部国家发改委关于进一步完善和落实鲜活农产品运输绿色通道政策的通知》（湘交财会[2010]41 号）文件精神，“国家绿色通道”对整车装载（达到核定荷载 80% 以上或有效装载空间 80% 以上）的外省和本省绿色通道车辆实行全免。

2010 年 12 月 1 日，根据湖南省交通运输厅、省财政厅《转发交通运输部国家发改委财政部关于进一步完善鲜活农产品运输绿色通道政策的紧急通知》（湘交财会[2010]592 号）文件精神，扩大了农产品范围，对混装其他农产品不超过20%的所有绿色通道车辆在湖南省境内所有高速公路都实行全免。

2 长潭路历年来绿色通道车辆的数据分析

从表1可以看出：出口总流量和总收入与绿色通道车辆的流量和减免金额呈现“三低三高，二降二升”态势。

2004—2011年11月绿色通道车辆流量和金额统计分析表 表1

年份	出口总流量	环比	绿通道车流量	环比	流量百分比	总收入	环比	绿通车减免金额	环比	收入百分比	平均含金量	绿通车含金量
2004	6093532		5364		0.09%	253387270		126300		0.05%	42	24
2005	5958642	97.79%	15628	291.35%	0.26%	375407770	148.16%	688071	544.79%	0.18%	63	44
2006	6968222	116.94%	36074	230.83%	0.52%	445137160	118.57%	2593288	376.89%	0.58%	64	72
2007	5578257	80.05%	53192	147.45%	0.95%	466860590	104.88%	4014370	154.80%	0.86%	84	75
2008	4659372	83.53%	138021	259.48%	2.96%	419818970	89.92%	42280945	1053.24%	10.07%	90	306
2009	6005403	128.89%	154855	112.20%	2.58%	506911165	120.75%	39904060	94.38%	7.87%	84	258
2010	5729755	95.41%	133308	86.09%	2.33%	504679405	99.56%	34107830	85.47%	6.76%	88	256
2011	5431125	94.79%	139913	104.95%	2.58%	437281130	86.65%	40611410	119.07%	9.29%	81	290
合计	46424308	年平均增长率 -1.64%	676355	年平均增长率 59.35%	1.46%	3409483460	年平均增长率 44.97%	164326274	年平均增长率 128.13%	4.82%	73	243
与去年比	-298630	-5.21%	6605	4.95%		-67398275	-13.35%	6503580	19.07%		-8	34

（1）三低三高

从2004年到2011年11月，一是出口流量年平均增长率“低”为-1.63%，而绿色通道流量的年平均增长率“高”为59.3%。二是收入年平均增长率“低”为44.97%。而绿色通道减免金额的年平均增长率“高”为128.13%。并且绿色通道流量和金额的年平均增长率是远远高于总流量和总收入的年平均增长率。三是出口车流的含金量“低”2010年为88元/台，2011年为81元/台，而绿色通道车辆的含金量“高”2010年为256元/台，2011年为290元/台，也是远远大于总车流的含金量。

（2）二降二升：2011年1～11月，在流量比去年全年下降了5.21%的情况下，绿色通道车辆比去年全年增长了4.95%。在收入比去年全年下降13.35%的情况下，绿色通道减免金额上升了19.07%。

（3）政策变化对绿色通道车流的影响非常巨大，2008年3月出台的外省绿色通道车辆在我省国家绿色通道实行减半征收，其他路段全收的政策后，2008年我路段的绿色通道车辆比2007年环比增长了259.48%，减免金额环比增长了1053.24%。

3 历年假冒"绿色通道"车辆情况

在国家政策支持"三农"、促进民生的同时，部分车辆为了追求利润的最大化，钻营政策，采取冒充绿色通道车辆，不符合绿色通道整车装载率要求，混装假冒等方式逃缴、拒缴公路通行费，并呈日益增加的趋势，给国家造成了一定的损失，也增加了我处贯彻绿色通道政策的难度和堵漏增收的难度。

从2004年7月20日湖南省实行绿色通道政策伊始，假冒绿色通道车辆随之而生，2004年到2011年11月，全处通行费行政执法1261台，其中假冒绿色通道车辆为286台，占22.68%，行政处罚金额2682270元，其中假冒绿色通道的处罚金额660910元，占24.64%（表2）。

2004—2011年11月车辆通行费行政执法汇总表 表2

年份	行政执法台数（台）	罚没金额（元）	假冒绿色通道（台）	罚没金额（元）	占执法总台数的百分比	占执法总金额的百分比
2004	224	279255	6	11105	2.68%	3.98%
2005	226	393096.86	3	3725	1.33%	0.95%
2006	130	152870	7	7000	5.38%	4.58%
2007	145	290729.5	33	45850	22.76%	15.77%
2008	194	811354	108	331685	55.67%	40.88%
2009	159	294860	82	175050	51.57%	59.37%
2010	119	267025	37	74625	31.09%	27.95%
2011	64	193080	10	11870	15.63%	6.15%
合计	1261	2682270.36	286	660910	22.68%	24.64%

为了收集绿色通道车辆的第一手数据，我处于2011年10月18~21日，连续4天在下午班和零点班对李家塘收费站的绿色通道车辆进行查验。9月份李家塘收费站的绿色通道车日平均是260台次，查验的4天里日平均215台次，比9月份减少了17.19%。其中重点检查时段下午班18:30－22:30，平均数为39台次比9月份同时段55台次减少了29.62%。零点班2:00－4:30，平均数19台次比9月份同时段23台次减少了17.03%（表3）。

李家塘收费站联合稽查绿色通道数据分析表 表3

日　期	时　间	台　数	日平均	百分比	减少百分比
2011年9月	全月	7798	260		
	下午班18:30－22:30	1641	55		
	零点班2:00－4:30	687	23		
2011年10月18日—21日	四天合计	816	215	82.81%	17.19%
	下午班18:30－22:30	154	39	70.38%	29.62%
	零点班2:00－4:30	76	19	82.97	17.03%

同时，李家塘收费站将联合行动前后一个星期的绿色通道车辆出口数据与执法行动时绿色通道车辆出口数据进行了全面统计和对比，执法前一周（10月9日~15日）绿色通道车辆为1488台次，执法周（10月16日~10月23日）绿色通道车辆为1671台次，执法后一周（10

月24日~10月29日)绿色通道车辆为1122台次。

4天共26个小时内,我处稽查员对每台从李家塘收费站出来的绿色通道车辆都进行了查验,共查验绿色通道车230台次,其中有9台不符合免征的车辆补交了通行费,还有许多车在听说要停靠路边查验后,直接就在车道里面按照实际载重交了费,再联系到上面的数据分析,我们可以断定:绿色通道车辆中有一定数量的假冒的绿色通道车辆未被我们抓获,造成了通行费的流失。在我处实施稽查行动后,因害怕验货,有部分假冒绿色通道车辆很老实缴费了,也有部分假冒车辆改道从别的出口下高速。

4 现行的绿色通道车辆查验方法

在常年的收费和稽查过程中,我们长潭路的收费员和稽查员练就了一双查验假冒绿色通道车辆的"火眼金睛",归纳总结出一些发现假冒绿色通道车辆的办法。

(1)吨位判别法

在日常工作中,班长、督导员、稽查员、收费员要初步掌握一些常见的装载水果、蔬菜运输车辆在达到80%以上装载率时车重信息。如一台轴限32吨的货车,如果实际重量低于25吨,该车可能没有达到装载率或有混装现象。

(2)气味判别法

查看物品的外包装、闻物品气味的一种方法。鲜活农产品都有着各自不同的味道,查验时要格外仔细判别。曾经有驾驶员将部分菠萝码放在货厢最后,前面装的都是非绿色通道产品。在查验的过程中,稽查人员发现除了尾部货厢,其他位置的菠萝香味不突出,通过进一步的稽查,发现该车是一台假冒绿色通道车辆。

(3)产地判别法

针对不同季节,了解的农副产品的产地,方便在查验"绿色通道"车辆中发现问题。2010年,一台河北牌照的大货车来到我处马家河收费窗口,驾驶员声称所运为整车鲜鸡蛋。刷卡后,显示该车从李家塘入口。稽查员马上意识到该车有逃费嫌疑,鲜鸡蛋属于绿色通道产品,一般都是从河北方向运过来,入口站应该在羊楼司,而这辆车从李家塘入口说明他很可能在长沙卸了货。事后证明我们的稽查员没有猜错,这名驾驶员已经在长沙卸了几百件鸡蛋,他抱着一丝侥幸的心理想蒙混过关。

(4)态度判别法

通过观察驾驶员的面部表情、言谈举止等态度来判断的一种方法。一般正规的绿色通道车辆驾驶员都是不卑不亢。但有些假冒"绿色通道"车辆的驾驶员过于热情,还有一些驾驶员态度恶劣,对稽查人员提出查验要求不配合等等。

(5)换位查验法

主要是指篷布包裹严实的货车进行多方位检查,而不是查看驾驶员打开的地方。驾驶员在伪装车辆时,心里都有数,容易被发现的地方一般会伪装得很好。所以在验货的过程中要多位置查验。

(6)设备检查

主要针对密封严实的篷布车和厢式货车。篷布车遮盖得严严实实,全部掀开费时间和人力,厢式货车故意将一些蔬菜和水果码放在后厢口,造成人为查验的不便,这时通过专门的检测仪我们就可以发现问题。

5 绿色通道车查验现阶段面临的困难

绿色通道政策已经实行了8个年头，伴随着假冒绿色通道车辆的驾驶员和稽查人员的斗智斗勇，也有8个年头了，假冒绿色通道车辆的驾驶员对稽查手段也是越来越熟悉，因此假冒绿色通道的隐蔽性越来越高，查获的难度越来越大。现阶段查验绿色通道车辆面临的困难主要有：

(1)人手严重不足，一是绿色通道车辆大幅度增加，现在，长潭路绿色通道车辆达到了420台/天左右，主要是从李家塘收费站和雨花收费站进出，进出的时间段又主要在零点班。同时，根据执法原则，要坚持每台车必验，必须同时有2人在场进行查验，而收费站现在一线人员特别紧张，以雨花站为例，该站现有在岗职工80人(含7名借调人员)，实际在岗人员73人。车道为三进七出(不含ETC车道)，根据工作需要，收费班组人员需配56人(每班14人)，班组实际人员45人(每班11人)，监控维护人员需配11人，现有9人；稽查人员需配6人，现有4人，人员配备严重不足。二是现阶段各种偷逃通行费的行为越来越多，情节越来越恶劣，气焰越来越嚣张，暴力冲关现象时有发生，为了净化收费环境，维护收费秩序，打击其他的偷逃费行为耗费了大量的人力和时间:2011年，我处组织各站的稽查人员连续进行了二次抓捕冲关车的联合稽查。2011年长潭路1~11月行政执法64台，其中换卡车占了22台次，冲关车15台次，假冒绿色通道10台次。

(2)绿色通道车辆查验日益麻烦。一是现在的绿色通道车辆，都是用篷布搭盖得非常严实，而查验时必须打开篷布，驾驶员嫌麻烦，只愿意撕开篷布一角，不愿意全部打开，有时候查验人员按规定要求驾驶员把篷布全部打开，还会造成矛盾引起纠纷。二是有些厢式货车，带有冷藏功能，若开仓验货就会使厢内温度上升，破坏保鲜效果，遇到这种车辆，驾驶员是不让打冷藏门的，所以又会给查验带来困难。三是有些货车货物混装查验难度较大，比如有的车下面装的是非绿色通道货物，上面装的是绿色通道货物，还有的集装箱车里面装的是非绿色通道货物，外面装的是绿色通道货物。而我们的检测仪只有1米多长，全部插进去也只能看到1米左右的货物。要把篷布全部掀开进行查验，一台车至少需要15分钟，要是非绿色通道货物在车厢的最下面，还需要把上面的货物搬开，这样一台车至少需要半个多小时。驾驶员对此也颇有怨言、不愿意配合，容易造成收费纠纷。四是易造成收费广场拥堵。我处的雨花站和李家塘收费站，收费广场比较窄，一过来几台绿色通道车，查验时就会造成广场拥堵，若是要掀开货物查验，时间上和流量上都不允许。我们的收费重点还是要在保证畅通的情况下做到应免不征、应征不漏。因此遇到以上几种情况都是用检测仪查验后放行。

(3)现在通讯发达，货运公司相互之间联系紧密，当某一站某段时间对绿色通道查验非常严格时，假冒绿色通道车辆就会在就近的其他站点下高速，或者直接交费。因此对绿色通道的查获行动往往是无功而返。

6 对现阶段假冒绿色通道车辆的解决办法

不管困难有多大，我们都要想办法来面对和解决，根据我处的实际情况，我们可以从短期和长期两个方面加大对绿色通道车辆的查验。

(1)短期上加强管理:一是要求各站加强对绿色通道车辆的查验。首先,收费员在询问的时候要预先告之假冒绿色通道车辆应负的责任和所受的处罚,然后必须坚持每台必查,每查必严。为了解决人员的短缺问题,建议各站把维护监控班和稽查队人员联合一起安排分到班组,进行绿色通道车辆的查验。最后是加强对检测仪的使用和保养,对难以肉眼检测的车辆坚持用检测仪进行查验。这样才会让部分企图蒙混过关的车主或驾驶员打消侥幸心理,老实地缴费通行。

(2)长期上技术把关:现在有高速公路已经安装了绿色通道检查系统,投入使用的主要是以下2种仪器:一是TC-SCAN绿色通道检查系统,另外一种就是TD9000低辐射绿色通道车辆快速检查系统。(具体设备和参数附后)

TC-SCAN绿色通道检查系统于2010年3月底作为全国第一套射线透视成像绿色通道检查系统已经在河北省唐津高速公路投入试运行,运行初期就查获大量假冒绿色通道车辆,根据统计2010年3月~9月6个月期间,与唐津高速联网全路网绿色通道车流量增加了17.88%,唯独唐津段绿色通道车流量下降9.3%。全网绿色通道车免费损失增加了12.1%,只有唐津段下降了33.38%。而设备安装的丰南西收费站,自安装设备后,绿色通道车流量较同期日均减少120台次,减幅达到了38.70%,较未安装设备前的月份日均减少110台次,减幅达到36.67%。以上数据充分说明系统的有效性和当前假冒绿色通道车辆给运营单位带来的损失。

若是投入和产出差不多的情况下,以及检测系统安全性能允许的情况下,安装检测系统也可以作为一个长期打击假冒绿色通道车辆的有效方法。这样有利于保护遵纪守法的绿色通道车辆,有利于维护收费的公平性,有利于保障收费环境的有序性,有利于保障高速公路的平稳健康和谐发展。

附件1 TD9000低辐射绿色通道车辆快速检查系统简介

TD9000低辐射绿色通道车辆快速检查系统(附图1),不再使用以往集装箱、重卡检查设备所惯用的电流法,采用γ光子计数的方法,把碘化铯加全耗尽光敏管的固体探测器作为探测γ光子的主体,直接从γ光子的数目中提取物体的实时透视图像,大大降低了射线源的剂量,减小了像素的尺寸,提高了分辨率,使设备简单灵活,不对环境造成影响,也就不用建设大的防辐射建筑。

检查方案一:在出口收费车道进行检查

此方案收费站不需要做太多改造,并且适用于不同地区及不同时期建造的收费站,同时也适用于新建收费站(附图2)。

检查方案二:在服务区新建绿色通道车辆检查站

在服务区设置检查站,所有绿色通道车辆在检查站接受检查后方可在出口享受绿色通道车辆待遇。

TD9000系统特点

(1)高安全性

①辐射屏蔽及安全连锁系统

钴-60采用自动开关源系统和停电自动关闭功能。防爆,防撞,永不泄露。工作场所有安全连锁系统。在控制区域完全安全的情况下,才允许扫描被检测车辆。

附图1　TD9000低辐射绿色通道车辆快速检查系统

附图2　TD9000在出口收费车道进行检查

②用于汽车的低剂量扫描系统达到国际安全标准,符合国际原子能协会放射性产品设计规范,可以在人员不下车的情况下检查。

③每检查一次,受检车辆和人员所受的辐射剂量 $<0.03\mu Sv$,

仅相当于在民航客机上乘坐5分钟所受宇宙射线的剂量,远小于国际标准规定的限值。

a. 货物单次扫描吸收剂量 $\leqslant 2.5\mu Sv$

b. 驾驶员单次通过吸收剂量 $\leqslant 0.03\mu Sv$;极端估计同一驾驶员每年通过300次,吸收剂量累加为 $9\mu Sv$,低于《电离辐射防护与辐射源安全基本标准》(GB 18871—2002)规定的公众剂量限值1mSv/year。

④γ射线不仅大量运用于安检领域,对于工业及农业生产中也有广泛的运用,比如辐照育种,辐照灭菌等等。

⑤本系统针对的货物检查对象大多为鲜活产品,比照食品的辐照灭菌研究,有助于理解γ射线辐照的无害性。

⑥根据美国爱达荷州立大学于20世纪90年代的研究,食品辐照在提供诸多益处的同时并不会对食品产生有害的影响。

⑦经过γ射线的辐照,可以大部分地消灭食品中引起腐烂和致人疾病的霉菌、细菌等,同时还可以延长食品的保质期。这些处理手法与传统的高温、冷冻等手段目的一致。同时,γ射线辐照不会破坏食物的营养成分。对于食品的传统处理手法甚至室温下的长时间储存,其营养成分也会少量的流失,比如维他命等。而烹调更会使食品发生化学变化,使其成分发生重组。

⑧γ射线辐照物体之后,不会在其中产生任何残留,正如光穿过透明的水一样。而在低剂量的照射下,基本不会引起食品的可观测变化;照射剂量增加时,也低于烹调等手段所带来的变化。

(2)快速和方便性

①系统安置简便,适合于多种物品的检测。

②系统具备每小时检测上百辆汽车能力。

③系统由低剂量γ放射源、核射线探测器、放大器、数字电子系统、图像处理系统、控制系

统、通信系统等组成。

④这设计可以检查路面上所有的车辆，乘客不需要下车、车辆以较低的车速通过检查，装置就可以完成检查工作。

(3)占地面积小，射线源装置占地 0.8m×0.6m，探测器装置占地 0.8m×1.5m，无需建造专门的屏蔽房间，若用加速器，屏蔽房就是一个麻烦。

(4)绿色产品

①低辐射剂量车辆扫描装置的设计贯穿着“绿色设计”的观念，技术目标是符合国际标准并满足未来扫描设备市场的需求。

②该产品是一个没有废水、废气、废渣的无“三废”绿色环保装置。

(5)高性能和多用途

①可以对路面上各种载人车辆进行检查，先进的扫描系统也可以探测汽车炸弹、人体炸弹、枪支和其他非法危险物品。

②系统也可以用于对车辆、火车、飞机和轮船的扫描探测。

③系统可以设计为固定式和移动式，并且可以方便地固定安装，不同的产品结构形式适合于不同需要。

(6)低制造成本

①模块化和低剂量的设计，保证了该产品具有低制造成本的竞争优势；

②所有的技术成果，均来源于本技术团队自身，包括原理设计、部件设计和软件设计，并且是在中国制造的。

③所有的硬件产品，均可以在中国制造或采购，因此便于管理和进行质量控制。

附件2　TC-SCANATS 高速公路绿色通道车辆检查系统简介

TC-SCANATS 高速公路绿色通道车辆检查系统(附图3)

附图　3

产品背景：

为促进农产品流通和农民增收，2005 年 1 月国务院七部委联合下发的《全国高效率鲜活农产品流通"绿色通道"建设实施方案》，其中规定"可对整车并合法装载运输鲜活农产品的车辆予以降低或免收通行费"。而目前靠人工进行鲜活农产品运输车辆检查存在误差大、效率低等问题。为此我们基于自身在车辆辐射成像检查领域领先技术优势，研发了 TC－SCAN 绿色通道检查系统，实现了对鲜活农产品运输车辆的快速检查，该产品已在高速公路领域投入运行，并通过了以中国工程院院士为组长的专家组技术论证，满足鲜活农产品车辆检查需求，可在高速公路领域推广使用。

产品技术原理：

射线源发出的扇形射线束穿透封闭车厢，被另一侧探测器接收。由于物品不同部位密度不同，因此对射线的吸收程度不同，则探测器输出的信号强弱也不同，将强弱不同的信号经图像处理后，就在计算机屏幕上显示出车辆内部物品的轮廓和形态，从而可判断出车辆是否符合鲜活农产品车辆装载要求（附图 4、附图 5）。

附图 4　海鲜混装图

附图 5　鸡蛋电热毯混装图

产品特点：

• 检查速度快

被检车辆以3～15km/h的速度行驶通过，几秒钟内完成检测；

• 全自动运行

系统自动运行，无须人员操作；

• 全天候工作

系统可24小时全天候运行；

• 安全可靠

自动避让被检车辆驾驶室，而只对所装载货物行扫描；

• 占地面积小

系统模块化结构设计，占地面积小；

• 黑名单车辆

可添加违规车辆信息到黑名单数据库中，实现自动报警；

• 定制的解决方案

根据客户需求和现场情况，提供定制化解决方案；

• 系统集成

提供数据接口，可集成到客户现有业务管理系统中。

射线源 Co-60

扫描车辆最大尺寸宽:3m　　高:4.5m　　长:不限

车辆通过速度：　最高15km/h

输入电源功率：　5kW220(1±10%)VAC

工作温度：　-20℃～+55℃(可选配-30℃～+50℃)

操作人员数量：　1名

参 考 文 献

[1] 所有长潭管理处的数据来源于长潭管理处征费稽查科.

[2] 百度文库.唐津高速公路TC-SCAN绿色通道检查检测设备应用实践.

浅谈如何加强高速公路交通阻断信息报送工作

曾 钢

（长潭管理处监控分中心）

摘　要　信息报送工作已成为各级高速公路运营管理单位的重要工作。本文主要对交通阻断信息报送工作要求进行了重点分析，并结合本单位实际特点，对如何加强交通阻断信息报送工作、提高报送效率进行了研究，针对报送工作中存在的问题，提出了具体解决措施。

关键词　高速公路　交通阻断　信息报送

1　信息报送工作简介

交通运输是国民经济生产和社会生活的命脉，随着国民经济迅速发展，以及大力发展基础建设国策的推进，作为重要的交通运输方式，我国高速公路迎来了新的建设发展契机，“十一五”期间，新增3.3万公里高速公路建成投入使用。同时，高速公路运营管理工作也与广大人民群众日常出行之间的联系越来越紧密。作为高速公路运营管理工作的重要组成部分，高速公路交通阻断信息报送工作发挥的作用日益凸显，交通阻断信息及时采集、报送、发布，可以让社会各界及时了解路况信息，方便广大群众出行，减少交通事故的发生。

为增强安全畅通保障能力，规范公路交通阻断信息报送工作，提高公路交通出行信息服务水平，提高公路交通应急保障和公共服务能力，根据《中华人民共和国公路法》等相关法律、法规，2006年8月，交通部制订了《公路交通阻断信息报送制度（试行）》，下发至各省级交通主管部门遵照执行。公路交通阻断信息报送工作遵循“属地负责，统一审核、准确高效”的原则，各省、自治区、直辖市交通运输主管部门或受其委托的公路管理机构，负责所管辖区域内公路交通阻断信息的管理和审核工作。公路管理机构、收费公路经营管理单位具体负责所管辖路段的阻断信息填报工作。阻断信息由各路段管理单位按照报送时限与内容要求填报后，由省级审核单位负责校核填报信息的真实性与准确性，然后审核上报至交通运输部，由交通运输部统一发布。通过近5年的实际执行，结合执行过程中收集的意见与建议，在修改补充完善试行制度的基础上，交通运输部于2011年4月21日正式制定下发了《公路交通阻断信息报送制度》，原交通部《公路交通阻断信息报送制度（试行）》（交公路发〔2006〕451号）同时废止。与原试行制度最大的不同，《公路交通阻断信息报送制度》规定“高速公路（含收费站）需要进行超过2小时的交通管制或封闭”就须报部。而试行制度规定“高速公路预计出现超过6小时的交通中断或阻塞”才须报部，新的公路交通阻断信息报送制度对信息报送及时性提出了更高的要求。

公路交通阻断信息报送工作已成为各级交通主管部门的重要工作，在2011年全国干线公路养护管理大检查暨规范化管理检查中，公路交通阻断信息报送工作成为重点检查内容，在检查内容服务保畅一项中，就有对信息报送制度建立、执行力度、信息发布方式、信息网建设等多项内容进行检查评分。

在交通阻断信息报送工作执行过程中，仍然存在着信息不准确、不及时、效率低下、缺乏有效联动等问题。如何准确高效地报送交通阻断信息，保证高速公路提供"高速、高效、安全、舒适"出行服务，成为各级高速公路运营管理者亟待探讨和解决的课题。

高速公路交通阻断事件处置流程如图1所示。

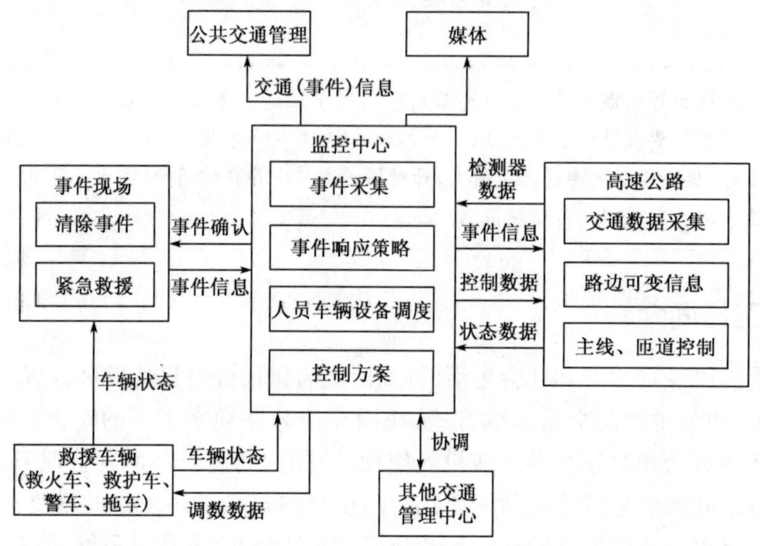

图1　高速公路交通阻断事件处置流程框图

2　信息报送工作分析

2.1　报送体系

根据部、厅、局等各级主管单位制定的公路交通阻断信息报送制度，以及我处信息报送实施细则，现有信息报送体系如图2所示。

2.2　报送内容

交通阻断信息报送内容应包括基本情况、阻断原因、处置措施等。基本情况主要包括：路线名称、路线编号、阻断位置（起止桩号、阻断方向）、路况类型、发生（发现）时间、预计（实际）恢复时间、管养单位、行政区划及影响邻省情况等。其中，现场情况应尽可能详实（包括人员伤亡及车辆损失情况、滞留人员和车辆情况、拥堵距离和时间、路产损失等），在报送基本情况的同时，应尽可能附带能够反映现场情况的图片。阻断原因主要包括：计划性的公路以及桥隧养护施工、改扩建施工、重大社会活动或突发性的地质灾害、恶劣天气、事故灾难、公共卫生事件以及其他突发性事件等。处置措施主要包括：交通管制措施、抢通方案、疏导方案、绕行方案以及抢通投入情况等，并可附带附件同时上报。

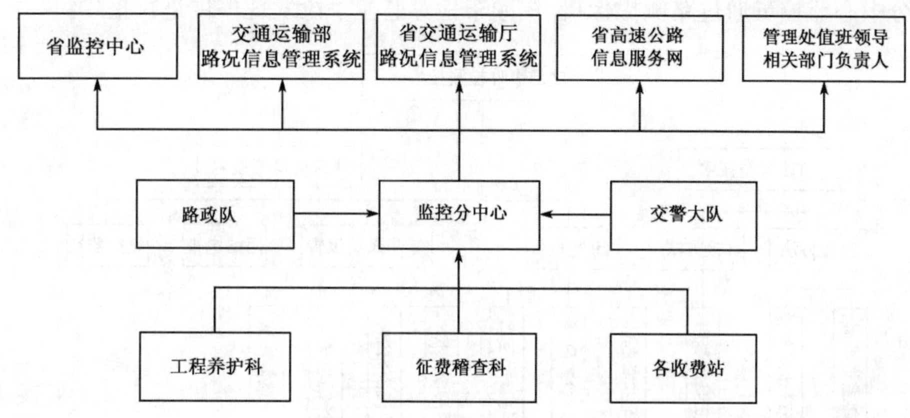

图2　高速公路交通阻断信息报送体系框图

2.3　报送时限和要求

由于计划性公路以及桥隧养护施工、改扩建施工、重大社会活动等原因,需要实施路段封闭或部分封闭的,应在路段封闭或部分封闭前3日上网填报与审核相关内容。由于突发性地质灾害、恶劣天气、事故灾难、公共卫生事件以及其他突发性事件等原因,引发高速公路交通中断或阻塞的一般突发类阻断事件,应在事件发现后1小时内完成上网填报及审核。发生重大突发类阻断事件时,应在事件发生后1小时内上报,并执行日报告制度,直到事件结束。

阻断信息(《公路交通阻断(事件)信息表》)可分两次填报,第一次填报应按照时限要求,填写(一)基本情况、(二)阻断原因、(三)处置措施三项内容。第二次填报应在交通恢复正常运行1小时内填报实际恢复时间,并注明具体恢复情况,如抢通便道、部分恢复通行、全部恢复通行等。如公路阻断事件在某路段内间断式发生或恢复,应按照事件发生次序,逐段逐次填报。

重大突发类阻断信息的报送由省级交通运输主管部门汇总相关路段单位的信息后,按照信息报送内容、方式及时效的要求,形成正式文件上报交通运输部,并通过路况信息系统报备文件电子文档。

2.4　报送工作的奖惩措施

交通运输部根据各省、自治区、直辖市报送和审核公路交通阻断信息的情况,从信息报送数量、质量和时效等方面进行综合评比。对填报和审核工作成绩突出的单位给予表彰和奖励;对因报送虚假信息或延误报送时间,造成不良社会影响或严重后果的单位进行通报,并依据有关法律法规追究其责任。

3　当前信息报送工作存在的主要问题

3.1　信息采集手段单一

交通事件检测技术分为自动检测技术和非自动检测技术两大类(图3),现有公路交通阻断信息采集主要依靠人工方式,即非自动检测技术,人工方式有几种信息采集渠道:

(1)过往驾乘人员通过移动电话、路边紧急电话、呼救热线等方式报告;

(2)交警、路政、养护、收费站人员巡逻报告;

(3)分中心监控员通过路侧摄像机、视频车检等监控手段发现事件进行报告。

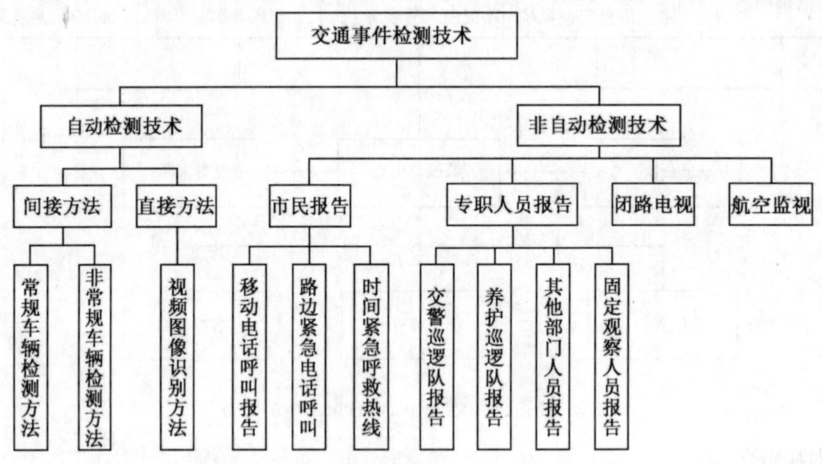

图3　交通事件检测技术的分类

与自动检测方式相比较而言,人工方式无法第一时间主动发现公路交通阻断事件,造成信息采集工作的被动。同时难以准确掌握事故路段、桩号等关键信息。完全依靠人工方式进行信息采集,手段单一,效率低下,无法满足信息报送工作准确高效的要求。

3.2　信息报送不准确

信息报送制度明确要求所报送阻断信息基本内容应包括路线编号、名称、里程、施工路段等。由于沟通渠道不畅通、报送人员自身业务素质低等原因,会出现信息报送内容不准确、不完整,无法全面准确地反映公路交通阻断事件的基本情况、阻断原因、处置措施和统计数据等。

3.3　信息报送不及时

信息报送制度对报送信息的时限性有明确要求。由于交通阻断事件采集被动、环节联系不紧密等原因,造成信息报送人员不能在交通阻断事件发生后及时向上报送,不能及时向公众发布阻断信息,交通阻断路段滞留车辆增多,车辆缺乏有效的疏导或绕行方案,极易产生二次事故。

3.4　无后续跟踪

现有交通阻断事件处置流程中,交警、路政人员在事故现场处理完毕后,立即撤场,现场无人员继续指挥疏导,后续跟踪。但由于阻断事件发生后,会滞留大量车辆,短时间内无序通过,极易造成二次事故。

3.5　缺乏科学合理的联动处置机制

交通阻断信息报送工作涉及养护、路政、征费、监控、交警等多个部门及多个单位,需要多方联动,共同处置。而在现有交通阻断事件发生后,各部门及交警各自受理事故信息,缺乏有效的沟通渠道及联动机制,信息资源不能共享,监控分中心无法及时准确地采集到阻断信息,并且无法快速有效地发布处置指令。

4　提高工作效率的具体措施

根据《公路交通阻断信息报送制度》规定,针对当前信息报送工作中存在的问题,从构建信息报送机构、健全信息采集体系、建立信息报送流程、完善报送考核机制、制定报送培训制度等多个方面着手，提出以下具体措施。

4.1 明确职责，构建"快速反应、处置得当"的信息报送机构

按照全省高速公路交通阻断信息报送工作要求，我处已成立交通阻断信息报送工作小组，小组成员包括养护、路政、监控、收费站等部门主要负责人，以及本路段交警部门相关人员，信息采集工作小组实施各部门联动机制，要求实现信息互通，资源共享。

当前，信息渠道不畅通是信息报送效率低下的根本原因，职责不明确是反应不及时的根本原因。在现有联动机制下，应明确各部门联动职责，按交通阻断事件性质分类，各部门具体职责如下：

(1)监控分中心职责是负责交通阻断信息收集、核实和上报工作。监控分中心 24 小时受理各类交通阻断信息的收集，当班监控员将本路段收费站、工程养护科、路政队、交警报送的交通阻断信息整理归纳，填写《公路交通阻断(事件)信息表》上报省监控中心等上级单位，并以短信形式报送值班处领导和相关部门负责人。

(2)收费站、工程养护科、路政队、征费稽查科职责：收到符合报送范围的交通阻断信息，在事件发生后第一时间及时向监控分中心报送，并且在事件结束后 5 分钟内向监控分中心进行二次信息报送，同时报送人员做好相关记录。

对各部门信息采集渠道综合分析，完善信息互通方案，以下具体措施：

(1)联动会商机制：定期召开信息报送工作联动会商，通过信息报送数据汇总统计分析，对一个时期信息报送工作执行情况进行总结，总结成绩，改造不足。对出现的新情况新问题制定解决办法。

(2)整合技术资源：充分利用现有技术手段，尤其是交警接警平台，该平台具有社会影响广、通信手段完善等特点，将该平台接入至监控分中心，可拓宽信息采集渠道。

4.2 创新手段，健全"技术先进、方式多样"的信息采集体系

结合高速公路机电系统发展技术，在完善人工采集方式的同时，引入自动检测技术，建立健全"技术先进、方式多样"的信息采集体系(图4)。

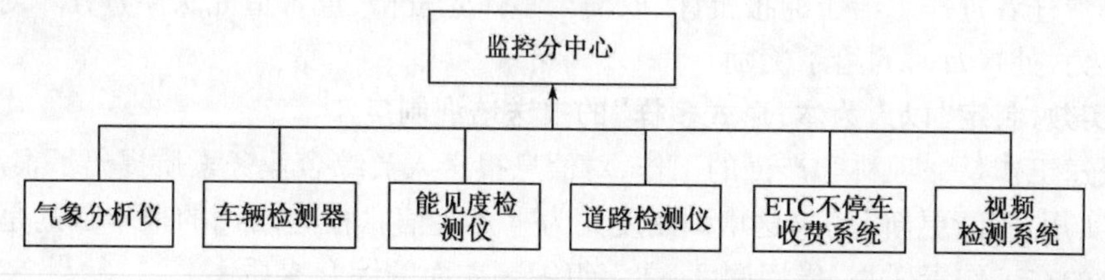

图4　信息采集系统框图

近期目标，在自动检测技术条件有限的情况下，采取"人工为主，自动方式为辅"的模式。开辟统一呼叫热线，及时收集交通阻断信息；路政、交警人员加大巡逻力度；充分利用现有监控手段，如外场摄像机、视频车辆检测器等图像，及时发现事件；与当地气象部门加强信息沟通，对恶劣天气实施提前预警，适时启动应急预案。

远期规划，采取"自动方式为主，人工方式审核"的模式，加大技术革新力度，在全路段实行高密度监控方案，即在主线每 2km 或事故多发路段(弯道、长上下坡等)设置遥控摄像机和

固定摄像机等设备，并在恶劣天气（雷击、起雾、冰冻等）易发路段设置气象分析仪、能见度检测仪、道路检测仪等设备，所有摄像机图像接入事件自动检测模块，所有外场检测设备数据均接入监控系统软件，进行自动监测。当发生交通阻断事件，或发生雷雨、大雾、道路结冰等恶劣天气时，监控系统会及时检测，生成交通阻断信息，并自动报警，监控员可及时通过遥控摄像机核实事故实际情况。

4.3 规范管理，建立“科学合理、及时高效”的信息报送流程

通过对已有交通阻断处理案例分析，由于流程处理不规范，易造成二次事故。结合交通阻断事件处理流程特点，将信息报送流程按事件发生时、事件处置中、事件处置完毕三个时间段进行规范。

阻断事件发生时，快速反应，及时处置。严格按照信息上报时限要求和内容要求，路政、交警人员第一时间赶到现场，在规定时间内进行信息采集，准确掌握现场基本情况、阻断原因、采取措施等关键要素，做到客观真实，完整准确、简明扼要，并及时进行第一次信息上报。

阻断事件处置过程中，环节紧扣，密切观察。进一步加强信息审核环节，密切观察出现的新情况、新问题。在事件处置的同时，加强现场车流的疏导与绕行指挥，严防二次事故的发生。

阻断事件基本处理完毕后，跟踪反馈，总结分析。克服松懈麻痹的思想，对阻断现场滞留车辆通过情况及时跟踪。对阻断事件发生的原因进行总结分析，统计设施损毁、人员伤亡等数据，提出防止阻断事件再次发生的解决措施，并进行第二次信息报送。

4.4 责任追究，完善“分级考核、奖惩分明”的报送考核机制

为了进一步加强信息报送工作，提高报送效率，必须完善“分级考核、奖惩分明”的报送考核机制。

考核机制要将信息报送工作作为各责任单位日常工作之一，将报送工作执行情况与收费站流动红旗站评比、科室季度考核相挂钩。考核评比内容增加信息报送量化指标，并制定相对应的奖惩措施。定期汇总信息报送数据，根据数据分析，对信息报送工作思想不重视，工作不及时，出现迟报、漏报、瞒报、不报，造成工作被动，扩大事态和损失的，将按照“链条式”目标责任追究直接责任者责任。给予通报批评、取消当年评先资格，重者追究法律责任。对信息报送工作执行有力、处置及时的给予奖励。

4.5 注重实效，制定“以人为本，形式多样”的报送培训制度

信息报送工作是一项科学严谨的工作，对信息报送人员综合业务素质提出了很高的要求，制定“内容实用、不断更新”的报送培训制度尤为重要。信息报送培训的根本目的是要提高信息报送人员的在工作责任心、指挥调度、文字组织等方面的综合素质。

培训内容要细化，注重针对性。对信息采集人员，培训重点是信息关键要素的描述，培训内容主要包括路段基础信息，包括路线名称、路线编号、道路方向、关键结点里程桩号、管养单位、行政区域划分等，培训要求信息采集人员能够熟练掌握全路段道路基本特征。对信息报送人员，培训重点是信息报送流程的掌握，培训内容主要包括信息报送流程、时限要求、文字描述等，培训要求信息报送人员熟练掌握信息报送流程，能够在最短时间内将上报信息组织好文字，按要求上报至各级上级主管部门。

培训形式要多样，注重实效性。培训可采取集中学习与个人自学相结合，请进来与拉出去相结合，书本与网络相结合，理论与实践相结合。培训形式可采用集中授课、现场座谈、联合演练等方式。

5 总结与展望

信息服务水平是衡量各级高速公路运营管理单位服务保畅工作的重要指标。通过提高认识、加强领导、健全制度、规范管理、考核评比等多项举措，可切实提高信息报送工作效率，提升信息服务水平，为广大人民群众提供“畅、洁、绿、美、安”的高速公路出行环境。

各国的研究与实践证明，建立一个完善的交通事件管理系统，是解决高速公路各类问题的关键。信息报送只是交通事件管理系统的一个重要子系统，将响应策略、方案控制等子系统与信息报送子系统进行有机结合，进一步提高交通阻断事件管理效率，是下一阶段信息报送工作重点研究的课题。

高速公路全程监控有效运用分析与探讨

霍　严

(广东省路桥建设发展有限公司广韶分公司)

摘　要　随着国内高速公路的通车里程不断地被刷新,高速公路的大规模建设以及高速公路网的完善,全程交通监控、管理已经成为高速公路管理的一项重要工作。现如今的高速公路服务,不仅要满足高速公路管理人员的有效管理需求,也要满足公众出行对于交通信息的需求,同时,社会、媒体也对高速公路的服务水平更加关注,路面监控视频作为前端信息采集最主要的设备,其职能和地位也日益突出。伴随着交通事件逐渐增多,抢险救援任务加大,利用先进高智能的监控资源可以更好地服务于内部运营管理,防止交通事故、交通堵塞的发生,提升高速公路管理的社会形象,从而降低投诉率。

关键词　高速公路　全程监控　安全　服务　畅通

随着国内高速公路的通车里程不断地被刷新,高速公路的大规模建设以及高速公路网的完善,全程交通监控管理已经成为高速公路管理的一项重要工作。由于汽车工业发展迅猛,如今的高速公路通行能力仍处于考验当中,因汽车数量的成倍增长和在集中出行车辆密集的情况下,在黄金周车流高峰期、事故多发路段,极易频发交通事故,以及造成长时间的交通中断、车辆滞留等,这不仅给社会和人们造成财产损失,甚至造成人员伤亡。如今人们对于交通信息需求量增多,对高速公路的服务水平也更加关注。伴随着交通事故逐渐增多,抢险救援任务加大,如何通过日常营运管理措施和手段来有效确保高速公司的安全和畅通是值得探讨和研究的问题。高科技、高智能的路面监控视频系统将成为高速公路运营管理中最为重要的一个系统,成为能最直观、最关键采集信息重要手段,能在高速公路的“保安全、保畅通、保服务”的工作中发挥应有的核心作用。以下结合我司路面监控视频的使用情况,对高速公路的全程监控的有效运用进行分析和探讨。

1　监控视频系统的基本情况和应用需求

目前省内有部分高速已安装了路面全程监控,并且实施效果良好。于2010年3月至2011年年底京珠高速粤境南段在沿线韶关段、清远段、广州段陆续新增了234套路面视频监控摄像机。摄像机设置间距约每2公里一套,供电方式采用风光互补和电缆供电两种方式,监控范围覆盖了全线路面、隧道、收费站匝道、服务区,基本实现了路段无盲点全程视频监控。

高速公路监控系统是通过沿线的外场设施(各类检测、显示等装置)及时、准确、完整地收集并预告前方道路的各类信息,如交通量、事故、路况等。道路使用者通过监控中心的监视(显示)设备直观地了解路面交通运行状况。在交通发生异常时,能及时确定事故或受阻区域,并实时发布相应的诱导和救援信息。

(1)对内。更好地服务于内部管理,在应急指挥、调度、交通诱导方面提供信息支撑。信息共享及时可以防止交通意外事故的发生,防止交通堵塞,提升高速公路管理的社会形象,降低投诉率。

(2)对外。首先是便于路政、交警等日常作业,尤其是遇到重大事故、恶劣天气之下,是交警、路政高速巡查的有力辅助手段。其次是服务于公众出行,便于车主择时、择道而行,满足车主对"安全、高速、高效、舒适"的需求。

(3)对管理者而言,在高速公路"保安全、保畅通、保服务"工作中应该能起到应有的核心作用。

2 传统模式的巡逻工作与智能化工作模式对比

2.1 传统模式监控、路政巡逻模式存在的难点(表1)

表1

	监控工作	路政工作
传统工作模式的弊端与不足	①接收信息后,无法确定位置; ②信息同步迟缓; ③不能排除信息错漏的可能性; ④拨打电话跟踪事件,影响路政工作的时效; ⑤工作被动	①没得到确切信息,拖延寻找事故点的时间; ②错过关键的救援机会; ③延长堵塞车龙; ④增加二次事故的可能性

2.2 新形势下,高科技、高智能化的全程监控的优势(表2)

表2

	监控工作	路政工作
全程监控高科技、高智能管理手段的优势	①轻点鼠标,弥补路面巡逻盲点;过滤误报、错报信息; ②快速确定车辆、事件位置; ③信息准确、同步及时; ④清晰查看全过程、主动跟踪事件发展及处理情况	①快速反应、限时服务; ②减少处理时间,有效疏导车龙; ③待命接警为主、出警巡查为辅; ④开源节流、节省人力、物力; ⑤有针对性对重点路段巡查

在实际工作中,我们只需要通过小鼠标轻点监控视频系统就能快速掌握路面的交通状况,及时为路政、交警、救援队、收费站等单位提供有效信息;能主动、灵活地跟踪并掌握事件现场的进展情况;能有效节省路政队、交警到达现场的时间,从而降低二次事故发生的可能性。同时,有了监控视频系统的支撑,为交警部门、公安局、派出所等单位提供数据和图像等资料,为执法机关的工作带来便利,通过数据、图像资料还原事故的真实情况,在维护人们生命财产安全方面起到了重大的作用。

3 监控角度的全程监控轮巡工作开展

考虑高速公路由于高速公路距离远、收费站点长,因而实现整个沿线的联网监控和管理,就显得非常重要。高速公路路面监控视频系统具有精度要求高、规则复杂、动态化、离散化等

特点。在日常轮巡中,结合现有的管理工作模式,要求工作人员做好以下几点:

3.1 确保全程监控的时效性

1)对监控系统能够清晰地监视到的区域,监控(分)中心监控员利用监视装置,采取切换画面的方式、360°无缝旋转轮巡,无盲点对所属路段的路面、互通、隧道、服务区交通监控图像进行轮巡监视。

2)监控人员至少每小时对所属路段的路面、收费站互通、服务区、路政车载视频等监控图像轮巡一次。

3)每15min对隧道群图像轮巡一次。

4)每10~15min对车流高峰时段、长坡弯道处、突发事件多发路段、养护施工路段等区域轮巡监视一次。

5)收费站实施间歇性免费放行或分流车辆时,安排专人不间断进行轮巡监视并做好录像工作。

3.2 交通轮巡中异常事件的处理规程

1)监控人员轮巡时,发现紧急停车带上有停靠车辆时,应先通过车辆停靠位置及驾驶人下车后的活动情况初步判断车辆停靠原因,如果驾驶人下车后休整、换人等,监控中心监控员应对停靠车辆及驾驶人动态监视5min以上,确保车辆安全;如果驾驶人准备摆放警示标志,疑为车辆故障无法行驶,及时通知路政、交警、拯救等相关单位,监控人员继续监视并跟踪停靠车辆的处理和离开情况。

2)监控人员轮巡交通监控图像时,发现超车道、行车道上有停靠车辆、交通事故车辆或路段塞车时,立即通知路政、交警、拯救等相关单位,同时监控中心安排专人监视图像,并与现场保持有效沟通,跟踪异常事件的进展及处理情况。

3)轮巡交通监控图像时,本着"即发现、即通知"的原则,确保信息能在最快时间内传达至相关单位,信息包括具体路段、桩号、方向、车辆数、聚集人数、现场交通状况等。

4 全程监控在信息发布工作中起到的关键作用

监控信息资源共享工作是高速公路工作的重要组成部分,也是一项重要的基础性工作。为使领导决策工作更科学、管理更规范、高速公路服务更透明,就必须依靠准确、全面、科学的信息工作做基础,如果监控信息不准确、不全面、不科学,就会使领导决策失误、管理混乱,导致高速公路营运管理的失策,甚至造成无法估量的损失。所以,从监控视频系统中,我们可以自主收集到高速公路各类异常事件和交通状况,确保采集、发布信息的真实性、可靠性和权威性,为领导决策提供及时可靠的信息支撑,为现场管理提供必要的信息依据。

(1)通过监控图像发现路面停靠车辆,根据驾驶人下车后采取的措施和活动情况来判断是故障车还是休整车,来决定采取相应的工作措施,为路政、交警、拯救单位提供第一手信息。

(2)通过查看监控图像,我们对车辆通行状况、车流密集程度了如指掌,从路面堵塞的车龙中能迅速查找到事故点,也能清晰查看交通事故处置现场全过程。

(3)根据路面实际通行能力及时在沿线可变情报板上发布"前方收费站,请提前备好通行卡和零钞"、"无伤亡事故,请靠边等待救援"、等温馨提示,提醒驾乘人员择优快速通行和实施自我求援。一旦发现造成交通中断或异常，根据事故现场的交通状况，更改可变情报板发布“前方事故交通中断，请提前绕行”、“前方事故、行车缓慢”等文字引导驾乘人员安全驾驶。或者根据收费站互通车流状况，指挥调度收费站择时开关出入口车道，这样一来，不仅提高了路面的通行能力和收费站的放行速度，而且提升公司的社会形象，降低顾客投诉。

5 全程监控运行后的一些对比数据(表3)

表3

类型	通过电话途径获取	通过摄像枪获取	合计	摄像枪发现所占比例
故障车	162	1063	1225	86.78%
交通事故	86	130	216	60.19%
障碍物、行人	60	15	75	20.00%

说明：(1)以上数据为2012年6月份数据对比。

(2)从摄像枪下我们发现的故障车所占全月比例86.78%；交通事故所占比例为60.19%；受摄像枪的焦距、清晰度等功能限制，路面上的障碍物较难发现，障碍物、行人的发现所占比例较少，约为20%。

(3)通过摄像枪发现故障车1063辆次，跟踪观察车辆自行离开583辆次，占55%；通知路政、拯救队到场处理故障车480辆次，占45%，有效减少了路政、拯救队、交警的空跑次数，如果电话接警后，还可以过滤误报、错报、漏报的信息，达到开源节流，节省人力、物力的效果，缩短路政、交警到达现场的时间，在一定程度上提高了高速公路服务水平。

6 监控视频系统存在的问题及改进意见

针对我司在全程监控运行过程中的实际情况，提几点监控视频系统存在的问题及改进意见。

考虑粤北山区路段的道路状况，线长、点多、隧道长度长、长坡弯道多、大货车车流密集等因素，作为路面视频监控系统使用单位，认为视频监控在原有的基础上还有提升改进的空间：

(1)在多雨、多雾路段采用电缆供电，避免因风光互补供电的系统在太阳能不足的情况下影响摄像机的正常使用，影响摄像机的清晰度。

(2)在事故多发地点、隧道群内加装高清摄像机，在长坡弯道处缩小摄像机安装的间距，可以更清晰直观地了解现场情况。

(3)夜间能见度低，影响摄像枪的使用，如果在重要路段加装照明设施，达到辅助作用，就更能直观地发现突发事件，且能清晰地查看事件全过程。

(4)摄像机暴露在室外环境下，雨水、昆虫、污渍等会影响摄像机的使用效果，如果能考虑提高摄像机的自洁功能就更好了。

7 结语

高速公路服务，不仅要满足高速公路管理人员的有效管理需求，也要满足公众出行对于交通信息的需求，同时，社会、媒体也对高速公路的服务水平更加关注，路面监控视频作为前端信息采集最主要的设备,其职能和地位也日益突出,伴随着交通事件逐渐增多,抢险救援任务加大,利用先进高智能的监控资源可以更好地服务于内部管理,防止交通事故、交通堵塞的发生,提高高速公路管理的服务水平,提升社会形象。

路面监控视频也是便于路政、交警部门等日常作业,是交警、路政进行路面巡查的有力辅助手段,尤其是碰到重大事故、恶劣天气之下的应急指挥、调度、交通诱导,而对于公众出行,则是在最大程度上满足驾乘人员对高速公路的“优质、高效、安全、舒适”的需求。

关于运用高速公路监控设施创新路政管理的探讨

谢淑苗

（广东省路桥建设发展有限公司广韶分公司）

摘　要　随着车流量逐年增加、社会对道路管理和服务水平需求不断提高、原有的路政管理与监控管理协作模式受到很大冲击，高速公路路政管理备受关注，实现全程监控几乎成为高速公路营运管理的必备条件。为充分发挥高速公路全程监控条件下路政巡查的作用，科学合理安排人力、物力，提升各业务线条间的协作力，提高路政巡查的效率，减少路面巡逻成本支出，节约资源。本文根据京港澳高速（广韶段）实际装备情况及车流特点，结合高速交警巡逻制度及养护巡查机制，对"全程监控巡查方案"的用途、使用目的、投入后所能解决的问题和效果、全程监控的硬件和要求以及运用全程监控巡查方案的前景，探讨如何更好确保高速公路安全与畅通。

关键词　高速公路　监控　路政管理　探讨

为切实加强高速公路路况监控，提高突发事件主动处置能力，广韶高速公路按照一次设计、分步实施的计划，已经开展了高速公路全程监控建设，全程监控"传承"了路面巡查的主要方式；"创新"了路面巡查受巡查时间、路段、交通堵塞等的限制；充分发挥监控设备的优势，"促进"了巡查无间隙、巡查持续性、巡查资料易保存、巡查无盲点等优点，体现高速公路信息化发展的趋势，使高速公路管理更加高效，更加智能化。

1　原有高速公路监控系统运行简述

高速公路监控系统作为高速公路有效的管理和维护手段，在高速公路建设中显示出其必要性和优越性，系统要求能对整条高速公路进行全方位、多功能的监视和控制。高速公路监控系统属于高速公路机电项目的一部分，它主要由信息采集系统、路面监控、收费监控及信息提供系统组成。信息采集系统包括：车辆检测器、气象检测器、紧急电话。路面监控提供直观、具体的路面消息，并通过监视器、大屏幕等显示设备直观了解重点路段摄像覆盖区的交通情况，及时发现和处理交通事故、车道堵塞或其他事件等。收费监控保证收费岗亭的正常工作，设备、人员的安全，并通过硬盘录像机对某些特殊事件记录存档，还可以为以后的分析、取证提供可靠的依据。信息提供系统包括交通标志、可变情报板和信号等，是交通监控管理为过往驾乘人员服务的主要形式。

2　原有监控系统的主要作用

为了进一步加强高速公路监管，实时动态地了解道路交通运行状况，视频全程监控系统方案被越来越多的人所关注。在高速路面尚未实施全程监控系统时,主要是通过路政、高速交警通过全天 24h 的道路巡逻掌握道路信息。一旦发生交通事故、车辆抛锚或车流不畅等情况时,将会出现信息相对滞后导致处置不及时,甚至引发更棘手的问题。全程监控系统投入使用后能否有效改善道路保安全保畅通问题,该系统是否更高效高速公路的安全畅通呢?所谓视频全程监控即通过视频监控系统对道路交通运行状况达到全景式无盲区实时监控,并通过事件分析设备对各项数据进行及时统计、分析,全面、快速掌握全线道路信息,达到"早发现、早处理、快通畅、保效益"的目的。

3 全程监控的优点、特点

全程监控传承原巡查方案的优点,发挥先进科技和科学管理的特点。

全程监控巡查方案的实施,大大提高事故的发现率。据统计,路政、交警巡查期间,事故第一时间发现率仅占 10%,路面交通堵塞、障碍物等情况发现率仅占 50%;其他由肇事者或过往驾乘人员报警等途径获取。实施全程监控巡查方案后,90% 以上的事故能在第一时间及时发现。

结合现有的监控设施,高速公路路政管理工作应紧跟时代步伐,关键就是着力推行先进的科学管理手段,与科技同步,真正发挥全程监控巡查方案。使该方案从根本上解决之前路政、交警联动巡查方式间隙期间路面所发生的突发事件,如故障车、行人、杂物等情况,能更全面掌握路面的行车情况,对突发事件能做到及时发现、及时解决,并有效避免二次事故的发生。主要分析有以下几点:

3.1 加大硬件投入和技术使用,不断完善监控系统效果

随着社会发展,车辆不断增多,高速公路车流量分析、交通事故畅通诱导保障等矛盾日益严重,这种现象不仅为驾驶人带来不便,而且与高速公路高效、快捷、畅通的形象不符。因此,道路全程监控系统的完善势在必行。目前,我司引进"太阳能发电系统"全程监控设备,监控视频逐渐覆盖,对路面全面情况、事故多发路段、隧道和互通等视频监控,实际监控效果显著。只有加大硬件投入,增强全程监控系统的使用效率,才能使全程监控巡查方案与监控系统更好的结合利用,加强同相关部门的联动,从而提高高速公路快速反应能力,确保公路的完好和畅通。

3.2 推进科学的管理手段,创新路政巡逻运作模式

近年来,随着高速公路的飞速发展,当前高速公路营运管理工作进入了快速发展变化的时期,我们路政管理模式和方法有必要紧密结合高速公路的特点积极探索和创新。广韶路政大队在原有的路政巡查方案基础上,从 2009 年提出"零分流方案",到 2010 年实施的"路警联动简易程序",2011 年试行的"全程监控巡查方案",一系列路政管理"创新"运行模式,得到了省交通集团肯定,为推进"机制一流"的科学路政管理模式打下坚实的基础。

1)严密部署,组织有序,保障"零分流方案"及"路警联动简易程序"顺利开展

高速公路交通事故的发生具有突发性、连续性、破坏性的特征。当发生多车相撞、货车侧翻、危化品车辆等重大交通事故的时候,极易发生交通堵塞。一旦堵塞很容易形成"积压车辆多、堵塞时间长、疏通难度大、社会影响广"的不利局面。按照以往事故处置经验,主线车辆长时间阻塞或严重积压时,一般采取以下措施:

①封闭来车方向的相关收费站；

②就近收费站采取主线分流措施；

③在高速接高速处分流车辆至其他高速公路；

④全路联动封闭收费站。

虽然这些措施可以解决部分问题，但也存在较大弊端：

①由于对地方道路不熟悉及交警查车多等因素影响，大部分驾驶人宁肯在高速公路上等待，也不愿意下地方公路，分流难度很大，主线滞留车辆较多；

②正常天气条件下，封闭收费站，影响正常收费秩序，容易造成不良社会影响；

③导致高速公路通行费大量流失。

针对以上种种原因，广韶路政大队结合本路段实际情况，经过严密部署，以及模拟演练与实际操作相结合，成功地实施了“零分流方案”和“路警联动简易程序”。据统计，自起用“零分流方案”至今共挽回通行费损失约730万，实施“路警联动简易程序”至今共减少交通堵塞326次。

2）启用“全程监控巡查方案”，并结合路政巡查，达到减少资源浪费的效果

传统的巡逻方式需耗费大量的人力、物力，为了节约资源，使用科学手段来达到保畅通的目的已成为一种必然趋势。根据本路段实际装备情况及车流特点，结合高速交警巡逻制度及养护巡查机制，在继续保持联合巡逻的机制前提下，以安全巡查提高快速反应能力为原则，广韶路政大队充分发挥监控设施的作用，在韶关段正式试行“全程监控巡查方案”。通过不断摸索积累经验，使方案更加趋于完善成熟，从而使路政管理工作再上一台阶，更全面化、科学化，确保高速公路安全畅通。从目前的实施效果上看，及时出警率及路面保障畅通得了大幅度的提高。

3）建立监控信息平台，实现联动机制

信息化是当今世界发展的大趋势，是推动经济社会变革的重要力量。随着信息发展和全程监控巡查方案的实施，路政、交警等相关部门充分利用电子情报板、网格、短信平台等多种方式，为过往驾乘人员提供路况咨询、事故救援、温馨提示等服务，共同建立信息平台，实现信息共享。通过信息平台的建立，进一步推进了统一指挥，按照“集中接警、统一指挥、协调有序、快速反应”的原则，实行路政、交警、养护三方互动，面对突发事件，通过监控系统可直接关注事件发展，及时进行现场分析磋商，共同确定处置方案，确保紧急情况下集中力量快速排险救援，有效提高了高速公路排障救援能力和通行能力。

另外，根据高速公路严重超载车辆多的特点，借助监控系统，通过全程监控巡查方案，充分发挥高速公路路警联动机制作用，有力地打击超限、超载车辆；并且可通过可变情报板及时发布违章车辆信息，有力控制道路通行车速，打击超速车辆、占道行驶等等，提醒驾驶员降低车速，小心驾驶，注意安全。

4）全程监控巡查模式下的特殊情况处置

高速公路对经济社会的发展具有巨大促进作用，尤其是针对突发事件（恶劣天气、重、特大交通事故、群体事件、危险品车辆事故等）处置的应急措施不及时、不规范，往往造成无法弥补的巨大损失。但往往由于地里位置及交通管理措施相对滞后，特别是京港澳高速（广韶段）地处山区，雨雾等恶劣天气更为频繁。据统计，每年由于恶劣天气发生交通事故占的比率为

21%,同时有60%以上的重、特大交通事故发生在突发事件环境中,加上本路段通行车辆货车占的比率为60%~70%,99%以上超载,95%以上严重超载等原因。由此可见,全程监控巡查方案的实施,更有利地跟踪特殊情况发生案件的全过程,在办公场所就能给领导及相关人员,提供快捷的视频信息来做出分析和处理方案。比如路面的火灾事故、化学品泄漏事故、恶性追尾事故、翻车事故以及冰灾引起的各种事故等等,通过监控视频就可以观察事故现场,及时了解到事故的性质、特点以及危害性,并通知各单位针对事故的特点和危害性做出相应的处理方案,解决了普通巡查模式下无法做到及时发现、及时处理的效果。

全程监控巡查方案的推行,对路面监视、交通疏导、高速救援等保畅的指挥调度中,及时提供了交通诱导和安全行车信息,为营造优质高效、安全畅通的行车环境发挥着积极作用,有力地保证了京港澳高速公路(广韶段)安全畅通。